반려동물 행동지도사
한권으로 끝내기

시대에듀

Always **with you**

사람의 인연은 길에서 우연하게 만나거나 함께 살아가는 것만을 의미하지는 않습니다.
책을 펴내는 출판사와 그 책을 읽는 독자의 만남도 소중한 인연입니다.
시대에듀는 항상 독자의 마음을 헤아리기 위해 노력하고 있습니다. 늘 독자와 함께하겠습니다.

머리말

반려동물 양육가구가 1,500만 시대인 요즘을 '펫휴머니제이션(Pet Humanization)'으로 부른다고 합니다. 즉 이제는 한 가족의 구성원으로서 반려동물들을 바라본다는 의미입니다. 최근에 이런 현상에 맞춰 반려동물에 관한 수요는 점차 높아지고 있는 반면에 훈련을 담당하는 전문인력에 대한 수급은 민간에서 제각기 이루어져 체계적이고도 객관적인 자격제도 운영에 대한 요구가 지속적으로 제기되어 왔습니다.

반려동물행동지도사 국가자격시험이 2024년 8월 처음 시행됩니다. 이에 따라 시대에듀에서는 반려동물행동지도 분야에 관심을 가지고 있는 많은 분들의 염원에 힘입어 'NCS국가직무능력표준'과 기존 '한국애견연맹의 출제기준'을 고려하여 본 도서를 출간하게 되었습니다.

❶ 반려동물행동지도사로서 갖추어야 할 가장 기본적인 이론 지식을 「반려동물 행동학」, 「반려동물 훈련학」, 「고객상담 및 의사소통 기술」, 「반려동물 관리학」, 「동물보호법·복지·윤리」의 5과목으로 구성하였습니다.

❷ 각 과목의 챕터별로 실전예상문제를 수록하여 이론학습을 마무리하면서 학습의 정도를 바로바로 점검해볼 수 있도록 알차게 구성하였습니다.

❸ 암기가 필요한 주요 이론들은 그림이나 도표, 더알아보기 박스, 용어설명 박스 등을 통해 한눈에 파악하기 쉽도록 깔끔하게 정리하였습니다.

반려동물과 함께 오래 행복하게 살아가기 위해서 알아야 할 것과 갖추어야 할 것은 무엇인지에 대해 예비 반려동물행동지도사 분들에게 본 도서가 도움이 될 것이라 확신하며, 앞으로 반려동물행동지도사로 활약하게 될 수험생 여러분들의 건승을 빕니다.

편저자 올림

❤ 반려동물행동지도사

반려동물의 행동분석 및 평가, 반려동물에 대한 훈련, 반려동물 소유자 등에 대한 교육, 그 밖에 반려동물행동지도 및 교육과 관련된 업무를 하는 사람

❤ 반려동물 연관산업 규모 전망

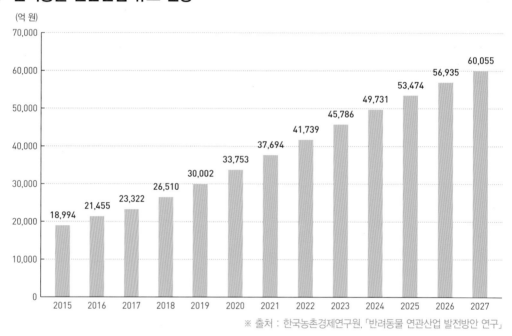

(억 원)

※ 출처 : 한국농촌경제연구원, 「반려동물 연관산업 발전방안 연구」

▶ 1인가구 증가 및 고령화로 반려동물 양육인구가 지속적으로 증대
▶ 반려동물 산업시장 규모가 꾸준히 확대될 것으로 전망
▶ 반려동물 관련산업 증대에 따라 체계적인 훈련과 관리에 대한 수요가 있을 것으로 예상

❤ 반려견 물림사고 현황

2016년	2017년	2018년	2019년	2020년	2021년	2022년
2,111건	2,405건	2,368건	2,154건	2,114건	2,197건	2,216건

※ 출처 : 소방청, 「야외활동시 개 물림 사고 주의 당부」 보도자료

▶ 매년 2천건 이상 반려견에게 물리는 사고가 반복되어 환자 및 사망자가 발생함
▶ 반려동물과 사람의 공존을 위한 펫티켓 문화 정착 및 반려동물 교육이 필요함

출제기준

과 목	주요 내용
반려견 행동학	• 반려견의 종류별 행동 특성 • 반려견의 행동 발달 • 반려견의 의사소통 • 문제행동의 분류와 그 근본적 원인분석 • 스트레스, 두려움, 공격성의 신호를 인식하는 방법 • 긍정적 강화 훈련 및 문제행동 수정기술 소개 • 사회화 교육의 중요성 및 방법 • 신체적 불편과 행동문제 사이의 관계 파악, 수의학적 치료의 중요성 이해 • 반려견-주인 관계의 긍정적 상호작용의 중요성, 신뢰와 결속 강화방법 • 주인의 역할과 책임에 대한 이해, 인간-동물 윤리에 대한 고려사항
반려견 훈련학	• 기초 명령어 훈련 및 사회화 훈련 • 긍정적 강화 훈련 • 문제행동 예방 및 수정 기법(기술) • 건강하고 안전한 학습훈련 • 도전적인 훈련 • 지속적인 훈련 및 강화 • 훈련 장비와 도구 • 환경 개선과 관리 • 반려견의 건강과 복지적 관리 • 선행 사례 예시를 통한 실무 교육
고객상담 및 의사소통 기술	• 적극적인 경청 • 공감 및 이해 • 분명한 설명 및 정확한 해석력 • 자연스러운 핵심 포인트 질문 • 비언어적 의사소통 • 피드백 제공 • 문화적 및 개인적 감수성 이해 • 문제해결의 지향적 접근 • 신뢰와 공감대 형성 • 유연성과 적응성 • 감성 지능
반려동물 관리학	• 반려견의 종류 및 견체 표준학 • 반려견의 형태학적 · 생리학적 특성 이해 • 반려견의 명암관리 • 반려견의 질병 이해와 건강관리 • 반려견의 사양 및 시설환경 관리 • 반려견의 생애 관리(출생에서 죽음까지) • 반려견의 미용관리 • 반려견의 산책, 놀이 및 스포츠 활동
동물보호법 · 복지 · 윤리	• 동물보호법, 시행령, 시행규칙 • 수의사법 내 반려동물 관련 법령, 시행령, 시행규칙 • 동물복지 관계법 • 유기동물 관련 사회적 이슈 • 생명윤리 및 직업윤리 • 가축방역법

---

01 반려견체의 명칭과 구조

1 동물 신체 구조의 특징

(1) 동물의 일반적 신체 구조의 특징
① 좌우대칭 : 생체 단면이나 체축을 중심으로 좌·우측이 동일한 형태의 두 부분으로 나누어진다. 척추동물의 몸은 기본적으로 좌우대칭이지만, 몸을 구성하고 있는 장기가 반드시 좌우대칭인 것은 아니다.
② 국소적 분화 : 척추동물의 몸은 머리(두부), 몸통(체간부), 꼬리(미부) 및 사지(부속지)로 구분된다.

(2) 동물 신체의 구성 단계
① 세포 – 조직 – 기관 – 기관계(계통) – 개체로 구성된다.
② 몸체를 이루는 기본 단위는 세포이며, 비슷한 형태나 기능을 가진 세포들이 모여 조직을 이룬다.
③ 비슷한 기능의 조직이 모여 기관을 형성하며, 여러 기관이 모여 기관계를 형성하고, 여러 기관계들의 유기적 접합에 의해 하나의 개체를 구성하게 된다.

2 반려견체의 명칭과 구조

(1) 견체명칭도

더알아보기

강아지를 얻는 법

혈통이 있는 개와 훈련견(작업능력견) 혈통이 있는 개로 나누어 각각 그런 개들끼리 교미 절차를 반복하여 선택적 반사를 하면 유전적으로 도그쇼에 맞는 개와 훈련견으로 예를 들어 도리 같은 방식으로 공포감이 없는 개, 소심한 개, 공격성이 뛰어난 개, 인간 친화에어 좋리 교미시켜를 얻을 수 있다.

3 사회화 교육

(1) 사회화 교육의 개요
① 사회화란 다른 환경이나 개, 사람 또는 소리 등을 접하는 데 있어 이 모든 환경을 두려워하지 않고 좋은 기억으로 받아들이게 만드는 과정이다. 만약 작은 소리에도 민감한 반응을 보이게 되면 심하게 짖는 버릇이 나타나므로 학습을 통해 문제점을 개선시켜야 한다.
② 성격 완성의 시기 : 사회화 시기는 강아지의 성격이 가장 왕성히게 형성되고, 성견이 되어서 사회성이 잘 발달될 성격으로 완성하기 위해 매우 중요한 단계이다. 실제로 서로 뒤엉켜서 노는 행동 들 하루가 다르게 변하는 강아지를 볼 수 있다. 이 모든 것이 환경에 맞추어서 이루려고 서응을 해간다는 증거이다.
③ 사회화 과정을 제대로 거치지 못한 경우

문제점	• 사회화 시기에 맞는 사회적 경험을 제한할 경우 짖거나 타인을 물고 다른 개에게 공격적인 자세를 취하는 등 사회적 부적응이가 된다. • 사회환경을 받아들이지 못하고 정서적으로 불안한 개가 된다.

• 사회화 시기에는 반려견특히 가정견을 많은 사람과 접촉하게 하고 모든 종류의 일상과 일과에 노출시킬 필 요가 있다.
• 새로운 사람과 새로운 경험을 통해서 사회환경을 긍정적으로 받아들이는 자세를 형성하고, 인간 의 무리 일부라고 생각하게 된다.

용어설명

사회성이 매우 개는 전문 핸들러에게 훈련받기 전에 퍼피워커 프로그램을 통해서 사회성을 배우게 강아지를 보내 가족 구성원으로 인간과 함께 살면서 사회의 모든 환경을 긍정적 된다. 퍼피으로 받아들이는 데 도움이 있다. 그래야 진정한 명안댄내견으로서 역할을 수행하는 기초가 다져지는 것이다.

(2) 공존의 시기
① 강아지를 입양하면 사회성을 가르치는 것은 인간의 몫이다.
② 생후 5~16주에 배우는 사회성은 '무리 내의 사회성'과 '인간과 함께 살면서 배우는 사회성'이 공존하는 시기이다.
③ 이때 '공존의 시기'라는 말의 의미를 생각하여 어느 한쪽에 치우치지 않도록 주의한다.

NCS, 한국애견연맹 출제기준 맞춤 핵심이론

'NCS국가직무능력표준'과 기존 '한국애견연맹의 출제기준'을 고려하여 핵심이론을 구성하였습니다. 명확한 내용기준을 바탕으로 효율적으로 자격시험을 대비할 수 있습니다.

학습의 이해를 돕는 다양한 학습장치

암기가 필요한 이론들은 그림이나 도표 등을 통해 한눈에 파악하기 쉽도록 깔끔하게 정리하였습니다. 더불어 추가적인 해석이 필요한 내용에는 더알아보기 박스, 용어설명 박스 등의 학습장치를 통해 학습의 이해를 돕습니다.

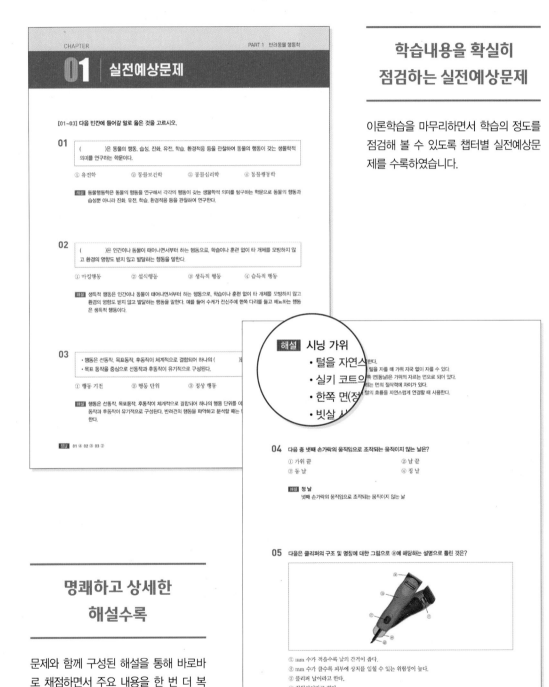

학습내용을 확실히 점검하는 실전예상문제

이론학습을 마무리하면서 학습의 정도를 점검해 볼 수 있도록 챕터별 실전예상문제를 수록하였습니다.

명쾌하고 상세한 해설수록

문제와 함께 구성된 해설을 통해 바로바로 채점하면서 주요 내용을 한 번 더 복습할 수 있습니다.

이 책의 목차 CONTENTS

PART

1

반려동물 행동학

01 | 반려동물행동학

1 동물행동학 일반

(1) 동물행동학의 개요

① **행동의 정의** : 인간을 포함한 모든 동물의 반응으로, 종이 다른 구성원이나 다른 종의 유기체 및 환경과 상호작용하는 모든 방식

② **동물행동학의 정의** : 동물의 행동, 습성, 진화, 유전, 학습, 환경적응 등을 관찰하여 동물의 행동이 갖는 생물학적 의미를 연구하는 학문

> **더알아보기** 생득적 행동과 획득적 행동
>
> **1. 생득적 행동**
> 인간이나 동물이 태어나면서부터 하는 행동으로, 학습이나 훈련 없이 타 개체를 모방하지 않고 환경의 영향도 받지 않고 발달하는 행동을 말한다. 예를 들어 수캐가 전신주에 한쪽 다리를 들고 배뇨하는 행동은 생득적 행동이다.
>
> **2. 획득적 행동**
> 인간이나 동물이 학습에 의해 후천적으로 획득한 행동으로, 살아가면서 다양한 상황에 알맞게 판단하고 경험하며 시행착오로 얻어진 행동을 말한다. 예를 들어 개가 주인의 명령에 따라 '앉아'를 하는 것은 학습에 의해 획득된 행동이다.

③ **동물행동의 과학적 연구**

㉠ 1895년 영국의 생물학자 찰스 다윈의 '종의 기원'이 출판되면서 동물행동에 관한 과학적 연구가 주목받기 시작했다.

㉡ 러시아의 생리학자 이반 파블로프가 조건반사 연구로 학습행동에 관한 연구의 기초를 확립했다.

㉢ 미국의 심리학자인 스키너가 현대적 행동주의 학습의 '강화'개념을 강조하여 조작적 조건화 이론을 선보였다.

1. 고전적 조건화

자극과 자극의 연합으로 행동이 조건화되는 것으로, 아무런 반응을 일으키지 않는 조건적 자극과 무조건적 반응을 일으키는 무조건적 자극을 결합하여 반응이 일어나도록 한다.

2. 조작적 조건화

행동과 결과의 연합으로 행동이 조건화되는 것으로, 어떤 반응에 대해 체계적이고 선택적으로 강화를 줌으로써 그 반응이 다시 일어날 확률을 증가시키는 절차이다.

ⓜ 오스트리아의 생물학자 로렌츠와 프리슈, 네덜란드의 생물학자 틴베르겐이 동물의 행동 패턴 연구로 노벨 생리의학상(1973년)을 수상하면서 '동물행동학(ethology)'이라는 분야가 탄생했다.

(2) 동물행동학의 4분야

구 분	연구 분야	행동학적 관점	수캐의 배뇨 행동 사례 이해
지근 요인	행동의 매커니즘을 연구	행동의 차이	다리들기를 하면서 오줌을 누는 요인은?
궁극 요인	행동의 생물학적 의미를 연구	행동의 의미	의미는 무엇인가?
발 달	행동의 개체발생(발달)을 연구	행동의 성장	언제부터 하는가?
진 화	행동의 계통발생(진화)을 연구	행동의 진화	조상인 늑대도 하는 것인가?

더알아보기 동물행동에 영향을 미치는 요인

진화와 유전	• 동종의 생물이라도 개체차가 존재한다. • 어떤 종의 변이는 유전된다. • 생존과 번식에는 다양한 경쟁이 존재한다. • 우수한 능력을 갖춘 개체는 자손 번식의 기회가 많다. • 유리한 형질의 자손이 대를 거듭하고 집단을 형성한다.
적응도	• 동물의 행동은 적응도를 가장 높일 수 있는 형태로 진화해 왔다.
동기부여	• 동기부여가 없으면 행동이 일어나지 않는다. • 호메오스타시스성 동기부여 : 생존을 위한 식욕, 수면욕, 배설욕, 체온·호흡의 유지욕 • 번식성 동기부여 : 종의 존속을 위한 성욕과 육아욕 • 내발적 동기부여 : 호기심이나 조작욕, 접촉욕 • 정동적 동기부여 : 정서적 반응으로 감정을 일으키는 자극 요인 • 사회적 동기부여 : 타 개체와의 상호작용이나 자신을 보호하기 위한 행동
학 습	같은 종이라도 개체마다 환경의 특성에 따라 다른 행동을 보일 수 있으며 동물의 학습은 연상, 시행착오, 모방, 관찰 등 다양한 유형으로 구분된다.
동물의 감각	동물 종에 따라 감각세계가 다르다는 것을 이해해야 한다. 인간은 잘 느끼지 못하는 가청범위 외의 초음파는 개나 고양이에게는 견디기 힘든 소음이 될 수도 있다.

2 반려견의 행동 파악

(1) 반려견 행동의 개요(미무라 고, 2003)

① 행동은 생명체가 신체의 내·외부 자극에 의하여 표현하는 행동 단위의 움직임으로, 행동 단위로 구성되지 않은 자극에 대한 반사는 행동에 포함되지 않는다.

② 행동은 선동작, 목표동작, 후동작이 체계적으로 결합되어 하나의 행동 단위를 이루는데, 목표동작을 중심으로 선동작과 후동작이 유기적으로 구성된다.

③ 반려견의 행동을 파악하고 분석할 때는 행동 단위로 관찰하고 판단해야 한다.

④ 행동의 특성

　㉠ 동일자극이 주어지더라도 표현이 다양할 수 있으며, 다른 자극에 대하여 동일한 행동이 표현되기도 한다.

　㉡ 반려견의 행동은 혼자 완성하는 개체행동과 상대와의 사회적 관계에서 발생하는 사회행동으로 구분된다.

　㉢ 행동은 목표 동작의 완성만으로 조절되지 않으며 행동의 실현 자체도 중요하다.

　㉣ 행동 단위가 결핍된 경우 전가행동과 같은 문제가 발생한다.

⑤ 행동의 발현기전

자극과 반응기전	• 감각수용기에 전달된 자극은 공통기능을 가진 신경세포 집단인 중추신경에 전달된다. 행동은 중추신경에 전달된 자극에 반응하여 표현되는 현상이다.
생득적 해발기전	• 동물체의 선천적인 행동양식으로 연속적인 억제와 해발의 연결로 발생한다. • 일정한 생리 상태에 이르면 최상위 중추가 활성화되고 이어서 억제가 해제되어 행동이 발생하는 현상이다.

더알아보기　**반려견의 행동분류**

(2) 반려견의 행동 관찰

관찰은 인간과 의사소통이 불가능한 반려견의 행동의 의미를 파악할 때 유용한 방법으로 관찰 대상의 행동을 연속적이고 전체적으로 파악할 수 있다. 관찰은 객관성, 타당성, 신뢰도를 가져야 관찰자에 따른 차이를 피할 수 있다. 관찰자는 자신이 관찰과정에 영향을 미치지 않도록 주의해야 한다.

① 관찰의 종류

비통제관찰	• 일상에서 행동을 관찰하는 방법으로, 반려견의 전체 모습을 파악할 수 있지만 특정 행동의 관찰이 쉽지 않다. • 관찰자는 관찰하기 전에 관찰할 행동과 발생 조건을 명확히 결정해야 한다. • 관찰 시 선동작–목표동작–후동작 시스템을 파악하여 단위 행동 전체를 파악한다.
통제관찰	• 관찰 환경을 계획적으로 설정한 상태에서 특정 행동을 관찰하는 방법이다. • 관찰조건을 자유롭게 조절할 수 있어서 반려견의 특정 문제행동을 파악하는 데 적당하다. • 의도적으로 설정된 상황이므로 실제 환경에서의 행동과 차이가 있을 수 있다.

② 관찰기록

일화기록	• 반려견의 특정 행동을 중심으로 관찰자가 의미있다고 생각되는 모든 것을 상세히 적거나 연관된 사실을 기록하는 방법이다. • 특정 행동이 언제 어떤 조건에서 발생하는지 사실 그대로 기록한다. 관찰자의 분석은 관찰내용과 구분하여 별도로 기록한다.
목록점검	• 목록표의 항목에 체크하는 방법으로, 점검이 쉽지만 문제행동의 수준을 파악하기 어렵다. • 점검항목은 관찰목적에 부합하는 내용을 구체적으로 기술하고, 한 항목에 하나의 행동만 제시한다.
척도평정	• 관찰 대상 행동 항목별로 제시된 표현 정도에 체크하는 방법으로, 문제행동의 발생 빈도와 질문을 통해 수준을 파악할 수 있는 장점이 있지만 관찰자의 주관적 판단에 영향받기 쉽다.

01 | 실전예상문제

[01~03] 다음 빈칸에 들어갈 말로 옳은 것을 고르시오.

01

( )은 동물의 행동, 습성, 진화, 유전, 학습, 환경적응 등을 관찰하여 동물의 행동이 갖는 생물학적 의미를 연구하는 학문이다.

① 유전학   ② 동물보건학   ③ 동물심리학   ④ 동물행동학

해설 동물행동학은 동물의 행동을 연구해서 각각의 행동이 갖는 생물학적 의미를 탐구하는 학문으로 동물의 행동과 습성뿐 아니라 진화, 유전, 학습, 환경적응 등을 관찰하여 연구한다.

02

( )은 인간이나 동물이 태어나면서부터 하는 행동으로, 학습이나 훈련 없이 타 개체를 모방하지 않고 환경의 영향도 받지 않고 발달하는 행동을 말한다.

① 마킹행동   ② 섭식행동   ③ 생득적 행동   ④ 습득적 행동

해설 생득적 행동은 인간이나 동물이 태어나면서부터 하는 행동으로, 학습이나 훈련 없이 타 개체를 모방하지 않고 환경의 영향도 받지 않고 발달하는 행동을 말한다. 예를 들어 수캐가 전신주에 한쪽 다리를 들고 배뇨하는 행동은 생득적 행동이다.

03

• 행동은 선동작, 목표동작, 후동작이 체계적으로 결합되어 하나의 ( )을(를) 이룬다.
• 목표동작을 중심으로 선동작과 후동작이 유기적으로 구성된다.

① 행동 기전   ② 행동 단위   ③ 정상 행동   ④ 실의 행동

해설 행동은 선동작, 목표동작, 후동작이 체계적으로 결합되어 하나의 행동 단위를 이룬다. 목표 동작을 중심으로 선동작과 후동작이 유기적으로 구성된다. 반려견의 행동을 파악하고 분석할 때는 행동 단위로 관찰하고 판단해야 한다.

04 동물행동학 분야의 선구자가 아닌 사람은?

① 로렌츠
② 에릭슨
③ 프리슈
④ 틴베르겐

해설 유럽에서 동물행동학(Ethology)이라는 새로운 학문 분야가 탄생하여 로렌츠, 틴베르겐, 프리슈 3인의 선구자들이 함께 노벨상(1973년도 의학생리학상)을 수여한 것이 하나의 계기가 되어 동물행동학은 20세기 후반에 대단한 발전을 이루었다.

05 동물행동학 연구의 4분야로 옳지 않은 것은?

① 행동의 발달
② 행동의 전달
③ 행동의 궁극요인
④ 행동의 지근요인

해설 동물행동학 연구의 4분야는 행동의 지근요인, 행동의 궁극요인, 행동의 발달, 행동의 진화의 각 관점이다.

06 다음 중 행동의 동기부여에 해당하지 않는 것은?

① 번식성의 동기부여
② 사회적 동기부여
③ 폭력적 동기부여
④ 호메오스타시스성 동기부여

해설 행동의 동기부여는 번식성 동기부여, 내발적 동기부여, 사회적 동기부여, 정동적 동기부여, 호메오스타시스성 동기부여가 있다.

07 행동의 특성에 대한 설명으로 옳지 않은 것은?

① 동일자극이 주어지더라도 표현이 다양할 수 있다.
② 다른 자극에 대하여 동일한 행동이 표현되기도 한다.
③ 반려견의 행동은 개체행동과 사회행동으로 구분한다.
④ 행동은 목표동작의 완성만으로 조절되며 행동의 실현 자체도 중요하다.

해설 행동은 목표동작의 완성만으로 조절되지 않으며 행동의 실현 자체도 중요하다.

[08~09] 다음 보기에서 설명하는 것으로 옳은 것을 고르시오.

08

> • 동종의 생물이라도 개체차가 존재한다.
> • 종의 변이는 유전된다.
> • 생존과 번식에는 다양한 경쟁이 존재한다.

① 학 습   ② 적응도

③ 동기부여   ④ 진화와 유전

> 해설 **생물학자 찰스 다윈의 행동의 진화와 유전**
> • 동종의 생물이라도 개체차가 존재한다.
> • 어떤 종의 변이는 유전된다.
> • 생존과 번식에는 다양한 경쟁이 존재한다.
> • 우수한 능력을 갖춘 개체는 자손 번식의 기회가 많다.
> • 유리한 형질의 자손이 대를 거듭하고 집단을 형성한다.

09

> • 인간이나 동물이 학습에 의해 후천적으로 획득한 행동이다.
> • 다양한 상황에 따른 판단과 경험에 의한 시행착오의 결과이다.
> • 예를 들어 개가 주인의 명령에 따라 '앉아'를 하는 것이다.

① 모성 행동   ② 그루밍 행동

③ 생득적 행동   ④ 획득적 행동

> 해설 획득적 행동은 인간이나 동물이 학습에 의해 후천적으로 획득한 행동으로, 살아가면서 다양한 상황에 따라 판단·경험하여 시행착오로 얻어진 행동이다. 예를 들어 개가 주인의 명령에 따라 '앉아'를 하는 것은 학습에 의해 획득된 행동이다.

10   동물행동학의 4가지 관점과 수캐의 배뇨 행동 설명이 바르게 연결되지 않은 것은?

① 지근요인 – 일반 배뇨와 어디가 다른가?

② 궁극요인 – 어떤 의미가 있는가?

③ 행동의 발달 – 새끼 때는 하지 않았지만 언제부터 하는가?

④ 행동의 진화 – 고양이도 하는 것인가?

> 해설 행동의 진화 관점에서는 개의 선조 동물인 늑대의 행동에 대한 연구를 예로 들어 다리 들기 배뇨 행동이 어떤 환경에서 어떻게 진화해 왔는가를 밝히는 것이므로 '늑대도 하는 것인가?'가 되어야 한다.

02 | 반려견의 행동 특성

1 반려견의 기원

반려견은 '인간의 가장 오래된 친구이자, 최고로 가까운 친구'로, 인간과의 교감과 소통, 친밀성을 바탕으로 사람에게 많은 도움을 준다. 개는 그들의 행동 습성과 본능 등을 이용한 기능과 교육을 통해서 정신적, 육체적, 정서적으로 사람에게 많은 영향을 주는 특별한 존재이다.

(1) 개의 기원

① 개의 직계 조상

  ㉠ 개의 품종은 세계 각국의 지리적 형태에 따라 다양하게 변화되고 혈통이 다른 품종과 수년 동안 교잡되어 와서, 어떤 품종의 직계 조상을 추적하기란 사실상 어렵다.

  ㉡ 다수의 동물학자들은 광범위하게 분포되었던 늑대로부터 유래되었다는 설에 신빙성을 가지고 있다.

② 개의 가축화

기원전 14,000년	• 스페인 동부 아르페라 부근에서 발견된 구석기 시대의 최후기에 속하는 동굴벽화에는 수렵 대상 동물 외에 이리와 비슷한 동물이 사냥하는 사람과 함께 그려져 있다.
기원전 7,000년	• 덴마크에서 발견된 B.C. 7,000년 무렵의 개의 유골이 패총(조개무덤)에서 발견되어서 '조개를 먹는 사람의 개(Hund der Muschesser)'로 불린다. • 개가 사람에 의해서 길들여진 시기에 대해 짐작할 수 있는 최초의 것이다.
기원전 2,500~4,000년	• 이집트 제4왕조기에 속하는 B.C. 2,500~4,000년의 아무템 무덤에는 그레이하운드와 비슷한 개의 모습이 조각되어 있는데, 두 마리는 사슴을, 다른 한 마리는 들소를 공격하는 모습이다.

③ 최초의 사육법

  ㉠ 이집트인들은 B.C. 2,000년경부터 프레스코 벽화와 청동제품, 조각물과 문서, 서류 등에 개 사육법의 기본원리를 표현했다.

  ㉡ 유럽에서는 로마인이 개의 품종을 상당히 개발해서 오늘날 우리가 알고 있는 품종들이 대부분 존재했다고 한다. 로마인들은 개의 지역적인 유형은 물론이고, 가정견, 스포츠견, 군견, 경비견 등 개의 유형을 개별적으로 기술했다.

(2) 대륙별로 분포된 개의 특징

① 서남아시아, 남유럽 지역

메소포타미아 문명	• 날씬하고 긴 다리를 갖고 있는 사이트하운드는 메소포타미아 사막에서 사냥할 수 있는 능력을 가지고 있었으며 수세기에 걸쳐 그 외형이 조금씩 바뀌어, 분명한 그레이하운드의 형태는 B.C. 2,900년경으로 거슬러 올라간 시대의 이집트 묘지에서 보이고 있다.

고대 그리스 시대	• 그리스 시대 이후 사냥견을 이용한 대중적인 오락이 발전되어 사냥견의 후각 능력을 배양하기 위하여 선택적으로 사육해 왔고, 고대의 사이트하운드와 같이 여러 종의 특수한 유형을 지닌 사냥견이 점차 개량되었다고 여겨진다. • 늑대나 사슴을 사냥하기 위한 목적이었던 대형견 계통인 아이리시 울프 하운드는 A.D. 391년 이전에 존재했던 것으로 믿어진다.
로마 시대	• 경비견이나 투견의 목적을 가진 대형견인 마스티프 유형의 개는 B.C. 3,000년경 이집트 회화에서 발견할 수 있으며, 로마가 영국 침입 당시 도입한 것으로 알려져 있다. • 줄리어스 시저가 개의 용감성에 대해 기술했고 다른 여러 동물들과의 싸움을 위한 투견으로 사용했다. 기록에서도 몇 종이 영국으로부터 로마로 도입되었다고 기술되었다.

② 북아프리카, 동북아시아 지역

이집트 문명	• 페르시아 그레이하운드라고 불리는 살루키는 세계에서 가장 오래된 품종으로 알려져 있다. 살루키를 닮은 개들이 나일강 근처의 파라오 분묘에 미라로 발견되었고, 이 품종은 B.C. 329년보다 더 오래 전에 길들여진 것으로 추정된다. • B.C. 2,000년경 고대 이집트인들은 소형견을 만들어 냈는데, 이는 분명히 일반적인 강아지와는 현저히 다른 특색을 가진 것으로 그들의 예술 세계에 묘사되어 있다. 또한 B.C. 수백 년 전부터 그리스와 로마에서도 소형 애완동물에 대한 특수 사육이 있었던 것으로 나타난다. 이들 초기 애완견(Toy) 품종은 말티즈 유형인 것으로 생각된다.
황하 문명	• 중국에서는 B.C. 6세기경에 작고 짧은 얼굴을 가진 개에 대한 기록이 있는데, 후에 퍼그(Pug)나 페키니즈 같은 아주 특이한 동양의 애완견 품종으로 나타나며, 완전히 별개의 그들 자신만의 소형견 품종을 개발하고 발전시켰다.

(3) 반려견의 변천

① 최초의 반려견

  ㉠ 개의 선조인 늑대의 몸 구조를 보면 새끼는 늘어진 귀를 가지고 있으나 성장하면서 귀가 직립한다. 광야에서는 직립한 귀가 소리를 가장 잘 들을 수 있는 장점이 있기 때문이다.

  ㉡ 늘어진 모양의 귀는 하운드와 스파니엘 같이 후각이 발달한 품종과 특별히 관련되어 있는데, 개들의 변천은 능력 그대로를 보존하기도 하지만 단순히 늘어진 귀의 형태가 매력적인 경우 청각 능력보다 미관이 우선되어 유지되기도 한다.

② 여러 목적으로 개량된 반려견

  ㉠ 불독 같은 품종의 짧은 얼굴은 섬뜩하게 무서운 인상을 주기 위해 한 혈통으로 길러졌다.

  ㉡ 페키니즈 같은 품종에서 평면형의 얼굴은 순전히 인간에게 시각적인 매력을 보여주기 위해서만 개량되었다.

  ㉢ 짧은 턱과 큰 눈은 시추종의 유아적인 천진한 외형을 나타냄으로써 사랑받고 있다. 개의 원래 특징을 사회적으로 적응시킨 것은 물론이고 사람들의 취향에 따라 개량되어 왔다.

  ㉣ 오소리 사냥으로 유명한 닥스훈트 품종은 짧은 다리를 이용하여 굴속에서도 오소리를 몰아내는 능력을 발휘할 수 있도록 개량되었다.

  ㉤ 그레이트덴은 경비견과 사냥견으로서 큰 크기를 가지도록 대형견으로 개량되었다.

  ㉥ 하얗고 매력이 넘치는 말티즈와 비단결 같은 아름다운 매력을 가진 요크셔 테리어는 가장 많이 사랑받는 가정견이 되었다.

③ 오늘날의 반려견
  ㉠ 능력과 취향에 따라 발전하고, 순수혈통에서 개량번식을 통해 유전적으로 문제가 있는 기능을 보완하여 다양한 품종이 되었다.
  ㉡ 우리나라에서는 진돗개가 국제 공인견으로 등록되어 있고 한국견으로 풍산개, 삽살개, 오수개, 경주개 동경이, 제주개, 불개 등의 보존 및 혈통 고정에 노력하고 있다.

2 반려견의 품종별 행동 특성

(1) 외형에 따른 품종 분류
① 개의 외형적 변화
  ㉠ 개는 얼굴, 체형, 모질, 모색, 꼬리 형태, 크기에 따라 다양한 품종으로 나뉜다.
  ㉡ 품종의 다양성이 다른 동물과는 확연하게 다른 특징적인 개체를 나타내며 광범위한 외형적 변화를 보인다.
  ㉢ 다양한 품종 교잡을 통해 나타난 새로운 품종의 기질들을 보면 길들여진 개의 외형 변이 역시 놀랍다는 것을 알 수 있다.
② 품종 분류(국제공인견종에 등록)
  세계애견연맹에서 공인된 344개(수시 변동) 견종은 원산지와 용도, 분류, 연혁, 외모와 성격, 걷는 모양, 피부, 크기, 결점 등으로 분류한다. 개의 품종을 생물학적 분류법으로 보면 다음과 같다.

그룹	품종
1그룹	• 쉽독과 캐틀 독 견종(스위스 캐틀 독 제외) • 대표 견종 : 오스트레일리언 캐틀 독, 보더 콜리, 올드 잉글리쉬 쉽독, 저먼 셰퍼드 독, 웰시 코기 펨브로크, 벨지안 셰퍼드 독, 풀리, 셰틀랜드 쉽독
2그룹	• 핀셔, 슈나우저–몰로세르 타입과 스위스 마운틴 독, 캐틀 독 견종 • 대표 견종 : 아펜핀셔, 도베르만, 버니즈 마운틴 독, 그레이트 덴, 로트바일러, 복서, 불독
3그룹	• 테리어 견종 • 대표 견종 : 에어데일 테리어, 스코티쉬 테리어, 잭 러셀 테리어, 요크셔 테리어, 와이어 폭스 테리어, 아메리칸 스태포드셔 테리어, 베들링턴 테리어
4그룹	• 닥스훈트 견종(모질에 따라 3가지 품종으로 나뉘어 총 9가지 품종이 있다.) • 대표 견종 : 스무스 헤어드, 롱 헤어드, 와이어 헤어드 닥스훈트, 스무스 헤어드 카니헨, 롱 헤어드 카니헨, 와이어 헤어드 카니헨 닥스훈트, 스무스 헤어드 미니어쳐, 롱 헤어드 미니어쳐, 와이어 헤어드 미니어쳐 닥스훈트
5그룹	• 스피츠와 프리미티브 타입 견종 • 대표 견종 : 코리아 진도견, 알라스칸 말라뮤트, 시베리안 허스키, 사모예드, 포메라니언, 차우차우, 타이 완독, 바센지, 시바, 아키타
6그룹	• 세인트 하운드와 관련 견종 • 대표 견종 : 바셋 하운드, 비글, 달마시안, 로디지안 리지백, 블랙 앤 탄 쿤 하운드
7그룹	• 포인팅 견종 • 대표 견종 : 브리타니 스파니엘, 잉글리쉬 포인터, 잉글리쉬 세터, 저먼 쇼트 헤어드 포인팅 독, 바이마라너, 아이리쉬 레드세터

8그룹	• 리트리버, 플러싱 독, 워터 독 견종 • 대표 견종 : 아메리칸 코커 스파니엘, 잉글리쉬 코커 스파니엘, 골든 리트리버, 래브라도 리트리버, 포르투기즈 워터 독
9그룹	• 컴퍼니언 토이독 견종 • 대표 견종 : 비숑 프리제, 시추, 말티즈, 페키니즈, 푸들, 퍼그, 티베탄 테리어, 치와와, 캐벌리어 킹 찰스 스파니엘, 프렌치 불독
10그룹	• 사이트 하운드 견종 • 대표 견종 : 아프간 하운드, 보르조이, 그레이하운드, 휘핏, 이탈리안 그레이하운드, 디어하운드, 아이리쉬 울프하운드, 살루키

(2) 성격과 기능에 따른 품종 분류

① 성격에 따른 소형견 품종 분류

성격 특성	견 종
활발함	말티즈, 푸들, 요크셔 테리어, 빠삐용, 치와와 등
활발하며 잘 짖음	미니어쳐 핀셔, 닥스훈트, 퍼그 등
조용함	비숑 프리제, 페키니즈, 시추, 친, 라사 압소, 포메라니언 등
스포츠독	웰시 코기 펨브로크, 셰틀랜드 쉽독, 슈나우져, 코커 스파니엘, 잭 러셀 테리어 등

② 기능에 따른 중 · 대형견 품종 분류

기능별 분류	견 종
만능견	저먼 셰퍼드, 벨지안 마리노이즈, 벨지안 셰퍼드 독, 보더 콜리, 오스트리아 셰퍼드, 골든 리트리버, 래브라도 리트리버, 코리아 진도견 등
가정견	사모예드, 버니즈 마운틴 독, 불독, 올드 잉글리쉬 쉽독, 아메리칸 아키타, 콜리, 재패니즈 스피츠, 그레이트 피레니즈, 달마시안 등
경비견	저먼 셰퍼드, 벨지안 마리노이즈, 코리아 진도견, 로트바일러, 복서, 도베르만, 마스티프, 그레이트 덴, 샤페이, 티베탄 마스티프 등
실내견	반드시 훈련 교육이 필요한 실내견은 코커 스파니엘, 비글, 슈나우져, 잭 럭셀 테리어, 보스턴 테리어 등이 있다.
수렵견	바셋 하운드, 비글, 블랙 앤 탄 쿤 하운드, 보르조이, 블러드 하운드 등
시각형 수렵견	아프간 하운드, 살루키, 슬루기, 스패니쉬 그레이하운드 등
경주견	그레이하운드, 이탈리안 그레이하운드, 휘핏 등
조렵견	잉글리쉬 포인터, 저먼 포인터, 저먼 쇼트 헤어드 포인터, 잉글리쉬 세터, 아이리쉬 세터, 브리타니 스파니엘 등
썰매견	알라스칸 말라뮤트, 시베리안 허스키, 뉴펀들랜드, 세인트 버나드 등
동물매개치료견	개를 매개로 하여 취약계층의 사람이나 우울증 등 심리적 안정을 필요한 사람들과 소통을 통해 감정교류 역할을 한다.
맹인안내견	• 사람의 눈 역할을 하므로 매우 난도 있는 교육이 필요하다. • 인내심이 많고 차분해야 하며, 특히 사회성 교육이 가장 중요하다. • 유혹에 쉽게 넘어가야 하지 말아야 하며 안내견에게 사고가 난다는 것은 사람의 생명에 큰 위협이 될 수 있다는 것을 알아야 한다. • 적합한 품종은 셰퍼드, 래브라도 리트리버, 골든 리트리버가 있다.

보청견	• 소리에 민감하게 반응하며 호기심이 많은 견들이 적합하다. • 특히 보청견은 사람의 귀 역할을 하여 초인종 소리, 물 끓는 소리, 전화벨 소리 등 소리에 대한 반응을 알려주어야 하므로 테리어 견종, 소리에 반응하는 모든 품종이 적합하다.
장애인 보조견	장애인의 보조 역할을 하는 견으로 심부름이나 문 열고 닫기, 옷 벗겨주기, 불 켜주고 꺼주기, 말벗이 되거나 장애인의 부족한 부분을 채워주는 역할을 한다.
특수목적견	위험물이나 특정 물건의 탐지 및 수색 등 특수한 목적에 활용되며 목적에 활용되는 견종 특징에서 우수한 성품을 지니고 있는 견을 우선 선택한다.

(3) 주요 반려견의 특징

① 말티즈

성 격	• 지적이고 우아, 활발하고 밝고 쾌활한 애완견으로, 소형견임에도 용감하다. • 사람의 마음을 민감하게 감지하고 어리광이 능숙한 면도 있다.
활 동	AKC 토이그룹, FCI-9그룹, 반려견
유 래	• 기원전 1500년경 이탈리아 남부 몰타의 반려견으로 몰티즈라는 명칭을 갖게 되었다는 설이 있으나 정확하지 않다. • 쥐나 작은 동물을 사냥하고 사람들과 친화력이 좋아서 유럽 귀부인들이 선호하는 인기 견종으로 자리잡았다.
외 모	작업견이나 사냥개로 이용되던 역사가 없는 타고난 애완견으로, 순백의 실크 같은 광택의 모를 가졌으며 밑털이 없다. 눈이 새까맣고 동그랗다.
행동 특징	• 사람들과의 친화력이 좋고 생기발랄하며 보호자만을 좋아하는 성향이 강하다. • 경계성 짖음이 잦고 행동이 민첩하고 눈치가 빠르며 영리한 편이다.

② 포메라니언

성 격	• 활발하고 장난기가 많으나, 경계심이 강해서 공격성을 보일 때도 있으니 사회화 훈련을 잘 시키고 주의해야 할 필요가 있다. • 독립적이고 앙칼지며, 고집이 세고 원하는 게 있거나 불만이 있으면 많이 짖는다. • 관심받는 것을 좋아하며, 재빠르고 민첩하다.
활 동	AKC 토이그룹, FCI-5그룹 스피츠&프리미티브 타입, 반려견
유 래	• 독일 북동부 포메라니아 지역의 독일 스피츠 계열에서 유래된 것으로 추정되며 크기가 작은 난쟁이 스피츠로 불렸다.
외 모	• 이중모로 굵은 속털과 빛나는 겉털이 자라므로, 털을 제대로 유지하려면 매일 브러싱을 해주는 것이 중요한다.
행동 특징	• 체구는 작지만 대담한 성격으로 가족 구성원 내에서 서열을 확인하려고 한다. • 반려견으로 사람들과의 친화성이 좋고, 두뇌 회전과 눈치가 빠르다.

③ 요크셔 테리어

성 격	• 귀여운 소형견으로, 활동적이고, 혈기 왕성하며 권위적인 성격이다. • 잘 짖는 습성이 있지만, 훈련으로 과도하게 짖는 습성을 고쳐줄 수 있다. 일부는 집안훈련에 대해 완고할 수도 있다.
활 동	AKC 토이그룹, FCI-3그룹 테리어, 반려견
유 래	• 빅토리아 시대에 영국 요크셔에서 갱도를 감염시키는 쥐를 잡기 위해 개량되었고, 양모 공장에서 일하는 스코틀랜드사람이 교배했다는 설도 있다.

외 모	• 길고 곧게 솟은 강청색 털이 몸과 꼬리에 나 있고, 나머지 부분은 갈색으로 덮여 있다. • 뭉툭한 꼬리는 일반적인 꼬리의 반 정도 크기이다. • 태어날 때는 까맣고 눈썹과 턱, 귀끝, 가슴, 발끝 등에 황갈색 반점이 있다.
행동 특징	• 소형견이지만, 질투가 많고 다소 신경질적인 성격이다. • 예민한 편으로 짖기 시작하면 작은 소리나 상황에도 경계심을 보인다.

④ 치와와

성 격	• 겁이 없고 용감한 편으로, 작은 체구임에도 강인한 성격을 보인다. • 활동적이고 독립적인 성격으로 원하는 것을 적극적으로 쟁취한다.
활 동	AKC 토이그룹, FCI-9그룹, 반려견
유 래	• 멕시코 북부 치와와 주에서 유래된 견종으로, 멸종된 테치치라는 견종을 조상으로 하여 다양한 종들과의 교배로 생겼다는 설이 있다.
외 모	• 세계 최소형 견종으로, 평균 키(체고)가 13~20cm, 체중은 1kg~2kg 정도로 매우 작다. • 모색은 붉은색, 갈색, 검은색, 담황색, 얼룩, 노란색 등으로 다양하며 장모종, 단모종이 모두 있다. • 동그란 두상에 살짝 돌출된 큰 눈, 길지 않은 코를 갖고 있는 균형 있는 얼굴이 특징이다.
행동 특징	• 보호자와 같이 있을 때 더 자신감을 보여 큰 덩치의 개에게 짖고 달려들기도 한다. • 호기심이 많고 경계심이 강해서 낯선 사람 주변을 맴돌며 발뒤꿈치를 물기도 한다.

⑤ 푸 들

성 격	• 활발하고 활동량이 많으며 장난을 즐기고 웃기는 면이 있는 반려견이다. • 관심받는 것을 좋아해서 혼자 두거나 무시하면 짖는 행위 같은 안 좋은 습관이 생긴다.
활 동	AKC 논스포팅그룹, FCI-9그룹, 반려견
유 래	• '첨벙첨벙 소리를 내다'라는 뜻의 독일어 'pudel(푸델)'에서 유래했으며, 원래 물에 빠진 오리 등을 건져내는 조렵견이었다.
외 모	• 푸들의 크기는 토이 푸들(2~3kg), 미니어처(5~9kg), 스탠더드(20~32kg)의 3가지 타입으로, 모색은 화이트, 크림, 브라운, 실버, 블랙으로 다양하다. • 늘어진 귀와 긴 얼굴을 갖고 있으며, 곱슬곱슬한 털을 정기적으로 미용해 주어야 한다.
행동 특징	• 개체마다 개성이 강해서 한 마디로 규정짓기 힘들다. • 기본적으로 지능이 높고 사람들과의 사회성이 좋은 다재다능한 견종이다. • 신체 균형이 좋고 민첩하여 훈련을 쉽게 받는 것으로 유명하다.

⑥ 비 글

성 격	• 관대하고 침착하며 친화력이 매우 좋으나, 활동적이고 호기심 많다. 또한 사냥견이기 때문에 돌아다니고 싶어 하는 습성이 있다.
활 동	AKC 하운드, FCI-6그룹 센트하운드, 사냥, 반려견
유 래	• 영국, 웨일즈, 프랑스의 사냥견에서 유래되었으며, 토끼 전문 사냥견으로 개발되었다. • '요란하게 짖는다'라는 뜻의 프랑스어에서 명칭이 유래되었다는 설이 있다.
외 모	• 탄탄한 체형과 돔 모양의 머리, 각진 주둥이, 넓은 코, 축 쳐진 긴 귀가 특징이다. • 단모종으로 날리는 털은 없지만 박히는 털이기 때문에 털 관리와 피부병에 유의해야 한다.
행동 특징	• 같이 있는 것을 좋아하고 혼자 남겨졌을 시 늑대처럼 울부짖고 파괴적일 수 있다. • 대체로 사람을 좋아하고 밝고 에너지가 넘치는 성격으로 사랑스러운 반려견이다.

⑦ 잭 러셀 테리어

성 격	• 행복하고 활발한 성격으로, 사람과 함께 있을 때와 할 일이 있을 때 가장 행복하다. • 사냥본능이 있어서 집고양이나 햄스터를 사냥감으로 간주한다. • 탐험과 사냥 욕구로 돌아다니기 때문에 넓은 야외에 울타리가 쳐져 있는 것이 좋다.
활 동	AKC 테리어, FCI-3그룹 테리어, 소동물 굴속 사냥, 반려견
유 래	• 여우 사냥을 즐기던 영국의 존 러셀 목사가 쥐나 땅속 동물 사냥이 가능하도록 개량했다.
외 모	• 짧고 단단한 이중털을 가졌으며, 하얀색, 하얀색 바탕에 검정 혹은 황갈색의 줄이 있다. • 체중은 5~10kg의 소형견으로 눈은 둥글거나 타원형이고, 대부분 짙은 갈색이다. • 다리가 곧고 몸 전체의 균형이 잡혀 있어서 전체적으로 탄탄하고 다부진 느낌을 준다.
행동 특징	• 활동량이 매우 많고 질주 본능이 강해서 많은 양의 운동이 요구되며 넓은 마당에 울타리가 쳐져 있는 것이 최선이다.

⑧ 사모예드

성 격	• 친근하고 개성 있는 견종으로, 매우 영리하고, 독립적인 성향이다. • 위협을 느끼면 짖으며, 오랜 기간 혼자 남겨질 경우 성가시게 많이 짖을 수도 있다.
활 동	AFC 워킹, FCI-5그룹 스피츠&프리미티브 타입, 썰매, 반려견
유 래	• 시베리아의 유목민이 썰매를 끌기 위해 선택한 고대 견종으로, 1800년도 후기 영국에 왔으며, 러시아의 황제로부터 선물 받았다고 한다. • 많은 극지탐사에 참여하였고, 아문센의 첫 번째 남극 탐험에 참여하였다.
외 모	• 푹신한 털이 풍성하고 말려져 있는 꼬리를 가지고 있다. • 머리는 넓고 날렵한 귀를 가지고 있으며 입 주변이 살짝 올라가 있다. • 추위를 견딜 수 있도록 굵고 유연한 털이 촘촘하며, 모색은 보통 흰색이지만, 간혹 비스킷이나 크림색인 경우도 있다.
행동 특징	• 활동량이 좋아 운동을 자주 시켜주어야 하며, 오랜 기간 혼자 남겨지는 것을 싫어한다. • 사람과의 교감을 좋아하기 때문에 복종이나, 민첩성, 목축, 썰매나 무거운 물건을 끄는 훈련을 좋아한다.

3 반려견의 행동 유형

(1) 개체행동

개체행동은 반려견이 혼자 시작해서 스스로 마무리 짓는 행동이다. 섭식행동, 배설행동, 운동행동, 몸치장 행동, 호신행동, 놀이행동 등으로 구분한다.

① 섭식행동

ㄱ 먹이 섭식은 생존의 필수조건이며 섭식행동은 가장 기본적이고 중요한 개체유지행동이다.

ㄴ 반려견의 섭식행동은 늑대의 수렵행동과 연관이 있어서 먹이를 빨리 먹는 특징이 있다.

ㄷ 반려견의 경우 보호자의 결정이나 환경에 따라 자율배식을 하거나 동료가 없는 경우 먹는 속도가 느린 경우도 있다.

ㄹ 반려견은 위 용적량이 인간보다 훨씬 크므로 한 번에 많은 양을 섭취할 수 있다.

② 배설행동

ㄱ 배변은 불필요한 것을 체외로 배출하는 생리적 기능 외에 자신의 정보를 다른 동물에게 알리는 사회적 의미도 있다.

ⓛ 출산한 어미 개는 새끼의 항문이나 음부를 핥아 배설을 촉진시키는데, 갓 태어난 새끼강아지는 어미의 자극이 없으면 배설하지 못하기 때문이다. 이때 어미 개가 배설물을 섭취하므로 이러한 배설행동 시스템은 보금자리를 청결하게 유지하는 데도 효과적이다.

ⓒ 강아지가 스스로 배설을 시작하는 시기는 이행기(생후 약 2주)부터이며, 이 시기에는 근육이나 신경 발달이 완전하지 않기 때문에 성견에 비해 배뇨 횟수가 많다.

ⓔ 대부분의 반려견은 두려움을 느끼면 배뇨 또는 배변한다.

③ 운동행동

ⓐ 신경과 근육의 발달에 비례하여 기능이 다양해진다.

ⓛ 낮은 수준의 걷기에서 달리기, 수영, 추격, 땅파기 등 다양한 형태로 발생한다.

ⓒ 성견의 운동량은 1일 수십 km를 이동할 수 있다.

④ 몸치장행동(그루밍 행동, grooming)

ⓐ 그루밍은 동물이 자신이나 다른 반려견의 털과 피부 등을 다듬는 몸단장 행동으로, 피부에 붙은 먼지나 기생충을 제거하고 타액에 포함된 성분으로 상처를 치료하는 기능도 있다.

ⓛ 그루밍에는 입으로 하는 오럴그루밍과 뒷발로 하는 스크래치그루밍, 앞발을 핥아서 얼굴이나 머리를 닦는 행동이 있다.

ⓒ 직접 닿지 않는 체표 부위를 서로 손질해주는 상호 간 그루밍은 가족 또는 동료 간 연대를 강화하는 친화적 행동으로서 사회적 의미가 크다.

ⓔ 개·고양이의 행동발달 과정 중 가장 중요한 사회화기에 어미나 형제 또는 사람과의 그루밍과 핸들링은 뇌의 정상적인 발달에 긍정적 영향을 미치는 중요한 활동이다.

용어설명 마킹(marking)행동

• 마킹행동은 동물이 오줌, 분변, 피지선의 분비물 냄새로 다른 개체와 소통하는 행동으로, 세력권, 경고, 무리 보호 등을 목적으로 한다.
• 산책 시 개가 여러 장소에서 배뇨하는 것은 자신의 영역에 냄새를 묻혀서 표식하는 행동으로 주로 수컷에게 나타난다.

---

(2) 사회행동

반려견은 리더에 의해 사회가 유지되는 서열제이자 가족 단위로 이루어진 가족제이다. 사회행동은 다른 종, 타 개체와의 상호작용과 관련된 행동으로, 공격행동, 친화행동이 포함된다. 사회적 동물의 영역에는 경계가 있다.

① 생식행동

ⓐ 발 정

• 일반적으로 암캐(Female Dog)들은 생후 6~24개월에 성숙에 도달하며, 10~12개월에 첫 번째 발정이 시작된다. 소형견이 대형견보다 첫 발정 시기가 약간 빠른데, 그 시기는 크기, 환경, 영양 상태 등에 따라 차이가 있다.

- 첫 발정은 신체적 성숙도와 난소의 성숙도 등이 미숙할 수 있으며 출혈량이 많지 않고 금방 끝나는 경우가 많으므로, 보호자의 재량에 따라 생리주기가 완전해진 후(두 번째나 세 번째 발정 시) 교배를 하는 것이 임신 가능성을 높여주며 모견 · 자견의 건강 유지와 생존률 증가를 위해서도 좋다.
- 교배에 적합한 나이는 2~6세 정도이며 8세 이상 암캐의 수태는 분만 시 태아 수의 감소와 태아의 폐사율 증가, 허약 태아 등의 문제가 보고되어 있으므로 권장하지 않는 시기다.
- 암캐의 발정주기는 발정 전기, 발정기, 발정 휴지기[사이기], 무발정기의 4단계로 구분된다.

발정 전기	• 발정 전기는 혈액성 삼출물이 보이기 시작할 때부터이며, 이런 삼출물은 평균 7~10일 정도 지속되는데, 개체와 품종에 따라 다양하다. • 암캐가 수캐를 유혹하지만 승가를 허용하지 않고 예민해지는 시기로, 유두와 생식기가 단단해지며 종대되어 발정 전기에 수컷의 삽입을 막는 역할을 하게 된다. • 질 삼출물의 색깔과 양, 기간은 품종에 따라 다양하게 나타나므로 정확한 판단과 교배 시기 측정은 동물병원에서 검사를 받는 것이 확실하다.
발정기	• 교배 허용 시기로, 암캐는 수캐가 자기의 외음부를 탐색할 수 있도록 계속 서서 꼬리를 위로 쳐들거나 옆으로 비켜주어 교배가 쉽게 이루어질 수 있도록 한다. 이때 단단해진 생식기는 삽입이 용이하도록 부드럽게 풀어진다. • 혈액성 삼출물이 보이기 시작한 발정 전기가 끝날 무렵으로 10일 후부터지만 개체별 차이가 있으므로 첫 발정기에 완전한 주기를 체크해 놓는 것이 발정기와 가임기를 판단하는 데 도움이 된다.
발정 휴지기	약 50~70일 정도 기간으로 임신 기간과 비슷하며 발정 사이기의 시작은 승가 발정을 보인 9일 후부터이다. 이때는 임신 호르몬인 프로게스테론의 농도가 높게 나타난다.
무발정기	• 자궁 수복기간으로, 분만부터 발정 전기까지의 약 4~5개월 기간을 뜻한다. • 이 4단계가 한 사이클(발정주기 또는 생리주기)로, 개의 발정주기는 매 6~7개월마다이다.

용어설명   위임신(거짓임신)

- 발정 사이기에는 프로게스테론의 농도가 높게 유지되는데 발정이 와서 정상적으로 임신을 하면 프로게스테론의 농도가 급격하게 감소한다. 아울러 젖 분비 호르몬인 프로락틴이 증가하는데, 이때 분만의 시기가 발정 사이기의 말기와 맞물리게 된다.
- 임신을 하지 않은 경우 프로게스테론의 농도가 수일에 걸쳐 감소하지만, 임신을 하지 않아도 호르몬의 작용으로 암캐의 비유, 모성본능, 젖 부품 등 증상이 나타날 수 있다. 이때 젖을 계속 짜거나 자극하면 지속적으로 젖 분비가 될 수 있으므로 자연스럽게 그냥 넘어가도록 유도하는 것이 좋다.

더알아보기   반려견의 성행동

수캐의 성행동	• 수캐는 6개월이 지나면 성 성숙 과정으로 교미가 가능하다. • 발정기의 암캐가 분비하는 발정 페르몬에 강하게 반응한다. • 교미 전 수캐는 암캐의 귀와 입을 핥고 음부 냄새를 맡으며 앞다리를 암컷의 등에 올리는 친화행동을 한다. • 교미 결합은 약 10~40분 정도이며, 사정 후에 음경의 밑부분이 질 안에서 비대화되어 결합이 유지된다.
암캐의 성행동	• 암캐의 발정기는 5~24개월에 나타나며, 발정전기-발정기-발정휴지기-무발정기로 나뉜다. • 발정기에는 수캐에게 바싹 다가가거나 주인에게 불복종하는 등 행동의 변화가 일어난다. • 발정기에는 수캐에게 승가행동을 허용하며, 수용 자세로 꼬리를 쳐들고 옆으로 움직이는 플래킹을 한다. • 플래킹은 암캐가 교배할 준비가 되었다는 뜻으로 수캐의 승가를 위해 기꺼이 꼬리를 옆으로 빼주어 외음부를 노출하는 자세를 말한다.

ⓒ 임 신

- 임신 적기
  - 우선 발정 전기 질 삼출물의 출현(혈액이 나오기 시작할 때) 시기를 첫 1일로 잡는 것이 좋으므로 되도록 날짜를 확인하여 체크해 놓는 것이 정확한 배란일 측정에 많은 도움이 된다.
  - 발정 전기의 끝은 7~10일경이므로 그즈음에 병원에 데리고 가서 질 도말 검사를 의뢰하여 시기를 선택하는 것이 좋다.
- 임신 여부 판단
  - 반려견의 임신 기간은 평균 63일 정도이며, 임신 여부의 판단은 임신 한 달 후에 병원에 가서 초음파 측정으로 착상을 확인하거나 키트 검사로 확인하는 방법이 있다. 개는 사람과 달리 임신 일주일 정도 만에 소변이나 혈액 내 임신 호르몬 측정이 불가능하므로 한 달 정도 기다려야 알 수 있다.
  - 그동안 신체적인 변화는 크지 않으나 산자수(1회 분만 새끼 수)가 많은 경우는 한 달 정도 되면 약간 배가 불러오고 젖꼭지가 부풀며 단단해지는데 이는 발정기가 끝난 후에도 그대로 있거나 더 커지며 생식기도 부풀어 있는 경우가 많다.
- 임신 기간 유의점
  - 예민한 모견은 사람과 마찬가지로 입덧(구토, 설사, 식욕부진 등)을 하는 경우도 있지만 대부분 가볍게 지나간다.
  - 증상이 심할 경우 첫 착상 시기인 몇 주간은 신경을 써주는 것이 좋으며 구토, 설사가 일주일 이상 계속되면 진찰을 받아야 한다.
  - 육류와 사람이 먹는 음식 위주로 급여하는 경우엔 과도한 단백질 섭취로 인해 오히려 모견 몸의 칼슘을 빼앗는 역할을 하며 입맛을 까다롭게 바꿔놓으므로 주의해야 한다.
  - 사료에는 충분한 영양분이 들어있으므로 사료 위주의 식습관을 유지하고, 필수 영양제의 섭취, 약간의 과일과 육류의 섭취는 1~2주일에 1~2번 정도면 충분하다.

더알아보기　**임신 중 건강관리**

1. 체중 관리
분만 전 과다한 영양 섭취로 인해 비만견이 되면 순산에 어려움을 줄 수 있으므로 과한 영양 섭취를 자제하고 가벼운 운동을 하도록 한다.

2. 칼슘제 복용법

칼슘제 복용 시기	모견이 수유를 시작하면 칼슘이 젖으로 빠져나가므로 분만 2주 전이나 분만 직후부터 복용하는 게 좋다.
칼슘 섭취가 부족할 경우	모견의 칼슘 생성량이 부족하거나 산자 수가 많은 경우, 고령 모견일 경우 칼슘 소비속도가 더욱 빠르게 진행되서 발작이나 유연(침흘림), 경련 등이 일어날 수 있다.
칼슘 부족 해결방안	• 급격한 칼슘 저하로 모견이 생명을 잃을 수 있는 긴급 상황이므로 신속히 병원에 데리고 가서 칼슘 주사를 맞게 한다. • 첫 분만 때 이런 증상을 보인 모견은 다음 분만 시에도 똑같은 현상이 일어날 수 있는 가능성이 크므로 미리 모견의 상태를 파악하고 있는 것이 좋다.

ⓒ 분 만
- 검진 : 분만일 3~4일 전쯤 엑스레이 검사로 산자 수, 태아의 머리 크기, 모견의 골반 크기 등을 확인하여 난산과 사산을 예방한다.
- 분만 전 징후
  - 대부분 분만 12시간 전쯤부터 진통 때문에 음식을 거부하고 구석진 곳이나 조용한 곳을 찾으며 분만이 다가올수록 안절부절못하고 구토나 숨이 차오르는 증상을 보일 수 있다.
  - 분만일 며칠 전부터 방바닥이나 이불 등을 긁는 행동을 하는데 이것은 분만 후 새끼들을 위한 보금자리를 만들기 위한 행동이다.
  - 분만 시기가 다가오면서 젖 분비가 왕성한 경우엔 약 3일 전부터 분비되는 경우도 있으나 지속적으로 유두를 자극하며 젖을 짜면 분만 촉진 호르몬의 선행을 가져와 조산이 될 수도 있으므로 주의한다.
  - 예민하고 까다로운 성격의 모견들은 분만이 임박할수록 초조해하며 설사와 구토를 반복하는 경우도 있으나 크게 잘못되는 경우는 드물며 이런 경우, 안정을 취하도록 하는 것이 중요하다.
- 분만 시 유의점
  - 초산의 경우에는 태아에 대한 인식과 모성애가 부족하여 갓 태어난 강아지를 모른 척하거나 몸에 묻은 양수와 양막 등을 제거해 주지 않아 새끼가 호흡곤란으로 잘못되는 경우가 많으니 유의해야 한다.
  - 새벽에 분만할 경우 태아의 체온관리가 안 돼 잘못될 수도 있으니 분만 예정일에는 신경을 써주는 것이 좋다.
  - 얼굴이 납작한 단두종(시추, 페키니즈, 퍼그 등)들은 탯줄을 제대로 못 끊거나 너무 짧게 잘라버리는 경우가 많으므로, 보호자가 자견의 배에서 1cm 가량 떨어져서 실로 묶고 나머지 부분을 잘라주는 것이 좋다.
  - 나중에 어미 개가 핥다가 풀릴 수도 있으나 이미 지혈이 된 상태이므로 다시 묶어줄 필요는 없으며 탯줄은 말라서 하루나 이틀 내에 떨어진다.
- 신생 강아지 관리
  - 제일 중요한 것은 영양공급과 체온관리, 배설이다. 어미젖이 제대로 안 나올 경우 보호자가 병원이나 애견샵에서 강아지용 분유나 초유를 사다 약간 미지근한 온도로 2~3시간에 한 번씩 급여해야 한다.
  - 어미 개가 혓바닥으로 자극하는 행동은 강아지의 소화와 배설, 호흡, 혈액순환에 큰 영향을 준다. 태아는 분만 후 2주까지는 스스로 체온조절을 하지 못하므로 어미 개가 돌보지 않는다면 간헐적인 자극(따뜻하게 하여 살살 문질러줌)을 주고 체온을 유지시켜야 한다. 또한 부드러운 티슈 등으로 생식기와 항문을 톡톡 두들겨 줘서 배변을 유도해야 한다.
  - 어미 개의 보호와 돌봄이 없을 경우 생후 일주일 이내에 잘못되는 경우가 많으므로 각별히 신경을 써야 한다. 산자수가 많을 경우 젖을 제대로 못 먹는 강아지들이 꼭 있으므로 이런 강아지들을 선별하여 젖 물림 우선권을 주고 신경 써야 한다.

더알아보기   분만 시 건강관리

1. 분만 후 1~2주간은 체온을 측정하며 높을 경우(39.7도 이상)엔 유방염, 자궁염 또는 저혈당증을 의심하여야 하며 질 삼출물과 유선에서 농이나 악취가 나는지 확인하여야 한다.
2. 오로(분만 후 자궁에서 나오는 부산물 등)는 분만 후 보통 3~4주까지 나타난다. 이때는 자궁이 열려있는 상태라 자궁염이나 자궁축농증이 발생할 수도 있으므로 각별히 청결에 신경 써야 한다.

② 무리생활

   ㉠ 개는 야생 늑대처럼 무리 형성으로 서열을 정리하는 습성이 있어서 우위와 서열을 위한 싸움을 하거나 경계가 형성되면서 공격행동 또는 친화행동을 하게 된다.

   ㉡ 반려견들도 무리 내 서열을 정하기 위해 으르렁거리며 공격 태세를 취하고 영역표시를 하면서 경계행동을 하기도 한다.

   ㉢ 행동권과 세력권

행동권	• 동물이 생활하는 데 필요한 먹이, 물, 이성 등의 자원을 획득하는 모든 장소를 포함하는 공간으로, 행동권은 종별로 크기와 모양, 선호되는 지역이 다르다. • 다른 개체 혹은 다른 종과 중첩되거나 공동으로 사용되기도 하며, 무리를 형성하는 경우 다른 개체와 행동권이 100% 일치하기도 한다.
세력권	• 배우자나 새끼를 제외한 다른 개체와는 공동으로 점유하지 않고 자신 혹은 가족끼리 배타적으로 사용하는 공간으로, 특히 번식기 동물은 세력권을 더욱 형성한다. • 포유류의 경우 자기 배설물이나 털을 세력권 내에 남기는 행동으로 다른 개체가 자신의 세력권으로 침입하지 못하도록 세력권을 방어한다.

③ 반려견의 공격행동

   ㉠ 동물이 다른 동물에게 직접 물리적인 압박이나 정서적인 위협을 가하는 행동으로, 먹이 사냥과 세력권 방어, 먹이·짝·물·공간 확보 등 다양한 사회적 행동 과정에서 다른 개체 또는 다른 종에 대한 공격행동을 한다.

   ㉡ 공격행동의 유형

포식성 공격	• 섭식활동을 위한 사냥 행동으로 포식자가 사냥감에 보이는 공격행동은 동료와의 행동에서 보이는 것과 차이가 있다. • 무리 내 경합이나 동료와의 공격행동에는 경고의 신호로 털을 세우거나 소리를 내서 감정의 고조가 동반되지만, 사냥 시에는 감정 변화를 보이지 않고 먹잇감 사냥에 집중한다.
수컷 간의 공격	• 번식기에 테스토스테론 호르몬의 대량 분비로 수컷 간 공격행동이 뚜렷하다. • 계절번식 동물의 1년 중 특정 시기에 호르몬 상승의 내분비 변화와 동시에 공격행동이 일어난다.
경합적 공격	• 먹이, 보금자리와 같은 한정된 자원 또는 무리 내 순위를 둘러싸고 경합하며 공격행동으로 발전한다. • 개와 늑대같이 사회성이 높은 동물은 서열과 관련된 위협행동에 따라 물리적 충돌 전에 관계가 결론지어진다.
공포성 공격	• 동물이 불안이나 공포 상황에서 벗어나는 것이 불가능할 때 하는 공격행동으로, 공격 전에 위협을 보이고 방어적 공격으로 이어진다. • 개가 사람을 공격하는 경우는 대부분 공포성 방어적 공격인 경우가 많다.
아픔에 의한 공격	• 아픔의 고통에 의한 방어적인 공격행동으로, 개나 고양이를 치료할 때 주의해야 한다. • 개들 간 싸움을 멈추기 위해 개를 때리거나 고통을 가하면 아픔에 의한 공격행동이 나타날 수 있다.

영역성 공격	• 낯선 대상이 자신의 영역에 침입하거나 무리에 접근하면 경계를 높이고 공격한다. • 특히 반려견은 보호자의 가족을 무리의 동료로 인식하기 때문에 낯선 사람에 대해 위협이나 공격행동을 보여 쫓아내려고 한다.
모성행동에 의한 공격	• 어미가 새끼를 지키기 위한 공격행동으로 위협도 없이 전력으로 상대방을 공격한다. • 가축, 소, 반려견 등은 야생일 때와는 전혀 다른 모성행동으로 출산 후 곧바로 새끼를 데려가도 관심을 보이지 않고 저항하지 않는 개체를 볼 수 있다.
학습에 의한 공격	• 군견이나 경찰견의 공격성은 교육에 의한 것으로, 인간과 사회적으로 공존하는 반려견은 다양한 분야에서 목적에 따른 학습으로 후천적 공격행동을 나타낼 수 있다.
병적인 공격	• 전조가 없이 예측할 수 없는 병적인 공격이 반복되는 경우 매우 심각한 원인에 의한 것일 수 있다. • 정신적 문제가 원인일 수 있으므로 치료를 위한 의료적 확인이 필요하다.

④ 반려견의 친화행동

㉠ 친화행동은 다른 개체와 긍정적으로 정서적 관계를 맺고 관계를 유지하려는 욕구나 동기에 의한 행동이다.

㉡ 개들은 여러 감각을 이용하여 동료를 식별하며 후각으로 상대의 냄새를 기억하고 몸을 서로 기대거나 상호 그루밍하는 것이 대표적인 친화행동이다.

㉢ 개와 늑대는 모두 생후 4주가 지나면 주변 탐색을 시작하는데 보호자는 반려견의 사회화를 위해 다양한 교감을 시도하는 것이 친화적 행동 발달에 좋다.

㉣ 후각을 많이 사용하는 개는 생식기 탐색으로 개체를 식별하여 생리적 정보를 얻고 마음이 맞는 개체끼리는 몸을 기대고 그루밍하거나 즐겁게 놀이하는 행동을 보인다.

02 | 실전예상문제

01 반려견에 대한 설명으로 옳지 않은 것은?

① 반려견은 크기에 따라 대형견, 중형견, 소형견으로 분류할 수 있다.
② 개는 선천적 능력과 관계없이 교육을 통해 인간에게 필요한 역할을 개발시켰다.
③ 특수목적견에는 맹인안내견, 장애인도우미견, 동물매개치료견, 구조견, 수색견이 있다.
④ 반려견은 능력에 따라 경비견, 목양견, 사냥견, 가정견, 탐지견 등 다양한 역할을 해왔다.

해설 개는 후각, 청각, 경계, 보호본능 등 선천적으로 발달한 능력에 따라 반려동물로서의 역할을 개발시켜왔다.

02 개의 기원에 대한 설명 중 옳지 않은 것은?

① B.C. 7,000년 무렵의 개 유골은 개가 사람에 의해서 길들여진 시기에 대해 짐작할 수 있는 최초의 것이다.
② 최초의 개 유골은 조개무덤에서 발견되었으며, '조개를 먹는 사람의 개(Hund der Muschesser)'로 불린다.
③ 덴마크 동부 아르페라 부근의 동굴벽화에는 구석기 시대 최후기에 만들어진 개와 관련된 유물이 발견되었다.
④ 이집트 제4왕조기에 속하는 B.C. 2,500~4,000년의 아무템 무덤에서는 개들과 함께 생활하는 조각이 표현되어 있다.

해설 덴마크가 아닌 스페인에서 발견되었다.

03 대륙별로 분포된 개의 특징에 대한 설명으로 옳지 않은 것은?

① 날씬하고 긴 다리를 갖고 있는 사이트하운드는 메소포타미아 사막에서 사냥할 수 있는 능력을 가지고 있었으며 수세기 동안에 걸쳐 그 외형이 조금씩 바뀌었다.
② 그리스 시대 이후 사냥견들을 이용한 대중적인 오락이 발전되어 고대 사이트하운드와 같이 여러 종의 특수한 유형을 지닌 사냥견이 점차 개량되어 왔다.
③ 경비견이나 투견의 목적을 가진 대형견인 마스티프 유형의 개는 로마가 영국 침입 당시 도입한 것으로 알려져 있다.
④ B.C. 2,000년경 고대 이집트인들은 살루키를 만들어 냈는데, 이는 분명히 일반적인 강아지와는 현저히 다른 특색을 가진 것으로 그들의 예술 세계에 묘사되어 있다.

해설 살루키는 기원전 329년 이전부터 있었던 견종으로 세계에서 가장 오래된 품종으로 알려져 있다.

04 개들의 변천에 대한 설명 중 옳지 않은 것은?

① 요크셔 테리어는 쥐 잡는 사냥개로 유명하지만, 비단결 같은 아름다운 매력을 가지고 있어 많은 사랑을 받는 가정견이 되었다.

② 불독 같은 품종의 짧은 얼굴은 섬뜩하게 무서운 인상을 주기 위해 한 혈통으로 길러졌다.

③ 개들의 변천은 능력 그대로를 보존하기도 하지만 늘어진 귀는 하운드와 스파니엘 같이 후각이 잘 발달된 품종과 특별히 관련되어 있는데, 미관이 우선으로 선호되어 품종이 변천하는 경우도 있다.

④ 페키니즈 같은 품종에서 평면형의 얼굴은 인간에게 시각적으로 강인함을 보여주기 위해 개발되었다.

해설 개들의 변천에서 외형은 여러 이유에 따라 다양하게 변화하였는데 페키니즈의 경우 인간에게 귀여운 모습의 시각적 매력을 위해 평면형 얼굴로 발달하였다.

05 1그룹 쉽독과 캐틀 독의 대표적인 견종이 아닌 것은?

① 저먼 셰퍼드 독   ② 바셋 하운드

③ 웰시 코기 펨브로크   ④ 보더 콜리

해설 바셋 하운드는 세인트 하운드와 관련 견종에 속한다.

06 스피츠와 프리미티브 타입 대표견종이 아닌 것은?

① 알라스칸 말라뮤트   ② 래브라도 리트리버

③ 시베리안 허스키   ④ 아키타

해설 ② 래브라도 리트리버는 리트리버, 플러싱 독, 워터 독 견종이다.

07 수렵견이 아닌 것은?

① 브리타니 스파니엘   ② 바셋 하운드

③ 블랙 앤 탄 쿤 하운드   ④ 블러드 하운드

해설 브리타니 스파니엘은 조렵견이다.

[08~10] 다음 빈칸에 들어갈 말로 옳은 것을 고르시오.

08

> (   )은 개를 매개로 하여 취약계층의 사람이나 우울증, 심리적 안정이 필요한 사람들과 소통을 통해 감정교류 역할을 한다.

① 탐지견   ② 장애인보조견
③ 맹인안내견   ④ 동물매개치료견

> 해설 동물매개치료견은 개를 매개로 하여 몸과 마음에 상처가 있는 사람들이 동물과 상호작용을 하며 정신적 · 신체 적 · 사회적 기능을 회복하고 심신의 재활 등을 할 수 있도록 하는 것이다.

09

> (   )은 사람의 눈 역할을 하며 사람의 생명에 큰 위협이 될 수 있으므로 인내심이 많고 차분해야 하 며, 특히 사회성 교육이 가장 중요하다.

① 탐지견   ② 장애인보조견
③ 맹인안내견   ④ 동물매개치료견

> 해설 맹인안내견에 대한 내용이다.

10

> (   )은 개의 발달된 후각을 이용하여 땅속에 묻힌 시신을 찾거나 산악 중 실종사고가 일어날 때 지 형지물을 냄새로 찾아낸다.

① 보청견   ② 탐지견
③ 수색견   ④ 맹인안내견

> 해설 수색견은 수색이나 인명구조를 하며, 여러 사고현장에서 실종자를 찾는 역할을 한다.

11 개의 발정에 대한 설명으로 옳지 않은 것은?

① 교배에 적합한 나이는 2~6세 정도가 적령기이며 8세가 되면 노령견으로 새끼를 분만할 수 없다.

② 첫 발정의 경우에는 신체적 성숙도와 난소의 성숙도 등이 미숙할 수 있으며 출혈도 많지 않고 금방 끝나버리는 경우가 많다.

③ 암컷의 생리주기가 완전해진 후(두 번째나 세 번째 발정 시) 교배를 하는 것이 임신 가능성을 높여주며 모견·자견의 건강 유지와 생존률 증가를 위해서도 좋다.

④ 암캐의 발정주기는 크게 발정 전기, 발정기, 발정 사이기, 무발정기의 네 가지 단계로 나눌 수 있다.

해설 8세가 되어도 새끼 분만은 가능하지만, 어미견의 건강을 위해 새끼를 낳지 않는 것이 좋다.

12 개의 발정주기를 바르게 나열한 것은?

① 발정기, 무 발정기, 발정 사이기, 발정 전기

② 발정 전기, 발정기, 발정 사이기, 무 발정기

③ 발정기, 발정 전기, 무 발정기, 발정 사이기

④ 발정 전기, 발정기, 발정 사이기, 무발정기

해설 발정 전기, 발정기, 발정 사이기, 무 발정기 순이다.

13 위임신에 대한 설명으로 옳지 않은 것은?

① 자궁 외 임신으로 되도록 자연스럽게 그냥 넘어가도록 유도하는 것이 좋다.

② 발정이 와서 임신을 했을 경우엔 프로게스테론의 농도가 급격한 감소를 보인다.

③ 호르몬의 영향에 의한 자연스러운 상태이지만 젖을 계속 짜거나 자극을 하게 되면 지속적으로 젖 분비가 될 수 있다.

④ 프로게스테론의 농도가 수일에 걸쳐 감소하며 임신을 하지 않았어도 호르몬의 작용으로 암캐의 비유, 모성본능, 젖 부품 등의 증상으로 나타날 수 있다.

해설 위임신이란 다른 말로 상상임신이라고 하며 임신이 되지 않았지만 임신한 것처럼 증상이 보이는 것을 말한다.

14 개의 임신 적기 및 임신 여부의 판단으로 옳은 것은?

① 유두와 생식기가 단단해지는 것으로 임신 적기 판단을 할 수 있다.

② 발정 전기는 7~10일경이므로 그즈음에 병원에 데리고 가서 질 도말 검사를 의뢰하여 임신 시기를 선택하는 것이 좋다.

③ 발정주기 또는 생리주기로 임신 여부를 판단할 수 있다.

④ 호르몬을 측정하는 것으로 임신이 되었는지 확인할 수 있다.

해설 ① · ③ · ④ 병원에서 초음파 측정으로 착상을 확인하거나 키트 검사로 확인한다.

15 개의 임신에 대한 설명으로 옳지 않은 것은?

① 개는 사람과 달라 임신 일주일 정도 만에 오줌이나 혈액 내에서 임신호르몬 측정이 불가능하므로 한 달 정도 기다려야 알 수 있다.

② 신체적인 변화는 크지 않으나 산자수가 많은 경우는 한 달 가량 되면 약간 배가 불러오고 젖꼭지가 부풀며 단단해지는데 이는 발정기가 끝난 후에도 그대로 있거나 더 커지며 생식기도 부풀어 있는 경우가 많다.

③ 입덧이 너무 심할 경우 처음 착상 시기인 몇 주간은 신경을 써주는 것이 좋다.

④ 임신이 되고 난 후 모견은 칼슘을 빼앗기므로 임신 확인이 되면 칼슘을 보충시켜준다.

해설 칼슘보충제는 임신이 확인되었다고 해서 무조건 주는 것이 아니라 분만 2주 전이나 분만 직후부터 복용하는 게 좋다.

16 반려견의 섭식행동에 대한 설명으로 옳지 않은 것은?

① 가축화가 된 동물은 스스로 먹이를 선택할 수 없다.

② 반려견의 경우 자율배식을 하거나 동료가 없는 경우 먹는 속도가 느리다.

③ 섭식행동은 동물의 개체유지 행동에서 가장 기본적이고 중요한 행동이다.

④ 반려견의 섭식행동은 늑대의 수렵행동과 연관이 있어 먹이를 천천히 먹는다.

해설 반려견의 섭식행동은 먹이를 빠르게 먹는 행동적 특징을 보이는데, 이는 무리동물인 늑대가 사냥감을 두고 무리 내 동료들 간의 경쟁에서 비롯된 행동과 연관 있다.

[17~18] 다음 빈칸에 들어갈 말로 옳은 것을 고르시오.

17

( )은 동물이 오줌, 분변, 피지선의 분비물 냄새로 다른 개체와 소통하는 행동으로, 세력권, 경고, 무리 보호 등을 목적으로 한다.

① 마킹행동   ② 섭식행동

③ 배설행동   ④ 그루밍행동

해설 마킹(marking)행동은 일종의 표식 행동으로 노폐물을 몸 밖으로 배출하는 배설행동과는 의미가 다르다. 개는 산책 시 여러 장소에서 배뇨하려고 하는데 자신의 영역에 냄새를 묻혀서 표식하는 행동으로 주로 수컷에게 나타난다.

18

( )은 낯선 대상이 자신의 영역에 침입하거나 접근하면 경계를 높이고 공격하는 것을 말한다.

① 포식성 공격   ② 경합적 공격

③ 공포성 공격   ④ 영역성 공격

해설 영역성 공격은 낯선 대상이 자신의 영역에 침입하거나 무리에 접근하면 경계를 높이고 공격하는 것을 말한다. 개와 고양이도 자신의 세력권에 침입한 동종의 낯선 개체에게 공격적으로 행동하는 경우가 많다.

[19~20] 다음 보기에서 설명하는 것으로 옳은 것을 고르시오.

19

- 배우자나 새끼를 제외한 다른 개체와는 공동으로 점유하지 않는다.
- 자신 혹은 가족끼리 배타적으로 사용하는 공간이다.
- 포유류의 경우 자기 배설물이나 털을 남기는 행동으로 방어한다.

① 행동권   ② 세력권

③ 공격권   ④ 방어권

해설 반려견의 사회행동 중 공간 이용에 관한 세력권을 설명하는 내용이다. 세력권은 행동권과 달리 다른 개체와 중첩되지 않으며, 가족끼리 배타적으로 사용하는 공간으로 특히 번식기의 동물이 세력권을 더욱 형성한다.

20

> • 동물이 자신이나 다른 동물의 털과 피부 등을 다듬는 몸단장 행동이다.
> • 피부에 붙은 먼지나 기생충을 제거하고 타액에 포함된 성분으로 상처를 치료하는 기능도 있다.
> • 개 · 고양이의 신생아기에 어미로부터 충분한 보살핌을 받는 데 있어 중요한 행동이다.

① 마킹행동   ② 섭식해동
③ 공격행동   ④ 그루밍행동

해설 동물의 몸단장 행동인 그루밍(grooming)행동은 동물이 자신이나 다른 동물의 털과 피부 등을 다듬는 동작으로 피부에 붙은 먼지나 기생충을 제거하고 타액에 포함된 성분으로 상처를 치료하는 기능도 있다.

03 | 반려견의 행동발달

1 반려견의 성장과 행동발달

(1) 인간과 개의 성장

① 인간의 성장단계

㉠ 에릭슨(E. H. Erikson)은 인간의 발달단계를 8단계로 구분했는데, 각 단계마다 해결해야 할 중요한 발달과업과 위기가 있으며, 이 과업과 위기를 성공적으로 달성할 때 개인이 건강하게 발달할 수 있다고 주장하였다.

㉡ 에릭슨의 심리사회적 인간발달 8단계

1단계	유아기 : 출생~18개월
2단계	초기아동기 : 18개월~3세
3단계	학령전기 : 약 3~5세
4단계	학령기 : 5~12세
5단계	청소년기 : 12~20세
6단계	성인 초기 : 20~24세
7단계	성인기 : 24~65세
8단계	노년기 : 65세 이후

② 강아지의 성장단계

㉠ 미국의 바 하버(Bar Harbor)연구소에서 실시한 개의 행동발달에 관한 연구에서 강아지의 성장 과정이 신생아기, 이행기, 사회화기, 약령기의 4단계로 나누어진다고 했다.

㉡ 강아지의 행동발달 4단계

1단계	신생아기 : 생후 2주
2단계	이행기 : 2~3주
3단계	사회화기 : 3주~12주
4단계	약령기[청소년기] : 12주~1년

③ 인간과 개의 성장 비교

㉠ 보통 개의 나이는 '인간의 나이 × 7'이라고 간주하기도 하지만, 반려견의 성장 시기마다 성장률이 다르고 종에 따라 수명이 다르다.

㉡ 일반적으로 대형견보다 수명이 더 긴 소형견의 수명을 약 15년으로 봤을 때, 반려견이 1살이 되면 사람의 고등학생 나이에 해당하고 2살이면 20대 성인이라고 볼 수 있다.

ⓒ 반려견은 2~3년차에 성견이 되면서 성 성숙이나 발육이 이루어지고 3년 후부터 인간의 나이로 5년씩 늘어난다는 연구가 가장 적절하다고 여겨진다.

ⓔ 인간과 개의 나이 비교

개의 나이	인간의 나이
생후 1년	청소년기(중 · 고등학생)
2년	20대 성인(24세)
3년	약 30대의 시작(29세, 대형견 40대)
5년	약 40대의 시작(39세)
7년	약 50대의 시작(49세)
10년	약 60대(대형견 70대)
13년	약 80세
15년	89세

(2) 반려견의 행동발달 단계

① 개 요

ⓐ 최근 반려견의 수명이 늘어나면서 반려견의 행동발달 단계를 중요한 성장 시기인 신생아기~청소년기를 중심으로 노년기까지 6단계로 구분하기도 한다.

ⓑ 반려견의 행동발달 6단계

신생아기 (생후 2주간)	이행기 (2~3주)	사회화기(3~12주) 최대 6개월	청소년기[약령기] (~1년)	성년기[성숙기] (1년 이상)	노년기[고령기] (7~10년 이상)

② 신생아기(생후 약 2주간)의 특징

ⓐ 신생아기는 출생 후 눈을 뜨기까지 약 2주간으로, 스스로 배설하지 못하고 모든 것을 어미에게 의존한다.

ⓑ 약간의 촉각과 체온 감각, 미각과 후각 정도가 있을 뿐 시각과 청각이 발달하지 않은 시기로, 어미의 보살핌과 보호자의 보살핌이 절대적으로 필요하다.

ⓒ 눈도 뜨지 못한 작은 강아지들이 체온 유지를 위해 몰려다니고, 빨거나 기어다니고 파고드는 행동을 보이는데, 배고픔, 불안, 추위에서 벗어나려는 본능에 의한 것이다.

ⓔ 수면욕을 보이는 이 시기에는 충분한 수면으로 영양공급과 체온 유지, 뇌와 신경계 발달이 이루어진다.

ⓜ 스스로 배변하지 못하므로, 약 3주간은 어미가 핥아 배변을 유도하고 닦아낸다.

ⓗ 자극에 반응하는 것이 가능하며 신생아기의 핸들링에 의해 성장 후의 스트레스 저항성이나 정동적 안정성, 학습 능력 등이 크게 개선된다.

후 각	• 개의 후각은 태어나자마자, 즉 생후 1일차에 가장 먼저 발달한다.
	• 개의 후각 세포는 인간보다 40배가 크며, 후각 능력은 100만 배 이상 뛰어나다.
	• 후각은 세상과 개를 연결해주는 중요한 감각기관 중 하나로, 개는 처음 보는 물건을 코로 확인한다.
	• 강아지의 후각은 강아지가 눈을 뜨는 시기에서 한층 더 발달하여, 이때부터는 사람 냄새, 어미 개 냄새, 신문 냄새 등 무리의 주변과 환경을 구분하고 호기심을 보인다.
청 각	• 개의 청력은 생후 3주경에 열리며, 인간보다 4배 정도 뛰어나다.
	• 이 시기에 소리에 대한 공포와 스트레스를 최소화하는 게 좋다. 강아지 앞에서 지나치게 큰 소리를 내지 않도록 주의하여 세상의 소리에 긍정적으로 반응을 하고 적응할 수 있도록 한다.
시 각	• 개는 보통 생후 2주면 강아지가 눈을 뜨고, 생후 4주면 눈으로 물체의 형태를 구분한다.
	• 개의 시력은 사람보다 4~8배 정도 나쁘고, 색을 구분하는 능력도 떨어지지만 어두운 곳에 있는 물건이나 움직이는 물체를 구분하는 능력은 인간보다 매우 뛰어나다.
	• 이 시기에 보고 듣고 하는 것은 물론, 배변하기, 씹기, 정밀한 후각을 모두 갖게 된다.
	• 이때, 강아지에게 두려움을 느끼게 하는 행동을 하면 강아지가 놀라게 되므로 조심한다.
촉 각	• 개의 촉각은 감각기관으로 뛰어난 능력을 가진 것은 아니다.
	• 어미견이 온몸을 핥아 주거나 보호자가 부드럽게 쓰다듬을 때 같은 애정을 느낀다고 한다.
미 각	• 개의 미각은 감각기관 중 마지막으로 발달한다. 사람처럼 맛을 구분하는 것이 아니라 독성이 있는지 소화할 수 있는 음식인지를 구분할 뿐이다.

③ 이행기(생후 약 2~3주)의 특징

㉠ 이행기는 생후 2~3주의 짧은 기간으로 눈을 뜨고(생후 13일 전후) 귀가 열려 소리에 반응(생후 18~20일)하게 되어 행동적으로도 변화가 보인다.

㉡ 늑대의 경우 새끼가 굴속에서 외부세계로 나오는 시기에 해당하며 반려견의 경우 움직임을 행하는 시기이다.

㉢ 보기, 듣기, 걷기, 배변, 씹기, 후각 발달 등 기본적인 감각을 갖추게 되면서 사회적 존재로 이행하는 과도기이다.

㉣ 후각적으로 호기심이 많아지고 어미 개, 동료, 사물, 사람 등을 파악하기 시작한다.

㉤ 으르렁거리거나 꼬리를 흔들거나 하는 사회적 행동의 신호를 표현하기 시작한다.

④ 사회화기(3~12주)의 특징

㉠ 사회화기는 반려견이 모견과 동료, 사람들과의 사회적 관계를 학습하는 시기로, 이행기 이후 3주경에 시작된다.

㉡ 반려견의 성격이 형성되는 결정적 시기로, 감각기능과 운동기능의 발달이 현저하다.

㉢ 이가 나고 섭식행동과 배설행동이 성년형을 보이며, 앞발을 들어 장난을 걸거나 놀이 중에 짖거나 물기 시작한다.

㉣ 늑대는 이 시기에 무리의 동료와 애착관계를 형성하는데, 반려견은 동료와 사람, 다른 동물, 공간 등 사회적 애착관계를 형성할 수 있다.

㉤ 또한 애착 대상이 생물뿐만 아니라, 비생물적 요인에도 미치기 때문에 '장소에의 애착(site attachment)'이 생길 수 있다.

ⓑ 반려견의 행동발달에서 가장 중요한 시기로 사회화기 1단계(4~6주경)와 사회화기 2단계(5~12주경)로 구분된다.

사회화기 1단계 (4~6주경)	• 젖을 떼고 동료와의 사회화를 시작하는 단계로, 아직 사람이나 새로운 환경에 공포심이나 경계심을 보이지 않는다. • 모견 · 동료와 함께 상호작용하며 동료를 인식하고 사회적 놀이를 통해 의사소통하는 법을 배운다.
사회화기 2단계 (5~12주경)	• 사람과 환경에 대한 사회적 관계가 형성되는 단계로, 16주까지 지속되기도 한다. • 신체 발달과 성 행동, 우위성과 순종행동을 터득하게 되며 지각 능력이 풍부화된다. • 처음 보는 사람과 장소에 대해 점차 강한 불안과 공포를 보이게 되며 12주가 지나면 이런 반응이 명확해진다.

용어설명 공포 시기

• 보통 생후 60일 이전에는 강아지가 호기심으로 사람을 잘 따르지만 생후 8~10주 전후에 갑자기 사람을 경계하고 두려워하는 모습을 보이는데, 동물 심리학자들은 이 시기를 공포 시기라고 한다.
 – 1차 공포시기 : 2차 사회화(8~10주 사이)에 오며, 이때 경험이 기억에 오래 남을 수 있다.
 – 2차 공포시기 : 청소년기(6개월~14개월 사이)에 1~3주 동안 지속되며, 익숙했던 자극도 두려워할 수 있다.
• 공포학습을 다른 행동상의 학습보다 빨리 습득하게 하면 오랜 시간 동안 정서적 문제에 영향을 줄 수 있으므로 어설픈 행동으로 강아지에게 스트레스를 주지 않는다.
• 새로운 환경과 경험은 강아지가 감당할 수 있는 작은 스트레스나 소리에만 노출이 돼야 한다. 이 시기에는 특히 강아지 입장에서 생각하고 배려하는 마음이 중요하다.

⑤ 청소년기(12주 이상~1년)의 특징
  ㉠ 청소년기는 강아지가 12주경부터 성 성숙에 이르기까지의 기간으로 '약령기'라고도 한다.
  ㉡ 반려견의 행동발달이 완성되는 시기로, 사회화기 후에 적절한 사회적 강화가 없으면 대상에 대한 공포심을 갖는 '퇴행 현상'이 생길 수 있다.
  ㉢ 늑대의 경우 굴밖에서 모험과 사냥을 배우며 사회적 행동 성숙과 서열 감각이 발달하는 시기이다.
  ㉣ 놀이는 사회화기부터 청소년기를 통해 정상적인 행동 발달에 중요한 역할을 한다.
  ㉤ 놀이를 통해 복잡한 운동패턴을 학습하며 신체 능력이 향상되며 바디 랭귀지를 이해한다.
  ㉥ 놀이 상대방을 통해 무는 강도를 억제하는 것을 배우고 사회적인 상호관계에서 규칙(rule)을 배운다.
  ㉦ 강아지들 간 사회적 서열도 놀이나 사회적 행동을 통해서 형성되는데, 강아지들의 놀이에서 서열의 역전이 허용되기도 한다.

⑥ 성년기(1~6년)의 특징
  ㉠ 성년기는 반려견의 2~5세에 해당하며, 가장 활동 능력이 좋고 신체와 정신이 최고인 시기로 사람의 20~30대에 해당한다.
  ㉡ 일반적으로 3년까지 개체의 성향이 자리잡고 6년부터는 노화가 시작된다고 할 수 있다.
  ㉢ 활동성이 많은 시기이므로 충분한 영양과 운동 관리가 반드시 필요하다.
  ㉣ 성견이 되고 고집이 생기며 문제행동을 보일 수도 있으므로 사회기와 청소년기의 기본예절 교육이 중요하다.

  ⑪ 반려견의 평균수명이 길어져서 소형견의 평균 수명인 15년을 기준으로 성년기와 노년기 사이의 6~8년 정도를 사람의 중·장년 나이인 40~50대에 해당한다고 할 수 있다.

 ⑦ 노년기(7~10년 이상)의 특징

  ㉠ 소형견의 약 9~10년 이상, 대형견의 경우 약 7~8년 이상의 시기이다.

  ㉡ 보통 6년경부터 노화가 시작되어 피부와 모색 변화를 보이고 질병 신호가 나타난다.

  ㉢ 반려견의 건강과 관련된 행동 관찰이 가장 중요한 시기로 세심한 관리가 필요하다.

  ㉣ 노령견은 시력 감퇴, 청력 감퇴, 관절, 피부, 비만으로 인한 질병이 있으므로 빠른 진료와 처방이 필요하다.

2 발달단계별 사회화 과정

(1) 시기에 맞는 핸들링

 ① 신생아 시기

  ㉠ 신생아기 때는 작은 터치만으로도 성장했을 때 사회성에 많은 도움이 되므로 시기에 맞는 적절한 핸들링이 중요하다.

  ㉡ 터치 스트레스는 강아지를 한 마리씩 하루에 1~2회 정도 쓰다듬어 주는 것을 말하고, 체온저하 스트레스는 강아지를 한 마리씩 작은 상자에 2~3분씩 넣어두고 강아지의 체온을 떨어뜨려 스트레스를 주는 것을 말한다.

  ㉢ 위 두 가지(터치 스트레스, 체온저하 스트레스) 정도의 가벼운 스트레스를 주면 어린 강아지의 심폐 기능이 증진되고 뇌하수체의 호르몬 분비를 촉진시켜 질병에 노출이 되었을 때 견딜 수 있는 힘이 생긴다.

 ② 이행기

  ㉠ 이 시기는 눈을 뜨고 귀가 열려 소리에 반응하게 되어 행동 변화가 보이는 시기이다.

  ㉡ 이 시기에는 후각 능력을 이용해 강아지가 성장해서 사람에게 공포심을 갖지 않도록 사람이 쓰던 옷감 등을 견사에 넣어 두어 사람의 냄새에 익숙해지도록 도와준다.

  ㉢ 가벼운 스트레스를 주는 방식으로 강아지가 스트레스를 긍정적으로 받아들이게 하여 성장하면서 경험하게 될 고통과 공포를 조금씩 훈련하는 것이 좋다.

강아지를 높이 들어올린다.	그러면 강아지는 공중에서 낑낑거리며 저항한다. 이때 바닥에 내려서 부드럽게 쓰다듬어 준다.
지배성 스트레스를 준다.	강아지를 잡고 뒤집어서 약 10~20초 정도 잡는다. 강아지가 낑낑 소리를 내고 일어나려고 하면 바로 세워서 칭찬한다. 시간이 지나면서 저항하는 것이 줄어든다.
가벼운 그루밍을 한다.	주 1회 귀를 소제하고, 발톱을 다듬고, 가벼운 빗질 등으로 사람의 핸들링이 무엇인지 가르치면 강아지가 사람의 손길에 익숙해지는 데 도움이 된다.

(2) 사회화 과정(생후 20일~4개월)

① 반려견의 사회화 시기

사회적 경험 획득	• 생후 20일~12주 사이에 강아지가 겪는 사회적 경험은 오랫동안 지속된다. • 주변 환경과의 심리적 단절에서 벗어나 무리의 일원으로 환경에 적응하고 서열과 살아가는 방법을 배운다.
감각의 발달	• 이전 시기와 다르게 시각, 청각, 후각 등 모든 감각이 하루가 다르게 발전한다. • 지각능력과 운동능력이 짧은 시간에 발달하고, 전에는 어설프게 기어 다니다가 이때는 견사 안에서 경계를 넘어서 밖으로 나오려고 한다.

② 사회화 과정의 주의사항

㉠ 강아지가 새로운 변화에 적응하는 데 있어 지나친 스트레스, 소음, 정서적인 불안감에 노출되지 않도록 주의하면서 주변 세계를 탐구하고 학습하도록 해주어야 한다.

㉡ 만약 학습 도중에 강한 공포를 주면 이후 일상생활에 적응하며 살아가는 데 많은 문제점을 나타낸다.

③ 무리 내 사회성(생후 3주~10주)

환경의 변화	• 강아지가 모견의 보호에서 벗어나 새로운 환경에 노출되는 시기로, 무리 내에서 넓은 세계로 옮겨지면서 경험하지 못했던 새로운 환경을 맞이한다. • 이 시기에는 주변을 구석구석 탐험하고 자신에게 관심을 보이는 물건이나 사람에게 호기심이 많아진다.
신체의 변화	• 생후 2주경에 유치가 나기 시작하고, 눈도 뚜렷하게 보이고 소리에 반응한다. • 유치가 나오면 서서히 젖을 떼기 시작해서 보통 6주가 되면 어미 개가 가져다 준 음식을 먹는데, 이때 어미는 자신이 먹은 음식을 토해서 새끼에게 먹인다. • 처음 이유식은 강아지가 먹기 좋고 소화시키기 좋은 부드러운 음식으로 바꾸어서 먹이고 시간이 지나 강아지가 스스로 딱딱한 음식을 먹게 한다. • 이때부터는 어미 개의 보호에서 벗어나 자립심을 기른다.
정신의 변화	• 이 시기에는 무리에서 살아가는 데 중요한 행동의 기초를 배운다. • 무리 내 형제들과 뛰고, 장난감을 물고, 당기고, 뺏고 빼앗기는 행동을 하며 서로 뒤엉켜서 귀나 목, 다리 등을 무는 놀이를 한다. • 이 모든 행동을 통해 근육 발달과 지배와 복종을 배우며 정신적으로 성장하게 된다.

(3) 자견과 인간생활 사회화(생후 3주~4개월) 행동의 기초

① 학 습

㉠ 개의 훈련과정에서 본능과 더불어 중요하게 생각해야 하는 것이 바로 반복학습이다.

㉡ 예를 들어 어느 한 공간에서 한쪽 구석에 맛있는 먹이를 놓고, 반대쪽에서 쥐를 출발시켰다. 처음 1회 시도에는 많은 시행착오를 거치면서 맛있는 먹이로 찾아갔다. 2회 도전에는 오류 횟수가 줄어들고 먹이를 찾는 시간도 단축되었다. 3회 도전에는 2회 도전 때보다 많이 좋아졌다는 사실을 알 수 있었다.

㉢ 시행이 거듭되면서 오류 횟수가 줄어드는데, 오류 횟수가 줄었다는 것은 학습이 이루어졌다는 증거다.

1. 습득 : 학습의 첫 단계로 새로운 행동을 얻는다.
2. 유창 : 새로운 행동이 숙달되는 과정으로 유창단계에 도달하면 행동을 자연스럽게 수행한다.
3. 일반화
    ① 새로 습득한 행동을 다양한 환경과 상황에서 동일하게 수행한다.
    ② 행동을 유창하게 익혔다면 낯선 장소나 환경에서도 재현할 수 있다.
4. 유지 : 습득한 행동을 기억하고 저장한다.

② 반 사
  ㉠ 특정 사건이나 행동에 대한 즉각적인 단순반응을 반사라 한다. 반사는 태어나면서 이미 존재하는 것
    도 있고 성장하면서 일정 시기에 나타나는 것도 있다. 반사는 경험에 의해서 수정되기도 한다.
  ㉡ 예를 들어 자고 있는 개에게 조용히 다가가서 큰 소리를 내면 처음에는 개가 놀라서 벌떡 일어나지만
    규칙적으로 자극을 주면 큰 소리에도 상관하지 않고 잠을 잔다. 하지만 자극에 더욱 민감해질 수도
    있는데, 큰 소리 때문에 작은 소리에도 놀라서 벌떡 일어나는 개가 있을 수도 있다.
  ㉢ 개의 반사적 행동을 이용해서 사회성 훈련을 시킬 때 자극을 개 자신이 긍정적으로 받아들이게 한다.

용어설명   구토 반사

개는 해로운 음식을 먹었을 때나 기생충이 있을 때 억센 풀을 뜯어 먹어서 구토 반사를 나타낸다. 이러한 반사는 태
어나면서부터 존재한다.

③ 본 능
  ㉠ 일련의 상호 연관된 활동이 본능인데, 어떤 면에서는 반사와 유사하다.
  ㉡ 개가 산책할 때 위험 요소가 있거나 다른 개를 만나면 목 부분부터 미근부(꼬리부분)까지 털을 세운
    모습을 쉽게 볼 수 있는데, 이러한 행동은 자신을 실제보다 크고 대단한 것처럼 보여서 위협적으로
    보이게 해서 상대가 공격하지 못하도록 하는 행동이다.
  ㉢ 본능은 특정한 종류의 자극이나 사건에 의해서 유발되는데, 자기방어, 공격, 도망, 운동 등이 모두 본
    능이다.
④ 유전적 행동
  ㉠ 유전적 행동은 본능보다 비특정적이고 관찰하기 어려운 행동으로, 성적 행동, 식량 축적 등과 같은
    행동이다. 또한 유전에 의해 이루어지기 때문에 눈으로 확인하기가 어렵다.
  ㉡ 개는 우기에 대비해서 땅속에 먹이를 묻은 후에 후각으로 먹이를 찾아 먹는데, 이러한 행동은 누가
    알려준 것이 아니고 유전에 의해 이루어진 것이다.

유전적 특성을 지닌 강아지를 얻는 법

예를 들어 도그쇼(미견선발대회) 혈통이 있는 개와 훈련견(작업능력견) 혈통이 있는 개로 나누어 각각 그런 개들끼리 교미시켜 새끼를 낳게 하고 이 절차를 반복하여 선택적 번식을 하면 유전적으로 도그쇼에 맞는 개와 훈련견으로 적절한 개를 얻을 수 있다. 이와 같은 방식으로 공포감이 많은 개, 소심한 개, 공격성이 뛰어난 개, 인간 친화력이 좋은 개 등 성격이 다양한 개를 얻을 수 있다.

3 사회화 교육

(1) 사회화 교육의 개요

① 사회화란 다른 환경이나 개, 사람 또는 소리 등을 접하는 데 있어 이 모든 환경을 두려워하지 않고 좋은 기억으로 받아들이게 만드는 과정이다. 만약 작은 소리에도 민감한 반응을 보이게 되면 심하게 짖는 버릇이 나타나므로 학습을 통해 문제점을 개선시켜야 한다.

② **성격 완성의 시기** : 사회화 시기는 강아지의 성격이 가장 왕성하게 형성되고, 성견이 되어서 사회성이 잘 발달된 성격으로 완성하기 위해 매우 중요한 단계이다. 실제로 서로 뒤엉켜서 노는 행동 등 하루가 다르게 변하는 강아지를 볼 수 있다. 이 모든 것이 환경에 맞추어서 어울리고 적응을 해간다는 증거이다.

③ 사회화 과정을 제대로 거치지 못한 경우

문제점	• 사회화 시기에 맞는 사회적 경험을 제한할 경우 짖거나 타인을 물고 다른 개에게 공격적인 자세를 취하는 등 사회적 부적응이 된다. • 사회환경을 받아들이지 못하고 정서적으로 불안한 개가 된다.
해결방안	• 사회화 시기에는 반려견(특히 가정견)을 많은 사람과 접촉하게 하고 모든 종류의 일상과 일과에 노출시킬 필요가 있다. • 강아지들은 새로운 사람과 새로운 경험을 통해서 사회환경을 긍정적으로 받아들이는 자세를 형성하고, 인간의 세계가 자신의 무리 일부라고 생각하게 된다.

퍼피워커 프로그램

사회성이 매우 중요한 맹인안내견은 전문 핸들러에게 훈련받기 전에 퍼피워커 프로그램을 통해서 사회성을 배우게 된다. 퍼피워커는 정상적인 가정에 강아지를 보내 가족 구성원으로 인간과 함께 살면서 사회의 모든 환경을 긍정적으로 받아들이게 하는 데 목적이 있다. 그래야 진정한 맹인안내견으로서 역할을 수행하는 기초가 다져지는 것이다.

(2) 공존의 시기

① 강아지를 입양하면 사회성을 가르치는 것은 인간의 몫이다.

② 생후 5~16주에 배우는 사회성은 '무리 내의 사회성'과 '인간과 함께 살면서 배우는 사회성'이 공존하는 시기이다.

③ 이때 '공존의 시기'라는 말의 의미를 생각하여 어느 한쪽에 치우치지 않도록 주의한다.

(3) 사회화의 효과

① 사회화는 강아지들을 사회적으로 많은 소리, 다양한 환경에 노출시켜서 긍정적으로 받아들이게 한다.

② 자동차가 지나가는 소리나, 장난감 소리, 방울 소리 등 모든 소리에 조금씩 적응할 수 있도록 하고, 숲, 아스팔트 바닥, 계단, 잔디로 덮인 바닥 등 모든 환경에 적응하도록 해준다.

③ 다양한 환경에 적응시켜 주고 소리에 민감하지 않게 하여 남녀 구별 없이 많은 사람이 강아지에게 핸들 링해 주면 된다.

4 반려견의 학습 원리

(1) 학습의 개요

① 동물의 행동은 선천적 행동과 후천적으로 획득하는 학습적 행동으로 나눌 수 있다.

② 학습은 경험과 훈련에 의해서 점진적으로 형성된다.

③ 배움과 경험을 바탕으로 한 동물의 학습된 행동 변화는 꽤 오랫동안 유지된다.

(2) 반려견의 학습원리

① 습관화[순화]

㉠ 반려견은 새로운 자극에 노출되면 놀라거나 불안해지는 것인데 이 자극이 고통이나 상해를 입히는 것이 아닌 경우는 반복 노출됨으로써 점차 익숙해진다.

㉡ 이 과정을 '순화'라고 하는데, 순화는 '적응하다'의 의미로 습관화되는 것을 말한다.

㉢ 습관화는 가장 흔한 학습의 형태로 큰 소리에의 순화, 낯선 인간에의 순화, 자동차에 타는 것에의 순화 등을 예로 들 수 있다.

㉣ 일반적으로 청소년기[약령기]의 반려견이 나이를 먹은 반려견보다 순화하기 쉽다.

㉤ 반려견은 시각, 청각, 후각적인 요소에 반응하며 다양한 환경에 순화될 수 있다.

㉥ 습관화와 관련된 학습법은 홍수법과 탈감각화가 있다.

홍수법	• 반려견에게 한 번에 최대 강도의 자극을 접하게 하는 것으로, 반려견은 큰 강도의 자극과 낯선 환경에 적응하면서 그 자극을 무시한다. • 어린 반려견이나 공포의 정도가 약한 경우에 유용하다. • 해당 반응이 줄어들기 전에 자극의 노출을 중지하거나 회피행동에 의해 자극에서 벗어나는 것을 학습해 버리면 효과가 없을 뿐 아니라, 문제행동을 악화시킬 수 있다.
탈감각화	• 반려견 행동 교육의 가장 기본적인 학습법으로 낮은 수준의 자극부터 단계적으로 자극의 정도를 높여서 최대 강도의 자극에 적응할 때까지 서서히 길들여가는 행동 교정법이다. • 특히 성숙한 반려견에게 효과적이다.

② 연 상

㉠ 특정 사실 또는 형상에 대한 이해를 바탕으로 미래를 예측·준비하는 학습법이다.

㉡ 다양한 외부 자극과 경험이 있는 동물이 그 결과를 바탕으로 미래에 일어날 일을 예측하고 연관된 행동을 하는 경우이다.

㉢ 예를 들면 반려견이 보호자가 외투를 입으면 산책을 떠올리고 좋아하는 것이다.

③ 시행착오
  ㉠ 동물은 다양한 경험을 통해서 실패 또는 성공을 경험하는데, 다양한 시도를 해보고 가장 이익이 되는 행동만을 계속하는 것을 말한다.
  ㉡ 새로운 상황에 처했을 때 여러 행동을 시도해보고 효과가 없는 행동은 배제하고 효과가 있는 행동을 계속하는 것이다.
④ 개별화
  ㉠ 개체의 능력을 최대한 발휘시켜서 목적에 부응하도록 생존능력 가치를 높이는 것으로, 개체의 가치와 특성을 존중하는 학습법이다.
  ㉡ 개체의 차이를 이해하고 신체적 특성을 파악하여 목표를 설정해야 능력을 충분히 발휘할 수 있다.
⑤ 자발성
  ㉠ 자발성은 학습 과정에서 동기를 갖고 능동적으로 행동하도록 하는 근원적인 힘으로, 학습은 개체로부터의 동기에 의해 형성되고 정립된다.
  ㉡ 자발성에 기초한 동물의 행동 변화는 내적 변화를 동반해서 행동 능력이 발전한다.
⑥ 흥 미
  ㉠ 흥미는 동기와 연관되어 있으며 자발성과 연결된다.
  ㉡ 흥미가 있으면 자발적으로 집중하게 되고 집중력은 성공률로 이어져 보상받는 선순환 과정이 학습과 교육에 긍정적인 요인으로 작용한다.
  ㉢ 개체의 능력에 흥미가 더해지면 자발성 학습으로 집중과 성공률을 높일 수 있다.
⑦ 모 방
  ㉠ 동물은 다른 동물의 행동을 관찰한 후 동일하게 또는 비슷하게 따라 하는데, 이를 모방이라 한다.
  ㉡ 모방은 동물의 가장 보편적인 학습법으로, 어릴 때는 어미의 행동을 흉내 내면서 성장하고 다른 동물의 행동을 따라 하면서 자신에게 맞는 행동으로 발달시킨다.
⑧ 관찰 : 관찰학습은 다른 개체의 행동을 관찰함으로써 발생하는 학습법으로, 모델 개체가 필요하다.
⑨ 사회화 : 사회화는 사회의 구성원으로 생활할 수 있도록 동화되는 것으로, 무리생활을 하는 동물 간 협동 및 서열 정리를 위해 사회화 학습이 필요하다.
⑩ 직접 경험 : 동물은 직접 경험한 행동을 통하여 필요한 능력을 형성한다.

03 | 실전예상문제

01   신생아기에 대한 설명 중 가장 옳은 것은?

① 신생아 강아지는 무리 내 사회성을 배우기 위해 어미 견이 하는 대로 따라 한다.

② 강아지에게 잠에 대한 욕구는 매우 중요하므로 하루에 7~8시간 잔다.

③ 먹는 것만 제외하고 스스로 행동을 할 수 있는 일이 거의 없다. 어미 개는 수시로 깨워 자극을 주면서 사회성을 교육시킨다.

④ 어미 개가 강아지의 항문이나 생식기 주변을 핥아서 대소변을 닦아주는 반사적 통제에 의존한다.

> **해설** ④ 신생 강아지는 배설능력이 없어서 어미 개가 항문 주변을 핥아서 자극을 주어 배설을 유도한다.
> ① 어미 견의 보호에서 벗어나 형제들과 어울리며 복종, 지배 등을 배우는데, 이는 생후 3주에서 10주에 일어난다.
> ② · ③ 이 시기에는 하루 3~4시간만 깨어 있고 나머지 시간은 모두 잠을 잔다.

02   신체의 변화 중 후각의 발달 시기는?

① 생후 1일   ② 생후 15일
③ 21일(3주)   ④ 28일(4주)

> **해설** 후각은 생후 1일 태어나면서부터 발달한다.

03   신체의 변화 중 청각의 발달 시기는?

① 생후 1일   ② 생후 13일
③ 21일(3주)   ④ 60일

> **해설** 귀로 들을 수 있는 시기는 생후 21일부터이다.

04 시각의 발달로 물체의 형태를 구분할 수 있는 시기는?

① 생후 15일   ② 생후 28일

③ 40일   ④ 60일

[해설] 눈을 뜨는 시기는 생후 15일(2주)이지만 눈으로 볼 수 있는 시기는 생후 28일(4주)이다.

05 신체의 변화에서 눈을 뜨는 시기는 언제인가?

① 생후 13~15일   ② 생후 20일

③ 30일   ④ 45일

[해설] 눈을 뜨는 시기는 개에 따라 조금씩 다르지만, 평균 생후 13~15일령에 눈을 뜬다.

06 개의 감각기관 중 후각의 발달에 대한 설명으로 옳지 않은 것은?

① 후각은 세상과 개 자신을 연결해주는 가장 중요한 감각기관이다.

② 개의 후각 세포는 인간의 40배가 크며, 후각 능력은 100만 배 이상 뛰어나다.

③ 후각은 강아지가 세상에 태어나면 본능적으로 사용할 수 있으며 생후 일주일이 지나면 냄새를 구별할 수 있다.

④ 눈도 뜨지 못해서 아무것도 볼 수도 없는데 엄마의 젖이 있는 장소를 정확히 알고 찾는 것은 후각이 발달했기 때문이다.

[해설] 후각은 생후 1일부터 발달한다.

07 개의 후각 발달에 대한 설명으로 가장 옳지 않은 것은?

① 개는 후각에 의존하면서 무리 내 사회성을 배워간다.

② 감각기관 중에서 가장 빠른 반응을 보이는 것이 후각이다.

③ 개의 후각은 눈을 뜨는 시기에서 한층 더 성숙하게 발달한다.

④ 후각이 발달하면서 사람, 어미 개, 신문 냄새 등 주변 환경을 구분한다.

[해설] 무리 내 사회성은 물고 당기는 놀이를 통해 학습된다.

08 개의 청각에 대한 설명 중 옳지 않은 것은?

① 개의 감각기관 중 첫 번째로 발달하는 것이 청각이다.

② 세상의 소리에 강아지가 긍정적으로 반응하고 적응할 수 있도록 한다.

③ 개의 청각능력은 사람의 4배 정도 뛰어나 인간이 듣지 못하는 소리를 들을 수 있다.

④ 소리에 대한 공포와 스트레스를 최소화하기 위해 강아지에게 큰 소리를 내지 않도록 주의한다.

해설 청각은 두 번째로 발달하는 기관이다.

09 개의 촉각에 대한 설명으로 옳지 않은 것은?

① 교육 중에 보상으로 쓰다듬기 애정표현을 한다.

② 개의 촉각은 감각기관으로서 매우 뛰어난 능력을 가지고 있다.

③ 서로 간의 존경심과 애정을 표현하면 스트레스 완화에도 도움이 된다.

④ 어미 견이 온몸을 핥아 주거나 보호자가 부드럽게 쓰다듬을 때 애정을 느낀다.

해설 개의 촉각은 감각기관으로 뛰어난 능력을 가지고 있지 않다.

10 개의 5가지 감각의 발달 순서로 옳은 것은?

① 후각, 청각, 미각, 시각, 촉각

② 촉각, 후각, 청각, 시각, 미각

③ 후각, 청각, 시각, 촉각, 미각

④ 청각, 후각, 시각, 촉각, 미각

해설 후각, 청각, 시각, 촉각, 미각 순서이다. 눈을 뜨는 것은 생후 2주부터이나 보기 시작하는 것은 생후 4주부터이므로, 생후 3주부터 듣기 시작하는 청각의 감각이 더 앞선다.

11 신생아 시기에 적절한 핸들링에 대한 설명으로 옳은 것은?

① 신생 강아지에게는 관리자가 한 명만 필요하다.

② 어미 개와 신생아는 잠자리 공간을 따로 두어 분리불안을 예방한다.

③ 기본적으로 모견을 돌보는 것보다 더 중요한 것은 가족이 돌아가면서 하는 핸들링이다.

④ 체온저하 스트레스는 강아지를 한 마리씩 하루에 1~2회 정도 쓰다듬어 주어 체온을 떨어뜨리는 것이다.

해설 쓰다듬기는 강아지의 면역 기능을 강화하고 사람의 손길에 익숙해지도록 만드는 역할을 한다.

[12~13] 다음 보기에서 설명하는 것을 고르시오.

12

> 강아지를 한 마리씩 작은 상자에 2~3분 정도 넣어둔다. 그러면 강아지가 낑낑거리고 체온이 떨어지면서 스트레스를 받는다.

① 터치 스트레스
② 체온저하 스트레스
③ 폐기능 증진
④ 뇌하수체의 호르몬 분비 촉진

해설 체온저하 스트레스를 주면 심폐기능이 증진되고 뇌하수체의 호르몬 분비를 촉진시켜 후에 강아지들이 질병에 노출되었을 때 견딜 수 있는 힘이 생긴다.

13

> • 강아지가 물건 형태를 구별할 수 있고, 냄새로 어미 개, 동료, 사물, 사람 등을 파악하기 시작한다.
> • 보기, 듣기, 걷기, 배변, 씹기, 후각 등 기본적인 감각을 갖추게 되면서 사회적 존재로 가는 과도기이다.

① 신생아기
② 이행기
③ 청각의 발달시기
④ 인간과 사회화 시기

해설 이행기는 눈을 뜨는 시기로 적당한 스트레스를 이용해 고통과 공포를 경험하는 훈련을 하는 시기이다.

14 신생아기 터치 스트레스란 무엇인가?

① 강아지 혼자두기
② 손으로 쓰다듬기
③ 어미로부터 띄어놓기
④ 들어올리기

해설 터치 스트레스는 하루에 1~2회 정도 쓰다듬어 주는 것으로, 체온저하 스트레스와 터치 스트레스 등 가벼운 스트레스를 주면 주면 질병에 대응하는 힘이 생기게 된다.

15 강아지가 스트레스에 대해 긍정적으로 받아들이게 되는 훈련으로 옳지 않은 설명은?

① 강아지를 높이 들어올린다. 강아지가 낑낑거리며 저항하면 바닥에 내려서 부드럽게 쓰다듬어 준다.

② 지배성 스트레스를 준다. 강아지를 잡고 뒤집어서 약 10~20초 정도 잡고 있다가, 강아지가 낑낑 소리를 내고 일어나려고 하면 바로 세워서 칭찬한다.

③ 가볍게 그루밍한다. 주 1회 정도 귀를 소제하고, 발톱을 다듬고, 가벼운 빗질 등을 하면 사람의 손길을 익숙하게 하는 데 도움이 된다.

④ 스트레스를 차단한다. 강아지 시기에 스트레스는 매우 위험하므로 작은 스트레스도 주지 않도록 주의한다.

해설 어린 강아지 시기에 터치 스트레스, 체온 저하 스트레스 등 작은 스트레스를 주면 면역 기능을 높이는 효과가 있다.

[16~19] 다음 빈칸에 들어갈 말로 옳은 것을 고르시오.

16

| 사회화 시기에는 강아지의 성격이 가장 왕성하게 형성된다. 또한 성견이 되어서도 (   )이 잘 발달된 성격을 지닐 수 있도록 만드는 단계로 매우 중요하다. |

① 기억력   ② 사회성

③ 성 격   ④ 공격성

해설 사회화 교육은 어린 강아지가 사회성이 발달된 성격을 지닐 수 있도록 한다.

17

| (   )(이)란 다른 환경이나 개, 사람 또는 소리 등을 접하게 되는데 이 모든 환경을 두려워하지 않고 좋은 기억으로 받아들이게 만드는 과정이다. |

① 호기심   ② 경계심

③ 친화력   ④ 사회화

해설 사회화는 어린 강아지가 다양한 환경을 경험함으로써 새로운 것에 대한 공포를 없애고 좋은 기억으로 받아들이는 과정이다.

18

> 사회화 시기에는 무리의 일원으로 환경에 적응하고, 형제들 간에 물고 당기는 놀이로 무리 내 (   )
> 과 살아가는 법을 배운다.

① 서 열   ② 공격성
③ 호기심   ④ 경계심

해설 강아지들은 물고 당기는 놀이를 통해 무리 내에서 힘과 서열을 배움으로써 사회화된다.

19

> 사회성이 매우 중요한 맹인안내견이 전문 핸들러에게 훈련받기 전에 받는 (   )은(는) 정상적인 가정
> 에 강아지를 보내 가족 구성원으로 인간과 함께 살면서 사회의 모든 환경을 긍정적으로 받아들이게 하는 데
> 목적이 있다.

① 스트레스 훈련   ② 교육기관
③ 퍼피워커   ④ 자원봉사자

해설 퍼피워커에 대한 설명이다.

20 무리 내 사회성(생후 3주~10주)에 대한 설명으로 옳지 않은 것은?

① 이 시기에는 무리에서 살아가는 데 중요한 행동의 기초를 배운다.
② 주변을 탐험하고 자신이 관심 있는 물건이나 사람에 대한 집착이 시작된다.
③ 강아지가 신체적·환경적 변화를 경험하는 시기로, 환경적 변화가 더 큰 영향을 미친다.
④ 강아지가 모견의 보호에서 벗어나 새로운 환경에 노출되는 시기로 경험하지 못했던 환경을 맞이한다.

해설 이 시기에는 물건이나 사람에 대한 집착이 아니라 호기심이 많아진다.

21 무리 내 사회성 변화와 자견의 사회성에 대한 설명으로 옳지 않은 것은?

① 어미견이 먹은 음식을 토해서 새끼에게 먹이려 하면, 보호자는 토사물을 바로 치워주고 청결을 유지하도록 한다.

② 유치가 나오기 시작하면 서서히 젖을 뗄 시기가 됐다는 것으로, 보통 생후 6주가 되면 젖을 떼고 어미가 가져다 준 음식을 먹는다.

③ 무리 생활에서의 모든 행동을 통해 근육 발달과 지배와 복종을 배우게 되며, 정신적으로 성장한다.

④ 생후 2주 정도가 되면 유치가 자라나기 시작하고, 눈도 뚜렷하게 보이고 소리에 대해서도 반응하는 등 신체적 변화를 보인다.

해설 어미견은 본능적으로 소화 흡수에 도움을 주기 위해 자신이 먹은 음식을 토해서 새끼에게 먹여주기도 한다.

22 반사 행동에 대한 설명으로 옳지 않은 것은?

① 반사는 경험에 의해서 수정되기도 한다.

② 반사는 선천적인 것이 아니라 성장하면서 일정 시기에 나타난다.

③ 어떤 반사든지 자극을 반복하면 감각이 줄어들지만 반대로 경험에 의해 더욱 민감해질 수도 있다.

④ 개가 잘 때 큰 소리를 들려주면 처음에는 놀라서 일어나지만, 규칙적으로 소리 자극을 주면 큰 소리에도 잠을 잔다.

해설 반사는 선천적으로 타고난 것도 있고, 성장하면서 일정 시기에 나타나는 것도 있는데, 해로운 음식을 먹었을 때 구토 반사를 하는 것은 선천적으로 타고난 반사이다.

23 특정한 종류의 자극이나 사건에 의해서 유발되는 것으로 자기 방어, 공격, 도망, 운동 등을 무엇이라고 하는가?

① 반 사   ② 본 능
③ 학 습   ④ 유전적 행동

해설 본능은 특정한 종류의 자극이나 사건에 의해서 유발되는 일련의 상호 연관된 활동으로, 어떤 면에서는 반사와 유사하다. 본능은 교육하지 않더라도 반려견이 가지고 있는 행동이다.

24 개가 산책할 때 위험 요소가 있거나 다른 개를 만나면 목 부분부터 미근부(꼬리부분)까지 털을 세우는데, 무엇을 기반으로 한 행동인가?

① 반 사
② 서 열
③ 학 습
④ 본 능

해설 자신을 실제보다 크고 대단한 것처럼 보여서 위협적으로 보이게 해서 상대가 공격하지 못하도록 하기 위한 행동으로 본능을 기반으로 한다. 개들은 본능을 통해 서열을 알게 되기도 한다.

25 강아지의 공포 시기에 대한 설명으로 옳은 것은?

① 강아지가 사람을 경계하고 두려워하는 모습을 보이면 바로 교육에 들어간다.
② 공포 시기에는 반대로 적응할 수 있도록 소리나 환경에 적응시킨다.
③ 다른 행동 학습보다 공포학습을 빨리 습득하게 하면 정서적 문제에 영향을 줄 수 있다.
④ 강아지가 감당할 수 있는 작은 스트레스나 소리만 노출해야 하므로 공포 시기에는 실내생활을 한다.

해설 공포학습을 다른 행동상의 학습보다 빨리 습득하게 하면 오랜 시간 동안 정서적 문제에 영향을 줄 수 있으므로 어설픈 행동으로 강아지에게 스트레스를 주지 않는다.

[26~28] 다음 빈칸에 들어갈 말로 옳은 것을 고르시오.

26

> (   )은 본능보다 비특정적이고 관찰하기 어려워서 눈으로 확인하기가 어렵다. 성적 행동, 식량축적 등과 같은 특성 또는 행동이 해당된다.

① 본 능
② 반 사
③ 학 습
④ 유전적 행동

해설 유전적 행동에 대한 설명이다. 예를 들어 개는 우기철에 대비해서 땅속에 먹이를 묻은 후에 후각으로 먹이를 찾아 먹는데, 이러한 행동은 누가 알려준 것이 아니고 유전에 의해 이루어진 것이다.

27

> (　　　　)은(는) 반려견 행동 교육의 가장 기본적인 학습법으로, 낮은 수준의 자극을 충분히 경험하고 점차적으로 자극의 강도를 증가시켜서 초기 적응으로 불안한 자극을 긍정적으로 습관화시키는 방법이다.

① 개별화　　　　　　　　　　　② 사회화
③ 탈감각화　　　　　　　　　　④ 직접 경험

해설 탈감각화는 낮은 수준의 자극부터 단계적으로 자극의 정도를 높여서 최대 강도의 자극에 적응할 때까지 서서히 길들여가는 행동 교정법으로, 특히 성숙한 반려견에게 효과적이다.

28

> 반려견은 자극에 노출되면 놀라거나 불안해지는데 이 자극이 고통이나 상해를 입히는 경우가 아니면 반복해서 노출됨으로써 점차 익숙해진다. 이러한 학습 원리를 (　　　　)라고 한다.

① 순 화　　　　　　　　　　　② 연 상
③ 개별화　　　　　　　　　　④ 시행착오

해설 순화의 구체적인 예로는 큰소리에의 순화, 낯선 인간에의 순화, 자동차 타는 것에의 순화 등이 있다. 일반적으로 약령기의 반려견이 성견보다 순화하기 쉽다고 알려졌으며, 순화와 관련된 학습법은 홍수법과 탈감각화가 있다.

04 | 반려견의 의사소통

1 반려견의 감각기관별 신호

(1) 시각을 통한 의사소통

① 개 요

  ㉠ 반려견의 언어를 이해하기 위해서는 반려견의 행동 언어를 구성하는 표정, 귀 형태, 꼬리 위치 및 전반적인 태도 등 다양한 구성요소에 대해서 먼저 학습해야 한다(김원, 2019).

  ㉡ 시각신호는 근거리 또는 중거리 의사소통에서 효과적이며 상대의 대응을 보면서 즉시 신호를 바꿀 수 있다. 반려견과 사람의 의사소통에서도 중요한 전달 양식이다.

  ㉢ 공격성과 공포의 정도가 다양한 비율로 섞이면서 그때의 기분을 나타내듯이 반려견의 귀나 꼬리의 위치, 신체의 자세, 얼굴표정으로 이루어진 의사소통 신호가 연속적으로 형태를 만들어간다.

② 시각을 통한 의사소통의 특징

  ㉠ 근거리 또는 중거리 의사소통에 효과적이지만, 장거리 의사소통에는 적절하지 않다.

  ㉡ 자세나 표정의 시각적인 표현으로 동료 사이에 소통한다.

  ㉢ 반려견들끼리 뿐 아니라 반려견과 사람 간 의사소통에도 중요한 전달 방식이 될 수 있다.

③ 반려견의 시각 의사소통

반려견 신체	공격의 의미	복종의 의미
머 리	높다.	낮고 목이 늘어난다.
귀	경계 상태와 같다.	뒤로 쏠려 내려간다.
눈	상대를 직시한다.	시선을 피한다. 공포를 느꼈을 때는 크게 열린다.
꼬 리	높이 올라간다.	낮게 내리거나 배 밑으로 말린다.

  ㉠ 꼬리를 흔드는 것이 반드시 우호적인 기분을 의미하는 것은 아니다.

  ㉡ 높은 위치에서 꼬리를 흔드는 행동은 우위 개체의 위협인 경우도 있다.

  ㉢ 꼬리를 크게 흔들면 상대에 대한 호의적인 표시 또는 복종을 나타낸다.

  ㉣ 복종적인 개가 상대를 진정시키려고 할 때는 꼬리를 낮은 위치에서 어색하게 흔든다.

  ㉤ 항문을 거리낌 없이 내놓는 행위는 반려견들 사이에선 자신감의 표현이다(김원, 2019).

  ㉥ 꼬리의 위치는 공격적일 때는 높이 올라가고 복종 시에는 낮게 내리거나 배 밑으로 말린다.

  ㉦ 눈은 위협 시에는 상대를 직시하고, 복종 시에는 피하고, 공포를 느꼈을 때는 크게 열린다.

  ㉧ 귀의 위치는 공격 시에는 경계 태세와 같고 복종 시에는 뒤로 쏠려 내려간다.

  ㉨ 머리의 위치는 공격 시에는 높고 복종 시에는 낮고 목이 늘어난다.

④ 반려견의 표정 변화와 귀의 움직임

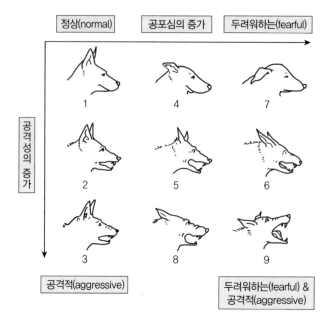

⑤ 반려견의 꼬리와 다리의 움직임

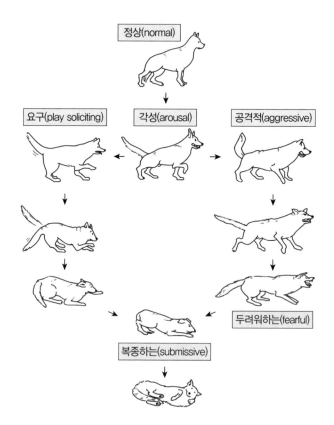

(2) 후각을 통한 의사소통

① 개 요

　㉠ 반려견은 후각이 매우 뛰어나서 신생아기에도 후각을 이용해서 어미 개의 젖꼭지를 찾고 며칠 후면
　　 냄새로 어미 개를 식별할 수 있다.

　㉡ 반려견은 인사를 나눌 때 시각과 청각을 이용한 의사소통을 하지만, 서로를 정확하게 알기 위해서는
　　 후각을 이용해 항문선을 파악한다.

　㉢ 후각 신호는 각 개체의 독특한 체취를 파악할 수 있는 중요한 방법으로, 개는 인간보다 40배 이상의
　　 후각을 가지고 있다.

　㉣ 뛰어난 후각을 이용해 지뢰탐지용 군견, 수색 구조견, 마약 탐지견으로 활동한다.

② 후각을 통한 의사소통의 특징

　㉠ 개체 식별의 최종적 확인 역할을 한다.

　㉡ 매우 민감하여 검출 감도는 사람의 100만 배 이상이다.

　㉢ 발정과 같은 번식 단계에 관한 정보를 파악한다.

　㉣ 세력권자가 마지막으로 언제 지나갔는지 파악할 수 있다.

　㉤ 다른 반려견과 인사할 때는 귀, 입, 서혜부, 항문, 음부 등의 냄새를 맡는다.

　　　• 아는 반려견끼리 오랜만에 만났을 때는 항문 주위의 냄새를 서로 오랫동안 냄새 맡는다.

　　　• 수컷끼리 만났을 때 우위 개체가 꼬리를 올려 열위 개체에게 자신의 항문 주위 냄새를 맡게 한다.

> **더알아보기**　후각이 뛰어난 견종(후각세포 수) 순서
>
> • 블러드하운드(3억 개) > 바셋하운드 > 비글 > 저먼 셰퍼드 > 래브라도 리트리버
> • 고양이(5천만 개)
> • 인간(5백만 개)

④ 배변과 마킹

　㉠ 개는 자신 또는 다른 개체의 배설물 냄새를 맡고 나서 자신의 배설물로 덮는다.

　㉡ 배설물에는 그것을 남긴 개체의 정체성과 생물학적 정보가 담긴 냄새 신호가 있다.

　㉢ 반려견은 자신의 영역에서 다른 개체의 흔적을 발견하면 그 위에 배변하고 냄새를 남김으로써 자신의
　　 영역과 존재를 알리는 마킹(marking)을 한다.

　㉣ 배변 후에 땅바닥을 긁는 행동을 하기도 하는데, 이때 발 안쪽 취선에서 분비물이 나와 후각 신호가
　　 남겨진다.

(3) 청각을 통한 의사소통

① 개 요

㉠ 짖기나 포효 등 반려견의 음성을 이용한 의사소통은 장거리 정보전달에 효과적이다.

㉡ 소리를 통해 사회적 거리감을 줄이기도 하고, 겁을 주어 사회적 거리감을 넓히기도 한다.

㉢ 소리로 단결을 유도해 침입자로부터 무리를 방어할 수 있게 돕기도 하고 모성애나 성적인 관심을 이끌어 내기도 한다(김원, 2019).

② 청각을 통한 의사소통의 특징

㉠ 장거리 의사소통에 효과적이다.

㉡ 소리를 내는 방법에 따라 근거리, 중거리 소통이 가능하다.

㉢ 전달하고자 하는 내용에 따라 시각 의사소통 신호가 더해지기도 한다.

㉣ 상황에 따라 짖는 방법과 강도가 달라질 수 있다.

③ 소리를 통한 청각 의사소통

반려견의 짖음, 으르렁거림, 울부짖음 등 소리를 통한 청각 의사소통은 소리의 높낮이, 길이, 빈도에 따라 의미가 다르다.

㉠ 소리의 높낮이

- 낮은 으르렁거림이나 짖음은 위협이나 분노, 공격 태세를 나타내는 경고 표현으로, 마음에 들지 않거나 불쾌할 때 내는 소리이다.
- 음정이 높은 소리는 순응과 긍정의 표현으로, 반려견이 보호자에게 무언가를 요구하는 메시지를 보낼 때 낑낑거리는 콧소리를 낸다.
- 또한 아파서 칭얼댈 때, 공포를 느낄 때, 비명을 지를 때도 음정이 높아진다.

㉡ 소리의 빈도

- 빠르게 여러 번 되풀이되는 소리는 흥분상태나 긴급 사태를 의미한다.
- 낮은 톤의 짖음이 반복되면 위협이나 경계의 흥분도가 올라간다는 뜻이다.
- 높은 톤으로 반복되는 짖음은 즐거운 흥분도 또는 아픔과 고통의 흥분도 상승을 나타낸다.

㉢ 다양한 소리 표현의 이해

낑 낑	반려견이 낑낑거리는 소리는 '반가움', '요구', '순응', '갈등', '아픔' 등 여러 가지 의미를 나타낸다.
깨 갱	반려견이 고통이나 불안에 휩싸여 목숨의 위협을 느낄 때 비명처럼 내지르는 소리이다.
으르렁	• 저음의 굵은 으르렁거림은 위협하는 공격적인 자세를 수반하며, 음정이 높아졌다 낮아졌다 하는 으르렁거림은 자심감 없는 개가 강한 척할 때 내는 소리이다. • 반려견이 놀이할 때 즐거운 표정으로 으르렁거리는 소리는 놀이성 신호이다.
멍멍(짖음)	• 반려견의 짖는 소리는 반가움부터 공격의 신호까지 다양한 메시지를 갖고 있으므로 상황과 시각적 행동과 함께 분석해야 한다. • 반려견이 마르고 쉰 듯한 소리로 반복해서 짖는 경우 아픔이나 스트레스를 의미한다.
하울링	• 늑대의 하울링은 사냥 전 무리를 모으는 신호 또는 영역을 알리는 의사소통의 신호이다. • 반려견이 내는 '우~~ 우~~'하는 하울링은 동료를 찾는 외로움의 표현 또는 분리불안으로 인한 울부짖음의 표현이다.

2 반려견의 상황별 의사표현

(1) 반려견의 언어전달 의미와 표현 방식

① 언어전달의 의미

㉠ 인간이 반려견과 대화한다는 것은 말로써 알아듣고 이해하는 것이 아니라 반려견의 움직임 또는 행동과 동작, 표정, 짖는 행위 등을 이해하면서 반려견이 무엇을 표현하는지 알아가는 것이다.

㉡ 표현하고자 하는 의사에 따라 반려견의 언어(행동)가 달라진다.

㉢ 반려견이 무엇을 요구하거나 보호자가 그것을 들어줄 때도 반려견의 동작 표현에 따라서 언어전달을 하게 된다.

㉣ 반려견의 의사 표현을 바로 알지 못하면 반려견과 사람과의 관계에서 손해 보는 일이 많고 훈련의 발전도 없게 되므로, 이와 같은 피해를 최소화하려면 사람의 관점이 아닌 반려견의 눈높이에서 봐야 한다.

② 표현 방식

㉠ 몸동작의 표현

• 기쁠 때 몸동작 표현 : 껑충 껑충거리며 네 발로 한 동작으로 뛰어다니거나 얼굴과 몸을 움직여서 온몸을 흔들어 댄다.

• 복종과 순응의 몸동작 표현 : 앞발은 땅바닥에 대고 엉덩이를 높게 들며 꼬리를 살살 흔들거나 온몸을 가볍게 흔들면서 눈은 주인을 주시한다.

• 경계심의 몸동작 표현 : 몸을 크게 보이기 위해 까치발을 띠거나 몸의 털을 부풀려 세운다.

• 공포, 불안감의 몸동작 표현 : 꼬리를 감추거나 입술을 실룩거리며 경계의 눈초리를 보인다.

㉡ 소리의 표현

• 기쁠 때 소리 표현 : 경쾌한 목소리의 톤으로 '멍멍', '앙앙' 짧게 짖거나 또는 리듬을 탄다.

• 경계, 공포, 불안감의 소리 표현 : '그르렁 그르렁'거리는 목소리 톤에 힘이 들어가고, 강하게 '왕왕' 짖으며 경계의 톤을 높인다.

• 외로움, 먼 곳의 동족을 부를 때 표현 : '우~우' 우는 소리를 내며, 하울링을 한다.

• 고통, 스트레스 표현 : '낑낑'거리거나 몸을 움츠리거나 떨어댄다.

• 반려견의 짖는 방법은 상황에 따라 다르다.

영역 의식에 관련된 짖음	반려견의 흥분 레벨이나 침입자의 접근 정도에 따라 짖는 법이 달라진다.
공격적인 짖음	낮은 으르렁거리는 소리를 낸다.
동료에게 경계를 촉진하는 소리	큰소리로 짖는다.
울타리에 대한 불만 표출의 방법으로 짖음	주파수가 좀 더 높고 폭이 넓다.
홀로 남겨진 분리불안과 불안 상태의 짖음	높낮이가 있으며 폭이 넓다.
놀이하면서 짖음	높은 소리로 짖는다.
인사, 불만, 아픈 것의 경험, 복종적인 행동을 보일 때도 우는소리를 낸다.	

- 사람에게는 들리지 않는 반려견 전용 호출기에 반응하는 것과 같이 초음파 영역의 소리에도 감수성이 있다.
- ⓒ 꼬리의 표현
    - 중요성 : 개의 꼬리는 입보다 많은 말을 하는데, 개는 지상에서 생활하는 포유류지만 달릴 때 방향전환을 하거나 동료 간의 커뮤니케이션에 꼬리를 이용하는 등 생활 속에서 응용한다(기쁠 때는 꼬리를 흔들고 겁을 먹었을 때는 꼬리를 뒷다리에 끼운다).
    - 주요 표현 : 꼬리에 의한 감정표현은 매우 시각적이나 꼬리의 본래 목적은 자신의 냄새를 확산시키는 데 있었던 것으로 보이는데, 사람과 함께 생활함에 따라 후각보다 시각이 발달한 사람에 맞추어 2차원적인 역할인 시각적 감정표현이 발달하고 분비선은 퇴화됐을 것이다.

(2) 반려견의 주요 의사 표현

① 평온하거나 기분이 좋을 때
- ㉠ 귀는 약간 세우거나 아래로 편안하게 처져 있고 꼬리는 편안히 세운 채 살랑살랑 흔든다.
- ㉡ 눈을 맞추고 흰자위가 보이지 않는다.
- ㉢ 몸은 편안히 누워있고 다리는 쭉 뻗어있다.
- ㉣ 보호자를 보고 '왕~왕~' 높지 않은 목소리로 짖으며 빙글빙글 돌기도 한다.

② 두려움을 느낄 때
- ㉠ 귀는 선 채로 뒤로 누워있고 꼬리는 수평으로 빨리 흔들거나 뒷다리 사이로 감추며 평상시 눈빛과 달리 흰자가 많이 보이며 눈치를 보고 힐끔힐끔 쳐다본다.
- ㉡ 제자리에서 짖거나 뒷걸음치며 '앙앙앙(강하고 높은 소리로 짖음)' 짖는다.
- ㉢ 어깨 주위부터 꼬리 부분까지 털을 빳빳이 세우고 흰자를 많이 보이며 이빨을 드러내면서 낮은 소리로 으르렁거린다.

③ 화가 났을 때
- ㉠ 도발적인 눈빛을 보이고 꼬리는 강하게 세우며 목 주위의 털을 세운다.
- ㉡ 입을 벌려서 이빨을 보이고 '왕왕왕(연속적인 높은 소리)' 짖는다.
- ㉢ 몸은 전체적으로 앞으로 달려 나가려고 하면서 자신감이 나타난다.

④ 호기심이 생기거나 무엇인가에 주목할 때
- ㉠ 경계할 때와 비슷한 식으로 꼬리를 세우고 귀도 쫑긋하게 세우지만 입은 꼭 다물고 있으며 눈은 평온한 상태이다.
- ㉡ 냄새를 맡거나 한 곳을 오랜 시간 쳐다본다.

⑤ 놀고 싶거나 놀고 있을 때
- ㉠ 집안에서 키우는 소형견은 앞발을 허공에 대고 휘두르거나 앞다리로 툭툭 친다.
- ㉡ 앞발을 구부리고 엉덩이를 세우며 귀는 살짝 뒤로 넘어가고 꼬리는 살살 흔들다가 사방팔방 뛰어다니면서 사람의 주의를 끈다.
- ㉢ 개들끼리 '아~앙 아~앙' 소리를 내며 서로 목과 귀를 무는 흉내를 내는 것은 개들이 서로 싸우는 것이 아니라 놀이로써 지배욕과 복종을 배우는 것이다.

(3) 반려견의 기타 의사 표현

행 동	의 미
낑낑거린다.	고통, 스트레스
킁킁거리며 바닥이나 문을 긁는다.	분리불안, 대소변
땅을 파거나 물건을 잡아당긴다.	지루함, 심심함
꼬리치며 빙글빙글 돈다.	기쁨, 보호자 마음 끌기
짖으며 앞으로 나가다 곧 안전지대로 후퇴한다.	소심, 겁이 많음
떨면서 침을 흘린다.	
꼬리를 다리 사이로 감추고 눈치를 본다.	두려움, 공포
꼬리는 다리 사이에 감추고 귀는 뒤로 넘어가며 이빨을 보인다.	공격성(소심성에서 나오는 표현), 겁이 많은 개
몸은 땅에 누우며 뒷다리는 접고 생식기와 배를 보이고 꼬리를 빨리 흔든다.	수동적인 복종(두려운 마음이 있음)
목 주위 털을 빳빳이 세운다.	화가 났음, 경계심
보호자가 나간 후 짖는다.	혼자 있기 두려움
낮은 소리로 으르렁거린다.	경고(계속 도전하면 공격함)
꼬리와 귀는 세우며 이빨을 살짝 보인다.	공격성(자신감에서 나오는 표현)
몸은 땅에 누워있고 다리를 쭉 뻗으며 꼬리를 살살 흔든다.	능동적인 순종(두려운 마음이 없음)
꼬리를 세우고 다른 개의 항문이나 생식기 냄새를 맡거나 맡게 한다.	자신감과 용기(강자 · 약자구별), 성별 확인
귀는 세우고 머리를 좌우로 돌린다.	호기심, 주시
꼬리는 높게 세우고 귀는 쫑긋 세우며 한 곳을 쳐다본다.	
'우~우~' 우는 소리를 낸다(허스키, 말라뮤트 등).	외로움
입을 크게 벌린다.	무료함
눈을 맞추며 꼬리는 세우고 빨리 흔든다.	충성심과 믿음을 전달
높은 소리로 '멍멍멍' 짖고 꼬리를 빨리 흔든다.	반가움
귀는 약간 젖히고 꼬리는 살살 흔든다.	평온함
입은 살짝 벌리고 혀를 내밀고 있다.	
앞발은 땅바닥에 대고 엉덩이는 높이 들며 꼬리는 살살 흔들다가 갑자기 뛰어간다.	높고 싶을 때, 즐거움, 행복
온몸을 흔들어댄다.	아주 즐거움
물건을 물어뜯는다.	심심, 혼자 있어 두려움
마운팅 행위를 한다.	지배욕, 놀이
얼굴을 핥는다.	놀고 싶을 때나 존경의 표시
앞발을 들어 올린다.	싫음(표정이 어두울 때), 놀고 싶음(표정이 밝을 때)
다리를 들고 마킹을 한다.	영역 표시
마킹하고 난 후 뒷발질을 한다.	영역 표시(냄새를 넓게 퍼지게 함)
입술이 팽창하고 혀가 나오며 헐떡거린다.	체온 조절, 운동 후 피곤함

사람이나 개에게 몸을 문지르거나 기대는 행동을 보인다.	동료애의 표시
엉덩이를 바닥에 끈다.	항문낭이 가득 참. 항문 주위가 청결하지 못함

(4) 반려견의 감정표현

희(喜) 기쁘다, 황홀하다, 더 좋을 것이 없다.	• 보호자와 함께 있어 행복하다. • 행복의 표현은 주인에게 무엇인가를 요구하지 않는다. • 무엇을 바라지도 않는다. • 보호자를 위해서라면 나는 기꺼이 보호자의 눈과 발이 되고 보호자를 위해서라면 언제든지 기쁨이 되리라. • 복종을 통해서 보호자의 사랑을 듬뿍 받고 있다.
노(怒) 화가 났다, 분노 · 경계, 공격적이다.	• 보호자로 인해서 화가 난다. • 너무 잘해 주니 화가 난다. • 보호자를 위해서 희생하는 것이 아니라 보호자를 무시하기 때문이다. • 보호자 옆에 누군가가 오는 것도 싫다. • 주인 옆엔 오로지 내가 있을 뿐 다른 사람이 오지 않았으면 한다.
애(哀) 슬프다, 외롭다, 상처받았다.	• 외로워서 보호자를 불러본다. • '오~우~우 오~우 우' 주인이 새로운 가족을 맞이하였다. • 나는 마음에 상처를 입었다. • 주인의 사랑을 받고 싶다. • 오늘도 난 마음이 아프다. • 그냥 편히 쉬고 싶을 뿐 움직이는 것조차도 싫다.
락(樂) 좋다, 행복하다, 기분이 좋다.	• 보호자에게 복종하는 것이 이렇게 좋은지 몰랐다. • 내가 살아가는 방법이 주인에게 충성이라는 것을 이제 알게 되었다. • 내가 강하면 세상이 내 것인 양 행복했지만 불안한 마음도 가득했다. • 하지만 복종을 통해서 더욱 행복한 것을 알게 되었다.

더알아보기   산책 시 반려견 행동의 의미

1. 반려견이 보호자 옆에 붙어 있을 때(순응과 복종)
   ① 보호자 옆에 붙어 따라다니는 것은 심리적으로 안정적임을 의미한다.
   ② 이때 반려견은 보호자의 눈을 바라보고 교감하며 걸어간다.
   ③ 보호자, 반려견 모두가 심리적으로 안정적인 모습을 보인다.
2. 반려견이 보호자 앞으로 나갈 때(서열의 우월성)
   ① 반려견이 앞서 나가는 것은 냄새, 짖음, 공격성, 달려나가기, 호기심 등의 이유 때문이다.
   ② 이런 경우는 특히 순간적으로 일어날 수 있는 상황에서 통제가 어렵다.
   ③ 앞서는 행동은 자기가 원하는 욕구를 표현하는 것이다.
3. 반려견이 보호자 뒤에서 따라올 때(공포의 경계성)
   ① 반려견이 보호자보다 뒤에 따라오는 것은 소심한 성품이거나 과잉보호를 통해 안고 가기를 원하는 행동이다.
   ② 자신감을 심어 주기 위해서는 스스로 적응하도록 만들어 줘야 한다.

3 카밍 시그널(Calming Signals)

(1) 카밍 시그널의 개요

① 카밍 시그널은 반려견이 스트레스를 유발하는 환경에서 자신과 상대방을 진정시키기 위해 사용하는 행동 언어이다.

② 노르웨이의 반려견 훈련사 투리드 루가스(Turid Rugaas)가 반려견을 교육하면서 얻은 경험을 바탕으로 만들었다.

③ 카밍 시그널의 필요성
- ㉠ 반려견의 현재 상태 확인 및 파악
- ㉡ 반려견과의 비언어적인 의사소통 가능
- ㉢ 진정 기능 회복

④ 카밍 시그널의 기능

긴장완화 기능	반려견 자신의 긴장을 완화한다.
진정신호 기능	반려견이 적의가 없음을 알리고 상대를 진정시킨다.
공격차단 기능	반려견이 불안이나 불쾌한 감정을 느꼈을 때 자신의 심리상태를 알린다.
갈등중재 기능	반려견이 다른 개체들의 싸움을 멈추려 할 때 사용한다.
분쟁회피 기능	반려견이 공격, 위협, 침략의 의사가 없음을 알린다.
평화유지 기능	반려견이 구성원과의 물리적 마찰을 막고 평화를 유지하려 할 때 사용한다.
의사전달 기능	반려견이 다양한 개체들과도 서로 의사를 파악할 수 있다.

(2) 반려견의 카밍 시그널 행동

① 얼굴 시그널

머리 돌리기	• 반려견이 고개를 옆이나 뒤로 돌리고 잠시 가만히 있는 행동은 상대를 진정시키거나 상황이 불편할 때 보이는 시그널이다.
부드럽게 쳐다보기	• 반려견이 부드러운 눈길을 보내는 것은 동료나 사람들에게 악의가 없다는 친근함의 시그널이다.
시선 피하기	• 반려견이 시선을 피하는 것은 상황을 완화하려는 신호이지만, 유대감이 높은 보호자와의 눈맞춤은 다른 의미이다.

핥기	• 코 핥기 : 반려견은 불편한 상황에서 자신의 코를 핥기도 한다.
	• 핥기
	  – 늑대 새끼가 어미의 얼굴을 핥아 음식을 토해내게 하는 행동에서 비롯되었으며, 주로 상대의 기분을 진정시키는 작용을 한다.
	  – 반려견이 보호자의 얼굴을 핥을 경우는 적의가 없음과 기쁨과 애정을 표현하는 시그널이다.

귀접기	• 반려견이 귀를 뒤로 접는 행동은 긴장감과 무서움을 표시하는 시그널이며, 낯선 공간에서 두려움을 느끼는 경우 이런 행동을 보일 수 있다.
하품하기	• 하품은 반려견이 혼이 나거나 스트레스를 받을 때, 상대를 진정시킬 때 등 여러 경우에 하는 시그널이다.

1. 피곤의 표시 : '피곤함'의 표시로, 낮잠이 필요하거나 잘 준비가 되었다는 신호이다.
2. 불안의 표시 : 피곤할 때 하는 하품과 다른 점은 신체언어를 동반한다는 점이다. 하품하면서 입술을 핥거나 귀를 납작하게 누이는 등의 행동은 긴장감을 나타내는 부정적인 신호이다.
3. 복종의 표시 : 반려견이 다른 개체 앞에서 하품하는 경우 갈등을 피하고 싶다는 신호이다.
4. 흥분의 표시 : 보호자가 목줄을 잡는 순간, 산책 나가는 것을 알아채고 기쁨과 설렘의 표시로 하품한다.
5. 공감의 표시 : 반려견의 전염성 하품은 스트레스 상황에서 서로의 불편함을 공감하려는 노력의 신호이다.

② 자세와 동작 시그널

앞발 들기	• 반려견이 불안감을 느낄 때 하는 동작으로, 스트레스와 공포심의 시그널이다. • 고강도 훈련을 받는 반려견들에게 볼 수 있으며 혼이 날 때 앞발을 들고 헐떡거리기도 한다.
동작 멈추기	반려견이 원하지 않는 상대가 가까이 오거나 자신의 냄새를 맡으려고 하면 동작을 멈추고 가만히 있는 경우가 있다.
앞가슴 내리기	상체를 낮추고 엉덩이를 드는 행동은 기지개 펼 때의 동작이지만, 놀이의 시작을 알리는 시그널로 놀아 달라는 뜻이니 같이 놀아주도록 한다.
끼어들기	다른 반려견이나 사람들 사이에 끼어드는 행동으로, 상황을 중재하기 위해 상대를 진정시키거나 자신이 불편함을 느낄 때 하는 시그널이다.
코로 가볍게 찌르기	• 반려견들끼리 서로 코로 가볍게 쿡쿡 찌르는 행동은 진정과 화해의 시그널이다. • 자신보다 우위의 개에게 하는 이 행동은 어미 개와의 관계에서 진화한 행동이다.
꼬리 흔들기	• 반려견은 꼬리의 움직임으로 다양한 의사소통을 한다. • 반려견이 낑낑거리는 콧소리를 내면서 꼬리를 살랑살랑 흔드는 경우는 항복 의사를 보임으로써 보호자나 동료를 진정시키고 안심시키는 시그널이다.
털 기	반려견의 몸 털기는 긴장을 완화하는 시그널이며, 보호자가 쓰다듬었을 때 몸을 털면 쓰다듬는 방법이 마음에 들지 않았을 경우이다.
긁 기	반려견이 갑자기 얼굴 주변을 긁는 행동은 스트레스의 시그널 행동일 수 있다.
웅크리기	반려견이 자세를 낮추고 웅크리는 행동은 덜 위협적으로 보이려는 신호로, 등을 구부리거나 머리를 낮출 수도 있다.
킁킁거리기	반려견이 코를 킁킁거리는 행동은 마음을 진정시키고 자신이 위협적이지 않다는 것을 알리는 시그널이다.
헐떡이기	일반적으로 열을 식히기 위해 헐떡일 때는 혀가 느슨하게 옆으로 나와 있으며, 스트레스로 인해 헐떡일 때는 뻣뻣한 혀가 뒤쪽에 위치한다.

1. 경계의 표현 : 꼬리를 높게 쳐들고 긴장하며 털을 세운다.
2. 행복의 표현 : 꼬리를 좌우로 빠르게 흔들어 댄다.
3. 호기심의 표현 : 꼬리를 수평 위치에서 똑바로 유지한다.
4. 복종의 표현 : 꼬리를 좌우로 서서히 흔들며 주인에게 시선을 집중한다.
5. 공포, 불안감의 표현 : 꼬리를 다리 사이에 감추고 눈치를 본다.

4 보호자와 반려견의 상호작용(소통)

(1) 보호자와 반려견의 상호작용(소통)의 중요성

① 보호자와 반려견의 관계

ㄱ 양방향적 · 연속적 관계가 되어야 한다.

ㄴ 서로 상호의존적이며 유익한 관계가 되어야 한다.

ㄷ 반려견과 공식적인 계약 관계를 맺은 것은 아니지만, 서로 돌보아야 하는 관계이다.

ㄹ 보호자는 반려견을 학대하거나 생활에 불편함을 주는 행위를 하면 안 된다.

② 보호자와 반려견의 바람직한 관계를 통한 바람직한 결과 도출

ㄱ 보호자는 교감신경이 안정되어 스트레스가 감소된다.

ㄴ 보호자는 부교감신경이 활성화되어 정신적으로 안정된다.

ㄷ 보호자는 스트레스 감소와 정신적 안정으로 신체적 · 심리적으로 건강한 생활을 할 수 있다.

ㄹ 반려견은 보호자와 함께 생활함으로써 모성애, 활기, 즐거움, 행복 등을 느끼게 하는 신경호르몬은 높아지고 스트레스 호르몬(Cortisol)은 낮아진다.

③ 보호자와 반려견 사이의 신뢰와 결속 강화 방법

ㄱ 반려견의 사회화 교육이 적절히 이루어져야 한다.

ㄴ 균형 잡힌 식단을 짜서 반려견에게 영양가 있는 먹이를 제공하여야 한다.

ㄷ 보호자는 반려견에게 놀이하는 시간을 제공하고 함께 놀이에 참여하여야 한다.

ㄹ 보호자는 반려견이 충분히 느낄 수 있도록 사랑해 주어야 한다.

ㅁ 보호자는 반려견과 함께 규칙적으로 산책을 하는 등 운동하는 시간을 마련해주어야 한다.

ㅂ 반려견을 주기적으로 동물병원에 데리고 가서 건강 상태를 확인해야 한다.

(2) 반려견이 새로운 사람 · 환경을 만났을 때의 교감 활동

보호자와 반려견의 일상적인 환경에서 반려견의 생활방식을 포함하여 교육에 영향을 주는 신체적, 심리적, 환경적 요인들에 대해 우선 파악하고 체크 한 다음 접근하도록 한다.

① 기다려 본다(훈련사는 간식을 준비한 주머니와 장난감 공을 준비한다).

반려견이 새로운 사람과 만났을 때	반려견이 새로운 환경을 만났을 때
• 소심한 기질의 반려견은 새롭고 낯선 사람에게 쉽게 곁을 주지 않는다. • 반려견 스스로 다가올 수 있도록 기다려주는 배려로 불안한 마음이 진정된다. • 조심스럽게 다가오는 반려견에게 간식 하나를 준다. • 다가온 반려견이 사람의 냄새를 맡으면 조용히 간식을 준다. • 여러 번 반복을 통해 그 사람에 대한 경계가 풀리고 안정감을 느끼게 된다. • 안정감을 찾은 반려견과 기초교육 놀이를 한다. • 강압적인 교육이 아닌 놀이를 통한 교육을 통해 신뢰를 쌓아갈 수 있도록 한다. • 기다림을 통해 신뢰감이 생기면 소심한 반려견과의 교감 활동이 이루어진다.	• 사람은 반려견에게 적응하는 것을 급하게 강요하지 않는다. • 특히 위탁 교육을 하기 위해 찾아온 반려견에게 충분하게 환경적응을 할 수 있는 시간을 주도록 한다. • 반려견의 나이가 어릴수록 더 인내하고 기다려준다. • 새로운 환경들에 대한 경험이 적은 반려견일수록 더 깊은 배려를 하도록 한다. • 소심한 반려견일수록 환경 적응에 힘들어할 수 있다. • 공격성, 과잉행동을 하는 반려견은 침착하게 대처해야 한다.

② 간식 또는 공을 활용한다.

반려견이 새로운 사람과 만났을 때	반려견이 새로운 환경을 만났을 때
• 훈련사는 간식을 준비한 주머니와 공을 준비한다. • 반려견이 사람에게 관심을 보이는 행동을 할 때 간식을 주어 좋은 이미지를 심어준다. • 반려견의 생활 속에서 간식을 주어야 할 시기를 찾아서 간식을 준다. • 반려견이 다가오면 공놀이를 통한 시간을 함께한다.	• 훈련사는 간식을 준비한 주머니와 공을 준비한다. • 반려견이 새로운 환경 속에서 배설행동을 하면 보상을 한다. • 반려견이 새로운 환경에서 편안한 모습을 보일 때 간식을 주어 좋은 이미지를 심어준다. • 반려견에게 평소 좋아하는 물건을 함께할 수 있도록 한다.

(3) 문제 행동 교정 의뢰 반려견과의 교감 활동

① 문제 행동의 종류와 반려견의 성향에 따라 문제 행동이 있는 반려견과의 첫 만남은 매우 신중하게 생각하고 침착하게 대해야 하는데, 그 이유는 반려견과의 친밀도가 교육의 성패와 큰 관련이 있기 때문이다.

② 문제 행동 유형이 같아도, 견종, 개체에 따라 첫 만남의 방법과 교감 활동을 하는 방법이 다르다는 점을 알고, 반려견의 생활환경을 고려하며 다음과 같이 조심스럽게 시작한다.

  ㉠ 보호자의 집으로 들어가면서 보상물(간식, 공)을 주머니에 준비하고 반려견에게 눈길을 주지 않고 들어가도록 한다.

  ㉡ 집이 아닌 훈련시설에서도 같은 방법으로 첫 만남을 갖도록 한다.

  ㉢ 기다린 후 관심을 보이면 보상을 한다. 보상에 관심이 없어도 괜찮다. 여러 번 반복을 통해 경계심을 풀어줄 수 있도록 한다.

  ㉣ 반려견이 다가와 냄새를 맡으면 보상(앞에 던져주어도 된다)을 한다.

  ㉤ 냄새를 맡으면 움직여 보면서, 따라와 냄새를 맡으면 보상을 한다.

  ㉥ 몇 회 반복하고 자리를 떠난 후 다시 시도한다.

  ㉦ 처음에 다가오지 않으면 반려견이 관심을 가지고 올 때까지 기다려 준다.

  ㉧ 한 번에 다가오는 경우도 있지만 몇 번을 다시 가야 다가오는 경우가 있다.

  ㉨ 문제 행동을 보이는 반려견마다 다가오는 정도의 차이가 크다.

  ㉩ 반려견과 반복해서 실행하면 조금씩 교감을 나눌 수 있다.

③ 놀이를 통한 교감 활동을 시도해 본다.

  ㉠ 보호자가 한쪽에서 이름을 불러본다. 반려견이 바로 오면 칭찬하고 보상한다.

  ㉡ 집안에서 숨바꼭질 놀이를 해보는데, 보이는 곳에서 불러서 잘 오면, 안 보이는 곳으로 숨어서 이름을 불러보고, 와서 보호자를 찾으면 칭찬을 하고 보상을 한다.

  ㉢ ㉠, ㉡을 반복해서 놀아주어 반려견과 보호자와의 유대감을 높일 수 있다.

  ㉣ 반려견이 좋아하는 공을 두 개 준비한다.

  ㉤ 공을 가까운 곳에 던져주고 가져오도록 하며, 가져온 공을 빼앗는 행동을 하지 않는다.

  ㉥ 준비한 또 다른 공을 보여주도록 하고 공을 뺏는 사람이 아닌 함께 놀아주는 사람이 되어야 한다.

  ㉦ 보여준 공을 보고 물고 온 공을 놓을 때까지 기다리고, 스스로 놓을 때까지 기다려 준다.

  ㉧ 내려놓은 공을 집어서 다시 가져오도록 던져주는데, 이때 공을 잡는 것을 반려견이 저지하면 바로 손을 빼고 다른 공을 보여주도록 한다.

ⓩ 반려견이 바닥의 공을 집을 수 있도록 양보를 하면 집어서 칭찬을 하면서 던져 준다.

ⓐ 이러한 공놀이를 통해 반려견과 보호자의 놀이에 대한 주도권이 보호자에게 있음을 알려주면서 교감 활동을 더욱 잘할 수 있다.

(4) 보호자의 반려견에 대한 윤리적 책임

① 윤리의 개념

　㉠ 윤리는 인간의 행동 규범 및 관계 형성에 있어 옳고 그름을 판단하는 사회적 합의이다.

　㉡ 사람 간의 윤리는 또한 동물을 대할 때에도 적용될 수 있다.

② 동물 윤리의 분류

　㉠ 동물중심주의 : 동물의 권리 증진을 주장한다.

　㉡ 인간중심주의 : 인간만이 윤리적 존재이며, 그 외 생명체는 수단이라고 주장한다.

　㉢ 생명중심주의 : 동물도 인간과 마찬가지로 윤리적 대상이라고 주장한다.

　㉣ 생태중심주의 : 인간과 동물 등 생명체만이 아니라 생태계 전체(무생물 포함)가 윤리적 대상이라고 주장한다.

③ 반려동물에 대한 사회적 윤리

　㉠ 동물 권리 논쟁 : 동물이 도덕적 고려 대상인가?

　　• 동물은 도덕적 고려를 받을 권리가 없는 움직이는 기계일 뿐이다(데카르트).

　　• 동물은 도덕적 고려를 받을 권리가 없는 대상이지만, 함부로 해서는 안 된다(아퀴나스와 칸트).

　　• 동물은 도덕적 고려를 받을 권리가 있다(벤담).

　　• 동물도 평등하게 그의 이익이 고려되어야 한다(동물 실험 반대, 싱어).

　㉡ 인간과 동물이 더불어 살아가기 위한 사회적인 노력

　　• 전시동물 관련 정책 등 대폭 수정 및 시행

　　• 동물원 · 수족관의 설립이 기존의 등록제가 아닌 허가제로 변경

　　• 동물체험 프로그램과 수족관에서 새로운 고래류를 들여오는 일 전면 금지

　　• 동물의 법적 지위 개선될 움직임 가속화

04 | 실전예상문제

01 반려견의 시각 의사소통에 대한 설명으로 옳지 않은 것은?

① 근거리 또는 중거리 의사소통에 효과적이다.
② 장거리 의사소통에는 적절하지 않다.
② 자세나 표정으로 동료 간 소통에 사용된다.
④ 반려견과 사람 간 의사소통에는 적절하지 않다.

> **해설** 시각을 이용한 의사소통은 반려견들뿐 아니라 반려견과 사람 간 의사소통에도 중요한 전달 방식이 될 수 있다.

02 시각 의사소통에서 반려견의 몸 움직임과 자세에 대한 설명으로 옳지 않은 것은?

① 꼬리를 흔드는 것은 항상 우호적인 기분을 의미한다.
② 눈은 복종 시에는 시선을 피하고, 공포를 느꼈을 때는 크게 열린다.
③ 항문을 거리낌 없이 내놓는 행위는 반려견들 사이에서는 자신감의 표현이다.
④ 개가 상대를 진정시키려고 할 때는 꼬리를 서서히 좌우로 흔든다.

> **해설** 꼬리를 흔드는 것이 반드시 우호적인 기분을 의미하는 것은 아니다. 높은 위치에서 꼬리를 흔드는 행동은 우위 개체의 위협인 경우도 있다.

03 반려견의 자세 변화에 따른 의미에 대한 설명으로 옳지 않은 것은?

① 경계심을 나타낼 때는 꼬리를 높게 쳐들고 털을 세운다.
② 공격적일 때는 머리를 높게 하고, 복종을 의미할 때는 낮게 하고 목이 늘어난다.
③ 귀의 위치는 공격 시에는 뒤로 쏠려 내려가고, 복종 시에는 경계 태세와 동일하다.
④ 공격적일 때는 꼬리가 높이 올라가고 복종 시에는 낮게 내리거나 배 밑으로 말린다.

> **해설** 귀의 위치는 공격 시에는 경계 태세와 동일해지고 복종 시에는 뒤로 쏠려 내려간다.

04 반려견의 후각을 통한 의사소통에 관한 설명으로 옳지 않은 것은?

① 개는 인간의 2배 이상의 후각을 가지고 있다.
② 신생아기에 후각으로 어미 개의 젖꼭지를 찾을 수 있다.
③ 반려견은 서로를 정확하게 알기 위해 후각을 이용해 항문선을 파악한다.
④ 뛰어난 후각을 이용해 지뢰탐지용 군견, 수색구조견, 마약 탐지견 등으로 활동한다.

해설 개는 인간보다 40배 이상의 후각을 가지고 있다.

05 후각을 이용한 의사소통의 특징이 아닌 것은?

① 개체 식별의 최종적 확인을 한다.
② 발정과 같은 번식 단계에는 후각이 무뎌진다.
③ 냄새로 세력권자가 언제 지나갔는지 알 수 있다.
④ 개의 후각은 매우 민감해서 검출 감도는 인간의 100만배 이상이다.

해설 개는 후각으로 발정과 같은 번식 단계의 정보를 파악한다.

06 다음 빈칸에 들어갈 알맞은 단어는?

> 반려견은 자신의 영역에서 누군가의 흔적을 발견하면 그 위에 배변으로 냄새를 남김으로써 자신의 영역과 존재를 알리는 (   )을 한다.

① 마킹 행동
② 친교 행동
③ 공격 행동
④ 서열 확인

해설 개는 자신이나 다른 개체가 남긴 배설물에 흥미를 갖고 냄새를 맡고 나서 자신의 배설물로 덮는다. 반려견은 자신의 영역이라고 생각하는 곳에서 누군가의 흔적을 발견하면 그 위에 배변 활동으로 냄새를 남김으로써 자신의 영역과 존재를 알리는 마킹 행동을 한다.

[7~8] 다음 행동으로 알 수 있는 개의 상태를 고르시오.

07

중간보다 높은 톤의 소리를 내며 꼬리를 흔들거나 점프하는 등 관심을 받으려는 행동을 동반한다.

① 흥 분   ② 복종과 순응
③ 경계심   ④ 외로움

해설 반려견이 흥분이나 즐거운 감정을 표현하는 짖음으로 중간보다 높은 톤의 소리를 내며 꼬리를 흔들거나 점프하는 등 관심을 받으려는 행동을 동반한다.

08

저음으로 '그르렁 그르렁'거리며 짧게 반복해서 짖거나, 강하게 '왕왕' 짖는다.

① 외로움   ② 복 종
③ 경계심   ④ 불안감

해설 반려견이 경계심을 표현하는 짖음으로, 으르렁거리는 소리와 함께 저음으로 짧게 반복해서 짖으며, 대상이 사라지면 멈춘다.

09 반려견의 청각을 통한 의사소통에 관한 설명으로 옳지 않은 것은?

① 모성애나 성적인 관심을 이끌어 내기도 한다
② 짖기나 포효 등은 단거리 정보전달에 효과적이다.
③ 소리로 단결을 유도해 침입자로부터 무리를 방어할 수 있게 돕는다.
④ 사회적 거리감을 줄이기도 하고, 겁을 주어 사회적 거리감을 넓히기도 한다.

해설 짖기나 포효 등 반려견의 음성을 이용한 의사소통은 장거리 정보전달에 효과적이다.

10 보기의 설명에 알맞은 반려견의 소리 표현은?

> • 늑대가 사냥 전 무리를 모으는 신호 또는 영역을 알리는 의사소통의 신호이다.
> • 반려견의 경우 동료를 찾는 외로움의 표현 또는 분리불안으로 인한 울부짖음의 표현이다.

① 낑 낑
② 깨 깽
③ 으르렁
④ 하울링

> 해설 '우~우' 우는 소리를 내는 하울링은 반려견이 외로움을 느낄 때, 먼 곳의 동족을 부를 때 표현이다.

PART 1

11 다음 중 반려견이 평온하고 기분이 좋을 때 나오는 행동이 아닌 것은?

① 꼬리를 편안히 세운 채 살랑살랑 흔든다.
② 눈을 맞추고 흰자위가 보이지 않는다.
③ 몸은 편안히 누워있고 다리는 쭉 뻗어있다.
④ 냄새를 맡거나 한 곳을 오랜 시간 쳐다본다.

> 해설 ④ 반려견이 호기심이 생기거나 무엇인가에 주목할 때 나오는 행동이다.
>
> **반려견이 평온하고 기분이 좋을 때 나오는 행동**
> • 귀는 약간 세우거나 아래로 편안하게 처져 있고 꼬리는 편안히 세운 채 살랑살랑 흔든다.
> • 눈을 맞추고 흰자위가 보이지 않는다.
> • 몸은 편안히 누워있고 다리는 쭉 뻗어있다.
> • 보호자를 보고 '왕~왕~' 높지 않은 목소리로 짖으며 빙글빙글 돌기도 한다.

12 다음의 몸동작 및 소리로 알 수 있는 반려견의 상태는?

> • 몸을 크게 보이기 위해 까치발을 띠거나 몸의 털을 부풀려 세운다.
> • 그르렁 그르렁거리는 목소리 톤에 힘이 들어간다.

① 기 쁨
② 경 계
③ 복종과 순응
④ 고통과 스트레스

> 해설 ① 기쁨 : 껑충 껑충거리며 네 발로 한 동작으로 뛰어다니거나 얼굴과 몸을 움직여서 온몸을 흔들어 댄다.
> ③ 복종과 순응 : 앞발은 땅바닥에 대고 엉덩이를 높게 들며 꼬리를 살살 흔들거나 온몸을 가볍게 흔들면서 눈은 주인을 주시한다.
> ④ 고통과 스트레스 : '낑낑'거리거나 몸을 움츠리거나 떨어댄다.

13 반려견이 앞발을 구부리고 엉덩이를 세우며 귀는 살짝 뒤로 넘어가고 꼬리는 살살 흔들다가 사방팔방 뛰어다니는 이유는?

① 두려워서

② 화가 나서

③ 놀고 싶어서

④ 호기심이 생겨서

> **해설** 반려견이 놀고 싶거나 놀고 있을 때 나오는 행동
> - 집안에서 키우는 소형견은 앞발을 허공에 대고 휘두르거나 앞다리로 툭툭 친다.
> - 앞발을 구부리고 엉덩이를 세우며 귀는 살짝 뒤로 넘어가고 꼬리는 살살 흔들다가 사방팔방 뛰어다니면서 사람의 주의를 끈다.
> - 개들끼리 '아~앙 아~앙' 소리를 내며 서로 목과 귀를 무는 흉내를 내는 것은 개들이 서로 싸우는 것이 아니라 놀이로써 지배욕과 복종을 배우는 것이다.

14 반려견이 화가 났을 때의 행동 표현으로 옳지 않은 것은?

① 제자리에서 짖거나 뒷걸음치며 '앙앙앙(강하고 높은 소리로 짖음)' 짖는다.

② 몸은 전체적으로 앞으로 달려나가려고 하면서 자신감이 나타난다.

③ 입을 벌려서 이빨을 보이고 '왕왕왕(연속적인 높은 소리)' 짖는다.

④ 도발적인 눈빛을 보이고 꼬리는 강하게 세우며 목 주위의 털을 세운다.

> **해설** ① 반려견이 두려움을 느낄 때 나오는 행동 표현이다.

15 반려견의 짖는 방법에 대한 설명으로 옳지 않은 것은?

① 공격적인 짖음 : 낮은 으르렁거리는 소리를 낸다.

② 동료에게 경계를 촉진하는 소리 : 큰소리로 짖는다.

③ 놀이하면서 짖음 : 높은 소리로 짖는다.

④ 홀로 남겨진 분리불안과 불안 상태의 짖음 : 높낮이가 없고 폭이 좁다.

> **해설** ④ 홀로 남겨진 분리불안과 불안 상태의 짖음 : 높낮이가 있으며 폭이 넓다.

16 반려견이 다음과 같은 행동을 하였다면 이는 반려견의 어떤 의사 표현인가?

> 꼬리를 세우고 다른 개의 항문이나 생식기 냄새를 맡거나 맡게 한다.

① 외로움
② 동료애의 표시
③ 항문 주위가 청결하지 못함
④ 자신감과 용기(강자·약자구별), 성별 확인

해설 ① 외로움 : '우~우~' 우는 소리를 낸다(허스키, 말라뮤트 등).
② 동료애의 표시 : 사람이나 개에게 몸을 문지르거나 기대는 행동을 보인다.
③ 항문 주위가 청결하지 못함 : 엉덩이를 바닥에 끈다.

17 반려견이 킁킁거리며 바닥이나 문을 긁는다면, 이는 어떤 의사 표현인가?

① 공격성(자신감에서 나오는 표현)
② 경고(계속 도전하면 공격함)
③ 분리불안, 대소변
④ 혼자 있기 두려움

해설 ① 공격성(자신감에서 나오는 표현) : 꼬리와 귀는 세우며 이빨을 살짝 보인다.
② 경고(계속 도전하면 공격함) : 낮은 소리로 으르렁거린다.
④ 혼자 있기 두려움 : 보호자가 나간 후 짖는다.

18 반려견의 두려운 마음이 없는 능동적인 순종과 두려운 마음이 있는 수동적인 복종에 대한 설명으로 옳은 것은?

① 능동적인 순종 시 반려견은 뒷다리를 접고 생식기와 배를 보인다.
② 능동적인 순종 시 반려견은 다리를 쭉 뻗고 꼬리를 살살 흔든다.
③ 수동적인 복종 시 반려견은 꼬리를 흔들지 않는다.
④ 수동적인 복종 시 반려견은 땅에 눕지 않는다.

해설 • 능동적인 순종(두려운 마음이 없음) : 반려견이 몸은 땅에 누워있고 다리를 쭉 뻗으며 꼬리를 살살 흔든다.
• 수동적인 복종(두려운 마음이 있음) : 몸은 땅에 누우며 뒷다리는 접고 생식기와 배를 보이고 꼬리를 빨리 흔든다.

19 반려견의 소심성에서 나오는 공격성과 자신감에서 나오는 공격성에 대한 설명으로 옳은 것은?

① 소심성에서 나오는 공격성 시 이빨을 보이지 않는다.

② 소심성에서 나오는 공격성 시 꼬리를 다리 사이에 감춘다.

③ 자신감에서 나오는 공격성 시 꼬리와 귀를 세우지 않는다.

④ 자신감에서 나오는 공격성 시 이빨을 보이지 않는다.

> **해설** • 공격성(소심성에서 나오는 표현, 겁이 많은 개) : 꼬리는 다리 사이에 감추고 귀는 뒤로 넘어가며 이빨을 보인다.
> • 공격성(자신감에서 나오는 표현) : 꼬리와 귀는 세우며 이빨을 살짝 보인다.

20 다음 중 반려견의 의사 표현으로 옳지 않은 것은?

① 낑낑거린다. : 고통, 스트레스

② 지루함, 심심함 : 땅을 파거나 물건을 잡아당긴다.

③ 소심, 겁이 많음 : 떨면서 침을 흘린다.

④ 싫음의 표시 : 얼굴을 핥는다.

> **해설** ④ 존경의 표시 : 얼굴을 핥는다.

[21~22] 다음 빈칸에 들어갈 알맞은 단어를 고르시오.

21

> (   )은 반려견이 스트레스를 유발하는 환경에서 자신과 상대방을 진정시키기 위해 사용하는 행동 언어로, 노르웨이의 반려견 훈련사 투리드 루가스(Turid Rugaas)가 반려견을 교육하면서 얻은 경험을 바탕으로 만들었다.

① 행동 표현

② 보디 시그널

③ 카밍 시그널

④ 반려견 언어

> **해설** 카밍 시그널(Calming signals)에 대한 설명이다.

22

> 카밍 시그널은 반려견의 현재 상태를 확인·파악해서 반려견과의 (   ) 의사소통을 가능하게 하여 진정 기능을 회복하게 한다.

① 언어적   ② 행동적
③ 시·청각적   ④ 비언어적

해설 카밍 시그널은 반려견의 현재 상태를 확인·파악하는 비언어적인 의사소통을 가능하게 하여 진정 기능을 회복하게 한다.

23 카밍 시그널의 기능에 대한 설명이 바르게 연결된 것은?

① 긴장 완화 – 반려견의 긴장을 완화하여 상대를 진정시킨다.
② 공격 차단 – 반려견이 적의가 없음을 알리고 불안한 심리상태를 알린다.
③ 진정 신호 – 반려견이 적의가 없음을 알리고 상대를 진정시킨다.
④ 갈등 중재 – 반려견이 공격, 위협, 침략의 의사가 없음을 알린다.

해설 **카밍시그널의 기능**

긴장완화 기능	반려견 자신의 긴장을 완화한다.
진정신호 기능	반려견이 적의가 없음을 알리고 상대를 진정시킨다.
공격차단 기능	반려견이 불안이나 불쾌한 감정을 느꼈을 때 자신의 심리상태를 알린다.
갈등중재 기능	반려견이 다른 개체들의 싸움을 멈추려 할 때 사용한다.
분쟁회피 기능	반려견이 공격, 위협, 침략의 의사가 없음을 알린다.
평화유지 기능	반려견이 구성원과의 물리적 마찰을 막고 평화를 유지하려 할 때 사용한다.
의사전달 기능	반려견이 다양한 개체들과도 서로 의사를 파악할 수 있다.

24 다음 동작 시그널로 알 수 있는 반려견의 상태로 옳은 것은?

> 앞발을 들어올린다(표정이 어두울 때).

① 즐거움   ② 존경심
③ 지배욕   ④ 스트레스

해설 앞발들기는 반려견이 불안감을 느낄 때 하는 동작으로, 스트레스와 공포의 시그널이다. 고강도 훈련을 받는 반려견들에게 볼 수 있으며 혼이 날 때 앞발을 들고 헐떡거리기도 한다.

25

> • '피곤함'의 표시로 낮잠이 필요하거나 잘 준비가 되었다는 신호이다.
> • 반려견이 불안할 때 입술을 핥거나 귀를 납작하게 누이면서 하기도 한다.

① 핥 기   ② 귀접기
③ 하품하기   ④ 시선 피하기

해설 반려견의 하품은 피곤의 표시, 불안의 표시, 복종의 표시, 흥분의 표시, 공감의 표시 등 여러 가지 의미가 있다.

26

> • 늑대 새끼가 어미에게 하는 행동에서 비롯되었으며, 주로 상대의 기분을 진정시키는 작용을 한다.
> • 반려견이 사람에게 하면 적의가 없으며 기쁨과 안정의 애정 표현의 의미이다.

① 긁 기   ② 핥 기
③ 끼어들기   ④ 쿵쿵거리기

해설 반려견이 보호자의 얼굴을 핥는 행동은 적의가 없음과 기쁨과 애정을 표현하는 시그널이다.

27 반려견이 꼬리를 좌우로 빠르게 흔들어 대는 경우에 해당하는 것은?

① 경계의 표현   ② 행복의 표현
③ 복종의 표현   ④ 호기심의 표현

해설 반려견의 꼬리 표현
• 경계의 표현 : 꼬리를 높게 쳐들고 긴장하며 털을 세운다.
• 행복의 표현 : 꼬리를 좌우로 빠르게 흔들어 댄다.
• 호기심의 표현 : 꼬리를 수평 위치에서 똑바로 유지한다.
• 복종의 표현 : 꼬리를 좌우로 서서히 흔들며 주인에게 시선이 집중된다.
• 공포, 불안감의 표현 : 꼬리를 다리 사이에 감추고 눈치를 본다.

28 보호자와 반려견의 바람직한 관계 형성에 대한 설명으로 옳지 않은 것은?

① 양방향적 · 연속적 관계가 되어야 한다.

② 서로 상호의존적이며 유익한 관계가 되어야 한다.

③ 보호자가 보호하고 반려견은 일방적으로 보호받는 관계이다.

④ 보호자는 반려견을 학대하거나 생활에 불편함을 주는 행위를 하면 안 된다.

> **해설** ③ 반려견과 공식적인 계약 관계를 맺은 것은 아니지만, 서로 돌보아야 하는 관계이다.

29 보호자와 반려견 사이의 신뢰와 결속 강화 방법으로 옳지 않은 것은?

① 적절한 사회화 교육

② 주기적인 동물병원 방문

③ 규칙적인 산책

④ 반려견의 식성에 따른 식단

> **해설** ④ 균형잡힌 식단을 짜서 반려견에게 영양가 있는 먹이를 제공하여야 한다.

30 반려견이 새로운 사람과 만났을 때의 교감 활동이 잘못된 것은?

① 반려견은 기다리는 것을 견디지 못하므로 훈련사가 먼저 다가가야 한다.

② 반려견이 사람의 냄새를 맡으면 조용히 간식을 준다.

③ 안정감을 찾은 반려견과 기초교육 놀이를 한다.

④ 강압적인 교육이 아닌 놀이를 통한 교육을 통해 신뢰를 쌓아갈 수 있도록 한다.

> **해설** ① 반려견 스스로 다가올 수 있도록 기다려주는 배려로 불안한 마음이 진정된다.
>
> **반려견이 새로운 사람과 만났을 때의 교감활동**
> • 소심한 기질의 반려견은 새롭고 낯선 사람에게 쉽게 곁을 주지 않는다.
> • 반려견 스스로 다가올 수 있도록 기다려주는 배려로 불안한 마음이 진정된다.
> • 조심스럽게 다가오는 반려견에게 간식 하나를 준다.
> • 다가온 반려견이 사람의 냄새를 맡으면 조용히 간식을 준다.
> • 여러 번 반복을 통해 그 사람에 대한 경계가 풀리고 안정감을 느끼게 된다.
> • 안정감을 찾은 반려견과 기초교육 놀이를 한다.
> • 강압적인 교육이 아닌 놀이를 통한 교육을 통해 신뢰를 쌓아갈 수 있도록 한다.
> • 기다림을 통해 신뢰감이 생기면 소심한 반려견과의 교감 활동이 이루어진다.

05 | 반려견의 문제 행동

1 반려견 문제 행동의 의의

(1) 행동의 분류

① **정상 행동** : 반려견의 생존과 후대의 번성에 유리하도록 환경변화에 적절하게 적응된 보편적인 행동이다.

② **실의 행동**

    ㉠ 기능이나 목표를 파악하기 어려운 행동이다.

    ㉡ 반려견이 스스로 상황을 개선하기 어려운 상태에서 발생한다.

    ㉢ 갈등 행동과 이상 행동으로 구분할 수 있다.

    • 갈등 행동 : 목표 동작이 어떤 방해를 받아 이루어지지 않을 때 다양하게 시도해 보는 경우 또는 상호 모순된 둘 이상의 동기가 존재할 때 나타나고, 저수준에서는 휴식과 같은 행동이, 고수준에서는 짖음, 공격과 같은 행동이 표현되며, 다음과 같이 구분할 수 있다.

전위 행동	• 불만족 또는 불안한 상태에서 발생하는 행동이다. • 생식행동 또는 적대 상황에서 많이 발생한다. • 문지르기, 물기, 핥기, 몸 흔들기, 하품 등이다. • 카밍시그널(calming signal, 신체 반응으로 표현하는 반려견의 의사소통 신호)이 전형적인 전위 행동이다.
전가 행동	• 만족하지 못한 욕구를 다른 대상에 나타내는 행동이다. • 음식물을 전적으로 제공받는 반려견의 경우 섭식의 선(先) 동작인 탐색 동작이 결여되어 엉뚱한 행동을 나타낸다.
진공 행동	• 욕구 충족이 불만족스러울 때 그 대상이 없는 상태에서 해소하기 위해 하는 행동이다. • 자위는 대상이 없는 상태에서 표현되는 생식형 진공 행동이다.
양가 행동	• 상반된 욕구 또는 정서가 공존하는 상태에서 표현되는 행동이다. • 공복 상황에서 음식물이 제공되면 엉덩이를 빼고 머리만 식기를 향한 채 섭식하는 경우이다.

    • 이상행동 : 행동 양식, 빈도, 강도에서 정상적인 범위를 벗어난 행동이 장기간에 걸쳐 나타나는 것을 말하고, 욕구 불만, 장기간의 갈등, 질병, 이상행동 발달 등이 원인이며, 다음과 같이 구분할 수 있다.

상동 행동	• 특정한 행동을 지속하여 반복하는 것이다. • 반려견의 생활공간이 부적합하면 → (날뛰기, 짖음, 회피) → (부동, 엎드려 있기) → (씹기) → 상동 행동으로 발전한다.
변칙 행동	환경의 부적합으로 인해 정상적인 행동 양식이 변한 행동이다.
이상 반응	• 단순한 환경이 지속하면 정상적인 반응도가 무너져 무관심이나 과잉반응을 유발한다. • 미세자극에 대하여 도주하는 과잉반응, 긴장성 부동화, 식분증 등이 있다.

③ 문제 행동

　　㉠ 반려견이 정상 행동과 실의 행동을 예측 불가능하게 장기간 표현하는 현상이다.

　　㉡ 이는 보호자의 불만족이 아닌 반려견의 행동학적 측면에서 바라본 설명방식이다.

(2) 문제 행동의 개념

① 문제 행동이 있는 동물은 안락사하거나 유기되는 경우가 많은데, 이러한 동물은 행동에 대해 훈련을 받지 않았거나 다른 정상적인 동물의 행동이 무엇인지 보고 자라지 못하여 과도한 짖음, 물어뜯기, 분리불안, 흥분 등의 문제 행동을 나타낸다.

② 문제 행동은 보호자와 동물이 같이 살아갈 때 서로에게 심각한 문제이다.

③ 현시점에서는 반려견의 문제 행동에 대한 통일된 정의가 존재하지 않는데, 아마도 반려견의 행동이 나타내는 동기에 대해서 아직 충분히 이해되어 있지 않고 개체에 따라 행동이 나타내는 동기부여의 정도가 다르다는 것에 기인하는 것 같다.

④ 대개 다음과 같은 반려견의 행동을 문제 행동으로 본다.

　　㉠ 주인에 의해 문제라고 인식되는 반려견의 행동

　　　　• 사회나 주인에게 불편을 주는 행동

　　　　• 주인의 자산이나 반려견 자신을 손상하는 행동

　　　　• 주인의 생활에 지장을 미치는 행동

　　㉡ 넓은 의미로 보았을 때 이상행동도 문제 행동에 포함된다.

⑤ 보호자 대부분은 문제 행동을 참고 견디기 때문에 이러한 과정에서 문제 행동을 더 심각하게 조장하는 결과를 낳기도 한다.

(3) 문제 행동의 분류(3가지)

① 동물이 본래 가지고 있는 행동 양식(repertory)을 일탈하는 경우 : 대부분은 이상행동의 범주에 들어간다. 예 궤양이 생길 때까지 발끝을 핥는 행동

② 동물이 본래 가지고 있는 행동 양식의 범주에 있으면서 그 많고 적음이 정상을 일탈하는 경우 예 성행동, 섭식행동

③ 동물이 본래 가지고 있는 행동 양식의 많고 적음이 정상을 일탈하지 않더라도 인간사회와 협조 되지 않는 경우 예 경계 포효, 쓸데없는 짖음

2 반려견의 문제 행동 파악하기

(1) 반려견의 일반적인 관찰

반려견의 문제 행동을 좀 더 정확하게 알아내기 위해서는 그러한 행동의 동기를 정밀하게 파악해야 하며, 그렇게 하기 위해서는 문제 행동 전후의 반려견의 모습을 세밀하게 관찰해야 한다.

① 반려견이 신경질적이거나 생기를 잃어 잠만 자려 하고, 피곤한 기색을 보인다거나 평상시에 활동성 있게 동작하던 아이가 소극적이거나 무언가 시름에 잠기고 동작이 둔해지는 것은 이상 신호이다.

② 몸의 동작은 연령이나 개성에 의해서도 좌우되기 때문에 평소의 상태와 비교해 보아야 하는데, 평소에는 부르면 즉시 꼬리를 저으면서 달려오던 개가 마지못해 일어나거나 관심이 없다면 컨디션 이상 신호를 의심한다.

③ 식욕부진, 구갈증, 호흡 이상, 구토, 설사, 구토물이나 분변에 피가 섞이는 경우도 수의사에게 조치 받아야 하며, 배변 시 통증이나 곤란이 있는지 살피고 배뇨 시에 피가 섞여 있으면 피가 오줌의 초기 또는 말기에만 나오는지 혹은 지속해서 나오는지를 관찰해야 한다.

④ 평상시 마른 기침을 하거나 고개 흔들기, 한 쪽 방향으로 돌기 등 이상행동을 하면 심장사상충을 의심해 보아야 한다.

⑤ 반려견은 사람과 마찬가지로 하품, 기침, 재채기, 딸꾹질, 트림 등을 하며 코를 골기도 하는데, 반려견은 하품을 잘하는 동물로서 피로할 때나 따분할 때, 기분이 나쁘거나 흥분을 해도 하품을 하지만 너무 자주 하품을 하면 일단 조심하도록 한다.

(2) 반려견의 행동 파악 순서

> 유의사항 확인 → 반려견의 스트레스 및 생활환경 분석 → 반려견 개체 특성에 따른 문제 행동의 증상에 따라 종류 및 원인 분석 → 확보된 관련 자료 취합 → 반려견의 문제 행동 분석을 근거로 수준 파악 → 행동분석서 작성

① 유의사항을 확인한다.
  ㉠ 자격을 구비한 사람이 분석한다.
  ㉡ 반려견의 견종, 성별, 나이, 부모견의 유전적 정보, 행동 발달 등을 통해 기본 정보를 파악한다.

정상적인 행동 발달에 따른 행동 표현	비정상적인 행동 발달에 따른 행동 표현
• 미지인에게 다가간다.	• 미지인에게 접근하지 않는다.
• 우호적 미지견의 접근 수용, 놀이를 한다.	• 미지견과 사교하지 않는다.
• 소음을 두려워하지 않고 빠르게 회복된다.	• 소음을 두려워하고 회복되지 않는다.
• 미지 환경에서 탐색하고 간식을 먹는다.	• 미지 환경에서 숨거나 부동화된다.

[반려견의 행동 발달에 따른 문제 행동]

② 반려견의 스트레스 및 생활환경(반려견 보호자의 특성 포함)을 분석한다.

③ 반려견 개체 특성에 따른 문제 행동의 증상에 따라 종류 및 원인을 분석한다.
  ㉠ 감각 및 신경계 문제 행동 표현
  ㉡ 정서 문제 행동 표현
  ㉢ 배설 문제 행동 표현
  ㉣ 의사소통 문제 행동 표현
  ㉤ 사회적 관계 문제 행동 표현

④ 확보된 관련 자료를 취합한다.

⑤ 반려견의 문제 행동 분석을 근거로 수준을 파악한다.
  ㉠ 반려 문제 행동의 절대적 또는 상대적 양을 파악하여 수준을 결정한다.
  ㉡ 문제 행동을 유발하는 자극을 제시한 상태에서 측량기기를 활용하여 시간, 질, 크기를 평가한다.

⑥ 행동분석서를 작성한다.

㉠ 행동분석서를 작성할 때는 다음 사항을 포함한다.

- 반려견 보호자와 반려견의 개별 정보를 기술한다.
- 반려견의 생애 이력을 기술한다.
- 분석에 이용된 방법과 내용을 기술한다.
- 문제 행동의 종류 및 원인을 기술한다.

㉡ 반려견의 문제 행동에 대해 확보된 자료를 영역별로 분류한다.

- 문제 행동을 개체 행동, 사회 행동, 연계 행동으로 분류한다.
- 문제 행동 원인을 개체 특성, 생활환경, 보호자 특성 영역으로 분류한다.

㉢ 분석서 작성

- 작성 방법

  - 해당 문제 행동을 분석하는 목적을 기술한다.
  - 분석서에 사용하는 용어와 문장은 맥락을 드러내어 이해하기 쉽게 작성한다.
  - 분석 내용은 보호자가 명확히 파악할 수 있도록 작성한다.
  - 분석 내용은 일관성과 객관성을 유지한다.
  - 문제 행동에 대한 설명은 세부적으로 작성한다.
  - 분석서의 전체 내용을 요약하여 개괄적으로 기술한다.

- 행동 분석 내용

  - 반려견의 행동은 여러 요인이 복합적으로 기능하므로 문제 행동의 종류에 따른 원인을 명확히 기술하는 것이 쉽지 않다.
  - 다음의 특성 등을 구분하여 분석한다.

질병적 원인	• 건강 상태에 원인이 있는 반려견의 문제 행동을 교정하는 방법으로 문제를 해결하려 한다면 불가능하다. • 고관절 이형성과 관절염, 그리고 나이와 관계된 다른 질병을 가진 반려견에게 앉거나 뛰는 행동을 요구하면 저항하거나 마지못해 할 것이다. • 이처럼 신체적인 건강 이상과 질병은 반려견을 무기력하게 하는 원인이 된다.
환경적 원인	• 반려견은 자연의 일부분이므로 자연환경의 영향으로부터 벗어날 수 없다. • 현재의 반려견에게 자연환경이란 인간과 인간이 제공하는 환경일 수 있다. • 따라서 반려견에게 가장 크게 영향을 미치는 것은 주위에서 항상 관계를 맺고 있는 사람과 생활하거나 훈련을 하는 환경이다.
견종 특성	• 반려견이 공통으로 표현하는 행동 외에 견종에 따른 특이한 행동이 있다. • 이는 견종의 특성에 따른 유전의 영향으로 나타난 것이다. 견종에 의한 성격과 특징은 오랫동안 선택 번식되어 발전한 진화의 결과이다.
개체 특성	• 개체의 특성에 대해서 평가할 때는 모든 부분을 일반화하지 말고 상대적 입장을 취한다. • 반려견은 일반적으로 개체별 성향과 생장 환경의 영향에 따라 차이가 많기 때문이다. • 또한 개체의 생리적인 특성이 행동에 영향을 미치는 경우도 있다.
보호자 특성	보호자는 반려견의 행동에 직접적으로 영향을 미치는 요인이다. 사고방식, 생활습관, 반려견과의 상호관계, 태도 등 전반적인 상태를 최대한 기록한다.

(3) 반려견의 문제 행동 유형별 살펴야 할 사항

① 문제 행동 '짖음'에 대해 파악한다.

㉠ 반려견의 생활환경을 확인한다.
- 혼자 있는 시간이 얼마나 되는지 확인한다.
- 보호자로부터 과도한 사랑을 받는지 확인한다.
- 갇혀 지내거나 목끈에 매어 지내는지 확인한다.
- 산책은 어느 정도 하는지 등의 생활 패턴을 확인한다.

㉡ 보호자의 생활 패턴을 확인한다.
- 1회 외출시간은 어느 정도인지 확인한다.
- 귀가 시간은 어떻게 되는지 확인한다.
- 반려견과 함께하는 시간은 어느 정도인지 확인한다.
- 가족 구성원은 어떻게 되는지 등을 파악한다.

㉢ 짖게 된 시기가 언제부터인지 확인한다.
- 반려견의 과거력을 확인한다.
- 최초 짖는 문제가 발생한 시기를 알아본다.

㉣ 언제 짖는지, 짖었다면 짖음으로부터 어떤 보상이 이루어졌는가 확인한다.
- 손님, 배달원, 초인종 소리, 현관 전자 키소리, 지나가는 사람, 자동차 소리, 오토바이 소리, 지나가는 행인 등의 상황을 파악한다.
- 기타 수없이 많은 다양한 상황을 파악한다.

㉤ 얼마나 오랜 시간 짖는지 확인한다.
- 1회에 어느 정도 짖는지 확인한다.
- 중간에 짖기를 멈추는지 확인한다.
- 짖지 않는 시간과 짖는 시간은 어느 정도인지 확인한다.

㉥ 짖는 소리를 어떻게 내는지 확인한다.
- 끙끙대는지, 우렁차게 짖는지, 날카롭게 짖는지, 하울링을 하는지를 파악한다.
- 공격하려고 달려들면서 짖는지 등을 파악한다.

㉦ 짖는 대상이 무엇인지 그리고 실내, 실외 어디에서 짖음이 심한지 확인한다.
- 자전거, 오토바이를 타고 있는 사람인지 파악한다.
- 반려견과 함께 있는 사람인지 파악한다.
- 어린아이, 청소년, 성인, 노인, 남자, 여자, 우체부, 택배 기사 등 다양한 대상에 대해 확인한다.

② 문제 행동 '공격성'에 대해 파악한다.

㉠ 포식성 공격(냉정한 사냥본능에 의한 공격)인지를 파악한다.

㉡ 수컷 간의 공격인가 파악한다(성 성숙 시기에 테스토스테론의 대량 분비가 일어나면서 공격성이 높아진다).

ⓒ 경합적 공격인가 파악한다.

- 먹이나 잠자리와 같은 한정된 자원을 둘러싸고 또는 무리 내의 순위를 둘러싸고 경합하며 이것이 공격 행동으로 발전한다.
- 여러 마리의 반려견이 함께 생활했거나, 생활하고 있는지 확인한다.

ⓓ 공포에 의한 공격인가 파악한다.

반려견이 불안이나 공포를 느끼는 상황에서 벗어나려고 하거나 그것이 불가능한 경우 공격이 일어나는 경우가 있다.

ⓔ 아픔에 의한 공격인가 파악한다.

- 아픔은 방어적인 공격 행동을 일으킨다.
- 수컷이나 암컷 모두에게도 아픔을 동반하는 자극을 받으면 공격 행동을 일으키는 반응이 생득적으로 포함되어 있다.

ⓕ 영역적 공격 또는 사회적 공격인가 파악한다.

낯선 개체가 자신의 영역에 침입하거나 무리에 접근하면 우선 경계를 높이고 그 위협이 사라지지 않으면 공격적인 행동이 일어난다(견종차나 개체차가 크다).

ⓖ 모성 행동에 관련된 공격(어미가 새끼를 지키기 위해 보이는 공격 행동)인가 파악한다.

ⓗ 학습에 의한 공격인가 파악한다.

- 군견이나 경찰견과 같이 공격성을 훈련받은 경우인지 확인한다.
- 생활 속 반복되는 패턴에 의해 공격성을 학습한 경우인지 확인한다.

    예 누군가 지나가면서 위협 행동을 하면 반려견은 짖고 위협 행동을 한 사람은 반려견이 짖자 도망가기를 계속 반복하면 짖음과 함께 공격성을 학습하게 된다.

ⓘ 병적인 공격인가 파악한다.

원인이나 이유가 없이 어떠한 상황도 없이 갑자기 공격 행동을 보이는 경우인지 파악한다.

③ 문제 행동 '배뇨 및 배변'에 대해 파악한다.

ⓐ 불안 및 두려움 요소를 파악한다.

ⓑ 사회적 스트레스인지를 파악한다.

ⓒ 관심을 받고 싶어서인가를 파악한다.

ⓓ 패드 근처 또는 가구에 실수하는가 파악한다.

ⓔ 단순한 마킹 행동인가 파악한다.

ⓕ 기타 다른 곳 또는 다른 상황에서 실수하는가 파악한다.

④ 문제 행동 '식분증'에 대해 파악한다.

ⓐ 최초 언제부터 먹거나 입을 접촉하였는가 파악한다.

ⓑ 반려견의 어린 시절 발달환경은 어떠한가 파악한다.

ⓒ 구충은 정기적으로 하는가 파악한다.

ⓓ 화장실의 청소 상태는 청결한가 확인한다.

ⓔ 불안해하지는 않는가 파악한다.

ⓕ 폭력에 노출되지는 않았는가 파악한다.

ⓐ 영양 있는 사료 급식량은 충분한가 파악한다.

⑤ 문제 행동 '파괴행동'에 대해 파악한다.

　ⓐ 반려견의 사회적, 생리적 스트레스 정도는 어떠한가 파악한다.

　ⓑ 언제 어떤 상황, 어떤 환경을 가장 불안해 하는가 파악한다.

　ⓒ 주인과의 분리불안 행동을 보이는가 파악한다.

　ⓓ 강아지의 기질은 소심한거나 강하거나 어떠한가 파악한다.

　ⓔ 언제 어떤 상황에서 무엇을 파괴하는가 파악한다.

⑥ 문제 행동 '과잉행동'에 대해 파악한다.

　ⓐ 언제 과잉행동을 하는가 파악한다.

　ⓑ 어떤 형태의 과잉행동을 하는가 파악한다.

　ⓒ 어떤 사물에 대한 것인가 파악한다.

　ⓓ 사람에게는 어떤 식으로 하는가 파악한다.

　ⓔ 어린이, 성인, 노인 등 누구에게 하는가 파악한다.

⑦ 문제 행동 '산책'에 대해 파악한다.

　ⓐ 앞에서 어느 정도 심하게 끌고가는가 파악한다.

　ⓑ 다른 사람이나 사물을 보고 어떤 모습으로 공격성을 띠는가 파악한다.

　ⓒ 다른 움직이는 사물을 보고 어떤 모습을 보이는가 파악한다.

　ⓓ 마주 오는 사람과 반려견에게 어떻게 반응하는가 파악한다.

　ⓔ 산책 중 냄새를 맡는 행동을 심하게 하는가 파악한다.

　ⓕ 입마개에 대한 불편함을 호소하는가 파악한다.

　ⓖ 잘 따라오지 않고 보호자 뒤에 자주 멈추는가 파악한다.

⑧ 문제 행동 '불안장애'에 대해 파악한다.

　ⓐ 어려서 어느 시기 때부터 불안한 모습을 보였는가 파악한다.

　ⓑ 주인과 분리되어 불안해 하는가 파악한다.

　ⓒ 무서워서 불안해 하는가 파악한다.

　ⓓ 폭행의 기억이 있는가 파악한다.

　ⓔ 어떤 사람, 어떤 물건을 보고 불안해 하는가 파악한다.

　ⓕ 어떤 환경적인 특정한 곳이 있는가 파악한다.

　ⓖ 불안해서 나타내는 행동은 어떤 것인가 파악한다.

(4) 반려견의 문제 행동 표현

① 감각 및 신경계 문제 행동 표현

행동 원인	표 현	
인식장애	• 활동력이 줄어든다. • 공간에 대한 감각이 혼란을 느낀다.	• 수면주기가 변한다. • 배뇨, 배변 행동에 이상이 생긴다.
고 열	• 우울해진다. • 수면시간이 증가한다. • 음수량이 감소한다.	• 식욕이 저하된다. • 몸단장행동이 줄어든다.
강박증	• 발가락을 지속적으로 핥는다. • 빙글빙글 돈다. • 움직이지 않는다. • 계속 걷는다. • 제자리에서 높이뛰기를 반복한다. • 우는 소리를 낸다. • 자신의 몸을 해친다.	• 옆구리를 지속적으로 핥는다. • 자신의 꼬리를 계속 쫓는다. • 바닥을 긁는다. • 혼자 으르렁거린다. • 헛것을 쫓는다. • 몸단장 행동을 과도하게 한다.
공 포	• 심박수가 증가한다. • 호기심이 떨어진다.	• 두려움을 느낀다.
스트레스	• 식욕이 떨어진다. • 변비 또는 설사를 한다. • 구토한다. • 다리를 절뚝거린다.	• 탈모 현상이 나타난다. • 물을 과도하게 먹는다. • 발작을 일으킨다.

② 정서 문제 행동 표현

행동 원인	표 현
외로움	• 침을 지나치게 많이 흘린다. • 침착하지 못하다. • 낑낑거린다. • 짖는다. • 하울링(howling)을 한다. • 식욕이 부진하다. • 문 · 바닥 · 창문 · 커튼 등을 씹거나 긁는다.
애 착	• 특정 가족에 대하여 강한 애정을 표현한다. • 집에서 보호자를 따라다닌다. • 보호자와 가까이 있거나 근처에 앉는다. • 보호자가 다른 사람에게 애정을 나타내면 흥분한다. • 보호자가 다른 반려견에게 애정을 나타내면 흥분한다.

③ 배설 문제 행동 표현

행동 원인	표 현
처벌 결과	• 보호자 없는 곳에 배설한다. • 사용하지 않는 더러운 곳에 숨어서 배설한다. • 야간에 배설한다. • 보호자가 없을 때 부적당한 장소와 불규칙적인 시간에 배설한다. • 아무 곳이나 몇몇 장소로 위치를 쉽게 변경한다.

복종성	• 1년 미만 자견이 위협감을 느낄 때 배설한다. • 가족 또는 내방객 접근 시 배설한다. • 질책받을 때 배설한다. • 구르기, 귀 젖힘, 꼬리 말림 같은 자세에서 배설한다. • 우호적인 상태에서 즐거울 때 배설한다.
배설 환경	• 실외 공간 또는 배설 장소 바닥 재질이 부적합하다. • 배변 공간의 위치가 부적합하다(출입로가 좁고 경사짐, 자갈 · 날카로운 잡초). • 악 기상 조건일 때 배설한다(추위 · 더위 · 눈 · 습기). • 실외에서 복귀 후 실내에 배설한다. • 실외 장소가 좋지 않은 환경 또는 재질로 이루어져 있다. • 어린 시절 초기의 교육 영향이다.
분리불안	• 보호자 외출 직후 또는 30분 이내에 배뇨한다. • 보호자 부재 시 지속해서 발생하고 보호자 재택 시 발생하지 않는다. • 보호자 존재 여부와 무관하게 발생하면 분리불안을 포함한 복합적 원인이다. • 분리불안증 상태에서 격리되었다(공간 제한, 공간 탈출 중 부상, 공간에 배변). • 보호자를 계속 따라다닌다. • 보호자를 매우 흥분한 상태에서 맞는다. • 보호자가 시야에서 벗어나면 동요한다. • 보호자 외출 신호에 불안감을 드러내거나 의기소침한다. • 보호자에게 강한 애착을 보이거나 관심을 요구, 관심에 즉각 반응한다. • 보호자와 상호작용이 없으면 신경질적 행동 또는 욕구 불만을 표한다. • 개량된 순수혈통에게 빈발한다. • 문제 행동 전에 혼자 있지 않으려 한다. • 보호자의 일상이 변화되었다(다른 반려견 죽음, 새로운 환경 이동, 입원 등). • 보호자가 없을 때 부적당한 장소와 불규칙적인 시간에 배설한다.
범불안 (공포)	• 소음(천둥, 사이렌, 자동차, 큰 기계음)에 배설한다. • 특정인의 출현에 배설(공포 유발 소음과 조건화)한다. • 외출을 거부한다. • 보호자 보호하에도 밖에 나가거나 머물기를 꺼린다.

④ 사회적 관계 문제 행동 표현

행동 원인	표 현
우 위	• 보호자 또는 가족이 질책할 때 반응한다. • 보호자가 장난감을 회수하면 반응한다. • 보호자가 그루밍해 줄 때 반응한다. • 가족의 응시에 반응한다. • 미지인이 접촉 시 반응한다. • 미지 여성에 반응한다. • 외출 시 미지인에 반응한다. • 외출 중 어린아이에게 반응한다. • 외출 시 다가오는 수캐에 반응한다. • 미지견이 적대행동을 할 때 반응한다.
섭 식	• 반려견이 음식을 먹을 때 보호자가 다가가면 반응한다. • 반려견의 음식을 보호자가 가져가면 반응한다. • 음식을 먹을 때 익숙한 반려견이 다가오면 반응한다. • 반려견이 장난감을 가지고 놀 때 익숙한 반려견이 접근하면 반응한다. • 조깅, 자건거에 반응한다. • 가족이 개의 물건을 가져가면 반응한다.

	영 역	• 익숙한 다른 반려견에게 반응한다. • 익숙한 다른 반려견이 자신의 잠자리에 다가가면 반응한다. • 미지인의 접근에 적대행동을 나타낸다. • 미지인이 보호자에게 접근할 때 반응한다. • 미지인이 내방 시 반응한다. • 미지견의 방문에 반응한다. • 고양이나 다른 동물에 반응한다.

⑤ 의사소통 문제 행동 표현

표 현			행동 원인
음 성		신 음	민감한 고통
		으르렁거림	공격, 방어, 인사, 놀이
		끙끙거림	인사, 보살핌 및 접촉 요구
		하울링	집단 구성원 친밀감, 미지인에게 경고, 집합
		비 명	고통, 복종
		이빨 부딪침	놀이 간청, 방어, 위협
		낑낑거림	방어, 고통, 인사, 복종, 놀이 간청
		캥캥	놀이 간청, 불편한 상황에서 복종, 접촉 간청
몸 짓	간격 축소	수동적 복종	머리·귀·목을 낮추며 혀 왕복 또는 핥기 꼬리 흔듦, 앞발 들기, 복부 노출 이를 드러내며 입술 수평, 귀는 아래로, 눈은 절반 감김
		능동적 복종	머리와 꼬리 높이 들기, 머리 낮추며 쳐다봄
		놀 이	앞 낮추고 뒤 올림, 앞발 들기, 귀는 서고 앞을 향함
	간격 확장	우위적 신호	눈을 크게하고 대립하면서 쳐다봄 입술 뒤로, 으르렁거림 머리·목·귀를 세운 상태에서 점차 낮아짐 발끝을 곧게 세우거나 털 세움 꼬리 세우고 천천히 흔들기
		접근 금지	배뇨 위해 물체로 가 바닥 긁음
		복합 신호	머리는 들지만 몸이 낮으며 꼬리는 다리 사이 접촉 전 하품이나 스트레칭
		적극적 방어	잇몸 보이며 동공 확장 털 세움, 핥기, 혀 내밀기, 머리 돌림

(5) 반려견에게 보이는 문제 행동

① 적대 행동

㉠ 적대행동은 다양한 원인에 의하여 발생하므로 근본적인 원인을 파악하는 것이 중요하다.

㉡ 공격성을 지닌 반려견은 다른 반려견 또는 사람에게 큰 해를 끼칠 수 있다.

㉢ 적대적인 반려견을 대할 때는 안전조치를 취해야 한다.

㉣ 심각한 공격성은 완치가 어렵지만 효과적인 교정 방법을 적용하면 완화시킬 수 있다.

② 공격 행동 : 가장 보편적이면서 가장 심각한 문제 행동으로, 그 유형은 다음과 같다.

㉠ 우위성 공격 행동(dominance-related aggression) : 반려견이 자신의 사회적 순위를 위협받았다고 느낄 때, 또는 그 순위를 과시하기 위해 보이는 공격 행동

㉡ 영역성 공격 행동(territorial aggression)
- 실내, 차, 정원 등 반려견이 자신의 세력권이라 인식하는 장소에 접근하는 개체에 대해 보이는 공격 행동
- 반려견 자신이 방어해야 한다고 인식하고 있는 대상에 접근하는 개체에 대해 보이는 방호성 공격 행동(protective aggression)을 이 범주에 포함시키는 경우도 있다.

㉢ 공포성 공격 행동(fear-based aggression) : 공포나 불안의 행동학적, 생리학적 징후를 동반하는 공격 행동

㉣ 포식성 공격 행동(predatory aggression)
- 주시, 침 흘림, 몰래 접근하기, 낮은 자세 등의 포식 행동에 잇따라 일어나는 공격 행동
- 정동 반응을 동반하지 않는 것이 특징이다.

㉤ 아픔에 의한 공격 행동(pain-induced aggression) : 아픔을 느낄 때 일어나는 공격 행동

㉥ 동종 간 공격 행동(interdog aggression)
- 가정 내에서 서로의 우열관계에 대한 인식의 결여 또는 부족에 의해 일어나는 반려견들 간의 공격 행동
- 가정 밖에서 위협이나 위해를 줄 의지가 없다고 생각되는 반려견에 대해 보이는 공격 행동

㉦ 특발성 공격 행동(idiopathic aggression)
- 예측 불가능한 공격 행동
- 원인을 알 수 없는 공격 행동

③ 배설 행동

㉠ 시간과 장소를 구분하지 못하고, 부적절한 장소에서 부적절한 배설[배뇨, 배변(inappropriate elimination)]을 하는 행동을 말한다.

㉡ 훈련 부족, 질병, 협소 공간 수용, 흥분, 두려움, 영역표식, 과도한 복종성 등이 원인이다.

㉢ 반려견이 배설 장소에 대한 인식이 부족한 경우는 훈련을 보강한다.

㉣ 배변 장소와 보금자리의 구분, 두려움 원인 제거 등의 해결책을 적용한다.

④ 공포/불안 관련 문제 행동

　㉠ 분리불안(separation anxiety)

　　• 반려견이 보호자와 떨어져 있을 때 발생한다.

　　• 주인이 없을 때만 보이는 행동이나 증상을 말한다.

　　• 일반적으로 심박수 · 호흡 증가, 부적절한 배뇨/배설, 우울 등의 증상을 나타낸다.

　　• 짖음(불필요한 짖기 또는 멀리서 짖기), 파괴적 행동/활동과 같은 행동학적 불안 징후를 나타낸다.

　　• 구토, 설사, 떨림, 지성 피부염과 같은 생리학적 증상을 나타낸다.

　　• 환경 풍부화, 행동 교정, 분리 최소화 방법을 적용한다.

　　• 분리불안 수준을 정확히 알기 어려운 경우 외출 시 영상을 녹화하여 파악한다.

　㉡ 불안기질(fearfulness) : 겁이 많아 사회생활에 문제가 생기는 기질을 말한다.

　㉢ 공포증(phobia, 소음 공포)

　　• 천둥이나 큰 소리와 같은 특정 대상에 대해 일어나는 행동학적 및 생리학적 공포 반응을 말한다.

　　• 큰 소리나 이상한 소리에 숨기, 떨거나 침 흘리기, 호흡 가쁨 등의 증상을 보인다.

　　• 이러한 행동들은 특정한 소리와 관련된 상황에 반응하여 발생한다.

　　• 소음 공포증은 불안과 공존하는 경우가 많다.

⑤ 기타 문제 행동

　㉠ 쓸데없이 짖기, 과잉포효(excessive barking) : 불필요하게 반복되는 짖음

　㉡ 파괴 행동(destructive behavior) : 이갈이, 놀이, 이기(異嗜, pica), 분리불안 등과는 무관하게 보이는 파괴 행동

　㉢ 관심을 구하는 행동(attention-seeking behavior) : 주인의 관심을 끌려는 행동, 실제로 상동적인 행동, 환각적인 행동, 의학적 질환의 징후 등이 보인다.

　㉣ 상동장애(stereotypy)

　　• 꼬리 쫓기, 꼬리물기, 그림자 쫓기, 빛 쫓기, 존재하지 않는 파리 쫓기, 허공 물기, 과도한 핥기 행동 등 이상 빈도

　　• 지속해서 반복되는 협박적 또는 환각적 행동

　　• 발끝이나 옆구리를 계속 핥으면 지성 피부염이 생기는 경우도 있다.

　㉤ 고령성 인지장애(geriatric cognitive dysfunction)

　　• 한밤중에 일어난다, 허공을 바라본다, 집안에서 길을 잃는다, 용변을 가리지 못한다 등 가령에 따라 일어나는 인지장애

　　• 관절염, 시각장애, 청각장애, 체력 저하, 반응지연 등과 같은 생리학적 변화를 동반하는 경우도 있다.

　㉥ 이기(異嗜, pica) : 배변이나 작은 돌 등 일반적으로 먹이라고 볼 수 없는 물체를 즐겨 섭식하는 행동을 말한다.

　㉦ 성행동 과잉(excessive sexual behavior) : 과잉된 성행동을 말하며, 수컷에서의 과잉된 마운팅이 문제가 되는 경우가 많다.

3 반려견의 문제 행동 진단 및 분석

(1) 반려견의 문제 행동 진단

① 문제 행동 진단의 의의

ㄱ 반려견 문제 행동 진단은 반려견 보호자가 반려견과 함께 살아가면서 느끼게 되는 불편함을 유발하는 행동에 대한 원인을 파악하는 것을 의미한다.

ㄴ 문제 행동 교정을 위한 교정목표 설정과 교정 방법을 선정하기 위한 가장 중요한 기준이 된다.

ㄷ 특히 보호자의 생활환경과 삶의 기준에 따라 일부 반려견의 정상행동이 문제 행동으로 인식된다는 점에 주의하여 신중하게 판단해야 한다.

더알아보기 반려견의 문제 행동 상담 시 유의해야 할 사항

1. 보호자로부터 반려견의 행동에 대한 설명을 들을 때 "아무에게나 적대행동을 한다.", "집안 아무 곳에나 배뇨한다."와 같은 정보만으로는 원인을 파악하기 어렵다.
2. 상담자는 반려견의 문제 행동을 행동 시스템에 기반을 두고 선(先)동작–목표동작–후(後)동작으로 구체화하여 질문한다.
3. 문제 행동의 원인에 대한 신뢰도를 높이기 위하여 '문제 행동 문진표'를 근거로 개체의 특성, 생활환경 등을 세부적으로 파악한다.
4. 문제 행동의 직접적인 촉발요인과 심각 정도에 유의한다.
5. 보호자의 성향 및 생활방식, 생활환경이 문제 행동에 미치는 연관성을 파악한다.

② 문제 행동 진단의 순서

순 서	과 제	내 용
1	문제 행동의 명료화	반려견이 지닌 문제 행동을 구체적으로 파악하여 단순화한다.
2	초기 교정목표 설정	문제의 원인을 파악하여 초기 목표와 다음 단계의 방향을 제시한다.
3	표적행동 설정	반려견이 문제 행동을 표현하기 쉽게 설정한다.
4	표적행동 유지조건 확인	문제 행동을 유지하는 선행자극과 행동 결과를 파악한다.
5	문제 행동 교정계획 실시	문제 행동을 해결하기 위하여 수립한 계획을 수행한다.
6	교정 결과 평가	교정계획을 실행한 결과를 평가한다
7	추후 평가	일정 기간이 경과된 후 평가한다.

(2) 문제 행동 분석 방법

① 분석주의적 방법

ㄱ 행동을 내면의 동기나 과거 경험을 근간으로 접근하는 방법이다.

ㄴ 근원적 원인을 충동, 불안, 적대행동, 생식욕과 같은 1차적 동기로 본다.

② 행동주의적 방법

ㄱ 반려견의 행동을 결과 위주로 바라본다.

ㄴ 객관적으로 관찰할 수 있는 행동을 중시한다.

ⓒ 유전, 내분비, 동기, 학습 과정과 같은 내적인 요인보다 표현된 행동에 주안점을 둔다.

ⓔ 행동주의적 접근은 반복성, 가시성, 재현성 등의 장점이 있다.

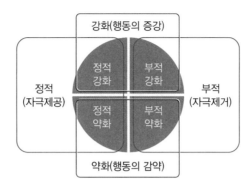

[조작적 조건화 실행 절차]

③ 인지주의적 방법

㉠ 반려견의 행동을 지각, 정보처리, 기억으로 이루어진 사고 과정에 중점을 두고 파악한다.

㉡ 반려견을 외부환경에 대한 수동적 수용체로 보지 않고, 정보를 능동적으로 처리하는 유기체로 여긴다.

㉢ 환경에서 주어지는 자극보다 기억에 의한 동기의 발생이나 내부의 정서가 행동에 크게 영향을 주는 것으로 해석한다.

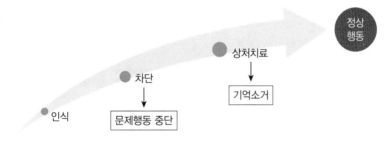

[반려견의 문제 행동에 대한 인지주의적 접근]

④ 생물학적 방법

㉠ 반려견의 행동에 대해 신경계나 호르몬의 기능을 배제하고 생각하는 것이 불가능하므로 유전, 신경계, 내분비 등 신체 내부적 배경을 중점적으로 파악한다.

㉡ 신경과 호르몬은 전신적으로 넓게 행동에 영향을 미친다.

㉢ 반려견의 문제 행동의 많은 부분을 차지하는 불안, 적대 행동을 신경이나 호르몬의 부조화에서 비롯된 것으로 인식한다.

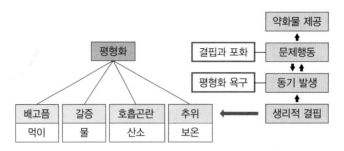

[반려견의 생리적 동기에 의한 행동조절]

(3) 반려견의 스트레스 분석

① 반려견은 생리적 기능을 가지고 환경에 적응하므로 스트레스로 인하여 안전에 위협받는다.

② 과다한 스트레스는 경계 단계에서 심박수·혈압·체온을 상승시키고, 저항단계에 이르면 무력해지거나 이상행동을 표현한다.

③ 부적절한 환경 자극을 회복시키려는 노력의 반복에도 개선되지 않으면 활동을 중단하는 무기력에 빠진다.

④ 반려견의 스트레스 증상

구 분	행동 표현	
생리 현상	• 체온이 상승한다. • 심박수가 증가한다. • 혈압이 상승한다. • 식욕이 변한다(급성은 감소/만성은 증가).	
배설 행동	• 배변한다. • 눈물을 흘린다. • 침을 흘린다.	• 설사한다. • 발바닥에 땀이 난다.
행동 변화	• 근육경련을 일으킨다. • 움직이지 않는다. • 자극에 민감하게 반응한다. • 몸을 긁는다. • 안절부절못한다. • 혀로 핥는다. • 과도하게 짖는다. • 사람의 시선을 피한다. • 흥분한다. • 머리를 흔든다. • 과소행동을 한다.	• 근육이 경직된다. • 회피 행동을 표현한다. • 적대행동을 한다. • 몸을 털어내듯 몸을 흔든다. • 과잉행동을 한다. • 천천히 걷는다. • 귀가 아래로 처진다. • 신경질적으로 행동한다. • 얼굴을 찡그린다. • 하품을 한다.

(4) 반려견의 생활환경 분석

① 반려견의 생활공간, 기온, 소음, 복잡성과 같은 환경요인들은 정서와 행동에 악영향을 주어 배뇨, 활동성 증가, 긴장, 체온상승, 적대행동 상승 등을 가져온다.

② 분석자는 반려견에 대한 생활 자극의 최적화 여부에 중점을 두고 파악한다.

③ 반려견의 생활환경

　　㉠ 공 간

　　　　• 견사는 반려견의 생활 공간이므로 행동학적 이해가 필요하다.

　　　　• 잠자리는 은신처로써의 안정성, 견종 및 나이에 따른 원활한 활동이 보장되는 적정수준의 넓이, 바닥 재질의 적절성, 운동 공간의 구비, 신선한 물과 음식물 섭취 편이도 등을 점검한다.

　　㉡ 기 온

　　　　• 기온은 반려견의 호신 행동에 영향을 준다.

　　　　• 쾌적한 온도를 벗어난 저온 및 고온은 활동을 위축시키고 섭식 및 음수 행동에 나쁜 영향을 준다.

　　　　• 더위는 반려견의 적대행동을 증가시킨다.

　　㉢ 소 음

　　　　• 청각을 자극하는 소음이 지속되면 휴식 및 수면의 부족으로 스트레스가 높아진다.

　　　　• 지속되면 불안, 긴장, 적대 행동을 표현한다.

　　㉣ 사회적 접촉

　　　　• 반려견은 사회적 관계가 중요하다. 사람 및 동종과 적정수준의 사회적 관계가 제공되어야 한다.

　　　　• 독립된 장소에서 장기간 거주할 경우 시·청·후각 자극의 저하로 사회 행동에 악영향을 미친다.

　　㉤ 반려견 보호자의 특성

　　　　• 반려견은 보호자의 행동에 지대한 영향을 받는다.

　　　　• 보호자의 반려견에 대한 애정수준과 방법은 문제 행동에 매우 중요하다.

　　　　• 보호자의 가치관, 생활방식, 올바른 지식 정도를 점검한다.

A씨는 6개월 전에 유기견 보호소에서 2살쯤으로 추정되는 '게리'라는 수컷 미니어처 슈나우저(Miniature Schnauzer)를 입양했다. 주 양육자인 A씨는 60대 어머니와 함께 아파트에서 살고 있는 30대 여성 직장인이다. 그녀의 어머니는 1주일에 2회 정도 자원봉사 활동을 위하여 외출한다.

현재 문제 : A씨는 옆집 주민으로부터 '게리'가 낮에 가끔 심하게 짖는다는 말을 듣고 걱정이 크다. '게리'는 최근에 배변판이 아닌 다른 곳에 배뇨를 하고, 집안에서 움직임이 줄어들고, 보금자리에서 머무는 시간이 길어지고, 식욕이 전에 비하여 줄어들었다.

반려견 행동문진표와 양육자와의 상담을 근거로 '게리'의 행동을 파악한 결과는 다음과 같다.

개체 특성	건강상태	동물병원 진료 결과 건강 상태 양호
	행동 및 기질	보호소에서 중성화, 안정적인 행동 양상을 보임
	정서상태	무서움, 슬픔, 외로움
	미지인 관계	우호적 관계 및 접촉 수용
	미지견 관계	우호적이지 않지만 수용적 태도
생활 환경	공간면적	주 활동공간이 소형 아파트 베란다로 협소
	구 조	간결하고 단순함
	냉/난방	연교차 및 일교차 큼
	채 광	북향 베란다로 일광 불충분
	소 음	특이 청각 자극 없고 매우 조용하고 엄숙함
	급 식	1일 2회 충분한 양 급이, 천천히 전량 섭식
양육자 특성	가족구성	활동력이 약한 여성 2인 가족
	생활습관	A씨는 직장인으로 평일에는 7씨 30분에 규칙적으로 출근하지만 퇴근은 불규칙적임. 휴일 오전은 주로 휴식을 취하고 오후에 1회 정도 아파트 공원에 '게리' 1시간 정도 산책. 그녀의 어머니는 자원봉사 활동과 매일 오후 마트에 가는 패턴이다.
	가치관	A씨는 수평적 사고방식인 반면 그녀의 어머니는 수직적 경향
	관리지식	A씨는 보통 수준의 정보를 가지고 있지만 그녀의 어머니는 전통적 인식으로 인해 미흡한 수준
상담자 의견		'게리'의 행동은 피상적으로는 분리불안처럼 보이지만 스트레스 누적에 의한 이상행동일 가능성이 높다. 문제 행동의 수준은 다행히 심각하지 않은 중등도이다. '게리'의 정서 상태는 양호하고, 배변 행동도 횟수와 배뇨량으로 보아 문제가 되지 않는다. '게리'는 A씨와 정서적으로 연결이 미흡하여 주 양육자와 타인 중 선호도가 불분명한 불안전 회피 형태를 보인다.

문제 행동 요인 : 장기간 생활환경의 저자극 및 행동 단위의 불충분에 의한 스트레스 과중

스트레스에 의한 문제 행동 : 스트레스는 동물체가 신체 내외부적으로 수용하기 어려운 상황에서 느끼는 정서적 반응이다. 적정 수준의 스트레스는 동물체의 생존에 유리한 요소로 작용하지만 과도하면 다양한 문제 행동을 발생시킨다. 체온·혈압·심박수 상승, 침·땀·눈물·배변 배설과 같은 생리적 현상과 근육경련, 과잉·과소행동, 흥분 등의 증상을 나타낸다.

행동주의적 분석 : 스트레스를 피하려고 취한 행동이 해소되는 결과로 이어지고 증강된 결과이다.

인지주의적 분석 : '게리'의 문제 행동은 스트레스에 의한 고통을 스스로 치료하는 과정이다. 정상적인 행동 패턴에서 벗어났지만 그와 같은 행동들이 억제되면 오히려 심각한 상태에 이른다.

동물행동학적 분석 : 개체유지 행동의 전후(後)동작이 장기간 제공되지 않고 목표 동작이 쉽게 주어진 결과이다. 또한 과도하게 단순한 생활환경 및 사회적 자극 부족에 원인이 있다.

4 반려견의 문제 행동 원인 및 요인

(1) 반려견의 문제 행동 원인

반려견의 문제 행동은 신체 및 유전적 요인에 의한 태생적 특성, 행동 발달 및 훈련의 부적절한 제공, 보호자 및 생활환경 등에 의한 요인들이 복합적으로 작용한 결과인 경우가 대부분이다.

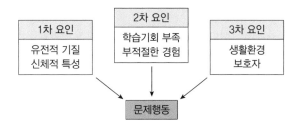

[반려견의 문제 행동 발생 요인]

① 생활상의 원인

　㉠ 반려견의 보호자와 보호자 가족의 일상생활 변화

　　가족 내에서 평소와 다른 어떠한 변화가 있을 때 반려견의 문제 행동이 나타날 수 있다.

　　예 이사 · 집수리, 새로운 아이가 태어난 경우, 자녀가 방학하여 집에 계속 있는 경우 등

　㉡ 반려견이 살면서 다음과 같이 필요한 일상적인 행동을 표현 · 해소하지 못한 경우

　　• 안전하고 안락한 장소에서 휴식과 수면을 할 수 있어야 한다.

　　• 불안, 협박, 공포, 통증에서 벗어나야 한다.

　　• 정상적인 행동을 할 수 있도록 해주어야 한다.

　　• 주기적인 운동과 함께 놀이를 충분히 같이한다.

　　• 다른 동물 또는 사람을 만날 기회를 가진다(사회화기에 필요).

　㉢ 보호자의 행동에 따른 반려견의 문제 행동

　　보호자의 다음과 같은 행동 등이 반려견에게 잘못된 행동 습성으로 연결될 수 있다.

안아주기	• 일상에서 안고 생활하는 시간이 많으면 안아주기를 통하여 짖는 것으로 발전하는 경우가 많다. • 어려서부터 안아주는 것은 사람과 떨어지는 것을 싫어하게 만들고 떨어지는 두려움은 분리불안의 가장 큰 원인이 된다.
사람의 공간인 침대에서의 잠자리	• 잠자리 영역은 자기 공간이다. • 자기 공간은 자신이 강해지는 공간으로, 좋아하는 사람과 함께 있다면 다른 가족이 다가오는 것을 싫어한다. • 싫은 감정은 자신이 강하다는 것으로 입을 실룩대거나 으르렁거리는 행동으로 발전한다.

과잉보호	• 과잉보호는 어릴 때부터 개가 좋아하는 먹이나 간식, 장난감 등으로 보상함으로써 개가 어떠한 표현을 할 때 보호자가 "오냐, 오냐" 모두 들어주는 것을 말한다. • 과잉보호의 대표적인 문제는 잘못된 식생활습관이 만들어지고, 자기 소유욕이 강해져 짖는 것과 무는 행동으로 발전한다는 것이다.

  ⓔ 제2의 자극(아팠던 기억)

   • 제2의 자극은 어떠한 행동 중에 개가 아팠던 기억이 강할 때 나타난다.

   • 개는 반사적으로 안 좋은 기억일수록 강하게 반사행동을 하게 된다.

    예 미용, 이사, 주사, 훈련, 타인, 안 좋은 기억

 ② 심리 · 사회적 원인

  ㉠ 유전으로 인한 문제 행동

   견종마다 각각의 개량 목적이 있기 때문에 특정 견종에게만 나타나는 유전적인 행동 특성이 현대의 생활환경과 부합되지 않을 경우 문제 행동이 나타난다.

  ㉡ 목적을 달성하기 위한 문제 행동

   반려견이 추구하는 목적을 달성하기 위한 행동이 보호자에게 불편함을 주는 경우로 관심 유발, 자기 만족감, 물품 소유욕 등으로 표현되며 생물학적 요구에 의한 문제 행동은 다른 문제 행동에 비해 행동 교정에 오랜 시간과 더 많은 보호자의 노력이 필요한 편이다.

  ㉢ 후천적 학습으로 인한 문제 행동

   • 과거의 학대 등 혐오자극이 원인으로, 사람이나 동물 또는 사물에 대해 거부감을 표현하거나 심한 경우 공포감을 갖는 행동이나 공격성과 같은 극단적 형태로 나타난다.

   • 따라서 해당 문제 행동의 발생 원인에 대한 정확한 분석이 중요하다.

  ㉣ 기본적 욕구에 대한 만족감 부족으로 나타나는 문제 행동

   • 반려견은 연령별로 요구되는 기본적인 무리 동물적 본능을 가지고 있다.

   • 반려견은 생식행동이 가능한 성징 발현 시기 이전에는 안정이 보장된 보금자리와 성장을 위한 먹이에, 성징 발현 시기 이후에는 생식행동을 위한 다양한 행동 및 영역을 포함한 소유 욕구에 관심을 두는데, 이러한 무리 동물적 본능이 무시되면 부족한 본능적 욕구 회복에 집중하기 때문에 문제 행동이 나타난다.

  ㉤ 감정적 의존과 거부의 두려움

   • 무리 동물인 반려견은 본능적으로 보호자에게 감정적으로 의존하는데, 이러한 의존 행동이 무시될 경우 문제 행동이 일어날 수 있으며, 이 경우 주로 소심한 성향이나 회피 성향 또는 사회화 부족과 같은 증상과 유사함을 보인다.

   • 어떠한 계기로 반려견의 보호자가 반려견의 의존행위를 무시하는 행동을 보인다면 반려견은 보호자의 행동을 자신과의 관계를 더는 유지하지 않고 무리에서 박탈시키는 것으로 이해하고 거부의 두려움으로 인해 보호자에게 회피동작 또는 무조건적인 복종행동을 보이게 된다.

   • 이런 경우 보호자와 반려견은 서로에 대한 신뢰관계 형성에 큰 어려움을 겪게 되고, 문제 행동 교정 가능성도 작아진다.

③ 수의학적 원인

　　㉠ 건강 이상으로 인해 문제 행동이 나타날 수 있다.

　　㉡ 특정 부위에 고통이 있거나 유전적인 질병이나 건강의 이상 등으로 인해 보호자의 행동에 거부감이나 공격성을 표현하는 것으로 문제 행동이 발생하기 이전에 반려견의 건강관리 측면에서 예방할 수 있다.

　　㉢ 발생한 문제 행동에 대한 해결을 위해서는 수의사의 의학적 조언이나 치료가 도움이 된다.

(2) 반려견의 문제 행동 요인

① 반려견은 생물체로서 다양한 영향 요인에 따라 행동을 표현한다.

② 그중 주요한 요인은 개체적 특성, 보호자의 행동, 생활환경이다.

개체적 특성				보호자		생활환경	
체 력		순응성	추종행동	이해 수준		구조 및 시설	
미성숙			친화력	문제 해결력		영 양	
신경증		탐색 활동	호기심	만족도		운 동	
억제력			후각 탐색	생활습관		일 과	
불 안	적대행동	활동 수준	활력도	건강 의식		사회적 관계	사 람
	의존성		민첩성	성 품	정 서		다른 개
	두려움		적극성		활동성	안정성	기 온
과잉 활동	건강 상태	반 응	시 각		충동성		시각자극
	활동 수준		청 각	태 도	권위적		청각자극
	사회성		후 각		일관성		후각자극
	충동성	집중력	동적사물		상호관계		
	적대성		정적사물		분위기		
애 착	의존성	적응력	미지인	과잉 보호	음 조		
	유기불안		미지사물		표 정		
	애정독점		미지환경		행 동		
	불안-회피		접근성	학 대	신체적		
	불안-모순	대담성	수줍음		언어적		
	불안-조정		독립성		정서적		

5 반려견의 문제 행동 교정의 기초

(1) 반려견의 문제 행동 교정 과정

① 반려견의 문제 행동을 교정할 때 보호자의 설명을 참고한다.

② 보호자의 설명이 구체적이지 못한 경우가 많으므로 세부적으로 파악하여 문제 행동을 선정한다.

③ 문제 행동을 파악했다면 초기 목표를 설정하고 세분화된 계획을 수립한다.

④ 이때 문제 행동의 지속 조건을 파악해서 변화시켜야 한다.

[문제 행동 교정 과정]

(2) 반려견의 문제 행동 교정 방법

① 조건화

ㄱ 조건화란 반려견에게 특정 행동을 학습시키는 절차이다.

ㄴ 반려견의 행동 문제가 교육이 부족한 것에서 비롯되었다고 판단되면 적절한 조건화를 실시한다.

ㄷ 파블로프의 '고전적 조건화' : 조건자극의 무조건 자극화로, 생리적 현상과 관계된 문제 행동에 주로 활용한다.

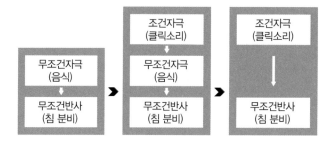

[파블로프의 고전적 조건화]

ㄹ 스키너의 '조작적 조건화'

• '동물체의 행동은 그 결과에 의하여 증감된다'는 이론이다.

• 반려견이 수행한 행동의 결과가 좋으면 계속 강화물을 제공하고, 좋지 않으면 강화물을 감소시키거나 사라지게 하는 방법이다.

• 대부분의 문제 행동 교정에 이용할 수 있다.

② 역조건화

ㄱ 역조건화는 조건화의 일종으로 조건화된 행동을 역으로 변환시키는 절차이다.

ㄴ 두려움과 같은 바람직하지 않은 현상을 소거하는 데 효과적이다.

ㄷ 타인에 대한 회피, 경계심, 특정한 장소에 대한 위축 등 정서적인 문제를 완화하거나 제거하는 데 활용할 수 있다.

③ 둔감화

    ㉠ 둔감화는 특정 자극에 대하여 반응도를 낮추는 과정이다.

    ㉡ 자극의 제시 방법에 따라 자극을 약한 정도에서 강하게 점진적으로 제시하는 '체계적 둔감화'와 처음부터 강하게 제시하는 '노출'이 있다.

    ㉢ '체계적 둔감화'와 '노출'은 문제 자극을 중성 자극으로 변화시킨다는 점에서 동일하지만 자극의 제시 강도에 차이가 있다.

(3) 반려견의 문제 행동 교정의 예

원 인	행동 표현	교 정
관심 요구	• 빙빙 돈다. • 등을 대고 눕는다. • 보호자를 향해 짖는다.	• 관심 유발요인을 제거한다. • 다른 관심거리를 제공한다.
강화물 집착	• 과도하게 활동적이다. • 음식 · 장난감을 얻으려고 점프한다. • 강화물을 가지려고 연속 시도한다.	• 대체 행동을 강화한다. • 바람직한 행동에 강화물을 제공한다. • 새로운 강화물을 추가한다.
요구 거부	• 눈을 피하고 다른 곳을 쳐다 본다. • 주의를 집중하지 않는다. • 보호자의 요구에 반응하지 않는다.	• 잘못된 행동을 약화시킨다. • 난이도를 점진적으로 증가시킨다. • 강화물의 효력을 점검한다.
감각 자극	• 다른 개들의 냄새를 맡는다. • 사람이 걸어간 곳의 냄새를 맡는다. • 움직이는 물체를 주시한다.	• 자극을 제거한다. • 보호자에게 집중하도록 강화한다. • 자극에 대해 점진적으로 적응시킨다.

6 수의학적 치료의 중요성 이해

(1) 반려견의 행동 발달과 문제 행동

    ① 반려견의 행동 발달은 학설에 따라 5단계와 7단계로 구분할 수 있다.

    ② 발달 단계에 적합한 성장이 이루어지지 않으면 문제 행동이 발생한다.

주 차	감각 및 행동 발달	미발달 시 문제 행동
~2주	촉각 및 열 자극	촉각에 수반되는 신경 문제
~3주	시각 및 청각 발달	시각 및 청각 과민
~8주	고체음식 섭식 가능 동배자견 놀이	사람 및 다른 반려견에 과민 반응 흥분 억제력 부족
5~12주	사람과 상호작용 강화 원거리 배변	사람과 다른 반려견에 대한 두려움 배변 억제력 부족
10~20주	새로운 환경 탐색 및 학습 놀이 및 학습 능력 향상	새로운 것에 대한 두려움 부적절한 놀이 능력

[반려견의 행동 발달]

(2) 반려견의 신체적 불편과 문제 행동

① 반려견의 문제 행동이 꼭 훈련을 잘못하여 나타나는 것만은 아니다.

② 반려견에게 뇌종양이 있거나 갑상샘 수치가 낮으면 공격성을 띨 수 있다.

③ 반려견이 관절염이 있다면 통증 때문에 공격적일 수밖에 없다.

④ 문제 행동이 나타난다면 반드시 병원에서 신체검사를 병행해야 한다.

⑤ 문제 행동을 교정할 때 수의사는 반드시 신체검사, 혈액 검사, 요 검사, 변 검사 등을 먼저 진행해야 한다.

⑥ 행동 교정을 위한 약을 처방한다면 혈액 검사를 통해 신장과 간 기능을 반드시 확인해야 한다.

⑦ 반려견을 다른 훈련사나 전문가에게 의뢰해야 할 경우도 마찬가지로, 신체적인 이상이 없는 것을 확인하고 의뢰해야 한다.

⑧ 문제 행동 교정 전에 보호자에게 질병에 대한 검사를 비롯하여 기본 검사를 시행하도록 설명하고 최근에 검사한 항목이 있는지 확인해야 한다.

(3) 수의학적 조사

① 건강진단

ㄱ 쓸데없이 짖기 행동이나 공격 행동 등은 몸이 아파서 나오는 행동일 수 있으므로 아래 표와 같은 기본 검사 등의 건강진단을 통하여 통증이 있는지 파악하여야 한다.

검사 항목	종류 및 중요성
신체 검사	문진, 생체징후 체크, 병력 조사 등
혈액 검사	특히 행동 교정 약물 처방을 받을 때 신장과 간 기능 평가 필요함
요 및 분변 검사	혈액 검사의 중요성과 같음

그 외
ㅁ 최근 검사 항목의 날짜와 검사 결과, 진단명 기록

[기본 검사]

ㄴ 털의 상태가 어떠하지를 파악하여 내분비질환이 있는지 추정해 볼 수도 있다.

② (신경학적) 중추 검사 : 파행(절뚝거리며 걷기) 또는 선회운동 등의 증상을 보일 때는 일반신경학적 검사, X선 촬영, CT 검사, MRI 검사 등을 실시하여 질환이 있는지 확인해 보아야 한다.

③ (내분비검사 포함) 혈액 성상 검사 : 혈액 검사를 통해 문제 행동이 내과 질환에 의한 것인지 아닌지를 알 수도 있다(호르몬 농도 측정이 필요한 때도 있음).

ㄱ 억울 상태 관련 질환 : 부신기능항진증이나 당뇨병 등(억울 상태란 우울감, 불쾌감 등을 느끼며 의욕과 흥미를 잃은 상태를 말한다).

ㄴ 공격성 관련 질환 : 갑상선기능항진증 · 저하증, 부신기능항진증 등

④ 피부검사 : 육아종(육아 조직을 형성하는 염증성 종양)이나 지성 피부염 등이 눈에 띄는 경우 먼저 피부병 관련 검사를 실시한다.

⑤ 소변검사

ㄱ 주요 증상이 부적절한 배뇨의 경우에는 필수적으로 해야 하는 검사이다.

ㄴ 일반적인 소변검사 외에 요로계 질환 검사도 함께 실시하여야 한다.

⑥ 배변검사

　　㉠ 심한 이기(異嗜, pica) 증상을 보이는 때에는 먼저 기생충검사를 할 필요가 있다.

　　㉡ 배변은 부적절한 장소에서 하지만 배뇨는 그렇지 않은 경우에는 소화기계 질환 검사도 함께 하여야
　　　한다.

더알아보기　　행동 치료를 위한 수의학적 요법

1. 수의학적 요법의 중심은 수컷의 거세(중성화 수술)이다.
2. 피임, 송곳니절단술, 성대제거술, 앞발톱제거술, 앞발힘줄절단술 등도 있다.
3. 약물요법을 고려하는 경우
　① 주인이 안락사를 생각하고 있다.
　② 상동장애 등으로 동물의 자상 정도가 심하다.
　③ 천둥 등 동물에게 반응을 일으키는 자극의 발현 시기의 예측과 컨트롤이 불가능하다.
　④ 자극에 대한 동물의 반응이 너무 심하여 탈감작 등의 치료를 시작할 수 있다.
　⑤ 행동수정법에 실패했거나 개선의 가능성이 없을 경우에 약물요법을 고려할 수 있다.

05 | 실전예상문제

01 반려견의 행동 분류 중 갈등행동에 포함되지 않는 행동은?

① 전위행동

② 상동행동

③ 전가행동

④ 양가행동

> 해설 ② 상동행동은 이상행동에 포함되는 행동이다.
>
> **반려견의 행동 분류**
> - 정상행동
> - 실의행동
>   - 갈등행동 : 전위행동, 전가행동, 진공행동, 양가행동
>   - 이상행동 : 상동행동, 변칙행동, 이상반응
> - 문제행동

02 다음 중 반려견의 문제 행동에 대한 설명으로 옳지 않은 것은?

① 수의사에 의해 문제라고 인식되는 경우

② 동물이 본래 가지고 있는 행동 양식을 일탈하는 경우

③ 동물이 본래 가지고 있는 행동 양식의 범주에서 그 많고 적음이 정상을 일탈하는 경우

④ 동물이 본래 가지고 있는 행동 양식의 많고 적음이 정상을 일탈하지 않더라도 인간사회와 협조 되지 않는 경우

> 해설 ① 주인에 의해 문제라고 인식되는 반려견의 행동을 문제 행동으로 본다.

03 문제 행동 중 '공격성'에 대해 파악하기 위해 확인해야 하는 내용으로 옳은 것은?

① 폭행의 기억이 있는가 파악한다.
② 학습에 의한 공격인가 파악한다.
③ 얼마나 오랜 시간 짖는지 확인한다.
④ 주인과의 분리불안 행동을 보이는가 파악한다.

> 해설 ① '불안장애'에 대해 파악하기 위해 확인해야 하는 내용이다.
> ③ '짖음'에 대해 파악하기 위해 확인해야 하는 내용이다.
> ④ '파괴행동'에 대해 파악하기 위해 확인해야 하는 내용이다.
>
> **'공격성'에 대해 파악하기 위해 확인해야 하는 내용**
> • 포식성 공격(냉정한 사냥본능에 의한 공격)인지를 파악한다.
> • 수컷 간의 공격인가 파악한다(성 성숙의 시기에 테스토스테론의 대량 분비가 일어나면서 공격성이 높아진다).
> • 경합적 공격인가 파악한다.
> • 공포에 의한 공격인가 파악한다.
> • 아픔에 의한 공격인가 파악한다.
> • 영역적 공격 또는 사회적 공격인가 파악한다.
> • 모성 행동에 관련된 공격(어미가 새끼를 지키기 위해 보이는 공격 행동)인가 파악한다.
> • 학습에 의한 공격인가 파악한다.
> • 병적인 공격인가 파악한다.

04 문제 행동 중 '배뇨 및 배변'에 대해 파악하기 위해 확인해야 하는 내용이 아닌 것은?

① 불안 및 두려움 요소를 파악한다.
② 사회적 스트레스인지를 파악한다.
③ 화장실의 청소 상태는 청결한가 확인한다.
④ 패드 근처 또는 가구에 실수하는가 파악한다.

> 해설 ③ 문제 행동 '식분증'에 대해 파악하기 위해 확인해야 하는 내용이다.
> **'배뇨 및 배변'에 대해 파악하기 위해 확인해야 하는 내용**
> • 불안 및 두려움 요소를 파악한다.
> • 사회적 스트레스인지를 파악한다.
> • 관심을 받고 싶어서인가를 파악한다.
> • 패드 근처 또는 가구에 실수하는가 파악한다.
> • 단순한 마킹 행동인가 파악한다.
> • 기타 다른 곳 또는 다른 상황에서 실수하는가 파악한다.

05 반려견이 다음과 같은 문제 행동을 보인다면, 그 행동 원인으로 옳은 것은?

> • 발가락을 지속적으로 핥는다.
> • 옆구리를 지속적으로 핥는다.
> • 빙글빙글 돈다.
> • 자신의 꼬리를 계속 쫓는다.

① 공 포
② 인식장애
③ 강박증
④ 스트레스

해설 감각 및 신경계 문제 행동 표현

행동 원인	표 현	
인식장애	• 활동력이 줄어든다. • 공간에 대한 감각이 혼란을 느낀다.	• 수면주기가 변한다. • 배뇨, 배변 행동에 이상이 생긴다.
고 열	• 우울해진다. • 수면시간이 증가한다. • 음수량이 감소한다.	• 식욕이 저하된다. • 몸단장행동이 줄어든다.
강박증	• 발가락을 지속적으로 핥는다. • 빙글빙글 돈다. • 움직이지 않는다. • 계속 걷는다. • 제자리에서 높이뛰기를 반복한다. • 우는 소리를 낸다. • 자신의 몸을 해친다.	• 옆구리를 지속적으로 핥는다. • 자신의 꼬리를 계속 쫓는다. • 바닥을 긁는다. • 혼자 으르렁거린다. • 헛것을 쫓는다. • 몸단장 행동을 과도하게 한다.
공 포	• 심박수가 증가한다. • 호기심이 떨어진다.	• 두려움을 느낀다.
스트레스	• 식욕이 떨어진다. • 변비 또는 설사를 한다. • 구토한다. • 다리를 절뚝거린다.	• 탈모 현상이 나타난다. • 물을 과도하게 먹는다. • 발작을 일으킨다.

06 반려견의 문제 행동 중 '상동장애(stereotypy)' 증상이 아닌 것은?

① 존재하지 않는 파리 쫓기

② 과도한 핥기

③ 지속해서 반복되는 협박적 또는 환각적 행동

④ 구토, 설사, 떨림, 지성 피부염과 같은 생리학적 증상

> 해설 ④ 분리불안(separation anxiety)의 증상이다.
>
> **상동장애(stereotypy)**
> - 꼬리 쫓기, 꼬리물기, 그림자 쫓기, 빛 쫓기, 존재하지 않는 파리 쫓기, 허공 물기, 과도한 핥기 행동 등 이상 빈도
> - 지속해서 반복되는 협박적 또는 환각적 행동
> - 발끝이나 옆구리를 계속 핥으면 지성 피부염이 생기는 경우도 있다.

07 훈련 부족, 질병, 협소 공간 수용, 흥분, 두려움, 영역표식, 과도한 복종성 등이 원인인 반려견의 문제 행동은?

① 배설 행동

② 적대 행동

③ 소음 공포

④ 과잉 포효

> 해설 **배설 행동**
> - 시간과 장소를 구분하지 못하고, 부적절한 장소에서 부적절한 배설[배뇨, 배변(inappropriate elimination)]을 하는 행동을 말한다.
> - 훈련 부족, 질병, 협소 공간 수용, 흥분, 두려움, 영역표식, 과도한 복종성 등이 원인이다.
> - 반려견이 배설 장소에 대한 인식이 부족한 경우는 훈련을 보강한다.
> - 배변 장소와 보금자리의 구분, 두려움 원인 제거 등의 해결책을 적용한다.

08 다음과 같은 반려견의 문제 행동 분석 방법은?

> • 행동을 내면의 동기나 과거 경험을 근간으로 접근하는 방법이다.
> • 근원적 원인을 충동, 불안, 적대행동, 생식욕과 같은 1차적 동기로 본다.

① 생물학적 방법
② 분석주의적 방법
③ 인지주의적 방법
④ 행동주의적 방법

해설 ① 생물학적 방법 : 반려견의 행동에 대해 신경계나 호르몬의 기능을 배제하고 생각하는 것이 불가능하므로 유전, 신경계, 내분비 등 신체 내부적 배경을 중점적으로 파악하는 분석 방법이다.
③ 인지주의적 방법 : 반려견의 행동을 지각, 정보처리, 기억으로 이루어진 사고 과정에 중점을 두고 파악하는 분석 방법이다.
④ 행동주의적 방법 : 반려견의 행동을 결과 위주로 바라보고, 객관적으로 관찰할 수 있는 행동을 중시하며, 유전, 내분비, 동기, 학습 과정과 같은 내적인 요인보다 표현된 행동에 주안점을 두는 분석 방법이다.

09 반려견의 문제 행동 분석과 관련하여 괄호 안에 들어갈 알맞은 말은?

> • 반려견은 생리적 기능을 가지고 환경에 적응하므로 (   )로/으로 인하여 안전에 위협받는다.
> • 과다한 (   )은/는 경계 단계에서 심박수 · 혈압 · 체온을 상승시키고, 저항단계에 이르면 무력해지거나 이상행동을 표현한다.

① 불 안
② 적대행동
③ 스트레스
④ 과격한 운동

해설 **반려견의 스트레스 분석**
• 반려견은 생리적 기능을 가지고 환경에 적응하므로 스트레스로 인하여 안전에 위협받는다.
• 과다한 스트레스는 경계 단계에서 심박수 · 혈압 · 체온을 상승시키고, 저항단계에 이르면 무력해지거나 이상행동을 표현한다.
• 부적절한 환경 자극을 회복시키려는 노력의 반복에도 개선되지 않으면 활동을 중단하는 무기력에 빠진다.

10 반려견이 과도한 스트레스로 인해 보이는 행동 변화로 옳지 않은 것은?

① 재빠르게 걷는다.

② 과도하게 짖는다.

③ 근육경련을 일으킨다.

④ 회피 행동을 표현한다.

> 해설 **스트레스로 인한 반려견의 행동 변화**
> - 근육경련을 일으킨다.
> - 움직이지 않는다.
> - 자극에 민감하게 반응한다.
> - 몸을 긁는다.
> - 안절부절못한다.
> - 혀로 핥는다.
> - 과도하게 짖는다.
> - 사람의 시선을 피한다.
> - 흥분한다.
> - 머리를 흔든다.
> - 과소행동을 한다.
> - 근육이 경직된다.
> - 회피 행동을 표현한다.
> - 적대행동을 한다.
> - 물을 털어내듯 몸을 흔든다.
> - 과잉행동을 한다.
> - 천천히 걷는다.
> - 귀가 아래로 처진다.
> - 신경질적으로 행동한다.
> - 얼굴을 찡그린다.
> - 하품을 한다.

11 반려견의 생활환경 분석에 대한 설명으로 옳지 않은 것은?

① 반려견은 사회적 관계가 중요하다.

② 반려견은 기온 변화에 민감하지 않다.

③ 반려견은 보호자의 행동에 지대한 영향을 받는다.

④ 반려견은 소음이 지속하면 불안, 긴장, 적대 행동을 표현한다.

> 해설 **반려견의 생활환경 중 '기온'**
> - 기온은 반려견의 호신 행동에 영향을 준다.
> - 쾌적한 온도를 벗어난 저온 및 고온은 활동을 위축시키고 섭식 및 음수 행동에 나쁜 영향을 준다.
> - 더위는 반려견의 적대행동을 증가시킨다.

12 반려견의 문제 행동 발생의 1차 요인에 해당하는 것은?

ㄱ. 보호자	ㄴ. 생활환경	ㄷ. 유전적 기질
ㄹ. 신체적 특성	ㅁ. 부적절한 경험	ㅂ. 학습기회 부족

① ㄱ, ㄷ
③ ㄷ, ㄹ
② ㄴ, ㄹ
④ ㅁ, ㅂ

> **해설** 반려견의 문제 행동 발생 요인
> - 1차 요인 : 유전적 기질, 신체적 특성
> - 2차 요인 : 학습기회 부족, 부적절한 경험
> - 3차 요인 : 생활환경, 보호자

13 반려견의 문제 행동의 원인으로 옳지 않은 것은?

① 안아주기
② 과잉보호
③ 좋았던 기억
④ 사람의 공간인 침대에서의 잠자리

> **해설** ③ 아프고 안 좋은 기억일수록 강하게 반사행동을 하게 된다.

14 보호자의 어떤 행동으로 인해 발생한 반려견의 문제 행동이 바르게 연결된 것은?

① 안아주기 – 실룩대기
② 안아주기 – 으르렁거리기
③ 과잉보호 – 분리불안
④ 과잉보호 – 물기

> **해설** 보호자의 행동과 반려견의 문제 행동
> - 안아주기 : 짖는 것, 분리불안
> - 사람의 공간인 침대에서의 잠자리 : 실룩대거나 으르렁거리는 행동
> - 과잉보호 : 잘못된 식생활습관, 자기 소유욕 과대, 짖는 것과 무는 행동

15 반려견의 문제 행동의 원인에 대한 설명으로 옳지 않은 것은?

① 유전은 문제 행동의 원인이 아니다.
② 건강 이상으로 인해 문제 행동이 나타날 수 있다.
③ 의존 행동이 무시될 때 문제 행동이 일어날 수 있다.
④ 반려견이 목적 달성을 위해 문제 행동을 일으킬 수 있다.

> 해설 **유전으로 인한 문제 행동**
> 견종마다 각각의 개량 목적이 있기 때문에 특정 견종에게만 나타나는 유전적인 행동 특성이 현대의 생활환경과 부합되지 않을 경우 문제 행동이 나타난다.

16 다음 중 반려견의 문제 행동의 주요 요인 중 개체적 특성에 속하는 것은?

① 영 양
② 애 착
③ 성 품
④ 운 동

> 해설 **반려견의 문제 행동 요인**
> • 개체적 특성 : 체력, 미성숙, 신경증, 억제력, 불안(적대행동, 의존성, 두려움), 과잉행동(건강 상태, 활동 수준, 사회성, 충동성, 적대성), 애착(의존성, 유기불안, 애정독점, 불안–회피, 불안–모순, 불안–조정), 순응성(추종 행동, 친화력), 탐색 행동(호기심, 후각 탐색), 활동 수준(활력도, 민첩성, 적극성), 반응(시각, 청각, 후각), 집중력(동적 사물, 정적 사물), 적응력(미지인, 미지사물, 미지 환경, 접근성), 대담성(수줍음, 독립성)
> • 보호자 : 이해 수준, 문제 해결력, 만족도, 생활습관, 건강 의식, 성품(정서, 활동성, 충동성), 태도(권위적, 일관성, 상호관계), 과잉보호(분위기, 음조, 표정, 행동), 학대(신체적, 언어적, 정서적)
> • 생활환경 : 구조 및 시설, 영양, 운동, 일과, 사회적 관계(사람, 다른 개), 안정성(기온, 시각 자극, 청각 자극, 후각 자극)

17 다음과 같은 설명에 해당하는 반려견의 문제 행동 교정 방법은?

> 반려견이 수행한 행동의 결과가 좋으면 계속 강화물을 제공하고, 좋지 않으면 강화물을 감소시키거나 사라지게 하는 방법이다.

① 고전적 조건화
② 조작적 조건화
③ 역조건화
④ 둔감화

> 해설 ① 고전적 조건화 : 조건자극의 무조건 자극화로, 생리적 현상과 관계된 문제 행동에 주로 활용한다.
> ③ 역조건화 : 조건화된 행동을 역으로 변환시키는 절차이다.
> ④ 둔감화 : 특정 자극에 대하여 반응도를 낮추는 과정이다.

18 반려견이 빙빙 돌거나, 등을 대고 눕거나, 보호자를 향해 짖을 때의 교정 방법은?

① 대체 행동을 강화한다.

② 관심 유발요인을 제거한다.

③ 난이도를 점진적으로 증가시킨다.

④ 보호자에게 집중하도록 강화한다.

해설 반려견의 문제 행동 교정의

원인	행동 표현	교정
관심 요구	• 빙빙 돈다. • 등을 대고 눕는다. • 보호자를 향해 짖는다.	• 관심 유발요인을 제거한다. • 다른 관심거리를 제공한다.
강화물 집착	• 과도하게 활동적이다. • 음식 · 장난감을 얻으려고 점프한다. • 강화물을 가지려고 연속 시도한다.	• 대체 행동을 강화한다. • 바람직한 행동에 강화물을 제공한다. • 새로운 강화물을 추가한다.
요구 거부	• 눈을 피하고 다른 곳을 쳐다 본다. • 주의를 집중하지 않는다. • 보호자의 요구에 반응하지 않는다.	• 잘못된 행동을 약화시킨다. • 난이도를 점진적으로 증가시킨다. • 강화물의 효력을 점검한다.
감각 자극	• 다른 개들의 냄새를 맡는다. • 사람이 걸어간 곳의 냄새를 맡는다. • 움직이는 물체를 주시한다.	• 자극을 제거한다. • 보호자에게 집중하도록 강화한다. • 자극에 대해 점진적으로 적응시킨다.

19 고체음식 섭식 가능이나 동배자견 놀이 시기의 행동 미발달 시 발생하는 문제 행동은?

① 흥분 억제력 부족

② 배변 억제력 부족

③ 부적절한 놀이 능력

④ 다른 반려견에 대한 두려움

해설 반려견의 행동 발달과 문제행동

주 차	감각 및 행동 발달	미발달 시 문제 행동
~2주	촉각 및 열 자극	촉각에 수반되는 신경 문제
~3주	시각 및 청각 발달	시각 및 청각 과민
~8주	고체음식 섭식 가능 동배자견 놀이	사람 및 다른 반려견에 과민 반응 흥분 억제력 부족
5~12주	사람과 상호작용 강화 원거리 배변	사람과 다른 반려견에 대한 두려움 배변 억제력 부족
10~20주	새로운 환경 탐색 및 학습 놀이 및 학습 능력 향상	새로운 것에 대한 두려움 부적절한 놀이 능력

20 반려견의 신체적 불편과 문제 행동에 대한 설명으로 옳지 않은 것은?

① 반려견의 문제 행동이 꼭 훈련을 잘못하여 나타나는 것만은 아니다.

② 반려견에게 뇌종양이 있거나 갑상샘 수치가 낮으면 공격성을 띨 수 있다.

③ 반려견이 관절염이 있다면 통증 때문에 공격적일 수밖에 없다.

④ 문제 행동이 나타난다고 하여 병원에서 신체검사를 할 필요는 없다.

해설 ④ 문제 행동이 나타난다면 반드시 병원에서 신체검사를 병행해야 한다.

교육이란 사람이 학교에서 배운 것을 잊어버린 후에 남은 것을 말한다.

– 알버트 아인슈타인 –

PART 2

반려동물 훈련학

01 | 반려견 훈련학 일반

1 반려견 훈련의 의미

(1) 훈육(생후 20일~3개월령)

다양한 경험과 훈육을 통해 가장 이상적으로 성장할 수 있는 훈련을 고려해야 한다. 사람의 손길을 느낄 수 있도록 하고 사람의 체온과 감각, 목소리 등에 자연스럽게 적응하도록 하면 훈련 교육에 들어가기 전 생후 3개월령부터 단어를 서서히 인식하게 된다. 이 시기는 이름 부르기, 장난감 놀이, 목줄 등 간단한 단어를 알려주는 훈육 및 사회화 과정 시기이다.

① 훈육과정의 놀이

㉠ 놀이의 의미는 중요하다. 놀아주는 것은 반려견에게 주는 보상 중 으뜸이다. 특히 물고 당기는 행동은 스트레스를 풀어주는 데 도움이 된다. 물고 당기는 훈련은 집중력과 강한 자신감, 그리고 의욕을 길러주는 역할을 한다. 예를 들어 공놀이는 우리가 쉽게 접할 수 있는 놀이로 추적 본능을 키우고, 이 놀이를 통하여 어린 자견 시기에 물품의욕을 높여줄 수 있다.

㉡ 소리 나는 장난감은 그렇지 않은 장난감보다 호기심을 유발하는 데 도움이 된다. 또한 이런 소리 나는 장난감을 가지고 놀면 성장하면서 소리에 대한 민감성이 줄어든다. 이처럼 놀이에서 물고, 당기고, 뛰고, 잡고 하는 것은 반려견에게 자신감과 학습능력을 높여준다. 놀이를 이용한 유년기 훈육과정은 앞으로 훈련을 하는 데 많은 도움이 된다.

② 놀이 시 주의 사항

㉠ 공을 던졌을 때 반려견이 쫓아가서 물고 놀기보다는 공을 회수하는 것이 좋다. 이때 물고 온 공을 강제적으로 빼앗으면 다시 오지 않고 오히려 공을 물고 도망가려는 나쁜 습관이 생길 수 있다. 그래서 공을 회수할 때는 더욱 좋은 긍정적 보상을 통해서 공을 빼앗긴다는 생각이 아닌 공을 물고 오면 맛있는 먹이를 먹을 수 있다는 생각을 심어줘야 한다.

㉡ 놀고 난 후에 장난감이나 장비는 바로 치운다. 물고 놀 수 있는 장난감을 항시 곁에 두면 흥미가 떨어져 훈련을 저해시키는 무관심을 만들기 때문이다.

㉢ 너무 오랜 시간 놀아서 반려견이 의욕을 잃게 하기보다는 짧은 시간 놀아 주는 것을 여러 번 반복하는 것이 좋다.

㉣ 놀이교육은 항상 즐겁게 마무리한다.

(2) 훈련(생후 6개월~1년 미만)

① 훈련 시기

　㉠ 훈련 시기는 보통 생후 6개월~1년 미만이 좋다. 생후 6개월경에는 호기심이 많아지고 학습능력이 뛰어나기 때문이다. 다만, 훈련소 특성상 예방 접종이 모두 끝나지 않은 상태에서 훈련을 하면 주변 환경요인(스트레스, 다른 견으로부터 옮는 질병)으로 건강하게 훈련을 받을 수 없기 때문에 유의해야 한다.

　㉡ 훈련은 반려견의 본질을 유지시키면서 잠재력을 살려 보호자와 같이 살아가는 데 필요한 예의를 배우는 교육이다.

　㉢ 반려견의 성향에 따라 훈련을 시작하는 시기가 다르다. 예를 들어 사회성이 특히 부족하거나 독립심이 강한 견종은 생후 4~5개월 정도부터 일찍 시작하는 것도 좋다.

② 훈련자의 마음가짐

　훈련의 요령은 친화에 있다. 우선 훈련자는 개를 진심으로 좋아하고, 성급하지 않아야 한다. 훈련자는 항상 개의 심리상태를 파악하고, 이해하려는 마음을 가져야 한다. 그리고 부단히 노력하고 연구하며 경험이 좋은 자산이 된다는 것을 명심해야 한다.

③ 훈련 전 체크 리스트

　다음 질문으로 반려견을 훈련할 준비가 됐는지 생각한다.

　㉠ 반려견이 먹을 것을 좋아하는가?

　㉡ 훈련하는 데 음식은 적절한가?

　㉢ 훈련하는 데 시간적 여유는 있는가?

　㉣ 훈련에 들어가기 전 충분한 지식을 가지고 있는가?

　㉤ 훈련자의 복장이 훈련하는 데 적절한가? 필요한 훈련 용품을 갖추고 있는가?

　㉥ 훈련하는 데 적절한 환경인가?

　㉦ 훈련자로서 올바른 마음가짐을 가지고 있는가?

2 학습의 기본 개념

(1) 긍정적인 보상과 칭찬

① 긍정적 보상과 칭찬은 훈련에 있어서 매우 중요한 역할을 한다. 보상과 칭찬은 반려견이 학습하는 데 가장 기본이며, 학습한 것을 지속시킬 수 있는 수단이다.

② 먹이나 좋아하는 장난감 등으로 행동의 즐거움을 주는 보상과 반려견을 쓰다듬거나 부드러운 목소리로 '잘했어', '옳지' 등의 칭찬을 하는 것은 훈련의 지속성을 높인다.

③ 칭찬은 보상보다 직접적인 효과가 떨어진다. 예를 들어 불러들이기 훈련에서 한 사람은 먹이나 좋아하는 장난감을 이용하여 보상 훈련을 하고, 다른 사람은 쓰다듬거나 '잘했어', '옳지' 등을 이용한 칭찬 훈련을 실시했을 때 어느 사람이 빨리 가르칠 수 있을까? 아마 보상 훈련 방법을 선택한 사람의 훈련 효과가 좋을 것이다.

④ 긍정적인 보상과 칭찬 두 가지를 활용하면 더욱 효과적이다. 행위와 명령어를 습득하는 데 먹이 보상을 이용하고 칭찬으로 행동을 지속시키는 것이 좋다.

(2) 부정적인 보상과 체벌

① 부정적인 보상이란 반려견이 명령어를 이행했을 때 부정적인 요인을 없애 주는 것이다. 고통을 줄여주는 것도 일종의 보상이 된다. 보상은 주었지만 반려견이 자율적으로 행동한 것이 아니므로 보호자와 관계도 멀어지고 훈련의 효과가 덜할 수 있다.

② 부정적인 보상이나 처벌을 통해 훈련할 경우 훈련이 거듭되면서 보다 강한 처벌이 요구되고 훈련에 흥미를 잃어서 훈련을 지속시키기 어렵다. 훈련 시에는 강한 어조로 '안 돼'라고 명령하는 것이 낫다. 반려견에게 벌을 줄 때는 직접적인 고통을 가하는 것보다 말로써 벌을 주는 것이 좋다.

(3) 먹 이

먹이는 훈련에서 가장 효과적인 보상 방법이다. 보상용 먹이로 반려견이 좋아하는 음식인 햄, 소시지, 육포 등을 이용하는 것이 좋다. 먹이를 좋아하고 먹고자 하는 의욕이 강할수록 자율성 있는 훈련이 되어 좋은 결과를 가져온다.

3 훈련의 개요

(1) 교육 전에 필요한 훈련용어

① **구령(성부)** : 목소리에 의한 명령어
② **손짓(시부)** : 손짓에 의한 명령어
③ **수화** : 손짓의 동작
④ **초호** : 불러들이기
⑤ **입지** : 서서 기다리기
⑥ **각측 보행** : 옆에 따라다니기
⑦ **지래** : 물품 가져오기
⑧ **트렉킹** : 범인이 지나간 자리에 족적 남긴 것을 후각을 이용해서 찾아내는 것
⑨ **헬퍼** : 공격교육(무는 것)을 시키거나 범인 역할을 하면서 개가 올바르게 물거나 포기하는 교육을 시키는 역할
⑩ **블라인드** : 지형 수색용 삼각텐트
⑪ **아티클** : 수색용 유류물품
⑫ **방어소매** : 팔에 착용하는 공격방어용 안전보호 도구
⑬ **방어복** : 안전보호복(IGP, 경비견 교육) 착용
⑭ **덤벨** : 개가 가져오는 교육의 기초물품(아령)
⑮ **프리스비** : 원반 형태의 물품을 던져 개가 물어오는 다양한 방식의 경기(롱디스턴스, 프리스타일)
⑯ **어질리티** : 민첩성 경기로 정해진 시간과 코스 등을 뛰고 넘는 경기
⑰ **도그댄스** : 개와 사람이 음악에 맞추어 춤을 추며 교육의 난이도, 예술적 표현을 평가하는 경기

⑱ 플라이볼 : 스피드 경기의 형태로 장애물을 뛰어넘어 규정을 지키며 공을 배턴 터치하는 팀 경기

⑲ 베이팅 : 개의 집중력을 기르기 위해 도구로 사용하는 용품(간식, 장난감)

⑳ 교육용 다양한 장애물 : 허들, 테이블, 도그워크, 웨이브폴, 시소, 기타 등등

(2) 훈련 기본도구(가정견, 사역견, 구조견, 경비견용 훈련도구)

리드줄, 목줄, 퍼피턱, 바이트 패드, 훈련공, 줄 훈련공, 덤벨, 스틱 · 줄 스틱, 방어소매, 보호복 · 에프론, 아티클, A판벽, 허들, 덤벨, 테이블, 블라인드, 입마개, 전신 방어복(특수 방어복), 켄넬(크레이트), 보상용 주머니, 보상용 간식, 방석, 클리커 등

(3) 클리커 훈련

① 훈련의 효과

클리커 훈련은 명령어를 사용하는 훈련보다 쉽고 빠른 효과를 볼 수 있다. 특히 행동 교정 이전 강아지 시절에 예절 교육을 시킬 때 효과적이다.

② 사용방법과 요령

㉠ 클리커 똑딱이 소리를 들려주며 적응시킨다.

㉡ 똑딱 소리에 반응하거나 집중하면 좋아하는 간식을 주며 놀아준다.

㉢ "똑딱" 소리가 나도록 클리커의 버튼을 누르고 난 후 반려견이 바라보면 간식을 준다.

㉣ 흐트러진 시선을 집중하는 데 아주 효과적인 방법으로 시선 집중 시에 간식을 준다.

㉤ 보상용 간식을 선택할 때는 반려견이 아주 좋아하는 것으로 시작한다.

㉥ 클리커 훈련 초기에는 사료양을 줄이고, 간식으로 클리커 교육을 한다.

㉦ 간식의 크기는 한 번에 받아먹을 수 있는 작은 크기로 시작한다.

㉧ 반려견이 원하는 행동을 끝내고 난 후가 아니라 수행할 때 클릭한다.

㉨ 클릭하는 타이밍이 매우 중요하다. 클릭 소리가 날 때 행동하던 반려견이 멈추는 것에 놀라지 말아야 한다. 클릭하면 개가 행동을 멈출 때, 먹이를 주고 보상한다.

㉩ 반려견이 보호자가 좋아하는 행동을 하면 클릭해야 한다. 스스로 하기 쉬운 행동부터 시작한다(예 앉기, 엎드리기, 기다리기, 불러들이기, 기타 복종 교육 시).

㉪ 칭찬의 효과와 더불어 빠른 학습을 기대할 수 있다.

③ 클리커 핵심 포인트

㉠ 칭찬하는 타이밍이 중요하다.

㉡ 반복되는 학습이 중요하다.

㉢ 훈련 시 빠른 관찰력이 필요하다.

㉣ 개는 본능적으로 한 번 체험한 것을 학습하며 발전한다.

(4) 관계 형성을 위한 교감 활동

반려견 교육은 친해지는 정도에 따라 그 시기나 방법이 다를 수 있다. 훈련 전 훈련자가 반려견과 친해져야 하는 이유이다.

① 반려견과 친해지기

    ㉠ 강화물을 휴대한 훈련자는 반려견과 등진 상태로 바닥에 앉아서 대기한다.

    ㉡ 반려견이 훈련자를 쳐다보거나, 다가오는 등의 관심을 나타내면 음식이나 장난감 등의 강화물을 준다. 음식의 경우 몇 개를 반려견 근처로 던져서 먹게 한다.

    ㉢ 훈련자는 과격한 행동을 하지 말고 차분하게 동작을 취한다.

    ㉣ 경계심을 푼 반려견이 훈련자에게 쳐다보기, 꼬리 흔들기 등의 관심을 나타내는 행동을 하면 천천히 일어서서 장소이동을 한다. 주어진 공간 안에서 이동하면서 반려견이 따라오게 하고, 반려견이 따라오면 간헐적으로 강화물을 던져 주거나, 직접 손으로 준다.

    ㉤ 반려견의 성격을 어느 정도 확인하면 신체 접촉도 시도한다. 공간의 제약이 없으면 야외에서도 같은 방법으로 진행한다.

    ㉥ 위 과정을 1회에 약 5분 정도 진행한 후, 종료한다. 보호자 또는 훈련자는 반려견의 목줄을 잡고 반려견과 퇴장한다.

    ㉦ 반려견과 친해지는 데 걸리는 시간은 개체마다 다를 수 있으므로 필요하면 더 많이 반복적으로 교육한다.

② 반려견과 먹이 찾기 게임하기

낯선 사람과 사람의 손에 우호적인 감정을 갖게 할 때 도움이 되는 게임이다.

    ㉠ 훈련자는 반려견이 강화물을 볼 수 있도록 앉은 자세로 자신의 양손에 강화물을 올려 보여주고 반려견이 먹게 한다. 이때 손은 반려견의 코 높이 정도로 들고, 정지 상태를 유지한다. 이 과정을 반복한다.

    ㉡ 반려견의 호기심이 유지되는 상태라면 이번에는 양손에 강화물을 꼭 쥐어 숨기고, 그 손을 반려견을 향해 내밀며 "찾아"라고 말한다. 반려견이 내민 손에 냄새 맡기, 접근 등의 관심을 보이면 "옳지, 빙고"라고 말하며 해당하는 손을 펴서 그 안에 든 강화물을 먹게 한다. 이 과정을 반복한다.

    ㉢ 위 단계가 익숙해지면 이번에는 양손 중 한쪽 손에만 강화물을 쥐고, 다른 손에는 강화물을 쥐지 않은 상태로 두 손을 반려견을 향해 내민다. 반려견이 강화물이 든 손에 코를 대면 "옳지, 빙고"라고 말하며 해당하는 손을 펴서 그 안에 든 강화물을 먹게 한다. 강화물을 쥐는 손을 번갈아 가며 시도한다. 이 과정을 반복한다.

01 | 실전예상문제

01 생후 3개월 된 반려견의 훈육에 대한 설명으로 옳지 않은 것은?

① 여러 훈련 방법을 통하여 문제행동을 교정하는 시기이다.
② 강아지 시기에는 사람의 손길을 느낄 수 있도록 하며 사람과 강아지의 관계를 정확하게 정해 준다.
③ 이 시기부터 단어를 서서히 인식할 수 있다.
④ 사회성이 형성될 수 있도록 기본적인 예절교육을 시키는 단계이다.

해설 기본적인 예절교육을 시키고 사회성을 기르는 시기이다.

02 훈육과정 중 놀이에 대한 설명으로 옳은 것은?

① 물고 당기는 놀이는 공격성을 길러준다.
② 물고 당기는 행동은 스트레스를 풀어주는 데 도움이 되므로 으르렁 소리를 내어 더욱 강하게 물도록 한다.
③ 물고 당기는 행동은 훈련의 집중력과 강한 자신감, 그리고 의욕을 길러주는 역할을 한다.
④ 놀이는 반려견에 있어서 흥분을 시키는 데 효과적인 방법이다.

해설 ① 물고 당기는 놀이는 스트레스를 해소해주며, 집중력과 자신감, 의욕을 길러준다.
② 물고 당기는 행동만으로 스트레스를 풀어줄 수 있기 때문에 굳이 으르렁 소리를 내게 할 필요는 없다.
④ 놀이는 자신감, 학습능력을 고취하는 것이지 흥분시키는 것이 목적은 아니다.

03 반려견과의 놀이 시 주의 사항으로 옳은 것은?

① 놀이 교육은 항상 야단을 치며 마무리한다.
② 공놀이 시 물고 온 공을 강제로 빼앗아 공격성을 키운다.
③ 놀고 난 후에는 장난감을 반려견 곁에 두지 말고 바로 치운다.
④ 짧은 시간 동안 놀기보다 한 번에 길게 신나게 놀아준다.

해설 장난감은 교육 후 바로 치워야 한다. 항상 주변에 장난감이 있으면 놀이에 흥미를 잃게 된다.

04 생후 5개월이 된 반려견의 훈련에 대한 내용으로 옳지 않은 것은?

① 훈련이란 무엇인가를 논하기 전에 개의 본능을 숙지해야 한다.

② 훈련에 앞서 개는 인간에 의해서 가축화된 동물이기 때문에 사고력이 없다는 것을 알아야 한다.

③ 인간 세계의 환경과 인간이 추구하는 목적에 적응시키기 위해 개를 길들이는 것이 훈련임을 알아야 한다.

④ 생후 5개월이면 이갈이 시기이므로 훈련을 중단하고 이갈이가 끝나면 본격적인 훈련을 한다.

해설 이갈이 시기라고 해서 훈련을 중단할 필요는 없다. 부드러운 천이나 말랑말랑한 장난감을 이용하여 훈련하면 된다.

05 다음 빈칸에 들어갈 말로 옳은 것은?

> 훈련의 시기는 보통 생후 6개월~1년 미만이 좋다고 한다. 생후 6개월경이 개가 호기심이 많은 시기이므로 (   )이 뛰어나기 때문이다.

① 사교성   ② 기억력

③ 지뢰의욕   ④ 학습능력

해설 이 시기의 반려견은 사물에 대한 호기심이 많아지고 이해력이 빠르다.

06 반려견 훈련 시작 시기는 생후 몇 개월이 좋은가?

① 3~5개월   ② 5~10개월

③ 1~2년   ④ 2년 이상

해설 생후 5~10개월부터 호기심이 늘고 이해력이 빨라지기 때문에 이 시기부터 반려견을 훈련하는 것이 좋다.

07 다음 빈칸에 들어갈 말로 옳은 것은?

> 훈련은 개의 ( )을 유지시키면서 개가 가지고 있는 잠재력을 살려 생활에 활용하고 인간과 같이 살아가는 데 필요한 예의를 배우는 교육이다.

① 유 전   ② 본 질
③ 버 릇   ④ 행 동

해설 개들은 본질을 가지고 태어난다. 훈련자는 개의 본질은 유지시키면서 다양한 교육을 통하여 실생활에 필요한 능력을 개발시켜야 한다.

08 다음 빈칸에 들어갈 말로 옳은 것은?

> 반려견의 성향에 따라 사람에 대한 사회성이 결여되거나 ( )이 강하면 생후 4~5개월 정도부터 일찍 교육에 들어간다.

① 성 품   ② 사회성
③ 독립심   ④ 복종성

해설 순종적이고 사회성이 좋은 개는 훈련 시기가 늦어도 학습효과가 좋다. 독립심이 강한 품종은 교육 시기를 앞당긴다.

09 교육 전에 필요한 훈련용어로 옳지 않은 것은?

① 구령 – 목소리에 의한 명령어
② 손짓 – 손으로 지시하는 명령어
③ 수화 – 손짓의 동작
④ 초호 – 호에서 기다리는 것

해설 초호는 반려견을 불러들이는 것으로 "이리와"가 명령어이다.

10 훈련용어 중 구령에 대한 설명으로 옳지 않은 것은?

① 육성의 명령어이다.

② 손짓으로 하는 명령어이다.

③ 성부 명령어에 해당한다.

④ 말로써 내리는 명령어를 말한다.

해설 구령은 말로써 명령을 내리는 것을 말한다.

11 훈련용어 중 손짓에 대한 설명으로 옳은 것은?

① 성부 명령어이다.

② 손의 동작을 통해 내리는 명령어이다.

③ 작전 시 말로 수행하는 명령어이다.

④ 말과 손짓으로 내리는 명령어이다.

해설 명령어는 손짓(수화)과 구령(육성)으로 구분한다.

12 훈련용어 중 각측 보행에 대한 설명으로 옳은 것은?

① 왼쪽으로 걷기   ② 오른쪽으로 걷기

③ 옆에 따라다니기   ④ 함께 뛰어다니기

해설 반려인의 옆을 따라다니면서 함께 걷는 것을 말한다.

13 훈련용어 중 헬퍼에 대한 설명으로 옳은 것은?

① 범인 역할과 훈련자 역할을 둘 다 하는 사람

② 범인 역할을 하면서 개가 올바르게 물거나 포기하도록 교육하는 사람

③ 말을 올바르게 끌도록 리드하는 사람

④ 경비견이나 경찰견 교육 시 개가 놀라지 않게 총을 쏘는 사람

해설 헬퍼는 베테랑 훈련자로 공격 진행 중 올바르게 물거나 포기하도록 돕는 역할을 하는 전문가이다.

PART 2

14 클리커 훈련 응용 방법에 대한 설명 중 잘못된 것은?

① 좋은 행동에 클릭하여 나쁜 행동을 고치게 한다. 클리커 트레이닝은 명령어를 기반으로 하는 훈련이다.

② 훈련은 짧게 한다. 한 시간 동안 지루한 것을 계속하는 것보다 5분씩 3번 할 때 더 많은 것을 배운다.

③ 클리커 클릭에 반응하지 않으면 명령을 듣지 않은 것으로 생각한다. 이때는 육성으로 "안돼"라고 명령한다.

④ 훈련자가 원하는 행동이 자발적이거나 우연히라도 일어나면 클릭한다.

해설 클릭은 반려견이 스스로 터득하는 교육의 기초 단계이다. 반려견이 클릭에 반응하지 않는 것은 명령에 불복종하는 것이 아니고 그 큐를 배우지 못한 것일 뿐이다. 명령어를 기반으로 하는 훈련이 아니므로 원하는 행동을 명령할 수 있는 다른 방법을 더 찾아보고 원하는 행동에 클릭해야 한다.

15 다음 빈칸에 들어갈 말로 옳은 것은?

훈련의 가장 근본적인 요령은 (   )이다. 훈련자는 반려견을 훈련하기 전에 먼저 그 반려견과 (   )를 형성해야 한다. 그 정도에 따라 교육의 시작 시기나 방법이 달라진다.

① 친 화   ② 기 질

③ 보 상   ④ 반복 학습

해설 훈련자는 반려견을 교육하기 전에 일단 그 반려견과 친해져야 한다. 반려견과의 친화 정도에 따라 교육 시작 시기나 방법이 다를 수 있다.

02 | 반려견 훈련장비와 도구

1 훈련장비

(1) 훈련 기본도구

① 리드줄 : 개와 사람 사이에 의사소통을 하는 데 매우 중요한 역할을 하고, 길이에 따라 쓰이는데 조금씩 차이가 있다.

리드줄	용 도
30cm	• 보통 줄을 잡고 훈련하는 과정에서 줄 없이 훈련하기 전(前) 과정에서 쓰인다. • 처음에는 120cm 리드줄로 훈련을 마치고 보다 짧은 30cm 리드줄로 바꾼 다음 서서히 줄을 없애 준다.
120cm	• 개를 훈련하거나 산책할 때 가장 많이 쓰인다. • 줄이 길거나 짧지도 않으며 적당한 길이로 일반인도 쉽게 개를 컨트롤할 수 있다.
2m	• 불러들이기 훈련의 기초과정에서 많이 활용된다. • 리드줄이 너무 길면 개를 불러들이고 줄을 정리하는 데 불편하고, 짧은 줄은 훈련하는 데 불편하다. • 대형견 훈련 기초 과정에서 많이 활용된다.
5m	• 멀리 떨어진 곳에서 불러들이기 훈련할 때 사용되고 훈련 도중 도망가는 것을 교정할 때 쓰인다. • 경비훈련의 기초과정인 금족포효 훈련에 많이 쓰인다.
10m	• 원거리 대기 훈련을 할 때 필요하고 트렉킹(족적 추적) 훈련을 할 때 쓰인다. • 훈련경기 대회의 규정 줄이다.

용어설명 금족포효

개가 사람한테 짖을 때, 덤벼들거나 움직이지 못하게 하는 것을 말한다.

② 목줄 : 개의 목에 걸어주는 줄로서 리드줄과 개를 연결하는 데 매우 중요한 역할을 하며 개를 쉽게 제압하는 데 필요한 도구이다.

㉠ 가죽용 목줄(광폭칼라)

• 강아지가 처음으로 목줄 매는 습관을 길들일 때 쓰이고 어린 강아지 훈육 과정부터 끝날 때까지 활용된다.

• 짖는 훈련이나 공격 등에서 개의 목에 낮은 자극을 줄 때 쓰인다.

• 산책 시 보호자보다 먼저 뛰어나가려고 하고 통제가 잘 안 되면 광폭 목줄을 착용한다.

종 류	장 · 단점
가죽 목줄	보호자의 손을 보호해 줄 수 있다.
천 목줄	다양한 무늬가 있어 보호자들이 선호하나, 교육이 안 된 힘이 센 대형견과 산책하기에는 적절하지 않다.

자동 목줄	• 목줄의 길이가 반려견의 움직임에 따라 조절되어 반려견의 발에 걸리지 않고 목줄 정리에 불편함이 없다. • 자동 목줄의 버튼을 열어놓으면 반려견의 목에 계속 이물감의 자극을 주기 때문에 반려견의 편안한 산책에는 적절하지 못하다.
긴 목줄(5m 이상)	추적하는데 사용되는 전문가용 목줄이다.

   ⓛ 초크체인(스텐 목줄)

     • 복종 훈련용으로 많이 사용되며, 개와 사람의 통역기 역할을 한다. 적은 힘으로 개를 통제하는데 중요한 역할을 한다.

     • 쇠로 만들었거나 지나치게 굵거나 무거운 목줄은 권장하지 않는다.

     • 모서리가 날카로운 목줄은 훈련자의 손에 상처를 입힐 수도 있어 권장하지 않는다.

     • 개를 제압하기 쉬워 누구나 활용할 수 있지만 개를 리드할 때 강한 자극으로 고통을 줄 수 있다.

     • 중 · 대형견의 교육과정에서 가장 많이 쓰이며, 개를 컨트롤하기 쉽다.

③ 핀치칼러

   ㉠ 폭력성향이 강한 개에게 쓰면 효과가 있지만 성격이 여리거나 겁이 많은 개에게 사용하면 안 된다.

   ㉡ 개를 잘 아는 전문가가 사용할 경우에는 개에게 빠른 학습능력을 기대할 수 있다.

   ㉢ 부적절하게 사용하면 반려견의 피부를 조이거나 찔러서 고통과 상처를 줄 수 있으며, 심각한 부상을 가할 수도 있으므로 사용하지 않도록 한다.

④ 하네스

   ㉠ 후각 훈련이나 무는 훈련을 할 때 많이 쓰인다.

   ㉡ 강아지 산책용으로도 자주 쓰이나, 산책 시 개를 컨트롤하기 어려워 예절교육이 되지 않으면 사용하지 않는 것이 좋다. 대형견은 가급적 하네스를 권장하지 않는다.

   ㉢ 불러들이기나 보호자와 소통이 잘되고 교육을 잘 받은 견은 하네스를 착용한다.

더알아보기　적당한 길이의 리드줄

• 소형견, 중형견 : 1m 20cm 길이가 좋다.

• 대형견 : 2m 길이를 착용하는 것이 좋다.

• 롱 리드줄 : 3 ～ 5m의 길이의 리드줄은 개 불러들이기, 수색, 공격교육 목적 외에 산책이나 교육 시 매우 불편하므로 착용하지 않는다. 단, 교육이 잘되거나 개와 사람이 자연스러운 공간에서 활동할 때는 착용해도 좋다.

⑤ 퍼피턱

   복종 훈련에 사용되고 어린 강아지와 놀이를 통해서 집중력과 물력을 키우는 데 좋다.

⑥ 바이트 패드

   ㉠ 개의 무는 훈련 중 기초과정에 쓰이는 도구이다.

   ㉡ 개의 물력을 키우며, 깊고 정확하게 물게 할 때 많이 쓰인다.

   ㉢ 방어소매와 같은 용도이며 경비견 훈련 · IGP 교육 시에 무는 도구로 쓰인다.

⑦ 훈련공

   ㉠ 공을 멀리 던지는 방식으로 강아지와의 놀이나 어린 강아지를 운동 시킬 때 많이 사용된다.

ⓛ 지면을 따라 굴러가는 공은 강아지의 흥미를 유발할 수 있어 매우 좋은 놀이기구이다.

⑧ 줄 훈련공

　　㉠ 공에 손잡이가 달린 줄이 묶여 있어서 물고 당기는 놀이나 가까운 거리에 던지고 회수하기 쉽게 되어 있다.

　　ⓛ 개와 가깝게 놀 수 있기 때문에 서로 스킨십의 기회가 많으므로 개와 핸들러 사이의 친화훈련에도 도움이 된다.

⑨ 덤 벨

　　㉠ 개의 운반 훈련에 많이 쓰이고, 훈련 경기대회에서 덤벨 운반은 기본 종목이다.

　　ⓛ 덤벨(650g) 운반은 평지에서 가져오기, 허들 넘어 가져오기, A자 판벽 넘어 가져오기 등으로 나눈다.

　　ⓒ 덤벨은 대 · 중 · 소로 구분하며 지레 운반용 교육의 기초용품이다.

⑩ 스틱, 줄 스틱

　　㉠ 경비호신훈련에 많이 사용된다.

　　ⓛ 스틱으로 개를 직접 자극하는 것이 아니고, 매달린 줄이 공기 중에서 나는 소리(예 딱, 쉭쉭)를 이용해서 개의 관심을 집중시키는 데 도움이 된다.

⑪ 방어소매

　　㉠ 공격훈련을 할 때 사용되며 개가 무는 부분이 짧은 것과 긴 것으로 나뉜다.

　　ⓛ 긴 것(나탄방어소매)은 개의 스톱이 긴 저먼 셰퍼드, 벨지안 마리노이즈 등에 사용된다.

　　ⓒ 짧은 것(일반방어소매)은 개의 스톱이 짧은 로트와일러, 아메리칸 불독 등에 사용하는 것이 좋다.

　　ⓔ 자견은 전체가 부드럽게 만들어진 자견용 방어소매로 한다.

⑫ 보호복, 에프론

　　㉠ 보호복과 에프론은 개의 직접적인 공격을 받으면 위험하기 때문에 방어소매와 같이 사용한다.

　　ⓛ 보호복과 에프론은 개의 공격훈련 시, 앞발 등에 의한 상처를 방어하여 사람의 몸을 보호하는 역할을 한다.

⑬ 아티클

추적 유류품으로 범인이 도주하고 지나간 자리에 남는 것이다.

⑭ A판벽

지상에서부터 약 2m 높이의 A자형 판벽이다.

⑮ 허 들

H형 허들로 장애물 교육 중 낮은 곳에서부터 높은 곳으로 올리면서 대담성을 길러준다.

⑯ 테이블

개가 올라가거나 편안하게 기다리는 교육에 응용할 때 쓰인다.

⑰ 블라인드

삼각형의 천막 지형 · 지물 수색용품이다.

⑱ 입마개

개의 공격성이나 짖음이 있을 때 입에 착용하는 도구이다.

⑲ 헤드홀더

목끈을 당기면 반려견의 후두와 머즐에 압력이 가해지는 구조로 되어있는 줄이다.

용어설명

머즐 : 강아지의 이마와 코 사이의 부분으로, 일반적으로 주둥이라고 한다.

⑳ 전신 방어복(특수 방어복)

전신 공격훈련 시에 쓰이며 경찰견이나 링 스포츠에 많이 활용된다. 전신 방어복은 개가 직접 공격을 해도 안전하다.

㉑ 켄넬(크레이트)

개가 자기만의 공간으로 여겨 편안한 휴식을 가질 수 있다. 대소변 훈련이나 이빨을 가는 시기에 넣기 좋고, 차량으로 개를 이동할 때에도 매우 편리하다.

㉒ 보상용 주머니

교육을 하면서 보상을 원활하게 하기 위한 도구로 허리에 차고 간식을 넣어 두고 반려견이 올바른 행동을 할 때마다 주머니에서 간식을 꺼내 주는 용도로 쓰인다.

㉓ 보상용 간식

교육용으로 부드러운 간식을 한 번에 씹어 먹을 수 있는 크기로 준비한다.

㉔ 클리커

㉠ 버튼이나 금속 부분을 살짝 누르면 '딸깍' 소리가 나는 플라스틱 장치로 소리에 집중하는 타이밍에 쓰이며, 클리커 후 바른 행동에 대한 간식을 보상한다.

㉡ 소리를 통해 반려견을 교육하는 데 있어서 집중력을 기르거나 예절교육에서 효과적인 도구이다.

㉢ 클리커와 보상을 상호 연관시키는 것이 훈련에서 중요하므로, 소리가 나면 간식을 받을 것이라는 것을 알게 한다.

㉣ 주의할 점은 교육에 사용 중 클리커를 연속해서 두 번을 누르지 않아야 한다.

(2) 훈련 보조도구

① **방석(포인트)** : 특정 공간을 알려주는 역할을 하며 개를 기다리게 하거나 정해진 목표지점 설정을 위해 다용도로 쓰인다. 또한 포인트 트레이닝 교육을 시킬 때 효과적으로 쓰는 도구이다.

용어설명 포인트 트레이닝

개의 행동교정에서 문제가 되는 부분을 집중 포인트를 잡아 교육시켜 주는 훈련이다.

② **크레이트(개집)** : 개를 가두는 공간이 아니라 개가 가장 편안하게 쉴 수 있는 공간으로 개들에게 있어서 가장 아늑한 공간으로 활용한다.

③ **이동용 개집** : 먼 거리 여행이나 새로운 환경에 적응하기 위해 활용하기도 한다. 반려견이 낯선 환경에서 분리불안을 느끼는 것을 차단할 수도 있다.

④ **사각철장** : 잠금장치가 필요하며, 개집과 놀이공간의 영역으로 받아들인다.

⑤ 육각 케이지 : 운동장의 역할을 하며 케이지가 설치된 곳이 자기만의 공간이라는 것을 알려주기 위한 수단으로 활용한다.

⑥ 좋아하는 간식과 장난감

    ㉠ 간식이나 좋아하는 장난감을 포상용으로 활용한다.

    ㉡ 올바른 행동을 하였을 때 보상을 통해서 긍정적인 사고방식을 갖게 한다.

⑦ 사료 및 음료 : 개들이 먹거나 물을 마실 수 있도록 항시 기본적으로 챙겨 둔다.

(3) 반려용품의 이해

① 배변봉투

    산책이나 야외 외출 시 반드시 가지고 다니며, 반려견이 배변 활동을 하면 바로 치워준다.

② 화장지

    배설물을 치우거나 소변을 보고 나면 반려견이 배설한 곳을 깨끗이 닦아준다.

③ 강아지 옷

    ㉠ 계절별로 단두종, 단모종 옷을 입히면 감기 예방이나 털갈이 시기에 도움이 된다.

    ㉡ 옷을 입히는 것은 반려인이나 비반려인에게 귀엽고 사랑스런 모습을 제공하여 반려견에 대한 좋은 이미지를 심어 준다.

④ 동물등록인식표

    ㉠ 유기견 예방차원으로 반려견 정보를 등록한다.

    ㉡ 내장형 마이크로 칩이나 외장형 인식표를 외출 시 반드시 확인한다.

2 훈련 도구

(1) 훈련 도구의 사용

전문가부터 비전문가까지 사용할 수 있는 훈련 도구들이 다양하기 때문에 사용 용도와 견종에 맞춰 사용해야한다.

(2) 훈련 도구의 종류

① 훈련 복장

    훈련에 필요한 간식이나 더미, 공 등을 넣을 수 있는 옷으로 그 용도에 따라 선택해야 한다.

    ㉠ 훈련 조끼 : 주머니가 많아야 사료, 장난감 등이 보호자 몸 안에 어디서 나올지 모른다는 인식을 시켜주어 개에게 기대감을 증폭시킬 수 있다.

    ㉡ 훈련 재킷 : 훈련 조끼와 같은 용도이며 겨울철에 입기 좋다.

    ㉢ 퀼트 : 허리에 착용하는 형태이며 치마 모양이다. 퀼트에는 3개의 주머니가 있다.

    ㉣ 먹이주머니 : 허리에 착용할 수 있으며 간단하게 먹이를 넣어 사용하기 편리하다.

② 놀이용 훈련 도구

좋아하는 장난감을 사용하면 훈련의 속도나 재미를 붙일 수 있다.

㉠ 공

가죽공	가죽으로 만들어져 무는 힘이 약한 반려견을 훈련 시킬 때 사용한다.
자석공	옷에 붙여 사용할 수 있고, 옆으로 나란히 걷기를 할 때 반려견의 위치와 시선을 고정시키기 위해 사용한다.
찰고무공	표면에 돌기가 있어 던졌을 때 어디로 튈지 몰라 기대감을 증가시키며, 공에 줄이 달려있어 공을 사용해 더미 놀이를 할 수 있고 공을 컨트롤하기 쉽다.
라텍스공	라텍스로 만들어진 말랑한 재질이며, 반려견이 물면 소리가 난다.
실 공	실을 꼬아서 만든 장난감 공이다.

㉡ 더 미

면혼방 더미	대형견이 물어도 잘 망가지지 않아 오래동안 사용할 수 있다.
순면 더미	어린 반려견들의 놀이를 위해 만들어진 더미이다.
황마 더미	황마 재질로 되어 있어 무는 힘이 강한 반려견에게 사용하면 일회용이 될 수 있고, 무는 힘이 약한 반려견에게는 무는 힘을 키울 수 있으나 잘못 사용하면 이빨 사이가 벌어질 수 있다
회수용 더미	더미 안에 간식을 넣을 수 있는 주머니가 있다.
실 더미	실을 꼬아서 길게 만든 더미이다.
털 더미	동물 털을 사용해 만든 더미이다.
가죽 더미	가죽으로 만든 더미이다.

㉢ 원 반

고무 원반	말랑한 고무로 만들어진 원반이다.
천 원반	천으로 만들어진 놀이용 원반이다.
플라스틱 원반	원반대회에 참여할 수 있는 플라스틱 재질로 만들어진 원반이다.

③ 훈련기기

㉠ 클리커

버튼형 클리커	손목이나 바지에 걸어두고 칭찬할 때 손으로 눌러 사용할 수 있다.
박스형 클리커	발을 사용해 누를 수 있도록 제작되었다.
스틱형 클리커	스틱 끝에 있는 표시를 이용해 사람이 움직이지 않고도 사용할 수 있다.
반지형 클리커	손가락에 끼워서 사용하기 때문에 손이 자유롭다.

㉡ 보상용 간식 장치 : 리모컨을 누르면 보상이 나오는 장치로, 반려견과 거리를 두고 하는 훈련에 유용하다.

02 | 실전예상문제

01 교육 도구 중 아티클에 대한 설명으로 옳은 것은?

① 수색용 유류물품
② 탐지용 박스
③ 방어복
④ 안전보호 도구

해설 범인이 족적을 남기며 지나간 자리에 떨어뜨린 물품대용으로 쓰이는 것이다.

02 교육 도구 중 방어소매에 대한 설명으로 옳은 것은?

① 수색훈련도구
② 팔에 착용하는 공격 방어품
③ 전신 방어복
④ 안전보호 도구 앞치마

해설 방어소매는 개가 경비훈련 중 팔을 물 수 있도록 팔에 착용하는 보호장비이다.

03 교육 도구 중 덤벨에 대한 설명으로 가장 옳은 것은?

① 지구력을 길러 주는 운동기구이다.
② 덤벨은 물품 운반 교육의 필수 도구이다.
③ 벨소리 교육의 기초물품이다.
④ 수색견 교육의 유류품을 말한다.

해설 아령같이 생긴 물품 운반 교육 도구이다.

04 다음 빈칸에 들어갈 말로 가장 옳은 것은?

(,   )은/는 개와 사람 사이에 의사소통을 하는 데 매우 중요한 역할을 한다.

① 리드줄, 목줄   ② 가슴줄, 간식

③ 입마개, 간식   ④ 롱줄, 입마개

해설   목줄과 리드줄은 통역기의 역할을 하며, 반려견과 소통할 수 있도록 돕는다.

05 다음 빈칸에 들어갈 말로 옳은 것은?

(   ) 리드줄은 보통 줄을 잡고 훈련하는 과정에서 줄 없이 훈련하기 전(前) 과정에서 쓰인다. 처음에는 120cm 리드줄로 훈련을 마치고 보다 짧은 (   ) 리드줄로 바꾼 다음 서서히 줄을 없앤다.

① 30cm   ② 2m

③ 3m   ④ 5m

해설   30cm 리드줄은 짧은 줄을 이용하여 줄이 없는 것처럼 응용하는 과정에 사용하는 줄을 말한다.

06 다음 빈칸에 들어갈 말로 옳은 것은?

(   ) 리드줄은 개를 훈련하는 데 가장 많이 쓰이는 줄이다. 줄이 길거나 짧지도 않으며 적당한 길이로 일반인도 쉽게 개를 컨트롤할 수 있다. 특히 개와 산책을 할 때 편리하다.

① 120cm   ② 2m

③ 3m   ④ 5m

해설   줄을 이용하는 이유는 교육 때문인데, 120cm 줄을 이용하면 자유자재로 통제하고 리드할 수 있다.

07 다음 빈칸에 들어갈 말로 옳은 것은?

> (   ) 리드줄은 대형견 훈련 기초 과정에서 많이 활용된다.

① 120cm   ② 2m
③ 3m   ④ 5m

해설 소형견은 짧은 줄을 활용하지만, 대형견은 2m 길이의 리드줄이 적당하다.

PART 2

08 다음 빈칸에 들어갈 말로 옳은 것은?

> (   ) 리드줄은 트레킹(족적 추적) 훈련을 할 때 쓰이며, 훈련 경기 대회의 규정 줄이다.

① 10m   ② 5m
③ 3m   ④ 2m

해설 10m 리드줄은 트레킹 시합용으로 국제 규정된 줄의 길이이다.

09 다음 빈칸에 들어갈 말로 옳은 것은?

> 가죽용 (   )은/는 강아지가 처음으로 목줄 매는 습관을 길들일 때 쓰이고 어린 강아지 훈육과정부터 끝날 때까지 활용된다.

① 광폭칼라   ② 하네스
③ 핀치칼라   ④ 초크체인

해설 넓은 목줄이 줄 매기 교육 시에 안전하며, 훈육 시에는 기본으로 사용한다.

10 다음 빈칸에 들어갈 말로 옳은 것은?

> (   )은/는 복종훈련에서 많이 사용된다. 개를 제압하기 쉽기 때문에 누구나 활용할 수 있는 목줄이
> 나 개를 리드할 때 일부 자극을 주는 단점이 있다.

① 광폭칼라
② 하네스
③ 핀치칼라
④ 스텐목줄

해설 스텐목줄은 중 · 대형견의 교육과정에서 가장 많이 쓰이며, 개를 컨트롤하기 가장 쉽다.

11 다음 빈칸에 들어갈 말로 옳은 것은?

> (   )은/는 전체적으로 개에게 자극을 줄 수가 있다. 성격이 강한 개에게 쓰면 좋은 효과를 볼 수 있
> 지만, 성격이 여리거나 겁이 많은 개에게 사용하면 안 된다. 개를 잘 알고 있는 전문가가 사용할 경우에는 개
> 에게 빠른 학습능력을 기대할 수 있다.

① 광폭칼라
② 하네스
③ 핀치칼라
④ 스텐목줄

해설 핀치칼라(스파이크체인)는 맹견 또는 광폭하거나 통제가 어려운 개에게 착용한다.

12 다음 빈칸에 들어갈 말로 가장 옳은 것은?

> (   )은/는 일반적으로 후각훈련과 개의 무는 훈련 등에 많이 쓰이며, 일반 애견인들의 경우에는 강
> 아지 산책용으로도 쓰고 있다. 다만 산책할 때는 개를 컨트롤하기에 어려움이 있어 예절교육이 되지 않으면
> 사용하지 않는 것이 좋다.

① 광폭칼라
② 하네스
③ 핀치칼라
④ 스텐목줄

해설 하네스는 목에 자율성을 주기 때문에 후각훈련이나 공격교육훈련에 대표적으로 쓰인다.

13 다음 빈칸에 들어갈 말로 옳은 것은?

> (   )은/는 복종훈련에 사용되고 어린 강아지와 놀이를 통해서 집중력과 물력을 키우는 데 좋다.

① 바이트 패드　　　　　　　　　② 퍼피턱
③ 덤 벨　　　　　　　　　　　　④ 번지줄

해설 강아지 시기에 물고 가져오기용으로 쓰는 자견용 훈련도구이다.

14 다음 빈칸에 들어갈 말로 옳은 것은?

> (   )은/는 개가 무는 훈련 중 기초과정에 쓰이는 도구이다. 개의 물력을 키우고 깊고 정확하게 물게
> 할 때 많이 쓰인다.

① 바이트 패드　　　　　　　　　② 훈련공
③ 덤 벨　　　　　　　　　　　　④ 번지줄

해설 바이트 패드는 방어소매의 일종으로 경비견 훈련이나 IGP 교육 시 무는 도구로 쓰인다.

15 다음 빈칸에 들어갈 말로 옳은 것은?

> (   )은 줄, 공, 손잡이 등이 있어서 물고 당기는 놀이나 가까운 거리에 던지고 회수하기 쉬운 도구이
> 다. 이처럼 개와 가깝게 놀 수 있기 때문에 서로 스킨십의 기회가 많아서 친화 훈련에 도움이 된다.

① 줄 스틱　　　　　　　　　　　② 훈련공
③ 줄 훈련공　　　　　　　　　　④ 번지줄

해설 줄 훈련공은 밀고 당기는 놀이를 통해 흥미 유발을 시키고 집중력을 향상시킨다.

16 다음 빈칸에 들어갈 말로 옳은 것은?

> (   )은/는 개의 스톱이 긴 저먼 셰퍼드, 벨지안 마리노이즈 등에 사용하는 도구이다.

① 일반 방어소매　　　　　　　　② 바이트 패드
③ 나탄 방어소매　　　　　　　　④ 퍼피턱

해설 스톱(주둥이)이 긴 저먼 셰퍼드, 벨지안 마리노이즈의 견에는 나탄 방어소매를 사용한다. 방어소매에는 나탄 방어소매와 스톱이 짧은 로트와일러, 아메리칸 불독 등에 사용하는 일반 방어소매가 있다.

17 다음 빈칸에 들어갈 말로 가장 옳은 것은?

> (   )은/는 개의 직접적인 공격을 받으면 위험하기 때문에 방어소매와 같이 사용한다. 공격 훈련을 할 때 앞발 등에 의한 상처를 방어하여 사람의 몸을 보호하는 역할을 한다.

① 일반 방어소매　　　　　　　　② 전신 방어복
③ 롱 리드줄　　　　　　　　　　④ 에프론

해설 에프론은 안전보호 장비이다.

18 다음 빈칸에 들어갈 말로 옳은 것은?

> (   )은/는 추적 유류품으로 범인이 도주하고 지나간 자리에 남는 것이다.

① 하네스　　　　　　　　　　　② 간식주머니
③ 롱 리드줄　　　　　　　　　　④ 아티클

해설 유류물품으로 나무토막 또는 가죽재질로 이루어져 있으며, 일반적으로는 폭 4cm, 길이 10cm 크기이다. 개가 아티클을 찾아내면 엎드려 자세를 취한다.

19 다음의 설명과 어울리는 것은?

> 개가 자신만의 공간으로 여겨 편안한 휴식을 가질 수 있다. 대소변 훈련이나 이빨을 가는 시기에 개를 넣기 좋고, 차량으로 개를 이동할 때 매우 편리하다.

① 하네스
③ 배변판

② 삼각형 텐트
④ 크레이트

해설 개집(컨넬, 크레이트)은 개에게는 최고의 안락한 보금자리이다.

20 다음 빈칸에 들어갈 말로 옳은 것은?

> 한 번에 씹어 먹을 수 있는 크기의 부드러운 (   )을/를 준비하면 교육 시 집중력을 향상시킬 수 있다.

① 개 껌
③ 고무공

② 보상용 간식
④ 코 담요

해설 보상용 간식은 집중력 향상을 위해 한 번에 씹고 먹을 수 있도록 한다. 개껌은 한참을 씹어야 하므로 보상용 간식으로 알맞지 않다.

21 다음 빈칸에 들어갈 말로 옳은 것은?

> (   )은/는 소리를 통해 반려견을 교육하는 데 있어서 집중력을 기르거나, 예절교육에서 효과적인 도구이다. '딸깍' 소리를 들려주고 집중하는 타이밍과 동시에 간식으로 보상한다.

① 간 식
③ 클리커

② 보상용 주머니
④ 호 각

해설 소리를 통해 반려견을 교육시키는 도구로 '딸깍' 소리와 동시에 간식으로 개의 올바른 행동에 대한 보상을 한다.

22 클리커 사용 방법과 요령으로 옳은 것은?

① 클리커 '딸깍'이 소리를 들려주며 집중하지 않으면 야단친다.

② '딸깍' 소리에 반응하거나 집중하게 되면 간식을 주며 놀아준다.

③ '딸깍' 소리가 나도록 클리커의 버튼을 누르고, 바라보면 '옳지'하고 명령을 내려준다.

④ '딸깍' 소리에 예민하게 반응을 하면 클리커 교육은 실패한 것이다.

해설 소리에 집중도를 높이려면 적절한 간식을 통한 보상으로 효과를 볼 수 있다.

03 | 반려견 환경 개선과 관리

1 반려견의 풍부화 관리

(1) 반려견의 행동학적 풍부화(Enrichment)

반려견이 제한된 생활환경이나 부족한 자극으로 인해 발생하는 반려견의 무기력 증상 및 비정상적인 문제 행동을 감소시키고 행동 기회가 늘어나 건강하고 정상적인 행동을 할 수 있도록 유도하는 것이다.

(2) 반려견 풍부화의 5요소

① **환경적인 요소** : 활동 장소의 크기, 영구적인 구조물(예 나무, 정원, 펜스, 테라스, 잔디밭 등), 가구(예 침대, 이동장), 땅파기 구덩이, 물놀이터 등이 있다.

② **사회적인 요소** : 반려견의 적절한 사회적 그룹화를 위한 보호자와의 상호관계의 질과 시간을 말한다.

③ **감각적인 요소** : 다양한 방법의 스킨십, 다양한 질감의 물건들, 여러 가지 맛, 시각적 감각, 청각적 감각 등을 의미한다.

④ **먹이 요소** : 반려견은 영양학적으로 훌륭한 사료의 개발이 수명 연장과 건강에 큰 도움을 준다.

⑤ **인지적 요소** : 반려견은 비교적 높은 인지능력이 있으며, 이런 견종들의 인지능력은 필요한 풍부화의 종류와 양을 결정하는 데 큰 영향을 줄 수 있다.

(3) 반려견의 복지평가

① 영국 산업동물복지위원회에서는 다양한 상태의 동물복지(예 반려동물, 포획 상태의 동물, 산업동물 등)를 위해 1933년 수정된 내용을 복지평가에 반영하고 있다.

② 복지 측면에서의 반려견 행동학적 풍부화 5가지

　㉠ 반려견은 신선한 물과 건강한 에너지를 위한 먹이를 자유롭게 섭취함을 통해서 목마름, 배고픔, 영양실조로부터 자유로워야 한다.

　㉡ 반려견은 집과 편하게 쉴 수 있는 장소 제공을 통해 신체적, 온도적 불편함으로부터 자유로워야 한다.

　㉢ 반려견은 예방과 빠른 진단과 치료를 통해서 부상, 통증과 질병으로부터 자유로워야 한다.

　㉣ 반려견은 충분한 공간, 적절한 시설 그리고 동종의 친구를 제공받음으로써 정상적인 행동을 보일 수 있게 되어야 한다.

　㉤ 반려견은 정신적인 고통을 피할 수 있는 적절한 환경과 치료를 통해서 두려움과 고통으로부터 자유로워야 한다.

2 행동 풍부화

(1) 환경적인 풍부화 요소

① 보금자리의 크기

주 택	아파트
• 정원의 크기가 중요한 것은 아니다. • 작은 공간도 함께 할 수 있는 정도의 크기면 괜찮다. • 쉬는 동안 보호자를 볼 수 있는 앞마당을 준비해 준다.	• 반려견이 편하게 쉴 수 있는 장소에 반려견 이동장과 방석을 놓는다. • 보호자와의 동선이 겹치지 않는 곳을 활용한다. • 보호자의 움직임을 볼 수 있는 곳으로 한다.

② 울타리

　ㄱ 울타리는 보호자가 보기에는 큰 즐거움일 수 있으나, 어떤 반려견들에게는 매우 큰 자극이나 스트레스일 수도 있다.

　ㄴ 반려견이 울타리 안팎을 모두 좋은 곳으로 인식될 수 있도록 조심스럽게 알아갈 수 있는 기회를 준다.

　ㄷ 견주는 반려견이 울타리 주변의 냄새를 맡을 수 있는 시간을 주며 놀아준다.

　ㄹ 울타리 안팎에서 식사를 하면서 안전한 곳임을 인식할 수 있게 한다.

③ 정원과 나무, 관목(shrubs)

　ㄱ 정원이나 화분 등은 반려견에게 탐험과 놀이를 할 수 있게 해줄 수 있는 공간이다.

　ㄴ 자연의 여러 가지 다양한 냄새를 탐색할 수 있는 공간에 가서 반려견에게 충분한 시간과 기회를 주며 하나씩 알아가는 기회를 제공한다.

주 택	아파트
• 작은 정원이어도 많은 것을 제공한다. • 작은 키의 나무, 꽃, 여러 가지 화단 장식용의 크고 작은 돌, 곤충 등을 탐색할 수 있는 기회를 제공한다. • 정원이 크다면 더욱 많은 것을 탐색할 수 있는 기회를 줄 수 있다. • 탐색의 기회는 보호자와 함께할 수 있도록 한다.	• 제한적인 공간이지만 가능하다. • 보호자와 반려견을 위해 다양한 크기의 화분들을 이용하여 작은 정원을 꾸며줄 수 있다. • 반려견이 주택의 정원처럼 탐색활동을 할 수는 없지만, 반려견에게 나무와 흙, 돌에 대한 탐색의 기회를 제공한다. • 보호자가 함께하면서 탐색의 기회를 주고 돌발 행동에 대해 대처할 준비를 한다.

④ 다양한 물질의 감촉

　ㄱ 평소 생활하던 곳과 다른 감촉의 새로운 물질들은 반려견에게 활동적인 행동을 하게 해준다.

　ㄴ 반려견들은 특히 잔디밭이나 모래밭의 감촉을 좋아한다.

　ㄷ 산책을 통해 인도, 주차장, 잔디밭, 모래밭, 흙바닥 등을 경험할 수 있도록 한다.

　ㄹ 미끄러운 바닥과 거친 바닥을 구분할 수 있도록 기회를 마련해 준다.

⑤ 잔디밭

　ㄱ 잔디밭은 반려견의 놀이와 일광욕을 위한 열린 장소를 제공한다.

　ㄴ 보호자는 아무것도 강요하지 않고 함께 있어 주는 것도 한 가지 방법이다.

　ㄷ 여러 가지 놀이를 통해서 반려견이 잔디밭에서 좋은 경험을 할 수 있도록 한다.

　ㄹ 넓은 잔디밭에서는 반려견과 보호자가 다양한 놀이를 통해 반려견에게 여러가지 풍부화 경험을 제공해줄 수 있다.

ⓜ 주변에 잔디밭이 없다면 차를 이용하여 찾아가도록 한다. 이때에는 외부 기생충에 대한 예방을 하고 잔디밭에 출입한다.

ⓗ 잔디밭은 같은 견종을 만나거나 다른 견종과 인사를 할 수 있는 기회를 제공하기도 한다.

> **수행 tip**
> • 이때 할 수 있는 다양한 놀이는 공놀이, 프리스비, 어질리티 등이 있다.
> • 6개월 미만의 어린 반려견과는 육체적으로 힘들지 않는 놀이를 선택하고 놀아준다.

⑥ 테라스, 베란다

ㄱ 주택의 경우에는 반려견이 보호자의 집과 가까이 머물 수 있게 해준다.

ㄴ 반려견이 현관이나 거실창 앞에서 편하게 쉴 수 있는 기회를 주도록 한다.

ㄷ 거실창 앞의 테라스에 반려견을 위한 휴식 공간을 준비해준다.

⑦ 반려견 집

ㄱ 주택이라면 현관 가까이 설치하고, 보이지 않는 곳에 두지 않도록 한다.

ㄴ 반려견이 자기 집에서 언제나 보호자를 볼 수 있도록 아늑하면서 가까운 곳을 장소로 결정한다.

ㄷ 보호자의 움직임이 너무 많은 곳은 가급적 피하도록 한다.

⑧ 가구

ㄱ 주도권이 보호자에게 있다면 반려견이 의자나 침대에 올라가도 괜찮다.

ㄴ 침대 위에서 공격적인 표현을 할 때에는 견과 함께 자면 안된다.

⑨ 기타

ㄱ 같이 땅을 파고 놀 수 있는 놀이를 할 수 있도록 기회를 준다.

ㄴ 주택이라면 정원 한쪽에 모래더미를 설치하여 놀 수 있게 한다.

> **수행 tip**
> • 땅을 파고 노는 반려견을 보는 보호자는 문제행동으로 인식할 수도 있다. 훈련사는 반려견이 땅을 파는 이유를 설명해 준다.
> • 반려견의 생활환경을 주택과 아파트를 기준으로 수행한다.

(2) 사회적인 풍부화 요소

① 가족, 지인

ㄱ 보호자와 지인들이 함께 있는 것만으로도 반려견의 삶을 풍부화시키는 것이다.

ㄴ 사람들 앞에서 얌전히 기다리는 훈련을 하는 것이 중요하므로 '기다려' 훈련을 시켜본다.

ㄷ 어떤 무언가를 반려견에게 요구하지 않아도 된다.

ㄹ 보호자 외의 가족이나 지인들과 함께 할 수 있도록 한다.

ㅁ 한 사람씩 인사를 시켜가며 함께하는 사람의 수를 점차 늘려간다.

ⓗ 첫날은 한 명의 지인, 두 번째 날은 두 명의 지인, 그 다음 날은 세 명, 네 명 등으로 수를 늘려가면서 편안하게 있으면 간식을 보상해 준다.

> **수행 tip**
> - 너무 많은 사람이 갑자기 접근하면 반려견에게는 스트레스가 될 수도 있다.
> - '기다려' 훈련은 식사 시간을 활용하면 효과적이다.
> - 낯선 지인들이 함부로 반려견을 만지지 못하게 해야 하며, 만질 때에는 조심스럽게 접근하도록 한다.

② 보호자와 함께하는 게임

    ㉠ 반려견의 이빨을 사용하지 않도록 하면서 놀아준다.

    ㉡ 언제나 주도권이 보호자에게 있도록 하며 놀아준다.

    ㉢ 보편적으로 반려견이 가장 좋아하는 공을 활용한 주도권을 양보하는 놀이를 한다.

    ㉣ '놔'라는 명령을 잘 수행하면 좋은 놀이이므로, '가져', '놔'라는 명령어를 자연스럽게 가르치면서 놀아준다.

    ㉤ 여러 가지 장난감을 이용하여 장난감의 용도에 맞게 놀아 준다.

> **수행 tip**
> - 다양한 더미와 공을 이용한 게임을 진행한다.
> - '놔' 명령을 수행할 때, 강압적으로 '놔'라고 하지 않고, 조금 기다려준 다음 자연스럽게 놓을 때 보상과 칭찬을 아끼지 않는다.

③ 산 책

    ㉠ 산책 중 다른 반려견과 함께 있는 보호자들과 만나는 활동
- 다른 반려견과 가벼운 인사를 할 수 있는 기회를 제공한다.
- 다른 보호자와 인사를 하는 동안 얌전하게 있을 수 있도록 '앉아', '기다려'를 가르쳐 준다.

    ㉡ 차에 타고 이동하여 하차 후 산책과 놀이활동
- 차를 타는 훈련을 한다. 먼저 차 주변을 탐색할 수 있도록 하고 편안해 보이면 차에 태운다.
- 차를 타고 편안한 모습을 보이면 칭찬과 보상을 한다.
- 이동장에 들어갈 수 있도록 집에서 이동장에 들어가는 훈련을 한다.
- 이동 중 조용히 있으면 가끔 이름을 부르고 보상을 해주도록 한다.
- 차에서 내리면 좋은 일이 생긴다는 것을 알려주기 위해 간식을 제공한다.
- 차로 이동한 곳이 어느 곳이든(예) 잔디밭, 학교 운동장, 근처 공원) 반려견과 함께 즐거운 산책을 하도록 한다.
- 산책 활동 시에는 여러 가지 냄새를 맡을 수 있고 다양한 물건들을 만날 수 있는 기회를 제공한다.

> **수행 tip**
> - 너무 많은 소리나 특정 소리가 어떤 반려견에게는 스트레스가 될 수도 있기 때문에 조용한 곳에서 시작한다.
> - 차량을 이용할 때 이동장을 활용한다.

④ 함께 사는 반려견 제공

  ㉠ 여러 반려견 중 특종 견종은 덜 사회적일 수 있으므로 주의하고 고민을 해야 한다.

  ㉡ 나이가 같은 두 마리 강아지들의 1차적인 사회적 관계는 서로 상대방이다.

  ㉢ 같은 성별의 두 마리 반려견은 좀 더 잘 싸우는 경향이 있다.

  ㉣ 오랜 시간 동안 혼자 있는 반려견을 위해 다른 반려견을 입양하는 것이 반드시 사회적인 스트레스를 줄이는 것은 아니다.

  ㉤ 불안감을 느끼는 반려견이 있을 때, 다른 반려견을 분양받거나 입양하는 것은 좋은 방법이 아니다.

⑤ 사교전략(social strategies)

  ㉠ 믿을 수 있는 이웃/친구의 방문과 반려견 산책

    • 낯선 사람이 방문을 하면 반려견과 어울릴 수 있는 기회를 준다.

    • 반려견의 이름을 부르고 오면 간식을 주는 것을 여러 번 수행한다.

    • 몇 번의 방문을 통해 친해지면 함께 산책을 나갈 수 있도록 한다.

    • 여러 명의 이웃과 친구들의 도움을 받을수록 반려견의 사교력은 좋아질 수 있다.

  ㉡ 친한 다른 반려견 친구와의 놀이

    • 주변에 다른 반려견이 있다면 함께 놀 수 있도록 기회를 준다.

    • 다른 반려견의 보호자와 상의를 통해 서로의 반려견이 어울릴 수 있는지 확인하고 만나게 해준다.

    • 고양이나 다른 반려동물을 만날 수도 있다.

    • 가까운 공원이나 안전한 장소에서 놀 수 있도록 기회를 준다.

  ㉢ 반려견 놀이방(유치원, 카페, 놀이터)

    • 놀이방에 상주하는 반려견이 어떤 성향의 반려견인지 확인한다.

    • 너무 활발하기보다는 침착한 반려견들이 있는 곳을 선택하도록 한다.

    • 처음부터 오랜 시간 머무르기보다는 30분, 한 시간씩 점차적으로 늘려가도록 한다.

    • 방문하였을 때 의자 아래로 숨거나 보호자 뒤로 숨는 경우는 스트레스를 많이 받은 상태이므로 오래 머무르지 말고 바로 나오도록 한다.

  ㉣ 여러 가지 사회적 상호작용

    • 이름을 불렀을 때 오면 바로 칭찬과 보상을 한다.

    • 매일 10회 이상 이름을 부르고 반려견이 오면 칭찬과 보상을 한다.

    • 믿을 수 있는 지인이 이름을 부르고 오면 보상을 하도록 한다.

    • 장난감 공을 굴려주고 가져오면 칭찬과 보상을 한다.

    • 놀이용 더미를 이용하여 놀아주도록 한다.

ⓜ 소심한 강아지의 사교적인 전략

- 다른 반려견과의 만남을 조심스럽게 준비한다.
- 나이가 있으면서 얌전하고 매너 있는 반려견과 만날 수 있도록 한다.
- 조금씩 활발하게 움직인다면 조금 더 활발한 반려견과의 만남을 준비한다.
- 하루 이틀 만에 이루어지지 않으므로 지속적인 보호자의 노력이 필요하다.

ⓗ 활발한 강아지의 사교적인 전략

- 반려견 기초 예절교육을 가르쳐 준다.
- 다른 반려견을 마주할 때 보호자의 지도 아래 만나도록 한다.
- 다른 보호자와의 대화 후에 반려견이 사교적으로 행동할 수 있는 기회를 제공한다.

> **수행 tip**
> - 어떤 사교적인 전략 상황에서도 급하게 서두르지 않고 조금씩 다가가도록 기다려준다.
> - 보호자는 처음에 너무 많은 걱정을 하지 않는다.

(3) 감각적인 풍부화 요소

① 만짐(touch)

ⓐ 반려견들은 만지거나, 마사지하는 것을 토닥거리는 것보다 더 좋아한다. 반려견의 몸 구석구석 가볍게 만져줌으로써 보호자와의 유대감이 높아지고, 목욕·미용·다른 접촉에 민감한 반응을 하지 않고 안정감을 유지하므로 도움을 줄 수 있다.

ⓑ 빗질과 함께 외부기생충 검사도 풍부화 될 수 있으므로 제공한다.

- 실내에서 가능하다면 매일 빗질을 해준다.
- 산책을 하거나 외출을 하고 돌아오면 빗질을 해주도록 한다.
- 빗질은 조금씩 반려견이 불편해 하지 않을 정도로 하며, 아주 어렸을 때부터 빗에 대한 거부감이 없도록 한다.
- 빗질을 통해 외부기생충 검사도 확인할 수 있다.

ⓒ 반려견 마사지 방법(텔링턴 티터치)을 보호자가 습득하여 제공하면 매우 만족해한다.

- 보호자는 편안한 마음가짐으로 반려견과 함께 한다.
- 반려견을 옆으로 눕히거나 바르게 세워 둔다.
- 머리 뒤쪽에서 좌골 끝까지 손등을 이용하여 천천히 쓰다듬어 준다.
- 머리 뒤에서 옆으로 천천히 쓰다듬어 준다.
- 손가락을 이용하여 6시에서 9시 방향으로 1¼바퀴 가볍게 누르면서 돌려준다.
- 귀는 안쪽 끝에서 바깥쪽 끝까지 가볍게 쓸어준다.

용어설명 **텔링턴 티터치(T TOUCH)**

30개 이상의 특정 손 마사지법으로 반려견의 행동, 건강, 수행 능력 등 전반적인 건강과 복지에 좋은 효과를 줄 수 있다.

② 신기한 놀이나 물건

㉠ 반려견이 직접 조작하거나 탐구할 수 있는 물건을 제공한다.

㉡ 먹이를 주는 도구나 장난감도 포함하여 제공한다.

㉢ 반려견 장난감 박스 안에 장난감을 보관한다면 이 박스는 신기한 물건이 된다.

㉣ 반려견에게 매일 몇 개의 장난감을 제공하도록 한다.

㉤ 놀이터의 새로운 구조물도 신기한 물건으로 제공할 수 있다. 냄새를 맡고 탐색할 수 있는 충분한 시간을 준다.

③ 다양한 질감의 장난감

㉠ 다양한 종류의 질감(예 딱딱한 것, 부드러운 것, 촉촉한 것, 매끄러운 것, 거칠은 것)의 장난감을 준비하여 준다.

㉡ 많은 반려견들이 장난감을 물어뜯어 찢는 것을 좋아하므로 물어뜯으며 찢고 놀 수 있는 기회를 제공한다.

㉢ 일부 다른 반려견들은 껴안고 있는 것을 좋아한다. 인형, 쿠션 등을 제공해준다.

④ 다양한 냄새

㉠ 자연적인 향과 인공적인 향을 맡을 수 있도록 기회를 제공한다.

㉡ 향수 냄새, 허브 냄새, 향신료 냄새 그리고 일반적이지 않은 모든 것의 냄새를 맡을 수 있는 기회를 제공한다.

㉢ 반려견에게 여러 가지 냄새를 맡을 수 있도록 추적(tracking)을 시킨다.

⑤ 다양한 맛

㉠ 꼭 규칙적으로 먹는 식사일 필요는 없다.

㉡ 반려견이 좋아하는 뼈나 껌을 제공한다.

㉢ 더운 여름날 체온조절을 위한 얼음 덩어리를 제공한다.

㉣ 좋아하는 여러 가지 간식을 주되, 불규칙적으로 제공해야 한다.

⑥ 다양한 소리

㉠ 자연적인 소리와 인공적인 소리를 모두 들려준다.

㉡ 소리의 결핍은 문제행동의 원인이 될 수 있다.

㉢ 반응에 민감한 반려견들에게 지속적인 배경 소리 등을 들려주면, 다른 자극적인 소리(예 다른 반려견의 짖는 소리, 고양이 울음소리, 사람들의 생활소음 등)에 대한 민감함을 감출 수 있다.

㉣ 일상 속에서 음의 높낮이가 있는 음악을 들려주어 자극적인 소리에 안정감을 줄 수 있도록 한다.

㉤ 식사 시간을 활용하여 자극적인 소리에 점진적 둔감화를 한다.

- 너무 많은 소리나 특정 소리가 어떤 반려견에게는 스트레스가 될 수도 있다.
- 식사 시간 5~10분 전에 음악을 틀어 음악소리 후 식사를 할 수 있도록 하면 소리에 대한 풍부화의 효과를 높일 수 있다.

⑦ 시각적 관점

　㉠ 반려견의 관점에서 세상을 바라보게 선택할 수 있는 것도 반려견을 위한 좋은 풍부화이다.

　㉡ 주택의 거실에서 창밖을 볼 수 있는 기회를 제공한다.

　㉢ 주택의 거실창 앞에 앉거나 엎드려서 밖을 볼 수 있도록 '앉아', '기다려' 명령을 가르쳐 줌으로써 함께 할 수 있는 기회를 쉽게 만들 수 있다.

　㉣ 아파트 베란다에서 밖을 볼 수 있는 기회를 제공한다.

　㉤ 보호자와 함께하면 더욱 효과가 좋다.

(4) 먹이 풍부화 요소

① 먹이를 주는 장소를 다양하게 하여 많은 장소를 안전한 곳으로 생각하고 받아들일 수 있도록 하여 문제 행동 예방에 도움을 줄 수 있다.

② 흩뿌려서 주는 먹이 급여법

　㉠ 언제나 사용하는 식기 외에 바닥에 조금씩 뿌려준다.

　㉡ 장소를 다양하게 바꾸면서 수행한다.

　㉢ 예절교육 과정이나 보상의 시간에 보상의 방법으로 활용할 수 있다.

　㉣ '앉아' 명령에 잘 따르면 칭찬을 하고 보상물 하나를 주던 것을 여러 개 바닥에 떨어트려 준다.

　㉤ 여러 번 반복을 할 수 있도록 한다. 바뀌는 장소에 대한 두려움이 줄어들고 자신감이 생기며 다른 낯선 곳에서도 쉽게 적응하는 적응력을 높일 수 있기 때문이다.

③ 보물찾기 급여법

　㉠ 반려견이 가장 잘 활용할 수 있는 코의 능력을 믿고 보물찾기를 한다.

　㉡ 보물찾기용 패드를 준비하여 간식과 사료를 조금씩 숨겨두어 찾아 먹을 수 있도록 한다. 이때 훈련이 아닌 놀이처럼 수행한다.

　㉢ 반려견이 코를 활용하여 일을 하는 것을 통해 호기심을 해소하고 탐구능력, 인지능력 등을 향상 시킬 수 있다.

　㉣ 보호자도 함께 참여하는 방법으로 양손 중 한쪽에 먹이를 들고 찾기 놀이를 하여 찾으면 바로 손에 있는 간식으로 보상한다.

　㉤ 잘하면 다른 사람으로 바꾸어서 시도해준다.

　㉥ 종이컵 3개를 준비하여 한곳에 간식을 넣어두고 위치를 바꾸어가며 찾으면 칭찬과 보상을 해준다.

④ 장난감 공을 활용한 간식 급여법

    ㉠ 간식을 숨길 수 있는 속이 비어있는 장난감 공을 활용하여 장난감을 가지고 놀거나 건드리면 간식이 나와 먹을 수 있도록 한다.

    ㉡ 여러 가지 형태의 장난감 공이 있으므로 3~4가지 형태의 공을 준비하여 제공한다.

    ㉢ 스스로 생각을 하고 장난감을 가지고 놀 수 있는 기회를 제공한다.

⑤ 제한급식

    ㉠ 풍부화 전략을 활용하기 위해 자유 급식은 가급적 추천하지 않는다.

    ㉡ 아침 식사의 양은 조금 주고 나머지는 풍부화 전략을 활용하여 먹이를 제공한다.

    ㉢ 하루 중 부족한 급여량은 저녁 식사에서 보충해주도록 한다.

    ㉣ 급식을 풍부화 전략으로 접근하면 보호자와 반려견의 상호작용 활동이 증가할 수 있어 교감형성에 도움을 준다.

    ㉤ 급식시간에 '앉아', '기다려' 정도의 예절교육을 병행할 수 있는 기회가 있으므로 가르쳐볼 수 있다.

(5) 인지적인 풍부화 요소

① 반려견 기초예절교육 훈련프로그램의 진행

    ㉠ 반려견으로 하여금 필요한 것을 이해하도록 하는데 도움을 줄 수 있다.

    ㉡ 반려견이 조금 더 얌전하게 행동할 수 있도록 인지적인 풍부화가 증진된다.

    ㉢ 여러 가지 반려견 개인기와 반려견 스포츠에 도전해보도록 한다.

    ㉣ 보호자와 높은 사회적 상호작용을 할 수 있다. 예를들면 공을 던져 주고 회수하는 놀이를 통해 보호자와 상호작용을 할 수 있는 것이다.

    ㉤ 반려견이 훈련을 수행하면 스스로 생각하게 되며 매우 피곤해지므로 문제행동을 일으킬 기회가 줄어든다.

    ㉥ 강압적인 방법이 아닌 학습이론을 바탕으로 한 긍정적인 훈련을 수행하도록 한다. 이때 여러 가지 방법 중에 '클리커'를 활용하는 방법을 추천한다.

② 반려견 스포츠

    ㉠ 어질리티, 프리스비, 플라이볼 등 보호자와 함께 할 수 있는 스포츠를 가르치고 교육한다.

    ㉡ 반려견에게 육체적 · 정신적 건강을 위해 수영할 수 있는 기회를 제공해줄 수 있다.

용어설명   텔링턴 티터치(T TOUCH)

1. 어질리티(Agility)
'민첩함'의 의미로 반려견이 보호자와 함께 뛰면서 각종 장애물을 빠르게 뛰어넘고 통과하는 놀이로 미국이나 유럽의 가장 대중적인 반려견 스포츠

2. 프리스비
플라스틱 원반 장난감을 서로 멀리 던져서 받는 놀이와 경기

3. 플라이볼
반려견 스포츠의 일종으로 개가 릴레이를 하며 목적지에 있는 공을 물고 오는 경기

③ 퍼즐 장난감 제공

  ㉠ 다양한 퍼즐 장난감의 사용법을 익힐 수 있는 기회를 제공한다.

  ㉡ 퍼즐 장난감을 활용할 때는 반려견이 즉시 성공할 수 있도록 한다.

> **수행 tip**
> • 모든 훈련프로그램은 인지적 풍부화의 하나이다. 반려견에게 다양한 훈련프로그램 중 최소 한 가지는 제공한다.
> • 반려견의 성향에 맞는 훈련프로그램을 찾아서 제공하는 것이 최선이 될 수 있다.

(6) 반려견의 행동학적 풍부화 파악 질문지

① 반려견의 생활환경을 알아보기 위한 질문지를 활용하며, 반려견 풍부화 질문지는 보호자가 직접 작성할 수 있도록 한다.

② 질문지는 풍부화의 5가지 요소들에 대한 내용으로 구성되어 있다.

③ 보호자는 반려견의 현재 생활환경과 경험, 능력들에 대한 내용을 가감 없이 자세하게 적어주어야 한다.

④ 상담자는 질문지 작성을 도와주도록 한다.

반려견 풍부화 파악 질문지(보호자 작성용)		0000년 00월 00일

반려견 이름 :   나이 :   성별 :   품종 :   보호자 :

풍부화 요소	풍부화 내용	현재 환경, 경험유무, 능력
환경적인 요소	반려견의 생활공간 크기	
	구조물(울타리, 나무, 정원, 테라스, 잔디밭 등)	
	가구(침대, 이동장, 의자 등)	
	다른 특징(땅파기 장소, 물놀이터)	
사회적인 요소	품종, 성별, 동거 반려견	
	활동 수준	
	보호자와 상호작용의 시간과 질	
감각적인 요소	만 짐	
	질 감	
	맛	
	시각적, 청각적	
먹이 요소	먹이주기(방법, 종류)	
인지적인 요소	인지능력의 정도(퍼즐장난감 활용)	
	훈련 내용	

[반려견 풍부화 파악 질문지]

03 | 실전예상문제

01 다음 빈칸에 들어갈 내용으로 옳은 것은?

> (   )은/는 제한된 생활환경 등으로 인해 발생하는 반려견의 무기력 증상 및 비정상적인 문제행동을
> 감소시켜 건강하고 정상적인 행동을 할 수 있도록 유도하는 것이다.

① 복지평가
② 동물복지
③ 행동학적 풍부화
④ 환경적인 운동루틴

해설 **반려견의 행동학적 풍부화**
반려견이 제한된 생활환경이나 부족한 자극으로 인해 발생하는 반려견의 무기력 증상 및 비정상적인 문제 행동을 감소시키고 행동 기회가 늘어나 건강하고 정상적인 행동을 할 수 있도록 유도하는 것이다.

02 반려견의 행동학적 풍부화 5요소가 아닌 것은?

① 환경적인 요소
② 행동적인 요소
③ 감각적인 요소
④ 인지적인 요소

해설 반려견의 행동학적 풍부화 5요소는 환경적인 요소, 사회적인 요소, 감각적인 요소, 먹이 요소, 인지적인 요소가 있다.

03 행동학적 풍부화 요소 중 품종, 성별, 보호자와 상호작용의 질과 시간 등과 관련 있는 것은?

① 감각적인 요소
② 인지적인 요소
③ 사회적인 요소
④ 환경적인 요소

해설 **반려견의 풍부화 5요소**
• 환경적인 요소 : 활동 장소의 크기, 영구적인 구조물(예 나무, 정원, 펜스, 테라스, 잔디밭 등), 가구(예 침대, 이동장), 땅파기 구덩이, 물놀이터 등이 있다.
• 사회적인 요소 : 반려견의 적절한 사회적 그룹화를 위한 보호자와 상호관계의 질과 시간 등이 있다.
• 감각적인 요소 : 다양한 방법의 스킨십, 다양한 질감의 물건들, 여러 가지 맛, 시각적 감각, 청각적 감각 등이다.
• 먹이 요소 : 반려견은 영양학적으로 훌륭한 사료의 개발이 수명 연장과 건강에 큰 도움을 준다.
• 인지적인 요소 : 반려견은 비교적 높은 인지능력이 있으며, 이런 견종들의 인지능력은 필요한 풍부화의 종류와 양을 결정하는 데 큰 영향을 줄 수 있다.

04 반려견 복지 측면에서의 행동학적 풍부화 5가지가 아닌 것은?

① 먹이로부터의 자유
② 편히 쉴 장소로부터의 자유
③ 질병 등으로부터의 자유
④ 다른 종의 친구를 제공받을 자유

> **해설** 복지 측면에서의 반려견 행동학적 풍부화 5가지
> • 반려견은 신선한 물과 건강한 에너지를 위한 먹이를 자유롭게 섭취함을 통해서 목마름, 배고픔, 영양실조로부터 자유로워야 한다.
> • 반려견은 집과 편하게 쉴 수 있는 장소 제공을 통해 신체적 · 온도적 불편함으로부터 자유로워야 한다.
> • 반려견은 예방과 빠른 진단과 치료를 통해서 부상, 통증과 질병으로부터 자유로워야 한다.
> • 반려견은 충분한 공간, 적절한 시설 그리고 동종의 친구를 제공받음으로써 정상적인 행동을 보일 수 있게 되어야 한다.
> • 반려견은 정신적인 고통을 피할 수 있는 적절한 환경과 치료를 통해서 두려움과 고통으로부터 자유로워야 한다.

05 반려견의 행동학적 풍부화 요소 중 보금자리에 대한 내용으로 옳지 않은 것은?

① 주택에서는 정원의 크기가 중요하지 않다.
② 아파트에서는 보호자와 동선이 겹치는 곳을 활용한다.
③ 주택에서는 쉬는 동안 보호자를 볼 수 있는 앞마당을 준비해 준다.
④ 아파트에서는 보호자의 움직임을 볼 수 있는 곳으로 한다.

> **해설** **보금자리의 크기**

주 택	아파트
• 정원의 크기가 중요한 것은 아니다. • 작은 공간도 함께 할 수 있는 정도의 크기면 괜찮다. • 쉬는 동안 보호자를 볼 수 있는 앞마당을 준비해 준다.	• 반려견이 편하게 쉴 수 있는 장소에 반려견 이동장과 방석을 놓는다. • 보호자와의 동선이 겹치지 않는 곳을 활용한다. • 보호자의 움직임을 볼 수 있는 곳으로 한다.

06 환경적인 풍부화 요소 중 울타리에 대한 내용으로 옳지 않은 것은?

① 모든 반려견들이 울타리에 스트레스를 느낀다.
② 울타리 안팎을 모두 좋은 곳으로 인식할 수 있는 기회를 준다.
③ 울타리 주변의 냄새를 맡을 수 있는 시간을 주며 놀아준다.
④ 울타리 안팎에서 식사를 하는 것은 안전한 곳이라는 인식을 할 수 있도록 한다.

> **해설** 울타리는 보호자에게는 큰 즐거움이나 어떤 반려견들에게는 매우 큰 자극이나 스트레스일 수 있다. 그러므로 반려견이 울타리 안팎을 모두 좋은 곳으로 인식할 수 있도록 기회를 준다.

07 행동학적 풍부화 중 환경적인 요소에 속하지 않는 것은?

① 가 구

② 모래더미

③ 정원과 관목

④ 가족과 지인

해설 ④ 가족과 지인은 사회적인 풍부화 요소이다.

08 다양한 물질의 감촉을 제공하는 것은 어떤 풍부화 요소에 속하는가?

① 먹이 요소

② 환경적인 요소

③ 사회적인 요소

④ 인지적인 요소

해설 반려견이 다양한 물질의 감촉을 느낄 수 있게 제공하는 것은 환경적인 요소에 해당한다. 환경적인 요소에는 보금자리의 크기, 울타리, 정원과 나무, 다양한 물질의 감촉, 잔디밭, 테라스와 베란다, 반려견의 집, 가구, 기타 장소 등이 있다.

09 반려견의 행동학적 풍부화 중 다음 사례가 속하는 요소는?

- 너무 많은 사람이 갑자기 접근하면 반려견에게는 스트레스가 될 수도 있다.
- '기다려' 훈련은 식사 시간을 활용하면 효과적이다.
- 낯선 지인들이 함부로 반려견을 만지지 못하게 해야 하며, 만질 때에는 조심스럽게 접근하도록 한다.

① 인지적인 요소

② 감각적인 요소

③ 환경적인 요소

④ 사회적인 요소

해설 사회적인 요소에는 가족과 지인, 보호자와 함께하는 게임, 산책활동, 다른 반려견의 입양·분양, 사교전략 등이 있으며, 위의 사례는 반려견이 가족 및 지인과 같이 있을 때 등의 사례에 해당된다.

10 행동학적 풍부화의 사회적인 요소 중 반려견 승하차 활동으로 옳지 않은 것은?

① 차에 타기 전에 주변을 탐색할 수 없게 빨리 태운다.

② 차를 탈 때는 이동장에 들어가는 훈련을 먼저 하는 것이 좋다.

③ 차 이동 중 조용히 있으면 가끔 이름을 불러주고 보상을 해주도록 한다.

④ 차에서 내리면 좋은 일이 생긴다는 것을 알려주기 위해 간식을 제공한다.

해설 차를 타는 훈련을 할 때에는 먼저 차 주변을 탐색하게 하고 편안해 보이면 차에 태운다.

11 풍부화의 사회적인 요소 중 다른 반려견의 입양과 관련된 내용으로 옳은 것은?

① 입양할 모든 견종의 사회성은 같으므로 특별히 고려하지 않는다.

② 다른 성별의 두 마리의 반려견은 같은 성별보다 좀 더 잘 싸우는 경향이 있다.

③ 불안감을 가지는 반려견이 있을 때, 다른 반려견을 입양하는 것이 좋은 방법은 아니다.

④ 오래 혼자 있는 반려견의 사회적인 스트레스를 줄여주기 위해서는 다른 반려견을 반드시 입양해야 한다.

해설 ① 여러 반려견 중 특종 견종은 덜 사회적일 수 있으므로 주의하고 고민해서 입양한다.

② 같은 성별의 두 마리의 반려견은 좀 더 잘 싸우는 경향이 있다.

④ 오랜 시간 동안 혼자 있는 반려견을 위해 다른 반려견을 입양하는 것이 반드시 사회적인 스트레스를 줄이는 것은 아니다.

12 행동 풍부화의 사회적인 요소 중 활발한 강아지의 사교전략은?

① 반려견에게 기초 예절교육을 가르쳐 준다.

② 다른 반려견과의 만남을 조심스럽게 준비한다.

③ 나이가 있으면서 얌전한 반려견과 만날 수 있도록 한다.

④ 조금씩 활발하게 움직인다면 조금 더 활발한 반려견과의 만남을 준비한다.

해설 ② · ③ · ④ 소심한 강아지의 사교전략이다.

활발한 강아지의 사교전략
- 반려견에게 기초 예절교육을 가르쳐 준다.
- 다른 반려견을 마주할 때 보호자의 지도 아래 만나도록 한다.
- 다른 보호자와의 대화 후에 반려견이 사교적으로 행동할 수 있는 기회를 제공한다.

13 행동 풍부화의 감각적인 요소 중 마사지의 방법으로 옳지 않은 것은?

① 머리 뒤쪽에서 좌골 끝까지 손등을 이용하여 천천히 쓰다듬어 준다.

② 머리 뒤에서 옆으로 천천히 쓰다듬어 준다.

③ 귀는 바깥쪽 끝에서 안쪽 끝까지 가볍게 쓸어준다.

④ 손가락을 이용하여 6시에서 9시 방향으로 가볍게 누르면서 돌려준다.

해설 반려견의 귀는 안쪽 끝에서 바깥쪽 끝까지 가볍게 쓸어준다.

14 행동 풍부화의 먹이 요소 중 보물찾기 급여의 내용으로 옳은 것은?

① 놀이가 아닌 훈련처럼 수행해야 한다.
② 보물찾기는 보호자가 함께 수행할 수 없다.
③ 반려견의 호기심을 해소하고 탐구능력, 인지능력 등을 향상 시킬 수 있다.
④ 반려견이 가장 잘 볼 수 있는 시력에 의존하여 보물찾기를 한다.

해설 ① 훈련이 아닌 놀이처럼 수행해야 한다.
② 보호자도 함께 참여하는 방법으로 양손 중 한쪽에 먹이를 들고 찾기놀이를 하여 찾으면 바로 손에 있는 간식으로 보상한다.
④ 반려견이 가장 잘 활용할 수 있는 코의 능력을 믿고 보물찾기를 한다.

15 다음 반려견의 인지적인 풍부화 내용이 아닌 것은?

① 보호자와의 높은 사회적 상호작용을 할 수 있다.
② 여러 가지 개인기와 반려견 스포츠에 도전할 수 있다.
③ 학습이론을 바탕으로 한 긍정적인 훈련을 수행할 수 있다.
④ 훈련을 수행하면 피곤해져서 문제행동을 일으킬 기회가 늘어난다.

해설 반려견이 훈련을 수행하면 스스로 생각하게 되며 매우 피곤해지므로 문제행동을 일으킬 기회가 줄어든다.

16 풍부화 파악 질문지에서 퍼즐장난감을 활용한 능력 정도와 관련 있는 요소는?

① 먹이 요소　　　　　　　　　② 사회적인 요소
③ 인지적인 요소　　　　　　　④ 환경적인 요소

해설 인지적 요소에는 퍼즐장난감을 활용한 인지능력의 정도와 훈련 내용 등이 있다.

17 행동 풍부화의 먹이 요소 제한급식으로 옳은 것은?

① 하루 중 저녁 식사의 급여량을 가장 적게 줘야 한다.

② 풍부화 전략을 활용하기 위해 자유 급식을 추천한다.

③ 급식 풍부화 전략으로 보호자와 반려견의 상호작용 활동이 감소된다.

④ 급식시간에 '기다려' 정도의 예절교육을 병행할 수 있다.

> **해설** ① 아침 식사의 양은 조금 주고 나머지는 풍부화 전략을 활용하여 먹이를 제공한다. 하루 중 부족한 급여량은 저녁 식사에서 보충해주도록 한다.
> ② 풍부화 전략을 활용하기 위해 자유 급식은 가급적 추천하지 않는다.
> ③ 급식을 풍부화 전략으로 접근하면 보호자와 반려견의 상호작용 활동이 증가할 수 있어 교감형성에 도움을 준다.

18 다음 중 감각적인 행동 풍부화에 속하지 않는 것은?

① 반려견의 관점에서 세상을 바라보게 선택할 수 있다.

② 소리의 결핍은 문제행동의 원인이 될 수 있다.

③ 다른 반려견이 있다면 함께 놀 수 있도록 기회를 준다.

④ 여러 가지 냄새를 맡을 수 있도록 추적(tracking)을 시킨다.

> **해설** ③ 행동 풍부화 중 사회적인 요소에 해당한다.
> ① 시각적인 관점, ② 다양한 소리(청각적인 관점), ④ 다양한 냄새(후각적인 관점)는 감각적인 관점의 행동 풍부화에 해당한다.

19 다음 실무교육에서 설명하는 행동 풍부화의 요소는?

> • 다양한 더미와 공을 이용한 게임을 진행한다.
> • '놔' 명령을 수행할 때, 강압적으로 '놔'라고 하지 않고 조금 기다려준 다음 자연스럽게 놓을 때 보상과 칭찬을 아끼지 않는다.

① 먹이 요소   ② 감각적인 요소

③ 사회적인 요소   ④ 인지적인 요소

> **해설** ③ 행동 풍부화 중 '보호자와의 게임'을 통한 사회적인 요소이다.

04 | 반려견 기초 및 강화 훈련

1 기본예절 훈련

(1) 기본예절 훈련 종류

① 이름에 반응하기(dog's name)

　㉠ 반려견의 이름을 불렀을 때, 반려견은 훈련자의 눈을 쳐다보거나, 반응해야 한다.

　㉡ 반려견과 대화의 첫 단추로서 순조로운 생활, 교육을 진행하는 데 필요한 교육 항목이다.

② 앉아(sit)

　㉠ 반려견에게 "앉아"라고 지시하면 반려견은 엉덩이를 바닥에 대고 앉는 자세를 취해야 한다.

　㉡ 반려견의 행동을 통제하기가 쉬워지고, 부적절한 행동을 예방할 수 있다.

③ 엎드려(down)

　㉠ 반려견에게 "엎드려"라고 지시하면 반려견은 복부를 바닥에 대고 엎드리는 자세를 취해야 한다.

　㉡ 반려견의 행동 통제가 쉬워지고, 부적절한 행동을 예방할 수 있다.

④ 기다려(stay)

　㉠ 반려견에게 "기다려"라고 지시하면 반려견은 지시받은 장소에서, 지시받은 동작 그대로 해제할 때까지 기다려야 한다.

　㉡ 훈련의 수준에 따라 훈련자의 활동성이 넓어지고, 반려견의 안전을 확보하기가 쉬워진다.

⑤ 와(come)

　㉠ 훈련자가 반려견을 불러 훈련자에게 다가오게 한다.

　㉡ 훈련자에 대한 집중력이 향상되어 원활한 소통이 가능해진다.

　㉢ 부적절한 행동을 억제 및 예방할 수 있고, 반려견의 안전을 확보해야 하는 상황에 적용할 수 있다.

⑥ 따라 걷기(walking)

　㉠ 훈련자의 왼쪽 또는 오른쪽 무릎 옆 지정 위치에 반려견을 두고 훈련자가 움직이는 방향과 나란히 걷게 한다.

　㉡ 따라 걷기를 통해 반려견의 행동반경이 넓어진다.

(2) 기본예절 지시

① 언어에 의한 지시

ⓐ "앉아" : "앉"은 낮은 음정으로, "아"는 "앉"보다 한 음정 높게 발음한다.

ⓑ "엎드려" : 정확한 발음으로 다소 늘이듯이 발음한다.

ⓒ "기다려" : 또렷한 발음으로 단호하게 발음한다.

ⓓ "와" : 밝은 목소리로 평소보다 한 음정 높게 발음한다.

ⓔ "따라" : 짧게 발음한다.

② 시그널에 의한 지시 방법

ⓐ 앉아 : 서 있는 반려견의 머리 쪽으로 손바닥이 위를 향하게 내밀고, 위쪽으로 오른손(또는 왼손)을 훈련자의 어깨높이만큼 올린 후, 멈춘다.

ⓑ 엎드려 : 훈련자는 반려견과 마주 본 상태에서 반려견의 머리를 향해 손바닥이 바닥을 향하게 내밀고, 아래쪽으로 오른손(또는 왼손)을 훈련자의 무릎 높이쯤으로 내리고 멈춘다.

ⓒ 기다려 : 반려견을 훈련자의 정면 또는 오른쪽이나 왼쪽에 둔 상태에서 훈련자의 오른손 또는 왼손을 펴서 손바닥이 반려견의 얼굴을 향하게 하여 내민다. 이때 손가락은 위를 향하게 하며, 얼굴을 가리는 듯한 모습을 취한다. 손이 반려견의 얼굴에 닿지 않도록 한다.

ⓓ 와 : 훈련자는 반려견과 간격을 벌리고 마주 본 상태에서 오른팔 또는 왼팔을 훈련자의 어깨높이만큼 올려서 손바닥이 바닥을 향해 편 모습을 반려견에게 보여준다. 그다음 절도 있게 그 팔을 내려 해당하는 훈련자의 대퇴부에 닿게 하고 멈춘다.

ⓔ 따라 : 훈련자는 반려견의 왼쪽 또는 오른쪽에 있게 한 상태에서 한 발을 앞으로 떼면서 해당하는 손으로 훈련자의 대퇴부를 1회 살짝 두드린다. "가자"라는 용어를 적용할 수도 있다.

2 긍정적 강화 훈련

(1) 다양한 교육 방법

① 순화(길들임)

ⓐ 반려견이 상해나 고통을 받지 않으면서 새로운 자극에 반복적으로 노출되면 점차 익숙해지는 과정을 순화(例 큰 소리에의 순화, 낯선 인간에의 순화, 자동차에 타는 것에의 순화 등)라고 한다.

ⓑ 일반적으로 약령기의 반려견이 나이를 먹은 반려견보다 순화하기 쉽다.

ⓒ 순화를 응용한 행동 교정법 : 홍수법, 탈감각법

② 고전적 조건화

ⓐ 무조건 반응(Unconditioned Response) : 반려견에게 주는 음식처럼 무조건 반응을 일으키는 자극을 무조건 자극(Unconditioned Stimulus)이라고 한다.

ⓑ 조건 자극(Conditioned Stimulus) : 종소리를 들려주는 것처럼 무조건 반응을 일으키지 않는 중성 자극을 무조건 자극과 연결하여 새로운 반응을 일어나게 하는 것이다.

ⓒ 조건 반응(Conditioned Response) : 조건 자극에 의해 일어나는 반응을 말한다.

ⓔ 조건 자극이 무조건 자극과 함께 주어지지 않으면 조건 반응은 소실되며, 이 과정을 소거(Extinction)라고 한다.

ⓜ 부수의적, 반사적인 반응을 기초로 하기 때문에 의도적으로 행동을 변화시키는 행동교정법에 응용하는 것이 어렵다.

ⓗ 자극 일반화(Stimulus Generalization) : 조건 자극과 유사한 다른 자극에 동일한 조건 반응이 나타나는 것이며, 새로운 자극이 원래의 자극과 유사할수록 일반화의 가능성도 높아진다.

③ 조작적 조건화

ⓐ 강화(Reinforcement) : 반려견이 어떤 행동을 한 뒤에 반려견이 원하는 것을 제공하는 것을 말한다.

강화 인자	먹이, 칭찬, 쓰다듬기 등이 있다.
강화의 타이밍	빠르고 확실한 조건화를 성립하려면 반응과 동시에 강화가 주어져야 한다.
강화의 정도	먹이와 같이 매력적인 보상이 사용된다.
강화 스케줄	• 반응을 가르칠 때는 모든 반응에 대해 강화함으로써 빠르게 학습이 성립한다. • 조건화가 한 번 성립되면 강화의 빈도를 서서히 줄여서 부정기적인 강화로 변경해야 강화 인자의 요구도(매력)가 유지된다.
플러스 강화	강화 인자의 제시에 따라 반응이 일어날 가능성이 증가하는 조건화이다.
마이너스 강화	반응 후 혐오적인 강화 인자가 제거됨에 따라 반응이 일어날 가능성이 증가하는 조건화이다.
2차적 강화 인자	• 본래의 보상이 아니지만 본래의 보상과 함께 주어짐으로써 강화 인자로 작용하는 2차적 보상이다. • 간식을 이용한 훈련 시 동시에 칭찬하면 곧 칭찬만으로도 보상이 된다. • 클리커 트레이닝에서 이용되는 클리커의 소리도 2차적 강화 인자이다.

ⓑ 소거(Extinction)
• 반려견이 조건화된 특정 행동 반응을 하지 않는 것을 말한다.
• 조작적 조건화에서 학습한 반응에 강화를 전혀 하지 않으면 그 반응은 최종 소멸된다.
• 소거버스트 : 지금까지의 강화 반응이 갑자기 강화되지 않게 되었을 때, 한동안 그 반응이 더 빈번하게 보이는(burst) 것이다.

ⓒ 반응 형성, 점진적 조건부여(Shaping, Successive Approximation)
• 원하는 반응 패턴에 제대로 다가갈 수 있도록 적절한 타이밍에서 강화를 주어 반려견에게 복잡한 반응을 서서히 훈련시키는 경우에 이용하는 방법이다.
• 시소와 같은 장애물을 통과하도록 가르칠 때 단계를 밟아 훈련해가는 경우에 해당한다.

ⓓ 자극 일반화(Stimulus Generalization)
• 특정 자극에 대해 어떤 반응이 조건화된 뒤에 유사한 자극에 대해서도 같은 반응이 일어나게 되는 것을 말한다.
• 반려견이 현관문 벨 소리에 짖는 것을 학습한 경우 서서히 전화벨이나 알람에도 짖는 경우가 있다.

ⓔ 길항 조건부여(Counter Conditioning)
• 자극에 대해 일어나는 바람직하지 않은 반응과는 양립하지 않는 반응을 하도록 조건화하는 법이다.
• 특정 대상에 두려움을 보이는 반려견의 행동 교정에 이용하는 경우가 많다.

④ 처벌(Punishment)

특정 반응이 재발할 가능성을 줄이기 위해 그 반응이 가장 클 때나 직후에 혐오 자극을 주거나 보상이 되는 자극(강화 자극)을 배제하는 것을 말한다. 처벌을 유용하게 이용하기 위해서는 적절한 타이밍, 적절한 강도 및 일관성이 필요하다.

㉠ 직접 처벌 : '혼내기, 때리기, 목덜미를 잡기' 등 반려견에게 직접 가하는 처벌을 말한다.

㉡ 원격 처벌 : 짖음 방지 목걸이, 물대포, 전기사이렌, 뛰어오름 방지장치 등을 이용하여 반려견이 처벌을 주는 사람을 인식하지 못하도록 원격 조작 처벌하는 것을 말한다.

㉢ 사회 처벌 : 무시나 타임아웃 등 사람과의 상호관계를 단절하는 처벌을 말한다.

(2) 강화물 선택

① 음식(반려견용 간식) : 반려견에게 적용이 폭넓다. 성장기 강아지의 근육, 골격 성장에 도움이 되며, 장난감과 비교했을 때 교육 효율이 높은 경우도 있다.

㉠ 음식 보상의 장점

- 학습 의욕과 집중력을 높일 수 있고 장난감에 비해 학습의 양과 질이 좋다.
- 교육에 대한 즐거움이 증가하고, 동기부여 수단으로 활용할 수 있다.

㉡ 보상 음식의 종류

- 건식 : 닭가슴살, 육포, 각종 저키 종류, 스틱 종류 등의 말린 음식
- 습식 : 습기성 제품으로 주로 통조림 형태로 시판됨

㉢ 음식 보상물의 크기

- 소형견 : 가로, 세로 0.5cm씩
- 중형견 : 가로, 세로 0.7cm씩
- 대형견 : 가로, 세로 1cm씩
- 초대형견 : 가로, 세로 1.5cm씩

㉣ 음식 보상물을 준비할 때 검토할 사항

- 딱딱한 제품은 먹는 데 시간이 걸리기 때문에 부적합하므로 부드럽고 빨리 먹을 수 있는 재질의 제품을 선택한다.
- 가루처럼 으스러지는 제품은 반려견의 집중을 분산시킬 수 있으므로 형태가 유지되는 제품을 선택한다.
- 기호도가 다른 두 가지 음식 강화물을 준비하고, 빠르거나 정확한 동작을 하면 상대적으로 더 좋아하는 음식 강화물을 제공한다.

㉤ 음식 보상을 적용할 경우 주의할 사항

- 과식하면 비만의 원인이 될 수도 있기 때문에 음식 보상은 1일 섭취 열량 이내에서 한다.
- 음식에 대해 과도하게 집착이 있는 경우 다른 음식으로 교체해 본다.

② **장난감** : 반려견의 성장 단계나 기호도, 교육 시기, 내용, 상황에 맞게 선택하여 사용한다.

　　㉠ 장난감 종류
- 공(ball) : 크기, 재질, 형태, 경도가 다양하고 소리 나는 제품도 있으므로 반려견의 크기, 기호, 목적에 맞게 활용한다.
- 터그(tug) : 공 장난감과 같이 여러 가지 제품이 있으므로 반려견의 크기, 기호, 목적에 맞게 활용하되 무는 힘이 약한 반려견에게는 작고 부드러운 제품을 제공한다. 터그 장난감은 놀이가 끝나면 치운다.
- 인형 : 여러 가지 제품이 있으므로 상황에 맞는 것을 적절하게 활용한다.

　　㉡ 장난감 기호도
- 장난감에 대한 반려견의 기호도를 파악하고 순위를 결정한다.
- 파악한 장난감의 기호도를 반영하여 훈련 상황에서 적절하게 제공한다.
- 난도가 높거나 빠르고 정확한 동작을 수행하면 기호도가 높은 장난감을 제공하고, 난도가 낮은 동작을 수행하면 기호도가 낮은 장난감을 제공한다.

3 기초 및 강화 훈련의 실제

(1) 불러들이기(명령어 : 이리 와)

① 불러들이기는 훈련의 가장 기본이 되기도 하며 자율성 훈련의 기초가 된다.

② 훈련의 실제

　　㉠ 자연스러운 놀이를 통해서 반려견을 불러들이고 좋아하는 간식을 준다. 반려견이 집중하고 보호자와 눈을 마주치면 간식을 다시 주며 칭찬한다. 이때 놀이는 반려견이 싫증이 나지 않도록 짧은 시간에 자주 반복하는 것이 효과적이다.

　　㉡ 보호자 앞에 불러들이는 교육에 앞서서 지정된 포인트 훈련을 시키는 것이 효과적이다. 예를 들면 실내견이면 방석을 정하여 지정된 장소에 설치 후 "올라" 명령어를 내리고 올라가면 보상을 한다. 그리고 보호자는 일정 거리를 두고 반려견을 불러서 다가오면 좋아하는 놀이나 간식으로 보상을 하며 칭찬한다.

　　㉢ 불러들이는 목적을 반려견에게 정확하게 심어주고 보호자에게 다가가는 것에 대한 즐거움을 알리는 것이 중요하다.

　　㉣ 간식이나 장난감에 관심이 없는 반려견은 리드줄을 이용한다. 인위적으로 리드줄을 당겨서 반려견을 부른 후에 다가오면 보상을 한다. 이때 중요한 것은 강압적으로 당기는 것이 아니라 스스로 오도록 하는 것이다. 줄을 강압적으로 당기면 반려견이 싫어하므로 반려견을 부른 후에 반려견이 오거나 눈을 마주치면 밝은 목소리로 "옳지"라고 칭찬한다.

　　㉤ 실내견은 보호자가 앉은 상태에서 짧은 거리에서 리드줄을 당기면서 보호자에게 오게 한다. 반려견이 보호자에게 다가와서 보호자 다리 위로 올라와 앉으면 칭찬하고 다시 내려가게 한 후에 다시 오도록 반복한다. 이후 떨어진 상태에서 반려견을 불러 보호자 앞으로 오게 하는 것으로 마무리한다.

ⓑ 울타리가 있는 좁은 운동장에서 '이리 와' 훈련을 한다.

ⓢ 반려견을 불러서 다가오면 보호자는 빨리 일어나서 먹이를 허리 높이로 올린 다음 보상과 칭찬을 한다.

ⓞ 보상을 불규칙적으로 한다. 반려견이 왔을 때 계속 먹이를 주어 나중에 먹이가 없다는 것을 알면 '이리 와' 훈련에 흥미를 잃는다.

ⓩ 보상하는 것을 예측할 수 없도록 하면서 마무리 훈련을 한다.

ⓩ 보호자를 주시할 때 "이리 와"라고 부르면서 다가오면 많은 칭찬으로 마무리한다.

ⓚ 가까운 거리에서 부르는 것이 성공 확률이 높다.

ⓣ 반려견이 도망가면 당황해서 쫓아가지 말고 차분히 기다렸다가 보호자를 쳐다볼 때 부르면서 반대 방향으로 도망간다.

ⓟ 반려견이 오지 않는다고 야단을 치지 말고 처음으로 되돌아가서 다시 시작한다.

ⓗ 명령어는 1회로 줄여 나간다.

ⓖ 보호자에게 다가오면 앞에 앉거나 옆에 앉도록 마무리한다.

(2) 옆에 붙이기(명령어 : 옆에)

① 사람의 옆은 반려견을 통제하거나 리드하는 데 가장 편안한 위치이다. '옆에' 훈련은 모든 훈련의 시작이며 마무리 동작이다. '옆에' 훈련이 잘되면 모든 훈련을 편리하게 할 수 있다.

② 훈련의 기초

ⓐ 왼손은 리드줄을 30cm 정도 짧게 잡고 오른손에는 공이나 먹이를 가지고 반려견 눈높이에서 호기심을 끈다.

ⓛ 반려견이 먹이와 공을 따라 움직이면 보호자 중심으로 돌아서 왼쪽으로 유인한다(이때 보호자는 같이 돌지 말고 반려견만 먹이와 공을 따라서 돌게 한다).

ⓒ 반려견이 훈련자의 왼쪽으로 설 때 왼쪽 다리를 치면서 "옆에"라는 명령어를 하고 공이나 먹이를 주면서 칭찬한다.

ⓔ 반려견을 유인한 다음 공이나 먹이를 들고 있는 오른손으로 8자를 그리면서 보호자 왼쪽에 설 때 왼쪽 다리를 치면서 "옆에"라는 명령을 하고 공이나 먹이를 주면서 칭찬을 한다(8자를 그리며 반려견을 왼쪽에 세우면 정확한 자세를 만들 수 있다).

ⓜ 공이나 먹이에 흥미가 없을 때는 리드줄을 자연스럽게 잡고 보호자는 오른쪽으로 1보 움직이면서 리드줄을 가볍게 당겨서 반려견이 왼쪽에 올 수 있도록 한다.

ⓑ 자연스럽게 이동하면서 보호자가 갑자기 1보 움직여서 반려견이 옆에 붙도록 유도한다.

ⓢ 반려견이 다가올 때 왼쪽 다리를 치면서 "옆에"라는 명령을 하며 많은 칭찬을 한다.

ⓞ 반려견을 불러들이는 교육을 응용하며 옆에 훈련을 연결하면 효과적이다.

ⓩ 옆에 오도록 하는 교육은 자율성 교육임을 기억하자.

ⓩ 반려견이 옆에 오면 원하는 것을 들어 주는 것으로 마무리한다.

ⓚ 보상하는 횟수를 불규칙으로 해서 공이나 먹이 없이 명령어로만 옆에 오도록 마무리 훈련을 한다.

(3) 옆에 따라 다니기(명령어 : 따라)

① '따라'가 가능한 반려견은 바른 자세로 따르기 때문에 같이 운동하기에 편하다.

② 훈련의 기초

    ㉠ '옆에' 훈련의 연속이다. '옆에' 훈련이 잘된 반려견은 주인 옆에 있기 때문에 '따라' 같은 이동 동작은 쉽게 할 수 있다.

    ㉡ 사람의 보폭에 맞게 따라오도록 유도한다.

    ㉢ 왼손으로 줄을 잡고 오른손으로 좋아하는 간식을 주며 자연스럽게 응용 교육을 한다.

    ㉣ 좋아하는 먹이는 보호자 허리선 높이에 두고 반려견의 시선을 집중시킨다. 보호자는 오른발을 1보 내민 다음 왼발이 따라들어 갈 때, 반려견이 움직이면 "따라"라는 명령을 하면서 먹이를 주면서 칭찬을 한다.

    ㉤ 처음에는 1보 전진할 때마다 보상과 칭찬을 하다가 익숙해지면 4, 5보 전진할 때마다 보상과 칭찬을 한다.

    ㉥ 훈련이 잘되면 보상과 칭찬을 불규칙적으로 하고 30~40분까지 따라다니게 한다.

    ㉦ 이동 거리를 늘렸다 줄였다 하면서 방향을 바꿔도 보호자 옆에 붙어 다니게 한다.

    ㉧ 반려견이 보호자보다 앞서 나가려고 하면 리드줄을 뒤로 당기면서 "안돼" 명령을 하고 보호자 보폭에 잘 맞추면 보상과 칭찬을 한다.

    ㉨ 반려견이 보호자보다 뒤처지면 좋아하는 물품이나 리드줄로 유도해서 보호자 보폭을 맞추면 보상과 칭찬을 한다.

(4) 앞에 앉아 있기(명령어 : 앞에 앉아)

① 반려견을 컨트롤하기 위한 훈련의 기초로 '이리와' 훈련의 마무리 동작이다(반려견을 부르고 나서 보호자 앞에 앉거나 옆에 앉게 한다).

② 훈련의 기초

    ㉠ 왼손으로 리드줄을 짧게 잡고 오른손에는 먹이를 들고 코 높이에서 반려견 머리 위로 올리면 반려견이 먹이를 따라 앉으려고 할 때 명령어 "앉아"라고 한 번만 말한다.

    ㉡ 반려견이 앉으면 먹을 것을 주고 칭찬한다.

    ㉢ 왼손으로 리드줄을 짧게 잡고 오른손에는 먹이를 들고 코 높이에서 뒤로 한 걸음 물러나면 반려견이 먹이를 따라 한 걸음 앞으로 온다. 이때 먹이를 반려견 머리 위로 올리고 반려견이 앞에서 앉으려고 할 때 명령어 "앞에 앉아"라고 한 번만 말한다.

    ㉣ 먹이를 좋아하지 않을 때는 왼손으로 리드줄을 짧게 잡고 리드줄을 위로 올리면서 오른손은 반려견 미근부(꼬리 부분)를 감싸며 천천히 누르며 "앉아"라고 명령한다.

    ㉤ 반려견을 불러들이는 교육의 연장으로 연결한다.

    ㉥ 명령어는 1회로 한다.

    ㉦ 반려견이 보호자 앞에 다가오면 정확히 앉게 하며 앉으면 보상한다.

    ㉧ 명령어와 수신호로 앉게 하며, 먹이를 불규칙적으로 주고 반려견이 보상하는 것을 예측하지 못하게 한다.

    ㉨ '이리와' 훈련과 '앞에 앉아' 훈련을 연결하며 실시한다.

(5) 앉기(명령어 : 앉아)

① 앉기 훈련은 반려견과 사람에게 있어서 서로 간의 존경심의 표현이다. '앉아'는 기초 훈련의 시작이기도 하지만 마무리이기도 하다.

② **훈련의 기초**

　⊙ 앉기 훈련을 시킬 때 반려견은 보호자의 시선을 보려는 행동을 한다.

　ⓛ 보호자에게 다가오면 "앉아" 명령을 내리고 자연스럽게 앉기를 시킨다. 반려견이 앉으려 하면 간식을 약간 높게 하고 자연스럽게 앉으면 칭찬과 먹이 보상을 한다.

　ⓒ 반려견을 부르거나 무엇인가를 요구를 할 때는 "앉아"라는 명령을 내린 후에 시작을 한다.

　ⓔ 간식이나 장난감을 이용하면 효과적으로 훈련을 시킬 수가 있다.

　ⓜ 만일 간식이나 장난감에 대한 관심이 없다면 목줄을 하고 난 후에 리드줄을 얼굴 높이보다 위로 지그시 당기면서 엉덩이 부분을 눌러서 인위적으로 앉게 한다.

　ⓗ 반려견이 앉았을 때 쓰다듬어 보상하고 이를 반복한다.

　ⓢ "이리 와" 후 앞에 또는 옆에 올 때 항상 "앉아"로 마무리하며 보호자에게 오면 앉는 동작이 자연스럽게 연결될 수 있도록 한다.

　ⓞ 앉아 있을 때 보호자의 다음 명령어를 들을 수가 있고 산책이나 놀이가 시작된다는 것을 인지시킨다.

　ⓩ 앉아 있을 때 보상으로 마무리를 한다.

(6) 엎드리기(명령어 : 엎드려)

① 반려견이 싫어하는 훈련 중 하나지만 훈련이 되면 편안하게 엎드려 쉰다.

② **훈련의 기초**

　⊙ 반려견을 보호자 옆에 앉게 한 다음 가볍게 엎드리도록 유도를 한다.

　ⓛ 왼손에 리드줄을 잡고 오른손에 먹이를 들고 반려견의 코 높이에서 먹이를 앞발 사이로 내리면서 앞발을 뻗을 때 "엎드려"라고 말한다.

　ⓒ 이때 먹을 것을 주며 칭찬한다.

　ⓔ 반려견 앞에서 보호자 오른쪽 무릎을 꿇고 왼발을 90도로 세운다. 먹이를 사용해 왼발 아래로 반려견이 통과하게 한다. 이때 편안한 상태로 있을 수 있도록 만져주면서 칭찬한다.

　ⓜ 리드줄을 이용할 경우 줄을 짧게 잡고 오른발을 1보 앞으로 한 다음 리드줄을 아래로 살며시 누르면서 앞발을 뻗을 때 "엎드려"라고 한다. 그런 다음 칭찬한다.

　ⓗ 반려견을 옆에 앉히고 왼손으로 리드줄을 짧게 잡고 아래로 살며시 누르면서 오른손은 앞발을 잡고 앞으로 살며시 옮긴다. 이때 "엎드려"라고 말한다. 이러한 행동을 반복한다.

　ⓢ 반려견을 앞에 앉히고 양손은 앞발을 잡고 보호자는 몸으로 반려견을 누르면서 앞발을 앞으로 옮긴다. 이때 "엎드려"라고 말한다(주의사항 : 앞발을 세게 잡고 먼저 당기면 앞발을 뻗으려고 하지 않고 오히려 반항한다).

　ⓞ 실내견인 경우는 지면보다 높은 소파나, 테이블을 이용한다. 개는 본능적으로 높은 곳에 올라가면 자세를 낮추려는 습성이 있다.

ⓩ 간식으로 유도한 다음 엎드리면 간식을 준다. 실내견은 자연스럽게 기갑 부분을 살며시 눌러 엎드리면 보상한다.

ⓧ 스스로 엎드리기를 하면 서서히 마무리한다.

ⓚ 지정된 포인트 훈련으로 올라앉기, 엎드리기를 연결하여 교육한다.

ⓣ 수신호와 명령어로만 엎드리게 한다. 먹이를 불규칙적으로 주어 보상하는 것을 예측 못 하게 한다.

ⓟ 평상시에도 엎드려 훈련을 하며 점차 시간을 늘린다.

(7) 기다리기(명령어 : 기다려)

① 짧은 시간이든 긴 시간이든 기다려 교육을 통해서 인내하고 기다릴 수 있게 훈련한다. 보통 앉아 기다려, 엎드려 기다려, 서 기다려 등이 있다.

② 훈련의 기초

　㉠ 앉아 기다려

　　• 주변에 유혹하는 사물이 없어야 한다.

　　• 반려견을 왼쪽에 앉힌다.

　　• 보호자는 왼발을 1보 앞으로(오른발보다 왼발이 움직이는 이유는 반려견 옆을 스쳐 지나가는 왼발이 강한 유혹을 주기 때문) 내딛으면서 왼손에 잡은 리드줄을 반려견 뒤쪽으로 당긴다. 이때 "기다려"라고 명령한다.

　　• 반려견이 움직이기 전에 왼발을 제자리로 두고 칭찬을 한다.

　　• 반려견과 거리가 2보, 3보일 때 움직이지 않으면 핸들러는 반려견 주위를 돈다.

　　• 5보 이상 거리를 둘 수 있으면 반려견을 보고 선 다음 반려견을 바라보며 되돌아온다. 그 다음 칭찬한다.

　㉡ 엎드려 기다려

　　• 주변에 유혹하는 사물이 없어야 한다.

　　• 왼쪽에 엎드려를 시킨다.

　　• 이후는 '앉아 기다려'와 방법이 동일하다.

　　• '앉아 기다려'는 유혹을 위해 반려견 주변을 돌지만 '엎드려 기다려'는 반려견 주변을 돌고 앞뒤 양쪽으로 반려견을 넘어 다닌다.

　　• 앉아 기다리기보다 엎드려 기다리기가 반려견에게 훨씬 편안하다. 또한 기다리지 않고 움직이려는 경향도 앉아 있을 때보다 덜하다.

　㉢ 서 기다려

　　• 주변에 유혹하는 사물이 없어야 한다.

　　• 왼쪽에 서를 시킨다.

　　• 다음부터는 '앉아 기다려'와 동일하다.

　　• '서 기다려'는 세 가지 자세 중 가장 인내가 필요하다. 한 발이라도 움직여서는 안 된다.

　　• 움직일 확률이 가장 높은 자세이다.

- 약간 경사진 곳에서 훈련하는 것이 좋다. 경사진 곳에서는 뒷다리로 지탱을 하려고 하기 때문에 쉽게 움직이지 않아서 훈련하기 편하다.
- 오랜 시간 기다리게 하려면 서 기다려 훈련을 많이 한다. 서 기다려 훈련이 잘되면 엎드려 기다려 훈련도 수월하게 이루어진다.
- 테이블이나 쇼파 위에 반려견을 기다리게 한 다음 움직이지 못하도록 한다. 자리에서 이탈하면 개를 원위치시키고 다시 기다려 명령을 내린다.
  - ② 반려견과의 거리를 점점 멀리해서 기다리도록 한다.
  - ⑩ 반려견이 기다릴 때 주변의 많은 유혹에도 움직이지 않게 한다.
  - ⑭ 보호자가 없어도 혼자 오랫동안 기다릴 수 있을 때까지 훈련한다.
  - ⑭ 반려견이 움직여서 보호자에게 다가오면 혼내지 말고 기다렸던 장소로 가서 대기시킨다.
  - ⑥ 귀를 세우고 한 곳을 쳐다보거나 주변 냄새를 맡는 행동을 보인다면 움직일 확률이 높기 때문에 다시 집중시킨다.

(8) 음식물 거절하기(명령어 : 먹지 마, 기다려)
① 먹는 욕심이 강한 반려견은 사람을 물 수 있기 때문에 음식물 거부 훈련을 통한 교정이 필요하다. 식탐, 먹이에 욕심내는 것을 막을 수 있고, 반려견의 인내력을 기르는 데 매우 효과적인 훈련이다.
② 훈련의 기초
  - ㉠ 밥을 줄 때는 '앉아 기다려', '엎드려 기다려'를 시킨다.
  - ㉡ 먹이를 놓는 순간에 개가 먹으려고 할 때 콧등을 건드리며 "먹지 마, 기다려"라고 명령을 내리고 반려견이 먹지 않고 기다리면 많이 칭찬하고 먹게 한다.
  - ㉢ '앉아 기다려'를 시킨다. 먹이를 갖다 주고 반려견이 먹으려고 할 때 리드줄을 위로 올리며 오른손을 반려견 입에다 대고 "먹지 마, 기다려"라고 명령을 한 다음, 먹지 않고 기다리면 던져 준 먹이를 치우고 새로운 먹이로 주면서 먹게 한다.
  - ㉣ 간식을 줄 때도 응용하면서 기다려 교육을 시킨다.
  - ㉤ 먹이를 먹게 한 다음 "먹지 마" 명령을 내려 먹던 먹이도 먹지 못하게 한다.
  - ㉥ 타인이 먹이를 주게 한다. 타인이 먹이를 줄 때 반려견이 받아먹으면 바로 "안돼 먹지 마"라고 강하게 명령한다.
  - ㉦ 타인이 다시 먹이를 주게 하여 먹이에 대한 반응을 살펴본다. 고개를 돌리거나 먹지 않을 때 보호자는 충분한 보상과 칭찬을 해준다.
  - ㉧ 먹이는 정해진 시간에 주고, 줄 때는 반드시 기다리게 한 다음 명령에 의해서 먹을 수 있도록 한다.

(9) 집에 들어가기(명령어 : 하우스)
① 개집에 들어가는 훈련의 목적은 반려견이 집을 가장 편안하게 쉴 수 있는 공간으로 느끼게 하는 것이다.
② 개집은 분리불안이나 짖는 것을 예방할 수가 있고 대소변을 가리는 훈련 시에도 효과적이다.
③ 훈련의 기초
  - ㉠ 반려견이 평소에 실내 어느 위치에서 누워 휴식하고 편안하게 여기는지 분석하고 적당한 크기의 크레이트를 집으로 정한다.

ⓛ 강압적으로 개집에 들어가게 하면 안 된다.

ⓒ 자연스럽게 개를 밀어 넣은 다음 들어가면 간식을 주어 크레이트 안에 들어가는 것을 즐기도록 한다.

ⓡ 반려견을 다시 나오게 하고 다시 들어가게 한다.

ⓜ 개집에 잘 들어가려 하지 않으면 인위적으로 크레이트 안에 들어가게 한 다음 반려견이 나오려 하면 문을 달아 "기다려"라고 명령한다. 그리고 문을 열어 가만히 기다리게 한다.

ⓗ 크레이트 안을 지시하며 "하우스" 명령을 내려서 집에 들어가게 한다.

ⓢ 크레이트 안에 들어가는 교육이 되면 개집에서 쉽게 훈련한다.

ⓞ 크레이트 안에 들어가는 교육이 되면 이동 시 개집 안에 있게 한다.

ⓩ 개집이 가장 편안하고 안락한 공간으로 인식되도록 마무리 훈련을 한다.

(10) 화장실 교육

① 반려견이 배변할 공간을 지정하고 교육한다.

② 반려견들은 촉감으로 화장실을 구분하며 새로운 장소에 와서 일주일이면 배변훈련을 끝낼 수 있으므로 이때가 가장 중요하다.

③ 훈련의 기초

ⓐ 반려견의 화장실을 선택한다. 화장실 종류별 용도와 장단점을 확인한다.

ⓑ 울타리를 사용해 반려견의 공간을 만든다.

ⓒ 개집 → 화장실 → 밥그릇 순으로 놓고 반려견이 화장실을 자연스럽게 밟을 수 있도록 한다.

ⓓ 반려견이 배변하면 즉시 보상할 수 있도록 울타리 주변에 간식을 준비해 둔다.

ⓔ 반려견이 배변할 때 간식을 주며 칭찬한다. 칭찬할 때는 반려견이 놀라지 않도록 말이나 가벼운 쓰다듬기를 한다.

ⓕ 반려견이 배변할 때 "화장실"이라는 음성 신호를 추가하며 간식을 주고 칭찬한다.

ⓖ 배변 후 울타리 밖에서 5~10분 정도의 짧은 시간 동안 어린 강아지와 놀아주고 다시 울타리에 넣는다.

ⓗ 어린 강아지는 배변 간격이 짧기 때문에 장시간 나오면 배변 실수를 할 확률이 높아진다. 배변 실수를 하더라도 혼내지 말고 말없이 탈취제를 사용해 깨끗이 치운다.

> • 여름철 진드기를 조심한다.
> • 반려견이 배변하는 동안 목 끈이 당겨지지 않도록 주의한다.

(11) 장난감 가져오기(명령어 : 가져와)

① 장난감을 던지고 가져오기는 즐거운 놀이로서 사람과 반려견이 사랑을 키울 수 있다.

② 가져오는 교육은 심부름을 시키는 훈련으로도 응용할 수 있고, 보호자에 대한 복종을 의미하기도 한다.

③ 훈련의 기초

ⓐ 반려견이 좋아하는 물품을 입에 무는 것을 허락한다.

ⓑ 반려견과 함께 놀면서 물품에 대한 욕구를 키워준다.

ⓒ 반려견과 놀면서 물품을 약 3m 앞에 던진다.

ⓔ 반려견이 쫓아가서 물품을 물면 "가져와"라고 명령한다.

ⓜ 반려견이 가져오면 3~4보 정도 뒤로 물러나면서 보호자 앞에 오도록 유도한다.

ⓗ 반려견이 물건을 물고 앞까지 오면 미리 준비한 먹이를 먹인다. 이때 다른 한 손은 물품을 잡고 "놔"라고 명령해서 물건을 회수하면 다시 먹이를 주며 칭찬한다.

ⓢ 좋아하는 장난감으로 꾸준히 반복하고 반려견이 물품에 싫증을 내지 않도록 주의한다.

ⓞ 장난감을 회수할 때는 물건을 빼앗지 말고 스스로 놓게 하도록 한다.

ⓩ 보호자에게 빼앗긴다는 생각이 들면 장난감을 물고 도망가려 한다.

ⓒ 롱줄을 이용하면서 반려견을 리드할 수는 있지만 되도록 좋아하는 장난감을 두 개 정도 이용하여 자연스럽게 훈련한다.

ⓚ 물품 욕구가 없을 때는 "가져" 훈련부터 시킨다.

ⓔ 반려견이 장난감을 물고 다가오면 자연스럽게 장난감을 놓게 한다.

ⓟ 회수에 있어서 핸들러는 장난감을 받아들이는 시간을 늘려주며 양손에 물품을 가만히 잡고 있도록 한다.

ⓗ 이때 "가져"라는 명령을 하며 반려견 스스로 와서 물품을 물게 한다.

㉮ 반려견이 물고 있는 물품을 회수할 때는 "놔"라고 명령하여 스스로 물품을 놓게 한다.

㉯ 반려견을 왼쪽에 앉히고 물품을 5m 이상 던진 후에도 움직이지 않고 명령에 의해서 물품을 가져오면 마무리한다.

더알아보기   반려견이 어떤 장난감에도 관심이 없는 경우의 "가져" 교육

① 반려견이 가져오기 쉬운 장난감을 선택한다.

② 바닥에 장난감을 놓고 보호자는 그 앞에 앉아서 장난감을 본다.

③ 훈련자도 보호자 옆에 앉아 클리커를 들고 장난감을 본다.

④ 반려견이 장난감 냄새를 맡거나 관심을 보이면 훈련자는 클리커를 누르고 보호자는 장난감 주변에 보상물을 놓아준다.

⑤ 반려견이 장난감을 코로 건드리면 클리커를 누르고 보호자가 간식을 준다.

⑥ 반려견이 장난감을 코로 계속 건드린다면 기다려 본다.

⑦ 반려견이 고민하다 앞발로 건드릴 수도 있고, 코로 장난감을 굴릴 수도 있다. 원하는 행동이 나올 때까지 기다린다.

⑧ 반려견이 장난감에 입을 가져다 대는 순간 훈련자는 클리커를 누르고 보호자는 보상을 해준다.

⑨ 반려견이 입을 가져다 대지 않고 뒤로 물러나거나 스트레스 반응을 보이면 장난감을 코로 건드는 것을 한 번 더 하고 쉬는 시간을 갖는다.

⑩ 교육을 다시 시작할 때는 위의 ④부터 시작하는 것이 아니고 교육을 끝냈던 마지막 단계부터 시작한다. 반려견이 장난감을 코로 건드리는 것부터 시작하고 다음 단계를 진행한다.

⑪ 반려견이 장난감을 살짝 물었을 때 훈련자는 클리커을 누르고 보호자는 보상을 해준다.

⑫ 반려견이 장난감을 물고 들어 올리면 훈련자는 클리커를 누르고 보호자는 보상을 해준다.

⑬ 위의 ⑫를 반복하면서 클릭하는 타이밍을 조금씩 늦춰서 반려견이 장난감을 오래 물고 있을 수 있게 한다.

(12) 손 주기(명령어 : 손)

① 손 주기는 재롱 훈련으로 반려견에 대한 애정을 깊게 한다.

② 훈련의 기초

　　㉠ 바른 자세로 앉게 한다(바른 자세로 앉지 않으면 몸의 균형이 맞지 않는다).

　　㉡ 왼손으로 리드줄이 아닌 반려견의 목줄을 잡는다(목이 조이는 것을 방지).

　　㉢ 받고자 하는 손(앞발) 반대쪽으로 리드줄을 이용해서 반려견을 살짝 들면 무게중심이 옮겨진다. 반려견이 앞발을 들어서 몸의 균형을 유지하려고 할 때 앞발을 잡고 명령어 "손"이라고 말한다.

　　㉣ 반려견의 무게중심을 옮기면서 보호자는 오른발로 반려견의 앞발을 살짝 건드린다. 반려견이 앞발을 올리면 앞발을 잡고 "손"이라고 말한다.

　　㉤ "손"이라는 명령을 내리고 손을 올리면 간식을 준다. 학습되면 앞발을 자연스럽게 올린다.

　　㉥ 받고자 하는 손(앞발)에 보호자의 손바닥을 대면서 반려견이 손바닥에 앞발을 올려놓게 한다.

　　㉦ 반려견의 발과 보호자 손바닥이 만나는 '하이파이브'를 할 수 있도록 한다.

　　㉧ "손"이라는 명령어에 반응하면 칭찬과 보상을 하며 마무리한다.

(13) 편안하게 잠자기(명령어 : 빵)

> 수신호 : 엎드린 상태에서 손가락을 총 모양으로 만들어 "빵" 총 쏘는 표현을 한다.

① 하나의 놀이로 반려견을 쓰다듬거나 교감을 나누는 데 효과적이다.

② 훈련의 기초

　　㉠ 엎드리기 교육을 시킨다.

　　㉡ 엉덩이를 지시하고 난 후 편안하게 쉬어 동작을 가르친다.

　　㉢ 손등으로 얼굴을 살며시 밀면서 눕히고 교육과 동시에 보상한다.

　　㉣ "빵" 하면서 누워 연결 교육을 시킨다.

　　㉤ "빵" 소리에 쓰러지는 것으로 하며 기다려 명령을 내리면서 교육한다.

　　㉥ 앉기, 엎드리기, 서서 있기 등의 상태에서 "빵" 하면 쓰러진다.

　　㉦ 쓰러지면 기다리고 있다 보상하면서 마무리한다.

(14) 바구니 물고 따라 걷기(명령어 : 가져 따라)

> 수신호 : 손으로 바구니를 가리킨다.

① 반려견이 입에 무는 것을 다르게 표현하면 손의 활동이다. 반려견이 물지 않을 때, 인위적으로 물어 가져오게 훈련한다.

② 가져 교육이 이루어지면 일상에서 다양한 놀이를 즐길 수 있다.

③ 훈련의 기초

　　㉠ 처음 시작은 물기 좋은 두께의 나무토막을 이용한다.

　　㉡ "가져" 하면서 입에 나무토막을 물리고 아래턱을 받쳐준다.

ⓒ 아주 짧은 시간 진행하면서 "놔" 명령을 한다. 놓으면 바로 보상한다.

ⓔ 같은 방법으로 시간을 조금씩 늘리면서 입에 물고 있도록 한다.

ⓜ 입에 무는 것이 교육되면 "가져" 명령을 한 뒤 아래턱을 받치고 한 걸음 이동한다.

ⓗ 한 걸음 움직일 때마다 반복한다.

ⓢ 걸음걸이를 늘려간다. 이때 중요한 것은 스스로 물도록 응용하면서 교육해야 입에 무는 것을 좋아한다는 것이다.

ⓞ 바구니로 전환을 한다. 제일 좋은 것은 "가져" 하면 스스로 물도록 놀이로서 교육하는 것이다.

ⓩ 나무토막을 물면 자연스럽게 바구니로 바꿀 수 있다.

ⓒ 바구니를 물고 이동하는 것은 즐거운 놀이여야 한다. 즐겁게 교육을 하자.

ⓚ 바구니를 물고 따라 다니는 교육이 되면 땅에 내려놓고 "가져와" 하면 스스로 가져오는 교육으로 마무리한다.

ⓣ '옆에 따라 다니기', '가져와' 훈련과 연결되면 다양한 장난감, 덤벨, 꽃다발 심부름 놀이 등으로 응용한다.

(15) 차렷(명령어 : 차렷)

수신호 : 엄지손가락으로 엄지 척을 한다.

① 차렷 자세는 균형을 잡는 데 있어서 필요하다. 차렷 동작을 통해서 반려견의 연결 동작, 일어서기 등 다양한 교육으로 응용할 수 있다.

② **훈련의 기초**

ⓣ 앉아 교육이 이루어지고 난 후 손 교육으로 응용한다.

ⓛ 왼발, 오른발이 자유스러워지면 손을 잡고 들어 올리면서 기다려를 시킨다.

ⓒ 소형견인 경우는 차렷 교육이 어렵지 않지만, 중·대형견은 균형을 스스로 잡도록 유도하는 것이 필요하다.

ⓔ 처음에는 2~3초 정도 기다리게 한 다음 보상한다.

ⓜ 균형 잡기가 어려우면 지탱할 수 있도록 보호자가 벽이 되어 준다.

ⓗ "차렷"이라고 명령을 하면 앞발을 들도록 교육하면서 리드줄을 이용하여 균형을 잡는 데 도움을 준다.

ⓢ 차렷하면 줄을 쓰지 않고 스스로 균형을 잡을 수 있도록 기다려 준다.

ⓞ 차렷하고 난 후 약 3~5초 기다려야 한다.

ⓩ "앉아", "차렷" 하면 스스로 차렷자세를 할 수 있도록 하며, 훈련자와 떨어져 있어도 "차렷"하고 명령하면 서도록 마무리한다.

(16) 쉬어(명령어 : 쉬어)

수신호 : 손가락으로 엉덩이를 지시한다.

① 쉬어 자세는 반려견들이 가장 편안한 자세로 오랜 시간 기다리게 하는 교육이다. 쉬어 자세가 잘되면 보호자나 반려견이 편안하게 쉴 수 있다.

② 훈련의 기초

　　㉠ 먼저 엎드리기 교육을 시킨다.

　　㉡ 엉덩이를 살며시 밀어서 편안하게 바닥에 붙도록 한다.

　　㉢ 리드줄을 살며시 앞으로 당기고 엉덩이를 지시하면 빠르게 이해한다.

　　㉣ 쉬어 교육 역시 "좌로 쉬어", "우로 쉬어" 동작을 알려준다.

　　㉤ 엉덩이 지시와 함께 동작을 하면 보상을 한다.

　　㉥ 좌, 우로 "엎드려 쉬어" 명령을 내려 자연스럽게 연결을 한다.

　　㉦ 반려견을 앞에 두고 명령을 하며 위치를 바꿔 주면서 다양하게 응용하여 마무리한다.

(17) 사람들 사이 통과하기(명령어 : 따라, 앉아)

수신호 : 보호자 옆에 따라다니면서 사람들 사이를 통과한다.

① 사람들이 많은 공원이나 복잡한 공간에서도 사람들을 의식하지 않고 보호자와 나란히 걷게 한다. 심리적으로 낯선 사람을 향한 짖기와 공격성을 줄이는 교육으로 가장 효과적이다.

② 훈련의 기초

　　㉠ 한 사람을 마주보며 조용히 서 있게 한다.

　　㉡ 훈련자는 한 바퀴씩 돌고 난 후 앉아 "기다려" 하고 보상한다.

　　㉢ 두 사람이 서 있다. 8자로 돌면서 중간에 "앉아"를 시키면서 보상한다.

　　㉣ 같은 방법으로 4명 정도 서 있는 상태에서 교육한다.

　　㉤ 응용으로는 사람들이 제자리에서 움직이도록 하면서 옆에 따라 다니도록 교육한다.

　　㉥ 교육이 끝나면 시장이나 공원 등 다양한 곳에서 보호자 옆에 따라 다니도록 응용한다.

　　㉦ 횡단보도에서 조용히 앉아 있기, 물건을 살 때 조용히 기다리기 등으로 응용하면 사람에 대한 거부 반응이 줄어든다.

(18) 굴러(명령어 : 굴러)

> 수신호 : 손모양을 돌려서 도는 모양을 만든다.

① 굴러는 하나의 놀이로 반려견의 지능을 높이는 효과가 있다.

② 훈련의 기초

　　㉠ '엎드리기'와 '누워'를 먼저 가르친다.

　　㉡ 앞발을 구르고자 하는 반대쪽의 발을 잡는다.

　　㉢ 인위적으로 반대로 넘겨주면서 구르도록 한다.

　　㉣ 처음에 한 번만 굴러도 멈추고 난 후 보상을 한다.

　　㉤ "엎드려 굴러"를 손으로 지시하면서 바로 돌면 간식으로 보상한다.

　　㉥ 한쪽 방향을 마무리하면 반대 방향을 가르친다.

　　㉦ "우로 굴러", "좌로 굴러"를 지시할 때 손동작을 바꾼다.

　　㉧ 우로 굴러에서 좌로 굴러로 자연스럽게 연결하고 연속으로 구를 수 있도록 마무리한다.

(19) 전진 앞으로 올라(명령어 : 앞으로 올라)

> 수신호 : 손가락으로 목표물을 지시한다.

① 전진 앞으로는 예절교육이나 모든 교육에 있어서 필요하다. 예를 들어 멀리 떨어진 곳에서 하우스 교육이나 전령, 심부름 가져오기 등에 다양하게 응용한다.

② 훈련의 기초

　　㉠ 테이블을 이용한다.

　　㉡ 테이블에 올라가고 내려가는 것이 자연스럽게 교육을 시킨다.

　　㉢ 1m 떨어진 곳에서 "올라" 명령을 하면서 올라가면 보상한다.

　　㉣ 테이블에 간식을 미리 올려 주고 "올라" 하면서 테이블에 올라가서 간식을 먹게 한다.

　　㉤ 조금 더 떨어져 테이블을 지시하면서 "올라"를 한다. 보상은 올라가고 난 후 잠시 기다리고 있다가 보상을 한다(반복교육).

　　㉥ 테이블에 올라가면 엎드리거나 앉아 교육을 응용한다.

　　㉦ 어떠한 위치에 있더라도 "앞으로 올라", "엎드려 기다려" 교육으로 마무리한다.

(20) 장애물 훈련(명령어 : 뛰어 또는 넘어, 올라)

> • 수신호 : 장애물을 지시한다.
> • 명령어
> - "뛰어" : 사람의 행동으로 볼 때 뛰어넘는 장애물의 경우
> - "올라" : 사람의 행동으로 볼 때 올라서거나 올라가서 넘는 장애물의 경우

① 장애물 훈련은 복종심을 기르는 데 필수적이고 새로운 환경 적응에 도움을 준다.

② 장애물 훈련이 되면 차에 태우기도 쉽게 할 수 있고, 경기대회(예 어질리티 등) 출전도 가능해진다.

③ 훈련의 기초

   ㉠ 단상 오르기(명령어 : "올라")

     • 단상 아래에서 자연스럽게 놀아주며 거부반응을 없애고, 낮은 단상부터 시작해서 점점 높은 것 (1m)을 오르게 한다.

     • 좋아하는 장난감이나 먹이를 올려놓고 자연스럽게 올라가도록 한다. 이때 올라가면 장난감이나 먹이로 충분한 보상하고 칭찬한다.

     • 좋아하는 물품이 없을 때는 훈련자가 먼저 단상에 올라간 다음 반려견을 부른다. 이때 반려견이 올라오면 칭찬을 많이 한다.

     • 불러서 올라오지 않을 경우는 리드줄을 이용해서 살며시 끌어올린다. 그런 다음 칭찬한다.

     • 단상 위에 반려견을 들어 올린 다음 뛰어내리게 한다. 높은 것에 대한 두려움을 먼저 없앤다.

     • 반려견이 올라가려고 할 때 "올라"라고 명령한다.

   ㉡ 허들 장애물 뛰어넘기(명령어 : "뛰어")

     • 허들 장애물 주변을 탐색하게 하여 두려움을 없애고, 낮은 허들부터 시작해서 점점 높은 허들(1m)을 뛰게 한다.

     • 좋아하는 장난감이나 간식을 가지고 허들 반대편으로 유도한다. 이때 허들을 넘으면 간식을 주고 많은 칭찬을 한다.

     • 좋아하는 장난감이나 간식을 가지고 허들 너머로 던진다. 그러면 반려견이 장난감이나 간식을 물기 위해 허들을 넘을 것이다. 허들을 넘으면 장난감을 가지고 놀게 하거나 간식을 먹게 한다.

     • 좋아하는 물품이 없을 때는 훈련자가 먼저 허들을 넘고 리드줄을 이용해서 반려견을 살짝 끌어당겨서 허들을 넘게 한다. 이때 허들을 넘으면 많은 칭찬을 한다.

     • 반려견이 뛰어넘으려고 할 때 "뛰어"라고 명령한다.

   ㉢ A자 판벽 오르기(명령 : "올라")

     • A자 판벽 주변을 탐색하게 하여 두려움을 없애고, 낮은 판벽부터 시작해서 점점 높은 판벽(180cm)을 오르게 한다.

     • 좋아하는 장난감이나 먹이를 가지고 훈련자가 앞에 올라가면서 반려견을 유도한다. A자 판벽을 넘으면 먹이를 주고 많은 칭찬을 한다.

     • 좋아하는 물품이 없을 때는 리드줄을 이용해서 반려견과 함께 A자 판벽을 올라가 두려움을 없앤다.

     • 반려견이 올라가려고 할 때 "올라"라고 명령한다.

   ㉣ 잘 뛰어넘지 않고 올라가지 않으려고 할 때는 인위적으로 반드시 넘거나 올라가게 한다.

04 | 실전예상문제

01 다음 중 반려견 기본예절 훈련에 해당하지 않는 것은?

① 앉아 훈련
② 배변 훈련
③ 따라 걷기 훈련
④ 이름에 반응하기 훈련

해설 반려견 기본예절 훈련에는 앉아, 엎드려, 기다려, 와, 따라 걷기, 이름에 반응하기 훈련 등이 있다.

02 반려견 교육 방법에 대한 설명으로 옳지 않은 것은?

① 반려견에 대한 처벌은 보상보다 훈련 효과가 좋다.
② 음식 보상은 반려견의 집중력을 높이는 데 효과적이다.
③ 반려견을 쓰다듬어 주거나 부드러운 목소리로 칭찬하며 훈련의 지속성을 키운다.
④ 반려견에게 보상할 때에는 먹이나 좋아하는 장난감 등으로 행동의 즐거움을 준다.

해설 처벌은 특정 반응이 재발할 가능성을 줄이기 위해 그 반응이 가장 클 때나 직후에 혐오 자극을 주거나 보상을
배제하는 것을 말한다. 이러한 처벌은 반려견 교육에 대한 부정적인 영향을 줄 수 있다.

03 반려견 훈련 시 보상용 간식에 대한 설명으로 옳은 것은?

① 사람이 먹는 햄, 소시지, 육포 등을 이용하면 좋다.
② 훈련 효과를 높이기 위하여 지속적으로 간식을 제공한다.
③ 반려견의 치아 강화를 위하여 딱딱한 제품을 선택한다.
④ 보상용 간식은 훈련에 대한 집중력과 학습 의욕을 높인다.

해설 ① 반려견에게는 사람이 먹는 음식을 주지 않도록 한다.
② 보상용 간식은 1일 섭취 열량 이내에서 주도록 한다. 과식하면 비만의 원인이 될 수 있다.
③ 딱딱한 제품은 먹는 데 시간이 걸리므로 부드럽고 빨리 먹을 수 있는 재질을 선택한다.

04 불러들이기 훈련에 대한 설명으로 옳은 것은?

① 반려견이 집중하지 못하고 싫증을 내면 간식을 준다.
② 보호자 앞에 불러들이는 교육에 앞서서 지정된 포인트 훈련 교육을 하지 말아야 한다.
③ 간식이나 장난감에 대한 관심이 많은 반려견에게는 리드줄을 이용한다.
④ 반려견이 보호자에게 다가오는 것에 대한 즐거움을 심어준다.

해설 ① 반려견이 집중하고 보호자와 눈을 마주치면 간식을 주며 칭찬한다.
② 보호자 앞에 불러들이는 교육에 앞서서 지정된 포인트 훈련을 시키는 것이 효과적이다.
③ 간식이나 장난감에 대한 관심이 없는 반려견은 리드줄을 이용한다.

PART 2

05 옆에 붙이기 훈련에 대한 설명 중 옳지 않은 것은?

① 옆에 교육은 모든 훈련의 시작이며 마무리 동작이다.
② 반려견이 보호자 왼쪽에 설 때마다 매번 보상과 칭찬을 한다.
③ 보상하는 횟수를 불규칙으로 해서 명령어로만 옆에 오도록 훈련한다.
④ 반려견이 보호자 옆에 오면 좋은 일이 생긴다는 것을 알게 한다.

해설 보호자 왼쪽에 설 때마다 매번 보상과 칭찬하지 않고, 보상 횟수를 불규칙적으로 설정한다.

06 앞에 앉아 있기 훈련에 대한 설명으로 옳은 것은?

① 훈련 시 명령어는 1회 이상으로 한다.
② 앉기 교육의 목적은 무조건적인 복종이다.
③ 반려견이 앉을 때까지 먹을 것을 주고 칭찬한다.
④ 반려견을 컨트롤하기 위한 훈련의 기초로, "이리와" 훈련의 마무리 동작이다.

해설 앞에 앉아 있기 훈련은 반려견을 부르고 나서 핸들러 앞에 앉게 하는 이리와 훈련의 마무리 동작이다. 훈련 시 이리와 훈련과 앞에 앉아 훈련을 연결하여 실시하면 효과적이다.
① 앞에 앉아 있기 훈련 시 명령어는 1회로 한다.
② 앞에 앉아 있기 훈련은 반려견을 컨트롤하는 훈련으로 보호자 앞에 앉으면 평소 반려견의 귀, 입, 눈 등 건강 상태를 확인하기 편하다. 무조건 복종을 의미하지는 않는다.
③ 반려견이 앉으면 간식으로 보상하고 칭찬한다.

07 엎드리기 훈련에 대한 설명으로 옳지 않은 것은?

① 반려견의 앞발을 세게 잡고 당기며 "엎드려"라고 말한다.
② 보호자 옆에 먼저 앉게 한 다음 엎드리도록 유도한다.
③ 실내견은 지면보다 높은 소파나 테이블을 이용하여 훈련한다.
④ 실내견은 자연스럽게 기갑 부분을 살며시 눌러 주며 엎드리면 보상을 한다.

해설 반려견의 앞발을 세게 잡고 먼저 당기면 앞발을 뻗으려 하지 않고 오히려 반항한다.

08 기다리기 훈련에 대한 설명으로 옳은 것은?

① 기다려 훈련은 목적견에 따라 실시하는 교육으로, 모든 견종에게 교육하지 않는다.
② 짧은 시간이든 긴 시간이든 기다리기 교육을 통해서 개가 인내하고 기다릴 수 있도록 한다.
③ 기다려 훈련은 개를 억압하는 과정의 기초 교육이다.
④ 기다려 훈련은 주변에 유혹하는 사물이 많을수록 좋다.

해설 ① 목적견에게만 시키는 훈련이 아니다.
③ 억압을 위한 훈련이 아니다.
④ 유혹하는 사물이 없어야 교육 효과가 좋다.

09 앉아 기다려 훈련 방법에 대한 설명으로 옳은 것은?

① 주변에 유혹하는 환경을 만들어 놓고 훈련을 시작한다.
② 인위적으로 반려견을 움직이게 한 다음 줄을 채서 멈추는 교육을 시킨다.
③ 반려견과 거리가 2~3보일 때 움직이지 않으면 반려견 주위를 돌면서 교육한다.
④ 훈련자가 5보 이상 움직여도 반려견이 움직이지 않으면 바로 불러서 칭찬한다.

해설 사람이 움직여도 반려견은 제자리에 있도록 교육을 한다.
① 주변에 유혹하는 사물이 없어야 한다.
② 반려견을 앉힌 상태에서 보호자가 움직이고 반려견은 움직이지 않도록 훈련한다.
④ 5보 이상 움직이고 반려견을 보고 선 다음에 반려견을 바라보며 반려견에게 이동한다. 그 다음 칭찬한다.

10 기다리기 훈련에 대한 설명으로 가장 옳지 않은 것은?

① 기다려를 이해하도록 반려견과 거리를 점점 멀리해서 기다리도록 한다.

② 반려견이 기다릴 때 주변의 많은 유혹에도 움직이지 않게 한다.

③ 기다려가 되면 보호자가 없이 혼잡한 곳으로 이동하여 유혹 훈련을 한다.

④ 다른 개를 끌고 지나거나 많은 사람이 반려견을 스쳐 지나가도록 유혹한다.

해설 기다려가 되더라도 보호자 없이 이동하게 해서는 안 된다. 혼잡한 곳에서는 목줄과 리드줄을 반드시 맨다.

PART 2

11 음식물 거절하기 훈련에 대한 설명으로 가장 옳은 것은?

① 밥을 줄 때는 바로 먹지 못하도록 밥그릇을 손으로 들어 올려서 교육시킨다.

② 음식물 거절하기 훈련 전 미리 기다려 교육을 실시한다.

③ 먹이를 먹게 한 다음 "먹지 마, 먹어, 먹지 마"를 여러 번 반복한다.

④ 먹이를 놓는 순간에 반려견이 먹으려고 할 때 콧등을 건드리며 먹지 마 교육을 한다. 먹으려 하면 강하게 통제해야 먹지 않는다.

해설 기다려 교육이 우선 이루어져야 음식물 거절하기 교육에 효과적이다.
　　① 반려견이 먹으려고 할 때 리드줄을 위로 올리며 오른손을 반려견의 입에 대고 바로 먹지 못하게 한다. 밥그릇을 들어 올리지는 않는다.
　　③ 먹이를 먹게 한 다음 "먹지 마" 명령을 내려 먹는 것을 중단시킨다. 다른 명령어를 반복하지 않는다.
　　④ 강한 통제보다는 보상이 효과적이다. 먹지 않고 기다리면 많이 칭찬하고 먹게 한다.

12 집에 들어가기 훈련의 목적과 거리가 먼 것은?

① 개집에 들어가는 훈련의 목적은 반려견을 좁은 곳에 가두는 것이다.

② 반려견이 집을 가장 편안하게 쉴 수 있는 공간으로 느끼게 한다.

③ 개집은 분리불안이나 과한 짖기를 예방할 수가 있다.

④ 집에 들어가기 훈련이 잘되면 배변 교육 시에도 효과적이다.

해설 집에 들어가기 훈련의 목적은 반려견을 좁은 곳에 가두는 것이 아니고 집을 가장 편안하게 쉴 수 있는 공간으로 느끼게 하는 것이다. 집에 들어가기 훈련이 잘되면 분리불안이나 과도한 짖기를 예방할 수 있고, 대소변 가리는 교육 시에도 효과적이다.

13 집에 들어가기 훈련 과정에 대한 설명으로 옳은 것은?

① 집에 들어가기 교육용 개집은 크면 클수록 좋다.

② 크레이트 안에 들어간 반려견이 밖으로 나오면 "기다려" 명령을 내린다.

③ 반려견을 자연스럽게 밀어 넣은 다음 들어가면 간식을 주어 크레이트 안에 들어가는 것을 즐기도록 한다.

④ 크레이트 안에 들어가는 교육이 잘되지 않으면 강제로 넣고 문을 잠근다.

> 해설 ① 반려견이 들어갈 수 있는 적당한 크기의 크레이트를 정해 준다.
> ② 크레이트 안에 들어간 반려견이 밖으로 나오려고 하면 문을 닫아 "기다려" 명령을 내린다.
> ④ 강압적으로 개집에 들어가게 하면 안 된다. 반려견이 집을 편안한 장소로 여기도록 해야 한다.

14 강아지가 배변을 할 때 보호자가 "화장실"이라는 음성 신호를 주어야 하는 시기는?

① 배변할 때

② 간식을 줄 때

③ 울타리에 넣을 때

④ 매트 위에 올라갈 때

> 해설 반려견이 배변을 할 때 보호자는 "화장실"이라는 음성 신호를 추가하며 간식을 주며 칭찬할 수 있도록 지도한다.

15 다음 빈칸에 들어갈 어린 강아지의 배변 교육으로 옳은 것은?

> 배변 후 어린 강아지와 울타리 밖에서 (   ) 정도의 짧은 시간 동안 놀아준 후 다시 울타리에 넣도록 지도한다. 어린 강아지들은 배변 간격이 짧기 때문에 장시간 나와 있으면 배변 실수를 할 확률이 높아지기 때문이다.

① 1~3분

② 5~10분

③ 15~20분

④ 25~30분

> 해설 반려견이 배변을 할 때 보호자는 "화장실"이라는 음성 신호를 추가하며 간식을 주며 칭찬할 수 있도록 지도한다. 배변 후 어린 강아지와 울타리 밖에서 5~10분 정도의 짧은 시간 동안 놀아준 후 다시 울타리에 넣도록 지도한다. 어린 강아지들은 배변 간격이 짧기 때문에 장시간 나와 있으면 배변 실수를 할 확률이 높다.

13 ③ 14 ① 15 ② 정답

16 다음 중 장난감 가져오기 훈련의 목적으로 가장 옳은 것은?

① 반려견의 인내심을 기르는 데 적합한 훈련이다.
② 보호자가 없어도 반려견 혼자 오랫동안 장난감을 가지고 놀 수 있다.
③ 장난감을 가져오는 교육은 심부름을 시키는 교육과 연관이 없다.
④ 즐거운 놀이로서 보호자와 반려견이 서로 교감을 나눌 수 있다.

해설 장난감 가져오기 훈련은 반려견과 보호자가 즐거운 시간을 보내기 위한 교감 훈련으로 심부름을 시키는 교육으로도 응용 가능하다.

17 손 주기 훈련 방법에 대한 설명으로 옳지 않은 것은?

① 반려견의 무게중심을 옮기면서 보호자의 오른발로 반려견 앞발을 살짝 건드린다.
② "손"이라는 명령을 내리고 손을 올리면 간식을 준다.
③ 바른 자세로 앉지 못하면 몸의 균형이 맞지 않기 때문에 바른 자세로 앉게 한다.
④ 왼손의 리드줄로 목을 잡아당기면서 손으로 자극을 주면 손 주기를 한다.

해설 목이 조이는 것을 방지하기 위해 리드줄이 아닌 개의 목줄을 잡는다.

18 차렷 훈련에 대한 설명 중 옳지 않은 것은?

① 차렷 훈련은 반려견의 사회성을 높일 수 있는 훈련이다.
② 오른발, 왼발이 자유스러워지면 잡고 들어 올리면서 기다려를 시킨다.
③ 균형 잡기가 어려우면 지탱할 수 있도록 사람이 벽이 되어 준다.
④ 차렷 명령을 하면 반려견 스스로 균형을 잡을 수 있도록 기다려 준다.

해설 차렷은 반려견 스스로 균형 잡는 원리를 익히도록 가르치는 것이다. 사회성 훈련과는 관련이 없다.

19 쉬어 훈련 과정에 대한 설명으로 옳지 않은 것은?

① 엉덩이를 살며시 밀어서 편안하게 땅바닥에 붙도록 한다.

② 리드줄을 살며시 앞으로 당기고 엉덩이를 지시하면 빠르게 이해한다.

③ 쉬어 교육은 잠을 자려 할 때 명령을 내리면 쉽게 이해한다.

④ 엉덩이 지시와 함께 동작을 하면 보상을 한다.

해설 잠을 자는 것과 쉬어 자세는 관련이 없다.

20 허들 장애물 뛰어넘기 훈련을 바르게 설명한 것은?

① 허들 장애물 주변을 먼저 탐색하게 한다.

② 낯선 장애물은 본능적으로 뛰어넘게 한다.

③ 좋아하는 장난감이나 먹이를 가지고 유인하며, 허들 앞에서 줄로 당겨서 넘게 한다.

④ 반려견이 허들 앞에 서 있을 때 "뛰어" 명령을 한다.

해설 낯선 장애물에 대해서는 주변을 먼저 탐색하게 하여 두려움을 없애고 장난감이나 먹이를 허들 너머로 던져 유인해 스스로 뛰어넘게 한다.

05 | 반려견 문제 행동 예방 및 교정

1 반려견 문제 행동

(1) 반려견에게 보이는 문제 행동

공격행동	• 우위성 공격행동(dominance-related aggression) • 영역성 공격행동(territorial aggression) • 공포성 공격행동(fear-based aggression) • 포식성 공격행동(predatory aggression) • 아픔에 의한 공격행동(pain-induced aggression) • 동종 간 공격행동(interdog aggression) • 특발성 공격행동(idiopathic aggression)
공포 · 불안에 관련된 문제 행동	• 분리불안(separation anxiety) • 공포증(phobia) • 불안기질(fearfulness)
그 외의 문제 행동	• 쓸데없이 짖기, 과잉포효(excessive barking) • 파괴행동(destructive behavior) • 부적절한 배설(inappropriate elimination) • 관심을 구하는 행동(attention-seeking behavior) • 상동장애(stereotypy) • 고령성 인지장애(geriatric cognitive dysfunction) • 이기(pica) • 성행동 과잉(excessive sexual behavior)

(2) 반려견 문제 행동 교정방법

① 환경 풍부화

㉠ 필요한 환경 자극을 추가하여 정상행동은 증가시키고 비정상적이거나 원하지 않는 행동을 줄이는 방법이다.

㉡ 정상행동에 필요한 다양한 자극을 제공함으로써 행동 기능을 충족시켜 문제를 해결할 수 있다.

② 약 화

㉠ 반려견의 문제 행동을 감소시키거나 소멸시키는 과정이다.

㉡ 정적약화 : 문제 행동의 결과에 자극을 부가하는 것이다.

㉢ 부적약화 : 자극을 제거하는 절차이다. 용어의 어감과 달리 반려견이 선호하는 경우가 많다.

㉣ 문제 행동의 유형에 따라 적절한 약화 방법을 선정한다.

③ 질 책

㉠ 반려견의 문제 행동에 보호자들이 가장 많이 사용하는 방법이지만 반려견은 인간과 의사소통 방법이 다르므로 인간의 언어를 이해할 수 없다.

ⓛ 질책이 효과를 가지려면 사전에 명령어를 조건화해야 한다.

ⓒ 조건화된 언어는 음량이 크지 않아도 효과를 가지므로 소리를 지르지 않아도 된다.

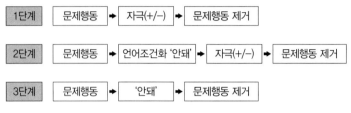

[조작적 조건화를 이용한 문제 행동 교정]

④ 임시 격리

  ⊙ 반려견의 현재 행동을 멈추게 하고 얼마 동안 격리시키는 것이다.

  ⓛ 강제성을 가지지만 혐오성을 띠지 않아 부작용이 거의 없다.

  ⓒ 반려견이 격리되는 이유에 대하여 스스로 인식하기 어렵다는 약점이 있다.

⑤ 차별강화

  ⊙ 강화와 약화를 조합하여 좋은 행동은 증강하고 문제 행동은 억제하는 방법이다.

  ⓛ 목적 행동에 대해서는 강화계획을 실행하고 문제 행동에 대해서는 약화계획을 실행한다.

⑥ 대안 행동

  ⊙ 반려견에게 문제 행동과 양립할 수 없는 다른 행동을 요구하는 방법이다.

  ⓛ 사람에게 습관적으로 뛰어오르는 반려견에게 '앉아' 자세를 요구하여 문제를 해결하는 것과 같다. 반려견은 뛰어오르면서 앉을 수 없기 때문이다.

⑦ 역조건화

  ⊙ 특정한 자극에 이상 반응하는 반려견에게 그 자극을 우호적으로 수용하도록 하는 과정이다.

  ⓛ 문제 자극을 반려견이 좋아하는 것과 결합시킨다.

  ⓒ 이전에 반응했던 자극에 반응하지 않으면 보상한다.

⑧ 체계적 둔감화

  ⊙ 자극을 약한 수준에서 조금씩 늘려 강한 정도까지 점진적으로 적응시키는 절차이다.

  ⓛ 문제를 발생시키는 특정한 자극 외에 다른 자극이 없는 상태에서 실시해야 효과적이다.

  ⓒ 자극의 증가 정도는 반려견이 수용할 수 있는 범위 내에서 실시해야 부작용을 최소화하면서 문제 행동을 개선할 수 있다.

⑨ 노 출

  ⊙ 특정한 문제 자극에 대하여 초기 단계에 높은 상태로 노출시켜 문제 자극에 반응하지 않도록 하는 방법이다.

  ⓛ 반려견의 품성이 약하고 예민한 경우에는 문제 행동을 심각하게 악화시킬 수 있다.

  ⓒ 문제 자극에 심각하게 악화된 모습을 경험한 보호자는 문제 행동을 개선하려는 계획을 중단하거나 포기할 수도 있다.

1. 물리적인 방법은 반려견이 감정적으로 반발하거나 공격적인 행태를 나타낼 수 있다.
2. 물리적인 자극의 사용은 반려견 교육에 대한 부정적인 영향을 줄 수 있다.
3. 물리적인 자극은 올바른 행동을 가르치기보다 행동을 일시적으로 억제하는 성향이 강하다.
4. 물리적인 자극은 반려견에게 훈련자에 대한 혐오감을 가지게 할 수 있다.
5. 물리적인 약화 방법은 훈련자의 정서에도 악영향을 미쳐 교육 전반에 부정적으로 작용한다.
6. 물리적인 방법을 사용하기 시작하면 의존도가 점차로 커진다.

(3) 반려견의 학습 이해

① 반려견 학습의 필요성 이해 : 반려견 행동학의 이론적인 측면과 훈련을 이해하는 것은 보호자가 적절한 훈련법으로 접근하여 반려견의 문제 행동 교정방법을 선택하고 적절할 시기에 전문가를 찾아가게 하는 데 도움을 줄 수 있다.

② 반려견 행동에 영향을 주는 요소 : 유전적 성향, 학습된 과거의 경험, 현재의 환경 등이 영향을 미친다.

유전 (Genetics)	• 유전된 행동은 수정될 수는 있지만 완전히 버릴 수는 없다. • 유전자에 내재되어 있으며 아주 사회적인 반려견도 유전적으로 행동 성향을 물려받는다. • 생존에 필수적인 특성이다. • 어떤 종에서는 유전적 요소가 그들 행동의 모든 것을 결정한다. • 가끔은 그들의 반려견이 '왜 이러한 행동을 할까'라고 단순하게 생각하면 더 쉽게 해결할 수 있다. • 반려견 견종 표준서를 참고하여 반려견의 선조와 성격유형, 행동 등을 알아보고 실현 가능한 목표를 세우는 데 전문가의 도움이 필요하다.
경험 (Experience)	• 반려견들은 특정 신호에 대한 반응을 학습한다. 이때 우리가 만족한다면 훌륭한 일이고 우리가 만족하지 못하면 훌륭하지 못한 것이 된다. • 반려견들은 과거에 이루어졌던 일들을 다시 반복한다. 더 오랫동안 지속된 행동일수록 더 고쳐지지 않는다. • 무리 생활을 하는 반려견들도 어미와 새끼를 알아볼 수 있다. • 성적 각인에 대한 이해 : 어린 반려견이 원하는 짝짓기 상대의 특징을 배우는 과정이다.
현재 환경	• 반려견의 행동은 누가 함께 있었는지와 어떤 일이 일어났는지의 영향을 받는다. • 장소, 날씨, 소리, 사람들의 영향을 받는다. • 현재 보호자의 반려견은 어떤 환경에서 생활하고 있는지 파악하도록 한다.

③ 훈련(Training)

㉠ 반려견들은 언제나 학습되며, 특정 훈련 교실에서만 배우는 것이 아니다.

㉡ 훈련이란 약속된 특정신호에 따른 행동이며, 보호자 및 사람들과의 모든 상호작용이 훈련 수업의 연장이다.

㉢ 반려견의 환경을 통제하고 생각할 시간과 기회를 주는 것으로 훈련을 진행한다.

④ 긍정적 처벌(Positive Punishment) : 효과적인 결과를 얻기 위해서는 즉시, 적절하게, 일관되게 한다.

㉠ 즉시(Immediate)

• 반려견이 연관을 지을 수 있도록 한다.

• 0.5초 이내에 처벌할 수 있는가?

• 잘못된 연관을 짓게 되면 어떻게 할까를 생각한다.

ⓒ 적절하게(Appropriate)

- 처음에 행동을 수정해야 한다.
- 얼마나 강하게 할 것인지 생각을 한다.

ⓒ 일관되게(Inevitable)

- 행동이 일어날 때마다
- 항상 보호자가 감시하고 관리할 수 있는가?
- 함께 할 수 없을 때에도 편안하게 둘 수 있는가?

긍정적 처벌 (Positive Punishment) - 뭔가를 더한다 - 행동을 덜 하게 한다.	긍정적 강화 (Positive Reinforcement) - 뭔가를 더한다 - 행동을 더 하게 한다.
부정적 처벌 (Negative Punishment) - 뭔가를 없앤다 - 행동을 덜 하게 한다.	부정적 강화 (Negative Reinforcement) - 뭔가를 없앤다 - 행동을 더 하게 한다.

[조작적 조건화의 조건 형성]

⑤ 부정적 처벌(Negative Punishment)

ⓐ 반려견이 원하지 않는 행동을 했을 때 반려견이 좋아하는 것이 사라진다.

ⓑ 반려견에게 가치 있는 것을 제거한다.

ⓒ 긍정 강화법과 함께 사용할 때는 반려견에게 무엇을 하라고 말하지 않는다.

⑥ 긍정적 강화(Positive Reinforcement)

ⓐ 보호자와 반려견 모두 즐겁고 유익한 시간을 보낼 수 있어 유대관계 형성에 도움을 준다.

ⓑ 혹시 보호자가 잘못된 신호를 주어도 반려견에게는 어떠한 피해도 없다.

ⓒ 반려견이 새로운 것을 할 수 있도록 격려할 수 있다.

ⓓ 진정한 의미의 긍정적 강화 훈련은 목끈을 하지 않거나 느슨한 목끈을 한 상태에서 상호작용을 하는 것이다.

ⓔ 일차적인 강화물은 생존을 위한 것들로 먹이, 물, 쉴 곳, 성, 친구 관계 등이 있다.

더알아보기 반려견의 행동변화

1. 문제 행동은 질책이 아니라 칭찬으로 변화시킨다.
2. 보상을 적절히 활용하여 올바른 행동을 정확하게 인지시킨다.
3. 반려견은 습성행동이 습관화되면 버릇처럼 발전한다.
4. 반려견은 기본적으로 보호자에게 보상과 칭찬을 받으려 올바른 행동을 한다.
5. 반려견이 인지할 수 있는 기억은 길지 않다. 체험한 행동은 반복을 통하여 습관화되고 학습된다.

2 문제 행동 예방훈련의 실제

(1) 문제 행동 예방훈련 수립

① 주변 환경에 따라 문제 행동 예방훈련 방법을 수립하고 결정할 수 있으며 필요에 따라 프로그램을 수정할 수 있다.

② 반려견의 결정적인 시기 중 보호자가 관리하기 시작하는 생후 7~8주부터 행동학적 풍부화 요소를 중심으로 주차별 풍부화를 제공하는 프로그램을 제시한다.

③ 이때 프로그램 내용은 부족한 풍부화를 제공해주는 방향으로 결정할 수 있다.

④ 문제 행동 예방을 위한 행동학적 풍부화 프로그램

주차	프로그램 주제	프로그램 내용
1주차	행동학적 풍부화 관찰과 먹이 풍부화	풍부화의 5가지 요소 관찰과 분석, 먹이 풍부화 제공
2주차	환경적 풍부화	반려견의 생활환경에서 다양한 환경을 경험할 수 있도록 하고 현재 부족한 부분을 알려줌
3주차	감각적 풍부화	반려견에게 다양한 감각을 느낄 수 있도록 여러 가지 물건과 환경을 제공
4주차	사회적 풍부화	다양한 사람들과 물건, 다른 반려견과의 만남 제공
5주차	인지적 풍부화	반려견의 특성을 살려 잘할 수 있는 놀이와 훈련프로그램 제공

(2) 사회성 풍부화 훈련의 실제

① 가족 구성원과의 친화

㉠ 손을 이용하여 반려견의 입에 간식을 준다.

㉡ 가족 주변에 반려견이 누워 있을 때 칭찬하고 보상한다.

㉢ 반려견과의 교감을 위해 그루밍을 해준다.

② 산책용 목끈 교육

㉠ 가슴줄 또는 목줄을 착용시키고 50~60cm 정도의 목끈을 맨다.

㉡ 실내 또는 실외에서 착용한 상태로 급식하고 잠을 재운다.

㉢ 120cm 정도의 목끈을 착용시키고 집 안에서 함께 걸어본다.

• 짧은 목끈에 잘 적응하면 120cm 정도의 일반 목끈을 착용시켜 집 안 곳곳을 다녀본다.

• 목끈 길이만큼 움직이고 이름을 불러서 오면 보상한다.

• 계속해서 목끈 길이만큼 이동하면서 잘 따라오면 보상한다.

③ 낯선 장소에서의 급식교육

㉠ 낯선 장소는 급식을 주던 거실이 아닌 작은방, 현관문 앞, 엘리베이터 앞, 아파트 복도, 베란다 등을 의미한다.

㉡ 7개월 미만의 반려견은 1일 3회 낯선 장소에서 급식하고, 급식을 거부하면 다음 급식 시간에 같은 방법으로 반복한다.

㉢ 8개월 이상의 반려견은 1일 2회 급식하고 거부하면 다음 급식 시간에 반복한다.

④ 낯선 장소에서의 휴식교육

ㄱ 반려견이 엎드리지 않는 경우 훈련한다.

- 보호자는 자세를 낮추어 그 자리에 앉아 반려견과 눈높이를 맞춘다.
- 반려견에게 익숙한 얇은 방석이나 부드러운 천을 옆에 깔아둔다.
- 반려견이 스스로 엎드리면 다음에는 방석을 반으로 접는다.
- 익숙한 얇은 방석이나 부드러운 천을 치우고 반려견이 스스로 엎드리도록 기다려 준다.
- 반려견이 스스로 엎드리면 칭찬과 보상을 한다.

ㄴ 간식 보상 시 손에서 반려견 입으로 보상할 경우 그 행위에 대한 칭찬으로 인식하고, 지면 바닥에 보상할 경우 그 장소에 대한 칭찬으로 인식하기 때문에 적절히 구분해야 한다.

ㄷ 사람이 앉은 상태에서 보상하는 경우와 서서 보상하는 경우를 다르게 이해할 수 있으므로 앉은 상태에서 보상을 시작하고 익숙해지면 그 자리에 서서 반려견이 엎드리도록 기다려 주기를 반복한다.

⑤ 낯선 장소에서 배변교육

ㄱ 실내 및 실외 급식 직후 규칙적으로 일정한 시간에 반려견을 데리고 산책을 나가며 산책 시 반려견의 자발적인 배변을 유도한다.

ㄴ 급식 직후 산책 시 반려견을 흥분시키거나 흥분을 유도하는 행동을 하지 않고 기다려 주며 배변에 집중하도록 분위기를 조성한다.

⑥ 가족 외 사람이나 동물에 대한 인지활동 교육

ㄱ 가족 구성원을 제외한 사람이나 동물의 냄새를 친숙하게 맡는지 확인한다.

ㄴ 반려견이 억압되지 않은 상태에서 보다 자율적인 활동을 돕기 위하여 하네스(가슴줄)를 착용한다.

ㄷ 반려견이 시각이 아닌 후각을 통하여 인사하고 정보를 얻도록 냄새를 맡으면 적정 언어로 칭찬하고 보상한다.

⑦ 낯선 반려견에게 자신의 냄새를 맡도록 교육

ㄱ 다른 반려견에게 엉덩이 냄새를 못 맡게 하는 것은 정서적 불안감의 원인이 될 수 있다.

ㄴ 야외에서 눕기, 급식하기, 배 보이기 등부터 우선 교육하여 낯선 상황에 친숙하게 한다.

⑧ 배 보이기 교육

ㄱ 반려견이 자발적으로 배를 보이도록 교육이 이루어져야 한다.

ㄴ 먼저 반려견이 스스로 앉을 때까지 기다린 후 앉으면 보상한다.

ㄷ 반려견이 앉으면 가족들이 함께 앉아 반려견이 누울 때까지 기다리고 누우면 바닥에 보상한다.

ㄹ 반려견이 엎드린 후 서서히 그 자세가 흐트러지면 그때마다 적절하게 보상한다.

ㅁ 반려견의 자세가 흐트러지면서 배 부위를 만져주면서 보상을 반복한다.

(3) 사회화 훈련의 실제

① 야외 산책훈련을 통한 사회화

ⓐ 지나치게 앞서는 성향의 반려견을 훈련한다.

- 반려견이 보호자를 지나치게 앞서는 행동을 미리 예방한다.
- 반려견의 목끈, 산책 적응과 보호자와의 유대를 위하여 실내에서 산책연습을 한다.
- 반려견에게 목걸이를 하거나 하네스를 착용시키고 50cm 정도의 목끈을 착용시킨다.
- 1주일 이상 목끈을 끌고 다니면 목끈에 대하여 쉽게 적응할 수 있다.

ⓑ 보호자와 나란히 걷는 연습을 한다.

- 반려견을 좌측에 오도록 하여 산책하면 보다 안정적이고 안전한 산책이 가능하다.
- 반려견을 좌측에 두고 오른발부터 출발한다.
- 보행 시 "따라", "가자" 등의 명령어(성부)를 사용한다.
- 행동으로 하는 명령어(시부)로 왼손을 왼쪽 골반 부위를 치며 출발과 방향 제시를 해준다.
- 한 걸음부터 시작한다.
  - 반려견과 함께 걷기를 시작하면 한 걸음마다 간식을 강화물로 준비하여 보상한다.
  - 10m 정도를 가면서 5회 이상 보상한다.
  - 가능하다면 보호자의 왼쪽 다리 근처에서 보상물을 준다.
  - 앞으로 가는 것을 어려워하면 제자리에서 시계 반대 방향으로 작은 원을 그리며 걷는다.
  - 역시 한 걸음부터 시작하며 잘 따르면 보상한다.
  - 잘하는 모습이 보이면 두 걸음에 보상을 하고, 세 걸음에 보상을 한다.
  - 작은 원이 큰 원이 될 때까지 반복해서 훈련한다.
  - 반려견이 큰 원을 그리며 잘 따르면 8자 모양으로 걷기를 시작한다. 연속 강화와 간헐적 강화를 함께 활용하여 보상한다.
  - 잘 따르면 다시 직진 방향으로 걸으면서 몇 걸음에 한 번 정도 간식으로 보상하며 걷는다.
  - 반려견이 보호자에게 집중하거나 보조를 맞추면서 걸어가는 것이 가능해진다.

ⓒ 새로운 환경에 대한 사회화를 한다.

- 산책 활동 중 사람, 물건, 나무, 돌, 시설물 등의 냄새를 맡는 기회를 제공한다.
- 산책 중 만날 수 있는 여러 가지 환경에 조심스럽게 접근하도록 한다.
- 갑작스러운 접촉이나 환경의 변화는 반려견에게 좋지 않으므로 유의한다.
- 반려견의 의지대로 산책 방향을 진행하면 역효과가 생길 수 있으므로 보호자가 진행하고 싶은 방향으로 산책한다.
- 산책 도중 많은 상황에서 칭찬과 보상을 한다.

산책훈련은 앞으로 반려견과 사람이 함께 살아가면서 교감할 수 있는 기본적인 생활을 위해 필요하다. 때문에 반려견이 산책할 때 하는 행동 또한 매우 중요하다는 것을 인지해야 한다. 이를 위하여 반려견이 산책 중 어떤 자리에 서는지 관찰하는 것이 중요한다.

1. 반려견이 보호자 옆에 붙어 있을 때(순응과 복종)

반려견이 보호자 옆에 따라다니는 것은 심리적으로 안정적임을 의미한다. 이때 반려견은 보호자의 눈을 바라보고 교감하며 걸어간다. 보호자, 반려견 모두가 심리적으로 안정적인 모습을 보인다.

2. 반려견이 보호자 앞으로 나갈 때(서열의 우월성)

반려견이 앞서 나가는 것은 냄새, 짖음, 공격성, 달려 나가기, 호기심 등의 이유 때문이다. 이런 경우는 특히 순간적으로 일어날 수 있는 상황에서 통제가 어렵다. 앞서는 행동은 자기가 원하는 욕구를 표현하는 것이다.

3. 반려견이 보호자 뒤에서 따라올 때(공포의 경계성)

반려견이 보호자보다 뒤에 따라오는 것은 소심한 성품이거나 과잉보호를 통해 안고 가기를 원하는 행동이다. 자신감을 심어 주기 위해서는 스스로 적응하도록 만들어 줘야 한다.

② 이동장 활용 훈련

　㉠ 반려견이 어릴 때부터 이동장에 대한 둔감화를 시켜 편안한 곳으로 인식하게 한다.

- 이동장의 문을 열어두고 반려견의 생활공간에 둔다.
- 이동장 주변에서 급식을 하도록 한다.
- 이동장 입구 쪽에서 급식을 한다.
- 이동장 안쪽에 그릇을 두고 급식을 한다.
- 위 과정을 10~15일 정도 충분한 시간을 두고 실행하여 이동장이 일상 속 한 가지 물건이 되도록 한다.

　㉡ 이동장에 들어가서 쉬게 한다.

- 이동장 안쪽을 바라보거나 냄새를 맡으려는 순간 이동장 안쪽에 일차 강화물을 넣어준다.
- 반려견이 이동장 안으로 고개를 넣으면 강화물을 안쪽으로 넣어준다.
- 반려견이 이동장 안으로 앞발을 넣으면 강화물을 안쪽으로 넣어준다.
- 반려견이 이동장 안으로 뒷발까지 넣으면 강화물을 안쪽으로 넣어준다.
- 반려견의 몸 전체가 들어가서 입구 쪽으로 방향을 돌리면 강화물을 넣어준다.
- 이동장 안에서 입구를 보고 있을 때 "기다려"라고 명령하고, 잘 기다리면 강화물을 준다.
- 출입문을 닫지 않고 조금 기다린 후 나올 수 있도록 한다.
- 반려견에게 "집으로", "하우스"라는 명령을 하여 이동장으로 들어갈 수 있도록 한다.
- 이동장에 들어가는 것이 익숙해지면 들어갔을 때 출입문을 닫고 잠시 후 편하게 있으면 문을 열어준다.
- 이동장의 문을 닫아두는 시간을 점차 늘려간다. 한 시간 이상 늘려보고 안에서 편하게 있으면 간식으로 보상한다.

ⓒ 이동장을 활용하여 이동한다.

- 외출을 준비하고 이동장에 반려견이 들어가도록 한다.
- 차량으로 가까운 운동장이나 공원으로 이동한다. 이동 거리도 조금씩 늘려간다.
- 차에서 내린 다음 반려견과 함께 놀거나, 충분히 산책한다.
- 이동장에 들어가고 차를 타면 이후 반려견에게 좋은 일이 생긴다는 것을 확실히 알려준다.

③ 올바른 휴식처 훈련

ⓐ 반려견이 가족 구성원과 생활하는 공간 즉 침대, 의자, 안방, 거실 등의 어디에서나 누워서 휴식을 취하는 것은 바람직하지 않다. 집 안 전체가 반려견의 영역이 되어서는 안 된다.

ⓑ 어린 시절부터 반려견이 실내에서 가장 편하게 쉴 수 있는 곳을 집으로 결정한다.

ⓒ 침대 · 의자를 활용하는 훈련을 한다.

- 반려견이 의자나 침대에 올라오는 것을 허락할 것인지 결정한다.
- 올라오는 것을 허락했다면 내려가는 것도 가르친다.
- 보호자가 의자에 앉아 있을 때 올라오려고 하는 행동을 보이면 가볍게 무시하면서 잠깐 일어나 한두 걸음 움직인 후 다시 앉는다.
- 몇 번 반복하여 보호자 앞에 반려견이 얌전하게 앉거나 엎드리면 보상한다.

ⓓ 보호자 식사 시간 시 반려견의 위치를 훈련한다.

- 이동장이나 전용 쿠션에서 기다려 훈련을 여러 번 반복하여 수행한다.
- "집으로", "하우스" 등의 명령어로 반려견이 이동장이나 전용 쿠션으로 가게 훈련한다.
- 식사 시간에 "집으로"라고 명령하고 잘 가면 "기다려"라고 명령한다.
- 보호자 또는 가족은 식사하는 도중 반려견의 움직임을 의식하고 반려견이 잘 기다리면 준비한 간식을 준다(직접 가지 않고 기다리고 있는 곳에 던져 주어도 좋다).
- 처음부터 긴 시간을 기대하지 않으며 기다리는 시간을 조금씩 늘려 간다.
- 식사 시간에 가족이 먹는 음식을 주지 않도록 하고 가족 식사가 끝난 후 반려견의 급식을 한다.

④ 움직이는 물체에 대한 둔감화 훈련

자동차 · 이륜차를 만나는 훈련	• 반려견과 함께 주차장을 산책하며 다른 사람이 문을 열고 나오거나 닫기를 반복하는 모습을 보인다. • 차가 움직이는 곳에서 산책한다.
움직이는 사람이나 동물을 만나는 훈련	• 먼저 집 안이나 실내에서 "앉아", "기다려"라는 명령어를 가르친다. • 실내 또는 주택 정원에서 빠르게 움직이는 사람을 보고 편하게 있을 때 보상한다. • 어린이나 다른 사람을 조금 떨어진 거리에서 보고 편하게 있으면 보상한다. • 반려견이 잘 따르면 다른 사람들이 다가와 옆으로 지나가도록 한다. • 얌전하게 걸어가는 어린이들을 볼 수 있는 기회를 제공하고 편하게 있으면 보상한다. • 아이들이 다가와 간식을 주도록 하고 반려견과의 접촉은 최소한으로 허용한다. • 어린 강아지일수록 더욱 조심스럽게 접근하고 접촉해야 한다.

낯선 사람이나 물건에 대한 사회화	• 자전거를 타고 가는 사람
	  – 자전거 주변에서 이름 부르기를 하며 놀아준다.
	  – 이름을 부르고 간식을 준비하여 올 때마다 보상한다.
	  – 이름을 부르는 위치를 바꾸어 시도한다.
	  – 자전거 냄새를 맡고 주위를 탐색할 수 있도록 하고 적절히 보상한다.
	  – 자전거에 앉아서 이름을 부르고 오면 간식으로 보상한다.
	  – 자전거를 타고 조금 움직인 다음 이름을 부르고 오면 보상한다.
	  – 자전거를 타고 다니다가 반려견 앞에서 멈춘 다음 이름을 부르고 간식으로 보상한다.
	  – 보호자와 함께 있는 반려견 앞으로 자전거를 타고 지나간 다음 반려견이 편하게 있으면 보상한다.
	  – 여러 번 반복하면 자전거에 대한 두려움은 사라지고 움직이는 것에 대해 둔감화가 이루어진다.
	• 우산을 쓰고 움직이는 사람
	  – 반려견의 생활공간에 우산을 펼쳐두고 여러 방향에서 우산을 보고 탐색할 수 있는 기회를 제공한다.
	  – 우산을 펼쳐서 주변에 두고 반려견과 주변에서 이름 부르기를 하면서 간식을 주거나 칭찬한다.
	  – 우산을 쓰고 있는 사람을 거리를 두고 지나가도록 한다.
	  – 우산을 쓰고 있는 사람을 보고 편안함을 유지하면 보상한다.
	  – 점차 거리를 줄이면서 훈련한다.
	  – 우산을 쓰고 반려견 앞으로 지나가거나 앞에서 반려견 쪽으로 걸어온 다음 우산을 쓰고 있는 사람이 직접 간식을 주도록 한다.
	• 오토바이나 킥보드를 타는 사람
	  – 오토바이나 킥보드 근처에서 이름을 부르고 반려견이 오면 보상한다.
	  – 새로운 물건에 대한 탐색의 시간을 주고 냄새를 맡으면 보상한다.
	  – 자전거에 대한 둔감화와 같은 방법으로 조금씩 단계별로 훈련을 한다.

3 문제 행동 교정훈련

(1) 문제 행동 교정훈련 수립

① 문제 행동 질문지를 활용하여 반려견에게 나타나는 문제 행동을 파악한다.

② 준비된 일지, 질문지의 내용을 기준으로 문제 행동 유형별 목표 기준을 수립한다.

③ 문제 행동 파악

문제 행동	관찰 사항

짖음	• 반려견의 생활환경을 확인한다.
	  예 혼자 있는 시간, 보호자의 과도한 사랑, 갇혀 지내거나 목끈에 매이는지, 산책 정도 등
	• 보호자의 생활패턴을 확인한다.
	  예 1회 외출 시간, 귀가 시간, 반려견과 함께하는 시간, 가족 구성원 등
	• 언제부터 짖음이 나타났는지 확인한다.
	• 얼마나 오래 짖는지 확인한다.
	• 짖는 소리를 어떻게 내는지 확인한다.
	  예 끙끙대는지, 우렁차게 짖는지, 날카롭게 짖는지, 하울링하는지, 공격하려고 달려들며 짖는지 등
	• 짖는 대상이 무엇인지, 실내 · 실외 어디에서 심한지 확인한다.

공격성	• 포식성 공격(사냥본능)인가 파악한다. • 수컷 간 공격인가 파악한다(성성숙 시기 테스토스테론 분비가 많으면 공격성이 높아짐). • 경합적 공격인가 파악한다(여러 마리 반려견이 생활했거나, 생활하는지). • 아픔에 의한 공격인가 파악한다. • 영역적 공격 또는 사회적 공격인가 파악한다(견종, 개체 차이가 큼). • 모성 행동에 관련된 공격인가 파악한다. • 학습에 의한 공격인가 파악한다. • 병적인 공격인가 파악한다.
배뇨 및 배변	• 불안 및 두려움 요소를 파악한다. • 사회적 스트레스인가 파악한다. • 관심을 받고 싶어서인가를 파악한다. • 패드 근처 또는 가구에 실수하는가 파악한다. • 단순한 마킹 행동인가 파악한다. • 기타 다른 곳 또는 다른 상황에서 실수하는가 파악한다.
식분증	• 최초로 언제 먹었거나 입으로 접촉하였는지 파악한다. • 반려견의 어린 시절 발달환경을 파악한다. • 정기적으로 구충을 하는지 파악한다. • 불안해하지는 않는지 파악한다. • 폭력에 노출된 적이 있는지 파악한다. • 사료의 급식량과 영양이 충분한지 파악한다.
파괴 행동	• 반려견의 사회적 · 생리적 스트레스 정도를 파악한다. • 어떤 상황이나 환경을 가장 불안해하는지 파악한다. • 주인과 분리되었을 때 분리불안을 보이는지 파악한다. • 반려견의 기질이 어떤지 파악한다. • 어떤 상황에서 무엇을 파괴하는지 파악한다.
과잉행동	• 어떤 상황에서 어떤 형태의 과잉행동을 하는지 파악한다. • 어떤 사물에 대하여 과잉행동을 하는지 파악한다. • 어린이 · 성인 · 노인 등 어떤 사람에게 어떤 행동을 보이는지 파악한다.
산 책	• 앞에서 어느 정도 심하게 끌고가는지 파악한다. • 다른 사람이나 사물을 보고 어떤 모습을 보이는지 파악한다. • 마주 오는 사람이나 반려견에게 어떻게 반응하는지 파악한다. • 산책 중 냄새 맡는 행동을 심하게 하는지 파악한다. • 입마개에 대하여 불편을 호소하는지 파악한다. • 잘 따라오지 않고 보호자 뒤에 자주 멈추는지 파악한다.
불안장애	• 어느 시기부터 불안한 모습을 보였는지 파악한다. • 주인과 분리되어 불안해하는지 파악한다. • 무서워서 불안해하는지 파악한다. • 폭행의 기억이 있는지 파악한다. • 어떤 사람 · 물건 · 환경에 대하여 불안해하는지 파악한다. • 불안하면 어떤 행동이 나타나는지 파악한다.

④ 반려견의 학습 원리를 바탕으로 교육 방법을 결정한다.

　㉠ 문제 행동의 원인, 문제 행동 반려견의 생활환경, 반려견 보호자의 의지 등을 확인한다.

　㉡ 반려견 종별, 개체 크기, 나이, 보호자의 생활패턴 등을 고려하여 교육 방법을 결정한다.

　㉢ 문제 행동 파악 질문지를 바탕으로 보호자에게 교육 방법을 설명한다.

② 교육 방식(위탁 교육, 방문 교육)에 대하여 보호자와 협의한 후 교육 방법을 결정한다.

⑩ 교육 중이나 교육 종료 후 보호자에 대한 교육도 함께 진행됨을 알려준다.

> **더알아보기**　행동 교정 시 보호자의 마음가짐
>
> 1. 문제 행동 교정에 앞서 사람이 먼저 잘못된 인식을 바꿔야 한다.
> 2. 문제의 원인 제공자는 반려견이 아니라 '나'라는 것을 명심한다.
> 3. 보호자의 강인한 마음은 반려견의 행동 변화를 가져온다.
> 4. 반려견의 교정을 바란다면 보호자가 먼저 강해져야 한다.
> 5. 모든 문제 행동의 교정을 위해서는 꾸준한 반복 훈련과 인내가 필요하다.

(2) 학습 원리에 따른 교정의 실제

① 순화(길들임)를 활용한 반려견 훈련

　㉠ 홍수법을 활용한 훈련(예 차에 타면 토하거나 짖는 반려견 순화)

　　• 차에 태우고 반려견의 상태를 지켜본다.

　　• 짖으면 하차시키고 쉬는 시간을 준다.

　　• 다시 차에 태우고 짖으면 하차시키고 쉬는 시간을 준다.

　　• 반복(10~50회 이상) 진행하고 차에 타서 조용히 있으면 바로 보상한다.

　㉡ 계통적 탈감작법을 활용한 훈련(예 차에 타면 토하거나 짖는 반려견 순화)

　　• 시동을 걸지 않은 상태에서 차 근처에서 움직이면서 보상한다.

　　• 시동을 걸지 않은 상태에서 차를 태운다.

　　• 반복(10~50회 이상)진행하고 승차 후 시동을 걸고 조용하면 짧은 거리를 운행한다.

　　• 반복 운행 중에도 짖지 않으면 조금씩 거리를 늘려간다.

　　• 다음 단계 진행 전, 전 단계의 순화가 충분히 이루어져야 한다.

② 조작적 조건화를 활용한 반려견 훈련(예 산만한 반려견)

　㉠ 1단계 : 3가지 조건(반려견, 클리커, 보상물)을 준비한다.

　　• 반려견과 훈련자 둘만의 교육 공간을 준비한다.

　　• 클리커를 누르고 작은 크기의 보상 주기를 여러 번 반복한다.

　　• 반려견이 클릭 소리는 보상이고 즐겁고 좋은 일이라는 학습이 이루어져야 한다.

　㉡ 2단계 : 교육하고자 하는 행동을 정리한다.

　　• 교육하고자 하는 행동을 작은 장면으로 나누어 정리한다.

　　• 매우 세밀한 행동부터 구체적으로 정리한다(예 산만한 반려견에 대하여 '앉으면 클릭하고 보상')

　㉢ 3단계 : 원하는 행동을 캡처하고 클릭한다.

　　• 반려견이 산만한 행동을 보이거나 돌아다녀도 기다린다.

　　• 앉는 모습을 보이는 순간 바로 클릭하고 보상한다.

　　• 계속 산만하게 돌아다니면 아무 반응을 보이지 않고 기다린다.

　　• 앉을 때마다 매번 클릭하고 보상하며 연속적으로 강화한다.

② 4단계 : 반려견의 행동에 음성 또는 수신호를 입힌다.
- 반려견이 스스로 앉는 행동을 반복할 때 "앉아"라고 말하거나 수신호를 한다.
- "앉아"라고 명령했을 때 잘 앉으면 클릭하고 보상한다.
- "앉아"라고 명령과 동시에 수신호를 하고 잘 앉으면 클릭하고 보상한다.
- 이 행동을 배우기 전까지 "앉아"라는 말은 반려견에게 큰 의미가 없다.

⑩ 5단계 : 클릭과 먹이 보상을 줄이고 원하는 행동을 완성한다.
- 교육이 어느 정도 성과를 보이면 클릭과 보상의 빈도를 줄인다.
- 클릭과 보상의 빈도에 변동비율 또는 변동간격 강화를 실행한다.
- 행동이 완성되면 산만한 반려견이 조금은 안정된 모습을 보인다.

문제 행동 교정에서 "앉아", "엎드려", "기다려"의 활용 용도	
앉아, 엎드려의 활용 용도	**기다려의 활용 용도**
반려견을 안전한 상태에 있게 하고 싶을 때	반려견을 문 앞에서 기다리게 하고 싶을 때
반려견이 짖지 않고 조용히 있도록 하고 싶을 때	차 밖으로 나갈 때까지 안에서 안전하게 머물러 있게 하고 싶을 때
과잉행동을 멈추게 하고 싶을 때	공격성을 보이는 반려견을 안정시키고 싶을 때
가만히 기다리게 하고 싶을 때	다른 반려견이나 사람에게 조용하게 인사하고 휴식을 취하고 싶을 때
손님이 방문했을 때 또는 산책 중 다른 교육을 하고자 할 때	하우스에서 기다리게 하고 싶을 때

③ 처벌을 활용한 반려견 훈련
㉠ 반려견이 겁을 먹지 않도록 주의하면서 충분히 혐오를 느낄 정도의 자극을 부여한다.
㉡ 직접처벌(예 올라타는 행동이 심한 반려견)
- 반려견이 올라타려고 하는 순간을 포착하여 반려견 쪽으로 반걸음 정도 전진하면서 몸이나 상완부를 이용하여 밀치거나 부딪친다.
- 반려견이 올라타는 행위를 하지 않을 때까지 연속해서 여러 번 수행한다.
- 반려견이 얌전히 앉거나 엎드리거나 제자리에 있으면 칭찬하고 보상한다.
- 이때 가볍게 밀치는 행위, 부딪치는 행위를 처벌이라 할 수 있다.
- 동물학대의 의미로 해석되지 않도록 세심한 주의를 기울여야 한다.
㉢ 사회처벌(예 심한 과잉행동)
- 반려견이 바람직하지 않은 행동을 보인 직후, 어둡고 좁은 곳에 가두고 짖는 동안에는 풀어주지 않는다.
- 타임아웃처럼 진정할 때까지 격리시킨다.

(3) 문제 행동 교정의 실제

① 짖음 교정(예 초인종 소리에 심하게 짖는 반려견)

ㄱ 초인종 소리에 대한 부정적인 생각을 긍정적인 생각으로 바꿔준다.

ㄴ 초인종 소리가 나면 현관 반대 방향으로 가서 반려견의 이름을 부르고 따라오면 간식으로 보상한다. 이를 여러 번 반복한다.

ㄷ 반려견은 초인종 소리가 나면 간식을 받는다고 기대하게 되고, 짖지 않아도 된다는 안정감을 갖게 된다.

ㄹ 현관으로 이동 후 "기다려" 신호를 한다. 아무 일이 없다는 신호를 하고 잘 기다리면 보호자의 냄새를 맡을 수 있도록 허락한다.

ㅁ 초인종 소리가 나도 짖지 않으면 클리커를 클릭하고 간식을 준다.

ㅂ 반려견이 짖기 전에 클릭하는 것이 중요하며 초인종 소리에 민감하게 반응하지 않을 때까지 반복한다.

② 공격성 행동 교정

ㄱ 영역적 공격·사회적 공격에 대한 행동 교정

- 낯선 사람이 들어오기 전에 예절교육을 시킨다.
- '앉아, 엎드려, 기다려, 하우스' 훈련을 확실히 수행하도록 훈련한다.
- '앉아 기다려' 상태에서 낯선 사람이 들어오도록 한다.
- 낯선 사람을 보고 반려견이 공격적인 행동을 보이면 낯선 사람은 움직이지 않으면서 말을 하지 않고 잠시 대치한다.
- 대치하는 도중 반려견이 고개를 돌리거나 공격적인 행동을 멈추면 밖으로 물러난다.
- 여러 번 반복하여 낯선 사람이 들어와도 반려견이 편하게 있으면 칭찬이나 보상을 한다.
- 전 과정을 계속 반복하여 보호자가 있을 때 낯선 사람이 출입해도 편안함을 느끼도록 훈련한다.

ㄴ 포식성 공격에 대한 행동 교정

- 평소 집 안과 밖에서 예절교육, 산책연습을 한다.
- 잘 공격하는 반려견의 모형이나 사진판을 실물 크기로 준비한다.
- 모형이나 사진을 10m 정도의 거리에 두고 지나가는 연습을 한다.
- 여러 번 반복하여 반려견이 모형이나 사진에 관심을 갖지 않고 보호자를 따르면 보상한다.
- 반려견이 보호자를 잘 따르면 보조 역할을 할 수 있는 반려견을 준비하고 충분한 거리를 두고 교차한다.
  - 20m 정도 떨어져 시작하고 점차 거리를 좁히며 시도한다.
  - 거리와 방향을 바꿔가며 시도한다.
- 교차 훈련이 잘 이루어지면 나란히 같은 방향으로 산책을 시도한다.
- 많은 시간이 소요되는 훈련으로, 반려견 개체마다 반응하는 정도의 차이가 크다는 점을 인식하고 전문가의 지도 아래에서 훈련할 수 있도록 한다.

ⓒ 학습에 의한 공격에 대한 행동 교정
- 매여 있거나 갇혀 있는 반려견을 반복적으로 괴롭히거나, 훈련받은 반려견을 잘못 관리하면 공격성이 나타날 수 있다.
- 이 경우 반려견은 매우 공격적이며 사람에게 적대감을 보인다.
- 공격성을 보이는 반려견과 교감 활동을 충분히 한다.
- 낯선 사람이 있던 자리에 간식을 두고, 낯선 사람은 이동한다.
- 반려견을 데리고 낯선 사람이 있던 자리로 가 냄새를 맡게 하고, 간식을 먹게 한다.
- 위 과정을 반복하여 수행하면 낯선 사람에 대한 공격성이 줄고 호의를 보인다.
- 위 과정 시 낯선 사람의 역할을 여러 명이 수행한다.

③ 배뇨 및 배변 행동 교정
ⓐ 반려견의 입장에서 생각하고 화장실을 설치한다.
ⓑ 배변 장소는 반려견이 자는 곳과 멀리 떨어진 곳으로 정한다.
ⓒ 보호자가 불편하더라도 반려견이 쉽게 찾을 수 있고 바로 보이는 곳으로 정한다.
ⓓ 화장실 패드를 사용할 경우 2~3장 정도 겹치거나 최대한 크게 만들어 준다.
ⓔ 패드를 편안한 곳으로 생각하도록 간식을 이용하여 보상 계획을 세운다.
ⓕ 반려견이 패드 위에 올라가거나 발로 밟으면 칭찬하고 보상한다.
ⓖ 크레이트를 활용할 경우 2~3시간 간격으로 화장실에 갈 기회를 준다.
ⓗ 화장실에 배설하면 칭찬과 보상을 한다. 실수할 경우 조용히 치운다.
ⓘ 배뇨 및 배변 행동 교정은 보호자가 할애하는 시간에 따라 성공 확률이 달라진다.
ⓙ 하루 중 반려견의 배설 횟수, 잘못된 배설 행동을 한 기간에 따라 훈련 기간이 달라진다.

④ 식분증 행동 교정
ⓐ 식분증의 원인을 파악한다(과한 식욕, 배변을 먹어 보호자의 관심을 받음).
ⓑ 질환이나 영양 결핍이 있는지 건강검진을 받는다.
ⓒ 제한 급식을 하며 영양관리를 한다.
ⓓ 급식 시간을 이용하여 예절교육을 하고 규칙적인 생활의 기초를 만든다.
ⓔ 아침과 저녁에 배변을 위한 산책을 한다.
ⓕ 반려견이 배변 실수를 하거나 먹을 경우 보호자는 관심을 주지 않는다.
ⓖ 적당한 운동과 함께하는 놀이를 제공한다.

⑤ 과잉행동 교정(예 보호자 귀가 시 심하게 올라타는 경우)
ⓐ 과잉행동의 원인을 파악한다(올라탔을 때 칭찬 · 안아주기 · 밀치기, 산책 부족 등).
ⓑ 반려견이 약속된 행동에 잘 따르도록 예절교육을 한다.
ⓒ 반려견이 올라타면 반걸음 앞으로 나아가며 불편하도록 자연스럽게 밀친다. 이때 말은 하지 않는다.
ⓓ 뛰어오르지 않고 서 있거나 앉아 있으면 보상한다.
ⓔ 귀가 시 반려견이 올라타면 아는 척을 하지 않고 바로 방으로 들어가 반려견을 외면한다.
ⓕ 반려견이 앞에서 뛰어오르면 무시하면서 가볍게 밀치고 진행 방향으로 걸어간다.
ⓖ 여러 번 반복 훈련을 하면 문제 행동이 줄어들 것이다.

⑥ 파괴 행동 교정(예 씹는 행위에 의한 파괴 행동)

　　㉠ 파괴 행동의 원인을 파악한다(이갈이, 주위 탐색, 불안 완화, 심심함, 보호자의 관심 등).

　　㉡ 하루 2회 아침, 저녁으로 산책하며 운동을 시킨다.

　　㉢ 반려견이 물 수 있는 적절한 크기의 더미를 이용하여 놀이를 한다.

　　㉣ 반려견의 생활 공간에서 씹으면 안 되는 물건을 치우고 반려견의 접근을 막는다.

　　㉤ 반려견에게 적절한 운동을 시키고 예절교육을 병행한다.

⑦ 불안장애 행동 교정(예 혼자 남으면 불안해하는 반려견)

　　㉠ 분리불안의 원인을 파악한다(사회성 부족, 보호자와의 의사소통 문제, 보호자의 과보호, 자유급식 등)

　　㉡ 외출한다는 말을 하지 않고 기다려 훈련을 시킨다.

　　㉢ 현관에서 가장 먼 곳에서 기다려 훈련을 하면서 보호자는 현관 쪽으로 움직이고, 잘 기다리면 칭찬하고 보상한다.

　　㉣ "기다려"라고 명령 후 현관을 나가고 3초 정도 후에 돌아온다. 안정감을 보이면 칭찬하고 보상한다.

　　㉤ "기다려"라고 명령 후 5초, 7초, 10초, 20초처럼 시간을 늘리며 현관을 나갔다가 들어오는 훈련을 반복 수행한다.

　　㉥ 이때 시간은 10초, 5초, 15초처럼 불규칙적으로 바꾼다. 조금씩 시간을 늘리며 반려견이 안정적으로 잘 기다리면 칭찬하고 보상한다.

　　㉦ 반려견과 보호자의 생활 습관과 행동 등에 변화를 주며 여러 상황에서 훈련한다.

더알아보기　　보호자와 반려견의 서열

1. 보호자의 서열이 강할 때
보호자의 서열이 반려견보다 높으면 보호자에게 순응하고 복종한다. 집안에서 강한 사람에게는 눈치도 보고 말을 잘 듣는다. 반려견보다 낮은 서열이 되면 강자가 있을 때 다른 사람을 무시하는 경우가 있다. 그러므로 가족 구성에서 반려견의 서열이 가장 낮아야 한다.

2. 보호자와 서열이 동급일 때
보호자와 반려견의 서열이 같으면 싸움을 많이 한다. 말을 듣는 것 같다가도 무시하고, 덤비고, 눈치 보는 등의 행동을 반복한다. 서열이 정해질 때까지 이러한 싸움이 지속된다.

3. 보호자의 서열이 낮을 때
반려견은 자기 서열이 더 높다고 여기면 사람을 완전히 무시한다. 마음에 들지 않으면 짖거나 으르렁거리고, 심할 경우 물고 달려든다. 이미 보호자의 영역에서 벗어난 것으로 서열 확립을 위해서는 전문가의 도움이 필요하다.

05 | 실전예상문제

01 다음 중 공포 · 불안에 관련된 반려견 문제 행동은?

① 영역성 공격　　　　　　　　　② 부적절한 배설
③ 분리불안　　　　　　　　　　　④ 과잉 성행동

> **해설** 공포 · 불안에 관련된 반려견 문제 행동은 '분리불안(separation anxiety), 공포증(phobia), 불안기질 (fearfulness)' 등이 있다.

02 다음의 설명과 관련된 문제 행동 교정방법은?

> 반려견에게 필요한 환경 자극을 추가하여 정상행동을 증가시키고 비정상적이거나 원하지 않는 행동을 줄이는 방법이다. 정상행동에 필요한 다양한 자극을 제공하여 행동 기능을 충족시키면 문제 행동을 교정할 수 있다.

① 약 화　　　　　　　　　　　　② 역조건화
③ 환경 풍부화　　　　　　　　　④ 체계적 둔감화

> **해설** 환경 풍부화는 반려견에게 필요한 환경 자극을 추가하여 문제 행동을 줄이고, 정상행동은 늘리는 교정방법이다.

03 반려견의 행동 교정 방법을 바르게 설명한 것은?

① 약화 : 반려견의 현재 행동을 멈추게 하고 얼마 동안 격리한다.
② 노출 : 특정한 문제 자극에 노출시켜 자극에 반응하지 않도록 한다.
③ 역조건화 : 문제 행동을 감소시키거나 소멸시키는 과정이다.
④ 대안 행동 : 자극을 약한 수준에서 조금씩 늘려 강한 정도까지 점진적으로 적응시킨다.

> **해설** 노출은 초기 단계에 특정한 문제 자극을 높은 상태로 노출시켜 이후 문제 자극에 반응하지 않도록 하는 방법이다.
> ① 약화는 반려견의 문제 행동을 감소시키거나 소멸시키는 방법이다.
> ③ 역조건화는 문제 자극을 반려견이 좋아하는 것과 결합하여 그 자극을 우호적으로 수용하도록 하는 방법이다.
> ④ 대안 행동은 반려견에게 문제 행동과 양립할 수 없는 다른 행동을 요구하는 방법이다.

04 반려견에 대한 물리적 자극의 설명으로 옳지 않은 것은?

① 강제성을 가지지만 혐오성을 띠지 않아 부작용이 거의 없다.

② 반려견이 반발하거나 공격적인 행태를 나타낼 수 있다.

③ 교육 전반에 부정적으로 작용할 여지가 있다.

④ 한 번 사용하기 시작하면 의존도가 점차 커질 우려가 있다.

해설 반려견에 대한 물리적 자극은 문제 행동을 일시적으로 억제하는 성향이 강한 방법으로 반려견이 감정적으로 반발하거나 훈련에 부정적인 영향을 줄 수 있고 한 번 사용하기 시작하면 의존도가 점차 커질 수 있다는 부작용이 있다.

05 반려견의 행동에 영향을 주는 요소가 아닌 것은?

① 견 종   ② 생활 환경
③ 과거 경험   ④ 훈련 도구

해설 반려견의 행동에 영향을 주는 요소에는 '유전적 성향, 과거의 경험, 현재의 환경' 등이 있다.

06 반려견의 행동 변화에 대한 설명으로 옳은 것은?

① 문제 행동은 질책할 때 가장 효과적으로 교정된다.

② 특정 훈련 교실을 통해서만 반려견의 행동을 변화시킬 수 있다.

③ 반려견은 보호자에게 보상과 칭찬을 받으려 올바른 행동을 한다.

④ 반려견이 인지할 수 있는 기억은 길기 때문에 한 번만 훈련해도 효과가 있다.

해설 ① 문제 행동은 야단이 아니라 칭찬과 보상을 내릴 때 효과적으로 교정된다.
② 반려견은 언제 어디서나 학습할 수 있다. 특정 훈련 교실에서만 배우는 것이 아니다.
④ 반려견이 인지할 수 있는 기억은 길지 않다. 따라서 반복 훈련해야 행동이 변화된다.

07 반려견의 문제 행동을 예방하기 위한 풍부화 교육을 시작하기 적절한 시기는?

① 반려견 생후 2주

② 반려견 생후 7~8주

③ 반려견 생후 5~10개월

④ 반려견 생후 1년 이상

해설 일반적으로 반려견의 보호자가 관리하기 시작하는 생후 7~8주부터 행동학적 풍부화 요소를 중심으로 주차별 풍부화 제공 프로그램을 제공한다.

08 다음 중 새로운 환경에서의 분리불안을 예방할 수 있는 도구는?

① 간 식   ② 장난감
③ 배변패드   ④ 이동용 개집

> **해설** 반려견이 어릴 때부터 이동장을 편한 곳으로 인식하게 하면 새로운 환경에서의 분리불안을 예방할 수 있다.

09 산책훈련에 대한 설명으로 옳지 않은 것은?

① 실내에서 먼저 산책연습을 한다.
② 보호자의 보폭에 맞게 따라오도록 유도한다.
③ 반려견을 좌측에 두고 오른손으로 간식을 주며 훈련한다.
④ 좋아하는 간식으로 시선을 집중시키며 앞서 나갈 때 간식으로 칭찬한다.

> **해설** 반려견이 앞서 나가지 않고 보호자와 나란히 걷도록 훈련한다.

10 산책 시 반려견이 보호자 옆에서 걸을 때 의미로 옳은 것은?

① 심리적으로 안정된 상태이다.
② 주변 환경에 주눅이 들어 있는 상태이다.
③ 통제할 수 없는 상황에 대하여 두려워하고 있는 상태이다.
④ 심성이 나약하여 보호자에게 의지하고 있는 상태이다.

> **해설** 산책 시 반려견이 보호자 옆에 붙어 따라다니는 것은 심리적으로 안정된 상태를 의미한다. 반려견이 보호자보다 서열이 강할 때 호기심, 공격적 성향이 나타나면 보호자를 앞서는 경향이 강하며, 소심한 성품이거나 보호를 바라는 경우 보호자 뒤를 따르는 경향이 강하다.

11 산책용 목끈 적응 훈련에 대한 설명으로 옳지 않은 것은?

① 집 안에서 목끈을 착용시키고 함께 걸어 본다.
② 목끈을 착용시킨 상태로 급식하고 잠을 재운다.
③ 목끈 길이만큼 이동하며 잘 따라오면 보상한다.
④ 먼저 긴 목끈에 적응하도록 하고 이후 짧은 목끈을 적응시킨다.

> **해설** 먼저 50~60cm 짧은 목끈에 적응하게 하고 잘 적응하면 120cm 정도의 일반 목끈을 착용시켜 적응하게 한다.

12 반려견과 가족 구성원의 친화 방법으로 옳은 것은?

① 어릴 때부터 반려견을 계속 안아주며 보호한다.
② 반려견과의 교감을 위하여 그루밍을 해준다.
③ 식사 시간에 가족이 먹는 음식을 반려견에게 준다.
④ 반려견이 가족 구성원이 생활하는 공간 어디에서나 휴식을 취하게 한다.

해설 ① 반려견을 과하게 안아주면 사람과 떨어지는 것을 싫어하게 된다. 이는 분리불안의 원인이 된다.
③ 사람이 먹는 음식을 주지 않도록 하고 가족 식사가 끝난 후 반려견의 급식을 한다.
④ 집 안 전체가 반려견의 영역이 되어서는 안 된다. 반려견이 휴식할 공간을 따로 마련해 준다.

13 이동장 적응 훈련 방법으로 옳지 않은 것은?

① 이동장에 들어가면 좋은 일이 생긴다는 것을 인식시킨다.
② 반려견이 어릴 때부터 이동장을 편안한 곳으로 인식시킨다.
③ 이동장 둔감화 교육은 단시간 내에 진행하여 일상 속 물건이 되게 한다.
④ 강화물을 활용하여 반려견이 스스로 이동장에 들어가서 쉬게 한다.

해설 이동장 둔감화 교육은 10~15일 정도 충분한 시간을 두고 실행하도록 한다.

14 낯선 사람을 만나는 둔감화 훈련에 대한 설명으로 옳은 것은?

① 반려견이 빠르게 움직이는 사람을 보고 짖으면 보상한다.
② 반려견이 낯선 사람을 보고 짖으면 강하게 질책한다.
③ 낯선 사람이 큰소리를 내며 반려견에게 접근하도록 한다.
④ 아이들과 만날 경우 반려견과의 접촉은 최소한으로 허용한다.

해설 ① 사람을 보고 편하게 있을 때 보상한다.
② 반려견에게 강압적으로 행동하면 안 된다.
③ 큰소리는 반려견을 자극할 수 있으므로 가급적 피한다.

15 다음의 상황에서 유용하게 활용되는 명령어는?

> • 공격성을 보이는 반려견을 안정시키고 싶을 때
> • 반려견을 차 안에서 안전하게 머물러 있게 하고 싶을 때
> • 다른 반려견이나 사람에게 조용하게 인사하고 휴식을 취하고 싶을 때

① "와." ② "앉아."
③ "엎드려." ④ "기다려."

해설 반려견에게 "기다려."라고 지시하면 반려견은 지시받은 장소에서 지시받은 동작 그대로 기다린다. 훈련자가 활동하는 상황이나 반려견의 안전을 확보해야 하는 상황에서 유용하다.

16 보호자와 반려견의 갈등이 가장 심한 서열 단계는?

① 보호자가 서열이 강할 때
② 보호자와 반려견의 서열이 같을 때
③ 반려견의 서열이 보호자보다 위일 때
④ 보호자와 반려견이 서로 무관심할 때

해설 보호자와 반려견이 서열이 동급이면 갈등이 심하다. 서열이 정해질 때까지 반려견이 보호자의 말을 듣는 것 같다가도 무시하고, 덤비고, 눈치 보는 등의 행동이 반복된다.

17 낯선 사람을 공격하는 반려견의 행동 교정 방법으로 옳지 않은 것은?

① 우선 '앉아, 엎드려, 기다려, 하우스'를 확실히 수행하도록 훈련한다.
② 낯선 사람은 반려견이 공격적인 행동을 하면 바로 자리를 피한다.
③ 인내를 가지고 훈련 과정을 여러 번 반복한다.
④ 낯선 사람이 들어와도 반려견이 편하게 있으면 보상한다.

해설 반려견이 공격적인 행동을 보이면 낯선 사람은 말을 하거나 움직이지 말고 잠시 대치한다.

18 반려견의 문제 행동 교정 시 유의할 사항으로 옳은 것은?

① 훈련 중에는 반려견에게 주도권을 준다.
② 공격성을 보이는 반려견 앞에서는 가능한 활발히 움직인다.
③ 필요할 경우 체벌을 가하거나 꾸짖으며 문제 행동을 교정한다.
④ 무시할 때에는 반려견을 보거나 말을 하지 않는다.

> 해설 문제 행동 교정 시 무시의 방법을 사용할 때에는 다른 말을 하지 않는다.
> ① 보호자나 훈련사가 주도권을 쥐고 있어야 한다.
> ② 공격성을 보이는 반려견 앞에서는 불필요하게 움직이지 않는다.
> ③ 꾸짖거나 체벌을 가하는 것은 잘못된 훈련 방법이다.

19 식분증이 있는 반려견을 교정하는 방법으로 옳지 않은 것은?

① 배변을 먹을 시 반려견에게 관심을 준다.
② 질환이나 영양 결핍이 있는지 검진을 받는다.
③ 아침저녁으로 배변을 위한 산책을 한다.
④ 정해진 시간에 제한 급식을 하며 영양관리를 한다.

> 해설 반려견이 배변 실수를 하거나 먹을 경우 관심을 주지 않는다.

20 다음은 불안장애가 있는 반려견의 행동 교정법이다. 그 내용이 옳지 않은 것은?

분리불안의 원인을 파악한다.
반려견에게 '나갔다 올게.'라는 말을 하고 '기다려' 훈련을 시킨다. – ㉠
현관에서 가장 먼 곳에서 '기다려' 훈련을 하며 보호자는 현관 쪽으로 움직인다. – ㉡
'기다려' 명령 후 현관을 나간 뒤 3초 후 돌아온다. – ㉢
'기다려' 명령 후 불규칙적으로 시간 변경하며 점차 나가는 시간을 늘린다. – ㉣
반려견이 잘 기다리면 칭찬하고 보상한다.

① ㉠   ② ㉡
③ ㉢   ④ ㉣

> 해설 행동 교정 시 보호자가 나간다거나 외출한다는 말은 하지 않는다.

06 | 반려견 훈련대회

1 세계애견연맹 FCI 대회 규정

(1) 윤리 규정

① 개를 기르고 적절히 훈련하는 일은 인간의 윤리적 책임에 해당된다. 훈련 방식은 행동학자들이 인정한 기준을 충족해야 하며, 특히 사육에 있어서 이 점을 중요한 요소로 고려해야 한다. 무력을 동원하여 훈육과 훈련을 실시하고 훈련 효과를 얻으려고 해서는 안 되며, 개에게 긍정적인 방법을 활용해야 한다. 나아가 적절한 훈련이나 사육, 보조 훈련을 충분히 활용하지 않고 곧장 기술을 적용하려는 방식도 자제해야 한다.

② 개를 위한 스포츠에 참가하는 경우에는 반드시 개의 능력과 경쟁 정신, 의욕에 보조를 맞추어야 한다. 약물이나 동물학대로 개의 학습 역량에 영향을 주려는 방식은 근절되어야 한다.

③ 사람은 개가 지닌 가능성을 세심하게 평가할 줄 알아야 한다. 해낼 능력이 없는 일을 개에게 강요한다면, 우리가 지켜야 할 윤리적인 양심에 어긋나는 일이 될 것이다. 자신의 개에게 진심 어린 친구가 되어 개를 책임질 수 있는 사람만이 건강하고 충분한 능력을 갖춘 개와 함께 경기나 시합, 훈련에 참여할 수 있다.

(2) 규정 일반

① 효 력

㉠ 본 규정은 FCI 사역견 위원회가 작성하여 2011년 4월 13일 이탈리아 로마에서 개최된 FCI 총회에서 확정되었다. 2012년 1월 1일부터 본 규정이 기존의 모든 규정을 대체하여 효력을 가진다.

㉡ 본 규정은 독일어로 작성되어 총회에서 승인되었다. 불확실한 부분이 발생한 경우 독일어 원문이 다른 언어로 번역된 규정보다 우선권을 갖는다.

㉢ 본 규정은 FCI 회원국, 계약이 체결된 협력자(기관) 전체에 적용된다.

㉣ 훈련과 경쟁을 목적으로 하는 모든 국제 경기는 본 규정을 준수해야 한다.

② 일반 정보

㉠ 국제 경기와 대회는 두 가지 목적에 부합해야 한다. 개는 각자 특정 용도의 적합성을 인정받아야 하며, 전체적인 건강에 이바지하는 동시에 개의 능력을 대대로 유지시키고 점차 강화시키려는 노력이 윤리적으로 행해지도록 한다. 더불어 개의 건강 증진과 체형 관리에도 긍정적인 영향을 주어야 한다. 시험의 통과 여부는 개의 사육 가치를 입증하는 증거가 된다.

ⓛ 각 회원국의 대표 단체는 IGP를 널리 알리는 역할을 담당한다. 특히 국제 경기는 IGP의 기본개념에 맞게 시행되어야 한다. 경기와 대회에 참가하는 사람은 스포츠맨 정신에 입각하여 적합한 방식과 태도로 임해야 한다. 본 규정의 운영에 관한 규칙은 구속력을 가지며, 모든 참가자가 준수하고 의무를 다해야 한다. 경기 장소와 시간은 회원국 전체에 공개적으로 고지된다.

ⓒ 각 경기와 대회에서는 수준별 경기 전체와 개별 시험의 전 단계가 실시되어야 한다. 한 경기에서 치러진 수준별 경기를 모두 통과한 경우에 한하여 타이틀을 취득한 것으로 인정되고, 취득한 타이틀은 FCI 회원국 전체에서 인정된다. 스틱 시험을 법으로 금지한 국가에서는 본 규정 시행 시 해당 내용을 제외할 수 있다.

③ 대회 시기

경기는 기상 조건이 적합하고 참가자와 개의 건강에 악영향을 주지 않는다면 연중 언제든 개최할 수 있다. 이 요건에 맞지 않는 경우에는 경기를 개최할 수 없다. 개최 여부는 심사위원이 단독으로 결정한다. 각국의 대표 단체는 자국 내에서 개최되는 경기의 시기를 제한할 수 있다.

④ 대회 조직/대회 의장(PL)

㉠ 대회 의장(PL)은 행사의 조직을 책임진다. 의장은 경기 준비와 개최에 필요한 제반 사항을 최종 결정하고 감독한다. 또한 행사가 질서정연하게 진행되도록 관리하고, 행사가 진행되는 동안에는 반드시 심사위원의 의견을 수용해야 한다.

㉡ 대회 의장은 개를 출전시키거나 기타 다른 의무를 수행할 수 없다. 의장의 의무는 아래와 같다.
- 행사에 필요한 서류 획득
- 경기 규정에 따라 경기 전 단계를 치를 수 있는 적절한 장소 확보
- 경기장 부지의 소유주나 공원 관리인과 경기에 필요한 합의 도출
- 방호 시험, 수색 경로 형성, 단체 관리 등을 도와줄 숙련된 자원봉사자 모집
- 행사 개최에 관한 승인 획득
- 필요한 용품과 헬퍼용 보호장비 마련
- 심사위원용 평가표, 공식 경기 전 사전 심사 목록 등 서면 작성 양식 준비
- 득점기록부, 혈통서, 예방접종 증명서 등 필요한 서류 확인, 필요한 경우 보험 증명 서류 확보

㉢ 대회 의장은 반드시 행사 3일 전에 심사위원들에게 행사장의 위치와 시작 시간, 지시 사항, 경기 종류, 참가견의 수를 통보해야 한다. 본 정보가 제공되지 않은 경우, 심사위원은 심사를 거부할 권리를 가진다. 또한 경기 시작 전, 심사위원들에게 행사에 대한 권한을 부여해야 한다.

⑤ 심사위원(LR)

㉠ 심사위원은 IGP 경기에서 판정 권한을 가진다. 행사를 주최하는 단체가 초청하거나 각국 대표 단체가 선정할 수 있다. 세계경기대회의 경우 FCI 사역견 위원회에 심사위원 배정을 요청할 수 있다. 심사위원의 수는 행사를 주최하는 단체가 결정하되, 심사위원 1인이 심사할 수 있는 과목은 하루 최대 36과목이다(세계경기대회에서는 본 제한 요건이 적용되지 않는다).

- FPr 1~3단계 한 과목으로 산정
- Upr 1~3단계 한 과목으로 산정
- SPr 1~3단계 한 과목으로 산정
- StPr 1~3단계 한 과목으로 산정
- BH/VT 두 과목으로 산정
- IGP-VO, IGP ZTP 세 과목으로 산정
- IGP 1단계, IGP 2단계, IGP 3단계 세 과목으로 산정
- FH 1단계, FH 2단계 세 과목으로 산정
- IGP-FH 세 과목으로 산정

ⓛ 회원국 대표 단체가 기획한 주요 행사의 경우 특별 규정을 마련할 수 있다.

ⓒ 심사위원은 자신이 소유하거나 권리를 가진 개, 또는 심사위원 본인의 동거인이 소유한 개나 가족의 일원이 소유한 개를 심사할 수 없다.

ⓔ 심사위원은 심사할 개를 만질 수 없다.

ⓜ 심사위원은 참가견의 작업수행에 방해가 되거나 영향을 주는 행동을 해서는 안 된다.

ⓗ 심사위원은 시험 규정을 준수하고 올바르게 따르도록 만들어야 할 책임이 있으므로, 참가자가 시험 규정을 준수하지 않거나 자신의 지시를 따르지 않는 경우 경기를 중단시킬 수 있는 권한을 가진다. 그와 같은 상황이 발생한 경우 심사위원은 해당 국가의 대표 단체 담당 부서로 서면 보고서를 제출해야 한다.

ⓢ 참가자가 스포츠맨다운 태도에 어긋나는 행동을 하거나 개를 자극할 수 있는 물건을 소지한 경우, 규정에 불응한 경우, 동물 권리 규정을 준수하지 않은 경우, 어떠한 방식으로든 각국의 문화적 관습에 맞지 않는 행동을 한 경우, 심사위원은 해당 참가자의 참가 자격을 박탈할 수 있는 권한을 가진다. 경기에서 중도 탈락하면 반드시 득점기록부에 주석을 달아 기록해야 한다. 참가 자격이 박탈되면, 해당 참가자가 획득한 점수는 일체 인정되지 않는다.

ⓞ 심사위원의 판정 결과는 최종 판단이며 이의를 제기할 수 없다. 판정 결과에 대하여 참가자가 어떠한 형태로든 비난 의사를 표시할 경우 퇴장 당할 수 있으며 징계 조치가 취해질 수 있다.

ⓩ 판정 결과가 아닌 심사위원이 적용한 규정에 이의가 있다면, 정당한 근거가 있는 경우에 한하여 판정 후 8일 이내에 이의를 제기할 수 있다. 해당 사항은 반드시 서면으로 작성하고 이의를 제기한 당사자의 서명과 함께 한 명 이상의 증인에게 서명을 받아 행사를 주최한 단체 또는 소속 국가 대표 단체를 통해 제출해야 한다. 이의 제기로 심사위원의 판정 내용이 자동으로 바뀌지는 않는다. 이의 사항에 관한 결정은 각국의 대표 단체가 처리하며, 해당 단체는 FCI 사역견 위원회에 이의서를 제출하고 최종 판단을 요청할 수 있다.

⑥ 대회 참가자

　㉠ 대회 참가자는 행사의 참가 신청 기한을 준수해야 하며, 참가 신청서 제출 시 참가비 지불에 동의한 것으로 간주된다. 부득이하게 경기에 불참하게 된 경우, 반드시 대회 의장에게 즉각 통보해야 한다. 참가자는 예방접종 확인서를 제출하고 동물 권리 규정을 준수해야 한다. 또한 참가자는 대회 의장과 심사위원 지시에 따라야 한다. 참가자는 자신의 개를 스포츠맨다운 태도로 동반해야 하며 참가한 경기는 각 단계에서 취득한 결과와 상관없이 끝까지 완료할 의무가 있다. 결과(시상식)가 발표되고 득점기록부가 반환되면 경기는 종료된다.

　㉡ 참가견이 부상을 입거나 실격된 경우, 심사위원은 핸들러가 동의하지 않아도 경기 진행을 중단시킬 권한을 가진다. 핸들러가 출전을 포기하면 득점기록부에는 '출전 중단에 따른 부적합 판정'이 기재된다. 명백한 부상이 발생하거나 핸들러가 수의사의 진단서를 제시하고 출전을 포기한 경우에는 득점기록부에 '질병에 따른 참가 중단'으로 기재된다. 심사위원은 핸들러가 스포츠맨 정신에 어긋나는 행동을 하거나 개에게 자극을 줄 수 있는 물건을 소지한 경우, 경기규정이나 동물 권리 규정을 위반한 경우, 문화적 관습에 맞지 않는 행동을 한 경우 경기를 중단시킬 수 있다. 중도 탈락 시 사유와 함께 득점기록부에 기록된다. 실격 처리된 경우 획득한 점수는 모두 무효가 된다.

　㉢ 핸들러는 경기 전 단계에서 리드줄을 휴대해야 한다. 참가견에게는 한 줄로 된 단순한 형태의 올가미 식 목줄(초크칼라)을 느슨하게 채우고 리드줄과 연결하지 않은 상태로 둔다. 경기에서 가죽 목줄이나 진드기 방지용 목줄, 갈고리 목줄(핀치칼라) 등 그 외 다른 종류의 목줄은 허용되지 않는다.

　㉣ 본 규정은 행동 검사가 실시되는 반려견(BH) 경기에는 적용되지 않으며, 해당 경기에서는 다른 형태의 목줄이 허용된다.

　㉤ 목줄은 경기의 맨 첫 단계로 실시되는 기질검사부터 시상식이 끝날 때까지, 경기가 진행되는 동안 계속 채워둔다. 리드줄은 눈에 보이지 않게 보관하거나 참가자의 왼쪽 어깨에 걸치고 아래로 늘어뜨린 상태로 휴대할 수 있다.

　㉥ 경기 규정에 명시된 명령어는 보통 어조로 짧게 한 단어처럼 말한다. 명령어의 언어 종류에는 제한이 없으나, 한 과목을 치르는 동안에는 한 가지 언어만 사용해야 한다(이 사항은 경기 전 단계에 적용된다). 규정에 명시된 명령어는 예시에 해당되며, 같은 동작에는 한 가지 명령어가 동일하게 사용되어야 한다.

　㉦ 수준별 경기에서 한 단계에 여러 명의 참가자가 출전한 경우, 시작 순서는 반드시 추첨으로 결정해야 한다. 최소 참가자 수는 네 명이며 단독 출전은 허용되지 않는다.

　㉧ 참가견의 핸들러가 장애인이고 이로 인해 개를 왼쪽으로 인도할 수 없는 경우, 오른쪽으로 인도 할 수 있다. 해당 경우에는 규정의 내용도 참가견을 오른쪽으로 인도하는 것을 감안하여 왼쪽이 아닌 오른쪽 기준으로 해석하여 적용한다.

　㉨ 참가자는 각 타이틀에 원하는 만큼 여러 차례 도전할 수 있다. 수준별 경기는 1, 2, 3단계의 순서로 진행되며, 핸들러가 상위 수준 경기에 참가하기 위해서는 전 단계 경기를 통과해야 한다. 경기가 자격획득이나 순위 경쟁과 무관한 경우를 제외하고, 참가견은 항상 순서대로 상위 단계에 출전시켜야 한다.

⑦ 목줄 요건/리드줄 소지

    ㉠ 보험 약관의 책임 의무에 따라, 핸들러는 참가견과 함께 이동하는 동안 개를 리드줄로 이끌어야 한다. 리드줄은 핸들러의 몸에 걸치거나(이 경우 참가견과 먼 쪽에서 줄을 쥔다) 참가견에게 보이지 않도록 소지할 수 있으며 리드줄 착용을 위해 참가견은 항상 목줄을 착용한 상태여야 한다.

    ㉡ 심사위원은 본 사항이 준수되고 있는지 계속해서 눈으로 점검해야 한다. 뾰족한 침이나 갈고리 등 고리가 달려 있지 않은 올가미 형태의 목줄(초크칼라)을 개의 목에 느슨하게 매야 하며, 진드기 방지용 목줄은 경기 출전에 앞서 제거해야 한다.

    ㉢ 올가미 식 목줄의 종류는 일반적으로 판매되는 제품의 범위를 벗어나지 않아야 하며 특히 목줄의 무게 면에서 이 점을 준수해야 한다. 심사위원은 의심스러운 경우 목줄 교체를 요청할 수 있으나, 해당 요청은 경기가 시작되기에 앞서 전달되어야 한다.

    ㉣ 날카로운 침이 부착된 목줄을 은폐하는 등의 행위가 의심되는 상황이 발생한 경우, 심사위원은 해당 핸들러가 경기 다음 단계에 출전하지 못하도록 실격 처리한다. 이때 득점기록부 기재 내용은 '스포츠맨 정신에 어긋나는 행위로 인한 실격'으로 하며, 앞서 취득한 점수는 모두 삭제된다.

    ㉤ 추적 경기가 진행되는 동안, 참가견은 올가미식 칼라나 조끼와 함께 가슴줄(하네스)을 추가로 착용할 수 있다. 참가견이 경기 도중 부상을 입거나 다른 이유로 인해 경기 수행 능력이 제한된 경우, 심사위원은 핸들러의 반발 여부와 상관없이 해당 참가견의 출전을 중단시킬 권리를 가진다.

⑧ 질병/부상으로 인한 출전 포기

    ㉠ 경기에 출전한 참가견의 건강 상태가 좋지 않은 경우

        • 핸들러가 경기 중 한 단계를 완료한 후에 참가견의 건강 이상을 보고한 경우, 수의사 검진을 받고 진단서를 받는다.

        • 경기 문서에는 '질병으로 인한 경기 종료'로 기입한다.

        • 핸들러가 수의사 검진을 거부하는 경우 경기 문서에는 '출전 중단에 따른 부적합 판정'으로 기입한다.

        • 수의사 진단서는 소급 적용될 수 있으며, 핸들러가 4일 이내에 진단서를 제출하지 않으면 심사위원은 득점기록부에 '출전 중단에 따른 부적합 판정'으로 기재한 후 핸들러에게 돌려준다.

        • 핸들러의 거부로 득점기록부를 심사위원이 임시 보관하지 못한 경우, 심사위원은 곧바로 '출전 중단에 따른 부적합 판정'으로 기재한다.

        • 득점기록부 반환 과정에서 발생하는 모든 비용은 핸들러가 부담한다

    ㉡ 참고 : 심사위원은 참가견이 아프거나 부상을 입은 것으로 판단될 경우 자체 판단으로 경기 출전을 중단시킬 수 있다. 노령견도 동물 권리에 관한 법률에 의거, 경기 출전이 어렵다고 판단되면 이 경우에 해당될 수 있다. 득점기록부에는 '부상으로 인한 참가 종료'로 기입한다.

⑨ 입마개 착용 의무

    ㉠ 국가마다 공공장소에 개를 동행할 때 지켜야 할 의무 사항을 법률로 정하고 있다. 해당 법률에 따라, 반려견 경기(BH/VT; Begleithund/Verhaltens Test)에서 핸들러에게 참가견의 입마개 착용 의무가 부과될 수도 있다.

ⓛ 참가견이 경기 도중 부상을 입거나 기타 사유로 인해 수행 능력이 제한된 경우, 심사위원은 핸들러가 반발하더라도 해당 참가견의 경기를 중단시켜야 한다.

⑩ 경기 출전 요건

ⓣ 경기 당일 기준으로 참가견은 예외 없이 월령 기준을 충족해야 한다. 참가견은 회원국 대표 단체(LAO)가 정한 규정에 따라 BH-VT를 통과한 후 경기에 출전해야 한다.

- BH/VT, IGP-VO : 15개월
- IGP 1단계 : 18개월
- IGP ZTP : 18개월
- IGP 2단계 : 19개월
- FPr 1~3단계 : 15개월
- IGP 3단계 : 20개월
- UPr 1~3단계 : 15개월
- FH 1단계 : 18개월
- SPr 1~3단계 : 18개월
- FH 2단계 : 20개월
- 유류품 수색(StPr 1~3단계) : 15개월
- IGP-FH : 20개월

ⓛ FPr 1~3단계 참가견은 IGP 규정에 해당하는 개별 추적 활동을 이해할 수 있어야 하며, UPr 1~3단계 참가견은 IGP-3단계 경기에서 복종에 해당하는 개별 활동을 수행할 수 있어야 한다. 또한 SPr 1~3단계 참가견은 IGP 규정집의 C 과목에 해당하는 방호 활동을 이해할 수 있어야 한다. 각 활동의 수행 능력은 공식적인 증명서 취득 과정 없이 개별 시험을 통해 확인할 수 있다. 개의 크기나 혈통, 지위와 상관없이 모든 개가 경기에 참가할 수 있으나, 참가견은 IGP가 정한 요건을 모두 충족해야 한다.

ⓒ 핸들러는 하루에 한 경기에만 참가할 수 있다. 한 경기에 핸들러 한 사람이 출전시킬 수 있는 개는 최대 두 마리이다. 각 참가견은 한 경기에서 하나의 타이틀만 획득할 수 있다.

ⓔ 예외 : BH/VT 및 IGP 1단계, FH 1단계 발정기인 암컷도 모든 경기에 참여할 수 있으나, 다른 핸들러의 참가견과 분리하여 참가해야 한다. A 과목에서는 정해진 순서에 따라 참가하고 나머지 과목에서는 마지막 순서로 참가한다. 임신 상태가 육안으로 뚜렷하게 구분되는 암컷이나 수유 중인 암컷, 새끼를 동반한 암컷은 경기에 참가할 수 없다. 전염성 질환이 발생한 것으로 의심되는 개는 모든 경기에서 제외된다.

⑪ 기질 검사

ⓣ 기질 검사의 실시

- 경기가 시작되어 첫 번째 과목의 시험이 시작되기에 앞서, 심사위원은 참가견을 대상으로 경기 참가자격의 공정성을 확보하기 위한 검사를 실시해야 한다. 본 검사에는 개체 식별(문신이나 이식 칩 등의 확인) 단계가 포함된다. 이 검사를 통과하지 않은 개는 경기에 참가할 수 없으며 실격 처리될 수 있다. 칩이 이식된 참가견의 소유자는 칩 판독장치를 준비할 의무가 있다.

- 더불어 심사위원은 경기 전 과정에서 참가견의 기질을 관찰한다. 참가견이 부적절한 기질을 보인 경우, 심사위원은 참가 자격을 취소시킬 수 있으며 해당 경우 득점기록부에 내용을 기록해야 한다. 부적절한 기질로 인해 실격 처리된 참가견은 회원국 대표 단체에 서면으로 해당 사실을 보고해야 한다.

ⓒ 기질 검사 시행
- 기질 검사는 일반적인 환경 조건에서 참가견을 중립적인 판단이 가능한 위치에 두고 실시해야 한다.
- 모든 참가자는 심사위원에게 참가견을 개별적으로 보여주고 평가를 받는다.
- 참가견은 일반적인 리드줄이 연결된 상태로 평가를 받아야 하며, 이때 리드줄은 느슨하게 잡은 상태여야 한다.
- 심사위원은 참가견을 자극할 수 있는 행위를 하지 않아야 한다. 참가견은 접촉을 받아들일 수 있어야 한다.

ⓒ 판 정
- 긍정적인 태도 : 감정을 자제하고 자신감을 보이며, 안정적이고 집중하는 태도를 보이고 활력이 넘치며 한쪽으로 치우치지 않는 태도를 보이는 경우
- 불합격 기준에 가까운 합격 : 약간 불안정하거나 긴장하고 불안해하는 경우. 해당 참가견은 경기에 참가할 수 있으나 경기가 진행되는 동안 면밀한 관찰 대상이 된다.
- 부정적인 태도 또는 부적절한 기질 : 행동이 적극적이지 않고 불안정하며 겁을 먹고 총성에 민감하며 통제가 불가능하여 물거나 공격적인 행동을 하는 경우. 해당 참가견은 실격 처리된다.

⑫ 평가 체계
수행 능력은 평가 등급(자격 인정)과 점수로 표시한다. 활동마다 수행 수준이 반영된 성적(자격)과 그에 상응하는 점수가 부여되어야 한다.

㉠ 백분율 계산
- 평가 등급 백분율 100% 기준 감점으로 평가 시 탁월 96% 이상, 마이너스 4%
- 매우 우수 95%에서 90%, 마이너스 5%에서 10%
- 우수 89%에서 80%, 마이너스 11%에서 20%
- 만족 79%에서 70%, 마이너스 21%에서 30%
- 부적합 70% 미만, 마이너스 31%에서 100%

㉡ 경기의 각 과목에 대한 평가 결과는 총점으로만 부여된다. 개별 동작에 대한 평가 결과는 부분 점수로 부여될 수 있으며, 부분 점수를 합산한 총점은 반올림하거나 내림으로 계산하여 도출한다.

㉢ 동점인 경우에는 C 과목의 점수가 높은 쪽이 우승한다. C 과목이 동점이면 B 과목의 점수가 높은 쪽이 우승한다. 세 과목의 점수가 모두 같은 경우에는 동일한 등수를 부여한다.

⑬ 실 격
㉠ 참가견이 핸들러나 경기장에서 벗어나서 명령이 3회 주어진 후에도 돌아오지 않으면 실격 처리된다.
㉡ 실격 시 그 이전 단계까지 획득한 모든 점수가 삭제되며 득점기록부에 점수나 평가 등급이 기재되지 않는다.

ⓒ 심사위원이 참가견의 기질이 부적합하다고 판단하거나 핸들러의 행동이 스포츠맨 정신에 어긋난다고 판단한 경우(음주 상태, 개를 자극할 수 있는 물품이나 음식물 소지 등), 또는 대회 규정을 위반하거나 동물권리법을 위반한 경우, 문화적 관습에 위배되는 행동을 한 경우 해당 핸들러와 참가견은 실격 처리되어 다음 경기에 출전할 수 없다.

ⓔ 참가견이 핸들러가 통제할 수 없는 상태이면(측면/후면 호송 단계에서 참가견이 핸들러나 경기장에서 벗어나 명령이 3회 주어져도 돌아오지 않는 경우, 헬퍼의 소매 외에 다른 곳을 물고 놓지 않는 경우 등) 해당 핸들러와 참가견은 실격 처리되어 다음 경기에 출전할 수 없다.

문제행동	결과
• 핸들러가 스포츠맨 정신에 어긋나는 행동을 한 경우 예 개를 자극할 수 있는 물건이나 음식을 소지하는 등 • 경기 규칙, 동물권리법을 위반하거나 문화적 관습에 위배되는 행동을 한 경우 • 뾰족한 침 등이 포함된 목줄, 고무줄 등을 몰래 사용한 것으로 의심되는 경우 • 경기장 전체에서 위 사항에 해당되는 경우	• 실격 처리, 획득한 점수 전체 불인정, 등급 없음. 평가 종료
• 기질 검사를 통과하지 못한 경우	• 기질 부적합으로 인한 실격 처리, 획득한 점수 전체 불인정, 등급 없음. 평가 종료
• 참가견이 핸들러나 경기장에서 벗어나 3회 명령에도 돌아오지 않는 경우	• 실격 처리, 획득한 점수 전체 불인정, 등급 없음. 평가 종료

⑭ 도움에 관한 요건

ⓐ 핸들러는 경기 규칙에서 감점 사항으로 명시된 행위를 숙지하여야 한다.

ⓑ 핸들러가 참가견을 도울 경우, 부정행위로 간주하여 감점 처리된다.

⑮ 평 가

각 경기에서 참가견이 취득 가능한 점수의 70퍼센트 이상을 획득하면 '합격'으로 간주한다.

최고점수	탁 월	매우 우수	우 수	만 족	부적합
100점	96~100	90~95	80~89	70~79	0~69
300점	286~300	270~285	240~269	210~239	0~209
200점 [복종 및 방호(Apr)]	192~200	180~191	160~179	140~159	0~139

⑯ 워킹 챔피언 타이틀

ⓐ '인터내셔널 워킹 챔피언' 타이틀은 FCI가 회원국 대표단체를 통해 타이틀 획득을 신청한 핸들러에게 부여한다.

ⓑ 인터내셔널 워킹 챔피언 자격(CACIT) 및 국제 작업견 예비 챔피언 자격(Reserve CACIT)은 FCI의 승인을 받아 실시되는 대회에서 최고 수준(3등급)이 입증된 참가견에게 수여된다.

ⓒ 인터내셔널 워킹 챔피언 대회에는 FCI 회원국 대표 단체 전체를 초청해야 한다. 심사위원은 최소 두 명으로 구성하며, 이 중 한 명은 타 회원국의 대표 단체에서 선정한 위원이어야 한다. 챔피언 타이틀은 심사위원의 제안을 통해 수여된다.

ⓔ CACIT 및 예비 CACIT은 아래 조건을 충족시킨 참가견에 한해 수여할 수 있다.
- 쇼 행사에서 최하 '매우 우수' 이상의 등급을 취득한 참가견
- 경기에서 최하 '매우 우수' 이상의 등급을 취득한 참가견. 단, 해당 등급을 취득하여도 타이틀이 자동으로 주어지지는 않는다.
- FCI 견종 목록에서 1, 2, 3그룹에 해당하는 견종. 훈련경기대회(사역견, 추적견)에는 해당 견종에 한해 출전할 수 있다.

ⓜ '국가 워킹 챔피언' 타이틀은 각 회원국 대표 단체의 규정에 따라 관리된다.

⑰ 득점기록부
　ⓖ 대회 참가견 전체가 의무적으로 득점기록부를 작성해야 한다. 득점기록부는 핸들러가 소속된 각 회원국 대표단체의 지시에 따라 발행된다.
　ⓛ 참가견 한 마리당 반드시 한 권의 득점기록부만 발행되어야 하며, 본 사항에 대해서는 발행 기관이 책임을 진다. 경기 결과는 어떠한 상황에서도 반드시 심사위원이 득점기록부에 기록해야 하며, 작성된 항목을 대회 의장이 2차 점검한 후 서명한다.
　ⓒ 2012년부터 득점기록부에는 다음 항목이 기입되어야 한다.

> 회원번호, 참가견의 이름과 견종, 참가견의 식별 자료(문신, 칩 등), 참가견 소유자의 이름과 주소, 경기 A, B, C 과목의 총점과 TSB(Temperament, Self-Assuredness, Ability to Work Under Pressure : 기질, 자신감, 스트레스 환경에서의 작업 능력) 평가 점수, 심사위원의 이름과 서명

⑱ 책임 요건
　ⓖ 참가견의 소유자는 자신의 개로 인해 발생한 인적 상해나 물질적 손해에 책임져야 할 의무를 진다. 따라서 그러한 상황에 대비할 수 있는 적절한 보험에 가입해야 한다.
　ⓛ 경기 도중 사고가 발생한 경우, 핸들러는 자신과 자신의 참가견에 대해 책임져야 할 의무가 있다.
　ⓒ 핸들러는 심사위원 및 행사 조직 단체의 지시를 따라야 하며, 지시를 자의로 해석하여 행한 경우에는 그에 대한 책임을 져야 한다.

⑲ 예방접종
심사위원 또는 대회 의장에게 공인 기관에서 발행한 예방접종의 증명 서류(백신 접종 증명서)를 제출해야 한다.

⑳ 대회 개최일
　ⓖ 토요일, 일요일, 휴일 개최 시
- 일반적으로 경기는 주말과 법정 공휴일에 실시한다.
- BH/VT 시험도 공식적인 대회 개최일에 실시할 수 있다.
- BH/VT 시험과 IGP-1/FH 경기는 이틀 동안(금-토 또는 토-일) 한 곳 또는 다른 장소 두 곳에서 연이어 실시할 수 있다. BH/VT 시험과 IGP -1/FH 경기 사이에 반드시 지키도록 정해진 대기 시간은 없다.
　　예 금요일이나 토요일에 BH 시험 실시, 토요일이나 일요일에 IGP 또는 FH 경기 실시

ⓛ 금요일 개최 시

- 금요일 경기는 토요일 경기와 연이어 진행되는 경우에만 허용된다.
- 유의사항 : 금요일 경기는 토요일 경기에서 참가하는 개체 수가 개최 장소의 수용 범위를 초과한 경우에 한해 허용된다. 이 경우 경기는 정오(12:00) 이전에 시작할 수 없다.
- IGP/FH 경기 참가자 수는 절반으로 조정한다.
- BH/VT 시험은 최대 일곱(7) 마리의 개를 대상으로 실시한다.
- 금요일 경기에 이어 토요일에 실시되는 IGP/FH 경기는 토요일에 종료되어야 한다.
- 참가견은 각 개체에 따라 금요일에 참가를 완료할 수 있다.
- 예외 : 금요일에 개최되는 BH/VT 시험 참가자가 다음 날인 토요일에 IGP 1단계나 FH 1단계 경기에 참가할 경우 경기 참가자 '쏠림 현상'이 발생하지 않도록 해야 한다. 참가자는 행사 주최 규정을 반드시 확인해야 한다.

ⓒ 공휴일 규정

- 공휴일에도 위와 유사한 규정이 적용된다.
- 예외 : 개별 회원국의 공휴일 규정과 FCI-MV 지침을 확인해야 한다.
- 공휴일 전날로 주중 평일에 해당되는 날에는 반나절 경기를 실시할 수 없다.

㉑ 대회 감독

FCI 소속 각 회원국의 대표 단체가 대회를 감독한다. 해당 단체는 대회가 규정에 명시된 사항대로 시행되도록 행사를 관리 감독할 적임자를 선임할 수 있다.

㉒ 시상식/트로피 수여

ⓞ 시상식은 다음 각 경기(IGP 1~3단계, FH 1, FH 2, IGP/FH, BH/VT 시험)가 완료되면 개별적으로 실시한다.

ⓛ IGP 1~3단계 경기에서 참가견 여러 마리가 동점을 취득하면, C 과목의 점수로 순위를 결정한다. 해당 단계의 점수가 동점인 경우 B 과목의 점수로 순위를 정한다. 전 단계 점수가 모두 동일한 경우, 해당 참가견 모두에게 동일한 순위를 부여한다. 재경기는 고려하지 않으며 시상식이 대회 마지막 순서가 된다. 일반적으로 모든 참가자는 시상식에 참가한다. 경기는 시상식이 끝나고 대회 관련 서류 작업이 끝나면 공식 종료된다.

2 BH(반려견) 시험 규정

(1) 반려견 경기(기질 검사, 서류 심사 포함)

모든 대회와 시합은 해당 스포츠 행사의 시행 및 진행 요건을 준수해야 한다. 대회 시행과 평가 방식은 아래에 명시하였다. 본 규칙은 대회 관계자 전체에 적용되며, 모든 참가자가 본 요건을 따라야 한다. 경기는 공개적으로 개최되어야 한다. 경기 장소와 시작 시간은 회원국에 공개하고, FCI 회원국 대표 단체가 승인을 취득한 경우에만 시행할 수 있다. 각 회원국 대표 단체는 본 규칙을 준수해야 한다.

(2) 일반 규칙

① 핸들러 규정

    ㉠ 경기에 참가하고자 하는 모든 핸들러는 규정에 관한 필기시험을 통과한 후 FCI 자격증을 취득하였거나, 소속 국가가 발급한 인증 자격의 취득을 증명할 수 있어야 한다.

    ㉡ FCI 반려견(BH) 경기의 최초 출전자로 필기시험 통과 사실을 증명할 수 없는 사람은, 대회 실기 시험에 참가하기 전 반드시 필기시험을 치르고 합격해야 한다.

    ㉢ 한 경기일에 참석하는 핸들러의 수는 10명에서 15명으로 정하고 해당 경기일에 치러지는 경기 과목의 수에 따라 조정할 수 있으나, 30명을 초과해서는 안 된다(BH 경기는 필기시험을 포함하여 총 3단계로 구성되며, 필기시험이 실시되지 않으면 2단계로 이루어진다).

② 견종 규정

    ㉠ 견종과 크기에 상관없이 모든 개가 경기에 참여할 수 있다. 단, 참가 가능한 최소 월령은 15개월이다.

    ㉡ BH 경기가 개최되려면 최소 네 마리 이상의 개가 참가해야 한다. BH 경기가 다른 경기와 함께 시행되는 경우에도(IGP, FH 등) 본 경기에 네 마리 이상이 참가해야 한다.

(3) 기질 검사

BH 경기가 시작되기에 앞서 참가견 전체가 기질 평가를 받아야 한다. 해당 평가에서는 문신으로 새겨진 식별번호나 이식된 칩 번호를 확인한다. 식별 번호가 없는 개는 경기에 참가할 수 없다. 기질 평가는 경기 내내 실시된다. 기질 검사를 통과하지 못한 참가견은 경기 다음 단계에 출전할 수 없다. 또한 기질 검사를 통과하였더라도 경기 도중에 취약한 면이 나타난 경우, 심사위원은 뒤이은 경기에서 해당 참가견을 배제시킬 수 있다. 이 경우 득점기록부에 다음과 같이 기록된다.

> "기질 검사/행동 검사 불합격." BH/VT 경기에서 총성 검사는 실시되지 않는다.

(4) 평가

BH 경기의 A 단계 시험에서 총점이 만점 기준 70% 이상을 넘지 않은 참가견은 통행 능력을 평가하는 B 단계 시험에 참가할 수 없다. 시험이 종료되면 심사위원이 점수가 아닌 "합격" 또는 "불합격" 여부만 통지한다. A 단계 시험에서는 만점의 70% 이상을 획득하면 합격 처리된다. B 단계 시험에서는 심사위원이 결과가 적정 수준에 도달했는지 여부를 공표한다. 수상자와 순위 선정은 경기를 주최한 단체의 요청에 따라 심사위원에게 일임된다.

> **참고**
> BH 경기에서 취득한 타이틀은 품종 증명과 무관하며, 종견 선정(Breed Survey) 행사나 FCI 회원국이 개최하는 전시 행사의 참가 자격으로 인정되지 않는다. 반복 출전에 대한 제한은 없으며 각 경기에서 취득한 결과는 득점기록부에 개별적으로 기록된다.

(5) A 단계 시험 : 훈련장에서 실시되는 반려견 시험(총점 60점)

① 일반 규정

- ㉠ 경기에서 각 동작은 기본 동작으로 시작하고 마무리한다. 참가견은 핸들러의 왼쪽에 곧은 자세로 앉아 침착하고 주의 깊은 태도로 대기하며 이때 참가견의 오른쪽 어깨가 핸들러의 무릎 높이에 와야 한다.

- ㉡ 경기 동작을 시작하기 전, 이 기본 동작을 취할 기회는 단 한 차례 주어진다. 핸들러는 바른 자세로 서야 하며, 두 다리를 벌리고 선 자세는 허용되지 않는다. 앞 단계 동작을 마무리하면서 기본자세를 취하고 이를 그대로 다음 동작을 시작하는 기본자세로 연결할 수 있다.

- ㉢ 핸들러는 참가견이 자세를 잡도록 도와서는 안 되며, 도울 경우 감점 처리된다. 개를 자극할 수 있는 물건이나 장난감은 소지할 수 없다. 핸들러가 신체에 장애가 있어 경기 중 정상적으로 치를 수 없는 부분이 있는 경우, 경기 시작 전 심사위원에게 해당 사실을 알려야 한다. 핸들러의 신체적 장애로 인해 참가견을 왼쪽에 앉힐 수 없는 경우에는 오른쪽에 앉힐 수 있다.

- ㉣ 각 동작은 심사위원의 신호로 시작된다. 방향 전환, 정지, 속도 변화 등 모든 동작은 별도 지시 없이 개별적으로 실시한다. 단, 심사위원에게 각 과정의 지시를 요청할 수 있다.

- ㉤ 참가견을 칭찬하는 행동은 경기 각 단계가 완료된 후에 허용된다. 이후 핸들러는 다시 기본자세를 취한다. 참가견을 칭찬하고 다음 동작을 시작하기에 전에 시간 간격을 명확히 두어야 한다(약 3초). 경기 각 단계 사이에 참가견은 앉은 자세로 대기한다.

② 경기장 규격도 : 리드줄 착용/미착용 보행 경기

시작 기본자세는 앉아 동시에 또한 종료 기본자세의 엎드려이다. 군중 통과 단계에서 핸들러와 참가견은 서 있는 사람을 먼저 왼쪽으로 돌아 통과하고 이어서 다음 사람의 오른쪽을 돌아 통과해야 한다.

- ㉠ 리드줄 착용 보행(15점) : 음성 명령어 – "따라와"
  - 참가견은 동물보호법에 맞는 공인된 목줄이나 가슴줄을 착용한 상태로 기본자세를 취하고 있다가, 핸들러가 이끄는 대로 즐겁게 따라간다. 리드줄을 목줄의 조임 고리에 연결하면 안 된다.
  - 다른 참가견과 핸들러가 '산만한 환경에서 엎드려 대기하기' 동작이 진행될 지정 장소로 이동하면 참가견과 핸들러는 기본자세로 대기한다. 이 지점부터 두 참가견의 시험이 시작된다. 시험이 시작되면 핸들러는 개와 함께 50보를 일직선으로 멈추지 말고 걸어간 후, 뒤로 돌아 다시 10~15보 정도를 빠른 걸음, 느린 걸음으로 걸어간다. 참가견에게는 "따라와"라고 명령한다. 빠른 걸음에서 느린 걸음으로 바뀌는 과정에서 전환 동작이 없어야 한다. 그 외에는 개요도에 표시된 경로대로 보통 걸음으로 이동하면서 우회전 2회, 좌회전 1회, 180도 회전 2회를 수행한다(두 번째 180도 회전 후에는 정지한다).
  - 이동할 때, 참가견은 핸들러의 왼쪽에서 어깨가 핸들러의 무릎 높이에 오도록 곧은 자세를 유지해야 한다. 180도 회전 동작에서 핸들러는 참가견이 왼쪽으로 돌도록 이끈다. 이동 경로를 따라 보통 속도로 걷다가, 두 번째 180도 회전을 완료한 후에는 제자리에 멈추는 동작을 최소 한 번 이상 실시해야 한다.
  - 핸들러는 시작 시점과 보행 속도 변경 시 음성 명령어로 "따라와"를 사용할 수 있다.

- 핸들러가 보행을 중단하면 참가견은 핸들러가 도와주지 않아도 재빨리 앉아야 한다. 핸들러가 개의 기본자세를 바꿔주어서는 안 되며, 개가 핸들러와 멀찍이 떨어져 앉더라도 간격을 좁히기 위해 다가설 수 없다. 보행 중에는 리드줄을 왼손에 쥐고, 느슨하게 끌어야 한다. 보행 동작이 종료되면 심사위원의 지시에 따라 핸들러는 최소 4명이 모여 서 있는 쪽으로 이동한다.
- 참가견이 핸들러보다 뒤처져 걷거나 앞서 걷는 경우, 보행 시 측면으로 멀리 벗어나는 경우, 앉는 동작에서 핸들러와 가까운 곳에 천천히 앉는 경우 부적합으로 평가된다.

ⓒ 리드줄 미착용 보행(15점) : 음성 명령어 – "따라와"

심사위원의 지시가 주어지면 핸들러는 참가견의 목줄에서 리드줄을 분리한다. 분리한 리드줄을 어깨에 걸치거나 주머니에 넣고(어느 쪽이든 참가견의 반대쪽 방향으로), 즉시 군중 통과 위치로 가서 사람들 사이를 이동하다가 최소 1회 멈춰 선다. 군중들에게서 벗어나면 핸들러는 다시 기본자세를 취하고 리드줄 없이 보행하는 시험을 시작한다.

ⓒ 앉기(10점) : 음성 명령어 – "앉아"

핸들러는 기본자세로 서 있다가 리드줄이 연결되지 않은 개와 함께 일직선 방향으로 걸어간다. 최소 10~15보 걸은 후 핸들러는 기본자세를 취하고 개를 향해 "앉아" 명령을 내린다. 그리고 15보를 더 걸어가 개가 있는 쪽을 향해 몸을 돌려 선다. 심사위원의 지시가 주어지면 핸들러는 다시 참가견이 있는 위치로 돌아가서 개의 오른쪽에 선다. 참가견이 눕거나 서는 등 앉기 외에 다른 행동을 하면 5점이 감점된다

ⓔ 엎드려 대기 후 복귀하기(10점) : 음성 명령어 – "엎드려", "따라와"

- 핸들러는 기본자세에서 개를 향해 "따라와" 명령을 하고 일직선 방향으로 걸어간다. 10~15보 걸어간 후, 핸들러는 기본자세를 취하고 개에게 "엎드려"라고 명령한다. 그리고 30보 더 걸어가서 개가 있는 쪽으로 몸을 돌려 선다. 심사위원의 지시가 주어지면 핸들러는 개를 부른다.
- 참가견은 핸들러를 향해 재빨리 즐겁게 다가와 핸들러의 정면에 앉아야 한다. 핸들러가 "따라와" 명령을 하고 참가견이 핸들러의 옆에 앉으면 동작이 완료된다. 핸들러가 부른 후 참가견이 곧장 오지 않고 서거나 눕는 등 다른 행동을 하면 5점이 감점된다.

ⓜ 산만한 환경에서 엎드려 대기하기(10점) : 음성 명령어 – "따라와", "엎드려", "앉아"

- 다른 참가견이 B 단계 시험을 시작하기에 앞서, 핸들러는 심사위원의 지시에 따라 지정된 위치로 이동한다. 도착하면 리드줄을 분리하고 참가견에게 "엎드려"라고 명령하고 개는 곧게 누운 자세를 유지한다. 이때 개의 근처에 리드줄을 비롯해 다른 물체가 없어야 한다.
- 핸들러는 개를 그대로 둔 채 뒤돌아보지 말고 30보 이상 걸어가되, 뒷모습이 개의 시야에 들어오는 범위에서 이동한다. 참가견은 핸들러의 행동에도 동요하지 않고 침착하게 누워 있어야 한다. 그동안 다른 참가견이 근처에서 1단계부터 4단계까지 시험을 수행한다.
- 심사위원의 지시가 주어지면 핸들러는 다시 참가견에게 다가와 개의 오른쪽에 선다. 3초 경과 후 심사위원이 지시하면 핸들러는 개가 재빨리 곧은 자세로 앉도록 음성으로 명령한다.
- 핸들러가 차분하게 행동하지 않거나 몰래 개를 도와주는 경우, 개가 침착성을 잃은 행동을 하는 경우, 핸들러가 다시 데리러 올 때 개가 서거나 앉는 경우 감점 처리된다. 단, 참가견이 앉거나 일어났지만 제자리를 벗어나지 않으면 부분 감점된다.

- 다른 개가 가까운 거리에서 B 단계 시험을 완료하기 전에 참가견이 지정된 장소에서 3m 이상 벗어나는 경우, 본 과정은 0점 처리된다. 다른 개가 B 단계 시험을 완료한 후에 참가견이 지정된 장소를 벗어나면 부분 감점 처리된다. 핸들러가 참가견을 다시 데리러 왔을 때 개가 일어나서 핸들러 쪽으로 다가가면 3점 감점된다.

(6) B 단계 시험 : 통행 시험

① 일반 규정

㉠ 본 시험은 훈련장을 벗어나 적절한 공공장소에서 실시한다. 통행 시험을 실시하기에 적절한 장소와 시험 방식은 심사위원과 대회 의장이 결정한다(거리, 인도, 광장 등). 일반인들의 통행에 방해가 되지 않는 곳을 선정해야 한다.

㉡ 본 시험은 시작부터 종료까지 상당한 시간이 소요된다. 너무 많은 두수의 개가 참가하여 피상적인 평가가 이루어지고 평가 요소를 수행하기 어려운 상황이 되어서는 안 된다.

㉢ B 과목 시험에서 점수는 각 동작에 개별적으로 부여되지 않는다. 시험 전 과정에 걸쳐 통행로와 공공장소를 이동하며 참가견이 보이는 행동이 전반적으로 우수한 수준이면, 본 시험을 통과할 수 있다.

㉣ 다음에 제시한 시험 동작들은 예시이며, 심사위원이 각 지역의 상황에 따라 변경할 수 있다. 심사위원은 참가견의 평가에 문제가 될 소지가 있다고 판단될 경우 동일 동작을 반복 실시하도록 하거나 동작을 변경할 권한을 갖는다.

② 시험 실시

㉠ 군중과의 만남

- 핸들러는 리드줄을 개와 연결한 상태에서 심사위원의 지시에 따라 지정된 보행로를 걸어간다. 심사위원은 뒤를 따르며 적당한 거리를 함께 걷는다.
- 참가견은 핸들러의 왼쪽에서 어깨가 핸들러의 무릎 높이에 오도록 곧은 자세를 유지하며 리드줄이 느슨하게 연결된 상태로 적극적으로 걷는다.
- 참가견은 다른 보행자들과 차량에 무관심한 태도를 유지해야 한다.
- (사전에 지정된) 보행자가 등장하여 핸들러의 보행을 방해하면서 가로질러 지나가면, 참가견은 침착한 상태를 유지하고 동요하지 않아야 한다.
- 핸들러와 참가견은 계속 걸어서 최소 6명의 사람이 모여 있는 쪽으로 다가간다. 이들 중 한 사람이 핸들러를 부르고 악수를 나눈다. 핸들러가 '앉아' 또는 '엎드려'명령을 하면, 참가견은 두 사람이 대화를 나누는 동안 침착하게 제자리에 머물러야 한다.

㉡ 자전거 타는 사람과의 만남

- 참가견은 리드줄이 연결된 상태로 핸들러와 함께 길을 걸어가고, 자전거를 탄 사람이 뒤에서 다가오며 자전거 벨을 울린다. 자전거에 탄 사람은 적당한 거리를 앞질러 이동한 후 방향을 바꿔 핸들러와 개를 향해 다가온다. 이때 다시 한 번 자전거 벨을 울리고, 개가 핸들러와 자전거 사이에 오는 위치로 자전거를 타고 지나간다.
- 리드줄에 연결된 참가견은 자전거를 탄 사람을 향해 침착한 태도를 유지해야 한다.

ⓒ 차량과의 만남
- 핸들러는 리드줄을 연결한 참가견과 함께 여러 대의 차 옆을 지나며 걸어간다. 이때 정차해 있던 차량 중 한 대가 시동을 건다. 또 다른 차량에서는 차 문을 세게 닫는다.
- 참가견과 핸들러는 계속해서 걸어가고, 차 한 대가 둘의 곁에 와서 선다. 멈춘 차량에 탄 사람이 창문을 열고 핸들러에게 무언가를 질문한다. 핸들러는 개에게 '앉아' 또는 '엎드려' 명령을 한다.
- 참가견은 차량들과 기타 모든 차량 소음에 침착하고 무관심한 태도를 유지해야 한다.

ⓓ 조깅하는 사람들 또는 인라인 스케이트를 타는 사람들과의 만남
- 핸들러는 리드줄을 연결한 참가견과 함께 조용한 길을 걸어간다. 최소 두 명이 조깅을 하면서 핸들러 옆을 지나가고 속도를 늦추지 않는다. 어느 정도 앞질러서 달려가다가, 한 사람이 뒤로 돌아 참가견과 핸들러를 향해 달려와서 속도를 늦추지 않고 그대로 옆을 지나간다.
- 참가견은 핸들러의 뒤를 똑바로 따라오지 않아도 되지만, 조깅하며 옆을 지나는 사람에게 끼어들면 안 된다. 핸들러는 개가 앉거나 엎드린 상태로 있도록 명령할 수 있다.
- 본 시험은 조깅하는 사람들 대신 인라인 스케이트를 탄 사람 한 두 명이 참가견과 핸들러 옆을 지나 앞서가다가 뒤로 돌아 둘을 향해 다가오도록 하는 방식으로도 시행할 수 있다.

ⓔ 다른 개들과의 만남
다른 핸들러와 개가 옆을 지나가거나 정면에서 만났을 때, 참가견은 침착한 상태를 유지해야 한다. 핸들러는 '따라와' 명령을 반복할 수 있으며, 참가견을 앉거나 엎드려 있도록 명령할 수 있다.

ⓕ 묶은 상태로 홀로 남겨졌을 때 다른 개와의 만남
- 심사위원의 지시가 주어지면, 핸들러는 리드줄에 연결된 개와 함께 통행량이 비교적 적은 길을 따라 걸어간다. 짧은 거리를 이동한 후 핸들러는 걸음을 멈추고, 심사위원의 지시에 따라 리드줄을 울타리나 벽 등에 걸어 참가견을 묶어둔다. 그리고 상점이나 집 등으로 들어가 참가견의 시야에서 사라진다.
- 참가견은 서 있거나 앉아 있을 수 있으며 엎드려 있어도 된다.
- 핸들러가 자리를 비운 사이, 한 통행자가 리드줄에 연결된 개와 함께 참가견과 5보 정도 간격을 두고 옆을 지나간다.
- 참가견은 핸들러가 자리를 비운 동안 홀로 침착한 상태를 유지해야 한다. 다른 개가 지나갈 때(공격적인 개는 본 시험에 참여시키지 않는다), 참가견은 개가 그대로 지나도록 두고 공격성(묶인 리드줄을 세게 잡아당기거나 계속 짖는 등)을 내보이지 말아야 한다. 핸들러는 심사위원의 지시에 따라 개를 데리러 간다.

> **참고**
> 참가견 전체가 같은 장소에서 개별 시험을 치르게 할지, 일부 참가견들을 대상으로 시험을 진행한 후 다른 시험 장소로 옮겨 동일한 시험을 같은 방식으로 진행할지 여부는 심사위원이 재량에 따라 결정할 수 있다.

사역견 시험 1~3단계(APr 1~3)

① 최대 배점 200점

APr 1~3단계 사역견 시험은 IGP 1~3단계 경기 중 B, C 과목에서만 실시된다. 추적 능력은 본 시험의 평가 내용에 포함되지 않는다. 본 경기에서 취득한 타이틀은 품종 증명과 무관하며, 종견 선정(Breed Survey) 행사나 FCI 회원국이 개최하는 전시 행사의 참가 자격으로 인정되지 않는다.

최고점수	탁월	매우 우수	우수	만족	부적합
200점	192~200	180~191	160~179	140~159	0~139

② 추적 시험 1~3단계(FPr 1~3)

㉠ 1~3단계 평가에서 실시되는 추적 시험은 IPO 시험 1~3단계 중 A 과목에만 포함된다. BHVT/ IGP 경기나 추적 시험에 4명이 이상이 참가한 경우 일부 참가자가 본 시험을 추가로 치르도록 할 수 있다. 핸들러는 참가견과 함께 출전할 시험 단계를 자유롭게 선택할 수 있다.

㉡ 본 경기에서 취득한 타이틀은 품종 증명과 무관하며, 종견 선정(Breed Survey) 행사나 FCI 회원국이 개최하는 전시 행사의 참가 자격으로 인정되지 않는다.

최고점수	탁월	매우 우수	우수	만족	부적합
100점	96~100	90~95	80~89	70~79	0~69

③ 복종 시험 1~3단계(UPr 1~3)

㉠ 1~3단계 평가에서 실시되는 복종 시험은 IGP 시험 1~3단계 중 B 과목에만 포함된다. BHVT/IGP 경기나 추적 시험에 최소 4명이 참가한 경우, 일부 참가자가 본 시험을 추가로 치르도록 할 수 있다. 핸들러는 참가견과 함께 출전할 시험 단계를 자유롭게 선택할 수 있다.

㉡ 본 경기에서 취득한 타이틀은 품종 증명과 무관하며, 종견 선정(Breed Survey) 행사나 FCI 회원국이 개최하는 전시 행사의 참가 자격으로 인정되지 않는다.

㉢ 복종 시험은 반드시 1단계부터 3단계의 순서로 출전하지 않아도 된다.

최고점수	탁월	매우 우수	우수	만족	부적합
100점	96~100	90~95	80~89	70~79	0~69

④ 방호 시험 1~3단계(SPr 1~3)

㉠ 1~3단계 평가에서 실시되는 방호 시험은 IGP 시험 1~3단계 중 C 과목에만 포함된다. BHVT/IGP 경기나 추적 시험에 최소 4명이 참가한 경우, 일부 참가자가 본 시험을 추가로 치르도록 할 수 있다. 핸들러는 참가견과 함께 출전할 시험 단계를 자유롭게 선택할 수 있다.

㉡ 본 경기에서 취득한 타이틀은 품종 증명과 무관하며, 종견 선정(Breed Survey) 행사나 FCI 회원국이 개최하는 전시 행사의 참가 자격으로 인정되지 않는다.

㉢ 방호 시험은 반드시 1단계부터 3단계의 순서로 출전하지 않아도 된다.

최고점수	탁월	매우 우수	우수	만족	부적합
100점	96~100	90~95	80~89	70~79	0~69

3 IGP(사역견) 시험 규정

- IGP 1단계(IGP-1) 과목의 구성
  1. A 과목(추적 시험) : 100점
  2. B 과목(복종 시험) : 100점
  3. C 과목(방호 시험) : 100점
- 배점 : 총점 300점
- 참가 규정

  참가견은 경기 당일 기준으로 정해진 월령을 충족해야 하며, 이에 대한 예외는 없다. 소속 국가의 규정에 따라 BH/VT 시험을 통과한 개만 참가할 수 있다.

(1) IGP 1단계 A 과목 : 추적 시험

- 핸들러가 최소 300보 이동하고 3개 구간, 2회 방향 전환(약 90도)을 거치면서 배치 후 최소 20분 경과 후 소지품 2개를 15분 이내에 찾는 경기
  - 추적 경로 유지 : 79점
  - 소지품(11+10) : 21점
  - 총점 100점
- 참가견이 소지품을 하나도 찾지 못하면 평가 결과는 최대 '만족'까지 부여된다.

참고
IGP 2단계 A 과목 : 추적 시험

- 핸들러가 최소 400보 이동하며 3개 구간, 2회 방향 전환(약 90도)을 거쳐 배치 후 최소 30분이 경과 후 소지품 2개를 15분 이내에 찾는 경기
  - 추적 경로 유지 : 79점
  - 소지품(11+10) : 21점
  - 총점 100점
- 참가견이 소지품을 하나도 찾지 못하면 평가 결과는 최대 '만족'까지 부여된다.

IGP 3단계 A 과목 : 추적 시험

- 핸들러가 최소 600보 이동하고 5개 구간, 4회 방향 전환(약 90도)을 거쳐 배치 후 최소 60분 경과 후 소지품 3개를 20분 이내에 찾는 경기
  - 추적 경로 유지 : 79점
  - 소지품(7+7+7) : 21점
  - 총점 100점
- 참가견이 소지품을 하나도 찾지 못하면 평가 결과는 최대 '만족'까지 부여된다.

① 일반 규정

㉠ 심사위원이나 기타 추적 시험 담당자가 시험장 환경에 맞게 추적 경로의 형태를 정한다. 경로는 다양한 형태로 구성되어야 한다. 예를 들어 이동 방향이 바뀔 때마다 동일한 간격으로 소지품이 놓이도록 구성하면 안 된다. 시작 지점은 냄새 패드의 왼쪽으로 정하고 알아보기 쉽게 표시한다.

㉡ 참가견과 핸들러가 추적 시험을 치르는 구역에는 심사위원과 기타 모든 관계자가 출입할 수 없다. 추적 구역이 마련되고 나면, 각 참가자의 경기 순서는 심사위원이 참석한 자리에서 추첨으로 결정한다.

㉢ 추적 시험 장소의 선정은 풀밭, 경작지, 숲속 평지 등 자연 지형 어디든 추적 장소로 활용할 수 있다.

㉣ 추적이 시각적으로 이루어지지 않도록 해야 하며, 시험 전체 단계에서 지형이 적절한 곳으로 변경할 수 있다.

㉤ 추적 장소 확보 : 심사위원이나 기타 추적 시험 담당자는 다음의 업무를 책임지고 수행한다.
  • 추적 경로의 구조 결정
  • 추적 경로 완성
  • 추적 경로 형성 과정 관찰

㉥ 추적 경기장의 구조는 현지 상태에 따라 정한다. 추적 경로(체취선)는 자연스러운 보행 속도로 이동할 수 있어야 한다. 또한 체취선으로 인해 이동 구간, 방향 전환, 소지품 수색 과정에서 부자연스럽게 이동하는 일이 발생하지 않아야 한다.

> **참고**
> IGP 2단계 이상 경기에서는 특별히 숙련된 담당자가 체취선 형성에 참여해야 한다.

㉦ 핸들러(체취선 형성 담당자)는 이동 경로에 놓을 소지품을 심사위원이나 추적 시험 담당자에게 미리 확인 받아야 한다. 체취선을 형성할 사람이 최소 30분 이상 소지하여 냄새가 충분히 밴 물건만 사용할 수 있다.

㉧ 핸들러(체취선 형성 담당자)는 냄새 패드에 짧게 머물렀다가 보통 걸음으로 지정된 장소로 이동한다. 이동 구간은 보통 걸음으로 걸으며 걸음을 늦추고 천천히 걸을 수 있을 정도의 형태로 마련되어야 한다. 각 구간의 길이는 30보 이상이어야 한다. 방향 전환도 보통 속도로 진행될 수 있도록 구성하여 참가견이 추적 경로를 계속 따라갈 수 있도록 해야 한다(경기장 개요도 참고). 발을 끌며 걷거나 걷는 속도를 줄이는 행동은 허용되지 않으며 체취선을 형성하다가 중단할 수 없다. 체취선 형성은 참가견이 보지 않는 상태에서 진행한다.

㉨ 소지품 놓기
  • 첫 번째 소지품은 최소 100보 이동한 후 첫 번째 혹은 두 번째 구간에 놓되, 방향 전환 지점으로부터 20보 전후에는 놓지 않는다.
  • 두 번째 물건은 추적 경로 마지막에 놓는다. 물건은 이동하면서 두고 지나가야 한다. 마지막 소지품을 놓고 나면 체취선 형성 담당자는 경로에서 벗어나 곧장 몇 걸음 더 걸어간다.

IGP 3단계에서는 3개의 소지품을 놓고 20분 이내에 찾는 평가를 한다.

IGP 3단계 소지품 놓기
① 첫 번째 소지품은 최소 100보 이동한 후 첫 번째 혹은 두 번째 구간에 놓되, 방향 전환 지점으로부터 20보 전후 거리에는 놓지 않는다. 두 번째 물건은 심사위원이 위치한 방향 쪽에 놓고, 세 번째 물건은 추적 경로의 마지막 부분에 놓는다.
② 물건은 이동하면서 두고 지나가야 한다. 마지막 소지품을 놓고 나면 체취선 형성 담당자는 경로에서 벗어나 곧장 몇 걸음 더 걸어간다.

㉛ 소지품 추적(아티클)
- 체취선을 형성할 사람이 최소 30분 이상 소지하여 냄새가 충분히 밴 물건만 사용할 수 있다.
- 하나의 추적 경로에는 각기 다른 종류의 물건(가죽, 섬유, 나무 소재의 물건 등)을 배치해야 한다. 각 물건의 크기는 길이 약 10cm, 너비 2~3cm, 두께 0.5~1cm 정도로 색은 지면과 뚜렷이 구분되지 않아야 한다.
- 추적 경로는 지역별 상황을 고려하여 각기 다른 곳에 마련될 수 있으므로, 추적할 소지품에는 추적 경로의 번호와 동일한 번호를 부여한다.
- 참가견이 추적을 실시하는 동안, 핸들러와 참가견 외에 심사위원, 체취선 형성 담당자를 비롯한 다른 사람들은 추적 경로에 출입할 수 없다.
㉠ 명령어 : 추적을 시작할 때 "찾아" 명령을 내릴 수 있다. 첫 번째 소지품을 찾은 후 추적을 재개할 때, 또는 '틀린 물건을 가리킨 경우' 추적 재개를 위해 사용할 수 있다.

② 추적 시험 실행
㉠ 핸들러는 참가견을 추적 구간으로 데려간다. 참가견은 자유롭게 이동하거나 10m 길이의 줄에 묶인 상태로 이동한다. 추적줄은 참가견의 등이나 측면, 앞다리나 뒷다리 사이에 연결한다.
㉡ 목줄에서 목 부위를 조이지 않는 고리나 가슴줄에 달린 고리에 줄을 연결해도 된다[하네스의 경우 일반 하네스나 추가 스트랩이 없는 추적 전용 베트거(Bottger) 가슴줄을 사용할 수 있다]. 핸들러는 기본자세로 대기하면서 심사위원에게 참가견이 물건을 집을 것인지 가리킬 것인지 보고한다.
㉢ 추적 시작 전이나 시작 시점, 추적이 진행되는 동안 개에게는 어떠한 형태의 강압도 가해지면 안 된다.
㉣ 추적줄의 길이는 10m 이상이어야 한다. 심사위원은 추적 경기가 시작되기 전에 한하여 추적줄, 목줄, 가슴줄의 길이를 확인할 수 있다. 탄성이 있는 리드줄은 사용할 수 없다.
㉤ 심사위원의 지시가 주어지면 핸들러는 참가견을 냄새 패드로 천천히 침착하게 데려온다.
㉥ 핸들러는 참가견으로부터 2m가량 떨어진 냄새 패드 앞에 잠깐 앉아서 대기할 수 있다. 추적 활동은 참가견이 알아서 시작하도록 두어야 한다(소지품을 찾고 다음 추적을 시작할 때도 동일함). 개와 연결된 추적줄은 어느 정도 늘어져도 무방하다.
㉦ 참가견은 냄새 패드에 집중하며 조용히 코를 깊숙이 대고 냄새를 맡아야 한다. 이 단계는 핸들러의 도움 없이 진행되어야 한다(단, "찾아" 명령은 할 수 있다). 냄새 패드에 머무를 수 있는 시간은 제한이 없으며, 심사위원은 참가견이 추적 경로의 첫 구간에 진입한 후 참가견이 보이는 행동을 보고 냄새에 얼마나 몰입하여 찾아내는지 평가한다.

◎ 냄새 패드 단계에서 3회 시도 후에도 개가 추적 방향을 정하지 못하면, 본 추적 시험은 종료된다.

ⓩ 참가견은 바닥에 코를 대고 추적 경로를 따라 일정한 속도로 나아가야 한다. 핸들러는 10m 줄의 끝에 해당하는 거리에서 개를 따라간다. 줄을 매지 않고 수색하는 경우에도 그 정도 간격을 두고 따라가야 한다. 줄은 핸들러가 쥐고 있는 한 충분히 느슨하게 늘어져도 무방하나, 줄 한쪽 끝을 손에 쥐고 짧게 당겨서 개가 가까이 오도록 해서는 안 된다. 줄이 지면에 닿아도 실책에 해당되지 않는다.

ⓩ 참가견은 참을성 있는 태도로 몰입하여 추적 경로를 따라가야 하며, 가능한 경우 일정한 속도로 이동해야 한다(지형이나 난이도에 따라 판단함). 핸들러는 추적 경로를 반드시 따라갈 필요가 없다. 개가 일관성 있고 확신에 찬 태도로 추적하는 경우, 추적 속도는 평가 기준이 될 수 없다.

㉠ 방향 전환

- 참가견은 방향 전환 지점도 자신감 있게 통과해야 한다. 경로를 벗어나지 않고 방향을 확인하는 행동은 실책에 해당되지 않으나, 코너에서 선회하는 행동은 실책으로 간주된다. 참가견은 방향을 바꾼 후에도 계속해서 일정한 속도로 추적해야 한다. 핸들러는 코너 지점에서도 가능하면 정해진 간격을 유지해야 한다.

- 참가견은 물건을 찾은 즉시 핸들러의 도움 없이 확신에 찬 태도로 물어 올리거나 가리켜야 한다. 물건을 물어 올릴 때는 서 있는 자세나 앉은 자세 모두 허용되며 핸들러에게 돌아와도 된다.

- 이때 핸들러는 제자리에 가만히 서 있어야 한다. 참가견이 진행 방향으로 계속 나아가거나 엎드리는 행동은 실책으로 간주된다. 물건을 가리키는 행동은 엎드리거나 앉아서 또는 서서 실시할 수 있다(여러 자세를 교차해도 무방하다).

㉡ 물건 지목하기 또는 물어 올리기

- 물건을 찾은 즉시 엎드리지 않아도 실책으로 보지 않으나, 물건 옆에 엎드리거나 핸들러를 찾으며 돌아다니는 행동은 실책으로 간주된다.

- 참가견이 핸들러의 결정적인 도움을 받아 물건을 찾는 경우 위반 행위로 간주된다. 예를 들어 참가견이 물건을 가리키지 않았으나 핸들러가 추적줄이나 구두 명령으로 추적 활동을 중단시키는 경우 등이 이에 해당된다.

- 참가견이 물건을 가리키거나 물어 올리면 핸들러는 쥐고 있던 줄을 놓고 개에게 다가간다. 그리고 물건을 높이 들어올려 참가견이 해당 물건을 찾았음을 알린다. 핸들러가 물건을 찾아 집어들거나 가리키는 행위는 실책으로 간주된다.

- 참가견이 엎드린 상태로 물건을 취급하는 모든 동작과 엎드려서 물어 올리는 동작은 모두 실책으로 본다. 참가견이 핸들러에게 되돌아오더라도 핸들러는 참가견 쪽으로 이동할 수 없다.

- 핸들러가 참가견에게 다가가 물고 있는 물건을 받거나 개가 가리킨 물건을 집을 때는 참가견 바로 옆에 서야 한다. 참가견은 찾은 물건을 가리키거나 물고 있다가 다시 바닥에 내려놓고 핸들러가 줄을 당겨 추적을 재개하기 전까지 침착한 상태를 유지해야 한다.

㉢ 추적 경로 이탈

- 참가견이 추적 경로를 이탈하지 않도록 핸들러가 제지해야 하는 상황이 발생하면, 핸들러는 심사위원으로부터 개를 따라가도 되는지 지시를 받아야 하며 핸들러는 이 지시를 따라야 한다.

- 참가견이 추적줄의 길이 이상(줄 없이 수색 중인 개의 경우 10m 이상) 경로를 벗어나거나 핸들러가 심사위원의 지시를 따르지 않는 경우 추적 시험은 종료된다.

ⓥ 참가견 칭찬하기

본 첫 번째 과목에서는 참가견을 이따금씩 칭찬할 수 있다("찾아" 명령은 칭찬으로 간주하지 않는다). 단, 방향 전환 지점에서는 칭찬할 수 없다. 참가견이 물건을 찾은 경우에 허용되며, 물건을 찾기 전이나 찾은 후에 짧게 칭찬한다.

㉺ 추적 결과 보고

추적이 모두 완료되면 핸들러는 찾은 물건을 심사위원에게 보여주어야 한다. 참가견이 마지막 물건을 물어 올리거나 가리킨 후 핸들러가 이 사실을 심사위원에게 보고하고 점수가 부여되기 전까지는 참가견과 놀거나 개에게 먹을 것을 줄 수 없다. 결과 보고는 기본자세에서 이루어져야 한다.

③ 평 가

㉪ A 과목의 평가는 참가견이 추적을 개시한 시점부터 시작된다.

㉫ 확신을 갖고 몰입하여 열심히 냄새를 맡는 행동, 우수한 훈련 태도가 평가 요소에 해당된다.

㉬ 핸들러는 시험의 한 부분으로 참여하여야 한다. 참가견의 반응을 해석하고, 시험 동작에 집중해야 하며 외부에서 주어지는 영향은 무시해야 한다.

㉭ 심사위원은 참가견과 핸들러를 관찰하는 동시에 추적 구역, 기상 상태, 추적 경로의 중첩 가능성, 제한 시간을 확인해야 하고, 평가 시 이에 관한 모든 항목을 고려한다.

- 추적 태도(다리를 움직이는 속도, 방향 전환 전후의 행동, 물건 찾기 전후의 행동)
- 참가견의 기본적인 훈련 상태(추적 시작 시 집중하지 못하는 행동, 압박을 느끼는 태도, 회피 행동)
- 핸들러가 도움을 주는지 여부
- 추적 활동에 방해가 되는 요소
  - 지면의 상태(풀 높이, 모래, 지형 변화, 안개)
  - 풍향, 풍속 조건
  - 야생 동물
  - 기상 상황(기온, 비, 눈)
  - 냄새 변화

㉮ 심사위원은 핸들러로부터 추적 시작을 보고받은 후, 추적 활동을 관찰하고 핸들러의 구두 명령이나 기타 참가견에게 영향을 주는지 확인할 수 있는 적절한 위치로 이동해야 한다.

㉯ 심사위원이 서 있는 위치는 참가견의 동작에 방해가 되지 않고 핸들러가 비좁다고 느끼지 않을 만큼 충분한 거리를 둔 지점이어야 한다.

㉰ 심사위원은 참가견이 보이는 열의, 자신감이나 불안감, 변덕스러운 행동을 토대로 평가해야 한다.

㉱ 추적 속도는 평가 요소에 포함하지 않으며, 참가견이 집중력 있게 일정한 속도로 자신감 있게 추적을 수행하면 긍정적인 태도를 보인 것으로 평가한다.

ⓩ 참가견이 추적 경로를 벗어나지 않고 방향을 확인하는 행동은 실책으로 보지 않는다. 냄새를 찾아 방황하는 행동, 코를 높이 드는 행동, 모퉁이에서 선회하는 행동, 핸들러가 계속해서 개를 격려하는 경우, 개가 체취선을 이탈하지 않고 물건 쪽으로 향하도록 추적줄이나 말로 도와주는 행동, 개가 물건을 집거나 가리키는 행동이 부적절한 경우, 틀린 물건을 가리키는 경우는 그에 상응하는 점수가 감점된다(최대 4점까지).

ⓩ 개가 뚜렷하게 방황하는 행동, 집중하지 못하는 태도, 제멋대로 수색하는 행동, 배설 행동, 쥐를 잡는 행동 등은 8점까지 감점될 수 있다.

ⓐ 참가견이 추적 경로를 추적줄 길이 이상 이탈하면 본 추적 시험은 종료된다. 참가견이 추적 경로를 벗어나 핸들러에게로 돌아오는 경우, 핸들러는 심사위원에게 개를 계속 따라가야 하는지 지시를 받는다. 심사위원의 지시를 따르지 않으면 추적 시험은 심사위원에 의해 종료된다.

ⓔ 추적이 시작되고 최대 허용 시간(1, 2단계는 15분, 3단계는 20분) 경과 후 참가견이 추적 경로의 종점에 도달하지 않으면 심사위원에 의해 추적이 종료된다. 점수는 해당 시점까지 수행한 내용에 따라 책정된다.

ⓟ 참가견이 물건을 '줍는' 행동과 '가리키는' 행동 중 어느 쪽으로도 해석할 수 있는 행동을 보이는 경우 실책으로 간주된다. 물건을 찾아 처음 보고한 방법대로 표현한 경우에만 찾은 것으로 인정된다.

ⓗ 물건을 물어 올리거나 가리키는 행동이 부적절한 경우, 틀린 물건을 가리키는 경우 4점까지 감점되며, 수색 재개 시 핸들러가 추적줄을 잡아 당겨 추적을 유도한 경우 2점이 추가로 감점된다.

ⓚ 참가견이 물건을 하나도 찾지 못하면 아무런 점수도 부여되지 않는다. 핸들러의 물건을 찾지 못하면 본 A 과목은 최대 '만족' 등급까지만 부여될 수 있다. 개가 소지품을 찾도록 핸들러가 추적 재개를 유도할 수 없다는 점도 평가에 반영되어야 한다.

ⓝ 참가견이 사냥 본능이 솟구쳐 쫓는 행동을 보이면, 핸들러는 통제를 위해 "엎드려" 명령을 할 수 있다. 이후 심사위원의 지시에 따라 수색 작업을 이어간다. 이 지시로 통제가 되지 않으면 시험은 종료된다(평가 : '통제 불가 상황으로 인한 실격').

④ 시험 종료/실격 기준

ㄱ 행동 결과 참가견이 냄새 패드에서 추적을 재시작하는 행동이 3회 이상 반복

ㄴ 시험 종료
  • 시험 전 단계 : 참가견이 줄 길이 이상 추적 경로를 이탈하거나 핸들러가 심사위원의 지시를 경청하지 않는 경우
  • 참가견이 추적 제한 시간 이내에 추적을 완료하지 못한 경우 1단계 시험의 제한 시간 : 추적 시작 후 15분 이내 시험 종료. 해당 시점까지 획득한 점수만 부여. 종료 사유에 따라 평가 결과 명시
  • 참가견이 물건을 물어 올렸으나 바닥에 놓지 않는 경우
  • 참가견이 사냥감 쫓기 게임을 하고 추적을 재개할 수 없는 경우
  • 통제불가 상황으로 인한 실격

(2) IGP 1단계 B 과목 : 복종 시험

- 동작 1 – 리드줄 미착용 보행 : 20점
- 동작 2 – 보행 중 앉기 : 10점
- 동작 3 – 엎드리기 후 복귀 : 10점
- 동작 4 – 평지에서 물건 회수하기 : 10점
- 동작 5 – 허들 넘어 물건 회수하기 : 15점
- 동작 6 – 판벽 넘어 물건 회수하기 : 15점
- 동작 7 – 전진 후 엎드리기 : 10점
- 동작 8 – 산만한 환경에서 엎드려 있기 : 10점
- 총점 100점

참고

IGP 2단계 B 과목 : 복종 시험 기준은 1단계와 동일

IGP 3단계 B 과목 : 복종 시험

- 동작 1 – 리드줄 미착용 보행 : 10점
- 동작 2 – 보행 중 앉기 : 10점
- 동작 3 – 엎드리기 후 복귀 : 10점
- 동작 4 – 달리기 중 서기 : 10점
- 동작 5 – 평지에서 물건 회수하기 : 10점
- 동작 6 – 허들 넘어 물건 회수하기 : 15점
- 동작 7 – 판벽 넘어 물건 회수하기 : 15점
- 동작 8 – 전진 후 엎드리기 : 10점
- 동작 9 – 산만한 환경에서 엎드려 있기 : 10점
- 총점 100점

---

① 일반 규정

㉠ 핸들러는 리드줄을 채운 상태로 개와 함께 참석하여 기본자세로 보고하고 리드줄을 분리한다. 특히, 복종 시험에서는 참가견이 자신감을 잃고 핸들러로부터 압박을 느끼는 모습을 보이지 않아야 하며, 단순히 핸들러의 '스포츠 도구'처럼 보여서는 안 된다는 사실을 유념해야 한다.

㉡ 모든 동작이 진행되는 동안 참가견에게서 핸들러와 함께 동작에 즐겁게 임하고 충분한 집중력을 발휘하는 모습이 나타나야 한다. 각 동작의 정확한 수행과 더불어 즐겁게 임하는 태도에도 주목하여 평가한다.

㉢ 핸들러가 동작을 잊어버리면 심사위원이 누락된 동작을 실시하도록 요청한다. 이로 인한 감점은 없다.

㉣ 복종 시험이 시작되기 전, 심사위원은 규정에 명시된 시험 도구를 모두 확인해야 한다. 관련 규정에 부합하는 도구만 사용할 수 있다.

㉤ '리드줄 없이 보행하기'와 '산만한 환경에서 엎드려 있기' 동작에 사용되는 총은 6mm 구경이어야 한다.

㉥ 시험 시작은 심사위원이 알린다. 그 외 방향 전환, 중지, 속도 변경 등 다른 과정은 모두 별도 지시 없이 수행한다.

ⓐ 음성 명령어는 규정에 명시되어 있다. 명령어는 평범한 어조로 짧게 말할 수 있는 하나의 단어로 구성된다. 어떠한 언어로도 사용할 수 있으나 경기 전 단계에서 동일한 언어의 명령어를 사용해야 한다. 명령어가 3회 주어진 후에도 참가견이 명령을 따르지 않으면, 해당 동작에는 점수가 부여되지 않는다. 참가견을 호출할 때는 개의 이름을 사용할 수 있다. 그에 상응하는 명령어와 함께 이름을 부르면 두 번 명령한 것으로 간주한다.

ⓞ 동작 시작 : 시험 시작은 심사위원이 알린다.

ⓩ 기본자세

- 다른 참가견과 핸들러가 '산만한 환경에서 엎드리기' 동작이 진행될 지정 장소로 이동할 때 참가견은 기본자세로 대기한다. 이 시점부터 두 참가견에 대한 평가가 시작된다. 각 동작의 시작과 끝에 이 기본자세를 취한다. 핸들러는 스포츠맨다운 태도로 서서 대기한다. 어떠한 동작에서도 다리를 벌리고 서는 자세는 허용되지 않는다.

- 참가견은 핸들러의 왼쪽 가까이에서 침착하게 집중한 태도로, 어깨가 핸들러의 무릎 높이에 오도록 기본자세로 바르게 앉아야 한다. 동작을 시작하기 전, 기본자세를 취할 기회는 한 번만 주어진다. 참가견을 칭찬하는 행동은 각 동작이 완료된 후 짧게 허용된다. 칭찬이 끝나면 핸들러는 다시 기본자세를 취한다. 칭찬을 하고 새로운 동작을 시작하기 전에 최소 3초의 시간 간격을 둔다.

- 각 동작은 기본자세에서 시작한다. 핸들러는 동작 수행에 필요한 명령을 하기 전 최소 10보, 최대 15보를 이동해야 한다. 정면에 앉기, 마무리, 개가 앉거나 서서 혹은 엎드려 있는 상태에서 핸들러가 개에게 돌아오는 등 여러 동작을 수행하는 경우 다음 동작을 명령하기 전에 최소 3초의 간격을 둔다. 기본 동작이나 동작을 진행하는 과정에 실수가 발생하면 그에 따른 평가가 실시된다.

- 각 동작 사이에서 참가견은 핸들러를 올바른 자세로 따라야 한다. 아령을 가지러 갈 때도 개가 뒤를 따라야 하며, 이 과정에서 개와 장난치거나 개를 자극하는 행동은 허용되지 않는다.

- 뒤로 돌기는 핸들러의 주도로 왼쪽으로 실시한다. 참가견은 핸들러의 뒤를 따르거나 앞장설 수 있으나, 어느 쪽이든 시험 전 과정에서 동일한 행동을 유지해야 한다.

- 참가견이 정면에 앉기 동작까지 완료하면, 핸들러 뒤를 따르게 하거나 정면에서 기본자세를 취하는 것으로 동작을 마무리한다.

- 높이뛰기 허들 동작에서는 높이 100cm, 너비 150cm인 허들이 설치되어야 한다.

- 판벽은 너비 150cm, 높이 191cm인 판 두 개를 마주보도록 세우고 윗면끼리 고정하여 설치한다. 두 판의 밑면은 충분히 거리를 두어 판 사이 공간의 수직 높이가 180cm가 되어야 한다.

- 판벽의 표면 전체에는 미끄럼 방지 물질을 입혀야 한다. 양쪽 외벽에는 꼭대기 쪽에 가까운 절반 높이에 두께 24/48mm의 디딤틱 세 개를 고정시킨다. 시험에 참가하는 모든 개가 동일한 장애물을 넘도록 해야 한다.

- 물건 회수 동작에는 아령만 사용할 수 있다(평지에서 회수하기 동작에는 1000g/IGP 3단계에서는 2000g, 허들 및 판벽 넘어 회수하기 동작에는 650g). 모든 참가자가 대회 주최 측이 마련한 동일한 아령을 사용해야 한다. 회수 동작을 하기 전에는 참가견이 아령을 물 수 없다.

- 핸들러가 시험 단계를 잊어버린 경우 심사위원은 누락된 단계를 알려준다. 해당 경우는 감점사항에 해당되지 않는다. 다른 개가 가까운 장소에서 엎드려서 대기하는 동작을 실시하는 동안, 핸들러는 자신의 참가견과 함께 기본자세로 대기하다가 리드줄 미착용 보행을 시작한다.

② 시험 동작의 분류

　㉠ '보행 중 앉기', '엎드리기 후 복귀', '보통 걸음으로 보행하다 멈추기', '이동 중 멈추기' 등 두 가지 동작이 결합된 동작에서는 각 부분에 따라 아래와 같이 부분 점수가 부여된다.
　　- '기본자세, 동작 개시, 실행' = 5점
　　- '동작이 완료되기 전까지 보여준 행동' = 5점

　㉡ 각 동작에서 참가견에 대한 평가는 기본 동작부터 해당 동작이 완료되는 시점까지 관찰한 결과를 토대로 실시된다.

　㉢ 추가 명령
　　- 명령을 3회 내린 후에도 참가견이 동작을 완료하지 못하면, 해당 동작은 '부적합(0점)'으로 평가된다. 참가견이 명령을 3회 내린 이후에 동작을 완료해도 해당 동작은 '부적합'으로 평가된다.
　　- 참가견을 호출할 때 "이리와" 대신 개의 이름을 불러도 된다. "이리와" 명령어와 이름을 함께 부르면 이중 명령으로 간주된다.

　㉣ 평 가
　　- 추가 명령 동작의 일부에 포함되는 경우 '만족'
　　- 추가 명령 동작의 일부에 포함되지 않으면 '부적합'
　　- 예시 : 5점짜리 동작에서 추가 명령 '만족' 평가 시 5점에서 -1.5점 처리, 추가 명령 '부적합' 평가 시 5점에서 -2.5점 처리
　　- 정면에 앉기, 마무리, 개가 앉거나 서서, 혹은 엎드려 있는 상태에서 핸들러가 개에게 돌아오는 등의 동작을 수행할 때는 동작 한 부분에서 다음 부분으로 넘어가기 전 최소 3초의 간격을 두어야 한다.
　　- 다른 개가 가까운 장소에서 엎드려서 대기하는 동작을 실시하는 동안, 핸들러는 자신의 참가견과 함께 기본자세로 대기하다가 리드줄 미착용 보행을 시작한다.

③ 리드줄 미착용 보행(20점, IGP 3단계는 10점)

　㉠ 동작 시작을 위해 "따라와" 명령을 내릴 수 있다. 핸들러는 이 명령어를 개가 보행을 시작하는 시점과 보행 속도를 바꿀 때 사용할 수 있다.

　㉡ 실행 규정
　　- 핸들러는 리드줄과 연결된 개를 데리고 심사위원 쪽으로 다가가 기본자세로 보고한다. 심사위원이 신호를 주면 핸들러는 개의 리드줄을 풀고 동작 시작점으로 이동한다. 심사위원이 다시 신호를 주면 핸들러는 동작을 시작한다.
　　- 참가견은 기본자세로 바로 앉아 있다가, "따라와" 명령이 주어지면 핸들러의 왼쪽에서 어깨가 핸들러 무릎 높이와 나란한 자세로 집중하며 즐겁게 따라온다. 걸음을 멈춰야 하는 순간에는 재빨리 알아서 멈춰야 한다.
　　- 동작이 시작되면 핸들러는 멈추지 않고 곧장 50보를 걸어간 후 뒤로 돌아 다시 10~15보를 달려서 이동하고, 다시 속도를 늦춰 최소 10보 이동한다.

- 느린 걸음으로 바뀌는 과정에는 전환 동작이 없어야 하며, 속도가 바뀌면 그 차이가 확실히 드러나야 한다. 보통 속도로 이동하는 동안 우회전 2회, 좌회전 2회, 뒤로 돌기 2회를 수행하고 두 번째 뒤로 돌기 후 정지한다. 뒤로 돌기는 핸들러가 주도하여 왼쪽으로 실시한다(제자리에서 180도 회전, 경기장 개요도 참고). 다음 두 가지 변형 동작이 가능하다.
  - 참가견이 오른쪽으로 돌아 핸들러의 뒤를 따라서 회전
  - 참가견이 원래 있던 자리에서 왼쪽으로 180도 회전
- 한 경기에서는 위 변형 동작 중 한 가지만 허용된다. 경기장 개요에 표시된 대로, 두 번째 뒤로 돌기 후에는 제자리에 선다.
- 참가견은 핸들러의 왼쪽에서 바른 자세로 어깨가 핸들러 무릎 높이와 나란한 상태를 유지하여야 한다. 핸들러를 앞서거나 뒤로 쳐져서는 안 되며 측면으로 멀리 벗어나 보행해서도 안 된다. 뒤로 돌기는 핸들러의 주도로 왼쪽으로 실시한다. 보통 속도로 걷다가 멈추는 동작이 최소 1회 실시되어야 한다.
- 핸들러와 참가견이 맨 처음 직선 구간을 걷는 동안, 최소 15보 떨어진 곳에서 5초 간격으로 총성이 2회(6mm 구경) 울리는데, 이때 참가견은 총성에 무관심해야 한다. 참가견이 총성에 공포 반응을 보이면 결과는 실격 처리되며 해당 시점까지 획득한 점수는 일체 인정되지 않는다.
- 동작의 마지막 단계로 핸들러는 최소 4명이 무리 지어 있는 쪽으로 이동한다. 군중 속에서 최소 1회 멈춰 서야 하며, 심사위원은 보행 중 중단 동작을 재차 요구할 수 있다. 심사위원의 지시에 따라 핸들러는 군중에서 빠져나와 기본자세를 취한다. 기본자세에서 다음 동작을 시작한다.

ⓒ 평 가

참가견이 앞서거나 넓은 간격으로 보행하는 경우, 뒤로 쳐지거나 느리게 걷는 경우, 마지못해 앉는 경우, 핸들러가 물리적인 도움을 추가적으로 제공하는 경우, 보행이나 방향 전환 과정에서 동작에 집중하지 못하는 경우, 압박을 느끼는 모습을 보이는 경우 등은 그에 상응하는 평가가 실시된다.

④ 보행 중 앉기(10점)

ⓘ 음성 명령어로 "따라와", "앉아"를 사용한다.

ⓛ 실행 규정

- 핸들러는 기본자세로 올바르게 대기하다가 리드줄 없이 개가 따라오도록 하며 일직선으로 걸어간다. 동작이 진행되면 참가견은 집중력 있는 태도로 즐겁고 신속하게 몰입하여 핸들러를 따라와야 한다. 이때 어깨가 핸들러의 무릎 높이에 오도록 바른 자세가 유지되어야 한다. 10~15보 이동 후 "앉아" 명령이 주어지면 참가견은 즉각 자리에 앉아야 한다.
- 핸들러는 가던 방향으로 걸음을 멈추지 않고 계속 이동하며, 속도를 바꾸거나 뒤돌아보지 않는다. 15보를 추가로 이동한 후 멈추고 개를 향해 즉시 돌아선다.
- 심사위원의 지시가 주어지면 핸들러는 개에게 돌아와 개 우측에 선다. 돌아올 때는 개의 정면으로 다가오거나 뒤로 와서 앞으로 돌아 나올 수 있다.

ⓒ 평 가

- 기본자세나 동작을 진행하는 과정에 실수가 발생한 경우, 개가 천천히 앉는 행동, 앉아서 불안해하고 집중하지 못하는 태도 등은 평가 요소에 포함된다.

- 참가견이 앉지 않고 눕거나 일어서면 5점이 감점된다. 그 외 다른 실수가 발생한 경우 평가에 반영된다.

⑤ 엎드리기 후 복귀(10점)

　㉠ 음성 명령어로 "따라와", "엎드려", "이리와" 등을 사용한다.

　㉡ 실행 규정

- 핸들러는 기본자세에서 리드줄 없이 개와 함께 일직선 방향으로 걸어간다. 동작이 진행되면 참가견은 집중력 있는 태도로 즐겁고 신속하게 몰입하여 핸들러를 따라와야 한다. 이때 어깨가 핸들러의 무릎 높이에 오도록 바른 자세가 유지되어야 한다.
- 10~15보 걸어간 후, 핸들러가 "엎드려"라고 명령하면 참가견은 즉각 자리에 엎드려야 한다.
- 핸들러는 가던 방향으로 걸음을 멈추지 않고 계속 이동하며, 속도를 바꾸거나 뒤돌아보지 않는다. 30보를 추가로 이동한 후 멈추고 개를 향해 즉시 돌아선다. 이때 참가견은 침착하게 집중하며 엎드려 있어야 한다. 심사위원의 지시가 주어지면 핸들러는 "이리와"라고 명령하거나 개의 이름을 불러 개를 호출한다.
- 참가견은 핸들러를 향해 빠른 속도로 즐겁게 다가와 핸들러와 가까운 정면에 앉아야 한다. 핸들러가 "따라와" 명령을 하면 참가견은 신속히 핸들러 왼쪽으로 와서 어깨가 핸들러의 무릎과 일직선이 되도록 곧장 앉아야 한다.

　㉢ 평 가

- 동작의 진행 과정에 실수가 발생한 경우, 개가 천천히 앉는 행동, 앉아서 불안해하는 행동, 복귀 명령을 듣고 천천히 반응하거나 다가오다가 속도를 늦추는 행동, 핸들러가 다리를 벌리고 서 있는 행동, 개가 참가자의 정면에 앉거나 동작을 마무리하는 과정에서 실수하는 경우 그에 따른 평가가 실시된다.
- 참가견이 "엎드려" 명령을 듣고 앉거나 서 있으면 5점이 감점된다.

IGP 3단계에서는 엎드리기 후 복귀 다음 단계로 달리던 중 서기(10점) 동작이 있다.
달리던 중 서기(10점)
① 음성 명령어로 "따라와", "서", "앉아"를 사용한다.
② 실행 규정
　㉠ 핸들러는 기본자세에서 리드줄 없이 개와 함께 일직선 방향으로 달려간다. 10~15보 달려간 후, "서"라고 명령하면 참가견은 즉각 자리에 멈춰 서야 한다. 이때 핸들러는 발걸음을 늦추거나, 이동속도를 변경하거나, 방향을 바꾸면 안 된다. 핸들러는 30보를 추가로 달려간 후 멈추고 즉시 개를 향해 돌아선다. 이때 참가견은 침착하게 집중하며 서 있어야 한다.
　㉡ 심사위원의 지시가 주어지면 핸들러는 참가견에게 곧장 돌아와서 개 우측에 선다. 약 3초 경과 후, 심사위원의 지시가 주어지면 "앉아" 명령을 내린다. 참가견은 재빨리 곧은 자세로 자리에 앉아야 한다.
③ 평가
동작을 진행하는 과정에 실수가 발생한 경우, 개가 명령에 곧바로 따르지 않는 경우, 서서 불안해하는 행동, 핸들러가 다가올 때 가만히 기다리지 못하는 행동, 천천히 앉는 행동 등은 그에 따른 평가가 실시된다. 참가견이 "서" 명령을 듣고 앉거나 엎드리면 있으면 5점이 감점된다.

⑥ 평지에서 물건 회수하기(10점)
  ㉠ 음성 명령어로 "가져와", "놔", "따라와" 등을 사용한다.
  ㉡ 실행 규정
    • 핸들러는 올바른 기본자세로 대기하다가 아령(무게 650g)을 약 10m 거리로 던진다. 아령이 완전히 멈추면 핸들러는 참가견에게 "가져와"라고 명령한다.

아령의 무게
  • 2단계 – 1000g
  • 3단계 – 2000g

    • 아령을 회수할 때는 핸들러는 그 자리에서 움직일 수 없다. 참가견은 리드줄에 연결되지 않은 상태로 핸들러 옆에 침착하게 앉아 있다가, 아령을 향해 재빨리 곧장 달려가 물고 신속하게 곧바로 돌아와서 핸들러 정면에 앉아야 한다.
    • 참가견은 핸들러 바로 정면에 가까이 앉아 침착하게 아령을 물고 기다리다가, 3초 경과 후 "놔" 명령어가 주어지면 아령을 바닥에 내려놓아야 한다. 핸들러는 팔을 뻗어 조용히 아령을 집어 오른손에 쥐고 몸 오른쪽에 오도록 든다.
    • "따라와" 명령어가 주어지면 참가견은 재빨리 핸들러 왼쪽으로 와서 어깨가 핸들러의 무릎과 나란하도록 자세를 잡는다. 본 동작에서 핸들러는 전체 과정이 완료될 때까지 제자리에서 움직이지 말아야 한다.
  ㉢ 평 가
    • 기본자세에 실수가 발생한 경우, 아령을 가지러 가는 행동이 느린 경우, 물어 올리는 동작에 실수가 발생한 경우, 복귀 속도가 느린 경우, 아령을 떨어뜨리는 행동, 아령을 가지고 놀거나 핥는 행동, 핸들러가 다리를 벌리고 서 있는 경우, 개가 핸들러 정면에 앉는 동작이나 마무리 동작이 부적절한 경우에는 그에 상응하는 평가가 실시된다.
    • 동작이 완료되기 전에 핸들러가 자리를 이탈하면 부적합으로 평가된다. 참가견이 아령을 회수하지 않으면 본 단계에는 영(0)점이 부여된다.
⑦ 허들 넘어 물건 회수하기(100cm)(15점)
  ㉠ 음성 명령어로 각각 "넘어", "가져와", "놔", "따라와" 등을 사용한다.
  ㉡ 실행 규정
    • 핸들러는 개와 함께 허들 정면에 5보 간격을 두고 기본자세로 대기한다. 핸들러는 기본자세로 바르게 서서 아령(650g)을 100cm 높이의 허들 너머로 던진다. 아령이 완전히 멈추면, 개에게 "넘어"라고 명령한다.
    • 참가견은 핸들러 옆에 리드줄과 분리된 상태로 침착하게 앉아 있다가, "넘어"에 이어 "가져와" 명령이 주어지면("가져와" 명령은 참가견이 허들을 뛰어넘은 후에만 사용해야 한다) 재빨리 허들을 뛰어 넘어 곧장 아령을 향해 뛰어가서 바로 물고, 다시 허들을 뛰어 넘어 곧바로 핸들러에게 신속히 가져와야 한다.

- 참가견은 핸들러 정면 가까이에 앉아 침착하게 아령을 물고 기다리다가, 3초 경과 후 "놔" 명령어가 주어지면 아령을 바닥에 내려놓아야 한다. 핸들러는 팔을 뻗어 조용히 아령을 집어 오른손에 쥐고 몸 오른쪽에 오도록 든다.
- "따라와" 명령어가 주어지면 참가견은 재빨리 핸들러의 왼쪽으로 와서 어깨가 핸들러의 무릎과 나란하도록 자세를 잡는다. 본 동작에서 핸들러는 전체 과정이 완료될 때까지 제자리에서 움직이지 말아야 한다.

ⓒ 평 가

- 기본자세에 실수가 발생한 경우, 느린 점프, 개가 점프 거리를 너무 짧게 추정하여 점프가 약하게 진행된 경우, 허들을 지나치고 아령을 향해 달려가는 경우, 아령을 천천히 물어 올리는 행동, 돌아오는 점프가 약하게 진행된 경우(거리를 짧게 추정함), 아령을 떨어뜨리는 경우, 아령을 가지고 놀거나 물어뜯는 행동, 핸들러가 다리를 벌리고 서 있는 자세, 핸들러 정면에 앉는 동작이나 마무리 동작 등에 실수가 발생한 경우 그에 맞는 평가가 실시된다.
- 참가견이 점프 시 허들을 건드리면 점프 1회당 1점이 감점되며 허들을 밟고 넘으면 2점이 감점된다. 허들 넘어 물건 회수하기는 동작별로 다음과 같이 점수가 부여된다.
  - 허들 넘어 가기 5점, 물건 회수 5점, 허들 넘어 복귀 5점(총 15점)
  - 허들 넘기가 이루어지고, 위의 세 단계(가지러 가기, 물건 획득, 자리로 복귀) 중 회수 단계가 진행된 경우에 한해 부분 점수가 부여된다.
  - 허들 넘기와 물건 회수가 문제없이 이루어진 경우 = 15점
  - 물건을 가지러 갈 때나 올 때 허들을 넘지 않았으나 아령은 문제없이 가져온 경우 = 10점
  - 물건을 가지러 갈 때나 올 때 허들을 문제없이 넘었으나 아령을 가져오지 않은 경우 = 0점
- 아령이 허들의 어느 한쪽에 치우쳐 너무 멀리 던져졌거나 참가견의 시야에서 확인이 힘든 범위로 던져진 경우, 핸들러는 심사위원에게 요청하여 다시 던질 수 있다. 심사위원이 허용하는 경우 이로 인한 감점은 없다. 이때 참가견은 제자리에 가만히 앉아 있어야 한다.
- 핸들러가 아령을 가지러 갈 때 참가견이 따라나서면 본 동작에 0점이 부여된다. 참가견이 기본자세에서 자세를 바꾸었으나 허들 앞에 머물러 있는 경우, 그에 상응하는 평가가 실시된다.
- 핸들러가 자세를 바꾸지 않고 참가견에게 도움을 준 경우 그에 따른 평가가 실시된다. 핸들러가 모든 동작이 완료되기 전에 자리에서 벗어난 경우, 본 동작은 부적합으로 평가된다.
- 점프 동작에서 허들이 쓰러지면 재시도가 가능하나, 최초 점프가 제대로 이루어지지 않은 것으로 평가되어 그에 상응하는 평가가 실시된다(-4점). 참가견이 명령 후 3초 경과 후에도 아령을 놓지 않으면 실격 처리되며, B 과목 시험은 종료된다.

⑧ **판벽 넘어 물건 회수하기(180cm)(15점)**

ⓐ 음성 명령어로 각각 "넘어", "가져와", "놔", "따라와" 등을 사용한다.

ⓑ 실행 규정

- 핸들러는 개와 함께 판벽 정면에 5보 간격을 두고 기본자세로 대기한다. 핸들러는 기본자세로 바르게 서서 아령(650g)을 판벽 너머로 던진다.

- 참가견은 리드줄과 분리된 상태로 핸들러 옆에 침착하게 앉아 있다가, "넘어"에 이어 "가져와" 명령이 주어지면("가져와" 명령은 참가견이 판벽을 뛰어넘은 후에만 사용해야 한다) 판벽을 타고 올라가서 재빨리 내려온 후, 곧장 아령을 향해 달려가 바로 물고 다시 판벽을 넘어 곧바로 신속하게 핸들러에게 아령을 가져와야 한다.
- 참가견은 핸들러 정면 가까이에 앉아서, 약 3초 후 핸들러가 "놔" 명령을 할 때까지 입에 아령을 침착하게 문 상태로 자세를 유지해야 한다.
- 핸들러는 팔을 뻗어 조용히 아령을 집어 오른손에 쥐고 몸 오른쪽에 오도록 든다. "따라와" 명령어가 주어지면 참가견은 재빨리 핸들러 왼쪽으로 와서 어깨가 핸들러의 무릎과 나란하도록 자세를 잡는다. 본 동작에서 핸들러는 전체 과정이 완료될 때까지 제자리에서 움직이지 말아야 한다.

ⓒ 평 가

- 기본자세에 실수가 발생한 경우, 느린 점프, 아령을 집어 올리다가 실수가 발생한 경우, 돌아오는 점프가 약하게 진행된 경우, 아령을 떨어뜨리는 경우, 아령을 가지고 놀거나 물어뜯는 행동, 핸들러가 다리를 벌리고 서 있는 자세, 핸들러 정면에 앉는 동작이나 마무리 동작이 부적절한 경우 등에는 그에 맞는 평가가 실시된다.
- 판벽 넘어 물건 회수하기는 동작별로 아래와 같이 점수가 부여된다.
  - 판벽 넘어 가기 5점, 물건 회수 5점, 판벽 넘어 복귀 5점(총 15점)
  - 판벽 넘기가 이루어지고, 위의 세 단계(가지러 가기, 물건 회수, 자리로 복귀) 중 회수 단계가 진행된 경우에 한해 부분 점수가 부여된다.
  - 판벽 넘기와 물건 회수가 문제없이 이루어진 경우 = 15점
  - 물건을 가지러 갈 때나 올 때 판벽을 넘지 않았으나 아령을 회수한 경우 = 10점
  - 물건을 가지러 갈 때나 올 때 판벽을 문제없이 넘었으나 아령을 가져오지 않은 경우 = 0점
- 아령이 판벽 한쪽에 치우쳐 너무 멀리 던져졌거나 참가견의 시야로 확인이 힘든 범위로 던져진 경우, 핸들러는 심사위원에게 요청하여 다시 던질 수 있다. 심사위원이 허용하는 경우 이로 인한 감점은 없다. 이때 참가견은 제자리에 가만히 앉아 있어야 한다.
- 핸들러가 자세를 바꾸지 않고 참가견에게 도움을 준 경우 그에 따른 평가가 실시된다. 모든 동작이 완료되기 전 핸들러가 자리에서 벗어난 경우, 본 동작은 부적합으로 평가된다. 참가견이 명령 후 3초 경과 후에도 아령을 놓지 않으면 실격 처리되며, "B" 과목 시험은 종료된다.

⑨ 전진 후 엎드리기(10점)

㉠ 음성 명령어로 각각 "가(Go out)", "엎드려", "앉아" 등을 사용한다.

㉡ 실행 규정

- 핸들러는 리드줄을 연결하지 않은 참가견과 기본자세로 대기하다가 지정된 방향을 향해 일직선으로 걸어간다. 10~15보 이동 후 핸들러는 팔을 들어올리며 "가"라고 명령하고 그 자리에 멈춰 선다. 참가견은 지정된 방향을 향해 의욕적인 태도로 빠르게 30보 이상 이동해야 한다.
- 심사위원의 지시가 주어지면 핸들러는 "엎드려" 명령을 내리고, 이때 참가견은 즉시 바닥에 엎드려야 한다. 핸들러는 참가견이 완전히 엎드릴 때까지 팔을 계속 들고 있을 수 있다.

- 심사위원이 지시하면 핸들러는 참가견에게 다가가 개 우측에 선다. 약 3초 경과 후 심사위원의 지시에 따라 핸들러는 "앉아" 명령을 하고 참가견은 재빨리 기본자세로 바르게 앉아야 한다.

ⓒ 평가
- 동작의 진행 과정에 실수가 발생한 경우, 핸들러가 개와 함께 전진하는 경우, 참가견이 너무 느리게 전진하는 경우, 이동 경로가 좌우로 크게 치우친 경우, 전진 거리가 너무 짧은 경우, 엎드리기 동작에서 참가견이 주저하거나 명령이 주어지기 전에 엎드린 경우, 엎드려서 가만히 있지 않은 경우, 명령이 주어지기 전에 일어나서 앉는 경우는 그에 따른 평가가 실시된다.
- 핸들러와 참가견이 일정 거리까지 이동하면 심사위원은 참가견이 전진하여 엎드릴 방향을 정해서 알려준다. 참가견이 명령에도 멈추지 않고 계속 전진하면 본 동작은 0점 처리된다.
  - "엎드려" 명령이 1회 추가로 내려진 경우 : -1.5점
  - "엎드려" 명령이 2회 추가로 내려진 경우 : -2.5점
  - 참가견이 전진하다 멈추었으나 2회 추가 명령 후에도 엎드리지 않은 경우 : -3.5점
- 그 외 추가로 발생한 실수는 그에 따른 평가가 실시된다. 참가견이 위치를 벗어나거나 핸들러에게 돌아올 경우 본 동작 전체가 0점 처리된다.

⑩ 산만한 환경에서 엎드려 있기(10점)
ⓐ 음성 명령어로 각각 "엎드려", "앉아" 등을 사용한다.
ⓑ 실행 규정
- 다른 참가견이 "B" 과목 복종 시험을 시작하기에 앞서, 핸들러는 심사위원의 지시에 따라 지정된 위치로 이동하여 개와 리드줄을 분리하고 기본자세로 대기한다.
- 핸들러는 개의 옆에 리드줄을 비롯해 다른 물체가 없는 상태에서 "엎드려"라고 명령한다. 이후 핸들러는 뒤돌아보지 말고 30보 이상 걸어가되 뒷모습이 개의 시야에 드는 범위에서 이동한다.
- 참가견은 핸들러의 행동에 동요하지 않고 침착하게 누워 있어야 하며, 그동안 가까운 곳에서 다른 참가견이 1번 동작부터 7번 동작까지 시험을 수행한다.
- 심사위원의 지시가 주어지면 핸들러는 다시 참가견에게 다가와 개의 오른쪽에 선다. 심사위원이 지시에 따라 "앉아"라고 명령하고 개는 재빨리 앉아서 올바른 기본자세를 취한다.

ⓒ 평가
- 핸들러가 차분하지 못하게 행동하거나 몰래 개를 도와주는 경우, 개가 침착하게 엎드려 있지 못하는 경우, 핸들러가 다시 데리러 올 때 미처 다 오지 않은 상태에서 개가 일어서거나 앉는 경우에는 그에 따른 평가가 실시된다.
- 참가견이 앉거나 일어났더라도 제자리를 벗어나지 않으면 부분 점수가 주어진다.
- 다른 참가견의 복종 시험이 3번 동작(IGP 2단계의 경우 4번 동작, IGP 3단계의 경우 6번 동작) 이상 진행되기 전에 참가견이 지정된 장소를 3m 이상 벗어나면 본 단계는 0점 처리된다.
- 다른 참가견의 복종 시험이 3번 동작(IGP 2단계의 경우 4번 동작, IGP 3단계의 경우 6번 동작) 이상 진행된 이후에 참가견이 지정된 장소를 3m 이상 벗어나면 부분 점수가 부여된다. 핸들러가 데리러 올 때 참가견이 그쪽을 향해 다가가면 최대 3점까지 감점된다.

(3) IGP 1단계 C 과목 : 방호 시험

- 동작 1 – 헬퍼 수색 : 5점
- 동작 2 – 짖기와 억류 : 10점
- 동작 3 – 헬퍼 도주 시도 저지 : 20점
- 동작 4 – 감시 중 공격에 방어하기 : 35점
- 동작 5 – 정지 중 공격에 방어하기 : 30점
- 총점 100점

참고

IGP 2단계 C 과목 : 방호 시험

- 동작 1 – 헬퍼 수색 : 5점
- 동작 2 – 짖기와 억류 : 10점
- 동작 3 – 헬퍼 도주 시도 저지 : 10점
- 동작 4 – 감시 중 공격에 방어하기 : 20점
- 동작 5 – 후위 호송 : 5점
- 동작 6 – 후위 호송 중 공격에 방어하기 : 30점
- 동작 7 – 정지 중 공격에 방어하기 : 20점
- 총점 100점

IGP 3단계 C 과목 : 방호 시험

- 동작 1 – 헬퍼 수색 : 10점
- 동작 2 – 짖기와 억류 : 10점
- 동작 3 – 헬퍼 도주 시도 저지 : 10점
- 동작 4 – 감시 중 공격에 방어하기 : 20점
- 동작 5 – 후위 호송 : 5점
- 동작 6 – 후위 호송 중 공격에 방어하기 : 15점
- 동작 7 – 정지 중 공격에 방어하기 : 10점
- 동작 8 – 감시 종료 후 공격에 방어하기 : 20점
- 총점 100점

① 일반 규정

㉠ 적절한 위치에 은신처 여섯 곳을 설치한다. 좌우 양쪽에 세 개씩, 서로 엇갈리도록 배치한다. 필요한 표지는 핸들러와 심사위원, 헬퍼가 알아보기 쉽게 설치해야 한다.

㉡ 방호 동작 헬퍼/보호 장비

- 헬퍼는 반드시 보호복과 방어소매를 착용하고 소프트스틱을 갖추어야 한다. 방어소매는 내부에 개가 물 수 있는 막대가 있고 그 표면을 천연 삼베(자루용 올이 굵은 황마) 소재로 덮은 형태여야 한다.
- 헬퍼는 참가견이 방어 동작을 취하는 동안 개와 시선을 계속 교환해야 하는 경우, 상황에 맞게 위치를 이동할 수 있다. 위협적인 자세나 방어 동작은 허용되지 않으며, 방어소매를 이용하여 몸을 스스로 보호해야 한다.

- 핸들러가 헬퍼가 가진 소프트스틱을 빼앗는 동작은 핸들러 자율에 맡긴다. 경기 전체 단계를 헬퍼한 명으로 운용할 수 있다. 특정 단계의 경기에 개가 일곱 마리 이상 출전하는 경우에는 헬퍼가 한명 더 추가되어야 한다. 동일 단계에 참가하는 모든 개는 동일한 헬퍼 한 명 또는 여러 명과 함께경기를 치르도록 해야 한다.
- 헬퍼가 경기를 적극적으로 이끌어가는 유형인 경우, 1회에 한해 헬퍼를 교체할 수 있다.

ⓒ 경기 시작 통보
- 핸들러는 리드줄과 연결된 개와 함께 경기 시작 보고한다.
- 핸들러는 참가견과 함께 헬퍼를 찾기 위해 '무작위 수색' 동작을 시작하기 위한 위치로 이동한다. 해당 위치에 도착하면 리드줄을 분리한다.
- 심사위원의 지시가 주어지면 참가견을 수색 위치로 보낸다.

ⓓ 유의사항
- 경기 시작 전 참가견이 통제되지 않거나 뛰어다니고, 짖고, 은신처에 머무르거나 경기장을 벗어나는 등 핸들러와 참가견이 경기 시작 보고를 적절히 하지 못하는 경우, 핸들러는 3회까지 참가견을호출할 수 있다.
- 세 번째 호출 후에도 참가견이 돌아오지 않으면, 본 "C" 과목 시험은 '통제 불능 상태로 인한실격'으로 처리된다.
- 참가견이 핸들러의 통제에 따르지 않거나, 방어 동작이 완료된 후 진정하지 못하는 경우, 상황 종료를 위해 핸들러가 개입해야만 하는 경우, 참가견이 방어소매가 아닌 신체 다른 부위를 문 경우실격 처리된다. 이 경우 'TSB' 점수는 주어지지 않는다. 경기 규정에 명시된 '표지'는 핸들러와 심사위원, 헬퍼가 알아보기 쉽게 설치되어야 한다. 표시해야 할 항목은 다음과 같다.
  – 참가견이 '짖고 억류하기' 동작을 실시한 후 돌아오도록 호출할 때 핸들러가 서 있어야 하는 위치
  – 헬퍼가 도주와 방어 동작에서 서 있어야 하는 위치와 도주 후 멈추어야 하는 위치
  – 도주 동작에서 참가견이 엎드려 있어야 하는 위치
  – 핸들러가 '정지 상태에서 공격하기' 동작을 실시할 위치
- 참가견이 방어 동작을 실시하지 않거나 공격에 밀려 물러서는 경우, 본 "C" 과목 경기는 종료된다. 이 경우 점수는 부여되지 않으며, 'TSB' 점수 또한 주어지지 않는다.
- "놔" 명령은 방어 동작에서 1회에 한해 허용된다. "놔" 명령의 횟수에 따라 점수는 다음과 같이 차등 부여된다.
  – "놔" 명령에 느리게 반응 = 0.5~3.0점
  – "놔" 명령 1회 추가 시 즉각 반응 = 3.0점
  – "놔" 명령 1회 추가 시 느리게 반응 = 3.5~6.0점
  – "놔" 명령 2차 추가 후 즉각 반응 = 6.0점
  – "놔" 명령 2차 추가 후 느리게 반응 = =6.5~9.0점
  – "놔" 명령을 2차 추가 및 기타 다른 시도에 반응이 없는 경우 = 실격

② 헬퍼 수색(5점, IGP 3단계 10점)

㉠ 음성 명령어로 "찾아", "이리와"를 사용한다("이리와" 대신 참가견의 이름을 부를 수 있다).

㉡ 실행 규정

• 헬퍼는 맨 끝에 위치한 마지막 은신처에 참가견이 보지 못하도록 숨는다.

• 핸들러는 참가견과 함께 네 번째와 다섯 번째 은신처 중(여섯 은신처 중 지정 가능) 어느 쪽으로도 갈 수 있는 중간 위치로 이동한 후 리드줄을 분리한다. 심사위원의 지시가 주어지면 C 과목 경기가 시작된다. 핸들러는 "찾아" 명령과 함께 오른팔이나 왼팔을 들어 방향을 가리키면서 시각적인 도움을 함께 제공한다.

• 팔 드는 동작은 반복할 수 있다. 참가견은 신속히 핸들러의 곁을 벗어나 다섯 번째 은신처(지정된 은신처)를 향해 달려가서 은신처 주변을 집중력 있게 면밀히 수색해야 한다.

• 참가견이 은신처 측면을 샅샅이 훑으며 수색할 때, 핸들러는 "이리와" 명령을 내리고 찾아야할 은신처 쪽으로 이동한다. 이때 핸들러는 이동 경로를 머릿속으로 그리며 보통 걸음으로 이동하고, 이 경로를 벗어나지 말아야 한다. 참가견은 핸들러 앞에서 달려가야 한다.

• 개가 헬퍼가 숨은 블라인드에 도착하면 핸들러는 제자리에 멈춰야 하며 추가로 구두 명령이나 시각 명령을 내릴 수 없다.

㉢ 평가

• 참가견이 가야 할 방향으로 곧장 나아가지 못한 경우, 은신처를 향해 빠른 속도로 의욕적으로 달려 가지 않은 경우, 은신처 주변을 집중적으로 상세히 수색하지 않은 경우에는 그에 따른 평가가 실시 된다. 부적절한 동작에 해당되는 사례는 다음과 같다.

－ 동작을 시작하기 전에 침착하게 집중하여 기본자세로 대기하지 못하는 경우

－ 핸들러가 구두 명령이나 시각적 지시를 추가로 제공한 경우

－ 핸들러가 가상의 이동 경로에 따라 일관성 있게 이동하지 않은 경우

－ 이동 시 보행 속도가 보통 수준으로 유지되지 않은 경우

－ 수색 범위가 광범위한 경우

－ 참가견이 핸들러의 명령에 반응하였으나 임의 수색을 실시한 경우

－ 참가견이 은신처를 수색하지 않거나, 집중력 있게 수색하지 않은 경우

－ 참가견에게 상세한 지시와 지도가 필요하다고 판단된 경우

• 참가견이 3회 시도 후에도 마지막 은신처에 숨은 헬퍼를 찾지 못한 경우, 본 방호 시험은 종료된다. 경기 도중에 어느 시점에든 핸들러가 개에게 뒤를 따르도록 지시한 경우에도 경기는 종료된다(점수 없이 '종료' 처리되며, 다른 과목의 점수만 기입된다).

③ 짖기와 억류(10점)

㉠ 음성 명령어로 "이리와", "따라와"를 사용한다. "이리와" 명령과 "따라와" 명령은 반드시 동시에 주어 져야 한다.

㉡ 실행 규정

• 참가견은 적극적이고 집중적인 태도로 헬퍼를 억류하며 계속 짖어야 한다. 헬퍼를 향해 점프하거나 무는 행동을 해서는 안 된다.

- 개가 20초가량 짖은 후, 핸들러는 심사위원의 지시에 따라 참가견과 5보가량 떨어진 거리까지 가서 멈춰 선다. 다시 심사위원이 지시하면 핸들러는 개를 호출하여 기본자세를 취한다. 호출할 때 "따라와" 명령을 사용하여 개가 표시된 위치로 오도록 해도 된다. 두 가지 명령어 중 어느 쪽을 사용하든 동일하게 평가된다.
- 심사위원의 지시에 따라 핸들러가 헬퍼를 부르고, 헬퍼는 은신처에서 나와 도주 동작을 시작하기 위해 지정된 위치로 이동한다. 이때 참가견은 기본자세로 침착하고 바르게 앉아(짖지 않고) 집중하고 있어야 한다.

© 평 가
- 참가견은 심사위원이나 핸들러가 개입하지 않은 상태에서 명령이 주어지기 전까지 헬퍼를 향해 계속해서 짖고 확고한 태도로 억류해야 한다. 이 행동이 제한적으로 이루어진 경우, 그에 상응하는 평가가 실시된다. '짖기' 행동 점수는 계속해서 짖는 경우 5점이 부여되며, 약하게 짖는 경우(상대를 압박하지 않고 기운 없이 짖는 행동) 2점 감점된다. 집중적으로 억류하였으나 짖지 않은 경우에는 무조건 5점이 감점된다.
- 헬퍼에게 몸을 부딪히거나 점프하는 등 헬퍼를 곤란하게 만드는 행동을 하면 최대 3점까지 감점 처리된다. 세게 무는 행동을 하면 2점 감점되며, 강하게 문 경우 9점이 감점된다.
- 참가견이 은신처 내부에서 헬퍼를 물고 알아서 놓지 않는 경우, 핸들러는 해당 은신처로 다가가 정면에 5보 간격을 두고 표시된 위치에 선다. 이곳에서 1회에 한해 "이리와" 명령과 "따라와" 명령을 연달아 내릴 수 있다("놔" 명령은 해당되지 않는다).
- 개가 복귀하지 않으면 해당 팀은 실격 처리된다. 개가 복귀한 경우 낮은 점수가 부여된다(−9점). 참가견이 신체 다른 부위를 의도적으로 문 경우(몸을 부딪치지는 않고)에는 실격 처리된다.
- 심사위원이 핸들러에게 중앙선으로 이동하라고 지시하기 전에 참가견이 헬퍼가 있는 위치에서 벗어난 경우, 해당 참가견을 다시 헬퍼가 있는 쪽으로 데려갈 수 있다.
- 참가견이 다시 헬퍼가 있는 곳에 머물러 있으면 C 과목 경기가 재개되나 낮은 점수가 부여된다(−9점). 다시 데려가려고 시도했으나 참가견이 저항하거나 헬퍼가 있는 위치에서 또 다시 벗어나는 경우, C 과목 경기는 종료된다. 핸들러가 은신처 쪽으로 다가갈 때 참가견도 다가오거나, 별도 구두 명령이 주어지지 않았는데 핸들러에게 돌아오는 경우 부적절한 행동으로 보고 부분 점수가 부여된다.

④ 헬퍼 도주 저지(20점, IGP 2단계/IGP 3단계는 10점)
  ㉠ 음성명령어로 "따라와", "엎드려", "가서 막아", "놔" 등을 사용한다.
  ㉡ 실행 규정
  - 심사위원의 지시에 따라 핸들러는 헬퍼에게 은신처에서 나오도록 지시한다.
  - 헬퍼는 지정된 위치를 향해 보통 걸음으로 이동하며 도주를 시도한다.
  - 핸들러는 심사위원의 지시가 주어지면 리드줄과 연결되지 않은 참가견과 함께 지정된 위치로 이동하고 참가견은 엎드려 대기하도록 한다. 이때 참가견은 즐거운 태도로 몰입하며 집중해서 핸들러의 뒤를 따르고, 어깨가 핸들러의 무릎 높이에 오는 자세로 신속히 곧장 이동해야 한다. "엎드려" 명령이 주어지기 전까지는 기본자세로 바르고 침착하고 집중력 있게 대기해야 한다. "엎드려" 명령이 주어지면 재빨리 그 명령에 따르고, 지정된 위치를 벗어나지 않고 조용히 자신감 있는 태도로

헬퍼를 주시해야 한다.

- 헬퍼와 참가견 사이에는 5보가량 간격이 있어야 한다. 핸들러는 개가 엎드려서 경계 중인 상태로 두고 은신처로 이동하며, 참가견과 헬퍼, 심사위원과 계속해서 시선을 교환한다.
- 심사위원의 지시가 주어지면 헬퍼는 도주를 시작한다. 동시에 핸들러는 참가견에게 "가서 막아" 명령을 내려 개가 헬퍼의 도주를 저지하도록 한다.
- 참가견은 주저 없이 헬퍼에게 다가가 상황을 크게 제압하며 비교적 빠른 속도로, 힘차고 강하게 물어서 도주를 막아야 한다. 이때 헬퍼의 방어소매만 물어야 한다. 심사위원이 지시하면 헬퍼는 제자리에 가만히 서 있는다. 헬퍼가 움직임을 멈추면 참가견은 짧은 시간 안에 소매를 놓아야 한다. 핸들러는 적절한 시점에 "놔" 명령을 할 수 있다.
- 최초명령 후에도 참가견이 헬퍼를 놓지 않으면, 핸들러는 심사위원의 지시에 따라 다시 "놔"를 명령한다. 최종 명령(1회 첫 명령 후 두 번의 추가 명령) 후에도 개가 헬퍼를 놓지 않으면 실격 처리된다.
- "놔" 명령을 내리는 동안 핸들러는 가만히 서 있어야 하며 참가견에게 영향을 주는 행동을 하면 안된다. 참가견은 소매를 놓은 후 헬퍼와 가까운 위치에서 면밀히 감시해야 한다.

ⓒ 평 가

- 도주를 저지하는 상황에서 우위를 점했는지 여부, 재빨리 힘차게 반응하며 강하게 물어서 헬퍼의 도주를 효과적으로 저지하는 행동, 소매를 놓기 전까지 꽉 물고 침착하게 유지하는 행동, 헬퍼를 면밀히 감시하는 행동 등이 중요한 평가 기준이며, 해당 행동이 제한적인 경우 그에 따라 평가가 실시된다.
- 헬퍼가 20보 이상 도주하기 전에 물고 붙들어서 저지하지 못하면 본 "C" 과목 경기는 종료된다. 핸들러의 지시가 주어지지 않은 상태에서 참가견이 헬퍼의 도주를 저지하면 감점 처리된다.
- 참가견이 억류 단계에서 약간 집중하지 못하거나 다소 지루해하는 경우 1점 감점되며, 억류 단계에서 집중력이 크게 떨어지거나 굉장히 지루해하는 경우 2점 감점된다. 참가견이 헬퍼 주변을 벗어나지는 않았지만 억류하지 않은 경우 3점 감점된다. 개가 헬퍼의 곁을 떠나거나, 헬퍼 주변에 머무르도록 핸들러가 명령을 내려야 하는 경우 본 C 과목 경기는 종료된다.

⑤ 감시 중 공격에 방어하기(35점, IGP 2단계/IGP 3단계는 20점)

ⓖ 음성 명령어로 "놔", "따라와" 등을 각각 사용한다.

ⓛ 실행 규정

- 억류 상태에서 5초가량 경과한 후, 헬퍼는 심사위원의 지시에 따라 참가견을 공격한다.
- 참가견은 핸들러가 개입하지 않은 상태에서 헬퍼를 힘차고 강하게 물어서 방어해야 한다. 이때 참가견은 헬퍼의 방어소매만 물어야 한다.
- 헬퍼는 소프트스틱을 활용해 개를 위협하고 자극하면서 압박을 가한다. 압박이 가해지는 동안, 참가견은 흔들림 없이 견뎌야 하며 특히 행동과 안정성 면에서 침착함을 유지해야 한다. 소프트스틱 압박과 관련하여 두 가지 시험이 치러진다.
- 참가견은 헬퍼의 방어소매 부분만 물 수 있다. 스틱으로 개를 직접 치지 않고 액션만 가한다. 참가견은 압박 단계가 진행되는 동안 침착함을 잃지 말고 에너지 넘치며 집중하는 태도를 보여야 하며,

무엇보다 방어 동작이 진행되는 동안 소매를 계속 물고 있어야 한다.

- 심사위원의 지시가 주어지면 헬퍼는 제자리에 가만히 서 있는다. 헬퍼가 행동을 중단하면 참가견은 짧은 시간 내에 소매를 놓아야 한다.
- 최초 명령 후에도 참가견이 헬퍼를 놓지 않으면, 핸들러는 심사위원의 지시에 따라 다시 "놔"를 명령한다. 최종 명령(1회 첫 명령 후 두 번의 추가 명령) 후에도 개가 헬퍼를 놓지 않으면 실격 처리된다. "놔" 명령을 내리는 동안 핸들러는 가만히 서 있어야 하며 참가견에게 영향을 주는 행동을 하면 안 된다. 참가견은 소매를 놓은 후 헬퍼와 가까운 위치에서 면밀히 감시해야 한다.
- 심사위원의 지시에 따라 핸들러는 보통 걸음으로 최대한 일직선을 유지하며 개에게 다가가 "따라와" 명령을 내리고 기본자세로 대기한다. 이때 헬퍼에게 소프트스틱을 빼앗지는 않는다.

ⓒ 평 가
- 강하게 물면서 힘 있게 저지하는 행동, 놓기 전까지 꽉 물고 침착하게 유지하는 행동, 소매를 놓은 후 집중력 있게 헬퍼를 주시하는 행동 등이 중요한 평가 기준이며, 해당 행동이 제한적인 경우 그에 따라 평가가 실시된다.
- 참가견이 헬퍼의 압박을 견디지 못하고 방어소매를 놓은 후 헬퍼에게 쫓기면, "C" 과목 경기는 종료된다.
- 참가견이 약간 집중하지 못하거나 다소 지루해하는 경우 1점 감점되며, 감시 중 집중력이 크게 떨어지거나 굉장히 지루해하는 경우 2점 감점된다.
- 참가견이 헬퍼를 주변을 벗어나지는 않지만 감시 활동을 하지 않는 경우 3점 감점된다. 핸들러가 다가올 때 개가 그쪽으로 다가가면 부적절한 행동으로 평가된다.
- 개가 헬퍼의 곁을 떠나거나, 헬퍼 주변에 머무르도록 핸들러가 명령을 내려야 하는 경우 C 과목 경기는 종료된다.

> IGP 2단계/IGP 3단계 C 과목에는 1단계와 달리 동작 '5-후위호송(2단계/3단계 각 5점)', '동작-6 후위호송 중 공격에 방어하기(2단계 30점/3단계 15점)' 과정이 더 있다.

⑥ 후위 호송(5점, IGP 2단계/IGP 3단계)

ㄱ 음성 명령으로 "따라와"를 사용한다.

ㄴ 실행 명령
- 헬퍼를 약 30걸음 떨어진 거리로 호송한다. 후위 호송의 방식은 심사위원이 결정한다.
- 핸들러는 헬퍼에게 이동을 명령하고, 리드줄이 연결되지 않은 참가견을 데리고 함께 이동한다.
- 참가견은 헬퍼의 뒤에서 다섯 걸음 떨어져 헬퍼를 주시하면서 이동해야 한다. 이 간격은 후위 호송이 진행되는 동안 계속 유지되어야 한다.

ㄷ 평 가
헬퍼를 주의 깊게 감시하는지 여부, 정확히 따라나서는 행동, 다섯 걸음 정도의 간격이 유지되는지 등의 여부가 중요한 평가 기준이며 해당 행동이 제한적인 경우 그에 따른 평가가 실시된다.

⑦ 후위 호송 중 공격에 방어하기(15점, IGP 2단계 30점/IGP 3단계 15점)

   ⊙ 음성 명령으로 "놔", "따라와" 등을 사용한다.

   ⓛ 실행 명령

- 후위 호송을 진행하다가, 심사위원은 이동 중에 참가견이 헬퍼를 공격하도록 지시한다. 이때 참가견은 핸들러의 개입이 없어도 주저 없이 헬퍼를 힘차고 강하게 물어서 스스로 방어해야 한다.
- 참가견은 헬퍼의 방어소매만 물 수 있다. 참가견이 소매를 무는 즉시 핸들러는 그 자리에 멈춰 선다. 심사위원의 지시가 주어지면 헬퍼는 제자리에 가만히 서 있는다.
- 헬퍼가 행동을 중단하면 참가견은 짧은 시간 내에 소매를 놓아야 한다. 핸들러는 적절한 시점에 "놔" 명령을 할 수 있다. 최초 명령 후에도 참가견이 헬퍼를 놓지 않으면, 핸들러는 심사위원의 지시에 따라 두 번까지 추가로 "놔" 명령을 내릴 수 있다.
- 최종 명령(1회 첫 명령 후 두 번의 추가 명령) 후에도 개가 헬퍼를 놓지 않으면 실격 처리된다. "놔" 명령을 내리는 동안 핸들러는 가만히 서 있어야 하며 참가견에게 영향을 주는 행동을 하면 안 된다.
- 참가견은 소매를 놓은 후 헬퍼와 가까운 위치에서 면밀히 감시해야 한다. 심사위원의 지시에 따라 핸들러는 보통 속도로 최대한 일직선을 유지하며 개에게 다가가 "따라와" 명령을 내리고 기본자세로 대기한다. 핸들러는 헬퍼에게서 소프트스틱을 빼앗는다.
- 그다음 심사위원이 있는 쪽으로 약 20걸음 정도 헬퍼를 측면 호송하며, 참가견에게 "따라 와"의 명령을 사용할 수 있다. 참가견은 헬퍼의 우측으로 이동하여 헬퍼와 핸들러 사이에 자리를 잡는다.
- 호송이 진행되는 동안 참가견은 헬퍼를 주의 깊게 살피되, 헬퍼에게 너무 바싹 붙어서 이동하거나 헬퍼를 향해 점프하거나 물면 안 된다. 핸들러, 핼퍼, 참가견은 심사위원 정면에서 걸음을 멈춘다. 핸들러는 소프트스틱을 심사위원에게 건네고 "C" 과목의 1부 완료를 보고한다.

   ⓒ 평 가

- 빠르고 강하게 무는 행동, 놓기 전까지 꽉 문 상태로 침착하게 유지하는 행동, 소매를 놓은 다음에도 헬퍼를 집중적으로 면밀히 감시하는 행동 등이 중요한 평가 기준이며, 해당 행동이 제한적인 경우 그에 따라 평가가 실시된다.
- 참가견이 약간 집중하지 못하거나 다소 지루해하는 경우 1점 감점되며, 감시 중 집중력이 크게 떨어지거나 굉장히 지루해하는 경우 2점 감점된다. 참가견이 헬퍼를 감시하지는 않지만 주변을 벗어나지는 않는 경우 3점 감점된다.
- 핸들러가 다가올 때 개가 그쪽으로 다가가면 부적절한 행동으로 평가된다. 개가 심사위원의 지시가 주어지기 전에 헬퍼의 곁을 떠나 핸들러에게 다가오거나 헬퍼 주변에 머무르도록 핸들러가 명령을 내려야 하는 경우 "C" 과목 경기는 종료된다.

⑧ 정지 중 공격에 방어하기(30점, IGP 2단계 20점, IGP 3단계 10점)

   ⊙ 음성 명령으로 "앉아", "놔", "따라와" 등을 사용한다.

   ⓛ 실행 명령

- 핸들러는 참가견과 함께 중앙선을 따라 첫 번째 은신처 근처의 지정된 위치로 이동한다.

- 참가견은 즐거운 태도로 핸들러의 뒤를 집중하며 주의 깊게 따르고, 어깨가 핸들러의 무릎 높이에 오도록 곧은 자세를 유지한다.
- 첫 번째 은신처 근처에서 핸들러는 걸음을 멈추고 뒤로 돌아서 참가견에게 "앉아" 명령을 내리고, 개는 기본자세를 취한다. 참가견은 헬퍼가 있는 방향을 주시하면서 곧은 자세로 침착하게 앉아 있어야 한다. 핸들러는 목줄을 잡고 있어도 되지만 개를 자극해서는 안 된다.
- 심사위원의 지시가 주어지면, 헬퍼는 은신처에서 나와 중앙선 쪽으로 달려온다.
- 핸들러는 헬퍼를 향해 소리치고, 헬퍼는 이를 무시하고 (계속 달리면서) 크게 고함을 지르며 개와 핸들러를 향해 정면에서 달려들고 위협적인 몸짓을 취한다.
- 헬퍼가 핸들러와 개가 있는 위치에서 30~40보가량 떨어진 위치까지 다가오면, 핸들러는 심사위원의 지시에 따라 잡고 있던 개를 놓는다.
- "가서 막아" 명령이 주어지면, 개는 주저 없이 헬퍼에게 다가가 상황을 크게 장악하면서 비교적 빠른 속도로 공격을 저지해야 한다. 이때 참가견은 헬퍼의 방어소매만 물 수 있다. 핸들러는 걸음을 멈춘 그 자리에서 벗어나면 안 된다.
- 압박 단계가 시작되면, 참가견은 동요하지 말고 방어 동작이 진행되는 동안 계속해서 에너지 넘치는 태도로 집중해야 하며, 무엇보다 소매를 물고 놓지 말아야 한다. 심사위원의 지시가 주어지면 헬퍼는 제자리에 가만히 서 있는다. 헬퍼가 동작을 중단하면 참가견은 짧은 시간 내에 소매를 놓아야 한다. 핸들러는 적절한 시점에 "놔" 명령을 할 수 있다.
- 최초 명령 후에도 참가견이 헬퍼를 놓지 않으면, 핸들러는 심사위원의 지시에 따라 두 번까지 추가로 "놔"의 명령을 내릴 수 있다. 최종 명령(1회 첫 명령 후 두 번의 추가 명령) 후에도 개가 헬퍼를 놓지 않으면 실격 처리된다.
- "놔" 명령을 내리는 동안 핸들러는 가만히 서 있어야 하며 참가견에게 영향을 주는 행동을 하면 안 된다. 참가견은 소매를 놓은 후 헬퍼와 가까운 위치에서 면밀히 감시해야 한다.
- 심사위원의 지시에 따라 핸들러는 보통 걸음으로 최대한 일직선을 유지하며 개에게 다가가 "따라와" 명령을 하여 기본자세로 대기하도록 한다. 이때 헬퍼에게서 소프트스틱을 빼앗는다.
- 다음 단계로 헬퍼를 20보 이상 측면 호송하며 심사위원 쪽으로 데려간다. 핸들러는 "따라와" 명령어를 사용할 수 있다. 참가견은 헬퍼의 우측에 위치하며, 헬퍼와 핸들러 사이에서 이동한다.
- 호송 과정에서 참가견은 헬퍼를 주의 깊게 지켜봐야 한다. 헬퍼를 향해 점프하거나 무는 등 괴롭히는 행동을 해서는 안 된다. 다 함께 심사위원의 정면 가까이에 도착하면 핸들러는 소프트스틱을 심사위원에게 건네는 것으로 C 과목 시험은 종료된다. 심사위원의 지시에 따라 핸들러는 참가견에게 리드줄을 연결한 후 심사 결과를 대기할 장소로 이동한다.
- 헬퍼는 심사위원의 지시를 받고 경기장을 떠난다. 심사 결과가 나오기 전에는 심사위원의 지시에 따라 참가견과 리드줄을 연결한 상태로 대기해야 한다.

ⓒ 평 가
- 세게 물면서 강력히 방어하는 행동, 놓기 전까지 꽉 물고 침착하게 유지하는 행동, 소매를 놓은 다음에도 헬퍼를 집중적으로 면밀히 감시하는 행동 등이 중요한 평가 기준이며, 해당 행동이 제한적인 경우 그에 따라 평가가 실시된다.

- 참가견이 약간 집중하지 못하거나 다소 지루해하는 경우 1점 감점되며, 감시 중 집중력이 크게 떨어지거나 굉장히 지루해하는 경우 2점 감점된다. 참가견이 헬퍼를 감시하지 않으면서 주변을 벗어나지는 않은 경우 3점 감점된다.
- 핸들러가 다가올 때 개가 그쪽으로 다가가면 부적절한 행동으로 평가된다. 개가 심사위원의 지시가 주어지기 전에 헬퍼의 곁을 떠나 핸들러에게 다가오거나, 헬퍼 주변에 머무르도록 핸들러가 명령을 내려야 하는 경우 "C" 과목 경기는 종료된다.

4 도그쇼

(1) 도그쇼의 변천과 주요 도그쇼

도그쇼는 단순하게 아름다운 개를 뽑는 것이 아니다. 해당 견종의 표준서를 토대로 견종의 특성에 가장 이상적인 개를 뽑는 것이다. 개의 본질, 견종의 크기, 골격, 균형, 밸런스, 모질, 모량, 걸음걸이, 훈련성, 성품 등 모든 것을 고려하여 우수한 특성을 가진 개를 선정한다.

개의 종족 보존 및 혈통 고정을 위해 도그쇼를 개최하여 우수한 품종의 혈통으로 발전시키고 있으며 현재는 컨포메이션 쇼(Conformation Show)가 일반적인 도그쇼로 행해지고 있으며, 애견의 체형미를 경쟁하는 것이 주요 목적이다.

① 주요 도그쇼

ㄱ 세계 3대 켄넬 클럽

FCI 세계애견연맹 (Federation Cynologique Internationale)	1911년에 설립되어 전 세계 애견 단체 중 가장 많은 국가(80개)가 가입한 최대 단체이며 그만큼 막대한 영향력으로 세계 도그쇼의 기준이 되고 있다.
KC 영국켄넬클럽 (The Kennel Club)	1873년 영국에서 설립된 켄넬 클럽으로 가장 오랜 역사를 자랑하고 있으며 매년 전 세계의 명견들이 참여하는 크러프츠(챔피언전) 도그쇼를 열고 있다.
AKC 미국애견클럽 (American Kennel Club)	1884년 창설된 미국의 애견 클럽으로 방대한 규모를 자랑해 전 세계적으로 영향을 끼치고 있다.

ㄴ 세계 3대 도그쇼

- FCI 월드 도그쇼 : 매년 각 3개의 대륙별로 섹션쇼(유럽, 아시아, 미주)가 열린다.
- 크러프츠 도그쇼 : 영국에서 개최하는 가장 오래된 도그쇼로 전통과 권위를 자랑한다.
- 웨스트 민스터 도그쇼 : 미국에서 개최하는 도그쇼로 다양한 이벤트와 화려함으로 유명하다.

② 각국의 도그쇼

ㄱ 영국의 도그쇼

- 1859년 뉴캐슬 어폰 타인(Newcastle Upon Tyne)에서 포인터의 외모와 형태미를 심사하는 정식 도그쇼가 처음 개최되었다.
- 1873년 4월 켄넬 클럽이 창설되고 오늘날 영국애견협회(KC)의 시초가 되었다.

ㄴ 미국의 도그쇼

- 1874년 6월 4일 일리노이주의 시카고에서 포인터와 세터쇼가 개최되었다.

- 1884년 미국애견협회(AKC)가 발족되면서 1888년부터 새로운 경기방식을 채택하였는데, 오늘 그룹별 BIS 경기방식의 전신이 되었다.
- © 일본의 도그쇼
  - 메이지 개국(1868~1912년)으로 외국인과 외국 개가 들어온 이후 1913년 도쿄에서 일본 최초의 도그쇼가 개최되었다.
  - 1949년 일본경비견협회가 설립된 이후 제펜켄넬클럽(JKC)이 설립되었다.
- ② 한국의 도그쇼
  - 1945년 8월 제국군용견협회가 설립된 이후 한국애견연맹(KKF)이 설립되었다.
  - 1960년대에는 개를 묶어두고 개별적으로 개체를 관찰하는 품평회식 도그쇼와 투기 형태의 투견대회가 진행되었다.
  - 1970년대 아시아애견연맹(AKU) 창설과 가맹을 계기로 균형, 털 상태, 보행, 성격 등을 심사에 반영하였다.
  - 1989년 6월 세계애견연맹(FCI)에 정회원으로 가입하였다.

(2) 핸들링과 핸들러

쇼 핸들링은 한 명의 심사위원에게 반려견의 상태를 얼마나 '잘 보여주는가'가 포인트이다.

① 핸들러 준비사항
  - ㉠ 핸들러 마음가짐
    - 자신과 개에 대한 자신감을 가질 것
    - 얼굴의 표현과 몸짓을 통해 이기려는 자세가 표출될 것
    - 다른 핸들러에게 예의를 갖출 것
    - 동료를 존중할 것
    - 몰려다니지 말 것. 단, 함께 움직일 것
    - 모든 사람들이 함께 움직일 준비가 되었는지 볼 것
    - 순서를 지킬 것
    - 위치를 바꿀 적절한 시기를 잡거나, 링에 들어가기 전 물어볼 것
    - 앞의 개가 느리게 가고 있다면 함께 맞춰 줄 것
    - 우승자를 축하해 줄 것
    - 악수하고 웃어 줄 것
    - 우승자를 연구하고 그들로부터 무엇을 배워서 할 수 있을 것인가를 생각할 것
    - 다른 사람의 실수를 목격했다면 자신은 그 실수를 저지르지 않도록 할 것
    - 도움을 제공하되 가십이나 루머를 퍼트리지 말 것
    - 될 수 있는 가장 훌륭한 핸들러가 될 것
    - 다른 사람을 평가하지 말 것
    - 자신이 원하는 이상을 연구 노력하며 초보자들에게 용기를 북돋아 주고 가르쳐줄 것
    - 베이팅(간식이나 개를 집중시키기 위한 도구)이나 자신이 사용한 음식물은 반드시 치울 것

ⓛ 견종 표준 숙지
- 견종 표준이 훈련과 미용에 어떻게 적용되어야 하는지 숙지할 것
- 핸들링할 개에 대하여 잘 파악할 것(장점과 단점에 대해 숙지할 것)
- 견체학에 대하여 충분히 숙지할 것

ⓒ 기본훈련(사회성 기르기) 자세
- 즐겁게 할 것(긍정적 경험)
- 칭찬이나 보상 등으로 새로운 환경에 적응을 하도록 교육시켜줄 것
- 먼저 Stack(자세)을 잡은 후 놀 것
- 다양한 기술의 시도 – 각각의 개에게 어떤 것이 가장 효과적인지 볼 것
- 리드줄을 바꿔가며 실험해 볼 것
- 관찰하고 연습하고 또 노력할 것. 그러나 피곤해질 때까지는 하지 말 것
- 즐겁게 놀아줄 것

ⓓ 미용관리
- 깨끗하게 할 것(발톱, 이빨, 목욕)
- 견종 표준에 맞는 미용관리
- 특정 장점을 살리고 단점을 보완할 것

ⓜ 의상 준비
- 화려한 의상 금지(보석, 스카프, 모자, 길게 늘어진 헤어, 짙은 화장)
- 신발 밑창은 딱딱하지 않은 신발
- 치마는 적당한 길이(길거나 짧은 치마는 삼가)
- 가급적 견종에 상반된 정장을 입을 것

ⓗ 도그쇼 링 출전 직전 할 일
- 개를 운동시키고, 편안하고 차분해질 수 있도록 할 것
- 애정과 용기와 자신감을 심어 줄 것
- 심호흡을 하고 마음을 진정시킬 것
- 일찍 도착해서 심사위원과 전람회에 대해 숙지할 것
- 번호표를 조절해서 출전번호가 앞쪽을 향하도록 할 것

ⓢ 도그쇼 링 내에서 할 일
- 첫인상은 굉장히 중요하므로 개를 쳐다보고 웃을 것(심각한 표정은 심사에 절대로 좋을 리가 없다)
- 첫인사로 자신의 개를 최고의 모습으로 보여줄 것
- 링에 있을 때, 심사위원이 어디를 보고 있는지를 항상 의식할 것

도움이 되는 도구들

개를 편안하게 하고 개의 외양에 도움이 될 만한 것들을 링사이드 밖에 둘 수 있다(예 미용도구, 물병, 수건, 얼음, 코트, 기타 등).

◎ 심사위원에 대한 태도

- 존경할 것
- 심사 진행과정과 경향을 관찰하고 익숙해지도록 할 것
- 다음에 무엇이 있을지 예측할 것. 그리고 지시사항에 귀를 기울일 것
- 이해가 되지 않을 때 물어보는 것을 두려워하지 말 것. 기회는 한 번뿐
- 심사위원의 시간을 존중하되 자신의 시간을 가질 것
- 조급해하지 말고 최선을 다할 것
- 눈 맞춤과 표정 관리를 하며 심사위원이 어디에 있고 무엇을 하고 있는지를 항상 숙지할 것
- 긴장하고 항상 준비할 것
- 심사위원을 볼 때와 개를 살필 때 사이의 균형을 유지할 것
- 표정을 풀고 웃을 것
- 자신이 즐거워하고 있다는 것을 보여줄 것
- 프로답게, 그러나 너무 심각하지는 말 것
- 심사위원을 내려다보거나 건방지게 대하지 말 것
- 구두와 구두가 아닌 지시사항을 구별할 것
- 잘 관찰할 것
- 핸들러와 심사위원 사이에 개를 위치시킬 것(필수는 아님. 상황에 맞게 변화)

② 핸들링 방법

㉠ 그라운드독, 테이블독 Stacking(포즈) 기본(리드줄 없이)

- 어디를 잡고 할 것인가?
- 사각 테이블, 개 세우기, 각도, 꼬리의 위치, 포즈
- 서 있기와 무릎 꿇기
- 손을 주는 훈련을 각 개의 견종과 크기에 따라 어떻게 다르게 적용할 것인가?
- 테이블 이용하기
  - 링 바닥에서 테이블로 개를 옮기기
  - 테이블 위에서의 위치
  - 테이블에서 바닥으로 개를 옮겨 (걸음걸이) 준비시키고 다음 진행 순서에 대기하기

㉡ 리드줄 다루기

- 리드줄 거는 방법
  - 어떤 리드줄을 선택할 것인가?
  - 타입, 길이, 색깔
  - 돌멩이나 공으로 연습하기, 손안에 모으기, 매끄러운 걸음걸이, 팔과 손의 위치
  - 개의 목을 고정시키기
  - 훈련 때 사용할 것들 : 잡아채기와 압력 가하기, 부드럽고 자연스럽게 연습
  - 포즈를 위한 위치와 기술
  - 걸음걸이를 위한 위치와 기술

- 리드줄 사리는 방법
  - 핸들러는 엄지손가락에 리드줄 고리를 거는 것으로 시작한다.
  - 리드줄 중간을 오른손으로 잡아 팽팽하게 당겨준다.
  - 리드줄을 겹치게 잡아 올린다.
  - 리드줄을 가지런히 주먹 안에 모아준다.
  - 리드줄을 사람에 허리 높이 정도 맞춘다.

ⓒ 보 행
  - 링에서의 자신의 위치를 숙지할 것
  - 핸들러는 링을 돌면서 심사위원이 어디에 있는지를 파악할 것
  - 심사위원이 무엇을 지시하고 있는지를 정확히 파악할 것(수신호)
  - 개가 무엇을 하고 있는지를 인지할 것
  - 눈 맞춤(자신이 가고 있는 곳과 심사위원과 개를 볼 것)
  - 개, 링의 크기, 바닥, 미끄럼 여부에 따른 스피드의 차이에 따라 조절할 것
  - 정확한 패턴으로 이동할 것
  - 직선일 때 정확히 직선으로 이동할 것(링을 이용하여 지름길로 가지 말 것)
  - 심사위원 지시에 따라 턴, 보행을 할 것
  - 심사진행 순서를 숙지할 것

③ 핸들러 용어
  - 전문 용어

도그(Dog)	개를 통칭하며 별도로 수컷을 의미하기도 함 −비치(Bitch, 암캐)
리드(Lead)/리시(Leash)	개를 끌기 위한 끄는 줄과 목띠. 다양한 종류가 있으며, 쇼용으로는 리드와 칼라가 일체형이 된 것이나 나일론 및 금속제의 칼라에 나일론제의 리드를 클립으로 연결하는 형태 등이 있음
보드(Board)/보딩(Boarding)	개를 맡아 먹이를 주고 운동을 시키는 등 관리하는 것
브리더(Breeder)	견종의 향상을 위하여 보다 좋은 교합으로 번식시키고 이를 위하여 좋은 암캐를 소유하고 있는 사람
브리징(Bridging)	두부 및 꼬리를 쥐고 개의 몸을 앞뒤로 늘리거나 당겨 중심을 이동시키는 테크닉
베이팅(Baiting)	미끼를 주는 것. 이를 이용하여 개의 집중력 및 호기심을 끌어내며 핸들러의 작업을 돕는다. 일반적으로 레버를 사용
그루밍(Grooming)	개의 털 손질. 트리밍에 포함된 하나의 기법
트리밍(Trimming)	견체 각 부분의 균형을 잡기 위해 플러킹, 클리핑 또는 커팅 등의 기법으로 털을 정리하는 기술. 트림이라고도 함
플러킹(Plucking)	테리어 견종의 털을 손가락이나 나이프 등으로 뽑는 작업
클리핑(Clipping)	클리퍼를 사용하여 털을 제거하는 작업
시저링(Scissoring)	가위로 털을 커트하는 작업

• 보양 용어

보 양	걸음걸이 모양. 발걸음
드라이브	추진력. 뒷다리가 몸을 앞쪽으로 밀고 나아가는 힘
롤링 게이트	보행 중에 몸이 옆으로 흔들리는 보양
무빙 웰	밸런스가 잡힌 보양
오버 리칭	견체 구성의 결함에서 생긴 보양으로 앞 발가락의 뒤를 넘어 과도하게 뒷발을 내미는 것
액 션	활동 행위
앰 블	측대보. 한쪽 앞다리와 뒷다리를 동시에 올려 걷는 보양 예 올드 잉글리시 쉽독
워 크	보통 걸음. 4보조. 견종에 있어서 중심이 안정되어 가장 자연스러운 걸음걸이
트로트	속보. 빠른 걸음. 워크보다 빠르며 우측 앞발과 좌측 뒷발이 동시에 닿는 걸음
헤크니 액션	앞다리를 높게 올리는 보양. 고답 보양 예 미니어처 핀셔
파 행	사지의 어느 쪽도 안정되지 않고 불규칙한 보양

(3) 도그쇼 신청 및 출전

① 도그쇼 출진견 접수안내 : 각 관련 협회 신청기간에 접수

② 신청방법

  ㉠ 팩스신청서, 도그쇼 온라인 홈페이지, 이메일 등으로 신청(꼭, 접수 확인)

  ㉡ 혈통서 등록 내용

  ㉢ 등록번호

  ㉣ 견 종

  ㉤ 부 · 모견

  ㉥ 성별, 번식자, 출진자

③ 도그쇼 행사장의 체크사항 : 출전 접수, 해당 그룹 시간, 조별 번호

④ 핸들러 준비물 : 리드줄(견종에 맞는 굵기 · 색 고려), 손질 도구(일자 빗, 브러시, 스프레이 등), 의상(견종에 맞게 착용)

⑤ 기본매너

  ㉠ 심사위원에 대한 예의

  ㉡ 출진자에 대한 예의

  ㉢ 링에 들어가서의 순서 숙지

⑥ 전람회 들어가기 전 준비 사항

  ㉠ 번호표, 그루밍 및 트리밍 완료

  ㉡ 출전 시간

  ㉢ 출전 그룹

  ㉣ 대 · 소변

⑦ 도그쇼 클래스

성장기에 있는 유견과 다 자란 성견을 함께 심사하기 어렵기 때문에 성견과 미성견을 구분한다.

베이비 클래스	3~6개월
퍼피 클래스	6개월 1일~9개월
주니어 클래스	9개월 1일~15개월
인터미디어 클래스	15개월 1일~24개월
오픈 클래스	24개월 1일 이상
챔피언 클래스	15개월 1일 이상 챔피언 등록견
베테랑 클래스	생후 8년 이상

(4) 스 택

① 출진견의 스택

㉠ 반려견의 체형과 구성을 보기 위하여 정자세로 바르게 세우는 자세이다.

㉡ 설정상 전방 10m 정도 앞의 지상에 움직임이 있으면 반려견이 멈춰 서서 집중하는 자세이다. 중심은 앞쪽 다리에 60%, 뒤쪽 다리에 40% 정도로 맞추고 눈은 전방 땅을 향하고 코끝은 약간 내린다. 목과 등을 세워 몸 전체를 끌어올린 상태이다.

㉢ 두부는 몸의 중앙에 위치하여 좌우의 다리는 앞뒤 모두 50%씩 중심을 받고 선다. 애견이 제멋대로 두부를 움직이면 중심도 이동하므로 두부 컨트롤에 유의한다.

㉣ 오른쪽 다리를 들어 올릴 때는 머리를 위로 향하고, 다시 왼쪽으로 향하게 하면 가볍게 들어 올릴 수 있다. 애견이 자기 마음대로 중심을 이동시키지 않도록 스택이 완전하게 끝날 때까지는 스탠딩 포즈를 정확하게 만들기 위해 머리에서 손을 떼지 않도록 해야 한다.

② 프리 스탠딩 : 개를 서게 한 다음 심사위원이 볼 수 있도록 자연스럽게 세워 준다.

③ 비교 심사 : 견종의 특징을 하나하나 체크하여 2두 이상 견을 비교하는 심사이다.

(5) 핸들러 검증대회 심사

① 일 반

㉠ 핸들러는 출진견과의 준비가 끝나는 대로 출진자 대기석에서 대기한다. 신호에 맞추어 출전견과 함께 쇼링에 입장을 하되 앞사람과의 간격은 약 1.5m(견종에 따라 다소 차이가 남) 정도 거리를 유지하며 쇼링을 한바퀴 돈다. 코너링을 할 때마다 가볍게 심사위원을 바라본다(너무 보지 않도록 주의한다).

㉡ 핸들러는 링을 다 돌고 곧바로 지정된 곳에서 앞에 다른 핸들러가 있으면 적당한 간격을 유지하며 자신의 견종에 맞게 그라운드셋업을 한다. 이때 출전견의 스롯트(턱아래)를 잡고 왼쪽(앞발), 오른쪽(앞발), 왼쪽(뒷발), 오른쪽(뒷발) 순서로 셋업을 하고 마지막으로 견의 전체적인 실루엣을 잘 표현하여야 한다.

㉢ 핸들러는 곧바로 심사위원의 신호에 따라 테이블 셋업 견종, 그라운드 셋업 견종에 맞게 출전견을 데리고 테이블 또는 그라운드(주의 : 테이블 앞에서 셋업)에 머리→왼쪽(앞발)→오른쪽(앞발)→왼쪽(뒷발)→오른쪽(뒷발) 순서로 세팅을 하고 나서 심사위원에게 정중하게 인사를 한다.

② 핸들러는 개체심사를 하기 위해 다가오는 심사위원에게 방해가 되지 않도록 능숙하게 견종에 맞는 얼굴의 표현을 한 다음 바로 교합을 보여준다. 출전견의 앞 교합→견의 왼쪽 교합→견의 오른쪽 교합 순서로 보여주고 심사위원이 만질 수 있도록 출전견의 몸을 보정해주어야 하다. 다만, 심사위원의 손과 닿지 않도록 주의하며 심사위원과 대각선상에 서 있도록 한다. 개체심사가 끝나면 곧바로 자신의 견이 흐트러지지 않았는지 확인하고 재빠르게 보정하여 심사위원이 다시 출전견을 볼 수 있도록 한다.

⑩ 핸들러는 심사위원 신호에 따라 심사위원 앞에서 핸들링할 자세로 준비를 한다. 테이블 심사견은 테이블 왼쪽으로 내려야 하며 핸들러의 오른손은 출전견이 멀리 움직이지 않도록 짧게 리드를 잡고 왼손은 부드럽게 리드의 끝을 잡아 엄지손가락에 건다.

ⓑ 심사위원 지시에 따라 업·다운을 한다. 이때, 출발과 동시에 또는 출발 직전에 심사위원 얼굴을 보며 출발, 다운 직전(견을 중심에 두고 턴, 견의 아웃사이드로 턴)에 다시 심사위원을 보며 들어온다. 심사위원 앞(약 1.5~2m)에서 정면을 보여주며 핸들러는 출전견의 45도 각도에서 프리스탠딩 한다 (심사위원이 견의 주위를 맴돌 때, 핸들러는 견과 심사위원의 사이에 들어가지 않도록 주의한다).

ⓢ 핸들러는 심사위원 지시에 따라 (사각 라운딩) 핸들링을 하되 앞의 언급된 바와 같이 심사위원을 바라보며 출발하고 90도 각 라운딩을 돌아 나갈 때마다 심사위원을 바라보고 마지막에 제자리로 들어가 그라운드 셋업을 한다.

ⓞ 핸들러는 심사위원 지시에 따라 진행을 한다.

ⓩ 리드는 손에서 엉켜 보이거나 보기 좋지 않게 밖으로 나오면 감점이 된다.

② 응용편(한국애견연맹규정)

㉠ 업&다운 : 반려견의 걸음걸이를 보기 위해 자주 사용되는 유형이다. 출발하기 전에 진행방향의 바로 앞에 무언가 목표물을 발견하면 직선을 벗어나지 않으면서 심사위원에게 떨어지도록 한다. 또한 심사위원 쪽으로 돌아올 때는 방향전환을 한 후 반드시 심사위원이 있는 위치를 확인하기 바란다. 돌아올 때는 심사위원과의 거리를 정확하게 보고, 반려견을 멈추어야 할 위치를 확인하고 끝낸다. 심사위원 앞에서 멈추면 베이팅을 통해 반려견을 생생하게 보여준다.

㉡ 역 트라이앵글 : 이 유형에서는 심사위원에게서 멀어질 때 반려견은 핸들러의 오른쪽에 위치하므로 제2 코너에서 리드를 든 손을 바꾸어, 반려견을 왼쪽에 위치하게 하고 심사위원 쪽으로 돌아간다.

㉢ T자형 : 출발한 뒤 중앙의 코너를 돌아서 왼쪽으로 향하여 T자의 끝에 다다르기 전에 리드만 오른손에 바꿔 든다. 진행하는 방향은 반대로 바꾸어도 반려견의 위치는 바뀌지 않는다. 오른쪽에 반려견을 붙이면서 T자 반대쪽 끝에 도달하기 전에 리드를 왼손으로 바꿔들어 방향 전환을 하면 반려견은 왼쪽에 위치하게 된다. 그대로 중앙의 코너를 왼쪽으로 돌아서 곧바로 심사위원 앞까지 되돌아온다.

㉣ L자형 : 이 유형에서는 직선으로 걸으며 심사위원으로부터 떨어져서 최초의 코너에서 90도 왼쪽으로 구부린다. 그리고 L자의 마지막에 도달하기 직전에 애견은 왼쪽에 둔 채로 오른손에 리드를 바꿔든다. 턴을 했으면 반려견과 리드는 당신의 오른손으로 두고 심사위원의 시선을 가로막지 않도록 한다. 이리하여 최초의 코너까지 되돌아올 지점에서 반려견을 왼쪽에 붙여서 심사위원 쪽으로 돌아간다.

㉤ 역 L자형 : 출발한 다음 90도를 구부려서 L자의 마지막에 도달하기 직전까지는 반려견도 리드도 오른쪽에 두고, 도달하기 전에 왼손으로 바꾸어 턴을 한다. 이리하여 턴을 했을 때에 반려견은 핸들러의 왼쪽에 있게 되고, 그대로 핸들러는 90도의 코너를 돌아서 심사위원 앞으로 되돌아간다.

ⓗ 역 링 일주 : 심사위원이 링 밖으로 이동하였을 때 핸들러는 줄 바꾸기를 통하여 심사위원의 어깨선이 보이지 않도록 라운딩을 한다.

(6) 도그쇼 심사

① 심사위원의 기본

그룹 심사위원과 올브리더 심사위원은 견체학, 번식론, 견종 스탠더드를 기준으로 각기 다른 견종을 심사하는 데 그 기준을 정확히 숙지해야 한다.

- ㉠ 견체학 : 견종 해부학적 기관에 대한 각 도구성을 이해하고 운동 능력과 골격형성, 근육조직보행의 중요성, 견체 구조와 특징을 숙지해야 한다.
- ㉡ 번식론 : 혈통의 순수성이나 번식 가치를 평가하는 기준이다. 유전학적 형질 번식의 원리로 본질적으로 자손에게 유전할 수 있는 능력과 그 혈통의 일반 외모와 표현성품에 이르기까지 가지고 있는 유전적 번식가치를 이해하는 능력을 말한다.
- ㉢ 스탠더드 : 견종 표준서를 정확하게 이해하는가의 문제이다.

② 심사위원의 역할

- ㉠ 심사위원은 견종을 확실히 표명하고 기준에 맞는 좋은 개를 선출 · 결정한다.
- ㉡ 도그쇼에서 심사위원은 풍부한 지식을 토대로 번식 지침을 갖고 정확한 의견을 서술해야 한다.

③ 견종표준 세부평가 방법

- ㉠ 일반 외모 : 견종 표준서의 기준에 얼마나 일치하는가를 세부적으로 평가한다.
- ㉡ 얼굴의 표현력 : 예쁜 것보다 실질적 표현이 우수한 견을 선택해야 한다. 예를 들어 수컷다운 암컷, 암컷다운 수컷은 배재해야 하며 과도한 번식은 그 개의 본질을 퇴화시키므로 좋은 평가를 해서는 안 된다.
- ㉢ 머리 : 견종 타입에서 성적 성정 및 본질은 머리에서 가장 뚜렷하게 나타난다. 머리의 형성이 바르게 유전되는 것이 얼굴 표현에도 많은 영향을 준다.
- ㉣ 눈 : 눈을 감거나 심사위원을 피하거나 두려운 기색을 보이면 안 된다. 안색에 노란 테두리를 두르거나 눈빛이 희미하고 붉은 광채가 보이면 예민할 가능성이 높으므로 심사 시 결격 사유가 된다.
- ㉤ 구문 : 견종마다 머리 표현이 다르기 때문에 구문 비율은 존재하지 않지만 구문이 지나치게 길거나 짧으면 불쾌하거나 답답하게 보일 수 있다.
- ㉥ 서 있는 자세 : 일반 외모, 견갑관절, 후구 각 부의 견체 내부 상태를 평가한다. 정지 자세 시 힘의 밸런스에 자세 결함이 있는가 등을 확인한다.
- ㉦ 꼬리 : 상보에서 자연스럽게 움직이며 속보 체형으로 가면 꼬리에 힘이 들어가 상하좌우 서서히 힘의 균형에 맞추어 움직인다. 짧은 꼬리나 긴 꼬리 등은 해부학적으로 적절한 역할을 하지 못하므로 견종 특징에 맞는 위치를 확인해야 한다. 꼬리 위치가 높거나 낮은 경우 몸의 흔들림이나 움직임이 부자연스럽다.
- ㉧ 가슴, 후구 : 앞가슴 후구의 자세가 바르지 않으면 보행 시 에너지 소비가 높아 쉽게 지치고 보행 모습 역시 아름답지 않다. 번식 전람회의 우선적 평가로 선천성 결함을 후천성 결함보다 좋게 평가해서는 안 된다.

전답지세	앞에서 보면 앞다리 또는 뒷다리가 앞쪽을 디디고 있는 자세(바른 자세)
후답지세	전답지세의 반대(바른 자세)
광답지세	양쪽 앞다리 또는 양쪽 뒷다리의 간격이 벌어져 있는 자세
전고지세	후구에 비해 전구가 현저히 높은 자세
O상지세	앞다리의 완관절부가 바깥쪽으로 벌어져 발가락 부분이 근접한 자세. 뒷다리의 비절부가 벌어져 발가락에 근접한 자세
X상지세	양쪽 방향의 앞다리가 완관절부 안쪽으로 근접하여 발가락 부분의 바깥쪽으로 벌어진 부정지세, 뒷다리에 있어서 양쪽의 비절이 안쪽으로 꺾인 자세로 추진력을 저하하여 결점이 된다.

ㅈ 사지구성 : 사지구성이 바르면 힘의 낭비를 막으며 보행 시 자유롭고 가벼운 운동 능력이 전달된다. 자연스러운 움직임을 관찰할 수 있으며 밸런스가 좋다.

ㅊ 사지의 각도: 전구의 어깨 각도, 후구의 고관절 각도, 무릎 관절 비절의 각도를 말한다. 견종 표준서를 참고하여 견종마다 사지의 각도에 대해서 숙지해야 한다. 사지의 각도가 바르지 않으면 움직임이 많아지고 서 있을 때 또는 보행할 때 자유스러운 모습을 볼 수가 없다.

ㅋ 보행 : 보행은 운동 능력을 평가하는 데 기본이 된다. 근육이 힘이 있게 발달되어 있는 사지골, 관절 그리고 등선의 움직임을 알 수 있기 때문이다.

ㅌ 보양 : 상보와 속보를 시켜 견의 답입(뒷다리에서 미는 힘의 자세), 배부전달(배부의 힘의 전달), 답출(앞다리에서 뻗는 동작)의 3대 요소를 평가한다. 각도 구성이나 답출, 배부전달, 답입이 맞지 않으면 몸의 흔들림이 많아진다. 각부 보행에서 전달이 나쁘면 나쁠수록 한층 피로도가 높고 쉽게 지치며 보양 또한 흔들림을 보인다. 전체적인 보양의 동작을 평가하며 어느 특정부에 문제가 있는지 파악한다.

ㅍ 체구 비율 : 표준 안에서 허리가 짧거나 길면 사지골의 각도가 밸런스가 맞지 않아 움직임의 변화가 달라진다. 그러므로 각 견종의 체구 비율을 정확하게 숙지한다.

ㅎ 탄력 있는 몸 : 단단한 관절과 자유로운 관절에 있어 자유스러운 활동성을 평가할 수 있다

㉮ 근육 : 그 견종 고유의 체구 비율의 테두리 안에서 근육 발달은 운동 능력과 추진력을 의미한다. 전체적인 근육 발달은 운동능력 평가에서 중요한 부분이 된다.

㉯ 골질 : 강인한 다리뼈의 구조는 견체구에서 중요 요소다. 운동 능력에 따라 골질과 골양이 풍부해지므로 뼈 굵기는 개의 사이즈에 대응한다. 뼈의 골질이 약한 개는 사지의 각도의 비율이 맞지 않은 경우가 많으며 보행 또한 경쾌하지 못하다.

㉰ 골양 : 지방과다로 근육이 없고 살이 찐 개는 운동 능력의 효과에서 좋은 추진력을 발휘할 수 없다.

㉱ 과대견, 과체중 : 견종 표준서 기준 오버 사이즈면 운동능력에 부족함이 따른다. 몸체 크기가 크면 에너지 소비가 빠르고 지구력과 탄력성이 부족하고 방향 전환이 느려 운동장애를 가져온다. 따라서 크기가 표준을 넘으면 번식 가치에서도 좋은 평가를 받기 어렵다.

㉲ 성품 · 기질 : 귀의 움직임이나 꼬리를 흔드는 모양 등 개의 전반적인 태도를 관찰하여 어떠한 성품을 지녔는지 빠르고 분명하게 판단한다.

㉳ 결점, 실격 : 견종 표준서에 의한 내용을 토대로 결점과 실격 사유를 평가한다.

06 | 실전예상문제

01 세계애견연맹(FCI) 규정에 해당하는 경기가 아닌 것은?

① 반려견 시험(BH)
② 수색견 시험(FH)
③ 유류품 수색 시험(STP)
④ 가정견 대학과(KKF)

해설 가정견 대학과(KKF)는 한국애견연맹에서 주관하는 경기이다.

02 IGP 심사위원(LR)에 대한 설명으로 옳지 않은 것은?

① 심사위원은 IGP 경기에서 판정 권한을 가진다.
② 세계경기대회의 경우 FCI 사역견 위원회에 심사위원 배정을 요청할 수 있다.
③ 심사위원은 심사할 개를 만질 수 있다.
④ 심사위원은 참가견의 작업수행에 방해가 되거나 영향을 주는 행동을 해서는 안 된다.

해설 심사위원(LR)은 개를 만질 수 없다.

03 경기 시 핸들러에 대한 설명으로 옳은 것은?

① 심사위원이 경기 진행을 중단시킬 경우 핸들러의 동의가 필요하다.
② 수의사의 진단서를 제시하고 출전을 포기할 수 있다.
③ 경기 모든 단계에서 리드줄을 휴대할 필요는 없다.
④ 필요에 따라 참가견에게 자극을 주는 물건을 소지할 수 있다.

해설 ① 경기 중단에 대하여 핸들러의 동의는 필요하지 않다.
③ 경기 모든 단계에서 리드줄을 휴대해야 한다.
④ 참가견에게 자극을 주는 물건을 소지한 경우 경기는 중단될 수 있다.

04 각 시험의 월령 기준으로 옳지 않은 것은?

① IGP 1단계 – 18개월
② IGP 2단계 – 20개월
③ UPr 1~3단계 – 15개월
④ FH 2단계 – 20개월

해설 IGP 2단계는 19개월이고, IGP 3단계가 20개월이다.

05 IGP 출전 규정에 대한 설명으로 옳은 것은?

① 핸들러는 하루에 두 경기까지 참가할 수 있다.
② 핸들러 한 사람은 한 경기당 3마리의 참가견을 출전시킬 수 있다.
③ 참가견은 한 경기에서 하나의 타이틀만 획득할 수 있다.
④ 육안으로 임신 상태를 확인할 수 있는 암컷이나 수유 중인 암컷, 새끼를 동반한 암컷도 경기에 참가할 수 있다.

해설 ① 하루에 한 경기만 참가할 수 있다.
② 최대 2마리까지 출전시킬 수 있다.
④ 임신 상태이거나 수유 중인 암컷, 새끼를 동반한 암컷은 경기에 참가할 수 없다.

06 다음 중 FCI 규정 경기의 실격 처리 상황으로 옳지 않은 것은?

① 참가견이 핸들러나 경기장에서 벗어나 명령이 2회 주어진 후에도 돌아오지 않는 경우
② 음주 상태의 핸들러가 스포츠맨 정신에 어긋나는 행동을 한 경우
③ 동물보호법을 위반한 경우
④ 고무줄 등을 몰래 사용한 것으로 의심되는 경우

해설 핸들러나 경기장에서 벗어났을 때 명령이 3회 주어진 후에도 경기장으로 돌아오지 않으면 실격 처리된다.

07 다음 빈칸에 들어갈 말로 옳은 것은?

> BH 시험의 A 단계 시험에서 총점이 만점 기준 (　　)% 이상을 넘지 않은 참가견은 통행 능력을 평가하는 B 단계 시험에 참가할 수 없다.

① 50　　　　　　　　　　　　　　　② 60

③ 70　　　　　　　　　　　　　　　④ 80

해설　BH 시험의 A 단계 시험에서 총점 만점 기준의 70% 합격선을 넘어야 한다.

08 BH 시험의 A 단계 진행에 대한 설명으로 옳은 것은?

① 시작 전 기본자세를 취할 기회가 3번 주어진다.

② 동작을 마무리하면서 기본자세를 취하고 이를 그대로 다음 동작을 시작하는 기본자세로 연결할 수 있다.

③ 핸들러는 참가견이 자세를 잡도록 도와서는 안 되며 도울 경우 실격 처리된다.

④ 핸들러는 바른 자세로 서야 하며 두 다리를 벌리고 선 자세는 허용된다.

해설　① 기본자세를 취할 기회는 단 한 차례 주어진다.
　　　③ 핸들러가 참가견을 도우면 감점 처리된다.
　　　④ 두 다리를 벌리고 선 자세는 허용되지 않는다.

09 BH 시험 중 '산만한 환경에서 엎드려 대기하기'의 감점 요인이 아닌 것은?

① 핸들러가 차분하게 행동하지 않거나 몰래 개를 도와주는 경우

② 개가 침착성을 잃은 행동을 한 경우

③ 핸들러가 다시 데리러 올 때 개가 그 자리 그대로 있는 경우

④ 참가견이 앉거나 일어났지만 제자리를 벗어나지 않는 경우

해설　핸들러가 다시 데리러 올 때 개가 서거나 앉으면 감점이 된다.

10 BH 시험의 B 단계 통행 시험에 대한 일반 규정으로 옳지 않은 것은?

① 본 시험은 훈련장을 벗어나 적절한 공공장소에서 실시한다.
② 통행 시험을 실시하기에 적절한 장소와 시험 방식은 심사위원과 대회 의장이 거리, 인도, 광장 등을 결정한다.
③ 일반인들의 통행량이 많은 곳을 선정한다.
④ 심사위원은 참가견의 평가에 문제가 될 소지가 있다고 판단될 경우, 동일 동작을 반복 실시하도록 하거나 동작을 변경할 권한을 갖는다.

해설 일반인들의 통행에 방해가 되지 않는 한적한 곳을 선정해야 한다.

11 IGP에 해당하는 시험이 아닌 것은?

① A 과목 – 추적 시험　　　　　　② B 과목 – 복종 시험
③ C 과목 – 방호 시험　　　　　　④ FH 과목 – 수색 시험

해설 FH는 수색견 시험이다.

12 IGP–1 A 추적 시험에 대한 설명으로 옳지 않은 것은?

① 참가견이 소지품을 하나도 찾지 못하면 평가 결과는 최대 '만족'까지 부여된다.
② 추적 시험 장소의 선정은 풀밭, 경작지, 숲 속 평지 등 자연 지형 어디든 추적 장소로 활용할 수 있다.
③ 경로는 다양한 형태로 구성되어야 하는데, 예를 들면 이동 방향이 바뀔 때마다 동일한 간격으로 소지품이 놓이도록 구성하면 안 된다.
④ 추적 경로는 자연스러운 보행 속도로 이동하며 발자취를 최대한 깊게 남긴다.

해설 자연스러운 보행 속도로 이동하나, 발자취를 깊게 남길 필요는 없다.

PART 2

13 IGP-1 A 추적 시험 방식으로 옳은 것은?

① 추적 활동 시 소지품을 찾고 다음 추적을 시작할 때 "앉아", "기다려" 후에 "찾아" 하면 다시 시작한다.

② 냄새 패드 단계에서 3회 시도 후에도 개가 추적 방향을 정하지 못하면, 본 추적 시험은 종료된다.

③ 냄새 패드에 머무를 수 있는 시간은 제한을 둔다.

④ 심사위원은 추적 경로의 첫 구간에서 추적 속도를 보고 평가할 수 있다.

> **해설** ① 다음 추적을 할 때도 동일하게 참가견이 알아서 시작하도록 두어야 한다.
> ③ 냄새 패드에 머무를 수 있는 시간은 제한이 없다.
> ④ 추적 속도는 평가 요소에 포함되지 않는다.

14 IGP B 복종 시험의 일반 규정으로 옳은 것은?

① 방향 전환, 중지, 속도 변경 등 과정은 심사위원 지시에 의해 수행한다.

② 명령어는 평범한 어조로 짧게 말할 수 있는 하나 이상의 단어로 구성된다.

③ 명령어가 3회 주어진 후에도 참가견이 명령을 따르지 않으면, 해당 동작에는 점수가 부여되지 않는다.

④ 참가견을 호출할 때 명령어와 함께 개의 이름을 부르면 한 번 명령한 것으로 간주한다.

> **해설** ① 시험 시작 외 다른 과정은 모두 별도 지시 없이 수행한다.
> ② 하나의 단어로 구성된다.
> ④ 두 번 명령한 것으로 간주한다.

15 다음 중 빈칸에 알맞은 내용끼리 묶인 것은?

> IGP-1 "B" 복종 시험에서 핸들러는 동작 수행에 필요한 명령을 하기 전 최소 (   ), 최대
> (   )를 이동해야 한다.

① 최소 5보, 최대 10보 ② 최소 10보, 최대 15보

③ 최소 15보, 최대 20보 ④ 최소 25보, 최대 30보

> **해설** 복종 시험의 각 동작은 기본자세에서 시작한다. 핸들러는 동작 수행에 필요한 명령을 하기 전 최소 10보, 최대 15보를 이동한다.

16 IGP B 복종 시험에서 리드줄 미착용 보행 시 회전에 대한 설명으로 옳지 않은 것은?

① 제자리에서 90도 회전도 가능하다.
② 뒤로 돌기는 핸들러가 주도하여 왼쪽으로 실시한다.
③ 참가견이 오른쪽으로 돌아 핸들러의 뒤를 따라서 회전한다.
④ 참가견이 원래 있던 자리에서 왼쪽으로 180도 회전한다.

해설 180도 회전이 가능하다.

17 IGP B 복종 시험에서 전진 후 엎드리기의 감점 요인이 아닌 것은?

① 핸들러가 개와 함께 전진하는 경우
② 참가견이 너무 느리게 전진하는 경우
③ 이동 경로가 좌우로 크게 치우친 경우
④ 엎드려 명령 후 핸들러가 팔을 들고 있는 경우

해설 팔은 계속 들고 있을 수 있다. ① · ② · ③ 외에 감점 요인에는 엎드리기 동작에서 참가견이 주저하는 경우, 명령이 주어지기 전에 엎드린 경우, 엎드려서 가만히 있지 않은 경우, 명령이 주어지기 전에 일어나서 앉는 경우 등이 있다.

18 다음 중 IGP 3단계에만 있는 방호 시험 동작은?

① 헬퍼 도주 시도 저지　　　　　　② 감시 중 공격에 방어하기
③ 후위 호송　　　　　　　　　　　④ 감시 종료 후 공격에 방어하기

해설 감시 종료 후 공격에 방어하기는 IGP 3단계 방호 시험에만 있는 동작이다.
　　① · ② 1~3단계 공통
　　③ 2~3단계 공통

19 IGP C 방호 시험에 대한 설명 중 옳지 않은 것은?

① 3번 호출 후에도 참가견이 돌아오지 않으면 본 방호 시험은 '통제 불능 상태로 인한 실격'으로 처리된다.

② 참가견이 핸들러의 통제에 따르지 않고 진정하지 않는 경우 실격 처리된다.

③ 참가견이 방어소매가 아닌 신체 다른 부위를 문 경우 5점 감점된다.

④ 참가견이 '짖고 억류하기' 동작을 실시한 후 돌아오도록 호출할 때 핸들러가 서 있어야 하는 위치는 경기 규정에 명시된 '표지'이다.

> 해설 다른 부위를 문 경우 실격 처리된다.

20 IGP-1 C 방호 시험에서 은신처 수색에 대한 설명으로 옳은 것은?

① 개가 숨은 블라인드에 도착하면 핸들러는 제자리에 멈춰야 하며 추가로 구두 명령이나 시각 명령을 내릴 수 있다.

② 참가견이 가야 할 방향으로 곧장 나아가지 못한 경우 은신처를 향해 여유롭게 찾으면서 간다.

③ 은신처 주변을 집중적으로 상세히 수색하지 않은 경우 10점 감점 처리한다.

④ 은신처에서 범인을 발견하면 자신감 있고 바른 자세로 짖어야 한다.

> 해설 ① 추가로 구두 명령이나 시각 명령을 내릴 수 없다.
> ② 빠른 속도로 의욕적으로 달려가야 한다.
> ③ 방호시험에서 헬퍼 수색의 최고 점수는 IGP-1과 IGP-2는 5점, IGP-3은 10점이다. 질문은 IGP-1에 해당하므로 최대 5점 감점 처리할 수 있다. 각 단계별 최고 점수를 잘 익혀야 한다.

21 IGP-1 C 방호 시험에서 헬퍼 수색의 감점 사항이 아닌 것은?

① 동작을 시작하기 전에 침착하고 집중하며 기본자세로 대기하지 못한 경우

② 참가견이 은신처를 수색하지 않거나 집중력 있게 수색하지 않은 경우

③ 수색 범위가 광범위한 경우

④ 은신처를 모두 수색하고 숨은 헬퍼를 찾을 경우

> 해설 ① · ② · ③ 외에 감점 사항으로는 핸들러가 구두 명령이나 시각적 지시를 추가로 제공한 경우, 이동 시 보행 속도가 보통 수준으로 유지되지 않은 경우, 참가견에게 상세한 지시와 지도가 필요하다고 판단된 경우 등이 있다.

22 도그쇼에 대한 설명으로 옳은 것은?

① 단순히 아름다운 개를 뽑는 것을 말한다.

② 해당 견종의 전문심사위원이 분양한 개를 우선으로 평가하는 것이다.

③ 견종의 특성과 희귀성을 따져 평가한다.

④ 개의 본질, 크기, 골격, 균형, 밸런스, 모질, 모량, 걸음걸이, 훈련성, 성품 등 모든 것을 고려하여 우수한 특성을 가진 개를 선정한다.

해설 도그쇼는 단순히 아름다운 개를 뽑는 것이 아니라 해당 견종의 표준서를 토대로 견종의 특성에 가장 이상적인 개를 뽑는 것이다.

23 도그쇼 핸들링에 대한 설명으로 옳지 않은 것은?

① 심사위원의 눈길을 잡는 타이밍을 맞추는 것이 중요하다.

② 기술적인 면은 물론 교양이나 정신적인 면도 중요하게 평가한다.

③ 심사위원이 잘 볼 수 있도록 사람의 오른쪽에 서는 습관을 길들이는 것이 좋다.

④ 도그쇼 승패의 결과는 참가견에게 내려진다.

해설 심사위원에게 잘 보이도록 왼쪽에서 걷게 한다.

24 보양 용어에 대한 설명이 옳지 않은 것은?

① 드라이브 – 뒷다리가 몸을 앞쪽으로 밀고 나아가는 힘

② 파행 – 사지의 어느 쪽도 안정되지 않고 불규칙한 보양

③ 앰블 – 한쪽 앞다리와 뒷다리를 동시에 올려 걷는 보양

④ 트로트 – 느린 걸음으로 워크보다 느리며 우측 앞발과 좌측 뒷발이 동시에 닿는 걸음

해설 트로트는 워크보다 빠른 걸음이다.

25 도그쇼 심사에서 스택에 대한 설명으로 옳지 않은 것은?

① 자세의 중심은 앞쪽 다리에 40%, 뒤쪽 다리에 60% 정도로 한다.

② 눈은 전방 땅을 향하고 코끝은 약간 내린다.

③ 목과 등을 세우고 있어서 몸 전체를 끌어 올린 상태로 한다.

④ 스택할 때의 포인트는 두부의 컨트롤에 있다.

해설 전체적으로 뛰어나가는 자세이므로 앞쪽 다리 60%, 뒤쪽 다리 40% 정도로 중심을 둔다.

인생의 실패는 성공이 얼마나 가까이 있는지도 모르고 포기했을 때 생긴다.

- 토마스 에디슨 -

PART

3

고객상담 및 의사소통 기술

01 | 반려동물 보호자 교육

1 반려견 입양 전 보호자 교육

(1) 입양 시 유의 사항

① 올바른 반려견 선택

ㄱ 반려견을 입양하기 전에 먼저 어떤 환경에서 기를 것인지 생각해야 한다.

ㄴ 환경은 외부 환경보다는 폭 넓은 의미의 환경을 말한다.

ㄷ 입양 후 파양됨이 없이 반려견과의 삶을 지속할 수 있는 환경을 의미한다.

② 반려견 선택 시 주의 사항

ㄱ 환경, 가족 구성, 보호자의 성격, 견종의 특성과 성격 등을 고려하여야 한다.

ㄴ 충동적으로 강아지를 선택하는 것을 주의해야 한다.

- 입양 시 보호자가 쉽게 저지르기 쉬운 실수가 바로 충동적으로 입양을 결정하는 것이다.
- 매스컴에 의한 일시적인 유행이나 유명 연예인이 기르는 견종을 본 후 충동구매를 하지 않아야 한다.

더알아보기　　반려견 입양처

1. 반려견 브리더
① 혈통을 유지하여 순종에 가까운 반려견의 입양을 연계한다.
② 전문적으로 관리하여 일반적으로 입양 비용이 많이 든다.

2. 펫샵
① 다양한 견종이 같은 장소에서 관리되며, 반려견의 분양을 연계한다.
② 다양한 견종으로 선택의 폭이 넓지만, 혈통 관리가 잘 이루어지지 않는 단점이 있다.

3. 동물보호시설
① 국가나 민간에서 운영하는 보호시설에서 유기견을 입양할 수 있다.
② 순종과 믹스견이 다양하게 있으며, 입양에 필요한 건강 검진과 서류 작성을 하면 입양이 가능하다.

---

③ 반려견 선택 시 고려 사항

ㄱ 환경에 의한 선택 : 주변의 환경 조건이나 견종 특성에 따라 산책 유무를 고려하여야 한다.

ㄴ 가족구성에 의한 선택

- 활달한 가족 분위기라면 성격이 밝은 견종보다 침착한 견종을 선택하여 집안 전체적 분위기를 조화롭게 이루어 나가는 것이 좋다.
- 점잖은 가족 분위기라면 성격이 활발하고 명랑한 견종을 선택하여 서로가 가진 다른 장점을 통해 긍정적 교류가 원활하게 이루어져 행복감을 느낄 수 있다.

④ 강아지 선택 매칭 포인트

㉠ 환경별 매칭 포인트

가정견	• 누구나 순화되어 어울려 살 수 있는 특징을 가지고 있다. • 어린아이나 노부모님이 계신 경우, 통제하기가 어려울 때 가정견들은 적응이 쉽게 가능하다.
경비견	• 반려 목적이 뚜렷하며, 단독주택이나, 별장, 공장 등 경비 목적을 위한 곳이 적합하다. • 경비견은 환경이 넓은 공간에서 길러주는 것이 좋다.
특수목적견	• 특수한 목적을 설정하여 활용되는 개를 말한다. • 견종이 가지고 있는 특징을 살려 인체 일부의 역할을 하기도 하며, 위험물이나 특정 물건의 탐지 및 수색 등으로 특정한 역할을 한다. • 사냥견, 이벤트 및 행사 도우미견, 경찰견, 마약 탐지견, 수색견, 장애 도우미견(안내견, 보청견, 치료 도우미견) 등을 특수목적견으로 분류한다. • 각기 특성에 맞는 환경 매칭이 이루어져야 한다.
기타 견종	• 기르는 목적에 따라 다양하게 고려할 수 있다. • 반려견의 선호도에 따른 분류의 폭이 넓다. • 어느 견종이든지 반려견에 대한 사명감과 책임 인식이 함께 따라야 한다.

㉡ 가족 관계 매칭 포인트

• 가족이 개와 어울려서 행복하게 살 수 있는 여건인가를 고려하여야 한다.

• 가족의 성격이 어떠한가를 고려하여 알맞은 견종 선택을 한 후, 그 가족 구성원들의 반려견 선택에 있어 합의점을 찾는 것이 매우 중요하다.

• 견종 선택은 한 사람의 취향과 고집으로 결정하는 것보다 전체적인 가족 구성원의 생각을 반영하는 것이 바람직하다.

㉢ 견종 매칭 포인트

• 견종 선택에 있어 모질에 대한 참고도 필요하다.

• 견종은 일반적으로 장모종과 중 · 장모, 단모종으로 나눠지며 이 세 종류의 반려견 선택 시에는 가정에서 사람이 항상 있는 경우와 없는 경우를 고려해야 한다.

• 반려견이 사람과 함께 있는 시간이 부족할 때 청소 문제라든지 관리가 소홀하게 되기 때문이다.

• 단모종은 털이 많이 빠지는 편이므로 수시로 청소하여 위생 및 청결에 신경을 써야 한다.

• 장모종은 단모종에 비해 털 빠짐이 적어 관리가 수월하지만, 털이 엉키는 것을 방지하기 위해 수시로 털을 손질해야 한다.

(2) 입양 전 준비물

① 사료

  ㉠ 가급적 강아지를 분양받을 때 먹던 사료를 주는 것이 좋다.

  ㉡ 만일 사료를 바꾼다면 서서히 바꿔 주는 것이 좋다.

> **더알아보기** **사료 교체 방법**
>
> 1. 먹던 사료와 바꾸는 사료를 준비한다. 보통 2~3일 간격으로 단계적으로 진행한다.
>   ① 사료를 바꾸기 시작하는 단계로 먹던 사료와 교체 사료의 비율은 8 : 2로 한다.
>   ② 7 : 3 비율로 바꾸어 준다.
>   ③ 6 : 4 비율로 바꾸어 준다.
>   ④ 4 : 6 비율로 바꾸어 준다.
>   ⑤ 3 : 7 비율로 바꾸어 준다.
>   ⑥ 바꾸고자 하는 사료의 비율을 7로 하여 주다가 100%로 바꾸어 준다.
> 2. 처음에는 평소 먹이를 주는 양보다 우선 줄여 주고 변을 잘 보기 시작하면 먹이의 양과 사료를 바꾼다. 이후 성장에 따른 먹이의 양을 정상적으로 늘려 준다.

② 크레이트(잠자리 영역)

  ㉠ 잠자리 영역을 확실하게 구분하기 위해 잠금장치가 있는 개집을 준비한다.

  ㉡ 사각철장이나 육각철장을 준비한다.

  ㉢ 개집은 어려서부터 반려인과 떨어지는 교육, 일정한 공간에서 생활하여 대소변 가리기 등 많은 문제를 해결하는 역할을 한다.

    – 개방형 개집을 사용하면 사람과 떨어지지 않고, 화장실 교육에 실패하는 원인이 된다.

    – 잠금장치가 없는 개방형 개집은 개집이라는 개념을 심어주기가 어렵다.

  ㉣ 강아지가 개집에 적응하면 서서히 원하는 모델의 개집으로 바꾸어서 활용하기를 바란다.

  ㉤ 잠자리 영역을 구분하는 것은 사람과 반려견이 같이 살아감에 있어 서열을 정하는 수단이 될 수 있다.

③ 배변 용품 : 패드는 개가 인지할 수 있는 대소변 교육의 필수품이므로 화장실 안에 깔아 준다.

④ 밥 · 물그릇

  ㉠ 강아지 시기부터 밥그릇과 물그릇을 정하는 것이 좋다.

  ㉡ 가급적 일정 공간을 정하여 강아지가 자기의 영역 공간을 숙지토록 하는 것이 식습관 교육에 도움이 된다.

⑤ 영양제

  ㉠ 장에 좋은 영양제나 발육이 좋지 않은 견은 칼슘 보조제를 주는 것이 좋다.

  ㉡ 건강한 견이면 문제가 덜 하겠지만 영양 상태가 좋지 않은 반려견은 영양 공급이 필요하다.

⑥ 성장에 따른 용품

  ㉠ 애견용품은 3개월 정도 들어가면서 간식이나 육포, 좋아하는 액세서리 등을 구입하는 것이 좋다.

  ㉡ 강아지 시기부터 통조림 간식이나 불필요한 것을 한꺼번에 구매하는 것보다 성장에 따른 필요한 용품을 하나하나 준비하는 것이 좋다.

ⓒ 동물병원에서 종합 검진과 예방접종 프로그램에 따라 건강 관리를 하여, 성장 시기에 따라 필요한 용품을 구입한다.

(3) 입양 후 초기 관리

① 무리 구성원 역할을 가르치는 것
ⓐ 처음 3~4일을 잘 가르쳐야 앞으로 쉽게 학습하고 사회성이 뛰어난 개로 성장하는 데 큰 도움이 된다.
ⓑ 첫날부터 강아지에게 과도한 스트레스를 주거나 부주의한 훈육으로 인한 피해가 없도록 해야 한다.
ⓒ 응석을 받아주는 행동처럼 강아지를 과잉보호하는 것 또한 행동 문제로 이어진다.
ⓓ 강아지와 평생을 같이 지내려면 작은 잘못을 그냥 넘겨서는 안 된다.
ⓔ 평생 같이 살아가야 하므로 초기에 올바른 훈육을 하는 것이 중요하다.

② 입양 후 일주일 동안 해야 할 일
ⓐ 대소변 훈련은 강아지가 집에 오는 날부터 한다.
ⓑ 미리 정해놓은 화장실에서 대소변을 해결한 다음 자유 시간을 준다.
ⓒ 부산스럽지 않은 조용한 환경에서 적응할 시간을 준다.
ⓓ 강아지를 만지는 행위는 강아지에게는 스트레스가 될 수 있으므로 주의한다.
ⓔ 입양하기 전에 강아지가 쓰던 물건을 가지고 와서 놀게 해주면 적응하는 데 도움이 된다.
ⓕ 이름을 부르는 보호자에게 복종하는 것은 훈련의 기본으로 부드러운 목소리로 이름을 불러서 강아지가 익숙해지도록 한다.
ⓖ 기존에 키우는 개와 친숙해지도록 도와준다.
  • 입양된 강아지만 예뻐하면 기존의 개는 질투를 할 수 있다.
  • 기존의 개에게 입양된 강아지의 냄새를 맡게 하여 친숙해지도록 도와준다.
  • 기존의 개가 서열이 높다는 것을 분명히 인식 시켜줘야 한다.

> **더알아보기**　**다견가정 입양 시 주의 사항**
>
> 1. 새로운 반려견을 입양하고자 할 때는 기존 반려견의 특성과 성향을 고려해야 한다.
> 2. 대형견과 소형견의 조합일 경우 소형견이 다칠 가능성이 높다.
> 3. 수컷과 암컷의 조합일 경우 발정기에 발생할 수 있는 문제의 대책이 필요하다.
> 4. 기존 개가 노령기일 경우에는 새로운 개의 존재가 스트레스가 될 수 있다.
> 5. 첫 만남에선 소유된 공간이 아닌 공원과 같은 중립 공간이 좋다.
> 6. 사료를 줄 때 서열이 높은 개에게 우선권을 주거나, 사료 먹는 장소를 분리해 주는 것이 좋다.

(4) 입양 후 관리

① 생후 2~3개월
ⓐ 입양 후 생후 2~3개월령에 들어가면 사회성 기르기에 많은 시간을 활용하는 것이 좋다.
ⓑ 산책 시 다른 강아지가 많은 곳, 사람들이 많이 다니는 장소, 숲, 아스팔트 바닥, 잔디밭, 하울링 되는 공간 등 사람이 생활하는 곳에서 자동차 지나가는 소리, 장난감 소리, 방울 소리 등을 통해 사회화 과정을 훈련한다.

© 어린 강아지 시기에 많은 환경에 노출이 되면 사람에 대한 거부 반응을 줄일 수가 있다.

② 어린 강아지라 하여 많은 시간을 특정한 공간에서만 생활하게 되면 다양한 경험을 하지 못하는 문제가 생겨난다.

⑩ 이 시기는 새로운 환경에 적응하기 가장 쉬운 시기이므로 강아지를 데리고 가벼운 산책이나 사회성을 위한 목줄을 매고 다니는 교육을 하는 것이 좋다.

⑭ 이 시기는 퍼피 트레이닝 시기이므로, 좋아하는 장난감이나 간식으로 강아지와 놀아주면서 앉아, 엎드려, 기다려, 이리와, 이름 부르기 등 가벼운 교육을 한다.

⊗ 생후 3개월부터 사회를 배워 나가게 된다.

- 이때 체득하는 생활 습관은 평생을 살아가는 데 매우 중요한 역할을 하므로 올바른 예절교육을 서서히 하나씩 시켜 주어야 한다.
- 장난을 치고 물고 놀면서 보호자 옆에 있기를 원하고 짖어서 표현하면 좋아하는 간식이나 먹이, 장난감 등을 주고 개가 원하는 것을 모두 들어주는 잘못된 행동이 개들에게는 나쁜 습관이나 버릇으로 발전하는 원인이므로 이 시기에 예절교육의 필요성을 이해해야 한다.

⊙ 먹이에 대한 욕심이 강하게 발달하며 닥치는 대로 주워 먹으려 하는 시기이기도 하다. 이물질을 먹는 것은 장염 유발로 인하여 폐사할 수 있으므로 주의를 해야 하는 시기이다.

더알아보기 **사회화 과정**

1. 강아지가 태어나서 사회 행동 패턴을 몸에 익혀가는 과정을 말한다.
2. 동종뿐만 아니라 인간, 다른 동물들과의 관계를 올바르게 형성하는 과정이다.
3. 사회화 부족으로 인해 많은 문제행동이 나타나게 된다.
4. 사회화는 공공장소에서 갈등을 최소화하는 최선의 예방 방법이다.
5. 사회화를 통해 반려견뿐만 아니라 보호자 모두가 안정적인 반려 생활을 영위할 수 있도록 한다.

② 생후 4~5개월

㉠ 서서히 이갈이하는 신체 변화의 시기이다.

- 유치가 빠지는 시기이며, 실내견은 장판이나 벽지, 가구, 가전제품, 화초 등 닥치는 대로 물어뜯는 시기에 접어든다.
- 이갈이 시기는 견종에 따라 조금씩 차이가 나므로 무엇을 물어뜯으려는 욕구가 강하게 나타나면 개를 별도로 관리해 줄 필요가 있다.
- 보조 제품으로 개전용 껌이나 물어뜯고 장난을 치며 놀 수 있는 장난감을 주어서 물고자 하는 욕구를 충족시킨다.
- 무엇보다 보호자와 놀아주는 방법을 알려주고 함께할 때 더욱 즐겁다는 인식을 심어주는 교육을 해야 한다.

㉡ 사람이 없이 개만 혼자 있게 되면 개들만의 공간을 따로 만들어서 별도로 관리해 주어야 한다. 집에 돌아온 후에는 평상시와 똑같이 생활하며 놀이의 보상으로 개와 함께 즐겁게 놀아주면 좋다.

ⓒ 이갈이 시기는 호기심이 많은 시기이다.
- 물고 당기는 등 호기심이 많아지는 시기인데, 이때 물어뜯는 것을 야단쳐 좋지 않은 기억이 강하게 남게 되면 소심한 성격이나 주인에게 달려드는 버릇이 형성될 수 있다.
- 개들이 좋아하는 것이 무엇인지를 체크하고 물어도 되는 것과 물지 말아야 하는 것을 서서히 인식시켜 나가는 것은 보호자가 해야 할 일이다.
ⓓ 이갈이 시기에 단단한 재질을 물고 장난을 치는 과정에서 입에 안 좋은 기억이 형성되면 사역견에게는 많은 문제점을 가져올 수 있다.
- 가급적 이갈이 시기에는 물고 당기는 놀이를 하는 것보다 개 스스로가 물어뜯고 놀 수 있는 장난감을 주는 것이 효과적이다.
- 물고 당기는 놀이는 이갈이가 끝나고 난 이후에 본격적으로 한다.
- 이갈이 시기의 잘못된 놀이는 물품 의욕이나 물고자 하는 욕구의 본능을 망가트릴 수 있다.

③ 생후 6개월~1년
ⓐ 개들의 호기심이 가장 활발하게 발달한다. 사물에 대한 호기심이 사람에 대한 호기심, 소리에 대한 호기심으로 발달하여 교육을 빠르게 이해하고 사물에 적응하는 능력도 우수한 시기이다.
ⓑ 개들에게 있어서 본격적으로 훈련 교육 단계의 시기이다. 목적견에 따라 알맞은 교육을 해야 하는 시기이다.
ⓒ 암컷 같은 경우 첫 발정이 시작되는 시기이다.
- 첫 발정이 나고 난 후에 수컷을 맞아들이면 안 된다.
- 개들의 첫 교미는 생후 18개월이 지난 발정 시기에 시켜주는 것이 좋다.
- 이 시기에 수컷을 함께 기르면 따로 관리하여 주는 것이 좋다.
ⓓ 예절교육 등의 훈련은 가장 알맞은 시기에 교육해야 앞으로 문제점이 일어나는 것을 예방할 수 있다.
- 개들의 버릇이 나타나고 문제점이 생겨난 다음에 개를 교정하려면 그만큼 어려워지기 때문이다.
- 개들이 살아가는 기간은 평균 10년 이상이다. 이 동안에 사람과 살아가는 반려동물로서 문제가 되지 않기 위해서는 반드시 훈련 교육 프로그램이 필요하다.
- 훈련 교육은 앞으로 반려견을 기르는 데 있어 선택이 아니라 필수이다.

④ 생후 2년(성견)
ⓐ 개의 나이 2살은 사람으로 치면 성인이 되는 시기이다. 수컷은 종견으로, 암컷은 어미견으로 거듭난다.
ⓑ 몸의 균형도 견종의 형태에서 완전하게 균형을 잡아간다. 개의 가장 아름다운 균형과 몸매 골격 형성의 시기는 2~4살 정도로 이때가 가장 아름답다.
ⓒ 개들의 움직임이 가장 왕성한 시기로 많은 운동량이 필요하다.
- 성견이 된다는 것은 자손을 잇는 번식의 단계임을 말하기도 한다.
- 새로운 가족구성을 하기 위해서 혈통과 유전에 대해서 생각하는 시기이기도 하다.
ⓓ 장모견들은 서서히 최고의 아름다운 모질과 코트를 자랑한다.
- 반려견으로 견종의 가치와 견에 대한 특징을 살리는 것은 보호자의 역할이다.
- 개의 특징과 보호자의 취향에 따른 미용 관리를 통해 특별한 반려견으로 사랑받을 수 있다.

ⓑ 사람으로 치면 성년이 되면 사회생활에서 가장 활발하게 활동하듯이 개들도 주어진 역할에 따라 목적에 맞는 활동을 활발하게 하는 시기이다. 개들의 활동 범위가 가장 왕성한 시기는 생후 2~4년 정도이다.

⑤ 생후 8년 이후(노령견)

  ㉠ 생후 8년 이후 노령화 시기로 들어간다.
- 소화 흡수율도 떨어지고 활동 범위도 서서히 줄어들게 된다.
- 요즘은 보호자가 관리를 잘해주고 있어 개들의 평균수명도 15년 가까이 살아가고 있다.

  ㉡ 노령견이 되면 활동이 줄어들기 때문에 인위적으로 가벼운 운동을 시켜주거나 소화 흡수율이 좋은 사료로 바꾸는 것이 좋다.
- 나이가 들면서 비만견이 되는 것을 주의해야 한다.
- 비만견이 되면 많은 합병증 증세의 발생률이 높아지기 때문이다.
- 비만에 대한 모든 관리 프로그램은 애견 전문 사육 방법 내용을 참고하면 도움이 된다.

  ㉢ 동물병원에서 건강을 주기적으로 체크하는 것을 권장한다.
- 노화로 인한 백내장이나 녹내장, 이빨이 빠지거나 움직이는 동작의 둔화로 서서히 혼자 있기를 좋아하는 등이 나타난다.
- 평상시와 다른 변화가 하나씩 증상으로 나타나므로 주의하여 관찰하여야 한다.

(5) 먹이 주는 방법

① 먹이를 주는 횟수와 양

  ㉠ 강아지는 성장하면서 먹이를 주는 양과 먹이 주는 횟수(회/일)가 다르다.

  ㉡ 어린 강아지(생후 2개월~4개월)는 소화율이 좋아 영양이 많은 먹이로 하루에 4회 정도 주는 것이 좋다.

  ㉢ 성장기 강아지(4개월~1년)는 하루에 3회 정도 먹이를 주어서 영양이 부족하지 않게 한다.

  ㉣ 성견(1년 이상)은 하루에 2회 정도 먹이를 주는 것이 좋지만 영양 상태에 따라 하루에 1회 정도 주기도 한다.

  ㉤ 먹이의 양을 조절하는 것은 배변 상태나 비만 정도에 의해 결정되기도 한다.
- 배변의 형태가 없고 퍼진 설사를 했을 때는 먹이의 양을 조금 줄인다.
- 배변이 딱딱하고 조각조각 떨어지는 변은 먹이의 양을 늘린다.
- 먹이의 양이 적당하면 배변의 형태는 길게 붙어 있고 손으로 잡을 수 있다.

② 먹이를 주는 요령

  ㉠ 먹이는 보호자의 생활 스타일에 맞춰서 일정한 시간에 준다.

  ㉡ 지정된 밥그릇, 물그릇에 주며 청결에 신경을 써야 한다.

  ㉢ 개의 성장에 따른 머리 높이에 맞게 밥그릇 높이를 조절해 준다.

  ㉣ 먹이의 양이 많았다 적었다 하면 식습관에서 보통 식탐이 강해질 수 있으니 일정한 양의 먹이를 준다.

  ㉤ 일관된 사료를 준다. 사료가 자주 바뀌면 설사를 할 수 있다.

  ㉥ 간식과 먹이는 구분하여 간식이 주식이 되고 사료가 간식이 되는 경우를 방지한다.

ⓢ 먹이를 주고 5분 이상 지나도록 먹지 않으면 사료를 계속 두지 말고 치운다.

ⓞ 습식은 치석이 많이 생기므로 습식으로 먹이를 줄 경우 여름철에 철저한 관리가 필요하다.

ⓩ 먹이를 줄 때 제한급식과 자율급식으로 나눈다. 생후 3개월 이전에는 자율급식을 하지 않고 일정한 양과 횟수를 정한 제한급식으로 한다.

③ 먹이를 급여하는 방법

　㉠ 자율급식

　　• 강아지가 먹고 싶을 때 먹을 수 있어서 시간 맞추어 사료를 주어야 하는 번거로움이 적다는 장점이 있다.

　　• 과식으로 인해 설사할 수 있다는 점과 사료가 항상 있어서 먹이에 대한 아쉬움이 없기 때문에 보호자에게 복종하지 않거나 리더로 생각하지 않는 단점이 있다.

　㉡ 제한급식

　　• 강아지의 몸 상태에 따라 사료의 양을 조절할 수 있어서 강아지의 비만과 과식 걱정은 하지 않아도 된다.

　　• 보호자에 대한 복종과 애정이 생기는 장점과 시간을 맞춰 사료를 주어야 하는 단점이 있다.

더알아보기　　제한급식을 자율급식으로 교체 방법

1. 제한급식을 하던 강아지를 갑자기 자율급식으로 바꾸면 과식으로 인한 배탈, 설사 증상이 있을 수 있다.
2. 제한급식을 할 때의 양보다 조금씩 더 주어 사료에 대한 욕심을 적게 하는 것이 우선이다.
3. 강아지가 설사하지 않는 범위에서 4~5회 정도는 기존의 사료 양보다 더 많이 준다.
4. 강아지가 사료를 다 먹으면 다시 밥그릇에 사료를 채워 준다.
5. 배부른 강아지는 사료를 먹지 않고 나중에 배가 고플 때 먹는다. 이때, 강아지가 먹는 만큼 사료를 다시 채워 놓으면 된다.

01 | 실전예상문제

01 동물보호법의 기본원칙에 따른 "보호자의 역할"로 옳지 않은 것은?

① 동물이 본래의 습성과 신체의 원형을 유지하면서 정상적으로 살 수 있도록 할 것

② 동물이 비정상적인 행동을 표현하고 불편을 겪지 않도록 한다.

③ 동물이 공포와 스트레스를 받지 않도록 한다.

④ 동물이 갈증 및 굶주림을 겪거나 영양이 결핍되지 아니하도록 할 것

> **해설** **동물보호의 기본원칙(동물보호법 제3조)**
> • 동물이 본래의 습성과 몸의 원형을 유지하면서 정상적으로 살 수 있도록 할 것
> • 동물이 갈증 및 굶주림을 겪거나 영양이 결핍되지 아니하도록 할 것
> • 동물이 정상적인 행동을 표현할 수 있고 불편함을 겪지 아니하도록 할 것
> • 동물이 고통 · 상해 및 질병으로부터 자유롭도록 할 것
> • 동물이 공포와 스트레스를 받지 아니하도록 할 것

02 문제행동에 대한 보호자 교육 방법으로 옳지 않은 것은?

① 훈련책, 브로슈어, 비디오 또는 다른 여러 가지 방법을 통하여 가족 간 훈련 정보를 공유하도록 해야 한다.

② 교육할 때는 사례나 증거를 보여주는 방법이 가장 효과적이다.

③ 문제행동은 잘못된 훈련으로 나타나는 경향이 대부분이므로 훈련을 반드시 잘 시켜야 한다.

④ 문제행동을 교정할 때 수의사는 반드시 신체검사, 혈액검사, 요검사, 변검사 등을 먼저 진행해야 한다.

> **해설** ③ 문제행동이 꼭 훈련을 잘못하여 나타나는 것만은 아니다. 예를 들어 개에게 뇌종양이 있거나 갑상샘 수치가 낮으면 공격성을 띨 수 있다. 동물이 관절염이 있다면 통증 때문에 공격적일 수 밖에 없다. 또한 방광염이 있는 고양이는 아무 곳에나 스프레이를 한다. 그러므로 문제행동이 나타난다면 반드시 병원에서 신체검사를 병행해야 한다.

03 동물의 적정한 사육·관리를 위한 보호자의 행동으로 옳지 않은 것은?

① 소유자 등은 동물에게 적합한 사료와 물을 공급하여야 한다.

② 소유자 등은 동물이 질병에 걸리거나 다쳤을 때 신속하게 치료하여야 한다.

③ 소유자 등은 동물이 새로운 환경에 적응하는 데에 필요한 조치를 하도록 노력하여야 한다.

④ 소유자 등은 등록대상동물과의 외출 시 발생한 소변의 경우 건물 내부의 공용공간에서는 따로 수거하지 아니한다.

> **해설** ④ 소유자 등은 배설물(소변의 경우에는 공동주택의 엘리베이터·계단 등 건물 내부의 공용공간 및 평상·의자 등 사람이 눕거나 앉을 수 있는 기구 위의 것으로 한정한다)이 생겼을 때는 즉시 수거하여야 한다.
> ① 소유자 등은 동물에게 적합한 사료와 물을 공급하고, 운동·휴식 및 수면이 보장되도록 노력하여야 한다.
> ② 소유자 등은 동물이 질병에 걸리거나 다쳤을 때 신속하게 치료하거나 그 밖에 필요한 조치를 하도록 노력하여야 한다.
> ③ 소유자 등은 동물을 관리하거나 다른 장소로 옮긴 경우에는 그 동물이 새로운 환경에 적응하는 데에 필요한 조치를 하도록 노력하여야 한다.

04 다음 중 반려견의 스트레스 원인으로 가장 잘못된 것은?

① 공 포

② 애정 과다

③ 운동 부족

④ 충분한 영양공급

> **해설** ④ 반려견의 스트레스 원인으로 공포, 운동 부족, 애정 과다 등이 있다.

05 '기다려 교육'에 대한 설명으로 옳지 않은 것은?

① 다른 소리가 나도 잘 기다릴 수 있도록 교육한다.

② '기다려'라고 명령하고 잘 기다리면 칭찬과 함께 보상한다.

③ 생후 4~5개월령은 퍼피 트레이닝 시기로 '기다려 교육'을 하는 것이 좋다.

④ 낯선 사람이 나타나거나 물건을 가지고 움직여도 잘 기다릴 수 있도록 교육한다.

> **해설** ③ 생후 2~3개월령은 퍼피 트레이닝 시기로, 좋아하는 장난감이나 간식으로 강아지와 기다려, 이리와, 이름 부르기 등 가벼운 교육을 하는 것이 좋다.

06 치료 도우미 동물을 위한 윤리적 결정 과정에서 고려 사항으로 옳지 않은 것은?

① 치료 도우미 동물을 위한 충분한 휴식 시간을 제공해야 한다.
② 대상자가 동물을 학대하는 상황에서는 활동을 중단하여야 한다.
③ 동물이 스트레스를 받는다면, 활동 세션이나 상호반응을 중지해야 한다.
④ 대상자가 동물을 학대하는 상황에서만 동물 매개 심리상담사는 동물 학대에 따른 법적 처벌이 가능함을 알릴 수 있다.

해설 ④ 대상자가 동물을 학대할 것으로 예상되는 경우, 활동 과정에서 동물의 복지를 위해 주의를 기울이며 동물 매개 심리상담사는 활동 전에 대상자에게 동물 학대에 따른 법적 처벌이 가능하다는 점을 알릴 수 있다.

07 펫용 강아지 입양에 대한 설명으로 옳은 것은?

① 가정 분양이 제일 안전하다.
② 애견 펫샵은 강아지 전문샵이기 때문에 무조건 분양 받아도 된다.
③ 펫샵의 장점은 혈통, 예방접종 등 강아지 정보가 정확하다는 것이다.
④ 전문 펫샵에서 개를 구입할 때 품종 선택의 폭이 넓은 장점이 있다.

해설 ④ 펫샵은 다양한 견종으로 선택의 폭이 넓다는 장점이 있지만 혈통, 예방접종 등 강아지 정보가 정확하지 않다는 단점이 있다.

08 반려견 선택에 대한 내용으로 옳은 것은?

① 사람의 성격과 개의 성격은 관계가 없다.
② 반려견 입양 시 반려견도 선호하는 유행이 있기 때문에 흐름을 읽을 줄 알아야 한다.
③ 반려견과 함께 생활할 실내 및 실외 공간이 없는 상황에서 대형견 선택은 바람직하다.
④ 개의 특징을 올바르게 이해하지 못하고 충동구매로 강아지를 선택하는 것을 주의해야 한다.

해설 ④ 충동적인 입양은 쉽게 파양으로 이어질 수 있으므로, 반려견 선택 시 가족구성원, 환경, 보호자와 반려견의 성격 등을 고려하여야 한다.

09 환경에 따른 반려견 입양에 대한 설명으로 옳은 것은?

① 아이가 입양할 경우 부모님이 정한 반려견을 입양해야 한다.

② 우리 집(빌라, 전원주택) 환경에 적합한 실내견과 실외견 입양을 생각한다.

③ 우리 집에 새로운 가족을 만들어 주고 싶다면 환경을 고려하지 않아도 된다.

④ 강아지를 입양하려고 하면 어떠한 반려견을 입양할 것인가의 고민보다는 유명연예인이 기르는 검증된 개가 좋다.

> **해설** ② 반려견 입양 시 고려할 중요한 요소 중 하나가 주거 형태이다. 주거 형태에 맞는 견종의 특성을 고려하여 선택하여야 한다.

10 가족 관계 매칭 포인트로 가장 옳지 않은 것은?

① 활달한 성격을 지닌 가족이라면 성격이 침착한 개보다 활발한 개를 선택하는 것이 좋다.

② 집안 분위기를 한쪽으로 너무 치우치지 않도록 전체적 분위기를 조화롭게 이루어 나가는 것이 좋다.

③ 입양할 사람의 가족관계와 그 가족구성원의 성격에 맞추어 반려견의 특성이나 성격을 매칭하는 것이 필요하다.

④ 가족 구성원이 조용한 분위기라면 활발하고 명랑한 견종을 선택하는 것이 보다 즐거운 생활을 이루어 나가는 데 도움이 된다.

> **해설** ① 견종은 사람과 반대 성향의 개를 입양하여 서로가 가진 다른 장점을 통해 긍정적 교류가 원활하게 이루어져 행복감을 느낄 수 있다.

11 가족 관계 매칭 포인트에 대한 설명으로 옳지 않은 것은?

① 가족 중에 제일 고집이 센 사람에게 결정권을 주어 가족 간의 갈등을 줄인다.

② 가족관계에서 조화로운 매칭 포인트는 나 혼자보다 가족 전체가 동의하는 것이다.

③ 개를 기르는 것을 동의하지만 가족 중에서도 동물을 싫어하는 경우가 있으므로 가족 구성원들의 반려견 선택에 있어 합의점을 찾는다.

④ 가족 간의 매칭 포인트는 가족의 전체적인 성향을 고려하는 것이다.

> **해설** ① 견종 선택은 한 사람의 취향과 고집으로 결정하는 것보다 전체적인 가족의 생각을 반영하는 것이 바람직하다.

12 견종 매칭 포인트에 대한 설명으로 옳은 것은?

① 견종 선택에 있어 모질에 대한 참고는 필요하지 않다.

② 보호자가 반려견과 함께 있는 시간이 부족할 경우 단모종을 선택하는 것이 좋다.

③ 장모종은 털빠짐이 단모종에 비해 상대적으로 적고 관리가 수월하지만 털이 엉키는 경우가 많다.

④ 개의 모질은 일반적으로 장모종과 중·장모, 단모종으로 나눠지며 이 중 선택 시에는 집의 가장이 결정한다.

> 해설 ③ 품종마다 털 빠짐의 차이가 있으므로 견종 선택에 있어 모질에 대한 참고도 필요하다. 단모종은 털이 많이 빠지는 편이므로 수시로 청소하여 위생 및 청결에 신경을 써야 하며, 장모종은 단모종에 비해 털 빠짐이 적어 관리가 수월하지만, 털이 엉키는 것을 방지하기 위해 수시로 손질해야 한다.

13 강아지 입양 첫날 사료를 급여하는 방법에 관한 설명으로 옳은 것은?

① 사료를 바꾼다면 처음 먹던 사료보다 좋은 사료를 준다.

② 강아지를 입양하고 난 후 주는 사료는 브랜드와 관계없다.

③ 강아지 입양 첫날 상태를 보고 프리미엄 사료를 급여한다.

④ 강아지를 입양 받으면 기존에 먹던 사료를 주는 것이 좋다.

> 해설 ④ 개는 먹던 사료가 바뀌게 되면 설사의 변을 보게 되므로 사료를 바꾸기 전 기존 사료와 새로운 사료를 섞어서 급여하는 것이 좋다.

14 반려견 분양 시 개집에 대한 설명으로 옳지 않은 설명은?

① 강아지 입양과 동시에 문제행동을 줄이는 교육이 필요한데 이때 크레이트 교육을 한다.

② 사람과 떨어지지 않고 화장실 교육에 실패하는 원인으로 개방형 개집의 사용을 들 수 있다.

③ 처음 개집을 구입을 할 경우 사각철장이나 육각철장을 구입하는 것을 권장한다. 이유는 자기공간 영역을 구분시켜 주기 때문이다.

④ 처음부터 잠금장치가 없는 개방형 개집을 사용하게 되면 개집이라는 개념을 심어주기 어렵지만 본능적으로 잠자리는 스스로 정한다.

> 해설 ④ 강아지들은 개집의 잠금장치를 통해 규칙을 배운다. 문이 없는 개방형 개집은 개가 잠자리 공간을 익히기 어렵게 한다.

15 입양 첫날 가족 구성원에 대한 설명으로 옳은 것은?

① 학습은 첫날부터 시작이기 때문에 오자마자 교육한다.

② 무리 구성원 역할을 가르치기 위해서는 개가 원하는 것을 들어줘야 한다.

③ 반려견 입양은 첫날이 중요하므로 감싸 안아서 스트레스를 받지 않도록 잘 보살펴 준다.

④ 가족으로 입양한 처음 3~6일 시기가 중요하다. 사회성이 뛰어난 개로 성장하는 데 큰 도움이 되는 시기이기 때문이다.

> 해설 ④ 입양 후 환경 적응과 가족 구성원을 잘 알려줘야 한다.
> ① 첫날부터 강아지에게 과도한 스트레스를 주거나 부주의한 훈육으로 인한 피해가 없도록 해야 한다.
> ② 응석을 받아주는 행동처럼 강아지를 과잉보호하는 것 또한 행동 문제로 이어진다.
> ③ 강아지를 만지는 행위는 강아지에게는 스트레스가 될 수 있으므로 주의한다.

16 반려견의 가족 구성원에 대한 설명이 가장 옳은 것은?

① 강아지와 평생을 같이 지내려면 작은 잘못은 그냥 넘겨야 한다.

② 강아지 시기 잘못된 습관이 생기면 평생 가지고 살아가야 하므로 잘못된 버릇이 생기면 교육을 시작한다.

③ 반려견 입양은 지금까지 삶과는 전혀 다른 변화의 세계를 맞이하게 되므로 보호자는 입양 첫날부터 문제점을 찾아내야 한다.

④ 새로운 환경을 만난 강아지는 매우 두렵고 불안한 심정이다. 그래서 집안 환경을 조용하고 평온하게 해주어서 낯선 환경에 적응하게 도와준다.

> 해설 ① 평생을 같이 잘 지내기 위해서는 작은 잘못이라도 그냥 넘겨서는 안 된다.
> ② 잘못된 버릇이 생기기 이전, 입양부터 첫 학습으로 처음 3~4일을 잘 가르치는 것이 중요하다.
> ③ 입양부터 과도한 스트레스를 주거나 부주의한 훈육으로 피해가 없도록 해야 한다.

17 강아지 입양 후 일주일 동안 해야 할 일이 아닌 것은?

① 대소변 훈련을 집에 오는 날부터 한다.

② 기존에 키우는 개와 친숙해지도록 도와준다.

③ 강아지 시기는 면역력이 떨어지므로 오자마자 예방접종을 한다.

④ 부드러운 목소리로 이름을 불러서 강아지가 익숙해지도록 한다.

> 해설 ③ 예방접종은 새로운 환경에 적응하였을 때 관리한다.
>
> **예방 접종 시기와 간격**
> • 생후 6주령에 1차 접종을 하며, 2~3주 간격으로 5차 접종을 한다.
> • 성견인 경우, 매년 1회 이상 추가 접종한다.
> • 번식 가능한 암컷인 경우, 교배 전 접종하며 구충제도 함께 투여하면 좋다.

18 다음 빈칸에 들어갈 말로 옳은 것은?

> 생후 4~5개월령 (   )에는 서서히 이갈이한다. 유치가 빠지는 시기가 바로 이갈이 시기이며 물어뜯
> 으려는 욕구가 강하게 나타나 별도로 개를 관리해 줄 필요가 있다.

① 눈 뜨는 시기
② 귀가 들리는 시기
③ 신체의 변화 시기
④ 훈련 시기

해설 ③ 생후 4~5개월령에는 서서히 이갈이를 하는 신체 변화의 시기이다. 유치가 빠지는 시기이며, 실내견들은 장
판이나 벽지, 가구, 가전제품, 화초 등 닥치는 대로 물어뜯는 시기에 접어든다. 이갈이 시기는 견종에 따라 조
금씩 차이가 나므로 무엇을 물어뜯으려는 욕구가 강하게 나타나면 개를 별도로 관리해야 한다.

PART 3

19 생후 8년 이후 노령견 관리에 대한 설명으로 옳은 것은?

① 나이가 들면 살찐 것이 보기 좋아 먹이는 많이 주도록 한다.
② 나이가 들어가면서 노화로 인하여 백내장이나 녹내장이 오기 때문에 미리 수술을 해준다.
③ 생후 8년 이후는 노령화 시기로 들어가면서 소화 흡수율도 떨어지므로 단백질의 간식을 자주 챙겨주
는 것이 좋다.
④ 노령견이 되면 활동이 줄어들기 시작하므로 인위적으로 가벼운 운동을 시켜주거나 소화 흡수율이 좋
은 사료로 바꿔주는 것이 좋다.

해설 ④ 만 7~8살부터 노화가 시작되면서 신체 대사율이 감소하고 칼로리 소모도 한창기의 30~40%가 줄기 때문
에 체중이 늘지 않도록 식이조절이 필요하다. 소화 흡수율이 좋은 사료를 먹이거나 가벼운 운동을 시켜준다.

20 다음 중 좋은 급여 습관이 아닌 것은?

① 정해진 시간에 규칙적으로 사료를 급여한다.
② 밥그릇 및 물그릇은 세척하여 위생적으로 관리한다.
③ 물 급여 시 항상 깨끗한 상태를 유지할 수 있도록 한다.
④ 사료를 교체하고자 할 때 기존 사료와 새로운 사료를 섞어서 급여하지 않도록 한다.

해설 ④ 기존에 먹던 사료를 교체하고자 할 때 갑작스럽게 새로운 사료를 급여하는 것은 바람직하지 못하다. 기존 사
료에 새로운 사료를 섞어서 급여를 시작하고, 새로운 사료의 비율을 점진적으로 늘려나가는 방법으로 변경
하는 것이 좋다.

21 다음 빈칸에 들어갈 말로 옳은 것은?

> (   )은 과식의 문제가 없고 강아지가 필요한 만큼 적당히 먹을 수 있다는 것을 가정한다면 집에 사람이 없을 때도 강아지가 언제나 먹고 싶을 때 사료를 먹을 수 있어서 시간 맞추어 주어야 하는 번거로움이 적다는 장점이 있다.

① 자율급식
② 제한급식
③ 자동급식
④ 일반급식

해설 ① 언제나 사료를 먹을 수 있는 급여 방법은 자율급식이다.

02 | 교육상담 및 의사소통 기술

1 의사소통의 기술

(1) 커뮤니케이션의 의미

① 정 의

　㉠ 정보나 지식, 가치관, 기호, 감정, 태도, 사실, 신념 등을 음성이나 문자 등을 통하여 전달하거나 교환함으로써 공감대를 형성하는 의사 전달 과정이다.

　㉡ 커뮤니케이션은 상대방과 어떤 관계에 있느냐에 따라 주고받는 내용이나 전달 방식이 달라진다.

　㉢ 커뮤니케이션은 쌍방향으로 진행되는 활동이다.

　㉣ 고객으로부터 정확한 정보를 얻기 위한 수단이다.

② 특 징

　㉠ 서로의 행동에 영향을 미친다.

　㉡ 오류와 장애가 발생할 수 있다.

　㉢ 수단과 형식은 매우 유동적이다.

　㉣ 순기능과 역기능이 존재한다.

　㉤ 정보를 교환하고 의미를 부여한다.

③ 목 적

　㉠ 영향력 행사

　㉡ 정보 교환

　㉢ 감정 표현

　㉣ 의사소통

　㉤ 관계 유지

④ 효과적인 커뮤니케이션 방법

　㉠ 일반화되어 있는 표준말을 사용한다.

　㉡ 알기 쉬운 주제를 화제로 선택한다.

　㉢ 상담자는 객관적인 자료에 근거하여 말하고 주관적인 생각과 감정을 표출해서는 안 된다.

　㉣ 적극적 경청을 통해 고객의 욕구를 파악한다.

　㉤ 상대방의 관점에서 이해하고, 적극적인 태도의 피드백을 해야 한다.

　㉥ 예상되는 장애에 대한 사전 준비를 해야 한다.

　㉦ 고객이 신뢰감을 느끼도록 친밀감(Rapport)을 형성하는 것이 중요한데, 이를 위해서는 고객에게 관심을 가지고 고객의 욕구를 파악해야 한다.

◎ 효과적인 커뮤니케이션(GAME)

- 목적(Goal) : 목적을 결정하여 무엇을 얻고자 하는지 명확히 하라.
- 상대(Audience) : 상대의 본질과 감정 상태를 파악하여 이에 어울리는 방식을 적용하라.
- 정보(Message) : 상대방에게 전달하고자 하는 메시지를 확실히 하라.
- 표현(Expression) : 상대방 관점에서 이해하고 어떤 식으로 메시지를 전달할지 결정하라.

⑤ 의사소통의 종류

언어적 의사소통	말하기	• 너무 장황한 설명이 되지 않도록 주의한다. • 고객에게 충분한 공감의 태도를 보인다. • 고객이 사용하는 용어를 활용한다. • 부정적인 단어를 사용하지 않도록 주의한다. • 높임말을 쓰도록 한다.
	듣기	• 고객에 호응하며 부연 설명한다. • 고객의 말에 내포된 의미를 파악한다. • 고객의 의견에서 칭찬할 내용을 찾는다. • 고객의 관심사에 공감하며 의견을 구한다.
비언어적 의사소통	신체언어 (보디랭귀지)	• 고객과 시선을 맞추며 관심 있는 표정을 보인다. • 다리를 꼬거나 팔짱을 끼는 등 바르지 않은 자세를 취하지 않는다. • 상대방의 말에 동의하는 고개를 끄덕이는 등의 긍정적인 동작을 취한다. • 즐거운 표정을 짓고 몸을 앞으로 숙이고 대화한다.
	목소리	• 단조로운 톤보다는 음의 고저에 신경 써 말한다. • 고객과 말하는 속도를 맞춘다. • 명확한 발음으로 말한다.
	복장과 태도	• 단정과 청결은 기본이다. • 자신의 인격과 근무하는 직장의 이미지를 고려해 경직되지 않으면서 예의 바른 태도를 갖춘다.

(2) 언어적 의사소통

① 정 의

ㄱ 언어적 의사소통은 고객이 이야기하고자 하는 내용을 담당자가 임의로 바꾸지 않고, 계속 이야기할 수 있도록 기다려 주는 것을 말하는 것이다.

ㄴ 담당자의 메시지를 명확히 이해하기 위함을 목적으로 한다.

ㄷ 담당자가 정확한 발음, 말 줄임, 말 속도, 억양으로 예의 있는 표현을 익혀 고객을 응대하는 것을 의미한다.

② 특 징

ㄱ 성공적인 상담을 진행하기 위해서는 초기부터 고객과 긍정적인 관계를 형성하는 것이 매우 중요하다.

ㄴ 고객 입장에서는 기관이 매우 낯선 장소이고, 본인의 문제를 솔직히 이야기하는 것이 부담스러울 수 있다. 담당자가 고객의 말에 집중하고 수용하는 모습을 보여주면, 고객은 좀 더 적극적으로 자신이 하고자 하는 주제로 집중해서 이야기할 수 있다. 따라서 담당자는 다양한 방법으로 고객과 의사소통하기 위해 노력해야 한다.

③ 말에 의한 의사소통의 장단점

장 점	단 점
• 신속한 피드백이 가능하다. • 수시로 아이디어 또는 해결책을 주고받을 수 있다. • 개인적인 상호작용이 가능하다.	• 시간이 소요되며 갈등을 유발할 위험이 있다. • 공식적인 기록이 없다. • 메시지의 왜곡이 가능하다.

④ 글에 의한 의사소통의 장단점

장 점	단 점
• 공식적인 기록을 할 수 있다. • 정확하고 권위 있어 보인다. • 필요할 때는 언제든지 참고할 수 있다.	• 해석이 다양해질 수 있다. • 피드백을 구하기 힘들다. • 문서를 작성할 시간이 필요하다.

더알아보기   **의사 전달을 위한 표현 방법의 예**

1. "잔디밭에 들어가지 마시오."는 부정형 표현 방법이다.
2. "실내에서 조용히 해 주시겠습니까?"는 청유형 표현 방법이다.
3. "서류를 가져와야 합니다."는 평서형 표현 방법이다.
4. "옆 계단에서 담배를 피울 수 있습니다. 담배는 그곳에서 부탁드립니다."는 긍정형 표현 방법이다.

⑤ 화법의 종류 및 활용 예

칭찬 화법	상대방의 좋은 점, 잘하는 점을 긍정적으로 표현한다. 예 왜 선생님은 매일 실없이 웃고 다녀요? → 김 선생님 환한 미소 덕분에 고객님들 기분까지 좋아진다고 하네요! 늘 고마워요!
보상 화법	약점이 있으면 반대로 강점이 있기 마련이라는 점을 강조한다. 예 가격이 비싼 만큼 품질이 좋습니다.
긍정 화법	대화에서 긍정적인 피드백이나 메시지를 긍정으로 표현한다. 예 고객님, 여기는 금연 구역입니다. → 고객님, 여기는 금연 구역입니다. 번거로우시겠지만 1층 흡연 구역을 이용해 주시기 바랍니다.
쿠션 화법	단호한 표현보다는 미안한 마음을 먼저 전해서 사전에 쿠션 역할을 할 수 있는 말로 감정을 상하지 않게 표현한다. 예 기다리세요. → 죄송하지만 잠시만 기다려 주시겠어요?
청유형 화법	명령이 아닌 부탁 또는 공유로 표현한다. 예 기다리세요! → 잠시만 기다려 주시겠어요?
전달 화법	상대를 탓하기보다는 나의 감정을 전달한다. 예 전화를 왜 늦게 받니? → 전화를 늦게 받아서 걱정했어.
아론슨 화법	부정(−)과 긍정(+)의 내용을 혼합해서 대화하는 경우, 칭찬보다 부정적 피드백을 받은 후 긍정적 표현으로 마감하는 화법이다. 예 ○○님, ○○전용 샴푸가 너무 비싸요! → ○○전용 샴푸는 ○○이 피모에 좋은 제품입니다. 품질이 최고입니다.
신뢰 화법	대화를 통하여 상대방에게 신뢰를 얻는 것이다. 예 ○○이는 각질이 많이 생기는 것 같아요. → 맞아요! ○○이는 말씀하신 것처럼 각질이 많이 생겨서 속상해요.

전화 화법	목소리만으로 고객과 대화를 통하여 상대방에게 신뢰를 얻는 것이다. 예 목소리로 의사전달 → ○○유치원입니다. ○○보호자님 시간에 맞추어 상담 예약을 해 놓겠습니다.
부메랑 화법	고객이 자꾸 내 곁을 떠나려는 변명과 트집을 잡을 때 그 트집이 바로 나의 장점(특징)이라고 주장하여 돌아오게 하는 화법이다.
Yes, But 화법	상대의 의견이나 진술 내용이 나와 일치하지 않을 때 바로 '틀렸다', '아니다'라고 반박하지 않고 '그 의견도 일리가 있지만 저의 의견은~' 이런 식으로 응대한다.
산울림 화법	고객이 한 말을 반복하여 이해와 공감을 얻고 고객이 거절하는 말을 솔직하게 받아주는 데 포인트가 있는 화법이다.
경청 화법	상대의 의견이나 진술 내용을 진지하게 들으면서 이에 반응을 보이는 화법이다.

⑥ SNS의 활용

⊙ 반려견 보호자와 기관과의 알림장, 블로그를 통하여 지식·행정·일정 소식을 안내하며 깊은 유대감과 신뢰감을 형성할 수 있다.

ⓛ 사계절에 맞추어 반려견 보호자에게 각종 행사 및 세미나 정보, 보호자 참여 프로그램 정보를 제공한다.

ⓒ 시기별로 전람회, 박람회, 스포츠 행사 등의 일정을 해피콜이나 알림 서비스로 제공한다.

ⓔ 기관이나 반려견 단체에서 개최하는 교육 참여 프로그램을 제공한다.

ⓜ 반려견의 인적 사항과 품종, 특성에 따른 프로그램을 반려견 보호자에게 제공한다.

구 분	반려견 행사 일정 알림 서비스 활용 예
문자 서비스	예 안녕하세요. ○○보호자님, ○○월요일 아침입니다. 우리 기관에서는 1. ○년 ○월 ○일 ○요일 2. ○시 3. ○○장소 반려견에 대한 상식과 반려견 건강식, 반려견 응급처치, 반려견 행동 교정 교육을 개최합니다. ○○보호자님과 행복한 시간이 되었으면 합니다. 참석 여부를 알려주시면 감사하겠습니다. ○○드림
앱 서비스	예 안녕하세요. ○○보호자님 ○○월요일 아침입니다. 우리 ○○기관에서는 ○○님 관심과 사랑으로 서비스의 질을 향상하기 위해 노력하고 있습니다. 보다 편리하고 빠른 서비스의 혜택을 원하시면 앱을 통하여 보호자 교육, 시기별 박람회, 스포츠 행사, 기관의 연간, 월간, 주간 프로그램 서비스를 받으실 수 있습니다. 감사합니다. ○○드림

(3) 비언어적 의사소통

① 의의 : 지속해서 내담자와 시선을 맞추거나 지금 하는 말을 이해하고 있다는 것을 알리기 위해 고개를 끄덕여 주는 행동 등을 말한다.

② 특 징

⊙ 때로는 말보다 얼굴 표정, 바디랭귀지, 아이컨텍과 같은 비언어적 신호가 더 솔직한 감정이나 진실을 전해주기도 한다. 따라서 담당자는 자신의 비언어적 의사소통이 언어적 의사소통의 내용과 상반된 메시지를 전달하지는 않는지 주의해야 한다.

ⓛ 비언어적 의사소통의 세심한 의미를 해석함으로써 고객은 자신이 수용 받고 있다는 감정을 가지고 담당자에 대해 신뢰감을 느낄 수 있도록 한다.

ⓒ 담당자와 고객은 서로 상호적이다. 담당자가 고객에게 특정한 인상을 받듯이 고객도 담당자와의 만남에서 특정한 인상을 받는다. 의사소통 양상에서도 서로 동일하거나 유사한 기법들을 사용하기 때문에 담당자는 의사소통의 상호적 특성에 관해 유의하여야 한다.

③ 비언어적 메시지의 종류

㉠ 음성의 고저, 표정, 몸짓, 자세, 눈치 등

㉡ 긍정적 행동 단서 : 미소 짓기, 짧게 눈 마주치기, 고객과 대화 시 고개를 끄덕이기

㉢ 부정적 행동 단서 : 고객에게 손가락 또는 물건으로 지적하기, 팔짱을 끼거나 주먹을 움켜쥐기 등

④ 장 · 단점

장 점	단 점
• 언어적 의사소통을 보완할 수 있다. • 다른 의사소통의 필요성을 감소시킬 수 있다.	• 언어를 통한 의사소통과 일치하지 않을 수 있다. • 무시될 수 있다.

⑤ 비언어적 의사소통의 바람직한 태도

구 분	바람직한 태도	바람직하지 않은 태도
얼굴 표정	• 따뜻하고 배려하는 표정 • 다양하며 적절한 생기 있는 표정 • 자연스럽고 여유 있는 입 모양 • 간간이 적절하게 짓는 미소	• 눈썹 치켜뜨기 • 하품 • 입술을 깨물거나 꼭 다문 입 • 부적절한 희미한 미소 • 지나친 머리 끄덕임
자 세	• 팔과 손을 자연스럽게 놓고 상황에 따라 적절한 자세 • 보호자를 향해 약간 기울인 자세 • 관심을 보이면서도 편안한 자세	• 팔짱 끼기 • 보호자로부터 비껴 앉은 자세 • 계속해서 손을 움직이는 태도 • 의자에서 몸을 흔드는 태도 • 입에 손이나 손가락을 대는 것 • 손가락으로 지적하는 행위
시 선	• 직접적인 눈 맞춤(문화를 고려한) • 보호자와 같은 눈높이 • 적절한 시선 움직임	• 눈 마주하기를 피하는 것 • 보호자보다 높거나 혹은 낮은 눈높이 • 시선을 한 곳에 고정하는 것
어 조	• 크지 않은 목소리 • 발음이 분명한 소리 • 온화한 목소리 • 보호자의 느낌과 정서에 반응하는 어조 • 적절한 말 속도	• 우물대거나 너무 작은 목소리 • 주저하는 어조 • 너무 잦은 문법적 실수 • 너무 긴 침묵 • 들뜬 듯한 목소리 • 너무 높은 목소리 • 너무 빠르거나 느린 목소리 • 신경질적인 웃음 • 잦은 헛기침 • 큰 소리로 말하기
신체적 거리	• 의자 사이는 1m~2.5m	• 지나치게 가깝거나 먼 거리 • 책상이나 다른 물체를 사이에 두고 말하기
옷차림 · 외양	• 단정하고 점잖은 복장 • 기관의 특성, 보호자 및 내담자들의 특성에 맞추어 착용	• 특정 브랜드가 크게 쓰여 있는 복장 • 지나치게 편한 복장(반바지, 민소매 티셔츠, 운동복 등)

(출처 〈사회사업실천론〉 김융일 외(2002))

⑥ 메라비언의 법칙(The Law of Mehrabian)

미국의 심리학자 앨버트 메라비언(Albert Mehrabian)은 면대면 커뮤니케이션의 정보량은 시각적인 요소가 55%, 청각적인 요소가 38%, 기타 언어적인 요소가 7%로 형성된다고 보았다.

> 시각적인 요소(55%) > 청각적인 요소(38%) > 언어적인 요소(7%)

→ 시각적인 요소가 50% 이상으로, 이미지 형성에 가장 중요한 요소임을 알 수 있다.

ⓐ 시각적인 요소 : 표정, 시선, 용모, 복장, 자세, 동작, 걸음걸이, 태도 등

ⓑ 청각적인 요소 : 음성, 호흡, 말씨, 억양, 속도 등

ⓒ 언어적인 요소 : 말의 내용, 전문지식, 숙련된 기술 등

더알아보기　신체 언어의 특징

1. 신체 언어는 전체 내용의 50% 이상을 의사소통할 수 있으므로 신체 언어를 이해하는 것이 필수적이라고 할 수 있다.
2. 모든 사람이 동일한 방식으로 비언어적 단서들을 사용하지는 않는다.
3. 언어적 메시지를 강조하기 위한 손동작의 적절한 사용은 의사소통을 촉진한다.

---

⑦ 반려견 보호자 요구사항 파악을 위한 의사소통 능력

ⓐ 반려견 보호자 상담 절차 설계 능력

ⓑ 상담 방법에 대한 파악 능력 및 상담 능력

ⓒ 의사소통 기술에 대한 파악 능력 및 활용 능력

ⓓ 문제행동 요인과 유형에 대한 파악 능력

ⓔ 문제행동 교정 과정 및 방법 파악 능력

ⓕ 반려견 보호자의 요구사항을 파악하는 능력

ⓖ 보호자와 상담을 진행하는 능력

ⓗ 보호자와 상담자 간 의사소통 능력

ⓘ 문제행동 요인과 유형에 대한 설명 능력

ⓙ 문제행동 교정 방법에 대한 설명 능력

(4) 신뢰와 공감대 형성

① 신뢰를 위한 공감과 이해

ⓐ 공감과 이해는 고객상담에서 매우 핵심적인 부분이다.

ⓑ 공감은 주로 감정, 느낌, 정서에 관한 현상이고, 이해는 지적인 측면에 관계하는 것을 말한다.

ⓒ 상담 과정에서 느끼고 알아차리는 것이 바람직하지만, 누구나 그렇게 완벽할 수는 없으므로 자기 훈련이 필요하다. 녹음기나 녹화기를 이용하여 자기의 상담 내용과 그 과정을 다시 듣거나 보는 방법을 사용할 수 있다.

ⓓ 공감과 이해의 전달은 음성언어, 비음성언어, 음성언어와 비음성언어의 복합에 의해서도 이루어진다.

ⓔ 문화적으로 민감하고 다양한 배경과 신념을 존중하는 것은 상담과 의사소통에 필수적이다.

② 공감대 형성의 방법 및 태도

공감대 형성을 위해서는 의사소통 태도가 중요하다. 의사소통은 언어적 커뮤니케이션(말하기, 듣기, 질문하기 등)과 비언어적 커뮤니케이션(자세, 표정, 의복, 환경)이 상호 연관되어 발생한다.

㉠ 공감대 형성을 위한 언어적 커뮤니케이션

- 고객이 이해하기 쉽도록 명확하게 말한다.
- 고객이 말한 것과 연관되어 대화를 이어 나간다.
- 고객의 주장과 고객이 원하는 방향에서 해결책을 모색하고 설명한다.
- 반대 의견이 있는 경우에는 근거를 먼저 말한다.
- 고객을 판단하는 투로 이야기하지 않는다.
- 고객의 이야기를 들을 때에는 반응하고 이해한다.
- 개방형 · 폐쇄형 질문을 적절히 활용한다.

㉡ 공감대 형성을 위한 비언어적 커뮤니케이션

- 앉아있는 경우라면 고객을 향하여 고객 쪽으로 앉는다. 이는 집중하고 있다는 표현이 된다.
- 미소를 띠고 대화 중 60% 이상은 고객의 눈을 응시한다.
- 손의 위치에 주의한다. 팔을 괴거나 팔짱을 끼지 않고 개방적인 자세를 취하여 대화에 참여할 준비가 되어 있다는 메시지를 전달한다.
- 가끔 상대방을 향해 몸을 기울여 앉는다. 사람들이 대화하는 모습을 관찰할 때 몸을 뒤로 젖히고 있으면 이는 대화가 그다지 진지하거나 흥미롭지 않음을 알 수 있다. 대화 소재에 따라 자연스럽게 자세를 바꿔가며 진지함과 관심도를 전달한다.
- 전문가임을 피력할 수 있도록 복장과 화장에 유의하고 명함을 사용한다.

③ 경청

㉠ 고객과 공감대를 형성하기 위해 필수적이다.

㉡ 경청(listening)은 매우 적극적인 과정으로 청취(hearing)와는 다른 개념이며, 음성언어와 비음성언어 모두가 중요하다.

㉢ 자기 말에 주의를 기울이고 들어주기를 바라는 사람이 진정으로 원하는 것은 자기의 말을 반복하는 능력이 아니고 심리적, 정서적으로 함께 해주는 것이다.

㉣ 고객은 다양한 경로를 통해 담당자가 경청하고 있음을 느낄 수 있다.

㉤ 비음성언어는 음성언어와 함께 복합적으로 사용되는데, 음성언어를 재확인하거나 부정하는 기능을 한다.

㉥ 고객의 이야기에 경청하고 있다는 메시지를 전달하는 방법

- 적절하게 고개를 끄덕임으로써 고객에게 경청하고 있음을 전달한다.
- "네, 그렇군요" 등의 음성 반응을 통해 상대방에게 공감받는다는 것을 느끼게 하도록 한다.
- 사실, 정보, 내용적인 질문 외에 감정이나 태도 등을 탐색하는 질문을 적절히 사용한다.
- 고객이 한 말의 일부를 반복, 환언, 요약한다. 담당자가 볼 때 중요한 부분이라고 생각되는 부분을 반복해 주면 고객이 자기표현을 하는 데 도움이 된다. 고객의 말을 듣고 담당자가 이해한 바를 확인받기 위해 환언하여 짧게 말해주는 요약이 필요하다.

④ 공감대 형성을 위한 의사소통

　㉠ 말하기

- 고객의 욕구를 파악하고 정보를 명확히 하기 위해 개방형(open-ended)과 폐쇄형(close-ended) 질문을 적절히 활용하는 것이 필요하다.
- 상담을 진행할 때는 연속해서 질문을 하거나 계속 말하지 않도록 주의한다.
- 고객이 말하기 시작하면 일단 멈추고 자세히 듣는다.
- 질문에 대한 답이 없을 때에는 두 번째 질문을 바로 하지 않는다. 고객이 질문에 아직 답하지 않고 머뭇거리고 있는 상태에서 재차 질문하는 것은 고객의 반응에 큰 관심이 없다는 느낌을 주기 쉬우며, 때에 따라서는 강요하는 느낌을 주어 분위기를 경직시킬 수 있다.
- 상담계획서에 근거해 고객에게 질문한 후에는, 일단 말하는 것을 멈추고 고객의 반응을 기다려야 한다. 만약 잠시 후에도 반응이 오지 않는다면, 약간의 지침을 제공하면서 동일한 질문을 좀 더 구체적으로 바꾸어 말함으로써 질문을 반복한다.
- 긍정적인 비음성적 단서들을 사용한다. 말로 동의하거나 "예"라고 말할 때조차도 무의식적으로 부정적인 비음성적 메시지가 전달될 수도 있다. 메시지를 보낼 때는 음성적, 비음성적 메시지가 일치하도록 해야 한다.

　㉡ 듣 기

- 효과적인 경청을 위해 고객의 음성적, 비음성적 메시지를 적극적으로 받아들일 만반의 준비를 한다.
- 읽기, 쓰기, 다른 사람에게 말하기 등 주의를 산만하게 하는 것을 멈추고 고객에게 집중할 수 있도록 준비한다.
- 긍정적인 음성 메시지와 비음성 메시지를 보내고 듣는 것에 적극적으로 집중함으로써 고객을 편안하게 해주어야 의미 있는 상담이 이루어질 수 있다.
- 전체적인 개념을 듣는 것이 중요하다. 세부적인 것에 집중하는 대신 문제 상황을 분석하고, 반응하기 전에 전체적인 메시지를 들어야 한다. 즉, 메시지의 일부분에 반응하는 대신 고객이 모든 상세한 내용들을 제공할 때까지 기다리고, 고객이 일단 말을 끝낸 후 정보가 필요한 내용에 대해 질문한다.

　㉢ 공감하기

- 고객에게 공감하고 있음을 보여주어야 한다.
- 감정 반응은 공감과 이해를 전달하는 매우 유용한 방법이다. 감정을 언어로 표현하면, 아주 짧은 말로 사람의 심리상태를 정확히 나타내는 효과를 볼 수 있기 때문이다.
- 고객이 전하고자 하는 말을 요약하여 다시 표현해 주고, 그것이 고객에게 다시 납득될 때 두 사람의 의사소통은 공감적인 과정으로 느껴질 것이다.
- 고객과의 관계를 자연스럽게 형성하고, 이를 서로 믿고 이야기할 수 있는 단계까지 발전시키는 기술이 필요하다.

　㉣ 칭찬하기

- 공감대 형성의 과정은 고객에 대한 이해, 염려, 동감, 관심, 소망 등을 토대로 이루어진다.
- 고객과의 관계에서 편안함을 창출하기 위해서는 고객의 의견을 존중하고 고객의 관심사에 대해 인정하며 칭찬하는 것이 중요하다.

- 고객의 말에 경청하고 좋은 점을 찾아 칭찬함으로써, 고객이 스스로의 판단에 대해 신념을 가질 수 있도록 도와주어야 한다.
- 고객과의 신뢰 형성과 유대감 강화에 큰 도움이 된다.

⑤ 효과적인 의사소통의 지침

　㉠ I · You · Do · Be Message 화법
- 아이 메시지(I-message) : 대화 시 상대방에게 내 입장을 설명하는 화법
- 유 메시지(You-message) : 대화 시 결과에 대해 상대방에게 핑계를 돌리는 화법
- 두 메시지(Do-message) : 어떤 잘못된 행동의 결과에 대해 그 사람의 행동 과정을 잘 조사하여 설명하고 잘못에 대하여 스스로 반성을 구하는 화법
- 비 메시지(Be-message) : 잘못에 대한 결과를 일방적으로 단정함으로써 상대방으로 하여금 반감을 불러일으키게 하는 화법

　㉡ 공감대 형성을 위한 화법
- 고객과의 공감대를 형성하는 데 도움을 주는 공통 화제를 선정하는 것이 중요하다.
- 고객의 신분에 맞는 존칭어를 사용한다.
- 전체 상담의 원활한 진행과 분위기를 위해 고객의 말에 적극적인 동감 표현을 하고, 긍정적인 관심을 갖고 적절한 질문을 한다.

더알아보기

1. 효과적인 화법의 3요소 : 성실성, 명료성, 직접성
2. 청자의 듣기 핵심 3요소 : 파악, 이해, 반응

　㉢ 화법의 기능
- 정보 전달의 기능
- 설득의 기능
- 사고 형성의 기능
- 표현과 이해의 기능
- 감화적 의사소통의 기능
- 사회 조정과 결합의 기능

⑥ 고객과의 효율적인 커뮤니케이션을 위한 화법

　㉠ 전달 내용을 복창하며 확인하고 고객의 발언을 인용한다.

　㉡ 전문용어 사용은 최대한 줄이고 고객 수준에 맞는 어휘를 사용해야 한다.

　㉢ 긍정적인 언어를 사용하고, 고객의 입장에서 서비스를 제공한다.

　㉣ 결론과 요점을 먼저 전하고 너무 장황하게 응답하지 않는다.

　㉤ 명령형보다는 의뢰형으로 표현해야 한다.

　㉥ 담당자 중심의 언어보다는 고객 중심의 언어로 표현해야 한다.

　㉦ 부드러운 말과 표정, 경어와 표준어 사용, 명확한 발음 등 훈련된 언어를 사용해야 한다.

ⓒ 억양으로 고객과 공감한다는 태도를 보인다.

ⓧ 사투리나 방언의 사용을 피하고 표준어를 사용하는 것이 좋다.

ⓩ 상담의 진행을 위하여 유도성 질문을 이용한다.

ⓚ 전화로 이야기할 때도 미소를 지으며, 필요한 낱말에 강세를 두어 말한다.

ⓣ 고객이 말하는 속도에 보조를 맞추되, 상담 시에는 되도록 천천히 말하는 습관을 갖는 것이 좋다.

ⓟ 명확한 발음을 하기 위해 큰 소리로 반복해서 연습하는 것이 필요하다.

⑦ 효과적인 단어 선택

ⓐ 고객에게 확신을 줄 수 있는 긍정적인 단어

ⓑ 고객이 받을 수 있는 이점을 위주로 한 단어

ⓒ 칭찬, 감사, 기쁨을 표현할 수 있는 단어

⑧ 억양을 세련되게 다듬기 위한 방법

ⓐ 전화로 이야기할 때도 미소를 짓는다.

ⓑ 필요한 낱말에 강세를 두는 법을 연습한다.

ⓒ 제스처를 활용한다.

ⓓ 복식 호흡을 통해 호흡을 깊게, 길게 한다.

(5) 상담을 위한 마음가짐

① 유연성과 적응성

ⓐ 유연성은 효과적인 의사소통에 필요하다.

ⓑ 적응성이란 커뮤니케이션의 융통성, 개별성, 현실성 등을 말한다.

ⓒ 고객과의 커뮤니케이션이 빈번하게 일어나는 공간이므로 조직 구성원의 사고와 상황에 대한 대응 능력이 유연해야 한다.

ⓓ 다양한 상황에 맞게 커뮤니케이션 스타일을 조정하여 더욱 성공적인 결과를 획득한다.

ⓔ 청취 및 이해력(경청, 지식욕, 신뢰성, 유연성), 품성 및 조직 적응력, 음성적 자질, 표현 및 구술 능력 등이 필요하다.

② 칼 알브레히트(Karl Albrecht)의 고객을 화나게 하는 7가지 태도(서비스의 7대 죄악)

ⓐ 무관심(Apathy) : 내 책임이 아니며, 나와는 아무 상관 없다는 식의 태도

ⓑ 무시(Brush-off) : 마치 먼지를 털어내듯 고객의 요구나 문제를 못 본 척하고 고객을 피하는 일

ⓒ 냉담(Coldness) : 고객을 귀찮은 존재로 대하고, 적대감, 통명스러움, 친근하지 못함, 고객 사정을 고려하지 않음, 조급함을 표시하는 것

ⓓ 건방 떨기, 생색(Condescension) : 낯설어하는 고객에게 생색을 내고 고객을 어수룩하게 보거나 투정을 부린다는 식으로 대하는 태도

ⓔ 로봇화(Robotism) : 직원이 완전히 기계적으로 응대하므로, 고객 개인사정에 맞는 따뜻함이나 인간미를 전혀 느낄 수 없는 태도

ⓕ 규정 핑계(Rule Apology) : 고객 만족보다는 조직의 내부 규정을 앞세우기 때문에 종업원의 재량권을 행사하거나 예외를 인정할 수 없어 상식이 통하지 않는 경우

ⓐ 뺑뺑이 돌리기(Run around) : "저희 담당이 아니니 다른 부서로 문의하세요."라는 말로 발뺌하고 타 부서로 미루는 태도

③ SERVQUAL의 5가지 품질 차원

고객들이 서비스 품질을 판단하는 기준이 되는 여러 가지 속성을 파악해서 5가지 척도로 나누어 평가한다.

㉠ 신뢰성(Reliability) : 약속한 서비스를 믿을 수 있고 정확하게 수행할 수 있는 능력

㉡ 공감성(Empathy) : 회사가 고객에게 제공하는 개별적 배려와 관심 등

㉢ 확신성(Assurance) : 종업원이 고객에게 자신의 지식과 공손함, 믿음과 신뢰를 불어넣는 능력

㉣ 응답성(Responsiveness) : 고객을 돕고 신속한 서비스를 제공하려는 태세

㉤ 유형성(Tangibles) : 물리적 시설의 시각적 효과, 장비, 직원 커뮤니케이션 자료의 외양 등

(6) 감성지능

① 감성지능의 의미

㉠ 의의 : 자신의 한계와 가능성을 객관적으로 판단해 자신의 감정을 잘 다스리며, 상대방의 입장에서 그 사람을 진정으로 이해하고 타인과 좋은 관계를 유지할 수 있는 능력을 말한다.

㉡ 감성지수를 처음 창안한 다니엘 골먼(Daniel Goleman)은 그의 저서 〈감성의 리더십〉에서 위대한 리더를 '자신과 다른 사람들의 감정에 주파수를 맞출 수 있는 사람'이라고 설명하였다.

즉, 진정한 리더를 만드는 것은 '감성'이며, 구성원들로부터 반응이 아닌 '공감'을 이끌어 낼 때 자신이 목적한 바를 달성할 수 있고, 함께하는 이들은 변화를 경험할 수 있다고 하였다.

㉢ 다니엘 골먼은 성공한 리더와 실패한 리더 간의 차이가 기술적 능력이나 지능지수(IQ)보다는 감성지능에 의해 좌우된다는 연구 결과를 발표하였다. 약 80% 정도의 감성지능과 20% 정도의 지적능력이 적절히 조화를 이룰 때, 리더는 효과적으로 리더십을 발휘할 수 있다는 것이다.

② 감성지능 5대 요소

㉠ 자아인식력

• 자신의 감정, 기분, 취향 등이 타인에게 미치는 영향을 인식하고 이해하는 능력이다.

• 자신의 감정인식, 자기평가력, 자신감 등

㉡ 자기조절력

• 행동에 앞서 생각하고 판단을 유보하는 능력이다.

• 부정적 기분이나 행동을 통제 혹은 전환할 수 있는 능력을 말한다.

• 자기통제, 신뢰성, 성실성, 적응성, 혁신성 등

㉢ 동기부여 능력

• 돈, 명예와 같은 외적 보상이 아니라 스스로의 흥미와 즐거움에 따라 과제를 수행하는 능력을 말한다.

• 추진력, 헌신, 주도성, 낙천성 등

② 감정이입 능력
　　　　　• 다른 사람의 감정을 이해하고 헤아리는 능력이다.
　　　　　• 문화적 감수성, 고객의 욕구에 부응하는 서비스 등과 관련성이 높은 요소이다.
　　　　　• 타인 이해, 부하에 대한 공감력, 전략적 인식력 등
　　　⑩ 사교성(대인관계 기술)
　　　　　• 인간관계를 형성하고 관리하는 능력이다.
　　　　　• 인식한 타인의 감성에 적절히 대처할 수 있는 능력이다.
　　　　　• 타인에 대한 영향력 행사, 커뮤니케이션, 이해 조정력, 리더십, 변혁추진력, 관계구축력, 협조력, 팀 구축능력 등

2 상담의 기술

(1) 적극적인 경청

　① 상담에서의 경청
　　　㉠ 상담자가 보호자의 말에 귀담아듣는 것을 경청이라고 한다.
　　　㉡ 경청은 보호자와 공감대를 형성하기 위해 필수적이다.
　　　㉢ 경청에 있어서는 음성적 · 비음성적 의사소통 모두가 중요하다.
　　　㉣ 상담자는 보호자가 하는 말의 내용뿐만 아니라 몸짓, 표정, 음성 등의 변화에도 주의를 기울인다.
　　　㉤ 상담자는 보호자의 잠재적인 감정과 반응에 주목하면서 보호자의 말에 집중하고 있음을 표시한다.
　　　㉥ 상담에서의 경청은 보호자가 핵심적인 문제에서 벗어난 이야기를 할 때는 주목하지 않고, 현재의 심경과 반려견의 문제행동을 토론할 때 주목하여 경청한다.
　② 경청의 요소
　　　㉠ 청취 : 물리적인 소리를 듣는 것
　　　㉡ 이해 : 메시지를 해석하고, 그 이면에 숨겨진 감정까지 포괄적으로 이해하는 것
　　　㉢ 기억 : 청취한 바를 기억하는 능력
　　　㉣ 반응 : 정확하게 듣고 있다는 반응 보이기
　　　　　• 고개를 끄덕임으로써 보호자에게 경청하고 있음을 전달한다.
　　　　　• "네", "그렇군요" 등의 음성 반응을 통해 보호자에게 공감받은 느낌을 주도록 한다.
　　　　　• 사실, 정보, 내용적인 질문 외에 감정이나 태도 등을 탐색하는 질문을 적절히 사용한다.
　　　　　• 보호자가 한 말의 일부를 반복, 환언, 요약한다.
　③ '경청하기'의 중요성
　　　㉠ 상담자는 경청을 통해 보호자의 메시지에 구체적으로 초점을 맞출 수 있다.
　　　㉡ 상담자는 보호자의 의사소통에 대해 완전하고 정확한 이해를 할 수 있다.
　　　㉢ 보호자에게 상담자의 관심과 흥미를 보일 수 있다.
　　　㉣ 상담하는 과정에서 보호자는 개방적이며 정직한 표현을 촉진할 수 있다.

④ 효과적인 경청을 위한 방안

　　㉠ 비판하거나 평가하지 않는다.

　　㉡ 편견을 갖지 않고 보호자의 입장에서 들어야 한다.

　　㉢ 보호자에게 집중하고, 보호자의 말에 계속 반응해야 한다.

　　㉣ 보호자의 말을 가로막지 않아야 한다.

더알아보기 **경청의 유형**

1. 사실만 경청 : 상대방이 전하는 정보에만 집중하여 상대방의 마음에는 신경 쓰지 못한다.
2. 적극적 경청 : 비언어적인 메시지까지 주목한다.
3. 공감적 경청 : 언어적·비언어적 메시지뿐만 아니라 상대방의 감정, 상황, 사회문화적 배경에도 주의를 기울임으로써 상대방을 더욱 존중하고 배려한다.
4. 촉진적 경청 : 가장 높은 수준의 경청으로 상대방과 충분히 공감하는 상태에서 상대가 미처 알아차리지 못한 부분, 원하지만 두려워하거나 숨기고 싶은 부분, 진정으로 의도하는 부분까지 파악하여 스스로 해답을 찾을 수 있도록 돕는 경청이다.

---

(2) 공감적 이해

① 상담에서의 공감적 이해

　　㉠ 상담자가 보호자의 입장이 되어 그들이 지닌 감정·의견·가치·이상·고민·갈등 등을 가지고 그가 처해 있는 여러 상황에 서 보는 것이다.

　　㉡ 보호자가 경험하고 있는 것에 관하여 정확하게 지각하고, 그 지각에 관해서 의사전달을 할 수 있어야 한다.

　　㉢ 공감은 동정이나 동일시와는 다르며, 상담자가 보호자의 입장이 되어 보호자를 깊이 있게 주관적으로 이해하면서도 자기 본연의 자세는 버리지 않아야 한다.

② 상담 관계에서의 공감적 이해

　　㉠ 주관적 내면에 대한 이해

　　㉡ 공감으로서의 이해

　　㉢ 보호자 입장에서 이해

　　㉣ 비언어적 메시지의 경청

　　㉤ 궁극적 동기에 대한 이해

③ 공감적 이해의 방법

　　㉠ 주관적 내면세계의 이해

　　　• 객관적이고 과학적인 방법에 의해서 이해하는 것을 중시하나, 그것만으로 충분하지 않다.

　　　• 상담의 과정에서 중요한 것은 주관적으로 작용하고 있는 보호자의 지각·감정·동기·갈등·목표 등을 이해하는 것이다.

　　㉡ 말의 이면에 담긴 내용의 이해 : 보호자가 하는 말의 내용을 표현된 언어의 의미를 넘어서, 말의 이면에 포함된 정서·의도·동기·갈등·고통 등을 이해해야 한다.

ⓒ 비언어적인 표현에 담긴 의미와 감정 이해
- 보호자의 비언어적인 표현에 담긴 의미와 감정을 이해하여야 한다.
- 인간은 언어보다 비언어적인 수단을 통해서 자신을 더욱 정확하게 그리고 보다 많이 표현하는 경우가 많다.
ⓔ 보호자 행동에 대한 궁극적 동기 이해 : 보호자가 추구하는 궁극적인 동기가 어떤 것인가를 이해해야 한다.

(3) 설명 및 해석

① 상담에서 설명 및 해석
ⓐ 반려견의 문제행동을 새로운 각도에서 이해하도록 보호자의 생활 경험과 행동의 의미를 상담자가 설명해 주는 것이다.
ⓑ 해석의 내용이 보호자의 준거 체계와 밀접할수록 저항을 줄일 수 있고, 보호자 스스로 해석하도록 도와주는 것이 바람직하다.
ⓒ 이해 수준과는 상이한 새로운 참조체제를 제공해 준다는 의미에서 큰 의의가 있으나, 아주 신중하게 사용되어야 한다.
ⓓ 보호자 편에서 자기 이해가 이루어지지 않았을 때 성급한 해석을 내리는 경우, 보호자가 방어적으로 나올 수 있으므로 해석의 시기에 유념해야 한다.
ⓔ 보호자의 말을 듣고 상담사가 이해한 바를 확인받기 위해 환언하여 짧게 말해주는 요약이 필요하다.
② 설명 및 해석 시 유의 사항
ⓐ 상담자와 보호자 간 충분한 라포르(Rapport)가 형성되어 있을 때 해석을 실시해야 한다.
ⓑ 보호자의 인지적 · 성격적 특성을 고려해서 이루어져야 한다.
ⓒ 해석의 내용은 가능한 한 보호자가 통제 · 조절할 수 있는 것이 좋다.
ⓓ 단정적 · 절대적 어투보다 잠정적 · 탄력적 어투를 사용하는 것이 좋다.
ⓔ 상담 과정에서 수집하고 확인한 구체적 · 실제적인 정보를 근거로 제공한다.

더알아보기 상담에서의 해석 과정

1단계	내담자(보호자)를 관찰하며 해석할 준비하기, 다양한 가설과 증거 찾기
2단계	내담자(보호자)의 준비 정도를 고려하고, 해석의 적절성 정하기
3단계	상담자 자신의 의도 점검하기
4단계	해석을 제시하기
5단계	내담자(보호자)의 반응 관찰하며 후속 대응하기

(4) 질문의 사용

① 상담에서 질문

　㉠ 상담에서는 보호자 스스로가 이야기하도록 하는 것이 바람직하며, 상담자가 질문을 많이 하여 보호자에게 지속해서 응답을 요구하는 것은 바람직하지 못하다.

　㉡ 질문은 보호자가 이야기를 계속하여 중단하지 않도록 유도하기 위해 혹은 보호자의 자기 이해를 돕기위해 사용될 때 이상적이다.

　㉢ '왜' 질문, 유도 질문 등은 문제해결에 도움이 되지 못하며, 상담자의 역할과 상담의 성격을 오해할 소지가 있다.

② 질문의 효과

　㉠ 질문을 통해 말하고자 하는 중요한 부분을 다시 한번 상기시키게 도와줄 수 있다.

　㉡ 상담의 초점이 흐려졌을 때 주위를 환기할 수 있다.

③ 질문의 종류와 활용법

　㉠ 폐쇄형 질문
- "예" 혹은 "아니오"로 응답할 수 있거나 한두 마디의 짧은 단어들로 대답할 수 있는 질문을 말한다.
- 특정 정보를 얻거나, 대화의 주제를 좁힐 때 활용할 수 있는 질문이다.
- 응답이 쉬워 보호자와 만남 초기에는 폐쇄형 질문으로 시작하는 것이 좋다.

　㉡ 개방형 질문
- 자신의 의견, 느낌, 상황 등에 대하여 자유롭게 이야기하도록 하는 질문이다.
- "예" 혹은 "아니오"의 단답형 응답을 하거나 한두 마디의 짧은 단어들로 대답하기 어려운 질문이다.
- 보호자의 상황이나 의견을 자세히 설명할 수 있도록 하며, 상담에 적극적으로 참여하도록 만들고, 구체적인 사례나 상황을 설명할 수 있도록 하는 질문이다.
- '무엇을', '왜', '어떻게'와 관련된 질문이다.
- 상담에서 이러한 질문에 대한 답변은 매우 긴 시간이 필요할 수 있고 때로는 장황하며 구체적인 이유나 방법을 듣는 것이 시간 낭비일 수 있음에 유의해야 한다.

　㉢ 응답을 되풀이하는 질문
- 보호자가 말한 것을 다시 서술하여 질문함으로써 보호자가 정확한 응답을 확보할 수 있도록 하는 질문 방법을 뜻한다.
- 보호자가 자신의 응답을 듣도록 하여 다음 응답을 기억할 수 있도록 하거나 응답의 이유 혹은 과정 등을 좀 더 자세히 표현할 수 있도록 돕는 방법이다.

　㉣ 보호자의 응답에 의문을 품는 질문
- 보호자의 응답을 되물어 응답의 진위를 파악하는 질문 방법이다.
- 보호자의 응답에 의문을 품는 것은 그리 바람직하지 않을 수도 있으나 때에 따라서 보호자가 지나치게 과장하거나 솔직하지 못하다고 느낄 때 이러한 유형의 질문이 도움이 된다.

④ 상담 시 피해야 할 질문

유도 질문	보호자가 특정한 방향의 응답을 하도록 유도하는 질문이다.
모호한 질문	보호자가 질문의 방향을 명확히 인지하지 못하거나 받아들이지 못하는 형태의 질문이다.
이중질문	보호자에게 한 번에 두 가지 이상의 내용을 질문하는 것이다.
폭탄형 질문	보호자에게 한꺼번에 너무 많은 질문을 쏟아내는 것이다.
'왜' 질문	'왜(Why)' 의문사를 남용하여 비난받는다는 느낌이 들게 하는 질문이다.

(5) 피드백 제공

① 피드백의 의의

    ㉠ 타인의 행동에 대한 자신의 반응을 상호 간에 솔직하게 이야기해 주는 과정을 피드백(Feedback)이라고 한다.

    ㉡ 피드백의 주된 목적 중의 하나는 왜곡된 면과 과거의 실수를 바로잡게 하는 것이다.

    ㉢ 피드백을 통해 현실적이고 객관적인 시각을 갖게 된다.

② 피드백 제공 시 유의할 점

    ㉠ 사실적인 진술을 하되, 가치판단을 하거나 변화를 강요하지 않는다.

    ㉡ 구체적으로 관찰이 가능한 행동에 대해 그 행동이 일어난 직후 적용하는 것이 효과적이다.

    ㉢ 변화가 가능한 행동에 대해 피드백해야 하며, 가능한 대안도 함께 제시해 주는 것이 좋다.

    ㉣ 피드백의 대상이 되는 보호자의 내적 준비 정도와 피드백을 생산적으로 활용할 마음의 준비가 되어 있는지 충분히 고려한 후 적용한다.

    ㉤ 피드백을 받는 사람은 겸허하게 받아들여야 한다.

    ㉥ 긍정적 피드백으로 보호자가 자신감이나 희망을 품을 수 있도록 해야 한다.

    ㉦ 피드백을 주고받을 때의 태도

        • 피드백을 받을 때는 겸허해야 한다.

        • 부정적인 행동에 대해서도 비판적이어서는 안 된다.

        • 다른 사람들의 말을 귀 기울여 듣는 것이 중요하다.

    ㉧ 긍정적 피드백과 부정적 피드백

        • 긍정적 피드백과 따끔한 피드백이 조화를 이룰 때 보호자가 감당하기 힘든 피드백도 받아들인다.

        • 긍정적 피드백은 부정적 피드백보다 바람직하며 더 큰 영향력을 미치고 변하겠다는 의지를 고취한다.

        • 부정적인 피드백을 주기 전에 보호자는 자기 노출 정도를 고려해야 한다.

        • 부정적인 피드백은 긍정적인 피드백 이후에 하는 것이 더 잘 받아들여진다.

(6) 문제해결 지향적 접근

① 문제는 해결하기를 원하지만 실제로 해결해야 하는 방법을 모르거나, 얻고자 하는 해답이 있지만 그 해답을 얻는 데 필요한 일련의 행동을 알지 못한 상태를 말한다.

② 문제해결

    ㉠ 목표와 현상을 분석하고 분석 결과를 토대로 과제를 도출한 뒤, 바람직한 상태나 기대되는 결과가 나타나도록 최적의 해결안을 찾아 실행, 평가해 가는 활동을 의미한다.

    ㉡ 보호자가 불편하게 느끼는 부분을 찾아 개선하고, 보호자의 만족을 높이는 측면에서 문제해결이 요구된다.

③ 문제해결을 위한 기본적 사고

    ㉠ 전략적 사고 : 현재 당면하고 있는 문제와 그 해결 방법에 집착하지 않고, 그 문제와 해결 방안의 상위시스템 또는 다른 문제와 어떻게 연결되어 있는지를 생각하는 것이 필요하다.

    ㉡ 분석적 사고 : 전체를 각각의 요소로 나누어 그 요소의 의미를 도출한 다음 우선순위를 부여하고 구체적인 문제해결 방법을 실행하는 것이 요구된다.

    ㉢ 발상의 전환 : 사물과 세상을 바라보는 인식의 틀을 전환하여 새로운 관점에서 바라보는 사고를 지향한다.

    ㉣ 내 · 외부 자원을 활용 : 문제해결 시 기술, 재료, 방법, 사람 등 필요한 자원 확보 계획을 수립하고 내 · 외부 자원을 효과적으로 활용한다.

④ 문제해결 및 솔루션 지향적 접근

    ㉠ 상담자의 적극적 · 능동적 역할 강조와 문제해결적 접근이 필요하다.

    ㉡ 효과가 있다면 계속 더 하고, 효과가 없다면 다른 것을 시도한다.

    ㉢ 상담은 긍정적인 것, 해결책 그리고 미래에 초점을 둘 때 원하는 방향으로 변화가 촉진된다.

    ㉣ 문제해결 방안을 찾고 그것을 실행에 옮기게 하기 위해서는 보호자의 문제해결에 대한 높은 참여가 요구된다.

    ㉤ 상담자의 조언이나 지시 등이 구체적인 실천으로 이어질 수 있도록 보호자가 노력하는 것이 중요하다.

3 보호자 교육상담

(1) 상담

① 상담은 보호자의 문제 혹은 목표를 파악하고, 상담을 계획하고, 실행하며, 평가하는 과정으로 이루어진다.

② 상담의 기본원칙

    ㉠ 보호자가 어떤 방식으로 상담받기를 원하며, 어떠한 선택을 하고 싶어 하는지 파악하고, 보호자의 의사결정과정에 맞춰 상담을 전개해 나간다.

    ㉡ 보호자와 상담에 꼭 필요한 내용만 이야기하고, 보호자에게 초점을 맞추어 진행한다.

    ㉢ 상담을 진전시켜 나가기 위해서는 보호자가 가지고 있는 흥미 수준과 관심을 파악하고 이에 적절히 대처할 수 있어야 한다.

PART 3

ⓔ 보호자가 가지고 있는 요구와 문제의 본질을 충분히 이해하기 위해 노력해야 한다.

ⓜ 보호자의 말을 경청하면서 보호자 스스로가 문제 해결책을 찾을 수 있도록 도와주는 것이 중요하다.

③ 상담의 기본 기술

순 서	내 용
연 결	• 보호자와 친밀감을 형성하고 상담 분위기를 조성한다. • 보호자의 흥미를 유발한다.
촉 진	• 보호자로 하여금 말하고 싶도록 한다. • 보호자가 편하게 느끼게 한다. • 보호자가 상담에 지속적으로 참여할 수 있도록 한다.
질 문	질문을 통해 보호자의 요구사항에 대해 유용한 정보를 얻는다.
확 인	• 상담의 내용이나 진전 상황을 명확히 한다. • 보호자의 발언을 정확히 듣고 있다는 것을 보여준다. • 일 처리를 잘하려고 한다는 것을 보여준다.
제 공	• 보호자가 긍정적이고 확실한 이미지를 갖도록 정보를 제공한다. • 보호자의 요구를 충족시킬 수 있다는 것을 분명하고 간결하게 보여준다.

(2) 교육상담 과정

① 반려견 보호자와 접견

ⓞ 상담을 준비한다.

• 상담 시간을 고려하여 실내조명의 밝기를 적절하게 준비한다.

• 적절한 온도와 습도를 유지하기 위해 수시로 환기한다.

ⓛ 보호자를 응대한다.

• 상담자 및 진행 과정에 대하여 정확한 정보를 제공한다.

• 보호자에게 상담자와 상담 서비스를 소개하는 것은 신뢰도를 높이고 상담에 대한 올바른 인식을 심어줄 수 있다.

② 교육상담 신청 접수

ⓞ 보호자가 상담 신청을 접수 후 반려견 행동 상담신청서를 작성한다.

ⓛ 반려견 행동 상담신청서 예시

접수 번호	NO :				
신청 일자	20 . . ( )				
보호자	성명				
	연락처				
반려견	이름	견종	성별	나이	중성화
	과거 이력				
	문제행동				

③ 교육상담 진행

　　㉠ 상담신청서를 근거로 반려견의 정보를 파악한다.

　　　　• 반려견의 견종, 성별, 나이 등 기초정보를 확인한다.

　　　　• 반려견의 전반적인 행동 수준과 보호자의 심리적 고충을 파악한다.

　　㉡ 반려견 보호자와 라포르를 형성한다.

　　　　• 상담자는 보호자의 행동양식을 파악하고 존중함으로써 신뢰 관계를 쌓는다.

　　　　• 의사소통 기술이 라포르 형성에 효과적이다.

용어설명 라포르(Rappor)

상담이나 교육을 위한 전제로 신뢰와 친근감으로 이루어진 인간관계이다. 상담, 치료, 교육 등은 특성상 상호협조가 중요한데, 라포르는 이를 충족시켜 주는 동인(動因)이 된다.

더알아보기 반려견 보호자와 라포르 형성 방법

언어적 의사소통 기술	• 보호자의 발언에 호의적으로 반응한다. • 보호자 발언 내용 중 핵심을 언급한다. • 보호자의 감정적 호소에 호응한다.
비언어적 의사소통 기술	• 보호자와 눈을 맞추며 대화한다. • 보호자의 표정을 관찰하고 적절히 대응한다. • 보호자의 자세를 관찰하고 적절히 대응한다. • 보호자의 동작을 관찰하고 적절히 대응한다.

　　㉢ 반려견 보호자와 상담한다.

　　　　• 보호자 및 반려견과 좋은 관계를 맺을 수 있도록 우호적으로 대응한다.

　　　　• 보호자가 납득이 가도록 반려견의 일반적인 행동을 설명한다.

　　　　• 반려견의 나이 및 견종 차이에 따른 행동 특성을 바탕으로 문제행동을 인식한다.

　　　　• 표준화된 평가 기준을 적용하여 반려견의 행동을 판단한다.

　　㉣ 보호자에게 반려견 행동 문진표 작성을 요청한다.

　　㉤ 보호자에게 반려견에 대하여 청문한다.

　　　　• 보호자로부터 반려견이 "아무에게나 적대행동을 한다.", "집안 아무 곳에나 배뇨한다." 등과 같은 설명만으로는 문제행동의 원인을 파악하기 어렵다.

　　　　• 문제행동을 행동 시스템에 기반하여 선(先) 동작 – 목표 동작 – 후(後) 동작으로 구체화하여 질문한다.

　　　　• '문제행동 문진표'를 근거로 개체의 특성, 생활환경 등을 세부적으로 파악한다.

　　　　• 문제행동의 직접적인 촉발 요인과 심각 정도에 유의한다.

　　　　• 보호자의 성향 및 생활방식, 생활환경이 문제행동에 미치는 연관성을 파악한다.

④ 문제행동의 요인과 주요 유형 설명

  ㉠ 반려견의 문제행동 발생 요인

  • 1차 요인 : 유전적 기질, 신체적 특성 등

  • 2차 요인 : 학습 기회 부족, 부적절한 경험 등

  • 3차 요인 : 생활환경 보호자 등

  ㉡ 반려견의 주요 문제행동

배설 행동	• 시간과 장소를 구분하지 못하는 배설 문제행동의 원인(훈련 부족, 질병, 협소 공간에 수용, 흥분, 두려움, 영역표식, 과도한 복종성 등)을 파악한다. • 배설 장소에 대한 인식이 부족한 경우는 훈련을 보강한다. • 배변 장소와 보금자리의 구분, 두려움 원인 제거 등의 해결책을 적용한다.
적대 행동	• 다양한 원인에 의하여 발생하므로 근본적인 원인을 파악하는 것이 중요하다. • 공격성을 지닌 반려견은 다른 반려견 또는 사람에게 해를 끼칠 수 있으므로 안전조치를 취해야 한다. • 심각한 공격성은 완치가 어렵지만 효과적인 교정 방법을 적용하면 완화할 수 있다.
분리 불안	• 반려견이 보호자와 떨어져 있을 때 발생한다. • 일반적으로 심박수 및 호흡 증가, 짖음, 배뇨, 파괴적 행동, 우울 등의 증상을 나타낸다. • 환경 풍부화, 행동 교정, 분리 최소화 방법을 적용한다. • 분리 불안 수준을 정확히 알기 어려운 경우, 외출 시 영상을 녹화하여 파악한다.
소음 공포	• 반려견이 큰 소리나 이상한 소리에 숨기, 떨거나 침 흘리기, 호흡 가쁨 등의 증상을 보인다면 소음 공포를 느끼는 것이다. • 소음 공포는 특정한 소리와 관련된 상황에 반응하여 발생한다. • 소음 공포증은 불안과 공존하는 경우가 많다.

  ㉢ 문제행동 교정 과정 및 방법

  • 반려견의 문제행동을 교정할 때 보호자의 설명을 참고한다.

  • 문제행동이 구체적이지 못한 경우가 많으므로 세부적으로 파악하여 문제행동을 선정한다.

  • 문제행동을 파악했다면 초기 목표를 설정하고 세분하여 계획을 수립한다.

  • 이때 문제행동의 지속되는 조건을 파악해서 변화시켜야 한다.

더알아보기 문제행동 교정과정

문제행동 선정 → 초기 목표 수립 → 약화 계획 설계 → 문제행동 유지 조건 확인 → 교정 계획 실행 → 교정 완료 · 추후 평가

⑤ 상담 종결

  ㉠ 반려견 보호자와의 상담 내용을 기록한다.

  • 보호자와 상담 내용 중 반려견 문제행동 분석에 필요한 내용 위주로 작성한다.

  • 보호자의 발언과 반려견을 관찰한 내용 위주로 작성한다.

  • 반려견을 관찰한 내용은 구체적으로 작성한다.

  ㉡ 상담 결과를 DB화한다.

4 보호자 민원 대응

(1) 민원 대응 매뉴얼 개발

① 반려견 보호자의 민원 유형 파악

㉠ 보호자의 성향과 상황을 파악한다.

더알아보기　반려견 보호자 민원 유형

고 객	유 형
잠재 반려견 보호자	앞으로 이용 가능성이 있거나 높은 반려견 보호자
신규 반려견 보호자	서비스를 최초로 이용한 반려견 보호자
일반 반려견 보호자	이용 빈도가 낮고, 다른 곳으로 서비스를 변경할 가능성이 있는 반려견 보호자
VIP 반려견 보호자	지속해서 기관과의 신뢰를 형성하며, 우호적인 반려견 보호자
불량 반려견 보호자	소비자보호법을 악용하여 제품(반려견 샴푸) 등을 이용해 보고 상습적으로 반품하는 고객(블랙 컨슈머)
직접 반려견 보호자	서비스에 직접 참여하여 지속해서 기관과의 신뢰를 형성하며, 우호적인 태도를 보이는 반려견 보호자
간접 반려견 보호자	최종 소비를 하는 반려견 보호자
의사결정 반려견 보호자	직접 반려견 보호자의 선택에 큰 영향을 미치거나 지불은 하지 않는 반려견 보호자

㉡ 보호자 의견을 존중하며 정확한 발음, 말 줄임, 말의 속도 등 예의 있게 민원에 대응한다.

더알아보기　반려견 보호자 응대 올바른 용어 활용 예시

바람직하지 않은 용어	바람직한 용어
나는 ○○ 이렇게 생각합니다.	저는 ○○ 이렇게 생각합니다.
우리 ○○	저희 ○○
좀 기다려 주시겠어요.	잠시만 기다려 주시겠어요.
전화 주세요.	전화 부탁드리겠습니다.
모르겠어요.	제가 인지하지 못한 것 같습니다.
들어오면	들어오시면
자리에 없어서	자리를 비우셔서
무슨 일이신가요?	무슨 용건이 있으신가요?
또 오세요.	다시 방문해 주세요.

㉢ 보호자와 소통이 가능하다는 것을 인지하면 민원으로 인한 갈등을 최소화할 수 있다.

② 반려견 보호자의 성향과 상황

㉠ 민원을 제기하였을 때 보호자의 감정이 상하지 않게 감정 조절을 한다.

㉡ 불편한 감정과 상황에 맞게 양해를 구한다.

ⓒ 보호자의 입장에서 공감하고 경청한다.

ⓔ 민원을 파악한 후 민원에 맞는 방법을 제시한다.

ⓜ 민원에 대한 해결점을 찾았다면 사과와 감사의 인사로 마무리한다.

ⓗ 불만이 많은 보호자의 성향과 상황에 따른 수행

- 반려견 보호자가 민원을 제기하였을 경우에는 반려견 보호자의 감정이 상하지 않게 감정 조절을 한다.

  예 "○○ 보호자님, 진정하시고 다시 말씀해 주시겠어요. 제가 이해를 못 했습니다."

- 반려견 보호자의 불편한 감정과 상황에 맞도록 양해를 구한다.

  예 "○○ 보호자님, 불편하게 해드려서 죄송합니다. 빠른 조치를 취하겠습니다."

- 반려견 보호자가 제시한 민원을 반려견 보호자의 입장에서 생각해보고 들어준다.

  예 "○○ 보호자님, 네... 속상하셨죠. 저희가 ○○이에 대하여 다시 살펴보겠습니다."

- 반려견 보호자의 민원을 파악 후 민원에 맞는 방법을 제시한다.

  예 "○○ 보호자님, ○○이의 ○○점이 미흡하다고 느끼시는 거죠? 말씀해 주셔서 감사합니다. ○○님과 상의하고 ○○이를 관찰하여 ○○ 교육을 병행하겠습니다."

- 반려견 보호자가 민원에 대한 해결점을 찾았다면 사과와 감사의 인사로 마무리한다.

  예 "○○ 보호자님, ○○기관과 가족이 되어 주셔서 감사합니다."

(2) 반려견 보호자 매뉴얼 의거 대응

① 반려견 보호자의 MOT 사이클 : 반려견 보호자가 처음 시점부터 서비스가 마무리되는 시점까지의 모든 과정을 보여주는 과정을 나타내는 도구이다.

ⓙ 기관을 방문하는 반려견 보호자들의 이동 경로를 점검하여 분석한다.

ⓛ 기관을 처음 방문하는 반려견 보호자가 갖게 되는 인상과 느낌에 대해서 점검하고 반려견 보호자의 입장에서 보완하고 모색한다.

ⓒ 반려견 보호자가 요구하는 것을 제공하여 분석하고 실행한다.

ⓔ ⓒ에서 재검토해야 하는 부분이 없는지 재조사하고 반려견 보호자가 만족할 때까지 섬세하게 관리하여 점검한다.

ⓜ 반려견 보호자 MOT 사이클 관리표 활용 사례

반려견 보호자 응대 상황	
반려견 보호자	"안녕하세요? ○○이 상담을 받으려고 하는데요."
상담사	• "반갑습니다(눈을 마주치며 환한 미소로 응대한다)." • "상담실로 안내해 드리겠습니다(반려견 보호자의 말을 경청한다)."

반려견 보호자 배웅 상황	
반려견 보호자	"우리 ○○ 잘 부탁합니다."
상담사	• "○○ 보호자님이 말씀하신 대로 문제행동을 교정하고 눈높이에 맞추어 교육하겠습니다." • "사랑과 신뢰로 교육하는 ○○ 기관이 되겠습니다. 감사합니다."

더알아보기 반려견 보호자 MOT 사이클 활용 예시

① 반려견 보호자의 민원에 대응하기 위해 전화를 거는데, 반려견 보호자가
　기관·매장에 들어올 때
② 반려견 보호자가 직원과 시선을 마주할 때
③ 반려견 보호자에게 환한 표정으로 인사할 때
④ 반려견 보호자가 직원에게 민원을 상담할 때
⑤ 반려견 보호자가 대기 시 다과를 줄 때
⑥ 반려견 보호자가 상담실로 이동할 때
⑦ 반려견 보호자의 민원을 경청할 때
⑧ 반려견 보호자의 민원 원인을 파악할 때
⑨ 반려견 보호자의 민원 대책을 수립할 때
⑩ 반려견 보호자의 민원 대책이 수립되었을 때
⑪ 반려견 보호자의 민원이 해결된 후 고객과 신뢰를 형성할 때
⑫ 반려견 보호자에게 사과와 감사의 인사로 민원 처리가 마무리되었을 때
⑬ 반려견 보호자를 배웅할 때

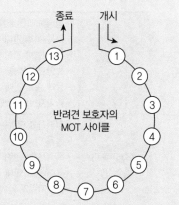

② 반려견 보호자의 MPT 기법 : 불만을 해결해 줄 수 있는 사람을 찾고, 장소를 이동하여 시간적 여유와 변화를 주어 효과를 볼 수 있는 기법이다.

Man(사람)	고객이 흥분을 많이 한 상태이거나, 여러 번 말하기 번거로움을 느끼는 고객일 경우 계속 응대하는 것보다는 경험이 많은 책임자가 나서서 응대한다. 예 "여기 책임자 나오라고 그래!"
Place(장소)	공적인 공간에서 고객이 큰소리로 불만을 호소할 때는 다른 고객이 불편함이 없도록 고객을 공적인 공간보다는 편안함을 느낄 수 있는 장소로 이동시킨다. 예 "고객님 진정하시고, 천천히 저에게 다시 말씀해 주시겠어요."
Time(시간)	흥분한 고객에게 고객의 불만이 어느 정도 소요되는지 안내한다. 예 "여기서 잠시만 기다려 주시면 바로 알아보겠습니다(고객에게 음료를 대접한다)."

(3) 반려견 보호자 특수 고객 관리

① 특수 고객의 유형

　㉠ 악성 고객 : 수용하기 힘든 요구를 하며 모욕감, 수치심, 정신적인 피해를 끼치는 고객이다.

　㉡ 불만 고객 : 교환이나, 환불, 서비스 대처를 원하며, 악성 고객에 비하면 긍정적인 고객이다.

② 특수 고객 관리 방법

　㉠ 반려견 보호자의 기대 : 반려견 보호자는 신속한 문제 해결을 원하므로 고객에게 적극적이고 열정적인 모습을 보여야 한다.

　㉡ 반려견 보호자의 불만 : 직원들의 반려견 보호자 응대 과정에서 직원의 불친절, 업무처리 미숙, 책임회피 등이 발생하지 않도록 노력해야 한다.

　㉢ 문제해결 : 반려견 보호자는 신속한 문제해결을 원하므로 고객에게 적극적이고 열정적인 모습을 보여야 한다.

ⓔ 보상과 마무리 : 반려견 보호자들에게 물질적, 심리적으로 보상을 해주어야 하며 긍정적으로 응대한다.

③ 반려견 보호자 특수 고객 관리 활용 예시

대면 폭언	• 정중하고 단호한 어조로 중지요청 • 녹음/녹화 안내 • 폭력/협박 관련 법규 위반 안내 • 보안요원 호출 • 응대 종료 안내 • 증거자료와 함께 상부에 보고하고 전 직원들과 정보 공유
전화로 폭언	• 정중하고 단호한 어조로 중지요청 • 녹음 안내 • 폭력/협박 관련 법규 위반 안내 • 응대 종료 안내 • 증거자료와 함께 상부에 보고하고 전 직원들과 정보 공유
성희롱	• 정중하고 단호한 어조로 중지요청 • 녹음/녹화 안내 • 성희롱 관련 법규 위반 안내 • 보안요원 호출 • 응대 종료 안내 • 증거자료와 함께 상부에 보고하고 전 직원들과 정보 공유

(4) 민원 처리 후 정리

① 반려견 보호자 스크립트 작성

ⓐ 반려견 보호자 스크립트를 개발하여 고객에 대한 철저한 분석과 함께 실전에서 발생할 수 있는 상황을 분석하고 직원들의 실수를 줄일 수 있다.

ⓑ 고객 관리 스크립트 활용 사례

첫인사	반갑습니다! ○○훈련사 ○○입니다. 무엇을 도와드릴까요?
반려견 보호자/반려견 정보 확인	저희 ○○에서 교육받으신 적이 있으신가요? 괜찮으시다면 정보 확인을 도와드리겠습니다. • 회원 : 반려견 보호자 정보를 확인한다. • 비회원 : 반려견 보호자 정보를 동의하에 등록한다.
유치원/호텔/훈련소/미용	○○에서는 유치원/호텔/훈련소/미용 서비스를 운영하고 있습니다. 예약해 드리겠습니다.
결제 수단(현금/카드)	예, 감사합니다. 결제는 카드와 현금결제가 가능합니다. 어떤 것으로 도와드릴까요?
온라인 입금 계좌	온라인 결제를 원하시면 계좌번호를 안내해 드리겠습니다.
문의 확인/종료 인사	○○을 이용해 주셔서 감사합니다. 날씨가 ○○입니다. ○○ 주의하시고 ○○하는 ○○이 되겠습니다.

② **직원 인권 보호** : 국민의 모든 자유와 권리는 국가안전보장·질서유지 또는 공공복리를 위해 필요한 때에만 법률로써 제한할 수 있으며, 제한하는 경우에도 자유와 권리의 본질적인 내용을 침해할 수 없다(헌법 제37조 제2항). 직원의 정신적 건강과 인권 보호를 위해 기본권을 보장해야 한다.

③ 기관의 만족도 향상 방안

　　㉠ 반려견 보호자들의 민원 처리 전후로 직원들은 스트레스를 받는다. 기관에서는 직원들에게 질책보다는 격려와 칭찬을 한다.

　　㉡ 대응 매뉴얼을 기준으로 민원 처리를 하는 과정이나, 민원 처리 후 직원들을 압박하는 것보다는 대응 매뉴얼을 수정 및 보완하여 대응하는 방법을 알 수 있도록 한다.

　　㉢ 적합한 교육 : 수정 및 보완된 대응 매뉴얼을 가지고 직원들을 교육하여 반려견 보호자가 만족할 수 있도록 민원 처리를 하고 이수 교육을 실시한다.

　　㉣ 긍정적인 팀 : 민원이 발생했을 때 직원 개인이 해결하는 것이 아니고 기관과 함께 해결 방법을 찾고 긍정적으로 대처를 한다.

　　㉤ 보상 : 기관은 직원들에게 자긍심을 향상하기 위한 복지와 칭찬, 격려 등을 아끼지 않는다.

④ 반려견 보호자의 민원 처리 결과표로 기관과 직원이 공유하여 수정 및 보완을 하고 민원 대응에 수행한다.

02 | 실전예상문제

01 고객과의 효율적인 커뮤니케이션을 위해 사용할 수 있는 화법이 아닌 것은?

① 억양으로 소비자와 공감한다는 태도를 보인다.

② 사투리나 방언을 사용하여 친밀감을 강조한다.

③ 상담의 진행을 위하여 유도성 질문을 이용한다.

④ 명령형보다는 의뢰형으로 표현해야 한다.

해설 ② 사투리나 방언의 사용을 피하고 표준어를 사용하는 것이 좋다.

02 공감대 형성을 위한 화법에 관한 설명으로 틀린 것은?

① 고객의 신분에 맞는 존칭어를 사용한다.

② 고객 말에 적극적인 동감 표현을 한다.

③ 고객과의 공감대를 형성하는 데 도움을 주는 공통 화제를 선정하는 것이 중요하다.

④ 전체 상담의 원활한 진행과 분위기를 위해 고객의 말을 아무 말 없이 끝까지 듣는다.

해설 ④ 전체 상담의 원활한 진행과 분위기를 위해 고객 말에 적극적인 동감 표현을 하며, 긍정적인 관심을 두고 적절한 질문을 하면서 경청한다.

03 호감 가는 음성의 조건으로 적절하지 않은 것은?

① 정확한 발음

② 느릿한 속도

③ 편안한 목소리

④ 안정적인 억양

해설 ② 음성의 속도는 적절해야 한다.

04 양방향 의사소통의 구성 요건에 해당하지 않는 것은?

① 의사소통을 일으키는 발신자가 있어야 한다.

② 발신된 메시지를 받아들이는 수신자가 있어야 한다.

③ 발신자와 수신자 사이에 의사소통이 일어나는 통로가 있어야 한다.

④ 말하기와 쓰기가 이루어질 수 있는 환경이 필수적이다.

해설 ④ 의사소통의 수단과 형식은 유동적이므로 말하기와 쓰기가 필수적인 것은 아니다. 따라서 말과 글에 의한 언어적 의사소통뿐만 아니라 음성의 고저, 표정, 몸짓, 자세, 눈치와 같은 비언어적 의사소통과 같은 환경이 있을 수 있다.

05 비음성적 단서 중 신체 언어에 대한 설명으로 거리가 가장 먼 것은?

① 신체 언어는 전체 내용의 50% 이상을 의사소통할 수 있으므로 신체적 언어를 이해하는 것이 필수적이라고 할 수 있다.

② 모든 사람이 동일한 방식으로 비언어적 단서들을 사용하지는 않는다.

③ 언어적 메시지를 강조하기 위한 손동작의 적절한 사용은 의사소통을 촉진한다.

④ 팔짱을 끼거나 주먹을 움켜쥐는 등의 행동은 고객에게 관심을 보이는 것으로 보일 수 있다.

해설 ④ 손가락 또는 물건으로 지적하기, 팔짱을 끼거나 주먹을 움켜쥐기 등은 부정적 행동 단서에 해당한다.

06 다음 메시지의 성격이 다른 하나는?

① 서 류 ② 편 지

③ 보고서 ④ 표 정

해설 **커뮤니케이션 메시지**
- 언어적 메시지
  - 구두 메시지 : 말의 인용
  - 문자화된 메시지 : 서류, 편지, 보고서 등
- 비언어적 메시지 : 표정, 자세, 음성, 눈짓, 몸짓 등

07 단호한 표현보다는 미안함을 먼저 표현하는 데 강조를 두는 효과적인 고객 응대 화법은?

① 쿠션 화법　　　　　　　　　　　　② 아론슨 화법
③ 부메랑 화법　　　　　　　　　　　④ 칭찬화법

해설 ② 대화를 나눌 때 부정과 긍정의 내용을 혼합해야 하는 경우, 동일한 조건이면 부정적 내용을 먼저 말하고 끝날 때 긍정적인 내용으로 마무리하는 화법이다.
　　③ 고객이 자꾸 내 곁을 떠나려는 변명과 트집을 잡을 때 그 트집이 바로 나의 장점(특징)이라고 주장하여 돌아오게 하는 화법이다.

08 다음 중 업무상 요구되는 감성지능의 5가지 요소에 해당하는 것을 모두 선택한 것은?

가. 자기조절(Self Regulation)
나. 동기부여(Motivation)
다. 감정이입(Empathy)
라. 자아인식(Self Awareness)
마. 자기집중(Self Concentration)

① 가, 나, 다, 라　　　　　　　　　　② 가, 나, 라, 마
③ 가, 나, 다, 마　　　　　　　　　　④ 가, 다, 라, 마

해설 감성지능의 5가지 요소에는 자기조절, 동기부여, 감정이입, 자아인식, 사교성(대인관계 기술)이 있다.

09 감성지능 5대 요소에 대한 설명으로 적절하지 않은 것은?

① 자아인식력은 자신의 감정, 기분, 취향 등이 타인에게 미치는 영향을 인식하고 이해하는 능력이다.
② 자기조절력은 부정적 기분이나 행동을 통제 혹은 전환할 수 있는 능력을 말한다.
③ 동기부여능력은 돈, 명예와 같은 보상을 통해 과제를 수행하는 능력이다.
④ 감정이입능력은 다른 사람의 감정을 이해하고 헤아리는 능력이다.

해설 ③ 동기부여능력은 돈, 명예와 같은 외적 보상이 아닌, 스스로의 흥미와 즐거움에 따라 과제를 수행하는 능력이다. 즉, 추진력, 헌신, 주도성, 낙천성 등이다.

10 다음 의사소통 채널의 종류 중 의사소통의 충실성이 가장 낮은 것은?

① 편 지   ② 게시판
③ 전 화   ④ 면대면 회의

해설 | 의사소통 채널의 종류

구 분	의사소통의 충실성
면대면 회의	높음
전화, 화상회의	
e-mail, 음성메일	↕
편지, 메모	
게시판	낮음

11 다음 중 다니엘 골만이 제시한 감성지능을 가진 사람이 갖추어야 할 능력이 아닌 것은?

① 충동을 표현하고 불안이나 분노와 같은 스트레스의 원인이 되는 감정을 표현할 수 있는 능력
② 목표 추구에 실패했을 경우에도 좌절하지 않고 자신을 격려할 수 있는 능력
③ 타인들의 감정을 사려 깊게 이해해 줄 수 있는 능력
④ 타인과의 관계에 있어서 자신이 원하는 방향으로 움직일 수 있는 사교적인 기술

해설 | ① 충동을 표현하고 불안이나 분노와 같은 스트레스의 원인이 되는 감정을 스스로 통제할 수 있는 능력이다.

12 다음 중 바꾸어 말하는 화법의 효과로 알맞은 것은?

① 고객의 불만의 원인을 제공한다.
② 오해의 문제를 해결한다.
③ 말하기 장애 해결에 도움이 된다.
④ 상대방에게 지루함을 느끼게 한다.

해설 | 레이어드 화법으로 청유형 의뢰나 질문형식으로 바꾸어 말하는 화법. 예로 "이쪽 자리 괜찮으십니까?" 등으로 오해의 문제를 해결하는데 도움이 된다.

13 다음 중 I-Message의 대화 표현을 사용할 때의 주의할 점이 아닌 것은?

① I-Message를 사용한 다음에는 다시 적극적 경청의 자세를 취하도록 한다.

② 상대방의 행동이 자신에게 미친 영향을 반복해서 구체적으로 이야기한다.

③ 상대방의 행동으로 인해 일어나는 표면적 감정을 표현하기보다 본원적인 마음을 표현하도록 한다.

④ 상대방의 습관적 행동이 문제가 되는 경우에는 구체적인 문제해결 방안을 함께 모색한다.

> 해설 I-Message('나' 전달법)의 구성
> • 문제행동 : 문제가 되는 상대방의 행동, 상황의 객관적인 사실만을 구체적으로 말한다.
> • 행동의 영향 : 상대방의 행동이 자신에게 미친 영향을 구체적으로 말한다.
> • 느낀 감정 : 그러한 영향으로 생겨난 감정을 솔직하게 말한다.

14 다음 중 '메라비언의 법칙'에서 제시된 시각적인 요소를 찾아 모두 선택한 것은?

가. 음성	나. 동작	다. 표정
라. 복장	마. 억양	바. 전문지식

① 가, 나, 다

② 나, 다, 라

③ 가, 나, 다, 라

④ 나, 라, 마, 바

> 해설 미국의 사회 심리학자 앨버트 메라비언(Albert Mehrabian)의 연구 결과에 따르면, 첫인상을 결정하는 요소 중에서 '신체언어'가 55%(시각적 요소), '목소리'가 38%(청각적 요소), '말의 내용'이 7%(언어적 요소)의 비율을 차지한다고 한다. 메라비언의 법칙에 따른 시각적 요소는 표정, 시선, 용모, 복장, 자세, 동작, 걸음걸이, 태도 등이 있다.

15 다음 설명에 해당하는 질문 기법은?

> • 단순한 사실 또는 몇 가지 중 하나를 선택하게 하여 고객의 욕구를 파악할 수 있도록 한다.
> • 고객의 니즈에 초점을 맞출 수 있고, 화제를 정리하고 정돈된 대화를 할 수 있다.

① 선택형 질문   ② 절차형 질문

③ 개방형 질문   ④ 확인형 질문

해설 질문의 종류

개방형 질문	• 고객이 자유롭게 의견이나 정보를 말할 수 있도록 묻는 질문이다. • 고객의 마음에 여유가 생기도록 한다. • 고객이 적극적으로 말함으로써 고객의 니즈를 파악할 수 있다.
선택형 질문	• 고객이 '예', '아니요'로 대답하거나 선택지를 고르게 하는 질문이다. • 단순한 사실 또는 몇 가지 중 하나를 선택하게 하여 고객의 욕구를 파악할 수 있도록 한다. • 고객의 니즈에 초점을 맞출 수 있고, 화제를 정리하고 정돈된 대화를 할 수 있다.
확인형 질문	• 고객의 입을 통해 직접 확인받는 질문이다. • 고객의 답변에 초점을 맞춘다. • 고객의 니즈를 정확하게 파악할 수 있다. • 처리해야 할 사항을 확인받을 수 있다.

16 다음 중 '적극적 경청'에 대한 설명으로 옳지 않은 것은?

① 상대방의 이야기를 끝까지 듣는다.
② 안 되는 일은 안 된다고 단호하게 이야기한다.
③ 개인적 선입견을 버리고 주의를 집중해서 듣는다.
④ 상대방에게 공감을 표시하고 이해했다는 것을 표현한다.

해설 ② 안 되는 일은 최선을 다해 해결책이나 대안을 찾아보는 노력을 한다.

17 다음 설명 중 잘못된 것은?

① 상담은 상담자와 고객 간의 언어적 의사소통으로만 진행된다.
② 대면 상담이나 전화 통화, 문서 상담 모두 의사소통이 원활해야 좋은 상담이 될 수 있다.
③ 효율적인 상담을 위해서 상담원은 의사소통 능력이 탁월하여야 한다.
④ 상대방에게 호감을 줄 수 있는 음성이 상담에서 더 효과적이다.

해설 ① 상담은 언어적 · 비언어적 의사소통으로 진행된다.

PART 3

18 다음 설명에 해당하는 반려견 보호자 상담 기술은?

> • 상담의 내용이나 진전 상황을 명확히 한다.
> • 보호자의 발언을 정확히 듣고 있다는 것을 보여준다.
> • 일 처리를 잘하려고 한다는 것을 보여준다.

① 연 결
② 질 문
③ 확 인
④ 제 공

해설 ① 연결 : 보호자와 친밀감을 형성하고 상담 분위기를 조성하거나, 보호자의 흥미를 유발한다.
② 질문 : 질문을 통해 보호자의 요구사항에 대해 유용한 정보를 얻는다.
④ 제공 : 보호자가 긍정적이고 확실한 이미지를 갖도록 정보를 제공하거나 보호자의 요구를 충족시킬 수 있다는 것을 분명하고 간결하게 보여준다.

19 다음 중 상담환경 조성에 대한 설명으로 가장 옳지 않은 것은?

① 적절한 온도와 습도를 유지하기 위해 수시로 환기한다.
② 상담을 준비할 때 항상 실내조명의 밝기를 어둡게 한다.
③ 상담자 및 진행 과정에 대하여 정확한 정보를 제공한다.
④ 반려견이 불안감을 느끼지 않도록 외부의 소음을 차단하여 안정감을 준다.

해설 ② 상담 시간을 고려하여 실내조명의 밝기를 적절하게 준비한다.

20 다음의 응대 기법은 고객의 어떤 욕구를 충족시키기 위한 것인가?

> • 고객님께서 얼마나 실망하셨을지 잘 알겠습니다.
> • 그때 어떤 느낌을 갖게 되셨는지 이야기하고 싶은데요.

① 존경을 받고자 하는 욕구
② 공평하게 대접받고자 하는 욕구
③ 적시에 신속한 서비스를 받고자 하는 욕구
④ 자신의 문제에 대해 공감해 주기를 바라는 욕구

해설 ④ 전체 상담의 원활한 진행과 분위기를 위해 고객 말에 적극적인 동감 표현을 하고, 긍정적인 관심을 두고 적절한 질문을 함으로써 공감대를 형성할 수 있다.

21 MOT 사이클에서 서비스 접점의 진단과 평가는 매우 중요하다. 이 과정에서 점검해야 할 요소를 찾아 모두 선택한 것은?

> 가. 반려견 보호자를 배웅할 때
> 나. 반려견 보호자의 민원을 경청할 때
> 다. 반려견 보호자가 상담실로 이동할 때
> 라. 반려견 보호자가 대기 시 다과를 줄 때

① 가, 나, 라
② 나, 다, 라
③ 가, 다, 라
④ 가, 나, 다, 라

해설 MOT 사이클은 서비스 전달시스템을 고객의 입장에서 이해하기 위한 방법이다. 그러므로 반려견 보호자를 배웅할 때, 반려견 보호자의 민원을 경청할 때, 반려견 보호자가 상담실로 이동할 때, 반려견 보호자가 대기 시 다과를 줄 때 등 모두가 서비스 점검 요소에 속한다.

많이 보고 많이 겪고 많이 공부하는 것은 배움의 세 기둥이다.

– 벤자민 디즈라엘리 –

PART

4

반려동물 관리학

01 반려견체의 명칭과 구조

1 동물 신체 구조의 특징

(1) 동물의 일반적 신체 구조의 특징

① **좌우대칭** : 생체 단면이나 체축을 중심으로 좌·우측이 동일한 형태의 두 부분으로 나누어진다. 척추동물의 몸은 기본적으로 좌우대칭이지만, 몸을 구성하고 있는 장기가 반드시 좌우대칭인 것은 아니다.

② **국소적 분화** : 척추동물의 몸은 머리(두부), 몸통(체간부), 꼬리(미부) 및 사지(부속지)로 구분된다.

(2) 동물 신체의 구성 단계

① 세포 – 조직 – 기관 – 기관계(계통) – 개체로 구성된다.

② 몸체를 이루는 기본 단위는 세포이며, 비슷한 형태나 기능을 가진 세포들이 모여 조직을 이룬다.

③ 비슷한 기능의 조직이 모여 기관을 형성하며, 여러 기관이 모여 기관계를 형성하고, 여러 기관계들의 유기적 결합에 의해 하나의 개체를 구성하게 된다.

2 반려견체의 명칭과 구조

(1) 견체명칭도

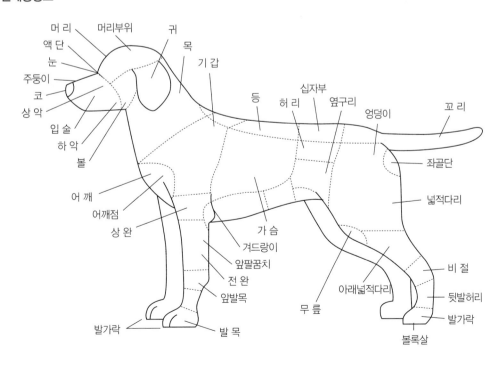

- 개는 동물분류학상 척추동물문 – 포유동물강 – 식육목 – 개과 – 개속 – 개아속 – 개로 갈라진다.
- 개아속에 포함하는 것은 사육개, 자칼, 늑대로서 이들의 기원은 3천만 년 전으로 추정된다.
- 현재 애완견으로 사육 중인 개들은 회색늑대에서 이어져 내려온 것으로 추정된다.

(2) 부위명칭도

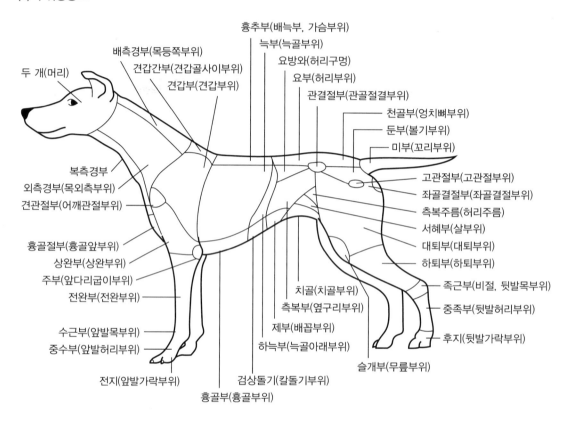

흉추부(배늑부, 가슴부위)
늑부(늑골부위)
요방와(허리구멍)
요부(허리부위)
관결절부(관골절결부위)
배측경부(목등쪽부위)
견갑간부(견갑골사이부위)
견갑부(견갑부위)
두 개(머리)
천골부(엉치뼈부위)
둔부(볼기부위)
미부(꼬리부위)
복측경부
외측경부(목외측부위)
견관절부(어깨관절부위)
고관절부(고관절부위)
좌골결절부(좌골결절부위)
측복주름(허리주름)
서혜부(살부위)
대퇴부(대퇴부위)
하퇴부(하퇴부위)
흉골절부(흉골앞부위)
상완부(상완부위)
주부(앞다리굽이부위)
전완부(전완부위)
족근부(비절, 뒷발목부위)
중족부(뒷발허리부위)
후지(뒷발가락부위)
치골(치골부위)
측복부(옆구리부위)
제부(배꼽부위)
하늑부(늑골아래부위)
수근부(앞발목부위)
중수부(앞발허리부위)
슬개부(무릎부위)
전지(앞발가락부위)
검상돌기(칼돌기부위)
흉골부(흉골부위)

- 품종에 따라 크기가 매우 다양하며, 대략 어깨높이는 8~90㎝, 몸무게는 0.4~120㎏ 정도이다.
- 털은 긴 것과 짧은 것이 있고, 빛깔이나 무늬도 다양하다.
- 일반적으로 꼬리는 비교적 짧고, 몸통 길이의 반 이하이다.
- 귓바퀴는 크고 거의 삼각형으로 늘어진 것, 선 것 등이 있으며 앞으로 늘어뜨리면 눈까지 내려온다. 눈동자는 대부분 원형이다.

[01~05] 다음 그림을 보고 알맞은 답을 고르시오.

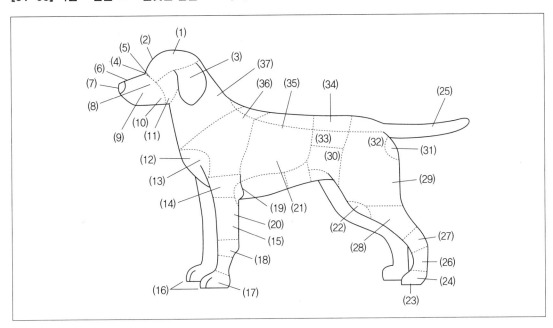

01 (5)의 명칭을 옳게 나타낸 것은?

① 머리부위   ② 액 단
③ 주둥이   ④ 하 악

해설 (5)는 액단(스톱)에 해당한다.

02 (11)의 명칭을 옳게 나타낸 것은?

① 볼   ② 귀
③ 상 악   ④ 입 술

해설 (11)은 볼에 해당한다.

03 (14)의 명칭을 옳게 나타낸 것은?

① 상 완

② 전 완

③ 겨드랑이

④ 앞발목

해설 (14)는 상완에 해당한다.

04 (26)의 명칭을 옳게 나타낸 것은?

① 무 릎

② 비 절

③ 뒷발허리

④ 볼록살

해설 (26)은 뒷발허리에 해당한다.

05 (29)의 명칭을 옳게 나타낸 것은?

① 옆구리

② 넙적다리

③ 좌골단

④ 엉덩이

해설 (29)는 넙적다리에 해당한다.

[06~10] 다음 그림을 보고 알맞은 답을 고르시오.

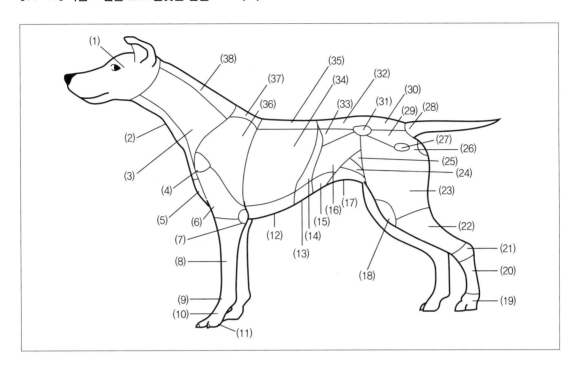

06 (4) 부위의 명칭을 옳게 나타낸 것은?

① 두 개(머리)

② 복측경부

③ 견관절부(어깨관절부위)

④ 흉골절부(흉골앞부위)

해설 (4)는 견관절부(어깨관절부위)에 해당한다.

07 (11) 부위의 명칭을 옳게 나타낸 것은?

① 전완부(전완부위)

② 수근부(앞발목부위)

③ 중수부(앞발허리부위)

④ 전지(앞발가락부위)

해설 (11)은 전지(앞발가락부위)에 해당한다.

08 (12) 부위의 명칭을 옳게 나타낸 것은?

① 흉골부(흉골부위)

② 검상돌기(칼돌기부위)

③ 하늑부(늑골아래부위)

④ 제부(배꼽부위)

해설 (12)는 흉골부(흉골부위)에 해당한다.

09 (18) 부위의 명칭을 옳게 나타낸 것은?

① 치골(치골부위)

② 슬개부(무릎부위)

③ 대퇴부(대퇴부위)

④ 하퇴부(하퇴부위)

해설 (18)은 슬개부(무릎부위)에 해당한다.

10 (21) 부위의 명칭을 옳게 나타낸 것은?

① 후지(뒷발가락부위)

② 중족부(뒷발허리부위)

③ 족근부(비절, 뒷발목부위)

④ 고관절부(고관절부위)

해설 (21)은 족근부(비절, 뒷발목부위)에 해당한다.

02 | 반려견의 형태학적 및 생리학적 특성 이해

1 골격계통 및 근육계통의 특성 이해

(1) 골격계의 구조와 명칭

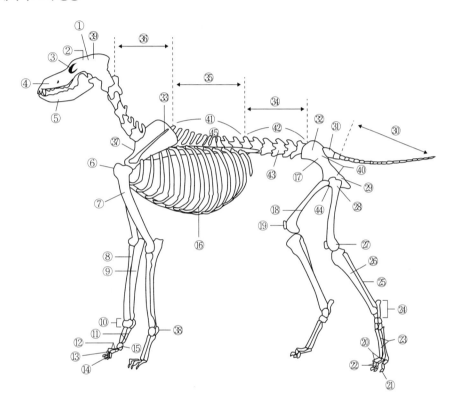

① 측두와(관자우묵)	⑩ 수근골(앞발목뼈)
② 두 개(머리뼈)	⑪ 중수골(앞발 허리뼈)
③ 안와(눈구멍)	⑫ 수의 기절골(계골, 앞발가락 첫마디뼈)
④ 상악골(위턱뼈)	⑬ 수의 중절골(관골, 앞발가락 중간마디뼈)
⑤ 하악골(아래턱뼈)	⑭ 수의 말절골(구조골, 앞발가락 끝마디뼈)
⑥ 흉골(복장뼈)	⑮ 근위 종자골
⑦ 상완골(위팔뼈)	⑯ 늑골(갈비뼈)
⑧ 요골(노뼈)	⑰ 장골(엉덩뼈)
⑨ 척골(자뼈)	⑱ 대퇴골(넙다리뼈)

⑲ 슬개골(무릎뼈)

⑳ 족의 기절골(계골, 뒷발가락 첫마디뼈)

㉑ 족의 말절골(구조골, 뒷발가락 끝마디뼈)

㉒ 족의 중절골(관골, 뒷발가락 중간마디뼈)

㉓ 중족골(뒷발허리뼈)

㉔ 족근골(뒷발목뼈)

㉕ 비골(종아리뼈)

㉖ 경골(정강이뼈)

㉗ 비복근종자골(종자뼈)

㉘ 폐쇄공(폐쇄구멍)

㉙ 좌골(궁둥뼈)

㉚ 미추뼈

㉛ 천추(엉치뼈)

㉜ 관골(볼기뼈), 장골(엉덩뼈), 치골(두덩뼈), 좌골(궁둥뼈)

㉝ 견갑골(어깨뼈)

㉞ 요추(허리뼈)

㉟ 최후위의 흉추

㊱ 경추뼈

㊲ 견갑절

㊳ 두상골

㊴ 두정골

㊵ 무명골

㊶ 배추골

㊷ 요추골

㊸ 횡돌기

㊹ 고관절

㊺ 극상돌기

(2) 몸통 골격

몸통 골격은 척주(척추)와 늑골, 흉골로 구분된다.

① **척주(척추)**

    ㉠ 여러 개의 짧고 작은 척주골이 관절로 연결되어 앞쪽은 두개골과 이어지고, 뒤쪽은 꼬리로 이어져서 동물체의 받침대를 구성한다.

    ㉡ 척주는 머리와 몸통의 무게를 지탱하고 움직일 수 있게 하며, 뇌에서 연결된 척수를 척수관으로 보호하고, 척수신경의 배출구를 제공한다.

    ㉢ 척주는 경추, 흉추, 요추, 천추, 미추로 구성된다.

    ㉣ 개의 척주는 경추 7개, 흉추 13개, 요추 7개, 천추 3개, 미추 20~23개로 구성된다.

더알아보기 동물별 척주의 수

분류	개	토끼	돼지	면양	산양	소	말
경추(목뼈)	7	7	7	7	7	7	7
흉추(등뼈)	13	12	14~15	13	13	13	18
요추(허리뼈)	7	7	6~7	6~7	6~7	6	6
천추(엉치뼈)	3	4	4	4	4	5	5
미추(꼬리뼈)	20~23	15~18	20~23	16~18	12~16	18~20	15~19

② 늑골(갈비뼈)

 ㉠ 보통 13쌍(26개)으로 구성되며, 가슴 앞쪽에 늑골연골관절이 형성되어 있다.

 ㉡ 9쌍은 흉골(복장뼈)과 직접 연결되며, 4쌍은 직접 연결되지 않는다.

 ㉢ 13번째 늑골은 인접 관절을 형성하지 않아 뜬늑골이라고 한다.

 ㉣ 늑골은 늑골궁을 형성하며, 가슴과 배를 구분하는 경계가 된다.

③ 흉골(복장뼈)

 ㉠ 8개의 길고 굵은 흉골분절로 구성되어 있으며, 흉골사이연골과 결합되어 있다.

 ㉡ 가장 앞쪽 흉골분절은 흉골자루(복장뼈자루)라고 하며, 가장 마지막 분절은 끝이 뾰족하여 칼돌기(검상돌기)라고 한다.

(3) 사지 골격

① 여러 개의 뼈로 이루어진 앞다리뼈와 뒷다리뼈가 있으며, 단독으로 이루어진 1개의 음경뼈가 있다.

② 앞다리뼈와 뒷다리뼈의 비교

앞다리뼈		뒷다리뼈	
앞다리 연결대	견갑골	뒷다리 연결대	장골, 좌골
상 완	상완골	대 퇴	대퇴골
전 완	요골, 척골	하 퇴	경골, 비골
앞 발	앞발목뼈 앞발허리뼈 앞발가락뼈	뒷발	뒷발목뼈 뒷발허리뼈 뒷발가락뼈

더알아보기   개 골격의 특징

- 인간의 흉부와 팔은 쇄골로 연결되어 있는데 반해, 개는 쇄골이 퇴화하였으며 견갑골이 목줄기의 양쪽에 상하 수직으로 붙어있다.
- 개는 발가락과 발볼록살 부분만 지면에 대고 걷거나 달리므로 인간의 발뒤꿈치에 해당하는 뒷발목뼈 부분은 훨씬 위쪽에 붙어 있다.
- 앞발가락은 5개이지만 엄지에 해당하는 부분은 훨씬 위쪽으로 올라가서 지면에 닿지 않으며, 뒷발가락은 엄지에 해당하는 부분이 퇴화하여 4개이다.

(4) 두개골의 구조와 형태

① 두개골의 구조

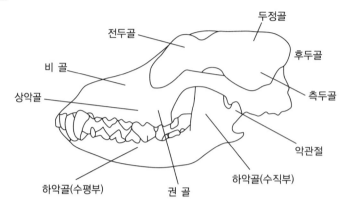

두개강을 이루는 뼈		안면을 이루는 뼈	
• 후두골(뒤통수뼈)	• 두정골(마루뼈)	• 비골(코뼈)	• 누골(눈물뼈)
• 전두골(이마뼈)	• 측두골(관자뼈)	• 상악골(위턱뼈)	• 절치골(앞니뼈)
• 사골(벌집뼈)	• 서골(보습뼈)	• 구개골(입천장뼈)	• 권골(광대뼈)
• 접형골(나비뼈)		• 하악골(아래턱뼈)	

② 두개골의 형태 : 품종을 분류하는 근거가 된다.

장형두개	액단(스톱)에서 코 끝의 길이가 후두골 끝의 길이보다 긴 형태
중형두개	액단(스톱)에서 코 끝의 길이가 후두골 끝 길이와 같은 형태
단형두개	액단(스톱)에서 코 끝이 길이가 후두골 끝 길이보다 짧은 형태

용어설명 **액 단**

스톱(Stop)이라고도 하며, 이마와 코의 중앙에 움푹 들어간 곳이다.

(5) 관절의 구조와 기능

① 연결 방식에 따른 관절의 분류

　㉠ 뼈는 서로 결합하여 골격을 형성하는데 그 연결 방식에 따라서 부동성과 가동성의 두 가지로 구분된다.

　㉡ 부동성 관절은 움직일 수 없는 관절로서, 섬유관절과 연골관절이 해당한다.

　㉢ 가동성 관절은 관절을 이루는 양쪽 뼈의 사이에서는 관절강(Articular Cavity)을 형성하며, 운동범위
가 매우 넓다. 윤활관절이 여기에 해당한다.

② 사지 위치에 따른 관절의 분류

앞다리의 관절	• 견관절(어깨관절) • 완관절(앞발목관절)	• 주관절(앞다리굽이관절)
뒷다리의 관절	• 고관절(엉덩이관절) • 부관절(족관절)	• 슬관절(무릎관절)

(6) 근육의 형태 및 명칭

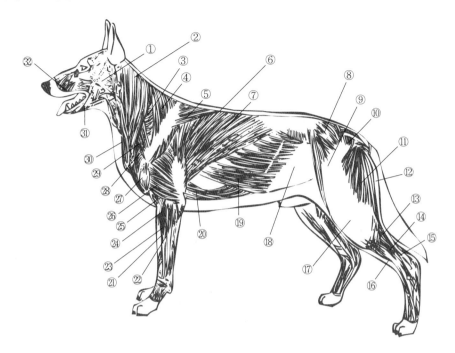

① 교근(깨물근)

② 쇄골두근, 후두부(쇄골머리근)

③ 경복거근(배톱니근)

④ 승모근경부(등세모근 목부분)

⑤ 승모근흉부(등세모근 가슴부분)

⑥ 상완삼두근, 장두(상완세갈래근)

⑦ 광배근(넓은 등근)

⑧ 중전근(중간 둔부근)

⑨ 대퇴막장근(대퇴근막긴장근)

⑩ 천전근(얕은 둔부근)

⑪ 대퇴이두근(넙다리두갈래근)

⑫ 반건양근(반힘줄모양근)

⑬ 비복근, 외측두(장딴지근, 외측두)

⑭ 장비골근(긴종아리근)

⑮ 외측지신근(외측뒷발펴짐근)

⑯ 장지신근(긴뒷발가락펴짐근)

⑰ 대퇴근막(대퇴근막)

⑱ 외복사근, 건막(배바깥경사근)

⑲ 외복사근(바깥경사근)

⑳ 심흉근(상행흉근)

㉑ 척측수근신근(척골쪽앞발폄근)

㉒ 외측지신근(외측앞가락펴짐근)

㉓ 총지신근(공통앞발가락펴짐근)

㉔ 요측수근신근(요골쪽앞발목폄근)

㉕ 상완근(위팔근)

㉖ 상완삼두근(상완세갈래근)

㉗ 삼각근(삼각근)

㉘ 극상근(가시위근)

㉙ 견갑횡돌근(어깨가로돌기근)

㉚ 흉골두근(흉골머리근)

㉛ 구전근(불근)

㉜ 견치근(송곳니근)

(7) 근육의 종류와 특징

① 근육은 해당 결합조직, 혈관, 신경섬유 등을 포함하여 체중의 약 40%를 차지한다.

② 근육의 대부분을 차지하고 있는 것은 골격근으로, 동물의 운동, 자세, 관절의 고정 및 열 생산과 체온유지 등의 기능을 한다.

③ 근육의 종류

골격근	• 인대에 의해서 뼈에 연결되어 있으며, 가로무늬근(횡문근)이다. • 동물이 의지대로 걷거나 달릴 수 있도록 운동신경의 지배를 받아 움직이는 수의근이다. • 골격근을 이루는 근육은 다핵세포인 근섬유로 이루어져 있으며, 하나의 근섬유에는 100~200개의 핵과 원통형의 근원섬유들로 채워져 있다.
심장근 (심근)	• 심장을 구성하고 있는 근육으로, 골격근과 같은 수축력을 가진다. • 골격근과 같이 무늬가 있는 가로무늬근(횡문근)이지만, 기능적인 면에서는 자율신경의 지배를 받는 불수의근이다.
내장근	• 가로무늬가 없는 민무늬근(평활근)이다. • 골격근과 같은 일반적인 생리 작용이 나타나지 않고, 같은 조직이라도 동물에 따라 다른 작용을 나타낸다. • 자율신경의 지배를 받는 불수의근에 해당하며, 민무늬근 자체에 존재하는 긴장을 가지고 있고, 골격근에 비해 크기가 작다.

(8) 사지 위치에 따른 근육의 분류

① 앞다리 근육

앞다리 상부 근육	• 등세모근 : 등에서 어깨뼈를 삼각형으로 덮음 • 가시위근, 가시아래근 • 상완세갈래근 : 앞다리굽이관절을 펴는 데 사용 • 상완두갈래근, 상완근 : 앞다리굽이관절을 굽히는 데 사용
앞다리 하부 근육	• 요골쪽앞발목폄근, 자쪽앞발목굽힘근, 발가락폄근, 발가락굽힘근 등 • 앞발목과 앞발가락을 굽히거나 펴는 데 사용

② 뒷다리 근육

뒷다리 상부 근육	대퇴네갈래근 : 무릎관절을 펴는 근육
뒷다리 하부 근육	• 장딴지근 : 무릎관절은 굽히고, 뒷발목관절은 펴는 근육 • 긴종아리근, 긴뒷발가락펴짐근, 외측뒷발가락펴짐근, 얕은 뒷발가락굽힘근, 깊은뒷발가락굽힘근 등

2 신경계통 및 감각기관의 특성 이해

(1) 신경계의 특징

① 체내와 외부 환경의 정보를 받아들이고 분석한 뒤 신체 모든 기관의 조직과 세포에 정보를 전달하여 그 활동을 조절함으로써, 생명을 유지하고 상황에 알맞은 신체 활동을 수행할 수 있게 한다.

② 신경계는 정보 전달 역할을 하는 신경세포(뉴런)와 신경세포를 보호하고 영양을 공급하는 신경아교세포로 구성된다.

③ 신경계는 크게 중추신경계와 말초신경계로 구분할 수 있다.

(2) 신경계의 분류

① 중추신경계 : 뇌와 척수로 구성된다.

뇌	대 뇌	• 기억, 추리, 판단 등 고도의 정신활동을 다루는 부분이다. • 전두엽, 두정엽, 후두엽, 측두엽 및 변연엽으로 구별된다. • 좌우 반구가 교량에 의해 연결되어 있다.
	간 뇌	• 시상과 시상하부로 구성된다. • 시상은 후각을 제외한 신체 모든 감각 정보들이 대뇌피질로 전도되는 것에 관여한다. • 시상하부는 호르몬 분비 조절 및 항상성 유지와 관련된 일을 담당한다.
	중 뇌	• 신경의 중간 통로로 작용한다. • 동공반사 및 정향반사의 중추이다.
	소 뇌	• 대뇌와 함께 신체 운동을 조절하는 역할을 한다. • 정상적인 자세와 정밀한 협조 운동을 할 수 있게 한다.
	연 수	호흡, 심장 박동, 소화기 운동 등을 조절하는 중추이며, 재채기, 하품, 타액 분비 등의 반사중추이기도 하다.
척수		• 연수와 연결되며, 척추뼈의 척추구멍의 척주관을 따라 이어진 중추신경계이다. • 뇌에서 나온 정보를 몸의 각 부위에 전달하는 줄기 역할을 한다. • 경수, 흉수, 요수, 천수, 미수로 나뉘며, 각 척수 분절에서 좌우 한 쌍의 척수신경이 나와 각 조직에 정보를 전달하고 수집한다.

> **더알아보기**   **개 뇌의 특징**
>
> • 개의 뇌 무게는 70~150g 정도이며, 체중에 대한 비율은 1 : 100~400으로 사람(1200~1500g, 1 : 48)보다는 비율이 낮다.
> • 개 뇌의 무게가 차이가 많이 나는 것은 개의 품종이 소형에서부터 대형까지 다양하기 때문이다.

② 말초신경계

    ㉠ 뇌신경과 척수신경으로 구분되며, 기능에 따라 체성신경계와 자율신경계로도 나눌 수 있다. 자율신경계는 다시 교감신경과 부교감신경으로 구분된다.

    ㉡ 뇌신경과 척수신경

뇌신경	• 뇌와 연결되어 나오는 12쌍의 신경이다. • 대부분 얼굴 쪽 기관들의 운동 및 감각과 관련되며, 일부 신경은 혼합신경으로 운동과 감각 정보를 전달한다.
척수신경	• 척수의 각 척수 분절에서 뻗어 나오는 31쌍의 신경이다. • 척수신경의 등쪽 뿌리는 말초에서 오는 자극을 척수신경절을 거쳐 전달하는 감각신경섬유의 다발이며, 배쪽 뿌리는 배쪽 운동뉴런에서 유래된 운동신경섬유다발이다. • 각 척수 부분에 따라 목과 몸통에는 8쌍의 경수신경, 13쌍의 흉수신경, 7쌍의 요수신경, 3쌍의 천수신경 및 미수신경이 분포하며, 모두 운동신경과 감각신경을 지닌 혼합신경이다.

ⓒ 체성신경계와 자율신경계

체성신경계	대뇌의 지배를 받아 자극의 감각을 받아들이고 그에 따른 운동을 전달한다.	
자율신경계	• 순환, 분비, 배설, 체온유지, 내장의 운동, 샘분비, 호흡과 소화, 심장의 운동 등을 비수의적으로 조절하고 중추신경계 및 체성신경계와 밀접한 관계를 가지고 있다. • 자율신경계는 다시 교감신경과 부교감신경으로 구분되며, 교감신경과 부교감신경은 서로 길항작용을 한다.	
	교감신경	• 흥분 내지 촉진 작용을 한다. • 동공 확대, 침 분비 억제, 심박수 증가, 위 운동 억제, 방광 이완 등
	부교감신경	• 몸의 이완 및 안정 작용을 한다. • 동공 축소, 침 분비 자극, 심박수 감소, 위 운동 촉진, 방광 수축 등

(3) 감각기관의 특성 이해 – 코

① 코의 구조와 기능

ⓐ 호흡과 냄새를 맡는 기능을 담당한다.

ⓑ 앞쪽은 연골, 뒤쪽은 뼈로 구성되어 있으며, 비중격에 의해 좌우 비강으로 나뉜다.

ⓒ 공기는 비강 내로 들어가 비갑개 사이 비도를 거쳐 뒤콧구멍을 통해 신체 내부로 전달된다.

② 후각 전달 경로

ⓐ 비강의 등쪽 부분을 덮고 있는 후각점막에 후각세포가 있어 냄새 자극을 감지한다.

ⓑ 후각세포의 후각신경섬유는 냄새 자극을 받아들이며, 이 자극은 후각신경을 통해 사골의 사골판 구멍을 지나 후각망울로 이어지며, 대뇌 측두엽에 있는 후각 중추로 전달된다.

더알아보기 **개 후각의 특징**

• 땀과 기름 냄새에 대해 개의 후각은 인간의 1억 배나 예민하며, 일반 냄새에 대해서도 100만 배 이상 예민하다는 것이 정설이다.

• 인간의 후각상피는 우표 1장 정도의 면적으로 그곳에 분포되어 있는 후각세포는 약 500만 개인데 반해, 복잡하게 구부러져 있는 개의 후각상피는 200㎠나 되며, 그곳에 약 2억 2000만 개의 후각세포가 분포되어 있다.

• 습한 비경(코)은 냄새의 성분과 냄새가 흘러간 방향을 아는 데 유용하게 쓰인다.

(4) 감각기관의 특성 이해 – 혀

① 혀의 구조와 기능

ⓐ 혀는 음식물의 저작 및 연하 작용을 도우며, 맛을 감지하는 미각기관이기도 하다.

ⓑ 혀의 앞부분을 혀끝, 중간부분을 혀몸통, 뒷부분을 혀뿌리라고 한다.

② 미각 전달 경로

ⓐ 혀의 유두에는 맛을 느끼는 맛봉오리(Taste Bud)가 있다.

ⓑ 맛봉오리는 미각세포와 지지세포로 이루어지며, 미각세포 끝에 있는 미세융모가 맛의 입자인 화학물질을 감지한다(미각세포에는 7, 9, 10번 감각신경섬유가 분포하고 있음). 이 정보가 미각신경을 통해 대뇌 피질의 미각 중추로 전달되어 맛을 느끼게 된다.

(5) 감각기관의 특성 이해 – 눈

① 눈의 구조와 기능

㉠ 안 구

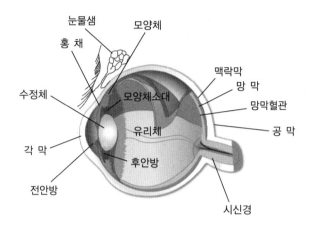

각 막	공막의 연속된 앞쪽 부분으로, 공막과 달리 투명하다.
수정체	• 볼록 렌즈 모양으로 원근에 따라 두께가 조절된다. • 빛이 굴절시켜 망막에 상이 맺히도록 한다.
모양체	수정체와 연결되어 있어서 수축과 이완을 통해 수정체의 두께를 조절한다.
홍 채	• 동공의 크기를 조절하여, 눈으로 들어오는 빛의 양을 조절한다. • 눈의 색깔을 결정한다.
안방수	각막과 홍채 사이, 홍채와 수정체 사이를 채우고 있는 물질이다. 안압을 유지시킨다.
유리체	안구 안쪽을 채우고 있는 투명한 물질이다.
망 막	시각 세포가 분포하여 상이 맺히는 부분이다.
맥락막	검은색 색소가 있어 눈 속을 어둡게 한다.
시신경	시각 세포가 받아들인 자극을 대뇌로 전달한다.

㉡ 안구부속기관 : 상하안검, 제3안검, 결막이 있으며, 안구를 보호하는 역할을 한다.

㉢ 눈물샘은 안와골막 내의 안와인대 내측면에 놓인 작고 편평한 소엽 구조이다. 이 샘은 육안으로는 볼 수 없는 작은 관을 통하여 눈물을 등쪽결막 구석의 결막주머니로 분비한다.

② 시각 전달 경로

ⓐ 들어오는 빛의 양의 따라 홍채가 수축 또는 이완하여 빛의 양을 적절히 조절하며, 수정체는 빛을 굴절시켜 망막에 상이 맺히게 한다.

ⓑ 망막의 광수용기세포에서 빛이 감지되고 시신경이 시각교차를 이룬 후, 중뇌를 통해 대뇌피질의 시각중추에 자극이 전달된다.

> **더알아보기** 개 시각의 특징
>
> • 개의 눈의 구조는 인간과 크게 다르지 않으나, 망막과 나란히 있는 광수용기세포의 비율에 차이가 있다. 명암을 느끼기 위한 간상체와 색을 느끼기 위한 추상체 중 개에게는 간상체가 많고 추상체가 조금밖에 없어 밝기는 민감하게 느끼면서도 색은 잘 구별하지 못한다.
> • 간상체와 망막 뒤쪽의 타페팀(맥락벽판) 덕분에 개는 어두운 곳에서도 물체를 잘 볼 수 있으나, 개가 볼 수 있는 세계는 흑백(Monochrome)에 약간 색이 들어있는 정도라 할 수 있다.
> • 개의 눈은 수정체가 두터워 멀리 있는 것에 초점이 잘 맞지 않는 근시인 경우가 많다.

(6) 감각기관의 특성 이해 – 귀

① 귀의 구조와 기능

귀는 청각과 평형감각을 담당하는 기관으로, 외이, 중이, 내이로 구분할 수 있다.

ⓐ 외 이

• 귓바퀴(이개)와 외이도로 구성되며, 깔때기 모양이다.

귓바퀴(이개)	소리를 모은다.
외이도	포집된 소리를 전달하는 통로 역할을 하며, 개의 경우, 외이도가 'ㄴ'자로 생겨 수직이도와 수평이도로 구분된다.

• 이개연골에 의해 형태가 결정되며, 연골이 연약하여 늘어지기도 한다.
• 이개근육이 분포하며, 모두 수의근으로 귀 운동을 담당한다.
• 외이도는 연골성과 골성으로 구분하며, 귀지샘은 귀지를 분비하여 먼지가 고막에 도달하지 못하게 한다.

ⓑ 중 이

• 고막에서 내이 사이까지의 공간이다.
• 공기로 채워지고 뼈로 둘러싸인 공간인 고실과 얇은 막으로 되어 있어 음파를 진동시키는 고막이 존재한다.
• 고막에 부착된 이소골(망치골, 모루골, 등자골)이 고막의 진동을 내이의 난원창으로 전달한다.

ⓒ 내 이

- 청각과 관련된 달팽이관과 평형감각과 관련된 전정기관, 반고리관으로 구성되어 있다.

달팽이관	• 청각세포가 분포하여 진동을 자극으로 받아들인다. • 전정계, 고실계, 중간계로 구분되며, 림프액이 채워져 있다.
전정기관, 반고리관	• 내림프액이 존재하며, 림프액 이동으로 팽대부의 팽대능이 꺾이게 되는데 이때 감각털이 자극되면서 몸의 운동 방향 및 속도 등이 감지된다. • 전정기관 : 중력에 대한 몸의 기울어짐 및 위치 변화 등 감지 • 반고리관 : 회전 감각 감지

② 청각 전달 경로 : 소리 → 귓바퀴 → 고막 → 귓속뼈(이소골) → 달팽이관(청각세포) → 청각신경 → 대뇌

더알아보기   개 청각의 특징

인간의 귀는 16~20Hz(저음)부터 2만~2만 5000Hz(고음)의 소리를 들을 수 있는데, 개는 3만 8000Hz의 고음도 알아들을 수 있으며, 인간은 16방향까지 밖에 구별할 수 없는 소리의 방향을 개는 32방향까지 식별할 수 있다고 알려져 있다.

(7) 감각기관의 특성 이해 – 피부

① 피부의 특징

ⓐ 촉각을 감지하는 감각기관으로, 압력, 긴장 등의 정보를 중추신경계에 전달하는 기능을 한다.

ⓑ 체내 근육과 기관을 보호하는 상피조직으로 구성되어 있으며, 체내 수분 보존 및 체온 조절의 기능을 한다.

② 피부의 구조

표 피	• 피부 표층의 가장 윗부분이다. • 개는 각질이 얇고 피부 산도가 중성에 가까워(pH 7.5) 세균에 대한 저항력이 약하다.
진 피	혈관, 신경, 피부 부속기관을 비롯한 섬유성결합조직으로 구성된다.
피부밑조직	• 지방세포 및 지방 조직이 포함된 성긴결합조직으로 구성되어 있다. • 과한 압력으로부터 피부조직을 보호한다.

③ 피부 부속 기관

ⓐ 피모(털)

- 개의 피부는 대부분 피모(털)로 덮여 있으며 종류에 따라 짧거나 길다. 이 피모는 낮은 기온, 태양의 직사열, 상처 등으로부터 몸을 보호해준다.
- 개는 보통 하모와 상모, 두 가지의 피모를 가지고 있는데, 하모는 미세하고 부드러우며 빽빽하게 자란다. 상모는 하모 사이에 굵고 뻣뻣한 상태로 자라나는데, 그 모근부에는 피지선이 있다. 피지선에서 분비되는 피지가 털에 윤기를 주는 동시에 물을 튕겨 내는 기능을 하고 있다.
- 피모의 신진대사는 매일 소량씩 반복되고 있는데, 여름에 시원하게 해주고 겨울에 따뜻하게 지낼 수 있도록 봄과 가을에는 털갈이를 하여 그 양을 조절한다. 겨울털에서 여름털로 바뀌는 봄의 털갈이가 가을 털갈이보다 훨씬 많은 털이 빠진다.

     ⓛ 땀 샘

- 개의 땀샘은 주로 발바닥과 코에 분포한다.
- 발바닥의 땀샘은 땀을 통해 지나간 자리에 본인의 냄새를 남겨두기 위함이다. 또한 발바닥의 습기를 통해 주행 시 미끄러짐을 방지할 수 있다.

3 순환계통 및 림프계통의 특성 이해

(1) 순환계통의 구성

① 순환계통은 심혈관계라고도 하며, 심장, 혈관, 혈액 등으로 구성된다.

② 이들은 신체 내에 영양소를 공급하고 노폐물을 제거하기 위해 여러 물질을 운반하며, 통로의 역할을 한다.

(2) 심장의 구조와 기능

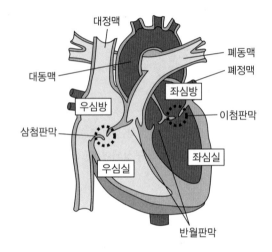

① 심장은 심장근에 의한 규칙적인 수축과 이완 작용으로 혈액을 혈관에 펌프질해 주는 역할을 하며, 혈관과 연결되어 있다.

② 심장은 심실중격으로 왼쪽과 오른쪽으로 구분되고, 다시 방실판막에 의해서 방과 실로 구분되어 4개의 방으로 구성된다(우심방, 우심실, 좌심방, 좌심실).

     ㉠ 심방 : 정맥과 연결되어 혈액을 받아들인다.

     ⓛ 심실 : 동맥과 연결되어 혈액을 내보낸다.

     ⓒ 판막 : 혈액이 거꾸로 흐르는 것을 방지하고 한 방향으로만 흐르게 한다. 심방과 심실, 심실과 동맥 사이에 있다.

③ 왼쪽의 방실판막은 이첨판막이며, 오른쪽의 방실판막은 삼첨판막이다.

④ 심실과 동맥 사이에는 반월판막이 존재하므로 심장에는 총 4개의 판막이 존재한다.

⑤ 개의 심장은 제3~7늑골 사이에 위치하며, 흉강의 모양에 따라 보통 왼쪽으로 치우쳐 있다.

⑥ 개의 심장은 다른 포유류에 비하여 큰 편이며, 특히 온몸에 혈액을 보내기 위한 좌심실이 크게 발달되어 있다.

(3) 혈액과 혈관의 구성

① 혈액은 약 45%의 세포성분과 약 55%의 액체성분(혈장)으로 구성되며, 세포성분은 적혈구, 백혈구 및 혈소판으로 분류된다.

② 혈관은 동맥, 정맥, 모세혈관으로 구성된다.

동 맥	• 심장에서 나가는 혈액이 흐르는 혈관이다. • 탄력섬유와 근육 조직이 많아 혈관 벽이 두껍고 탄력이 크다. 따라서 심장의 수축으로 생기는 높은 혈압을 견딜 수 있다.
정 맥	• 심장으로 들어가는 혈액이 흐르는 혈관이다. • 동맥보다 탄력섬유와 근육 조직이 적어 혈관벽이 얇고 탄력이 약하다. • 혈액이 거꾸로 역류하지 않도록 곳곳에 판막이 존재한다.
모세혈관	• 동맥과 정맥을 연결해주는 혈관이다. • 하나의 세포층(단순 편평상피세포)으로 이루어져 혈관벽이 얇다. • 혈액과 조직세포 사이에 물질 교환이 일어난다.

(4) 혈액의 순환

① 체순환(대순환, 전신순환) : 온몸의 조직 세포에 산소와 영양소를 공급하고, 이산화탄소와 노폐물을 받아 심장으로 돌아오는 순환이다.

> 좌심실 → 대동맥 → 온몸 → 대정맥 → 우심방

② 폐순환(소순환) : 폐로 가서 이산화탄소를 내보내고 산소를 받아 심장으로 돌아오는 순환이다.

> 우심실 → 폐동맥 → 폐 → 폐정맥 → 좌심방

③ 간문맥순환 : 소화기로부터 직접적으로 혈액을 간으로 이동시키는 순환이다.

> 좌심실 → 대동맥 → 앞뒤장간막 동맥 → 모세혈관(소장, 대장) → 앞뒤장간막 정맥 → 간문맥 → 간의 동양모세혈관 → 간정맥 → 대정맥 → 우심방

(5) 림프계통의 구조와 기능

① 림프계통에는 림프관, 림프절, 림프조직이 있으며, 림프관은 한쪽 끝이 열려있는 구조이므로 림프계를 개방형 순환계라고 부르기도 한다.

② 조직액의 일부가 림프 모세관을 통해 림프관으로 유입되어 림프액이 되는데, 림프관 내 림프액의 흐름은 주변 조직의 운동에 의해 수동적으로 일어나므로 판막이 존재한다.

③ 림프관 중간 중간에는 림프절이 있으며, 림프절에서는 병원체의 탐식작용, 림프구 증식 등의 면역 작용이 일어난다.

④ 림프조직에는 비장, 흉선, 편도 등이 있다.

(1) 호흡의 정의

① 호흡 : 외부로부터 산소를 받아들이고 이산화탄소를 배출하는 과정이다.

외호흡	폐포와 폐포모세혈관 사이에서 일어나는 기체 교환을 말한다.
내호흡	조직과 조직모세혈관 사이에서 일어나는 기체 교환을 말한다.

② 호흡을 통한 가스 교환을 통해 체내의 pH를 일정하게 유지할 수 있다.

③ 호흡기관은 코와 비강, 인두, 후두, 기관, 기관지 및 폐로 이루어져 있다.

④ 호흡기관의 주요 작용은 기체 교환이지만, 후두는 발성 작용, 비강은 후각 기관의 역할을 하기도 한다.

(2) 호흡기관의 구조와 기능

① 코와 비강

　ⓐ 비중격에 의하여 좌우 비강으로 나뉘어지며, 비강의 앞쪽 끝은 콧구멍이고 뒤쪽 끝은 뒤콧구멍이다.

　ⓑ 안면피부에서 코점막의 경계 부위에 이르는 비강 앞쪽 부분은 코전정이다.

　ⓒ 비강과 연결되어 있는 두개골의 골동을 부비동이라 하는데, 그 내강은 코점막으로 덮여 있다.

　ⓓ 비강 내로 들어온 공기는 온도와 습도가 조절되며, 점막으로 덮여있는 갑개들은 병원균 제거 등의 역할을 한다.

　ⓔ 공기는 비공을 통해 갑개가 있는 비도를 지나 뒤콧구멍을 거쳐 인두로 흘러간다.

② 인두와 후두

인두	• 인두는 호흡계와 소화계가 함께 사용하는 기관으로, 연구개를 중심으로 등쪽에는 코인두, 배쪽에는 입인두가 존재한다. • 비강으로 들어온 공기는 코인두를 지나 후두로 들어가게 된다.
후두	• 공기가 기관으로 들어가는 통로인 호흡도에 해당하며, 음식을 삼킬 때 음식물이 기관으로 떨어지지 않도록 후두를 덮어주는 장치가 있다. 또한 소리를 내는 발성기관이 있다. • 후두는 후두덮개, 갑상연골, 윤상연골, 피열연골로 이루어져 있다.

③ 기관과 기관지

기관	• 기관은 후두의 윤상연골과 이어지는 관 모양의 구조물로, 그 경로에 따라 목부분과 가슴부분으로 구분한다. • 기관의 기관점막에는 섬모상피세포가 있어 이물질을 바깥쪽으로 이동시키는 작용을 한다.
기관지	• 기관지는 기관으로부터 좌우로 갈라져 나눠지는 곳부터 해당하며, 이곳을 주기관지라고 한다. • 주기관지는 여러 폐엽으로 향하는 엽기관지로 갈라져 나가며, 최종적으로 세기관지가 되어 폐포와 연결된다.

④ 폐(Lung)

　ⓐ 흉강 내에서 왼쪽폐와 오른쪽폐로 나누어져서 심장을 사이에 끼고 있다.

　ⓑ 흉강 내가 음압의 상태를 유지하고 있기 때문에 폐는 흉강벽에 당겨 붙어 흉강 전체를 채우고 있으며, 흉강이 확대되면 폐도 확장되어 밖에 있는 공기가 폐 속으로 들어오게 된다.

　ⓒ 세기관지를 통해 폐포로 들어온 공기는 폐포를 둘러싸고 있는 모세혈관과 확산을 통한 가스 교환을 하게 된다.

개의 경우 왼쪽폐 3엽(앞쪽엽 앞쪽부분, 앞쪽엽 뒤쪽부분, 뒤쪽엽), 오른쪽폐 4엽(앞쪽엽, 중간엽, 덧엽, 뒤쪽엽)으로 합계 7엽이다(인간의 경우, 왼쪽폐 2엽, 오른쪽폐 3엽).

(3) 소화기계통

① 소화기계통은 신체를 구성하는 세포가 기능을 계속 유지할 수 있도록 영양을 공급해 주는 기관으로, 음식물로부터 영양소를 추출하고 찌꺼기는 체외로 배출시킨다.

② 소화기관은 크게 관 모양의 구조를 나타내는 소화관과 그 부속 기관으로 나누어지는데, 소화관은 구강, 인두, 식도, 위, 장이 해당하며, 부속 기관은 소화관의 경로를 따라 위치하고 있는 입술, 혀, 치아, 구강샘, 간, 췌장 등이 해당한다.

(4) 소화기관의 구조와 기능

① 구 강

㉠ 소화관이 시작되는 부분인 구강은 입술로부터 인두에 이르는 공간이며, 그 양쪽 벽은 볼이고 경구개 및 연구개가 등쪽 벽을 이루며, 바닥에는 혀가 있다.

㉡ 입술, 볼 그리고 혀는 음식물의 저작에 중요한 역할을 한다.

㉢ 혀 점막의 표면에는 많은 유두가 돌출하여 사료를 씹을 때에 기계적 작용과 맛을 느끼게 한다.

② 치 아

㉠ 출생 후에 탈락치아(젖니)가 돋아난 후 일정기간이 지나면 영구치아로 교체된다.

㉡ 치아의 종류와 기능

앞 니 (절치)	• 치아관이 앞뒤로 납작해 먹이를 자르는 데 편리하게 되어 있다. • 치아뿌리(치근)는 한 개이며, 다른 치아보다 작다.
송곳니 (견치)	• 원뿔형으로 길고 끝이 뾰족하며, 한 개의 치아 뿌리를 가지고 있다. • 먹이동물 등을 단단히 물고 있을 때 주로 사용한다.
작은어금니 (전구치)	• 일반적으로 크고 여러 개의 치아 뿌리를 가지고 있으며, 교합면이 넓은 앞쪽 부분을 차지하고 있는 어금니이다. • 먹이 분쇄에 쓰인다.
큰어금니 (후구치)	• 작은어금니의 뒤쪽 부분을 차지하는 어금니로, 형태는 작은어금니와 비슷하다. • 먹이 분쇄에 쓰인다. • 앞니, 송곳니 및 작은어금니는 출생 후 탈락치아가 돋아난 후 일정 기간이 지나면 영구치아로 교체되는 이대성 치아이지만, 큰어금니는 탈락치아가 돋아나지 않고 영구치아만 돋아나는 일대성 치아이다.

ⓒ 치아의 구조 : 치아는 다음의 여러 층으로 이루어진다.

에나멜질	• 동물의 신체 조직 가운데 가장 견고한 조직으로, 반투명 유백색 또는 엷은 황색을 띤다. • 치아관의 바깥층을 차지한다.
상아질	• 치아의 주성분이다. • 치수강을 둘러싸며, 가는 관(상아세관)이 퍼져 있다.
시멘트질	• 상아질과 에나멜질보다 연하고 뼈와 비슷한 구조를 하고 있다. • 황갈색으로 치근의 상아질을 바깥쪽을 덮고 있는 것이 보통이나 새김질동물류의 어금니에서는 치아를 둘러싸고 있다.
치아수	• 상아질의 내측에 있는 치수강에 들어 있는 유연한 조직이다. • 혈관과 신경이 분포되어 있어 치아가 성장하는 데 필요하다. • 혈관과 신경은 치근에 있는 치아뿌리끝구멍을 통과하여 치아수에 분포한다.

② 개의 치아식

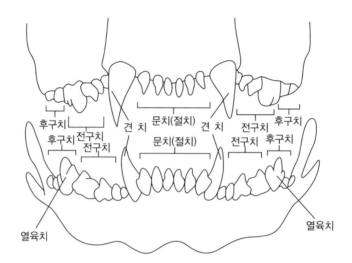

구 분	I(절치)	C(견치)	P(전구치)	M(후구치)	총 합계
영구치(위/아래)	3/3	1/1	4/4	2/3	42
맹출시기	3~4개월	5~6개월	4~7개월	5~7개월	
탈락치(위/아래)	3/3	1/1	3/3	–	28
맹출시기	3~4주	5주	4~8주	–	

- 치아관이 에나멜질로 덮여 있고 교합면에는 여러 개의 치아관 결절이 있다.
- 위턱의 전구치 4와 아래턱의 후구치 1이 가장 크며, 치아뿌리는 1개 이상이다.
- 강아지는 생후 3주령까지는 치아가 없으며, 3~8주령 사이에 3개의 앞니, 1개의 송곳니, 3개의 작은어금니가 젖 니로 나온다.
- 생후 3~4개월경부터 이빨을 갈기 시작하여 5~7개월이면 완료되고 이때 구치(어금니)도 갖추게 된다.
- 위턱의 전구치 4와 아래턱의 후구치 1은 먹이의 뼈를 자르거나 먹이를 삼키기 쉽게 자를 때 사용되기 때문에 절 단치아(열육치)라고도 한다.
- 개 이빨의 교합에는 위의 절치와 아래 절치가 가위처럼 맞물리는 시저스 바이트(Scissors Bite), 만력과 같이 맞물 리는 레벨 바이트(Level Bite), 위의 절치가 앞으로 지나치게 나온 오버쇼트(Overshot), 아래 절치가 앞으로 지나 치게 나온 언더쇼트(Undershot)가 있다. 개의 종류에 따라 교합의 종류 또한 달라진다.

③ 인두와 식도

ㄱ 인두는 구강과 식도의 사이에 있는 근육성의 주머니이며, 소화관과 호흡 기도의 교차점이 된다.

ㄴ 인두의 촉각 수용기가 자극되면서 반사가 일어나 인두 근육의 수축이 유발되어 음식물은 식도로 들어 간다. 이 과정 동안 후두개는 후두를 막아준다.

ㄷ 식도는 인두와 위를 연결하는 근육성의 긴 관으로 음식물을 인두에서 위로 운반한다.

ㄹ 식도에는 인두 근육에 이어지는 가로무늬근인 식도근이 분포하며, 위에 접근함에 따라 점차 민무늬근 으로 교체되는데, 개에서는 끝부분까지 가로무늬근섬유가 분포한다.

④ 위

ㄱ 식도와 소장의 사이에 있는 주머니 모양의 기관이다.

ㄴ 개의 위는 소화기 전체 용적의 60%를 차지할 정도로 크며, 한 번에 며칠분의 음식물도 채울 수 있다.

ㄷ 특히 개의 위산은 살균력이 강하다.

ㄹ 위는 간의 표면과 접촉하고 있으며, 위의 확장 정도에 따라 위치가 다양하다.

⑤ 소 장

십이지장	• 유문에서 시작되는 소장의 첫 부분이다. • 길이는 약 50cm 전후이다.
공 장	• 소장 가운데 가장 긴 부분으로, 개에서는 약 3m에 달한다. • 십이지장간막에 이어지는 공장간막에 매달려 복강에서 굴곡하여 뚜렷한 경계없이 회장으로 이어진다.
회 장	• 소장의 끝부분이며, 개에서 약 20cm이다. • 공장과의 경계가 뚜렷하지 않으므로 공장과 회장은 함께 공회장으로 다루는 것이 보통이다.

⑥ 대 장

소장(작은창자)의 끝부분인 회장에서 이어지는 뒷부분의 소화관으로, 맹장, 결장 및 직장으로 구분한다.

맹 장	짧고 끝이 막힌 관이다.
결 장	오름결장, 가로결장, 내림결장으로 구분되며, 수분 및 전해질 등을 흡수한다. 길이는 대략 25~60cm이고 직경은 약 2.5cm이다.
직 장	결장에 이어지는 대장의 끝부분으로, 척주의 배쪽을 따라 방광의 등쪽 부분을 뒤쪽으로 곧게 달려 항문에 이른다.

⑦ 간과 담낭

　　㉠ 간은 소화작용에 필요한 담즙(Bile)을 분비하여 십이지장에 보낼 뿐만 아니라 물질대사, 해독작용 등 중요한 역할을 한다.

　　㉡ 간은 위의 앞쪽에 있어 횡격막에 접하여 있으며 체축에서 오른쪽으로 기울어져 자리 잡고 있다.

　　㉢ 간의 중량은 개에서 0.4~0.6kg 정도로 내부 장기 중 가장 크며, 체중의 약 3.4% 정도이다.

　　㉣ 왼쪽외측엽, 왼쪽내측엽, 오른쪽외측엽, 오른쪽내측엽, 꼬리엽, 네모엽으로 구분된다(총 6개의 엽).

　　㉤ 담낭은 간에서 분비하는 담즙을 저장한다.

⑧ 췌장(이자)

　　㉠ 소화액을 분비하는 외분비샘 조직과 호르몬을 분비하는 내분비샘 조직으로 이루어져 있다.

　　㉡ 위의 뒤쪽에서 체축의 오른쪽으로 기울어 십이지장의 앞쪽 부분을 따라 붙어있으며, 1개 또는 2개의 췌장관을 내어 십이지장과 연결되어 있다.

　　㉢ 불규칙한 세모꼴 또는 V자 모양의 납작한 실질성 장기이다.

(5) 영양소의 소화와 흡수

① **구강 내 소화** : 주로 입술, 이빨, 혀를 이용하여 먹이를 분절, 섭취한다. 개는 타액선으로 이하선, 악하선, 설하선 이외에 특유의 협골선을 갖고 있으며, 수분, 단백질 효소 등이 들어있다.

② **위 내 소화** : 위액에 의해 소화가 일어난다.

　　㉠ 위에서는 음식물의 혼합 작용이 일어나며, 단백질 등의 소화가 시작된다.

　　㉡ 가스트린, 세크레틴 등의 호르몬 및 효소가 분비되어 소화작용을 촉진시킨다.

　　㉢ 위액은 단백질의 분해를 촉진하며, 살균작용을 한다.

　　㉣ 위 점막은 점액 겔로 덮여있어 강한 위산으로부터 위 점막을 보호한다.

③ **소장 내 소화**

　　㉠ 위에서 부분적으로 소화된 음식물은 소장에서 췌장액, 장액의 소화 효소에 의해 더 작은 영양소로 소화되어 흡수된다.

　　㉡ 소장에서는 분절운동, 시계추 운동, 융모 운동, 추진 운동 등이 일어나 소화 · 흡수되며, 남은 물질은 대장으로 이동한다.

④ **대장의 수분 흡수** : 주로 소장에서 영양소의 소화 · 흡수가 일어나므로 대장에서는 수분의 흡수가 대부분이다.

5 비뇨기계통 및 생식기계통, 내분비계통의 특성 이해

(1) 비뇨기관의 구성

① 비뇨기관은 오줌을 생성하는 신장(콩팥)과 이를 배설하는 요관, 방광 및 요도로 이루어진다.

② 신장은 혈액 중 몸에 불필요한 노폐물 및 과잉 물질을 수분과 함께 오줌의 형태로 걸러내고, 오줌은 요관을 거쳐 방광에서 저장되었다가 요도를 통하여 밖으로 배출된다.

③ 비뇨기관은 노폐물의 배설뿐만 아니라 체내 삼투압을 조절하는 역할도 수행한다.

(2) 신장의 구조와 기능

① 신장은 복강에서 요추골을 사이에 두고 좌우 하나씩 있으며, 일반적으로 오른쪽 신장이 왼쪽 신장보다 약간 앞쪽에 자리 잡고 있다.

② 신장 1개의 중량은 50~60g 정도이며, 크기는 약 5cm(길이)×2.5cm(폭)×2.5cm(두께) 정도이다.

③ 신장의 기능

   ⓐ 오줌을 생성하고 배설함으로써 혈액량 및 전해질 균형을 조절하고 대사 과정에서 생성된 노폐물이나 독성물질을 배설한다.

   ⓑ 혈장의 삼투압과 혈액의 pH를 유지하여 세포 내외 환경을 일정하게 유지한다.

   ⓒ 레닌(Renin)을 분비하여 혈압을 조절하며, 포도당의 신생 작용에 관여하고 빈혈이나 저산소증 시 골수를 자극하여 적혈구 생성을 돕는다.

(3) 요관, 방광, 요도의 구조와 기능

요 관	• 신장 깔때기로부터 방광에 이르는 오줌의 배설관이다. • 개의 요관의 길이는 약 12~16cm이다.
방 광	• 오줌을 일시적으로 저장하며 신축성 있는 주머니 모양의 기관이다. • 방광이 수축되어 있을 때는 골반강에서 직장의 밑(수컷) 또는 자궁과 질의 밑(암컷)에 자리 잡고 있으나 방광에 오줌이 충만하면 방광꼭대기가 골반강을 넘어서 복강에 이르게 된다.
요 도	• 수컷의 경우, 방광목의 끝부분에 있는 속요도구멍에서 음경 끝의 바깥요도구멍에 이르는 부분이다. • 암컷의 요도는 수컷보다 짧다. • 오줌을 몸 밖으로 배출한다.

(4) 생식기계통의 특성 이해

① 종족을 보존하기 위해 후손을 생산하는 역할을 한다.

② 수컷의 생식기관과 암컷의 생식기관으로 나누어지며, 이들 생식기관은 생식세포를 생산하는 생식샘과 이것을 밖으로 운반하는 생식도 및 부속생식샘, 교미기관으로 이루어져 있다.

③ 수컷 생식기관의 기능

수컷의 생식샘인 고환과 생식도의 역할을 하는 부고환, 정관 및 요도, 교미 기관인 음경과 그 경로에 있는 부속 생식샘 등으로 이루어진다.

고 환 (정소)	• 정자를 생산하는 외분비샘으로, 정자의 발생 장소이다. • 정자 형성 및 성적 행동에 영향을 미치는 호르몬인 테스토스테론 등을 생성하는 내분비샘이기도 하다. • 대부분의 포유동물은 정소가 복강외부의 음낭에 있다.
부고환 (부정소)	고환에서 만들어진 미성숙 정자를 일시적으로 저장하며 성숙시킨다.
정 관	부고환에서 이어지는 부분으로, 부고환관의 연속관이다.
전립샘	• 정자의 운동과 대사에 필요한 성분을 함유한 분비액이 생성된다. • 분비액은 유백색으로 pH 6.5의 약산성이며, 정낭샘과 함께 정액의 주성분을 이룬다. • 개는 전립샘이 크게 발달하여 직경이 1.5~3cm의 전립샘 몸통과 전립샘 전파부분으로 이루어져 있다.
음 경	수컷의 바깥생식기관으로서 요도의 해면체 부분을 둘러싸고 있는 원통 모양의 교미 기관이다.

④ 암컷 생식기관의 기능

암컷의 생식기관은 생식샘으로서의 난소가 있고, 생식도인 난관, 자궁, 질 및 질전정이 있다. 이 중 질과 질전정은 외음부분과 함께 교미기관의 역할도 하게 된다.

난소	• 생식세포인 난자를 생산하는 외분비샘이며, 동시에 난포호르몬, 황체호르몬 등의 성호르몬을 분비하는 내분비샘이다. • 작은 타원형이며, 활동기에는 난포 또는 황체가 잘 발달하여 볼록하게 튀어나와 형태가 달라진다. • 개의 난소 크기는 길이 2cm, 직경 1.5cm 정도이며, 중량은 3~12g이다. • 난소에서 만들어진 난자는 배란된 다음 4일 안에 정자와 만나면 수정이 가능하다. • 임신기간은 교배일로부터 60~63일 정도이다.
난관	• 성숙난포로부터 배출된 난자의 이동 통로이다. • 자궁뿔로 난자를 이동시킨다.
자궁	• 난관에서 이어지는 생식도이며, 수정된 배아가 착상하여 발육하는 두터운 막성조직이다. • 자궁은 복강 내에서 직장의 배쪽에 자리 잡고 골반강에서는 방광의 등쪽을 차지한다. • 개의 자궁은 쌍각자궁 형태(Y자형)로, 자궁체가 1개이며 자궁각에서 임신된다. • 자궁의 위치는 임신하였을 때 태자가 발육함에 따라 크게 변화한다.
질	질 수축 작용으로 정자를 수송하고, 질 내에 분비되는 분비액은 질, 자궁 및 난관의 수축을 활발하게 만든다.

(5) 내분비계통의 특성 이해

① 내분비계통은 신경계통과 합동으로 동물이 체내에서 일어나는 여러 환경적 변화에 잘 적응할 수 있도록 조절하는 작용을 한다.

② 내분비샘으로는 갑상샘, 부갑상샘, 뇌하수체, 송과샘, 부신, 가슴샘 등이 있다. 그 밖에 췌장, 고환, 난소 등 외분비샘을 겸하고 있는 것도 있다.

③ 내분비샘에서 분비되는 호르몬(Hormone)은 신체의 화학반응, 세포막을 통한 물질이동과 성장 및 번식 등을 조절한다.

외분비샘	• 분비물이 고유한 도관을 통해 분비된다. • 효과기관과 비교적 가까운 곳에 위치한다. 예 소화샘, 땀샘, 눈물샘 등
내분비샘	• 분비물이 혈액으로 직접 분비된다. • 분비물이 혈액을 타고 이동하다가 표적기관에서만 작용한다. 예 뇌하수체, 갑상샘, 이자, 부신 등

(6) 내분비샘의 종류와 분비 호르몬

① 뇌하수체

뇌하수체 전엽 호르몬	성장호르몬(GH), 최유호르몬(PRL), 난포자극호르몬(FSH), 황체형성호르몬(LH), 갑상샘자극호르몬(TSH), 부신피질자극호르몬(ACTH)
뇌하수체 중엽 호르몬	멜라닌세포자극호르몬(MSH)
뇌하수체 후엽 호르몬	항이뇨호르몬(ADH), 옥시토신(Oxytocin)

② 송과선

    ㉠ 낮 : 세로토닌 분비, 빛을 감지하여 각종 호르몬을 합성 및 저장한다.

    ㉡ 밤 : 멜라토닌 분비, 수면주기 조절, 피부색의 농도 결정, 저장된 호르몬을 분비한다.

③ 갑상샘

    ㉠ 나비 모양의 분비샘으로 기관 좌우 양쪽에 2개의 소엽으로 이루어져 있다.

    ㉡ 티록신을 분비하여 세포 호흡을 촉진한다.

④ 부갑상샘

    ㉠ 칼슘대사에 관여한다.

    ㉡ 혈액 내 칼슘 부족 시, 뼈에서 칼슘을 방출시키고 장에서 칼슘 흡수를 촉진하며 신장으로부터 칼슘 재흡수를 촉진한다.

⑤ 부 신

    ㉠ 피질과 수질로 되어 있다.

    ㉡ 피질에서 분비되는 당질코르티코이드는 탄수화물, 단백질과 지방대사에 관여하며, 알도스테론은 체내 나트륨(Na^+)의 재흡수를 촉진하여 혈압을 상승시킨다.

    ㉢ 수질에서 분비되는 에피네프린은 혈당량 증가 및 심장 박동 촉진에 관여한다.

⑥ 췌장(이자)

    ㉠ 소화액을 분비하는 외분비샘인 동시에 인슐린, 글루카곤을 분비하는 내분비샘이기도 하다.

    ㉡ 인슐린 : 췌장 랑게르한스섬의 베타세포에서 분비되며, 혈당치를 낮춘다.

    ㉢ 글루카곤 : 인슐린과 길항작용을 한다. 췌장 랑게르한스섬의 알파세포에서 분비되며, 혈당치를 높인다.

02 | 실전예상문제

01 개의 척주를 구성하는 뼈들의 수를 옳게 나열한 것은?

① 경추 8개, 흉추 13개, 요추 7개, 천추 3개
② 경추 8개, 흉추 13개, 요추 8개, 천추 4개
③ 경추 7개, 흉추 13개, 요추 7개, 천추 3개
④ 경추 7개, 흉추 13개, 요추 7개, 천추 4개

해설 개의 척주를 구성하는 뼈들의 수

경추(목뼈)	흉추(등뼈)	요추(허리뼈)	천추(엉치뼈)	미추(꼬리뼈)
7개	13개	7개	3개	20~23개

02 개 뒷다리의 관골과 대퇴골을 연결하는 관절의 명칭으로 옳은 것은?

① 고관절
② 슬관절
③ 견관절
④ 주관절

해설 뒷다리의 관골과 대퇴골을 연결하는 관절은 고관절(엉덩이관절)이다.

사지 위치에 따른 관절의 분류

앞다리 관절	뒷다리 관절
• 견관절(어깨관절, Shoulder Joint) • 주관절(앞다리굽이관절, Elbow Joint) • 완관절(앞발목관절, Carpal Joint)	• 고관절(엉덩이관절, Hip Joint) • 슬관절(무릎관절, Stifle Joint) • 부관절(족관절, Tarsal Joint)

03 개의 골격구조에 대한 설명으로 옳지 않은 것은?

① 개의 쇄골은 견갑골과 연결되어 있다.
② 늑골은 심장과 폐 등의 내장을 보호한다.
③ 뒷발목뼈 부분은 발볼록살보다 훨씬 윗쪽에 붙어 있다.
④ 발가락의 개수는 기본적으로 앞발 5개, 뒷발 4개이다.

해설 ① 개의 쇄골은 퇴화되어 없다. 따라서 견갑골이 옆으로 퍼지지 않고 몸의 측면에 상하 수직방향으로 붙어 있다.

04 다음 중 개의 근육에 대한 설명으로 옳지 않은 것은?

① 심장근은 형태학적으로 가로무늬근이지만 불수의근이다.
② 민무늬근은 주로 내장의 여러 기관, 혈관 등에 분포한다.
③ 골격에 부착된 근육은 자율신경의 지배를 받아 움직이는 수의근이다.
④ 개는 상대를 위협할 때 입술을 들어 올리고 어금니를 드러내기 위한 상진거근 등이 특별히 발달해 있다.

해설 골격에 부착된 근육은 골격근으로 체성신경(운동신경)의 지배를 받아 움직이는 수의근이다.

05 개의 신경에 대한 설명 중 잘못된 것은?

① 개의 신경도 인간과 같이 뇌와 척수로 이뤄진 중추신경과 그에 연결되어 온몸으로 퍼져가는 말초신 경으로 구분된다.
② 내장과 혈관 등에 분포되어 있는 자율신경은 자신의 의사로 컨트롤할 수 있다.
③ 척수는 경추에서 요추로 퍼져 있는 신경섬유의 다발로, 척수 분절에서 좌우 한 쌍의 척수신경이 나 와 각 조직에 정보를 전달하고 수집한다.
④ 말초신경은 뇌신경과 척수신경으로 구분되며, 기능에 따라 체성신경계와 자율신경계로 분류할 수 있다.

해설 ② 내장, 혈관 등에 분포되어 있는 자율신경은 개가 자신의 의사로 컨트롤할 수 없다.

06 개의 코에 대한 설명으로 옳지 않은 것은?

① 개의 후각은 인간의 100만 배 이상 예민하다고 할 수 있다.
② 개의 후각상피에는 약 2억 2000만 개의 후각세포가 분포되어 있다.
③ 비강의 등쪽 부분을 덮고있는 후각점막에 후각세포가 있어 냄새 자극을 감지한다.
④ 개의 후각은 예민하기 때문에 비경(코)을 건조하게 유지시켜야 한다.

해설 개의 비경(코)을 습하게 해주는 것이 좋다. 습한 비경은 냄새의 성분이나 냄새의 방향을 파악하는 데 유용하게 쓰인다.

07 개의 눈의 역할에 대한 설명으로 옳지 않은 것은?

① 개가 보는 세계는 흑백에 약간 색이 들어있는 정도라고 할 수 있다.
② 개의 눈에는 명암을 느끼기 위한 간상체와 색을 느끼기 위한 추상체 중 추상체가 많이 분포한다.
③ 간상체와 망막 뒤쪽의 타페탐(맥락벽판) 덕분에 개는 어두운 곳에서도 잘 볼 수 있다.
④ 개의 눈은 수정체가 두터워 멀리 있는 것에 초점이 잘 맞지 않는 근시인 경우가 많다.

해설 ② 개에게는 간상체가 많고 추상체가 조금밖에 없으므로 밝기는 민감하게 느끼면서도 색은 잘 구별하지 못한다.

08 빛을 굴절시켜 망막에 물체의 상이 맺히도록 하는 구조물로, 나이든 개의 경우 백내장이 나타나는 곳은?

① 각 막   ② 홍 채
③ 수정체   ④ 망 막

해설 수정체는 볼록 렌즈 모양으로, 빛을 굴절시켜 망막에 물체의 상이 맺히도록 하는 구조물이다. 나이든 개의 경우 수정체가 혼탁해지면서 백내장이 나타나기도 한다.

09 개의 귀에 대한 설명으로 옳지 않은 것은?

① 외이도가 인간의 귀와 비슷하게 수평으로 이어지는 형태로 되어 있다.
② 이개근육이 분포하며, 모두 수의근으로 귀 운동을 담당한다.
③ 이개연골에 의해 귀의 형태가 결정되며, 연골이 연약하여 늘어지기도 한다.
④ 바깥으로 나와 있는 이개는 쫑긋 세운 귀, 축 늘어뜨린 귀, 반직립 귀 등 여러 가지 형태를 하고 있다.

해설 ① 개의 경우 외이도가 'ㄴ'자로 생겨 수직이도와 수평이도로 구분된다.

10 개의 피부와 피모에 대한 설명으로 잘못된 것은?

① 대부분이 털로 덮여 있으며 품종에 따라 짧거나 길다.

② 전신의 피부에 땀샘이 분포해 있다.

③ 피지선에서 분비되는 피지가 털에 윤기를 주는 동시에 물을 튕겨 내는 기능을 한다.

④ 피모의 신진대사는 매일 소량씩 반복되고 있는데, 봄과 가을에 주로 털갈이가 일어난다.

해설 ② 개의 땀샘은 발바닥과 코에만 있다.

11 개의 심장에 대한 설명으로 옳지 않은 것은?

① 심실중격으로 왼쪽과 오른쪽으로 구분된다.

② 좌심실은 대동맥, 우심실은 폐동맥과 연결되어 있다.

③ 심방과 심실 사이에는 방실판막이, 심실과 동맥 사이에는 반월판막이 존재한다.

④ 제3~7늑골 사이에 위치하며, 흉강의 모양에 따라 보통 오른쪽으로 치우쳐 있다.

해설 ④ 개의 심장은 제3~7늑골 사이에 위치하며, 흉강의 모양에 따라 보통 왼쪽으로 치우쳐 있다.

12 개의 호흡기에 대한 설명으로 옳지 않은 것은?

① 코와 입으로 들이마신 산소를 기관과 기관지를 통하여 폐로 받아들이며, 체내로 공급한다.

② 체내에서 생성된 이산화탄소는 내쉬는 숨과 함께 체외로 배출한다.

③ 개의 폐는 왼쪽폐 3엽, 오른쪽폐 4엽으로 구성되어 있다.

④ 개는 체온이 상승할 때 깊고 다소 느린 호흡을 반복하여 열을 체내로 배출한다.

해설 개는 운동 등으로 체온이 상승할 경우, 얕고 빠른 호흡을 반복하여 체내의 열을 밖으로 배출한다.

13 개의 치아의 특징으로 옳지 않은 것은?

① 총 이빨 개수는 42개이다.

② 유치는 생후 약 5개월이면 나온다.

③ 견치는 길며 끝이 뽀족하고 굵은 치근부를 가지고 있다.

④ 개의 종류에 따라 교합의 종류 또한 다르다.

해설 ② 개의 이빨에는 유치와 영구치가 있는데 생후 약 3~8주면 유치가 나오며, 생후 3~4개월경부터 이빨을 갈기 시작하여 5~7개월이면 완료되고 이때 구치(어금니)도 갖추게 된다.

14 개 치아의 배열 순서로 옳은 것은?

① 문치, 견치, 전구치, 후구치
② 견치, 문치, 전구치, 후구치
③ 전구치, 후구치, 문치, 견치
④ 전구치, 후구치, 견치, 문치

해설 개의 치아는 앞에서부터 안쪽을 향한다고 할 때, 문치(앞니), 견치(송곳니), 전구치(앞어금니), 후구치(뒷어금니)의 순으로 위치한다.

15 개의 영구치아 치식을 옳게 나타낸 것은?

① 3 1 4 2
 I -- C -- P -- M
 3 1 4 4

② 3 1 4 2
 I -- C -- P -- M
 3 1 4 3

③ 3 1 3 3
 I -- C -- P -- M
 3 1 4 3

④ 3 1 4 3
 I -- C -- P -- M
 3 1 4 3

해설 개의 영구치아

	앞 니	송곳니	작은어금니	큰어금니	
윗 니	3	1	4	2	10
아랫니	3	1	4	3	11

16 개의 소화기에 대한 설명으로 옳지 않은 것은?

① 개의 소화기도 인간과 같이 입으로 시작하여 식도, 위, 소장, 대장, 항문으로 구성되어 있다.
② 위산은 살균력이 약하기 때문에 개가 부패한 고기를 먹게 되면 몸에 이상이 생기는 경우가 많다.
③ 개의 소화기는 인간에게 사육되면서부터 인간의 식생활에 맞추어 잡식성으로 바뀌었다고 할 수 있다.
④ 개는 타액선으로 이하선, 악하선, 설하선 이외에 특유의 협골선을 갖고 있으며, 수분, 단백질 효소 등이 들어있다.

해설 ② 개의 위산은 살균력이 강한 편이다.

17 다음에서 설명하는 개의 내장 기관으로 옳은 것은?

> • 6개의 엽으로 되어 있다.
> • 내부 장기 중 가장 크며, 횡격막과 접해 있다.
> • 소화 작용을 하는데 필요한 담즙(bile)을 분비하며, 해독작용 등의 중요 기능을 한다.

① 간   ② 비 장
③ 신 장   ④ 췌 장

해설 ① 개의 간은 몸의 크기에 비하여 큰 편이며, 간의 중량은 0.4~0.6kg 정도로 체중의 약 3.4% 정도이다. 간의 기능은 다양하고 매우 복잡한데, 대표적인 기능은 소화와 대사기능, 생합성기능, 혈액저장소, 해독작용 등이다.

PART 4

18 개의 소화기계통에서 장관의 연결 순서로 옳은 것은?

① 공장 – 회장 – 맹장 – 결장 – 직장
② 공장 – 회장 – 결장 – 맹장 – 직장
③ 회장 – 맹장 – 공장 – 직장 – 결장
④ 회장 – 맹장 – 공장 – 결장 – 직장

해설 ① 개의 소화기계통에서 장관은 공장 – 회장 – 맹장 – 결장 – 직장으로 이어진다.

19 개의 비뇨기관에 대한 설명으로 옳지 않은 것은?

① 개의 비뇨기관은 신장, 요관, 방광, 요도로 구성되어 있다.
② 신장은 복강에서 요추골을 사이에 두고 좌우 하나씩 자리잡고 있다.
③ 비뇨기관은 노폐물의 배설뿐만 아니라 체내 삼투압을 조절하는 역할도 수행한다.
④ 오줌을 몸 밖으로 배출하는 요도는 암컷이 수컷보다 길다.

해설 ④ 암컷의 요도는 수컷보다 짧다.

20 개의 생식기에 대한 설명으로 옳지 않은 것은?

① 암컷의 생식기는 난소, 난관, 자궁, 질 등으로 이루어져 있다.

② 수컷의 생식기는 고환과 부고환을 싸고 있는 음낭, 음경을 싸고 있는 표피가 체외로 나와 있다.

③ 수컷에서 정액의 성분이 되는 전립선액을 분비하는 전립샘 등은 복강 속에 감춰져 있다.

④ 선단 부근에 음경골이라고 하는 연골이 있는데, 이는 인간을 포함한 모든 동물에게 있다.

> **해설** ④ 음경골은 인간을 제외한 모든 동물에게 있다.

03 | 반려견의 질병 이해와 건강관리

1 반려견의 전염성 질환, 기생충 질환 및 예방접종

(1) 바이러스성 전염 질환

① 디스템퍼(개 홍역, Distemper)

　㉠ 병원체 : 디스템퍼 바이러스

　㉡ 급성 전염성 열성 질환으로, 전염성이 강하고 폐사율이 높은 전신 감염증이다.

　㉢ 증상 : 눈곱, 결막염, 소화기 증상(식욕부진, 구토, 설사), 호흡기 증상(노란 콧물, 기침), 피부 증상(피부각질), 신경 증상(후구마비, 전신성 경련) 등이 나타난다.

　㉣ 침이나 눈물, 콧물을 통해 주로 전파되며, 개과의 개, 여우, 이리, 너구리 및 족제비과의 족제비, 밍크, 스컹크, 페럿 등에 공통적으로 감염된다.

　㉤ 치료 : 수액처치, 면역촉진제, 수혈 및 면역혈청 등의 치료가 필요하다.

② 전염성 간염

　㉠ 병원체 : 아데노 바이러스 Ⅰ형

　㉡ 병에 걸린 개의 분변, 침, 오염된 식기 등을 통해 감염되며, 1세 미만의 강아지가 걸리면 높은 사망률을 보인다.

　㉢ 증상 : 구토, 설사, 복통이 일어나고 편도가 붓거나 입안의 점막이 충혈되고 점상으로 출혈이 일어나기도 한다. 회복 후 각막의 혼탁이 오기도 한다.

　㉣ 치료 : 수액, 수혈, 비타민제 및 항생물질 투여 등이 필요하다.

③ 파보 바이러스 감염증

　㉠ 병원체 : 파보 바이러스

　㉡ 전염력과 폐사율이 매우 높은 질병이다.

　㉢ 어린 연령일수록, 백신 미접종일수록 증상이 심하게 나타나며 심한 구토와 설사가 나타난다.

　㉣ 증 상

심장형	3~8주령의 어린 강아지에서 많이 나타나며, 심근 괴사 및 심장마비로 급사한다.
장염형	8~12주령의 강아지에서 다발하고, 구토를 일으키고 악취나는 회색 설사나 혈액성 설사를 하며 급속히 쇠약해지고 식욕이 없어진다.

　㉤ 치료 : 수액처치, 면역촉진제, 수혈 및 면역혈청 등의 치료가 필요하다.

④ 파라 인플루엔자 기관지염

  ㉠ 병원체 : 파라 인플루엔자 바이러스

  ㉡ 전염성이 매우 빠르며, 감염 후 8~10일이면 호흡기를 통해 바이러스가 배출되어 공기 중에 전파된다.

  ㉢ 증상 : 눈 주위가 마르고, 심한 기침, 점액성 콧물이 난다. 또한 발열 증상 및 식욕 감퇴 등의 증상을 보이며, 7일 이상 지속 시 폐렴 증세를 보이기도 한다.

  ㉣ 종합 백신의 접종과 철저한 소독이 필요하다.

⑤ 코로나 바이러스 장염

  ㉠ 병원체 : 코로나 바이러스

  ㉡ 개과에 속하는 모든 동물에 감수성이 높고, 병든 개의 분변 내에 있는 병원체는 6개월 이상 감염력을 가진다.

  ㉢ 증상 : 구토와 설사가 주요 증상이며, 파보 바이러스 감염증의 증상과 유사하나 열이나 혈변 발생 등은 약하다.

  ㉣ 예방접종과 철저한 소독이 필요하다.

⑥ 광견병

  ㉠ 병원체 : 광견병 바이러스

  ㉡ 광견병 바이러스를 가진 동물에게서 전염된다. 광견병은 개뿐만 아니라 야생 여우, 너구리, 박쥐, 코요테 및 사람도 감염될 수 있다.

  ㉢ 광견병 바이러스는 침을 통해 체내 조직에 침입한 뒤 척추 내 중추신경계를 통해 뇌까지 이동하여 증상을 일으킨다.

  ㉣ 증 상

    • 발열, 두통, 식욕저하, 구토 등이 나타난다.

    • 침을 흘리면서 배회하거나 흥분, 경련, 혼수상태 등 비정상적인 신경 증상이 나타난다.

  ㉤ 백신접종이 최우선 예방법이다.

(2) 세균성 전염 질환

① 전염성 기관기관지염(켄넬코프)

  ㉠ 병원체 : 바이러스 및 여러 종류의 세균이 복합적 원인체로 작용한다.

  ㉡ 호흡기 질병으로, 어린 강아지와 면역력이 약한 노령견에서 흔히 나타난다.

  ㉢ 개 여러 마리가 한 공간의 견사를 공유하는 환경에서 발생하기 쉽기 때문에 견사(Kennel)와 기침(Cough)이 합쳐진 켄넬코프라는 병명이 붙었다.

  ㉣ 증상 : 기침, 기관지염, 심한 경우 폐렴이 진행된다.

  ㉤ 치료 : 수액, 기침억제제, 항생제 등의 투여가 필요하다.

② 렙토스피라증

  ㉠ 원인 세균 : Leptospira 속 감염균

  ㉡ 개뿐만 아니라 고양이, 기타 야생 동물들의 오줌을 통해 배설되어 흙, 지하수 등을 오염시키며 혈액 내로 침투한다.

ⓒ 주로 여름철이나 9~10월 추수기에 많이 발병한다.

ⓔ 증상 : 초기에는 근육통, 고열이 있다가 더 진행되면 급성 및 만성 신염과 간염을 일으키며, 황달, 폐출혈, 전신 출혈 등이 나타나기도 한다.

ⓕ 치료 : 종합백신접종으로 예방한다.

(3) 기생충 질환

① 심장사상충증

ⓐ 혈액 내 기생충성 질환으로, 심장사상충이 심장이나 폐동맥에 기생하여 발생한다.

ⓑ 주로 모기가 전파하며, 감염 시 심장과 폐, 피부에 심장사상충 질병을 유발한다.

ⓒ 감염 경로

> 감염견 몸 속에서 유충 생성 → 감염견의 피를 모기가 흡입할 때 유충도 함께 흡입 → 모기 체내 유충은 감염력을 가진 감염 유충으로 성장 → 모기가 다른 건강한 개의 혈액을 흡입할 때 감염 유충이 피부 속으로 유입 → 개의 혈액을 타고 심장 및 폐에 도달 → 성충으로 자라 질병을 일으키며 많은 유충 배출

ⓔ 감염 증상 : 만성 기침, 피로 등을 일으키며, 폐동맥을 막아 호흡곤란·발작성 실신·운동기피 등의 증상을 나타낸다. 말기에는 복수·하복부의 피하부종·흉수 등이 발현되기도 한다.

ⓕ 키트, 초음파, X-ray 등으로 감염 여부를 진단할 수 있다.

ⓖ 모기가 활동하는 늦은 봄부터 초가을 사이에 감염될 가능성이 높다.

ⓗ 예방 : 심장사상충 예방용 구충제를 투약한다.

② 바베시아증

ⓐ 혈액 속에 기생하는 바베시아라는 원충에 감염되어 나타나는 질병으로, 참진드기가 매개한다.

ⓑ 감염 증상 : 적혈구가 파괴되어 빈혈이 생기고, 입술 점막이 파래지거나 소변이 갈색을 띠는 증상이 나타난다.

ⓒ 예방 및 치료 : 참진드기가 기생하지 않도록 정기적으로 살충제를 주변에 살포하는 것이 좋다.

③ 소화기 내부 기생충 질환

회충증	• 회충은 가장 흔한 내장 기생충이다. • 임신한 모견의 태반을 통해 태아로 이동할 수 있으며, 강아지 입양 시 감염되어 있을 수 있기 때문에 입양 즉시 구충을 실시한다. • 구충은 3주령에 1차로 실시하며, 3개월 간격으로 추가로 실시한다. • 회충 감염 증상 : 성장지연, 구토, 탈수, 폐렴 등
십이지장충증(구충증)	• 십이지장충은 소장 부위에 주로 기생한다. • 십이지장충 감염 증상 : 피로, 식욕부진, 검은 점액성 대변, 소장벽 출혈에 의한 빈혈 등
편충증	• 편충은 맹장이나 결장에 주로 기생한다. • 편충 감염 증상 : 만성적인 염증, 혈액성 및 점액성 설사 등
조충증	• 조충은 항문 주위에 기생하며, 벼룩이 매개가 되어 감염된다. • 조충증 증상 : 설사, 식욕부진, 엉덩이를 땅에 문지르는 행동 등

(4) 반려견 예방접종

① 개 종합백신(DHPPL)

    ㉠ 5종류의 전염성이 강한 질병을 예방해준다.

    ㉡ 예방 가능 질병 종류

> • 디스템퍼
> • 전염성 간염
> • 파보 바이러스성 장염
> • 파라 인플루엔자성 기관지염
> • 렙토스피라증

    ㉢ 접종 시기와 간격

        • 생후 6주령에 1차 접종을 하며, 2주 간격으로 5차 접종을 한다.

        • 성견인 경우, 매년 1회 이상 추가 접종한다.

        • 번식 가능 암컷인 경우, 교배 전 접종하며 구충제도 함께 투여하면 좋다.

② 코로나 장염 백신 : 생후 6주령에 1차 접종하며, 2주 간격으로 2회 접종한다. 매년 추가 접종한다.

③ 기관기관지염(켄넬코프) 백신 : 생후 8~10주령에 1차 접종하며, 2주 간격으로 2회 접종한다. 매년 추가 접종한다.

④ 광견병 백신 : 생후 14주령에 1차 접종하며, 매년 추가 접종한다.

〈반려견 예방접종 일정표〉

구 분	종 합 (DHPPL)	코로나 장염	기관기 관지염 (켄넬코프)	개 인플루엔자 (신종플루)	비오칸M	광견병	구충제	심장 사상충
6주령	1차	1차						
8주령	2차	2차						
10주령	3차		1차					
12주령	4차		2차					
14주령	5차					기초접종	3개월 간격	매달
16주령				1차	1차			
18주령				2차	2차			
추가 접종	매년	매년	매년	매년	매년	매년		

더알아보기   예방접종 시 주의사항

• 접종 후 당일 목욕은 스트레스를 줄 수 있으므로 피하는 것이 좋다.
• 접종 후 특이사항이 일어나는 경우를 대비하여 병원 영업시간 내에 방문하여 접종하는 것이 좋다.
• 접종과 치료를 동시에 진행할 경우 부작용 발생 시 원인 파악이 어려우므로 피하는 것이 좋다.
• 접종 당일과 다음 날에는 산책이나 운동을 피하는 것이 좋다.

2 반려견의 그 밖의 주요 질환

(1) 심장 관련 질환

① 승모판 폐쇄 부전증

㉠ 좌심방과 좌심실 사이에 있는 승모판이 잘 닫히지 않게 되면서 혈액이 역류하게 되는 질환으로, 심해지면 생명에도 지장을 줄 수 있다.

㉡ 말티즈나 포메라니안 등 소형 노령견에서 주로 나타난다.

㉢ 증상 : 운동 및 흥분 후 목이 막힌 듯한 건조한 기침이 나오고, 한밤중에도 기침이 계속된다. 질병이 진행되면 심장이 비대해지고, 폐에도 영향을 미쳐 호흡곤란이나 폐기종을 유발하기도 한다.

㉣ 치료 : 혈관확장제, 이뇨제, 강심제 등을 사용해 몸의 부담을 덜어주어야 한다.

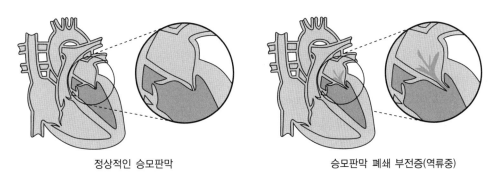

정상적인 승모판막   승모판막 폐쇄 부전증(역류중)

[정상적인 승모판막과 승모판막 폐쇄 부전증]

② 심근증

㉠ 노령견 및 대형견에서 주로 나타나는 질병으로, 심장 근육이 비대해지거나 탄력이 없어지며 확장되어 나타난다.

㉡ 증상 : 심기능이 약해지면서 배에 복수가 차거나 사지의 부종 등이 나타나며, 부정맥, 뇌혈류 저하 등의 증상으로 돌연사하기도 한다.

㉢ 치료 : 혈관확장제나 이뇨제 등으로 질병을 완화시킨다.

③ 동맥관 개존증

㉠ 선천성 심장병 중 하나로, 출생 후에 닫혀야 할 동맥관이 정상적으로 닫히지 않고 열려 있는 상태가 지속되는 질병이다.

㉡ 증상 : 지속되면 금방 피곤해하고, 기침이나 구토, 호흡곤란 등의 증상이 나타난다.

㉢ 치료 : 증상 완화 치료 후, 6개월 내에 수술이 필요하다.

④ 폐동맥 협착증

㉠ 폐동맥의 입구가 좁아져 발생하는 질병으로, 우심실이 비대해져 순환 부전이 일어난다.

㉡ 증상 : 일반적인 허약 증세가 나타나며, 중증인 경우에는 호흡곤란이나 청색증, 심한 기침, 부종 등이 생기고 심부전으로 사망하기도 한다.

㉢ 치료 : 중증인 경우 수술이 필요하다.

⑤ 심실, 심방 중격 결손증

㉠ 심장 좌우의 심실 또는 심방 사이가 선천적으로 구멍이 생겨 그 사이로 혈액이 역류하면서 생기는 질병이다.

㉡ 증상 : 구멍이 작으면 증상이 나타나지 않는 경우도 있지만, 대부분 기침이나 운동 시 호흡곤란, 구토 등의 증상이 나타나며 몸의 성장이 중지되기도 한다.

㉢ 치료 : 중증인 경우 수술이 필요할 수 있다.

(2) 주요 호흡기계 질환

① 비 염

㉠ 바이러스나 세균, 곰팡이균에 감염되어 나타나는 질병으로, 공기가 건조한 겨울에 많이 발생한다.

㉡ 증상 : 점성이 강한 콧물이 나오며, 재채기를 한다. 코를 발로 문지르거나 바닥에 문지르기도 하며, 코 위가 부풀어 오르거나 결막염이 생기기도 한다.

㉢ 치료 : 건조 방지를 위해 증기를 쏘이도록 하며, 항생물질이나 소염제의 투여가 필요하다.

② 기관지염

㉠ 기관지의 점막에 염증이 생긴 질환이다.

㉡ 마른 기침을 하며, 호흡이 어려워 토할 듯한 모습을 보인다.

㉢ 콧물이나 열이 나는 경우가 있고, 식욕 부진이 나타난다. 기침이 심해지면 거품 상태의 점액을 구토하기도 한다.

㉣ 치료 : 항생물질 및 진해제, 거담제 등의 투여가 필요하다.

③ 폐 렴

㉠ 폐 조직에 염증이 생겨 나타나는 질병으로, 기관지염이나 인두염의 확장으로 생기는 경우가 많다.

㉡ 증상 : 세균성 폐렴의 경우 심한 발열(41℃ 이상)이나 호흡곤란으로 쓰러지기도 한다.

㉢ 치료 : 항생물질 외에 진해제, 거담제, 소염제 등의 투여 및 영양관리가 필요하다.

④ 연구개 과장증(단두종 증후군)

㉠ 시추, 불독, 페키니즈 등 단두종에게 많이 발생하는 질병으로, 연구개 노장(연구개가 두꺼워지거나 늘어지는 것)에 의해 나타나는 질병이다.

㉡ 증상 : 보통 숨을 들이쉴 때 코골이가 심하며 입을 벌리고 숨을 쉬는 경우가 많다. 특히 한낮(고온)일 때나 흥분했을 때는 호흡이 빨라지고 괴로운 듯이 보인다. 간혹 연구개가 목을 완전히 막아서 무호흡 증상이 나타나기도 한다.

㉢ 치료 : 늘어진 연구개를 절제하는 수술이 필요하다.

용어설명　　연구개(The Soft Palate)

연구개는 목의 앞쪽에 있는 상악의 부드러운 부분으로 코로 음식물이 들어가는 것을 막는 역할을 한다.

⑤ 기관 허탈
　　㉠ 단두종이나 소형 노령견에서 많이 발생하는 질병으로, 동그란 관 형태의 기관이 납작하고 협소해져 나타나는 질병이다.
　　㉡ 노화에 따른 기관연골의 퇴화 및 만성기관지염, 비만 등을 원인으로 추정한다.
　　㉢ 증상 : 운동 및 흥분 시 거위 울음소리 같은 건조한 기침을 하는 것이 특징이다. 또한 호흡곤란이 나타나며, 심해지면 청색증이 나타나기도 한다.
　　㉣ 치료 : 기침 억제제, 기관지 확장제 등의 약물 치료가 필요하며, 비만이 원인인 경우 체중 감량이 필요하다.

⑥ 폐수종
　　㉠ 폐 조직에 물이 쌓여 호흡곤란을 일으키는 상태를 말한다.
　　㉡ 심장질환에 의한 심인성 폐수종과 폐렴, 급성 호흡곤란증후군, 발작, 신부전 등에 의한 비심인성 폐수종으로 구분할 수 있다.
　　㉢ 증상 : 폐에서의 가스교환이 잘 이루어지지 않아 저산소증을 일으키며, 기침, 호흡곤란, 식욕저하 등이 나타난다. 선 채로 있고 눕기를 싫어한다면 심각한 상황이다.
　　㉣ 치료 : 폐에 찬 물을 빼주기 위한 이뇨제 처치 및 호흡을 도와주는 산소 처치가 필요하다. 또한 원인 등에 따라 강심제, 혈압강하제 등의 처치도 필요하다.

⑦ 기흉
　　㉠ 흉강 벽에 구멍이 뚫리거나 폐의 파열로 흉강에 공기가 차는 질환이다. 이로 인해 폐가 위축되면서 폐활량이 저하된다. 기흉은 보통 편측성으로 일어난다.
　　㉡ 일반적으로 교통사고나 다른 큰 개에 물려 폐가 손상되어 나타나는 경우가 많고, 폐의 실질성 기질의 약화에 의한 폐의 파열도 원인 중 하나이다.
　　㉢ 증상 : 호흡곤란이 오며, 움직이는 것을 싫어한다. 또한 혀나 입술이 파래지는 청색증이나 무기력증 등이 나타난다.
　　㉣ 치료 : 흉강에 쌓인 공기를 빼거나 산소를 흡입시켜야 한다. 중증인 경우 수술이 필요하다.

(3) 주요 소화기계 질환

① 거대 식도증
　　㉠ 식도 근육층이 약해져 식도가 넓어진 상태로, 정상적인 연동운동이 어려워 음식물이 정체해 위로 넘어가지 못하고 토해내는 질병이다.
　　㉡ 유전적인 경우가 많지만, 식도의 근육을 움직이는 신경이 다쳐서 발생하기도 한다. 또한 식도협착, 중증 근무력증 등 다른 질병에 의해 나타나는 경우도 있다.
　　㉢ 증상 : 일반적인 구토와 다르게 토할 때 반사적으로 음식물이 튀어나가는 구토 증상이 나타나며, 음식물의 일부가 폐로 들어가 폐렴을 일으키기도 한다.
　　㉣ 치료 : 개보다 높은 위치에서 유동식을 주도록 하고, 식후에도 가능한 서 있는 상태를 유지시켜 음식물이 중력에 의해 식도를 이동하게 하는 방법 등을 사용한다.

② 식도이물

　㉠ 식도가 음식물이나 이물질에 의해 막힌 상태이다. 개는 음식물을 통째로 삼키거나 다른 이물질도 입에 넣으려 하기 때문에 식도가 이물질로 막히는 경우가 흔히 발생한다.

　㉡ 증 상

　　• 식도가 막히면서 침이 흐른다.

　　• 막히는 정도가 심하지 않은 경우에는 발견이 늦기도 하며, 식욕부진, 발열 등의 증상이 나타나기도 한다.

　㉢ 치료 : 내시경 등을 통해 이물질을 제거해야 하며, 이물질을 위 속까지 밀어 넣어 위를 절개하는 수술을 하기도 한다.

더알아보기　하임리히법

• 반려견의 기도에 이물질이 걸렸을 때 실시한다.
• 육안으로 이물질이 발견되지 않을 때 실시한다.
• 어린 강아지의 경우 뒷다리를 잡아 거꾸로 들어올려 털어준다.
• 성견인 경우 개의 뒷다리를 세운 후 하복부 부분을 감싸안고 주먹을 쥔 손으로 강하게 밀어 올린다.
• 압박 추천 횟수는 5회이며, 이물질이 제거되지 않았을 시 다시 압박 과정을 반복하며 빠르게 동물병원으로 이송해야 한다.
• 이물질이 제거된 이후에도 하임리히법으로 인해 장기가 손상되었을 가능성이 있으므로 동물병원에 방문하여 진료를 받아야 한다.

③ 위 염

　㉠ 위 점막에 염증이 생긴 질병이다. 급성 위염이 잘 낫지 않아 만성화되는 경우도 있다.

　㉡ 원인은 다양하지만 위가 반복적인 자극을 받아서 일어난다.

　㉢ 증상 : 구토하거나 식욕부진으로 마르는 것이 일반적이며, 구토 시 피가 섞여 있거나 변이 검은 경우도 있다.

　㉣ 치료 : 증상 완화를 위해 점막을 보호하는 약이나 구토를 멈추게 하는 약, 항생물질 등을 처방받아 투여하고 식사요법을 병행한다.

④ 위확장 · 위염전

　㉠ 위확장은 위에 이상이 생겨 가스가 차고 팽창한 상태이며, 위염전은 위가 꼬여 위의 배출로가 막히게 된 상태이다.

　㉡ 응급질환으로 신속하게 대응하지 않으면 사망하는 경우가 많다.

　㉢ 대형견 중 흉강이 좁고 깊은 그레이트덴, 셰퍼드 등에서 많이 볼 수 있다.

　㉣ 과식 후 심한 운동을 하거나 스트레스 상황에서 먹이 급여 시 발생한다.

　㉤ 증상 : 토하려고 해도 토하지 못하고 침만 흘리면서 괴로워한다. 복부가 부풀어 올라 가라앉지 않고 심한 통증 때문에 쇼크 상태에 빠지기도 한다.

ⓑ 치료 : 위확장만 있는 경우에는 위 속의 가스를 제거하고 위를 세척하는 치료가 필요하지만, 위염전도 있을 경우 수술을 해야 한다. 식사는 소량으로 여러 차례에 나눠서 먹이고 식후에 물을 많이 먹지 못하게 한다. 또한 식후에는 바로 운동을 시키지 않도록 한다.

⑤ 장 염

ㄱ 소장이나 대장의 점막에 염증이 생기는 질병이다.

ㄴ 바이러스나 세균, 기생충 감염, 식사, 약물, 스트레스 등 원인이 다양하며, 급성 또는 만성적으로 일어난다.

ㄷ 증상 : 탈수 증상이 나타나며, 선혈이나 점액이 섞인 설사를 한다.

ㄹ 치료 : 절식이 필요하며, 수액, 지사제 등을 투여가 필요하다.

⑥ 장폐색

ㄱ 장의 협착, 농양, 꼬임 등으로 인해 장이 막히는 질병으로, 증상이 심하면 내용물이 전혀 움직이지 않기 때문에 사망에 이르기도 한다.

ㄴ 장염이나 종양, 선천성 기형 등이 장폐색의 원인일 수 있으며, 작은 돌멩이나 비닐, 실뭉치 등이 조금씩 쌓여서 막히는 경우도 있고, 이물질을 삼켜서 장이 막히는 경우도 있다.

ㄷ 증상 : 발열, 구토 등이 나타나며, 장의 확장으로 통증이 심하다. 장이 완전히 막혀버리면 복통이 더 심해지고, 탈수, 쇼크 증상 등 더 심각한 증상이 나타난다.

ㄹ 복부 촉진과 복부 초음파 검사 등을 통해 진단한다.

ㅁ 치료 : 구토로 인한 탈수와 쇼크 증상을 가라앉히고 상태 안정 후 개복수술을 실시한다. 수술 후에는 일정 기간 절식시킨 후 수액처치 및 유동식 급여가 필요하다.

⑦ 췌장염

ㄱ 췌장에 염증이 생긴 질병으로, 췌장에서 생성된 소화효소가 복강 내로 흘러나와 다른 인접 장기들을 손상시키며, 심화되면 췌장의 괴사 및 전신적인 합병증을 유발한다.

ㄴ 미니어처 닥스훈트, 요크셔테리어, 미니어처 슈나우저 등 소형견에게 주로 나타나는 질병이다.

ㄷ 무분별한 식이(고지방식) 및 복부 외상, 내분비 질환 및 비만 등 원인은 다양하다.

ㄹ 증상 : 식욕부진으로 구토 및 설사가 나타나며, 심한 복부 통증으로 쇼크 증상이 오기도 한다.

ㅁ 치료 : 소화효소를 저해하는 약이나 진통제를 투여하며, 회복한 후에는 지방분이 많은 식사는 피해야 한다.

⑧ 간 염

ㄱ 간에 염증이 생기는 질병으로, 간염 초기에는 증상이 잘 나타나지 않지만 염증이 지속되면 간경화, 간 부전 등으로 이어진다.

ㄴ 바이러스나 진균에 의한 감염 및 기생충 감염이 원인이 되기도 하며, 구리, 비소, 수은 등의 중독이나 진통제, 마취제 등의 약물 중독이 원인이 되기도 한다.

ㄷ 증상 : 초기에는 증상이 없으나 간염이 지속되면 구토나 설사를 일으키고 식욕이나 기운이 없어진다. 중증으로 진행된 경우 황달이나 경련 등이 나타나며, 의식이 흐려지는 증상이 나타나기도 한다. 보통 배에 복수가 차거나 마르는 등의 증상을 보여 알게 되는 경우가 많다.

ⓔ 치료 : 수액 및 해독제 처치 후 충분한 휴식과 영양(저지방, 고단백 식이)을 공급하여 간 기능의 회복을 돕는다. 또한 간 보호제, 항산화제 등의 급여도 필요하다.

⑨ 항문낭염

　㉠ 항문낭은 항문의 양쪽 괄약근 사이에 위치한 2개의 작은 주머니로, 독특한 냄새를 가진 갈색 액체를 생산한다.

　㉡ 항문낭염은 이 주머니가 세균에 감염되어 분비액이 잘 배출되지 않고 쌓여서 곪는 질병이다.

　㉢ 지루성 피부 질환 및 세균 감염, 무른 변 등이 원인이다.

　㉣ 증상 : 염증이 심해지면 항문낭이 부어오르며, 배변 시 통증을 보인다. 항문 부위를 바닥에 대고 긁는 행동(스쿠팅)을 하거나 항문 주위를 핥으려는 행동을 한다.

　㉤ 치료 : 항문낭의 분비물 배출 및 세척이 필요하며, 많이 곪은 경우에는 항생제를 공급한다.

⑩ 소화기 종양

　㉠ 노령견의 경우 내부 장기에 다양한 종양이 생길 수 있는데, 소화기계로는 위암, 직장암 등이 있다.

　㉡ 유전 및 노화로 인해 주로 발병한다.

　㉢ 증상 : 질병이 상당히 진행될 때까지 증상이 나타나지 않는 경우가 많은데, 일반적으로는 체중감소, 식욕 부진, 구토 및 설사가 나타나고 배가 부풀어 오르는 등의 증상이 나타난다.

　㉣ 치료 : 방사선 요법, 항암제 요법 등을 활용하며, 평소 정기적인 CT나 MRI 검사 등을 통한 조기 발견이 중요하다.

(4) 외부 기생충에 의한 피부 질환

① 모낭충증

　㉠ 모낭충에 감염되어 생기는 질병으로, 모낭을 파괴하고 이차 감염을 일으킨다.

　㉡ 주로 성장기 강아지에게 발병하며, 털이 짧은 견종에서 쉽게 나타난다.

　㉢ 안면, 복부, 발 부위에 병소가 있으며, 비듬이나 농포가 관찰되고 가려움은 심하지 않으나 개선충과 함께 혼합 감염되면 가려움이 심해진다.

② 개선충증

　㉠ 개선충(옴벌레)이 피부에 구멍을 뚫고 기생하면서 나타나는 질병이다.

　㉡ 피부의 점액 등에 의해 털에 엉키고 심한 가려움으로 긁거나 비비게 된다.

　㉢ 주로 안면, 귀끝, 상완골(팔꿈치) 부위에 병소가 있고 털이 빠지며, 심하면 온몸에 피부염이 번진다.

　㉣ 진드기 구제약으로 치료하며, 전신의 털을 깎아주는 것도 도움이 된다.

③ 벼룩 알레르기성 피부염

　㉠ 개벼룩이 피를 빨 때 분비된 타액에 의해 알레르기 반응을 일으키는 질병이다.

　㉡ 심한 가려움이 발생하며, 피부가 빨개지고 털이 빠지기도 한다.

　㉢ 벼룩은 기생충을 옮기기도 하므로 꼭 구제가 필요하다.

　㉣ 알레르기가 심할 경우, 부신피질 호르몬 투여 등으로 치료한다.

④ 피부사상균증

    ㉠ 곰팡이의 일종인 피부사상균에 감염되어 발병한다.

    ㉡ 가려움은 거의 없으나 원형 탈모가 생기는 것이 특징이며, 심해지면 탈모 부분이 커지고 비듬이나 부스럼이 생기기도 한다.

    ㉢ 연고를 바르거나 내복약을 투여하고, 약용샴푸 등으로 세정한다.

⑤ 마라세티아 감염증

    ㉠ 효모균에 속하는 진균 마라세티아에 의해 발병한다.

    ㉡ 피부나 귀 속에 증식하여 피부염을 악화시키거나 심한 가려움을 동반한다.

    ㉢ 외이염 증상과 함께 귀지가 대량으로 나오거나 신 냄새 같은 것이 난다.

    ㉣ 항진균약을 투여하고, 약용샴푸 등으로 세정한다.

(5) 그 밖의 피부 관련 질환

① 아토피성 피부염

    ㉠ 꽃가루, 먼지, 진드기 등 알레르기의 원인이 되는 물질에 대해 과민 반응이 나타나는 질환이다.

    ㉡ 가려움증으로 자주 긁고 핥기 때문에 피부가 상처를 입어 2차 세균감염이 쉽게 일어나며, 결막염, 비염 등을 동반하는 경우가 많다.

    ㉢ 1~3세 사이에 주로 발병하며, 골든 리트리버나 시바견 등의 견종이 선천적으로 이 질병에 걸리기 쉽다.

    ㉣ 치료 : 가려움 방지를 위한 약물 투여가 필요하며, 수의사의 지시에 따라 부신피질 호르몬 약을 처방받을 수도 있다. 평소에 진드기나 먼지를 줄이는 방법으로 청소 관리를 해야 하며, 샴푸 등도 세심히 선택해야 한다.

② 지루증

    ㉠ 호르몬 이상이나 영양 불균형, 기생충이나 세균 감염, 유전 등 다양한 원인으로 피부가 기름지게 되거나 반대로 건조해져 비듬이 생기는 질환이다.

    ㉡ 피지 분비가 많은 습성지루는 코커스파니엘, 시추 등의 견종에서 많이 나타나며, 건조하여 비듬이 생기는 건성지루는 저먼 셰퍼드, 아이리시 셰터 등의 견종에서 많이 나타난다.

    ㉢ 습성지루의 경우 특유의 냄새가 나고 끈끈한 점액이 묻어있는 경우가 많으며, 건성지루의 경우 피부가 버석버석거리고 가려워하는 경우가 많다.

    ㉣ 치료 : 평소 영양 관리에 신경쓰며, 처방에 따른 약용샴푸 사용을 병행한다.

(6) 내분비계 질환

① 부신피질 기능항진증(쿠싱증후군)

    ㉠ 부신피질에서 분비되는 호르몬이 과다하게 분비되어 생기는 질병으로, 쿠싱증후군이라고도 한다.

    ㉡ 주로 7세 이상의 고령견에서 많이 나타나는데, 뇌하수체 종양, 부신의 종양, 스테로이드 호르몬의 다량 투여 등이 원인이다.

ⓒ 증상 : 갈증으로 물을 많이 마시며, 그로 인해 소변 횟수 및 양이 증가한다. 식욕이 늘어나며, 피부가 얇아지고 털이 푸석푸석하며 탈모가 생긴다. 또한 복부가 늘어지고 근육이 약해지거나 위축되며, 당뇨병 등 합병증이 유발되기도 한다.

ⓔ 치료 : 사용 중인 스테로이드제가 있다면 서서히 줄여야 하며, 부신피질 호르몬 생성 억제 관련 내복약을 투약해야 한다.

② 부신피질 기능저하증(에디슨병)

ⓐ 쿠싱증후군과 반대로 부신피질 호르몬이 과소 분비되어 나타나는 질병으로, 에디슨병이라고도 한다.

ⓑ 증상이 갑자기 나타나는 경우가 많으며, 주로 암컷의 푸들, 콜리 등에서 많이 발병한다.

ⓒ 부신피질 기능이 저하되거나 스테로이드제를 장기간 복용하다 투여 중지한 경우에도 나타날 수 있다.

ⓓ 증상 : 저혈압, 저혈당증과 함께 식욕부진, 근력저하, 설사나 구토 등의 소화기 증상이 나타나며, 다음 및 다뇨 등도 나타난다.

ⓔ 치료 : 급성인 경우 신속한 치료가 필요하며, 수액 처치를 통해 저혈압, 저혈당증 등을 교정해야 한다. 만성인 경우 부신피질 호르몬 유사제를 지속적으로 복용해야 한다.

③ 당뇨병

ⓐ 췌장에서 분비되는 인슐린이 부족하거나 인슐린 저항성이 생겨 나타나는 질병이다.

ⓑ 인슐린은 혈중 당을 세포로 흡수시켜 에너지 생산을 촉진하며, 단백질과 지방의 합성을 증가시키는 역할을 하는데, 인슐린이 부족한 경우 혈중 당 농도가 높아 일부 당이 오줌으로 배출된다.

ⓒ 원인에는 유전적 요소 및 비만, 내분비 질환, 스트레스 등이 있다.

ⓓ 증상 : 다음 및 다뇨 증상이 나타나며, 많이 먹지만 지방과 단백질이 축적되지 않아 체중 감소가 일어난다. 또한 증상 악화 시 당뇨병성 케톤산증으로 무기력, 구토, 탈수 등의 증상이 나타나기도 한다.

ⓔ 치료 : 식이 조절 및 체중 유지에 힘써야 하며, 증상이 심한 경우 인슐린 투여가 필요하다.

④ 갑상샘 기능저하증

ⓐ 갑상샘 호르몬의 분비가 감소하여 나타나는 질병이다.

ⓑ 고령의 대형견에게 많이 나타나며, 갑상샘 조직의 염증 및 위축, 변성 등이 원인이다.

ⓒ 증상 : 산책하기 싫어하거나 추위를 많이 타는 등의 모습을 보이며, 피부가 거칠어지고 탈모가 증가한다.

ⓓ 치료 : 갑상샘 호르몬제의 투여가 필요하다.

(7) 근골격계 질환

① 추간판질환(IVDD)

ⓐ 추간판이 변성되거나 돌출 및 압출되어 척수와 척수신경을 압박하는 척추질환이다.

추간판 탈출 (Extrusion)	섬유륜이 파열되어 수핵이 척수 쪽으로 압출된 것이다. 심한 염증을 동반하며, 주로 급성으로 발현한다.
추간판 돌출 (Protrusion)	섬유륜의 부분 파열로 인해 추간판이 튀어나와 척수를 자극하는 것이다. 진행성 및 만성의 경향을 보인다.

ⓛ 원인은 다양하나 노령으로 인한 탄력성 감소, 비만, 무리한 운동, 사고로 인한 외상 등이 주요 원인
이다.

ⓒ 경추에 발생한 추간판 질환은 목디스크, 요추에 발생한 추간판 질환은 허리디스크라고 부른다.

ⓔ 증상 : 통증으로 인해 걷거나 점프하는 등의 움직임을 힘들어하며, 하반신 마비증상 등이 나타나기도
한다.

ⓜ 치료 : 진통제 등을 처방하며, 운동 제한이 필요하다. 통증과 함께 마비 증상 등이 심하면 척추관 내
의 압력을 낮춰주는 수술이 필요하다. 이후 재활치료, 물리치료 등을 꾸준히 진행해야 한다.

용어설명 추간판(Intervertebral Disc)

추간판은 척추뼈와 척추뼈 사이를 이어주는 섬유연골관절로, 탄력성이 있으며 등뼈를 유연하게 하고 충격을 흡수하
는 역할을 한다.

② 환축추불안정(AAI)

㉠ 경추뼈 중 환추(1번 경추)와 축추(2번 경추) 사이의 결합에 이상이 생겨 고개를 제대로 움직이지 못하
는 질환으로, 환축추아탈구라고도 한다.

ⓛ 소형견에서 선천적 이상 또는 외상으로 인한 뼈와 인대의 손상으로 나타나는 경우가 많다.

ⓒ 증상 : 머리가 흔들거리고 제대로 사람을 쳐다보지 못하며, 고개를 좌우로 잘 돌리지 못한다. 심한 경
우 호흡곤란, 사지마비 등의 증상도 나타난다.

ⓔ 치료 : 경추 보조기 장착 및 진통제 투여가 필요하다. 또한 케이지를 통한 운동 제한이 필요하다.

③ 골 절

㉠ 뼈가 약해지거나 외부 충격 등으로 인해 부러지는 경우이다.

ⓛ 대부분 교통사고 등의 충격으로 발생하는데, 영양 이상, 호르몬 이상, 종양 등으로 인해 뼈가 약해져
골절되기도 한다.

ⓒ 골절의 분류
  • 조직의 손상 정도 : 개방골절(뼈가 피부를 뚫고 나옴), 폐쇄골절(피부는 다치지 않음)
  • 골절면의 방향 : 횡골절, 종골절, 사골절, 나선골절
  • 전위(위치 이동)의 유무 : 전위골절, 비전위골절
  • 골절선의 정도 : 불완전골절, 완전골절, 분쇄골절

ⓔ 골절이 일어난 경우 발생 부위가 부어오르고 열이 동반되며, 개방 골절의 경우 세균에 감염되기 쉽
다. 부러진 뼈가 큰 혈관을 손상시켰을 경우 큰 출혈이 나타나며, 척추 등이 손상되었을 시 신경 마비
등의 증상이 나타난다.

ⓜ 치료 : 골절상을 입었을 때는 움직임을 최소화해주는 것이 좋다. 따라서 개가 움직이지 않도록 부목
을 대어 고정을 하여 부상 악화를 줄여준다. 만약 뼈가 보이거나 외부로 돌출되어 출혈이 있는 경우
는 멸균된 거즈로 누르거나 감아 지혈시킨다.

④ 탈 구

㉠ 관절부에 의해 연결되어 있는 뼈가 정상적인 위치에서 벗어난 경우이다.

㉡ 골절과 마찬가지로 사고 등의 외상에 의해 일어나는 경우가 많지만, 고관절이나 슬관절에서는 유전적으로 관절 형성이 불완전하기 때문에 발생한다. 또한, 류마티스성 관절염 등의 전신성 질병이 원인이 되어 발생하는 경우도 있다.

㉢ 개에서는 고관절과 슬관절의 탈구가 가장 흔하며, 그 밖에 족근관절, 수근관절, 선장관절, 견관절, 악관절 등에서 탈구가 일어난다.

고관절 탈구	• 낙하, 사고 등의 외상에 의해 대퇴골의 머리가 골반뼈의 절구에서 벗어나 생긴다. • 외상 후 체중을 싣지 않는 파행을 보인다.
슬관절 탈구	• 외상 및 활차구 이상으로 슬개골이 대퇴골의 활차구에서 이탈하여 생긴다. • 슬개골이 빠진 방향에 따라 내측탈구, 외측탈구로 구분하며, 주로 소형견에서 발생한다. • 높은 곳에서 뛰어 내리면서 갑자기 소리를 지르거나 뒷다리를 절거나 들고 다닐 때 의심할 수 있다.

㉣ 치료 : X선 검사 실시 후, 가능한 빨리 관절을 정상 위치로 되돌려야 한다. 보통 마취 후 피부 위에서 힘을 가해 수복하는데, 외과수술이 필요한 경우도 있다. 수복 후에는 붕대 등으로 환부를 고정해서 안정을 유지하고 염증 완화를 위해 약을 처방받아야 한다. 탈구는 습관성이 되는 경우가 많으므로 그 후의 생활 관리에도 신경써야 한다.

⑤ 고관절 이형성증

㉠ 허리와 대퇴골을 연결하는 고관절이 비정상적으로 발달하여 고관절 내 대퇴골 머리가 부분적으로 빠져 있는 질병이다.

㉡ 대형견에서 유전적인 요인으로 주로 나타나며, 성장 중 과도한 영양 섭취로 인한 급격한 체중 증가도 주요 원인이다.

㉢ 증상 : 토끼처럼 양쪽 다리를 모아서 달린다거나 앉는 자세를 취하지 못하는 등의 증상이 나타나며, 근육 위축 등으로 계단을 오르내리지 못한다거나 운동을 싫어하는 모습을 보인다.

㉣ 치료 : 체중 관리 및 운동 제한이 필요하며, 수술 치료 및 재활 치료가 필요한 경우도 있다.

⑥ 십자인대단열

㉠ 대퇴골과 정강이뼈를 연결하는 앞십자인대가 뒤틀리거나 끊어진 상태이다.

㉡ 원래 대형견에게 흔히 발생하는 질병이지만, 최근에는 비만인 소형견에서도 발생한다.

㉢ 사고로 외부 충격을 받았거나 인대의 노화, 비만에 의한 슬관절의 과부하 등이 원인이다.

㉣ 뒷다리의 파행이 나타나며, 방치하면 관절염이 나타나기도 한다.

㉤ 앞쪽 미끄러짐 검사, 정강뼈 압박 검사 등으로 진단하며, 수술적 치료 및 재활 치료가 필요하다.

㉥ 체중 관리, 운동 관리에도 신경써야 한다.

⑦ 관절염

㉠ 2개의 뼈를 연결하는 관절연골이 손상되어 염증이 생긴 질병이다.

㉡ 비만이나 과도한 운동, 노화 등의 이유로 발생하며, 고관절이나 슬관절에 많이 발병하는 경향이 있다.

㉢ 증상 : 운동을 꺼려하며, 환부가 크게 붓거나 통증이 심해진다.

    ⓔ 치료 : 통증과 염증 완화를 위한 내복약을 장기적으로 투여해야 하며, 체중 관리 및 저강도 운동을 실시한다.

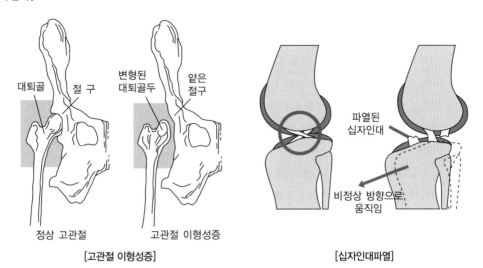

정상 고관절   고관절 이형성증

[고관절 이형성증]   [십자인대파열]

(8) 비뇨기계 질환

① 급성 신부전

    ㉠ 신장의 기능이 갑자기 저하되어 체내 노폐물 배설에 문제가 생긴 상태를 말한다(신장 기능 75% 이상 상실).

    ㉡ 급성 신부전증으로 체내의 독소를 배설하지 못하게 되면 요독증이 나타나는데, 이는 다른 기관에도 영향을 미쳐 사망에 이르게도 한다.

    ㉢ 증상 : 발병 시 무기력해지며, 소변양이 감소하거나 소변이 나오지 않는다. 또한 요독증으로 인해 식욕 저하, 입냄새, 경련 등이 유발된다.

    ⓔ 치료 : 발병 시 급히 병원으로 이동해야 한다. 탈수에는 수액을 처치하며, 결석이 원인인 경우 수술로 제거한다. 독극물이 원인인 경우 토하게 하거나 중독에 대응하는 치료를 하며, 감염증일 때에는 항생물질 등의 약물 투여를 실시해야 한다.

② 만성 신부전

    ㉠ 급성인 경우와 마찬가지로 신장 기능을 75% 이상 상실한 상태로, 노령 동물에서 신장 기능이 서서히 저하되어 나타나는 질병이다.

    ㉡ 급성 신부전, 사구체신염 등 신장 기능 이상과 고혈압, 요로기계 감염 등이 원인이 된다.

    ㉢ 증 상

        • 다음 및 다뇨가 나타나며, 차츰 식욕이 저하되고 털이 푸석푸석하며 기력이 감소한다.

        • 신장의 적혈구 생성 기능 저하로 빈혈이 나타나기도 하며, 말기에는 의식 저하 등이 나타난다.

    ⓔ 치료 : 최대한 증상을 완화시키는 것을 목적으로 해야 하며, 식사요법이나 약물 투여, 수액 처치 등을 증상에 맞게 실시한다.

③ 방광염

    ㉠ 방광이 세균에 감염되어 나타나며, 비뇨기계 중에서도 잘 걸리는 질병이다.

    ㉡ 수컷보다 요도가 짧은 암컷에서 잘 발생한다.

    ㉢ 세균이 요도를 타고 침입해 방광에 염증을 유발하며, 신우신염을 일으키기도 한다.

    ㉣ 증상 : 발열, 기력저하, 다음 및 다뇨 증상을 보인다. 또한, 소변이 나오지 않는 경우도 있으며, 소변 색이 탁하거나 색이 진하고 냄새가 강하게 나기도 한다.

    ㉤ 치료 : 항생물질이나 항균제 투여가 필요하다. 만성화되거나 재발하기 쉬운 질병이므로 한 번이라도 방광염에 걸렸던 적이 있다면 평소에 주의를 기울이도록 해야 한다.

④ 요로결석

    ㉠ 신장, 요관, 방광, 요도 중 한 곳에 무기질이 뭉쳐진 결석이 생기는 질병이다.

    ㉡ 결석이 생기는 부위에 따라 신결석, 요관결석, 방광결석, 요도결석으로 구분한다.

    ㉢ 수산염, 마그네슘, 인 등이 포함된 음식을 많이 먹거나 물 섭취량 감소 및 비뇨기계 감염 등이 요로결석의 원인이 된다.

    ㉣ 증 상

      • 혈뇨 : 소변에 혈액이 섞여 나온다.

      • 빈뇨 : 적은 양의 소변을 자주 눈다.

      • 배뇨곤란 : 배뇨를 힘들어하거나 배뇨 시 통증을 보인다.

      • 요도가 긴 수컷에게서 많이 나타나며, 결석으로 인해 요도가 막히면 기력저하 및 전신증상이 나타난다.

    ㉤ 치료 : 외과적 수술로 결석을 제거하며, 재발 방지를 위해 식이요법을 시행해야 한다.

(9) 암컷의 생식기계 질환

① 유선염

    ㉠ 유두를 통해 유선으로 세균이 침입해 염증이 생긴 질환으로, 출산 후나 발정 후에 많이 볼 수 있다.

    ㉡ 위생이 불량한 상태에서 젖을 물리거나 새끼 등에 의해 외상이 생겼을 때 세균에 감염되어 주로 나타난다.

    ㉢ 증상 : 유방이 단단해지고 열이 나며, 멍울이 만져지기도 한다. 또한 유즙에 화농성 변화가 나타나며, 유선을 만지면 통증을 보인다.

    ㉣ 치료 : 항생제, 유즙 분비 억제제 등 약물 투여가 필요하며, 염증이 심할 때에는 배농 및 수술적 절제가 필요하다.

② 자궁축농증

    ㉠ 자궁이 세균에 감염되어 염증을 일으키고 고름이 쌓이는 질환이다.

    ㉡ 고름이 밖으로 나오는 개방형과 고름이 자궁 안에 쌓여서 배출되지 않는 폐쇄형이 있다.

    ㉢ 증 상

      • 물을 많이 마시며 소변양이 증가한다(다음 및 다뇨).

      • 복부 및 회음부가 부어오르고 통증을 보이며, 식욕저하, 기력저하, 구토, 발열 등의 증상을 보인다.

- 개방형의 경우, 질 분비물에서 고름이나 혈농이 보이며 불쾌한 냄새가 난다.
  - ② 자궁축농증은 주로 새끼를 낳은 적이 없거나 한 번만 낳은 암컷이 걸리기 쉽다. 또한 발정기에 열려 있는 자궁목을 통해 세균이 침입하기 쉽기 때문에 발정기 이후에 많이 나타난다.
  - ⑩ 치료 : 항생제 등의 약물치료가 필요하며, 교배 계획이 없는 경우 수술을 통한 자궁 적출을 고려할 수 있다.
- ③ 질 탈
  - ㉠ 질탈출증으로 질이 정상적인 위치에서 벗어나 외부로 나오는 질환이다.
  - ㉡ 난산이나 분만 시의 과도한 진통, 변비로 인한 복압 등이 원인이다.
  - ㉢ 증상 : 배뇨곤란 및 빈뇨, 진통 등을 보인다.
  - ㉣ 치료 : 돌출된 질 부위를 소독 및 세정한 후 윤활제를 도포하여 몸속으로 밀어넣는 치료를 한다. 재발 방지를 위해 수술 및 중성화수술 등을 시행하기도 한다.
- ④ 유선 종양
  - ㉠ 암컷에서 발생하는 종양 중 가장 많이 생기는 질병으로, 노령일수록 위험률이 증가한다.
  - ㉡ 난소의 기능이 발병에 관여하고 있는 것으로 보이며, 유전이 주요 원인이라고 할 수 있다.
  - ㉢ 증상 : 복부나 유두 주변에 멍울이 만져진다.
  - ㉣ 절반 이상이 악성 유방암으로 전이될 가능성이 높다.
  - ㉤ 치료 : 종양 제거 수술을 하거나 질병의 진행 상태에 따라 난소나 자궁 적출 수술을 고려하기도 한다.
- ⑤ 난소 종양
  - ㉠ 난소에 종양이 생긴 질환으로, 고령의 출산 경험이 적은 암컷에게서 주로 발병한다.
  - ㉡ 양성의 과립막세포종이 가장 많이 발생하며, 선종, 선암, 난포막세포종 등에 의해 발병한다.
  - ㉢ 증상 : 멍울이 복부 촉진으로 발견할 수 있는 정도로 커지며, 복수가 차 배가 팽창하기도 한다.
  - ㉣ 예방 : 미리 중성화 수술을 시키는 것도 하나의 방법이다.
  - ㉤ 치료 : 난소 및 자궁의 적출 수술을 고려한다.

(10) 수컷의 생식기계 질환

- ① 잠복고환
  - ㉠ 수컷의 정소(고환)는 출생 시 음낭으로 하강하게 되는데, 이때 정상적으로 내려오지 않고 한쪽 또는 양쪽 고환이 복강 내에 머물러 있는 경우이다.
  - ㉡ 잠복고환은 고환 종양, 고환 염전, 전립선 비대증, 전립선염, 불임 등으로 발전할 가능성이 높다.
  - ㉢ 유전적 요인이 크므로, 이 질병의 개체는 교배를 권하지 않는다.
  - ㉣ 치료 : 종양 및 전립선 질환으로 발전할 가능성이 높기 때문에 적출 및 중성화 수술이 필요하다.
- ② 전립선 비대증
  - ㉠ 전립선이 정상적인 크기에서 벗어나 점점 커지는 질환으로, 중성화 수술을 하지 않은 노령 수컷에서 주로 발병한다.
  - ㉡ 정소에서 분비되는 호르몬의 불균형 등으로 인해 발병한다.

ⓒ 대부분 무증상이나 전립선이 비대해지면서 주변에 있는 장이나 방광, 요도를 압박하기 때문에 증상이 나타나는 경우가 있다. 혈뇨 및 배뇨곤란, 변비가 나타나기도 하며, 전립선염을 동반하는 경우 통증이 나타나기도 한다.

ⓡ 치료 : 무증상인 경우 특별히 치료를 권하지 않으나 증상을 보이는 경우 중성화 수술을 실시한다.

③ 전립선염

　ⓐ 전립선이 세균에 감염되어 염증이 생긴 질환으로, 전립선 비대증과 같이 전립선이 커지는 증상이 나타난다.

　ⓑ 중성화 수술을 하지 않은 수컷이나 노령견에서 주로 발병한다.

　ⓒ 증 상

　　• 급성인 경우 빈뇨, 혈뇨 및 식욕부진 증상이 나타나고 염증이 심할 경우 통증이 심해진다.

　　• 만성인 경우 증상이 비교적 가볍고 비대 증상도 뚜렷하지 않지만, 세균 감염으로 인한 방광염의 원인이 되기도 한다.

　ⓡ 치료 : 항생물질을 투여하며, 재발 방지를 위해 중성화 수술이 필요하다.

④ 정소 종양

　ⓐ 정소(고환)에 종양이 생긴 질환으로, 양성인 경우가 많지만 드물게 악성으로 다른 부위로 전이되기도 한다.

　ⓑ 노령견에서 많이 발생하며, 잠복고환일 경우 발병 가능성이 더 높다.

　ⓒ 증상 : 정소가 부어오르거나 잠복고환인 경우 복부에 멍울이 만져진다.

　ⓡ 치료 : 수술로 정소를 적출해야 한다. 잠복고환일 경우 미리 적출하거나 중성화 수술을 하는 것이 예방법이다.

(11) 구강 질환

① 에나멜질 형성부전

　ⓐ 이빨 표면을 덮고 있는 에나멜질이 충분히 발달되지 않아 이빨이 쉽게 부러지는 질환이다.

　ⓑ 에나멜질이 형성되는 생후 1~4개월 무렵에 홍역을 앓거나 영양장애, 약물섭취 등으로 에나멜질이 충분하게 발달하지 못한 것이 주요 원인이다.

　ⓒ 증상 : 에나멜질이 없으면 이빨이 갈색이 되고 치석이 끼게 되며, 이빨의 강도가 약해져 이빨이 쉽게 부러진다.

　ⓡ 치료 : 이빨 표면을 수복재로 수복하고, 흠이 난 부분은 보전제로 덮어 지각 과민을 해소하는 치료가 필요하다.

② 충 치

　ⓐ 충치균에 의해 이빨에 구멍이 생기거나 이빨이 갈색이나 검은색으로 변하는 질환이다.

　ⓑ 개는 사람과 달리 입안이 알칼리성이라서 충치균에 강한 편이지만, 나이든 개나 당분 함유 음식을 다량 섭취하는 경우 충치가 발병하기 쉽다.

　ⓒ 이빨 표면에 남아있던 음식 찌꺼기 등이 부패하면서 유기산 등이 만들어지고, 이 부산물들이 이빨의 에나멜질이나 치수를 침범하여 충치를 만든다.

     ② 증상 : 통증으로 음식을 잘 먹지 못하며, 구취가 심하다.

     ⑩ 치료 : 충치를 제거하고 충전해서 수복하며, 충치가 심한 경우에는 발치한다. 평소에 양치질을 통한 꾸준한 관리가 필요하다.

③ 치주 질환

     ㉠ 치아 주변 조직에 염증이 생기는 질환으로, 치은염과 치주염으로 구분할 수 있다.

치은염	잇몸에 염증이 생긴 것으로, 잇몸이 붓고 피가 난다.
치주염	잇몸과 잇몸뼈 주변의 치주인대까지 염증이 진행된 것이다. 이 경우 고름이 고이거나 이빨이 흔들리게 되어 이빨이 빠지게 된다.

     ㉡ 입안 위생 관리 부족 및 치석 방치, 부정 교합 등이 원인이다.

     ㉢ 증상 : 잇몸이 붓고, 궤양과 출혈이 나타난다. 심한 경우 사료를 잘 씹지 못한다.

     ㉣ 치 료

       • 입안을 청결히 하고 스케일링을 통한 치석 제거를 실시한다.

       • 증상이 심할 경우, 환부 소독 및 항생물질 투여를 실시한다.

       • 이빨이 흔들리는 경우 발치가 필요하며, 추후 위생 관리 및 정기적 검진이 필요하다.

④ 치근첨주위농양

     ㉠ 이빨 뿌리 쪽에 심한 염증이 생긴 질환이다. 외부에서는 잘 보이지 않으므로 증상이 많이 진행되어서 발견되는 경우가 많다.

     ㉡ 치주 질환이 심해지거나 치수와 치근 주위가 세균에 감염되면서 발생한다.

     ㉢ 증상 : 사료를 잘 씹지 못하거나 염증으로 인해 얼굴이 부어오르기도 한다. 또한 이빨이 흔들리거나 빠지기도 하며, 치근부의 궤양으로 코에서 출혈 및 고름이 발생하기도 한다.

     ㉣ 치료 : 발치 및 항생물질을 투여해야 한다. 미리 치주 질환이 발생하지 않도록 위생 관리에 신경써야 하며, 딱딱한 것을 씹고 노는 습관을 교정해 주도록 한다.

⑤ 구내염

     ㉠ 구강 점막에 염증이 생긴 질환이다.

     ㉡ 주로 뺨 안쪽이나 혀 안쪽, 잇몸 등에 염증이 발생한다.

     ㉢ 입안 상처, 세균이나 바이러스에 의한 감염, 치주질환 및 당뇨병, 신장병 등의 전신질환에 의해 발병한다.

     ㉣ 증상 : 음식 섭취 시 통증으로 힘들어하며, 구취가 난다. 또한 침을 흘리거나 피가 나기도 한다.

     ㉤ 치료 : 염증 부위를 소독하고 염증 완화 약물을 발라준다. 비타민제 투여도 치료 방법 중 하나이며, 위생적인 구강 관리가 필요하다.

(12) 눈의 질환

① 안검내반 · 외반증

     ㉠ 개에게 흔하게 발생하는 눈 질환으로, 안검내반은 안검 피부가 안구 쪽으로 말려들어가 있는 상태를 말하며, 안검외반은 안검 피부가 바깥쪽으로 밀려나와 있는 상태를 말한다.

     ㉡ 이는 선천적인 경우와 각막궤양이나 이물 또는 포도막염, 심한 안통에 의해서도 발생한다.

ⓒ 증 상

- 안검내반은 속눈썹이 눈 표면을 찌르므로 눈물 분비가 증가하고 눈을 자주 깜박거리거나 자극으로 인해 안검경련이 일어나며 만성 각막염이나 결막이 충혈된다.
- 안검외반은 결막염이나 유루증의 원인이 되는 경우가 많고, 눈곱이 많이 나온다.

ⓔ 치료 : 선천적인 경우 외과적 수술로 원인을 제거하도록 하며, 각막과 결막의 병변부를 치료한다.

② 첩모난생증

ⓐ 눈썹이 나는 부위는 정상이나 배열과 발생 방향이 불규칙한 것을 말한다.

ⓑ 후천적으로는 결막염, 화상, 안검염에 의해서도 발생한다.

ⓒ 증상 : 각막 및 결막을 자극하므로 눈물 분비가 증가하고 결막충혈로 눈을 잘 뜨지 못하게 된다.

ⓔ 치료 : 비정상적으로 난 눈썹을 제거하거나 외과적인 수술을 실시하고, 각막 및 결막염 치료를 한다.

③ 제3안검 탈출증(체리아이)

ⓐ 내안각에 위치한 제3안검이 변위되어 돌출된 질환이다.

ⓑ 이는 매끄럽고 둥근 붉은색의 부위가 노출된 상태로, 체리 아이(Cherry Eye)라고도 한다.

ⓒ 보통 제3안검에 염증이 생기거나 제3안검 조직이 느슨해져 나타나며, 한쪽 또는 양쪽에 발생한다.

ⓔ 주로 눈이 돌출되어 있는 견종인 잉글리쉬 불독, 불테리어, 복서, 스파니엘, 페키니즈 및 비글 등에서 많이 발생한다.

ⓕ 이 질환은 각막염, 결막염, 안구건조증 등 다른 안과 질환을 유발할 수 있다.

[제3안검 탈출증]

ⓖ 치료 : 돌출된 조직을 외과적 수술로 제자리로 위치시키는 방법을 시행한다.

④ 유루증

ⓐ 누관을 통해 코로 흘러내려야 하는 눈물이 배출되지 못하고 눈 밖으로 끊임없이 넘쳐 흐르는 질환 이다.

ⓑ 선천적으로 누관에 이상이 있는 경우나 각막염이나 결막염의 영향, 안륜근의 기능 저하 등이 원인 이다.

ⓒ 증상 : 눈물이 눈 밖으로 계속 흐르기 때문에 눈에서 코를 따라 털이 변색되거나 눈꺼풀에 염증이 생기는 경우에 발생한다.

ⓔ 치료 : 염증이 있는 경우 항생물질을 투여하며, 누점이나 누관을 세정한다.

⑤ 결막염

ⓐ 결막은 눈꺼풀 안쪽에 해당하며, 눈꺼풀을 뒤집었을 때 점막이 충혈되고 부어있는 질환이다.

ⓑ 세균이나 바이러스에 의한 감염이 일반적이며, 먼지나 알레르기 반응도 원인이 된다.

ⓒ 증상 : 눈물 분비가 증가되고 결막이 충혈되며, 이물감으로 눈을 자주 비비거나 통증으로 인해 만지지 못하게 하며, 결막의 부종과 비후 등 여러 가지 증상을 보인다.

ⓔ 치료 : 원인이 매우 다양하므로 원인에 따른 치료를 실시해야 한다. 보통 멸균된 세정제로 깨끗이 씻어내고 안연고제 등을 발라준다.

⑥ 각막염

　ㄱ 각막의 염증을 말하며 각막 혼탁, 각막 주위 충혈 및 혈관신생 등의 증상이 나타난다.

　ㄴ 원인은 바람, 먼지, 외상, 화학적 자극, 눈썹 이상, 눈물분비 후유증, 녹내장, 세균 등 여러 가지가 있다.

　ㄷ 치료 : 멸균 세정액으로 깨끗이 씻어낸다. 안연고 또는 점안액 그리고 필요에 따라 전신적 항생제 등을 투여한다.

⑦ 백내장

　ㄱ 수정체가 하얗게 혼탁된 것을 말하며, 수정체의 투명도가 소실되어 빛이 안구로 들어오는 것을 막아 시력 장애를 일으킨다.

　ㄴ 원인은 선천성, 후천성, 노년성, 당뇨병성, 외상성 등 다양한데, 대개는 노화에 의한 것으로 평균 6세를 넘긴 시점부터 서서히 진행된다.

　ㄷ 치료 : 안약이나 물약을 질병의 진행을 억제하는 목적으로 사용한다. 인공 수정체 삽입 등 수술하는 경우도 있지만 일반적이지는 않다.

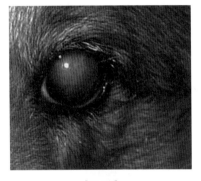

[백내장]

⑧ 녹내장

　ㄱ 안압의 상승으로 인해 나타나는 질병으로, 빛을 쪼이면 눈 속이 녹색으로 보여 녹내장이라고 한다.

　ㄴ 원인에 따라 원발성, 속발성, 선천성 녹내장으로 나눈다.

　ㄷ 증상 : 안압의 상승으로 눈의 통증을 호소하며, 각막이 혼탁해지고 안구가 커지는 등의 증상이 나타난다.

　ㄹ 치료 : 안압을 떨어뜨리기 위해 국소 및 전신적인 약물 투여가 필요하며, 실명 등 합병증이 발생할 시에는 안구적출 등 외과적 수술이 필요하다.

(13) 귀 관련 질환

① 귀 개선충증

　ㄱ 개선충(옴벌레)이 외이도에 기생하여 어두운색(적갈색)의 귀지를 형성하고 염증을 일으키는 질환으로, 어린 강아지에게 잘 발생한다.

　ㄴ 증상 : 심한 소양증(가려움)으로 머리를 흔들거나 뒷다리로 귀를 자주 긁게 되고 악취가 난다.

　ㄷ 치료 : 외이도를 세정하고, 소염제나 항생물질을 투여한다.

② 외이염

　ㄱ 귀의 외이도에 염증이 생기는 질환이다.

　ㄴ 귀가 늘어져 있거나 털이 많은 경우 발병하기 쉬우며, 체질적으로 귀지가 많이 쌓이는 경우도 발병이 쉽다.

　ㄷ 외이도의 귀지에 세균이나 곰팡이가 번식하여 염증을 일으키며, 진드기나 곤충의 침입도 원인이 될 수 있다.

ⓔ 증상 : 가려움으로 인해 뒷발로 귀를 긁거나 귀를 땅에 비벼댄다. 가려움이 심하거나 통증이 심해지면 머리를 자주 흔든다.

ⓜ 치료 : 외이도를 세정하고, 소염제나 항생물질을 투여한다.

③ 중이염

ⓞ 보통 외이염이 계속 진행되어 중이까지 염증이 퍼져 발생한다.

ⓛ 증상 : 외이염과 증상이 비슷하나 중이의 고실까지 고름이 쌓이기도 하며, 안면마비나 청각장애 등이 일어나기도 한다.

ⓒ 치료 : 항생물질이나 소독제를 투여한다.

④ 내이염

ⓞ 귀의 가장 안쪽 깊은 곳에 있는 내이에서 염증이 발생한 것으로, 대부분 외이염이나 중이염이 확장되어 나타난다.

ⓛ 증상 : 중이염의 증상과 비슷하지만, 내이에 있는 전정신경에 염증이 생기면 평형감각을 잃고 쓰러지거나 같은 장소를 선회하는 경우가 생긴다.

ⓒ 치료 : 항생물질 투여 및 외이염, 중이염 치료를 동반 진행해야 한다.

3 반려견의 건강관리

(1) 반려견의 신체 활력징후

① 체온

ⓞ 일반적으로 직장 온도를 측정하며, 항문에 심한 통증이 있는 경우 귀를 이용해 고막 체온계로 측정한다.

ⓛ 개의 정상 체온 범위는 37.2~39.2 ℃이다.

> **더알아보기**　**열이 있는지 확인하는 다양한 방법**
>
> • 체온계를 개의 항문에 밀어 넣어서 체크한다. 일반적으로는 꼬리를 잡고 살며시 체온계를 밀어 넣어 1분 정도 체크를 한다.
> • 평상시에 귀를 만져본다. 귀를 만졌을 때 평상시에는 차게 느껴지지만 열이 있을 때는 따뜻하게 느껴진다.
> • 표피층이 얇은 다리 사이를 만져본다. 열이 있는 경우에는 몸이 뜨겁다는 것을 알 수 있다.
> • 코가 마르고 윤기가 없는지 살펴본다. 열이 높은 경우 코가 말라있는 것을 볼 수 있다.
> • 입이나 코의 호흡을 느껴본다. 평상시보다 뜨겁다고 느낄 때 열이 있을 수 있다.

② 맥박수

ⓞ 심장의 심실이 수축할 때마다 생기는 혈액의 파동으로 피부에서 가까운 대퇴 부위 안쪽 넙다리 동맥에서 주로 측정한다.

ⓛ 반려견이 선 자세로 편안한 상태가 되도록 기다린 후 대퇴동맥 부위를 찾아서 15초~1분간 측정한다.

ⓒ 개의 정상 맥박수 범위

소형견	중형견	대형견
90~160회/분	70~110회/분	60~90회/분

③ 호흡수

  ㉠ 흉부와 복부를 맨눈으로 관찰한다(흡기와 호기 과정을 다 거치면 1회로 산정).

  ㉡ 개의 정상 호흡수는 평균 16~32회/분이다.

④ 혈압

  ㉠ 혈압은 혈관 속을 흐르는 혈액이 혈관에 미치는 압력으로, 심장에서 밀어낸 혈액이 혈관에 와서 부딪히는 압력이다. 이때 혈압은 심박수와 전신 혈관 저항 및 1회 박출량에 의해 결정되며 순환 혈액량 감소, 심부전, 혈관 긴장도 변화에 의해 변동될 수 있다.

  ㉡ 개의 정상 혈압(mmHg)

이완기 혈압	수축기 혈압	평균 혈압
60~110	100~160	90~120

더알아보기 **고혈압과 저혈압의 원인**

고혈압의 원인	심장이나 콩팥질환, 당뇨병, 부신피질 기능항진증, 갑상샘 기능항진증 등
저혈압의 원인	저혈량, 말초혈관 확장, 심박출량 감소 등

(2) 반려견의 평상시 건강 상태 확인

① 간단한 건강관리 체크

  ㉠ 건강상태를 체크하는 요령은 동물병원에서 주기적으로 하는 것이 중요하나 간단하게 집에서 컨디션을 체크할 수도 있다.

> - 식욕이 떨어진다.
> - 일정한 곳을 자주 핥는다.
> - 간식을 피한다.
> - 변이 좋지 않다(설사, 혈변, 냄새가 심하다).
> - 코가 말라 있다.
> - 귀에 열이 높다.
> - 사람 옆에 오거나 노는 것을 귀찮아한다.
> - 구토를 한다.
> - 몸을 자주 긁는다.
> - 기침을 자주 한다.

  ㉡ 건강한 반려견을 위한다면 평상시에 관찰하는 습관을 들여야 한다.

  ㉢ 반려견에게서 평소와는 다른 이상 증세가 발견된 경우, 동물병원을 방문하여 진료 및 치료를 받도록 한다.

② 정상 상태의 신체 특징

항 목	상 태
눈	분비물이 없고 깨끗하고 맑아야 한다.
코	분비물이 없고 깨끗한 모습이어야 한다.
귀	깨끗하고 불쾌한 냄새가 나지 않아야 한다.
입	깨끗해야 한다.
체 형	품종에 맞는 체중과 체형을 보여야 하고 적정한 체중을 유지해야 한다.
걸음걸이	정상적인 걸음걸이를 보여야 하고, 절거나 통증을 느끼지 않아야 한다.
구강/점막	잇몸 점막은 밝은 분홍색을 띠어야 하고, 모세혈관 재충만 시간은 2초 이내를 유지해야 한다.
소 변	맑고 연한 노란색을 띠어야 하고, 배뇨 시 힘들어하지 않아야 한다.
대 변	견고하고 갈색을 나타내야 하고, 배변 시 변비나 통증이 없어야 한다.
식 이	먹이에 관심을 보이며 물을 편안하게 잘 먹어야 한다.
외음부	비정상 삼출물이 없어야 한다.
생체지수	체온, 맥박수, 호흡수는 정상범위에 들어가야 한다.

③ 비정상 상태의 신체 특징

항 목	상 태
눈	유루증, 눈곱, 결막 충혈, 결막염, 각막염, 수정체 혼탁
코	건조, 콧구멍의 협착, 콧물, 비강 분비물의 농
귀	귓바퀴 종창, 발적
입	구토, 기침
체 형	비만, 저체중
걸음걸이	절거나 통증 소견 보임
구강/점막	구개열, 젖니 잔존, 치석, 비정상 색깔의 구강점막
소 변	다음, 다뇨, 배뇨곤란, 혈뇨, 소변감소증
대 변	변비, 설사
식 이	식욕감퇴, 폭식, 이식증
외음부	자궁내막염, 자궁축농증, 유산
생체지수	체온, 맥박 수, 호흡수의 비정상범위

(3) 건강검진과 질병의 조기 발견

① 건강검진

　　㉠ 건강검진을 할 때는 지정된 동물병원을 이용한다.

　　㉡ 검진은 질병의 징후 및 해부학적 대칭성의 차이 등을 검사한다.

　　㉢ 건강검진으로 개들에게 일어날 수 있는 질병을 미리 발견하여 조기 치료를 할 수 있으며, 건강상에 문제를 발견하게 되면 치료 방향을 미리 준비하여 건강한 삶을 살 수 있게 할 수 있다.

　　㉣ 요즘은 의료기술이 발전하여 동물병원 의료 진단기로도 다양한 질병을 미리 찾아낼 수 있다.

　　㉤ 건강검진은 어린 강아지나 노령견 등의 건강을 체크하는 데 큰 도움이 된다.

② 질병의 조기 발견

　　㉠ 건강검진이나 호흡, 맥박, 체온 등을 측정하는 방법을 통해 건강 상태를 체크하면 개의 질병을 초기에 발견하고 치료하여 건강 회복에 도움을 줄 수 있다.

　　㉡ 반려견은 아파도 사람처럼 표현을 제대로 하지 못하기 때문에 소화기 계통 질환이 확인되고 신음을 하거나 증상이 나타날 정도가 되면 이미 건강상의 문제가 한참 진행되었다고 볼 수 있다. 그러므로 평상시에 반려견의 상태와 건강을 체크하는 것을 잊어서는 안 된다.

| **더알아보기** | Leavell과 Clark 교수의 질병 자연사에 따른 5단계 예방조치 | |

예방차원	질병 과정	예방 대책
1차 예방	1단계 : 비병원성기	적극적 예방(건강증진, 환경개선)
	2단계 : 초기병원성기	소극적 예방(특수예방, 예방접종)으로 숙주의 면역 강화
2차 예방	3단계: 불현성감염기	중증화의 예방(조기진단, 조기치료, 집단검진)
	4단계: 발현성감염기	조기치료로 인한 악화 방지
3차 예방	5단계: 회복기	무능력의 예방(재활, 사회생활 복귀)

03 | 실전예상문제

01 다음 중 바이러스에 의한 전염성 질병이 아닌 것은?

① 광견병
② 디스템퍼
③ 심장사상충증
④ 전염성 간염

해설 ③ 심장사상충증은 혈액 내 기생충성 질환으로, 심장사상충이 심장이나 폐동맥에 기생하여 발생한다.

02 다음에서 설명하는 전염성 질병으로 옳은 것은?

- 대표적인 급성 열성 바이러스 질병으로, 전염력이 강하다.
- 소화기 증상(식욕부진, 구토), 호흡기 증상(콧물, 기침), 신경 증상(전신성 경련) 등 다양한 증상이 전신에 나타난다.

① 디스템퍼
② 전염성 간염
③ 파보 바이러스 감염증
④ 코로나 바이러스 장염

해설 ① 급성 열성 바이러스 질병으로, 전염성이 강하고 폐사율이 높은 전신 감염증은 디스템퍼(개 홍역, Distemper)이다.

03 다음 중 광견병에 대한 설명으로 옳지 않은 것은?

① 광견병 바이러스를 가진 동물에게서 전염된다.
② 기침, 기관지염, 폐렴 등이 주요 증상이다.
③ 개뿐만 아니라 고양이, 여우, 너구리 등도 감염될 수 있다.
④ 광견병은 치사율이 매우 높으므로, 백신접종이 최우선이다.

해설 ② 광견병에 감염되면 발열, 두통, 식욕저하 및 침 흘림, 경련, 혼수상태 등이 주요 증상으로 나타난다.

04 소화기 내부 기생충 중 가장 흔한 기생충이며, 감염 시 성장지연, 구토, 탈수 등을 일으키는 것은?

① 회 충

② 조 충

③ 편 충

④ 십이지장충

> **해설** ① 회충은 가장 흔한 내장 기생충으로, 강아지 입양 시 감염되어 있을 수 있기 때문에 입양 즉시 구충을 실시한다. 구충은 3주령에 1차로 실시하며, 3개월 간격으로 추가로 실시한다.

05 개 종합백신(DHPPL)에 대한 설명으로 옳지 않은 것은?

① 디스템퍼, 전염성 간염, 파보 바이러스성 장염, 파라 인플루엔자, 코로나 장염을 예방한다.

② 생후 6주령에 1차 접종을 하며, 2주 간격으로 5차 접종을 한다.

③ 성견인 경우, 매년 1회 이상 추가 접종한다.

④ 번식 가능 암컷인 경우, 교배 전 접종하며 구충제도 함께 투여하면 좋다.

> **해설** ① 개 종합백신(DHPPL)으로 예방하는 5가지 질병은 디스템퍼(개 홍역), 전염성 간염, 파보 바이러스성 장염, 파라 인플루엔자, 렙토스피라증이다. 코로나 장염 백신은 별도로 접종해야 한다.

06 노령견 및 대형견에게 주로 나타나며, 심장 근육이 비대해지거나 탄력이 없어지며 확장되어 나타나는 질환은?

① 심근증

② 폐동맥 협착증

③ 심실중격 결손증

④ 승모판 폐쇄 부전증

> **해설** 심장 근육이 비대해지거나(비대형), 탄력이 없어지며 확장되어 나타나는 질환(확장형)은 심근증이다. 비대형과 확장형 모두 심기능이 저하되므로 배에 복수가 차거나 사지의 부종 등이 나타난다.

07 다음과 같은 증상이 나타나는 질환으로 옳은 것은?

> • 보통 숨을 들이쉴 때 코골이가 심하며 입을 벌리고 숨을 쉬는 경우가 많다.
> • 연구개가 목을 완전히 막아서 무호흡 증상이 나타나기도 한다.

① 비 염

② 폐 렴

③ 거대 식도증

④ 연구개 과장증

> **해설** ④ 연구개 과장증(단두종 증후군)에 대한 증상이며, 보통 코가 눌린 듯한 모습을 하고 있는 단두종 견종에서 주로 나타나는 질환이다. 단두종에는 시추, 불독, 페키니즈, 보스턴테리어, 퍼그 등이 있다.

08 다음 중 기관 허탈에 대한 설명으로 옳지 않은 것은?

① 단두종이나 소형 노령견에서 많이 발생한다.
② 흉강벽에 구멍이 뚫리거나 폐의 파열로 흉강에 공기가 차는 질환이다.
③ 운동 및 흥분 시 거위 울음소리 같은 건조한 기침을 하는 것이 특징이다.
④ 노화에 따른 기관연골의 퇴화 및 만성기관지염, 비만 등을 원인으로 추정한다.

해설 ② 기관 허탈은 동그란 관 형태의 기관이 납작하고 협소해져 나타나는 질병이다.

09 흉강이 좁고 깊은 대형견에서 주로 발병하며, 과식 후 심한 운동을 하거나 스트레스 상황에서 식이 급여 시 발생 가능성이 높은 질환은?

① 위 염
② 췌장염
③ 장폐색
④ 위확장 · 위염전

해설 ④ 위확장은 위에 이상이 생겨 가스가 차고 팽창한 상태이며, 위염전은 위가 꼬여 위의 배출로가 막히게 된 상태로, 과식 후 심한 운동을 하거나 스트레스 상황에서 식이 급여 시 발생 가능성이 높다. 보통 그레이트 덴, 콜리, 복서, 셰퍼드 등 흉강이 좁고 긴 대형견에서 주로 발병한다.

10 항문낭염 질환에 대한 설명으로 옳지 않은 것은?

① 세균에 감염되어 분비액이 잘 배출되지 않고 쌓여서 곪는 질병이다.
② 시추, 퍼그, 슈나우저 등에서 자주 발생한다.
③ 목욕하기 전에 항문낭을 짜주면 예방할 수 있다.
④ 제때 치료를 받지 않아도 저절로 낫는 경우가 많다.

해설 ④ 제때 치료를 받지 않을 시, 항문 주위 괄약근 손상으로 배변 실금과 같은 증상이 나타날 수 있다.

11 모낭 안에 기생하며 모낭을 파괴하고 세균 등의 이차 감염을 일으켜 감염이 되었을 때 장기적 치료가 필요한 것은?

① 편 충
② 조 충
③ 개벼룩
④ 모낭충

해설 모낭충은 모낭 안에 기생하며 모낭을 파괴하고 세균 등의 이차 감염을 일으킨다. 모낭충에 감염되었을 때는 장기적인 치료가 필요하다.

12 **지루성 피부 질환에 대한 설명으로 옳지 않은 것은?**

① 다양한 원인으로 피부가 기름지게 되거나 반대로 건조해져 비듬이 생기는 질환이다.

② 피지 분비가 많은 습성지루는 저먼 셰퍼드, 아이리시 셰터 등의 견종에서 많이 나타난다.

③ 습성지루의 경우 특유의 냄새가 나고 끈끈한 점액이 묻어있는 경우가 많다.

④ 평소 영양 관리에 신경쓰며, 처방에 따른 약용삼푸 사용하도록 한다.

해설 ② 피지 분비가 많은 습성지루는 코커스파니엘, 시추 등의 견종에서 많이 나타나며, 건조하여 비듬이 생기는 건성지루는 저먼 셰퍼드, 아이리시 셰터 등의 견종에서 많이 나타난다.

13 **다음에서 설명하는 질환으로 옳은 것은?**

- 허리와 대퇴골을 연결하는 고관절이 비정상적으로 발달하여 고관절 내 대퇴골 머리가 부분적으로 빠져 있는 질병이다.
- 대형견에서 유전적인 요인으로 주로 나타나며, 성장 중 과도한 영양 섭취로 인한 급격한 체중 증가도 주요 원인이다.

① 관절염   ② 슬개골 탈구

③ 고관절 이형성증   ④ 십자인대파열

해설 ③ 고관절 이형성증에 대한 설명이다. 이 질환은 토끼처럼 양쪽 다리를 모아서 달린다거나 앉는 자세를 취하지 못하는 등의 증상이 나타나며, 근육 위축 등으로 계단을 오르내리지 못한다거나 운동을 싫어하는 모습을 보인다.

14 **소형견에서 주로 나타나며, 고개를 잘 들지 못하고 머리가 흔들거리는 증상을 보이는 경우는?**

① 뇌전증   ② 뇌수두증

③ 추간판탈출증   ④ 환축추불안정

해설 ④ 환축추불안정(AAI)은 경추뼈 중 환추(1번 경추)와 축추(2번 경추) 사이의 결합에 이상이 생겨 고개를 제대로 움직이지 못하는 질환으로, 환축추아탈구라고도 한다.

PART 4

15 암컷의 자궁축농증에 대한 설명으로 옳지 않은 것은?

① 자궁이 세균에 감염되어 염증을 일으키고 고름이 쌓이는 질환이다.

② 주로 출산 경험이 많은 암컷에서 발병한다.

③ 발정기 전후로 열려있는 자궁목을 통해 세균에 쉽게 감염된다.

④ 식욕저하, 기력저하, 구토 등의 증상을 보인다.

> **해설** ② 자궁축농증은 주로 새끼를 낳은 적이 없거나 한 번만 낳은 암컷이 걸리기 쉽다.

16 제3안검 탈출증에 대한 설명으로 옳지 않은 것은?

① 체리아이(Cherry Eye)라고도 불린다.

② 제3안검이 변위되어 돌출된 상태이다.

③ 결막염, 각막염 등 다른 안과 질환을 유발한다.

④ 돌출된 조직을 놔두면 제자리로 돌아가므로 그대로 두어도 된다.

> **해설** ④ 제3안검 탈출증은 주로 눈이 돌출된 견종인 잉글리쉬 불독, 불테리어, 복서, 스파니엘, 페키니즈 및 비글 등에서 많이 발생한다. 이 질환은 돌출된 조직을 제자리로 위치시키는 외과적 치료 및 수술이 필요하다.

17 누관을 통해 흘러내려야 하는 눈물이 배출되지 못하고 눈 밖으로 끊임없이 넘쳐 흐르는 질병은?

① 결막염   ② 유루증

③ 첩모난생증   ④ 안검내반증

> **해설** ② 유루증에 대한 설명으로, 눈물이 눈 밖으로 계속 흐르기 때문에 눈에서 코를 따라 털이 변색되거나 눈꺼풀에 염증이 생기는 경우가 흔히 발생한다.

18 귀 개선충증에 감염되었을 때에 대한 설명으로 옳지 않은 것은?

① 어두운색 귀지가 과다하게 분비되는 경우가 많다.

② 감염되면 귀를 심하게 흔들며 악취가 난다.

③ 외부기생충 예방약으로 예방할 수 있다.

④ 주로 성견의 외이도 내에 잘 번식하며, 심한 소양증을 일으킨다.

> **해설** ④ 귀 개선충은 주로 어린 강아지의 외이도 내에 잘 번식하며, 심한 소양증을 일으킨다.

19 반려견의 활력징후에 대한 설명으로 옳지 않은 것은?

① 정상 체온 범위 : 37.2~39.2 ℃
② 정상 맥박 수 : 소형견의 경우, 90~160회/분
③ 정상 호흡 수 : 16~32회/분
④ 정상 평균 혈압 : 60~110 mmHg

해설 개의 정상 혈압(mmHg)

이완기 혈압	수축기 혈압	평균 혈압
60~110	100~160	90~120

20 반려견의 일반적인 관찰에 대한 설명 중 옳지 않은 것은?

① 건강한 반려견을 위한다면 평상시 관찰하는 습관이 있어야 한다.
② 개가 신경질적이거나 잠만 자려하고 피곤한 기색을 보인다면 이상이 있는 것이다.
③ 식욕이 없던 강아지가 식욕이 갑자기 좋아지면 다시 건강한 강아지가 된 것이다.
④ 평상시에 활동적인 반려견이 소극적이거나 무언가 시름에 잠기고 동작이 둔한 것은 이상 신호이다.

해설 ③ 식욕이 없던 강아지가 갑자기 식욕이 좋아진다고 해서 건강한 강아지가 된 것은 아니다. 다른 특이사항이 없는지 세심히 관찰한다.

21 반려견의 건강검진에 관한 내용으로 옳지 않은 것은?

① 검진은 질병의 징후 및 해부학적 대칭성의 차이 등을 검사한다.
② 건강검진으로 개들에게 일어날 수 있는 질병을 미리 발견하고 조기 치료를 할 수 있다.
③ 건강검진은 어린 강아지나 노령견 등의 건강을 체크하는 데 큰 도움이 되지만 건강한 반려견이 별도로 할 필요는 없다.
④ 건강상에 문제를 발견하게 되면 치료 방향을 미리 준비하여 건강한 삶을 살 수 있다.

해설 ③ 건강한 반려견이라도 예방을 위해 주기적으로 건강검진을 하는 것이 좋다.

22 질병의 발견에 대한 설명으로 옳지 않은 것은?

① 건강검진이나 호흡, 맥박, 체온 등을 측정하는 방법을 통해 건강상태를 체크하여 개의 질병을 초기에 발견하면 치료하여 건강회복에 도움이 된다.

② 반려견은 사람처럼 아프면 증상을 나타내므로 심하게 아프다고 생각이 되면 종합검사를 받아본다.

③ 소화기계통의 질환이 직접 확인되고 신음을 할 정도가 되면 건강상의 문제가 한참 진행이 되었다고 볼 수 있다.

④ 평상시에 반려견의 상태와 건강을 체크하는 것을 잊어서는 안 된다.

해설 ② 반려견은 아파도 증상을 표현하거나 소통하기가 힘드므로 주기적인 종합검사가 필요하다.

23 다음 질병 예방에 대한 설명으로 옳지 않은 것은?

① 예방접종, 환경개선 및 안전관리 등은 1차 예방에 해당한다.

② 질병의 악화를 방지하기 위한 조기치료는 2차 예방에 해당한다.

③ 중증화되는 것을 예방하기 위해 조기진단, 조기치료, 집단검진이 요구된다.

④ 재활을 위한 의학적 노력으로 기능을 회복시키는 것은 2차 예방에 속한다.

해설 ④ 재활을 위한 의학적 노력으로 인한 기능 회복은 3차 예방에 속한다.

Leavell과 Clark 교수의 질병 자연사에 따른 5단계 예방조치

예방차원	질병 과정	예방 대책
1차 예방	1단계 : 비병원성기	적극적 예방(건강증진, 환경개선)
	2단계 : 초기병원성기	소극적 예방(특수예방, 예방접종)으로 숙주의 면역 강화
2차 예방	3단계 : 불현성감염기	중증화의 예방(조기진단, 조기치료, 집단검진)
	4단계 : 발현성감염기	조기치료로 인한 악화 방지
3차 예방	5단계 : 회복기	무능력의 예방(재활, 사회생활 복귀)

04 | 반려동물의 사양 및 시설 환경 관리

1 관리 상태 확인 및 사양 관리하기

(1) 반려견 관리 상태 체크 및 상담하기

① 반려견의 관리 상태를 확인하고 점검하기 위한 체크리스트 개발 : 점검 항목, 점검 시기, 진행 현황, 작성일, 작성자 등의 내용으로 구성하며 점검 항목은 아래와 같다.

　㉠ 일반관리

- 주거 : 중대형견의 경우에는 실외에서 생활하는 경우가 있으므로 실내 또는 실외 사육 여부를 파악할 수 있는 내용이 포함되어야 하며 배변 장소와 잠자는 장소의 여부 등을 파악한다.
- 급식 : 사료를 공급하는 것으로 영양상 균형을 이룰 수 있으나 간식 위주로 섭취하는 경우도 있으므로 사료 및 간식의 종류, 섭취량, 공급 횟수, 식성 등을 파악할 수 있는 내용을 포함한다.
- 운동 및 산책 : 반려견의 운동 및 산책과 관련하여 실시 장소, 시간, 방법 등을 파악할 수 있는 내용을 포함한다.
- 반려동물 관련 법률 준수 : 동물등록 여부와 방법, 반려동물 외출 시에 인식표와 목줄 착용, 배변물 수거, 맹견의 관리 방법과 외출 시 입마개 착용, 광견병 예방접종에 대해 보호자가 실시했는지 여부를 파악할 수 있는 내용을 포함한다.

　㉡ 건강 관리

- 예방접종 및 기생충 예방 내용 작성
  - 반려견의 예방접종 : 종합(DHPPL), 코로나 장염, 전염성 기관지염(켄넬코프), 광견병 등이 있다.
  - 기생충 예방 : 내부 및 외부기생충, 심장사상충 예방이 있다.
- 중성화 수술 여부에 관한 내용 작성 : 중성화 수술의 여부에 따라 반려견의 성격과 행동이 전반적인 영향을 받는다.
- 위생관리에 관한 내용 작성 : 목욕, 발톱 깎기, 귀 세정, 양치질과 털의 길이, 오염도, 엉킴 정도 등 털의 관리 상태를 파악한다.
- 신체검사 결과에 관한 내용 작성 : 반려견의 외모를 관찰하고 머리, 몸통, 생식기, 다리 부위별로 체크하여 이상 여부를 확인한다.

　㉢ 예절교육과 문제행동

- 기본예절 교육의 정도를 파악할 수 있는 내용 작성 : 보호자의 핸들링 여부와 앉아, 기다려, 보행, 엎드려, 이리 와, 멈춰 등의 기본예절 교육 가능 정도를 파악한다.

- 산책 예절 교육의 정도를 파악할 수 있는 내용 작성 : 산책 및 운동시간, 산책 시의 문제행동(보호자를 끌고 가는 경우, 음식을 주워 먹는 경우, 다른 동물에게 호기심을 보이는 경우 등)이 포함된다.
- 반려견에게서 나타나는 문제행동에 관한 내용 작성 : 배변, 공격성, 분리불안증, 짖는 행동 등을 파악할 수 있는 내용이 포함된다.

② 반려견 위탁관리 시설의 종류와 특성에 따라 필요한 체크리스트 개발
　㉠ 반려견 위탁관리 시설은 반려견을 대상으로 특정 목적에 따라 위탁이 이루어지는 곳으로 반려견 훈련소, 반려견 호텔, 반려견 유치원, 반려견 카페, 반려견 동반 숙박시설 등이 있다.
　㉡ 각 시설의 특징을 고려하여 사용하기 적합한 체크리스트를 개발한다.

③ 반려견의 관리 상태를 파악하고 체크리스트에 기록
　㉠ 반려견이 흥분하지 않도록 조용한 곳에서 실시하며 머리부터 꼬리 끝까지 세심하게 관찰
- 목욕과 털의 윤기, 탈모, 비듬, 발적 등 피부 병변의 존재 여부를 확인한다.
- 양치질, 귀 세정, 발톱, 항문낭의 상태를 관찰한다.
- 반려견 신체충실지수(BCS; Body Condition Score)에 따라 야윔, 저체중, 정상 체중, 과체중, 비만으로 영양학적 상태를 구분한다.

신체충실지수(BCS) 5등급 평가

단계	체형	비만 정도	분류 기준
BCS 1		야윔	갈비뼈와 뼈의 융기부를 쉽게 관찰할 수 있고 피하지방이 없는 상태
BCS 2		저체중	약간의 지방이 갈비뼈를 덮고 있으며 골격이 드러나 보이는 상태
BCS 3		정상 체중	뼈의 융기부를 약간의 지방층이 덮고 있으며 갈비뼈를 볼 수 있고 쉽게 만질 수 있는 상태

		과체중	갈비뼈를 보기 어렵고 지방층으로 인해 갈비뼈를 쉽게 촉진하기 어려운 상태
BCS 4		과체중	갈비뼈를 보기 어렵고 지방층으로 인해 갈비뼈를 쉽게 촉진하기 어려운 상태
BCS 5		비 만	지방이 두껍게 덮여 있어서 갈비뼈를 보거나 촉진할 수 없는 상태

- 머리, 몸통, 생식기, 다리 순으로 관찰하며 필요한 경우 손으로 만져서 이상 여부를 확인한다.
ⓒ 체크리스트에 위생관리, 영양학적 상태, 질병 여부 등을 선별
ⓒ 관찰한 항목의 이상 여부를 체크리스트에 기록
④ 반려견 보호자와 반려견이 편안하게 느낄 수 있는 상담 분위기 조성
　ⓒ 용모 및 복장 점검
　　- 복장은 불쾌한 냄새가 나지 않도록 매일 갈아입어야 하며 일상복보다는 전문 복장을 착용하여 보호자에게 전문적으로 보일 수 있도록 한다.
　　- 짧은 바지나 치마를 입지 않도록 하고 슬리퍼는 신지 않는다.
　ⓒ 상담실의 청소 및 위생관리 상태 점검
　　- 상담실의 비품은 잘 정돈되어 깨끗한 상태로 유지되어야 한다.
　　- 불쾌한 냄새가 나지 않도록 환기를 시키고 반려견의 배변·배뇨를 위한 배변 봉투와 위생용품은 잘 보이는 곳에 비치한다.
⑤ 보호자와의 상담을 통해 반려견의 관리 상태를 파악하고 체크리스트에 기록
　ⓒ 체크리스트에 보호자와의 상담을 통해 주거, 급식, 운동, 동물등록, 예방접종 상태, 반려견의 문제행동 등에 대한 정보를 선별한다.
　ⓒ 상담 결과 이상 여부를 체크리스트에 기록한다.
⑥ 보호자가 반려견 관리 상태의 개선을 위한 노력이 필요한 경우 이에 대한 관리 방법 설명
　ⓒ 주거, 급식, 운동 및 산책에 대한 개선 방법 설명
　ⓒ 동물보호법에서 규정한 내용과 준수 방법에 관해 설명
　ⓒ 질병 예방에 대한 개념과 필요성에 관해 설명
　　- 기본 예방접종에 관해 설명한다.
　　　- 기초접종은 일반적으로 생후 2개월령부터 2주 간격으로 5차까지 접종된다.
　　　- 종합 백신(DHPPL), 코로나 장염 백신, 전염성 기관지염 백신, 광견병 백신 실시 여부를 확인한다.

- 내 · 외부 기생충 예방에 관해 설명한다.
  - 내부 기생충은 주로 소화기관에 기생하는 회충, 구충, 편충, 조충 등의 기생충을 말하며 3~6개월 간격의 구충제 투약으로 예방할 수 있다.
  - 주로 진드기, 벼룩 등 털과 피부에 달라붙는 외부 기생충 예방은 매달 실시하고 예방약은 등 쪽 피부에 바르는 형태와 먹이는 알약이 있다.
  - 심장사상충은 심장 안에 기생하는 기다란 형태의 선충으로 모기에 의해 감염되며 매달 정기적인 심장사상충 예방약 투약으로 예방할 수 있다.
ⓔ 중성화 수술 설명
  - 수컷의 경우 6개월 이상이 되면 영역표시 행위로 소변을 여기저기에 보는 마킹행동을 하며 마운팅, 스트레스로 인한 공격적인 행동 등이 발생하는데 중성화 수술을 통해 성격이 다소 온순해지고 영역표시 행위와 마운팅 행동 등이 감소한다.
  - 암컷의 경우 나이가 들어감에 따라 유선종양, 자궁축농증, 난소낭종 등의 생식기 질병 발생 가능성이 커지는데 중성화 수술을 통해 발정을 차단할 수 있으며 생식기 질병을 예방할 수 있다.
ⓜ 목욕 및 털 관리 등의 위생관리 방법 설명

털	• 견종에 맞는 애견 전용 미용 빗을 선택하며 성장 정도에 따라서 도구를 달리해야 한다. • 항상 부드러운 솔부터 시작하여 차차 딱딱한 것으로 바꿔나가도록 한다. • 털끝부터 빗어서 밑으로 내려간다. • 털이 엉켰을 경우에는 간격이 넓은 빗으로 빗은 다음 가는 빗으로 빗기며 많이 엉킨 경우에는 엉킨 부분 아래에 빗을 넣고 그 윗부분은 잘라내고 심할 경우에는 애견미용실을 이용한다. • 빗질 시에 반려견의 약한 피부를 긁어서 손상을 일으키지 않도록 주의한다.
귀	• 귀 전용으로 사용하는 Ear cleaning solution 등을 사용하여 5일 간격으로 한 번씩 귀를 닦아주어 진드기는 물론 귀 질환을 예방한다. • 귓속에 털이 너무 많으면 손가락으로 잡아서 살며시 뽑거나 겸자 가위에 탈지면을 말아서 깨끗이 뽑아주고 항생제 연고를 발라서 염증을 예방해 준다. • 귀가 긴 견종은 하루에 한 번 정도는 귀를 들어 통풍되도록 관리한다. • 귀 관리가 안 될 경우 나타나는 증상 　- 귀에서 냄새가 나며 이물질이 쌓인다. 　- 귀를 자주 긁는다. 　- 외이의 피부가 정상보다 두꺼워지고 붉어 보인다. 　- 이도가 좁아진다. 　- 머리가 한쪽으로 기울어진다. 　- 비틀거리고 앞으로 걸으려 하나 빙빙 돈다. 　- 귀의 표면이 부어 있다. 　- 한쪽 귀가 처진다. 　- 귀 만지는 것을 싫어한다.
눈	• 눈 주변의 털을 랩핑 페이퍼(Wrapping paper) 등을 이용해 적응할 때까지 계속 묶어준다. • 가윗날의 끝이 눈을 향하지 않도록 조심히 눈 주변의 털을 잘라준다. • 눈에 이물질이 들어간 경우나 눈곱이 끼어 있으면 즉시 제거하고 안약을 점안해 준다. • 눈물자국이 생긴 경우에는 잘 닦아주거나 Tear staining syndrome 교정술을 통하여 눈물의 분비량을 조절해 주거나 비루관 개통으로 증상을 완화한다.

치아	• 양치질은 생후 3~4개월부터 시작해서 일주일에 2~3번 이상 정기적으로 해준다. • 처음에는 거즈나 부드러운 천을 손가락에 감아 이빨과 잇몸을 부드럽게 닦아 주고 적응되면 부드러운 애견 전용 칫솔과 치약으로 구석구석 깨끗이 닦아 준다. • 잇몸에 염증이 있으면 거즈나 부드러운 천에 구강 세척제를 발라 이빨과 잇몸을 닦아주고 칫솔을 자주 소독하거나 교체한다. • 1년에 1~2회 정도 스케일링을 시킨다. • 치아 관리를 위해 개껌이나 씹을 수 있는 장난감을 가지고 놀게 한다.
발	• 발톱 안쪽에 있는 혈관을 잘라내지 않도록 조심히 발톱을 잘라주고 줄로 갈아서 다듬어 준다. • 발톱을 자르다가 출혈이 발생하면 출혈 부위에 지혈제를 사용하여 강력하게 압박한다. • Ear powder는 귀털 제거 시 발생하는 모근의 상처도 방지해 주지만 지혈제 효과도 있다. • 검은색 발톱을 가진 견종은 혈관 자리를 찾아보기 쉽지 않으므로 동물병원이나 애견 미용사에게 도움을 받도록 한다. • 세균 감염 방지를 위해 바로 외출이나 목욕을 삼간다.
항문낭	• 항문낭은 주머니 모양의 분비샘으로 항문을 중심으로 4시와 8시 방향에 위치하며 항문낭액을 배출한다. • 항문낭액은 배변 시에 자연스럽게 배출되지만 항문낭 배출관의 협소 등으로 인해 배출이 부족한 경우 항문낭염이 발생하게 되며 이때 무리하게 자극하지 말고 수의사의 진료를 받도록 한다. • 꼬리를 위쪽으로 바짝 들고 튀지 않도록 화장지를 댄 후 항문낭이 있는 쪽을 엄지와 검지로 넓게 잡아 항문 방향으로 밀어 짜낸다. • 항문낭액을 짠 후에는 항문 주위를 물로 씻고 간식으로 보상한다. • 1~2주 간격으로 항문낭 관리만 철저히 하면 동물 냄새가 줄 수 있다.

ⓗ 신체검사 후 질병으로 예상되는 소견이 발견되는 경우 개선 방법에 대해 보호자에게 설명

ⓐ 기본예절과 산책 예절 교육의 개념과 개선 방법 설명

ⓞ 문제행동 교정의 개념과 개선 방법 설명

⑦ 반려견 관리 상태에 이상이 있는 경우 전문가와 협업

   ㉠ 반려견 훈련 및 행동 교정 분야 전문가 리스트를 확보한다.

   ㉡ 반려견 건강 및 질병 상담이 가능한 동물병원과 수의사의 리스트를 확보한다.

   ㉢ 반려견 미용 관리가 가능한 애견 숍과 전문가 리스트를 확보한다.

(2) 반려견 성장 및 영양상태 분석과 사양관리 상담하기

① 견종에 따른 성장 및 영양상태 분석

   ㉠ 반려견의 품종, 크기와 체중에 따른 분류 확인

      • 반려견의 품종 확인 : 반려견 품종은 견종 표준에 따라 구분하여 표시하며 두 개의 품종이 섞여 있는 경우에는 가장 근접한 품종으로 기재하고, 전혀 품종에 해당하지 않는 경우에는 혼합 종(Mix)으로 표시한다.

– 특성에 따른 분류

세계애견연맹 (FCI)	전 세계적으로 353종의 견종을 인정하고 있으며, 각 견종은 목적, 지역, 역할, 행동, 특성 등에 따라 10개 그룹으로 분류한다.	1그룹	목양 및 목축견
		2그룹	핀셔와 슈나우저, 몰로시안 종
		3그룹	테리어
		4그룹	닥스훈트
		5그룹	스피츠와 고대견 타입
		6그룹	후각 하운드 및 연계 품종
		7그룹	포인팅견
		8그룹	리트리버–플러싱견–워터견
		9그룹	반려 및 토이견
		10그룹	시각 하운드
미국애견협회 (AKC)	전 세계적으로 340여 종 중 193종을 인정하고 역할에 따라 8개의 그룹으로 분류하고 있다.		스포팅(Sporting)
			하운드(Hound)
			워킹(Working)
			테리어(Terrier)
			토이(Toy)
			넌 스포팅(Non–sporting)
			허딩(Herding)
			기타(Miscellaneous class)
영국애견협회 (KC)	역사가 가장 오래된 애견 단체로 견종의 특징과 목적에 따라 7개 그룹으로 분류한다.		건독(Gundog)
			하운드(Hound)
			패스트롤(Pastoral)
			워킹(Working)
			테리어(Terrier)
			유틸리티(Utility)
			토이(Toy)

– 크기와 체중에 따른 분류 : Salt C, et al.(2017)에 의하면 반려견은 체중과 크기에 따라 초소형견, 소형견, 중형견, 대형견, 초대형견의 5등급으로 분류하며 최근에는 6단계로 새롭게 제시되고 있다.

5등급 크기 분류

초소형견	25cm 미만, 5kg 미만	치와와, 요크셔테리어 등
소형견	25~40cm, 5~10kg	시츄, 퍼그, 닥스훈트 등
중형견	40~55cm, 10~25kg	코카 스파니엘, 비글 등
대형견	55~70cm, 25~40kg	리트리버, 허스키, 하운드, 잉글리시 불도그 등
초대형견	70cm 이상, 40kg 이상	마스티프, 세인트버나드, 그레이트 피레이즈 등

신(新) 6단계 크기 분류

I	6.5kg 미만	치와와, 요크셔테리어, 말티즈, 토이 푸들, 포메라니언, 미니어처 핀셔
II	6.5~9kg 미만	시츄, 페키니즈, 닥스훈트, 비숑프리제, 랫테리어, 잭러셀테리어
III	9~15kg 미만	폭스테리어, 퍼그, 보스턴테리어, 아메리칸 코커스패니엘
IV	15~30kg 미만	오스트리안 셰퍼드, 차우차우, 바셋 하운드, 시베리안 허스키
V	30~40kg 미만	저먼 셰퍼드 독, 골든 리트리버, 래브라도 리트리버, 아메리칸 불도그
VI	40kg 이상	로트바일러, 그레이트 덴, 마스티프

• 체중 측정 : 대형견의 경우 전자저울에 직접 올려놓고 측정할 수 없기 때문에 사람이 대형견을 앉고 무게를 측정한 후에 사람의 체중을 빼서 대형견의 체중(kg)을 계산하는 방법을 사용한다.

ⓒ 반려견의 성장단계 확인

• 보호자에게 반려견의 나이를 물어보며 자견의 경우에는 현재 생후 몇 개월인지를 정확하게 확인한다.

자 견	1년 미만
성 견	1~6년
노령견	7년 이상

– 성장 속도 : 일반적으로 소형견은 생후 8~10개월, 중형견은 10~14개월, 대형견은 18~24개월이 되어야 성장이 완료된다.
– 수명 : 평균적으로 소형견 15년, 대형견 12년으로 소형견이 길다.

• 치아 및 골격 상태를 보고 나이를 파악한다.

반려견 치아 발육 상태

2개월령	유치가 전부 돌출된다.
4개월령	위턱과 아래턱의 앞니 2개가 영구치로 교체된다.
7개월령	모든 유치가 영구치로 교체된다.
1~2년령	아래턱의 앞니 2개가 마모된다.
2~3년령	아래턱의 앞니 4개가 마모된다.
3~4년령	아래턱의 앞니 4개와 위턱의 앞니 2개가 마모되며 약간의 치석이 생긴다.
4~5년령	아래턱의 앞니 4개와 위턱의 앞니 4개가 마모되며 치석의 양이 증가한다.
5년령 이상	아래턱의 앞니 6개가 마모되고 위턱의 앞니 6개가 마모되며 많은 양의 치석이 존재한다.

ⓒ 신체충실지수(BCS) 평가

• 눈으로 갈비뼈와 뼈의 융기부를 확인한다.
• 갈비뼈는 양쪽으로 각 13개로 구성되어 있으며 갈비뼈 사이가 촉진되는지를 확인한다.
• 손으로 피부를 들어 올려 피하지방의 두께를 확인한다.

ⓔ 현재 급여 중인 사료 및 간식의 종류와 급여량 확인 : 일반적으로 건식사료(수분함량 10%) 위주로 섭취하고 캔 형태의 습식사료(수분함량 75%)는 간식 용도로 제공한다.

- 사료의 종류 확인 : 상업용 사료는 대부분 건식사료 형태로 성장 단계별로 제품이 출시되어 있다.
  - 성장단계에 따라 요구되는 영양소를 기준으로 자견, 성견, 노령견 사료로 구분된다.
  - 반려견 크기에 따라 소형견용, 대형견용 사료로 출시된다.
  - 특정 질병을 가지고 있는 경우에는 처방식 사료를 급여하는 경우도 있다.
- 간식의 종류 확인
  - 간식은 보조식품으로 씹는 껌, 육포, 비스킷, 치즈 등 다양한 형태가 있다.
  - 사료를 섭취하는 경우 영양학적 균형이 잘 조성되어 있기 때문에 간식이 필요하지 않으며 훈련 및 교육 시에 보상용으로 제공할 때는 하루에 섭취할 총칼로리의 10% 이내로 제한적으로 제공한다.
- 일일 급여량 확인
  - 반려견의 기초대사량 RER(Resting Energy Requirements) = 체중(kg)×30+70kcal
  - 반려견의 하루 에너지 필요량 DER(Daily Energy Requirements)

4개월 미만	RER × 3
5개월~성견	RER × 2
비중성화 성견	RER × 1.8
중성화 성견	RER × 1.6
과체중 성견	RER × 1.4
비만 성견	RER × 1

  - 일일 먹이 급여량 계산법

소형견 생후	6주~10주	체중의 6~7% 급여
	10주~18주	체중의 4~5% 급여
	18주~26주	체중의 3~4% 급여
	26주 이상	체중의 2~3% 급여
중대형견	소형견 급여량의 85% 정도로 급여하여 성견은 체중의 1.2%~1.7% 정도 급여한다.	

  - 적정 사료 급여 횟수

생후 7주 이전	5/day
생후 7주~16주	4/day
생후 17주~28주	3/day
생후 29주 이후	2/day

- 식습관 파악
  - 가정에서 자유급식 혹은 제한급식이 이루어지는지 파악하며 제한급식의 경우 일일 몇 번 제공하는지 확인한다.
  - 건식사료 위주의 섭취인지, 간식 위주의 섭취인지 확인한다.

ⓜ 반려견의 성장 상태에 관한 분석 결과 도출
  • 성장단계에 적합한 사료가 제공되는지 판단

이유 전	어미 개의 젖을 먹을 수 있는 환경이 아니면 단백질과 지방이 많으나 유당이 포함되지 않은 애견용 분유를 먹여야 한다.
생후 3주~3개월	• 이유와 함께 자견용 사료를 급여하며 처음 며칠은 너무 차지 않은 물에 불려준다. • 적량을 섭취한 애견의 대변은 어느 정도 수분이 있고 형태가 분명하고 적당히 단단하여 휴지로 줍기 쉽다.
생후 3개월~6개월	이 시기는 사회화 과정이 진행되는 때여서 먹이를 이용한 훈련이 좋은 때이다.
생후 6개월~1년	식사량과 횟수를 서서히 줄여서 하루 2번만 급여를 한다.
1년~6년	성견용 사료만 주고 충분한 운동으로 비만을 예방한다.
6년 이상	노령견용 사료를 급여하고 질병이나 허약할 때는 처방식을 먹인다.
임신견과 수유견	임신 4주부터는 평상시의 2배 정도로 양을 늘리며 수유기에는 세 배 이상 늘려야 한다.

• 주의해야 할 먹이
  – 파와 양파 등과 같은 향신료 : 위염이 되기도 하고 적혈구를 파괴해 혈뇨를 누게 하며 심한 경우 빈혈로 사망하게 하니 자장면 같은 음식을 먹은 경우에는 급히 병원으로 데려가도록 한다.
  – 포도 : 콩팥 손상으로 사망할 수 있다. 먹은 경우에는 급히 병원으로 데려가도록 한다.
  – 초콜릿 : 테오브로민(Theobromine) 성분이 중독의 원인이 되어 심장질환을 일으킨다.
  – 닭뼈 : 닭고기의 뼈 등이 날카롭게 잘려서 내장 기관이 찔리기가 쉬우므로 먹고 난 닭고기 뼈는 반려견과 접촉되지 않도록 처리한다.
  – 햄과 소시지와 같은 짠 음식 : 강아지는 땀샘이 적어 땀으로 배출이 안 되므로 주의한다.
  – 계란의 흰자위나 과자, 사탕 : 설사의 원인이 된다.
  – 저단백 고지방 생선류 : 소화가 잘 안되며 습진이나 알레르기, 탈모의 원인이 된다.
• 먹는 습관 길들이기
  – 가급적 가족들의 식사 시간에 맞추어 정해진 곳에서 급여하며 20분이 지나도록 남은 먹이는 치우고 다음 식사 시간까지 어떤 먹이도 주지 않는다.
  – 가족 식사 시간에 음식을 구걸할 때는 가볍게 쓰다듬어 준다.
  – 바닥에 떨어진 음식을 먹지 않도록 가르친다.
• 정상적인 성장 상태, 저체중, 비만 여부 판단
② 반려견의 예방접종과 기생충 예방 상태 확인
  ㉠ 위탁시설 방문 시에 동물병원 건강수첩 또는 예방접종 확인서를 지참하도록 안내
  ㉡ 예방접종 여부 확인
    • 기초접종 여부 확인
    • 추가접종 여부 확인 : 기초접종이 완료된 후에 매년 1년마다 추가접종이 실시되어야 면역력이 유지되므로 1년 이상의 반려견은 추가접종 여부를 체크한다.
    • 정기적인 내 · 외부 기생충 예방접종 여부 확인

③ 신체검사하여 반려견의 건강 상태 체크

　　㉠ 머리 부위 체크

　　　• 눈

　　　　– 비루관 폐쇄로 인한 유루증, 결막 부위 충혈, 눈곱, 각막혼탁, 백내장 등의 존재 여부를 관찰한다.

　　　　– 맑고 투명한 상태로 눈 주위가 깨끗해야 정상이다.

　　　• 귀

　　　　– 귓속이 깨끗하고 분비물이 없는 상태가 정상이다.

　　　　– 귓바퀴가 부어있거나 발적, 노란색 또는 갈색의 귀 분비물이 있는 경우에는 비정상이다.

　　　• 코

　　　　– 촉촉하고 콧물 등이 없는 상태가 정상이다.

　　　　– 코가 건조하거나 콧물, 콧구멍 협착 등이 있는 경우에는 비정상이다.

　　　• 구 강

　　　　– 입 내부와 치아 상태를 관찰한다.

　　　　– 구강 점막의 색은 분홍색이 정상이며 치아는 치석이 없으며 깨끗한 상태가 정상이다.

　　　　– 유치 잔존, 치석, 입 냄새, 잇몸이 붓거나 손실된 경우는 비정상이다.

　　㉡ 몸통 부위 체크

　　　• 피부의 상태를 관찰한다.

　　　• 탈모, 비듬, 구진, 결절, 종괴, 상처 등이 있는 경우에는 비정상이다.

　　　• 털의 상태를 관찰하고 윤기가 없이 건조한 경우는 비정상이다.

　　　• BCS를 측정하여 영양 상태를 평가한다.

　　㉢ 생식기 부위 체크

　　　• 중성화 수술 여부 확인

암 컷	• 보호자에게 질문을 통해 확인한다. • 5쌍(10개)의 유선 부위를 촉진하고 종괴가 만져지는지 확인한다. • 외음부의 종창 및 분비물 발생 여부를 확인한다.
수 컷	• 직접 고환과 음낭을 촉진하여 잠복고환 여부를 확인한다. • 항문낭을 관찰하고 항문 주위의 청결 상태를 확인한다.

　　㉣ 다리 부위 체크

　　　• 반려견이 편안한 상태에서 앉거나 서 있는 자세를 평가한다.

　　　• 보행 시에 절룩거림, 다리 뒤틀림, 통증 등이 있는지 확인한다.

④ 반려견의 건강 상태와 관리를 보호자에게 설명

　　㉠ 성장 및 영양 관리 상태 설명

　　　• 신체충실지수에 따라 저체중 및 비만한 경우에는 사료의 종류 및 급여량 변경에 관해 설명한다.

　　　• 비만의 경우에는 체중감량을 위해 육류나 간식을 제한하고 체계적으로 운동 관리하는 것과 다이어트 사료에 관해 설명한다.

ⓛ 예방접종과 기생충 예방의 중요성에 관해 설명 : 기초접종, 추가접종, 기생충 예방이 미흡한 경우 중요성을 설명하고 동물병원에서 접종할 수 있도록 안내한다.

ⓒ 신체검사 결과 질병으로 의심되는 경우 보호자에게 설명

⑤ 반려견이 치료가 필요한 경우 연계된 동물병원에서 치료받을 수 있도록 보호자에게 설명

ⓐ 인근에 있는 동물병원의 명단과 전화번호를 표로 만들어 정리

ⓑ 응급치료 대응 가능 여부와 24시간 진료가 가능한 병원 파악

ⓒ 진료 서비스 수준이 높은 동물병원을 선택하여 상호협력 관계 체결

- 동물병원과 상호협력 관계를 체결한 경우 보호자가 해당 동물병원 이용 시에 진료비 할인 및 추가 서비스가 제공될 수 있는 장점이 있다.
- 반려견에 응급질병 발생 시 신속한 진료가 가능하다.

ⓓ 보호자에게 협력관계 동물병원에 대한 위치, 시설, 진료 수준 등에 대한 설명 자료를 만들어 비치

ⓔ 반려견의 치료가 필요한 경우 보호자에게 안내

2 위생 및 안전시설 관리하기

(1) 목욕 및 위생관리

① **목욕 관리** : 목욕은 생후 7주령부터 시작하고 정기적인 목욕은 몸에 독극물이나 오물이 묻지 않으면 한 달에 1회나 두 달에 3회 정도가 적당하다.

ⓐ 브러싱

- 털갈이 시기 관리의 기본으로, 피모에 붙어있는 털갈이 털과 이물질을 제거하고 털이 엉켜있는 경우 풀어주는 과정이다.
- 반려동물과의 친숙함이 형성되며 피부에 적당한 자극을 주어 신진대사와 혈액순환을 촉진해 건강한 털을 유지할 수 있다.

브러시의 종류

핀 브러시	• 핀이 듬성듬성 박혀있는 빗으로 털이 길고 약한 품종에서 사용한다. • 브러시 손잡이를 가볍게 움켜쥐고 엄지손가락으로 브러시의 뒷부분을 지지한다. • 손목의 탄력을 이용하여 원을 그리듯 회전시키면서 빗질한다.
슬리커 브러시	• 구부러진 얇은 핀이 촘촘하게 박혀있는 빗으로 털이 짧은 단모종에서 죽은 털을 제거하고 털의 성장을 촉진하기 위해 사용한다. • 슬리커 브러시는 브러시의 각도가 피부에서 경사가 많이 지게 되면 브러시가 꺾여서 반려견의 피부를 손상하기 쉬우므로 가볍게 쥐고 무리하지 않게 빗질해야 한다. • 검지와 엄지로 슬리커 브러시를 잡고 나머지 손가락으로 지탱해 주며 손목 스냅을 이용하여 브러시를 들어 올려주며 빗겨준다.
일자 빗	• 스테인리스 재질의 일자형으로 일정한 간격의 빗살로 되어 있고 털을 정리하거나 엉킨 털을 풀 때 사용한다. • 엄지손가락과 집게손가락으로 빗의 1/3지점을 감싸 쥐고 손목의 움직임만으로 털의 결과 수직이 되도록 빗질한다. • 간격이 넓은 부분으로 빗고 간격이 좁은 부분으로 마무리한다.

- 장모종은 구역을 나누어 실시하고 아래쪽을 먼저 빗고 위쪽으로 올라가며 빗겨준다.
- 귀에 물기가 남으면 중이염 등의 염증을 일으킬 수 있으므로 물이 들어가지 않도록 솜으로 살짝 막아 준다.

ⓒ 샴 핑
- 반려견의 피부와 털에 묻어 있는 오염물과 피지를 제거하는 과정이다.
- 샴푸는 형태에 따라 액체 크림형, 스프레이형, 분말형으로 구분하고 액체 크림형 샴푸를 일반적으로 사용하며 기능에 따라 건성용, 지성용, 영양용, 비듬용, 약용용 등이 있다.
- 하얀 모질을 관리하기 위해서는 미백효과가 있는 화이트닝 샴푸를 사용한다.
- 반려견의 피부(pH 7~7.4)는 사람 두피(pH 4.8)와 다르게 중성에 가깝고 피부도 3배나 얇으므로 털의 상태에 따라 애견 전용 샴푸를 선택해서 사용한다.
- 35~38℃ 온수를 준비하고 반려견이 놀라지 않도록 발부터 천천히 욕조에 담근다.
- 몸에 물이 충분히 젖으면 전용 샴푸를 물에 풀어 거품을 내어 안마하듯 골고루 문질러 준다.
- 심장에서 먼 뒷다리 부분부터 목의 순서로 하는 것이 좋고 머리에 물이 묻으면 몸을 심하게 흔들므로 머리 부분은 마지막에 씻겨주며, 샴푸가 눈과 귓속에 들어가지 않도록 주의한다.

ⓒ 린 싱
- 샴핑으로 인해 알칼리화된 피모를 중화시키고 털을 부드럽게 하기 위해 실시한다.
- 린스에 포함된 오일, 보습, 수분 등의 성분은 털에 윤기와 광택을 주고 정전기 방지 효과가 있다.
- 반려견 린스는 약산성(pH 4.5~6.0)을 띤다.
- 적당한 용기에 린스와 물을 희석하여 샴핑과 같은 방법으로 전신에 도포한 후 린스 액을 씻어낸다.
- 항문낭을 짜주고 애견용 탈취제를 뿌려 냄새를 예방할 수 있다.

ⓓ 드라잉
- 샴핑과 린싱 후에 털을 말리는 것이다.

드라잉 종류

타월링	• 목욕 후 수분을 제거하고 드라잉을 빨리 마무리하기 위해 타월을 사용한다. • 적당한 수분 제거로 털의 습도를 조절해야 드라잉을 위한 피부와 털의 상태를 유지할 수 있다. • 펫 타월로 몸을 덮어 손으로 누르면서 물기가 펫 타월에 흡수되도록 한다. – 펫 타월은 스포츠 타월 소재로 고무와 같은 촉감이며 물 흡수력이 좋다. – 펫 타월에 흡수된 물기를 짜내고 다시 물기가 남아있는 몸 부위에 덮어 물기를 제거한다. – 물기가 최대한 제거될 때까지 반복적으로 실시한다.
새 킹	• 털을 최고의 상태로 유지하면서 드라잉 하기 위해 타월로 몸을 감싸는 작업을 말한다. • 드라이어 바람이 말릴 부위에만 가도록 유도하는 것이 중요하며 바람이 브러싱 하는 곳 이외의 털을 건조하지 않도록 주의한다. • 곱슬곱슬한 상태로 건조되었다면 컨디셔너 스프레이로 수분을 주어 드라이한다.
플러프 드라이	장모에 비해 비교적 짧은 이중모를 가진 페키니즈, 포메라니안, 러프콜리 등은 핀 브러시를 사용하여 모근에서부터 털을 세워 가며 모량을 풍성하게 하는 드라잉을 한다.

켄넬 드라이	• 케이지 드라이라고도 하며 켄넬 박스 안에 목욕을 마친 반려견을 넣고 안으로 바람을 쐬게 하여 털의 수분이 날아가도록 하는 방법이다. • 켄넬 드라이 후 어느 정도 수분이 제거되면 드라이어 바람으로 귀, 얼굴, 가슴 등을 포함하여 전체적으로 한 번 더 꼼꼼하게 말려준다. • 드라잉 바람의 열로 인한 화상 및 체온 상승으로 인한 호흡 곤란 등이 발생하지 않도록 하고 반려견을 방치해서는 안 된다.
룸 드라이	• 다양한 사이즈와 기능을 갖춘 박스 형식의 드라이어를 룸 드라이어라고 한다. • 목욕과 타월링을 마친 반려견에게 타이머, 바람의 세기, 음이온, 자외선 소독 등의 기능을 활용하여 털의 수분이 날아가도록 하는 방법이다. • 드라잉 후에 반려견의 피부와 털을 확인하여 귀, 얼굴, 가슴 등을 포함하여 전체적으로 한 번 더 꼼꼼하게 드라잉 해준다. • 드라잉 바람의 열로 인한 화상 및 체온 상승으로 인한 호흡 곤란 등이 발생하지 않도록 하고 반려견을 방치해서는 안 된다.

- 피모에서 20㎝ 정도 떨어진 거리에서 드라잉 한다.
- 드라잉을 무서워할 수 있으므로 앞쪽부터 말려주고 빗으로 털 결의 반대 방향으로 빗질하면서 습기가 남지 않도록 말려준다.
- 타이밍을 적절히 맞추지 못하면 털이 곱슬곱슬한 상태로 건조되므로 바람으로 말리는 동안 반복적으로 신속하게 빗질해야 하며, 피부에서 털 바깥쪽으로 풍향을 설정하여 드라이를 한다.
- 드라이어의 풍량은 많고 열량은 낮아야 털이 상하지 않는다.
- 드라이어에는 핸드 드라이어, 스탠드 드라이어, 드라이 룸이 있다.
  - 핸드 드라이어 : 소형 단모종의 경우에 사용한다.
  - 스탠드 드라이어 : 대형견 또는 장모종의 경우에 적합하다.
  - 드라이 룸 : 목욕과 타월링을 마친 반려견을 일정한 크기를 갖춘 실내 공간 안에 넣어서 털을 건조하는 방법으로, 여러 방향에서 입체적으로 바람이 나와서 털을 건조한다.
- 털의 방향에 따라 말리는 방법이 다르다.
  - 말티즈, 시츄, 요크셔테리어 등의 품종은 털의 결을 따라 말린다.
  - 푸들, 비숑 프리제, 베들링턴테리어 등은 털의 결에 역행하며 말린다.
- 귀속의 솜을 빼고 면봉을 이용하여 남은 물기를 제거해 주며 애견용 귀 청결제를 이용한다.
  - 과도한 분비물이 존재하는 경우 세균 등에 감염되어 귀에 염증이 발생하는 경우가 많으므로 보호자에게 상태를 알린다.
  - 반려견의 귀의 구조는 ㄴ자형으로 되어 있어서 고막이 깊숙이 위치하여 귀 세정할 때 면봉을 가장 깊숙이 넣어도 고막까지 들어가지 않기 때문에 세정을 안심하고 할 수 있다.
  - 면봉 대신에 겸자 가위에 탈지면을 말아서 귓속을 향해 일직선이 되게 사용하면 귀 세정이 더 수월하다.
- 반려견의 발톱은 1~2개월 주기로 한 번씩 손질해 준다.
  - 발톱깎이는 소형견용(길로틴형)과 중·대형견용(니퍼형)으로 구분하여 사용하는 것이 좋다.
  - 발톱이 검은색으로 혈관이 잘 보이지 않는 경우에는 조금씩 자르며 혈관을 확인하고 발톱깎이로 발톱 끝을 직각으로 자른다.
  - 발톱갈이를 사용하여 절단면을 부드럽게 갈아준다.

• 눈에 안약을 넣어 마무리한다.
② 공중위생 관리
　㉠ 세 척
　　• 물과 세정제를 사용하여 식기, 장난감 등의 물품과 사육장 바닥과 시설에 붙어있는 오염물을 씻어내는 것을 말한다.
　　• 세척 과정을 통해 많은 양의 미생물을 제거할 수 있다.
　㉡ 소 독
　　• 사육환경에 존재하는 병원성 미생물을 제거하는 것을 말한다.
　　• 아포를 가지고 있는 세균은 소독 방법으로는 사멸시킬 수 없다.
　　• 사육장 바닥과 시설은 액체용 소독제를 사용하고 식기, 장난감 등은 자외선 살균기를 사용하여 소독한다.
　　• 소독제 종류

차아염소산나트륨	• 시판되는 락스는 4% 농도로 물에 희석해서 사용하는 염소계 소독제이다. • 반려견에서 가장 문제가 되는 파보바이러스까지 사멸시킬 수 있다.
1% 크레졸비누액	• 페놀에 비해 살균력이 4배나 강한 소독 효과가 있으며 피부 독성과 부식성은 훨씬 약한 장점이 있다. • 냄새가 강하고 오래가는 단점이 있다. • 시판되는 크레졸비누액은 50%의 고농도로 일반적인 환경 소독은 1~2%로 물에 희석해서 사용한다.
4급 암모늄	• 주로 세척제로 사용되며 낮은 수준의 소독제로 사용된다. • 피부 자극과 독성이 낮다는 장점이 있다.
글루타알데하이드	• 아포 세균, 진균, 바이러스 등에 대해 높은 수준의 소독제와 멸균제로 사용된다. • 살균력이 강하고 오염물이 있는 상태에서도 살균력이 저하되지 않는다. • 낮은 온도에서도 빠른 소독 효과가 있다. • 환경 소독은 2% 농도를 사용한다. • 인체 및 동물에 대한 유해성과 독성이 높기 때문에 사용 시 주의해야 한다.

　㉢ 멸 균
　　• 세균의 아포를 포함하여 모든 미생물을 제거하는 것을 말한다.
　　• 멸균은 주로 수술기구 등에 사용되며 일반적으로 반려견 위탁시설에서는 필요하지 않다.
③ 개인위생 관리
　㉠ 복 장
　　• 옷과 신발은 털, 침, 배설물 등의 오염물이 잘 부착되지 않는 재질이 좋다.
　　• 움직임이 많기 때문에 활동하기 편하고 세탁하기 쉬운 복장을 선택한다.
　　• 반려견의 분비물 등의 오염물이 옷과 신발에 묻어 있는지 확인하고 오염물이 존재하는 경우 즉시 제거하고 소독하며, 오염이 심하거나 더러워진 경우 즉시 세탁이 완료된 옷과 신발로 교체하여 착용한다.
　　• 신발은 반려견과 함께 뛰고 장시간 걸을 수 있는 운동화가 좋다.
　　• 반려견 훈련 시에 훈련 도구와 간식을 지참할 수 있는 조끼를 착용한다.

ⓒ 손과 손톱
- 반려견과 접촉한 전후에는 비누를 묻히고 손세정을 최소 30초 이상 실시한다.
  - 흐르는 물에 손을 묻히고 충분한 양의 비누를 바른다.
  - 손바닥끼리 여러 번 비벼준 후 한 손으로 반대쪽 손등을 비벼준다.
  - 양손을 깍지 낀 형태로 손가락 사이를 비벼주고 손가락과 손톱 밑을 씻어준다.
- 손톱은 이물질이 끼여 세균이 번식할 수도 있고 반려견이 상처를 입을 수 있으므로 짧게 자르는 것이 좋다.

ⓒ 머리와 수염
- 머리는 청결하고 훈련하기에 간편한 스타일이 좋으므로, 긴 머리의 경우 단정하게 뒤로 묶어주고 앞머리는 시야를 가리지 않도록 정리한다.
- 남성의 경우 수염은 깎거나 짧게 정돈한다.

ⓔ 장신구
- 반려견의 발톱과 치아에 걸릴 수 있는 귀걸이, 팔찌, 반지, 피어싱 등의 장신구는 착용하지 않는 것이 좋다.
- 만약 착용을 희망하는 경우 단추 모양의 귀걸이, 둥글고 매끈한 형태의 반지를 착용한다.
- 시간을 측정할 수 있는 시계 정도만 착용하는 것이 좋다.

④ 반려견 위탁시설 청소와 방역
ⓐ 매일 사육장 청소와 소독 실시
- 사육장 전체 청소는 매일 아침과 저녁에 실시한다.
  - 청소담당자는 청소 복장, 마스크, 위생 장갑, 장화를 착용한다.
  - 일반적으로 사용되는 청소도구는 빗자루, 쓰레받기, 바닥 대걸레, 마른걸레, 통돌이 회전 걸레, 세정제, 소독제 등이다.
  - 반려견을 사육장 외부 또는 청소가 완료된 깨끗한 장소로 옮긴다.
  - 사육장 내부에 있는 식기, 장난감, 패드 등의 용품을 바퀴 달린 카트를 이용하여 세척실로 옮긴 후 세정제를 사용하여 세척하고 물기를 닦아낸 후 건조한다.
  - 사육장 내부에 있는 쓰레기 및 오염물을 먼저 치우고 빗자루를 이용하여 깨끗하게 청소한다.
  - 대형 진공청소기를 이용하여 바닥에 존재하는 털과 먼지 등을 흡입하여 제거한다.
  - 세정제를 물에 희석해서 손걸레에 묻힌 후 사육장의 출입문, 벽면 등을 손으로 닦아내며 대걸레 또는 통돌이 회전 걸레에 묻힌 후 바닥을 닦아낸다.
  - 사육장 출입문, 벽면, 바닥 등에 묻어 있는 세정제의 거품을 고압분무기를 사용하여 물로 뿌리며 깨끗하게 씻어낸다.
  - 마른걸레를 사용하여 사육장 바닥, 출입문, 벽면 등의 물기를 제거하고 건조한다.
- 소독 시 락스(차아염소산나트륨)를 물에 200배 희석하여 대걸레 또는 통돌이 회전 걸레에 묻힌 후 바닥에 5~10분 정도 접촉하게 한 뒤 충분히 닦아낸다.
  - 사육장 출입문, 벽면, 바닥 등에 묻어 있는 소독제를 물 호스를 이용하여 깨끗하게 씻어낸다.
  - 마른걸레를 사용하여 사육장 바닥, 출입문, 벽면 등에 남아 있는 물기를 제거한다.

ⓛ 수시로 사육장 청소 : 반려견의 퇴실 시, 또는 배변 활동으로 오염된 경우 즉시 청소한다.

- 사육장 내의 패드를 교체하고 관리 : 패드는 반려견이 소변에 오염되지 않도록 하고 미끄럼을 방지하기 위해 바닥에 깔아준다.
- 반려견의 배설물 처리
  - 동물의 배설물이 있는지 수시로 점검하고, 발견하면 즉시 제거한다.
  - 배설물 처리는 일회용 위생 장갑을 착용한 상태에서 실시한다.
  - 빗자루와 쓰레받기를 사용하여 수거하고 배변이 남아있는 자리는 화장지로 닦아낸다.
- 사육장 내부 소독 : 휴대용 소독약 분무기로 배변을 치운 부위를 소독한다.

ⓒ 반려견이 사용하는 식기, 장난감 등의 용품을 소독

- 사용한 식기와 장난감 등은 세정제로 깨끗하게 씻어낸다.
- 마른걸레 또는 햇빛을 이용하여 건조한다.
- 자외선 살균기에 넣고 소독한다.

ⓔ 반려견이 섭취하는 음식과 물을 청결하게 관리

- 위탁시설에서는 수제식 음식보다는 상품화된 사료와 간식을 제공하는 것이 안전상 좋다.
- 건사료는 사료통에 넣어서 시원하고 그늘진 곳의 실온에서 보관한다.
- 습식사료인 캔은 개봉하면 바로 소진하는 것이 좋고 만약 남는 경우에는 뚜껑을 덮어 냉장고에 보관하면 다음 날까지 사용할 수 있다.
- 물은 반려견이 수시로 먹을 수 있도록 제공하며 깨끗한 물로 매일 교체해 준다.
- 물그릇을 사용하는 경우에는 반려견이 물을 엎질러 어지럽힐 수 있기 때문에 물통을 사용하는 것이 좋다.

(2) 안전사고 예방과 조치

① 반려견 안전사고

반려견에게서 발생할 수 있는 안전사고의 발생 위험요소

구 분	항 목	안전사고 발생 위험 요소
시설물	건축물	구조물의 변형 및 균열, 급수 배수, 냉난방, 환기
	사육장	잠금장치
	훈련장, 운동장	바닥 재질
	소독 및 위생	출입 소독발판, 손 세정제
	관리 인력	부상 및 상해
	소방/화재	화 재
반려견	부상/상해	교상, 피부 상처, 골절, 뇌진탕, 화상, 열사병
	질 병	전염병, 구토 및 설사, 이물 섭취, 눈병, 쇼크
	사 망	자연사, 질병 또는 상해 사망
	탈출/분실	관리 소홀로 인한 분실, 도난

② 반려견 안전사고 예방과 조치

　　㉠ 안전관리 매뉴얼 제작 계획을 수립한다.

　　　안전관리 매뉴얼 제작 계획 수립 절차

사전 기획	매뉴얼 작성자, 내용구성 및 작성 방법, 관련 법규 및 규정 검토, 일정 및 예산 등을 수립하는 것을 포함한다.
위험환경 분석	• 위험환경은 시설물 안전과 반려견 안전으로 내용을 구분한다. • 시설물 안전에는 건축물, 소방시설, 위생관리, 관리 인력 등이 포함된다. • 반려견 안전에는 부상 및 상해, 질병, 사망, 탈출 및 분실 등이 포함된다.
설계 및 개발	• 안전관리 매뉴얼 제작에 대한 세부 추진 과제를 설정한다. • 일반사항, 안전사고에 대한 관리 및 대응 방법, 안전사고별 대응 절차서 등이 포함된다.
시행 및 관리	안전관리자 지정, 안전사고 점검 및 개선 방법 등에 대한 계획을 세운다.

　　㉡ 안전관리 매뉴얼을 제작한다.

　　　• 일반사항 작성

　　　• 안전관리 매뉴얼에 포함될 안전사고의 종류 구성 : 반려견과 관련해 발생빈도가 높은 안전사고는 반려견의 부상, 질병, 사망, 탈출, 분실, 사람의 개 물림 등이다.

　　　• 안전사고별 대응 방법 작성

　　㉢ 안전사고별 상황에 대처한다.

　　　• 부 상

물린 상처(교상) 찔린 상처(자상)	• 출혈 부위를 지혈하고 오염물을 닦아낸다. • 가위로 상처 부위의 털을 짧게 자르고 물 또는 식염수를 이용하여 깨끗하게 세척한다. • 소독약을 소독솜에 묻혀 상처 부위를 소독한다. • 거즈로 상처 부위를 덮고 붕대로 고정한다. • 상처 부위를 핥지 못하도록 엘리자베스 칼라를 목에 착용한다.
골 절	• 뼈가 피부 밖으로 노출된 개방성 골절은 상처 부위가 오염되지 않도록 주의해야 한다. • 젖은 거즈나 수건으로 상처 부위를 덮고 즉시 동물병원으로 이송한다. • 폐쇄성 골절은 골절 부위가 고정되도록 나무판자, 플라스틱 등의 부목을 대고 테이프로 고정한 후 동물병원으로 이송한다.
낙상 및 교통사고	• 사고 발생 12시간까지는 반려견을 면밀히 관찰해야 한다. • 이상 증상이 발생한 경우에는 즉시 동물병원으로 이송한다.
화 상	• 최대한 빨리 차가운 물로 화상 부위를 식혀주는 것이 좋다. • 화상 부위를 차가운 수건, 아이스팩 등으로 덮어준다.
이물 및 독성물질 섭취	• 상처가 크거나 심하면 동물병원으로 안내한다. • 입을 벌리고 이물질이 확인되면 핀셋이나 집게를 이용하여 제거해 준다. • 이물이 기도나 식도에 정체된 경우에는 반려견의 뒷다리를 잡고 거꾸로 매달아 이물을 토해내게 유도한다. • 대형견의 경우 두 팔로 갈비뼈 하단의 복부를 감싸 안아서 복부를 위쪽으로 강하게 압박하는 하임리히법을 시도한다.

• 질 병

열사병	• 무더운 여름 날씨에 장시간의 운동 및 훈련을 수행하거나, 밀폐된 공간에 갇혀있는 경우에 발생한다. • 체온이 40℃ 이상으로 상승하고 침을 흘리며 호흡을 헐떡거리는 증상이 발생하고 신속히 대처하지 않으면 사망하게 된다. • 즉시 시원한 곳으로 이동시키고 전신에 차가운 물을 뿌리거나 냉탕에 넣는다. • 얼음팩을 수건에 감싸서 몸에 붙여준다.
구토 및 설사	• 설사는 횟수, 모양, 냄새 등을 유심히 관찰하고 하루 2~3회 연변으로, 활력이 있다면 상태를 지켜본다. • 하루 1~2회의 구토 증상과 함께 활력이 있다면 상태를 지켜본다. • 구토와 설사 증상이 있는 경우에는 위장을 휴식시키기 위해 12시간 정도 물과 음식을 제공하지 않는 것이 좋다. • 구토와 설사 횟수가 많고 활력이 저하된 경우에는 동물병원에서의 진료가 필요하다.
안질환	• 눈에 이상이 발생한 경우 안구가 건조되지 않도록 안약을 넣어준다. • 눈을 긁지 않도록 엘리자베스 칼라를 착용시킨다. • 시추, 페키니즈, 치와와 등은 안구돌출이 발생하기 쉬운 견종으로 안구돌출이 발생한 경우 억지로 안구를 집어넣지 않도록 하고 물에 적신 거즈나 천으로 안구를 감싼 후 동물병원으로 이송한다.

• 개 물림 사고
  – 위탁관리 시설 외부로 산책 시에는 목줄을 착용한다.
  – 맹견은 산책 시에 목줄과 입마개를 착용한다.
  – 사나운 반려견은 견사에 넣을 때도 목줄을 착용한다.

• 쇼 크
  – 전신의 혈액순환 장애로 인해 급격한 혈압 하강이나 호흡부전이 발생한 경우이다.
  – 쇼크의 원인은 다양하며 쇼크 증상이 나타나면 힘없이 옆으로 쓰러지며 구강점막이 창백하다.
  – 즉시 반려견을 편안한 상태로 유지하고 체온, 맥박, 호흡수, 점막 상태를 확인한다.
  – 의식이 없고 맥박수, 호흡수가 없는 경우 즉시 심폐소생술(CPR)을 실시한다.

심폐소생술(CPR; Cardio-pulmonary Resuscitation)

기도 확보	동물을 옆으로 눕히고 최대한 목을 늘어뜨린 후 공기의 유입이 쉽도록 거즈 등으로 입안의 이물질을 깨끗하게 닦아낸 후 혀를 잡아당겨 입 밖으로 빼내 준다.
인공호흡 실시	• 가슴 부위를 확인하여 호흡이 없는 경우 인공호흡을 실시한다. • 인공호흡은 반려견을 옆으로 눕힌 후에 목을 반듯하고 편안한 상태로 유지하여 실시한다. • 한 손으로 주둥이 부위를 둥글게 움켜잡아 입을 막는다. • 반려견의 코끝에 입술을 밀착시켜 콧구멍에 2~3초 동안 천천히 공기를 불어 넣는다. • 반려견이 호흡하는지 상태를 관찰하면서 스스로 호흡을 할 수 있을 때까지 5초 간격으로 실시한다.
심장마사지	• 뒷다리 허벅지 안쪽부위의 동맥 혈관을 손가락으로 확인하여 맥박이 느껴지는지 확인한다. • 맥박이 확인되지 않으면 심장마사지를 실시한다. • 심장마사지는 반려견을 바닥에 눕히고 왼쪽 가슴 부위를 양손으로 1초에 1번씩 압박한다. • 심장마사지를 15회 실시하고 인공호흡을 2회 실시한다.

② 응급상황에 대비해서 즉시 사용이 가능한 응급약품, 위생 재료 및 기구 등이 포함된 구급상자를 비치한다.

- 외용제
  - 상처 소독을 위해 소독용 알코올, 포비돈 등의 소독약을 준비한다.
  - 피부보호와 감염을 차단하기 위한 피부연고, 안구를 보호하기 위한 안약 또는 안연고가 필요하다.
- 위생 재료 및 기구
  - 위생 재료는 상처 주위 오염물을 정리하고 출혈을 방지하며 상처를 보호하기 위해 사용된다.
  - 거즈, 탈지면, 붕대, 반창고, 접착테이프, 면봉, 가위, 핀셋 등이 필요하다.
- 기타 : 체온계, 부목, 엘리자베스 칼라, 애견 클리퍼, 수건, 주사기, 고무줄, 담요 등을 준비한다.

⑩ 반려견의 안전과 보안을 위해 CCTV를 설치한다.

- 유선 CCTV 설치 : 녹화 프레임 수를 조절할 수 있는 장점이 있는 아날로그 방식으로, 카메라에 촬영된 영상이 유선을 통해 전송되어 DVR 저장장치에 저장되는 방식이다.

유선 CCTV의 기본 구성품 확인	카메라, 녹화기(DVR 또는 HDD), 어댑터, 케이블, 마우스, 모니터 등으로 구성되어 있다.
카메라를 원하는 장소에 설치	• 동물위탁관리실에 사각지대가 없도록 설치 장소를 정하고 실내형의 경우 천장에 주로 설치한다. • 위탁관리실의 크기에 따라 한 대 또는 여러 대의 카메라를 설치한다. • 실외형은 출입구 및 도난 등의 우려가 있는 장소에 설치한다.
녹화기와 모니터를 원하는 곳에 설치	녹화기와 모니터는 감시 인력이 일상 업무를 수행하면서 쉽게 모니터를 관찰할 수 있는 곳에 위치시키는 것이 좋다.
케이블을 이용하여 카메라와 녹화기 연결	통합케이블을 사용하는 것이 좋으며 영상과 전력을 함께 공급한다.
전원을 켜고 녹화기 설정	• DVR 녹화기는 카메라의 연결 대수에 따라 4채널, 8채널, 16채널이 일반적으로 사용된다. • 녹화기의 실시간 화면, 녹화, 재생, 백업, 원격접속, 스마트폰 및 원격 감시 기능을 설정한다.

- IP(네트워크) CCTV 설치
  - 카메라에서 데이터를 압축하고 NVR(Network Video Recorder)로 전송한 후 다시 압축된 영상 데이터를 풀어서 영상으로 보여주기 때문에 시간지연 현상이 일어날 수 있으며 네트워크 연결이 끊길 경우 녹화되지 않는 경우가 발생한다.

– 인터넷 공유기를 통해 스마트폰 및 모니터를 통해 감시가 가능하다.

IP CCTV의 기본 구성품 확인
• IP 카메라, NVR 저장장치, UTP 케이블 등으로 구성되어 있다. • IP 카메라는 IP주소라는 고유한 주소를 가지는 카메라를 말한다.
IP 카메라와 녹화기를 원하는 장소에 설치
IP 카메라와 NVR을 UTP 케이블로 연결
• IP CCTV는 하나의 UTP 케이블로 전원과 데이터를 동시에 전송할 수 있다. • IP 카메라 또는 NVR 저장장치에 POE 스위치 기능이 있는 경우 인터넷 케이블 하나로 데이터와 전원을 동시에 보낼 수 있다. • UPT 케이블 설치가 어려운 장소에도 무선 AP를 설치하여 IP CCTV 구축이 가능하다. • IP 카메라와 NVR 저장장치의 거리가 100m 이내이면 별도의 POE 허브가 필요하지 않지만, 100m 이상이면 POE 허브가 필요하다.
NVR 저장장치의 전원을 켜고 녹화 기능 설정

• CCTV 설치 안내판을 설치
- 「개인정보보호법」 제25조 제4항에 따라 누구나 쉽게 알아볼 수 있는 곳에 CCTV 설치 안내판을 설치하여야 한다.
- 안내판에는 CCTV 설치 목적 및 장소, 촬영 범위 및 시간, 관리책임자의 연락처 등이 포함되어야 한다.

ⓑ 전염성 질병이 의심되는 경우 격리 조치 후 보호자 및 관련 기관에 보고한다.
• 주요 전염성 질병에 대한 증상, 예후, 조치 등과 관련된 자료 비치
• 격리시설 준비
- 전염병 격리시설은 사육장에서 멀리 떨어진 별도의 공간에 위치해야 한다.
- 격리실에는 마스크, 장갑, 일회용 위생복 등을 비치한다.
- 격리실 청소 및 소독을 위해 격리실 전용으로 사용하는 소독제, 청소도구와 물품이 필요하다.
• 전염성 질병 발생 시 차단방역 실시
- 전염병이 발생하였거나 의심되는 반려견은 즉시 격리시설로 옮긴다.
- 반려견과 함께 동거하거나 밀접하게 접촉한 반려견은 건강한 반려견과 접촉하지 않도록 별도의 공간으로 옮긴다.
- 전염병이 발생한 반려견의 견사와 주위 환경은 즉시 청소와 소독을 한다.
- 반려견의 분뇨는 즉시 쓰레기봉투에 수거한 후 밀봉하여 위탁시설 밖으로 배출한다.
- 식기 및 장난감은 소독제로 뿌린 후 비닐봉지에 담은 다음 밀봉한 뒤 세척실로 옮겨 세척 후 소독 및 자외선 살균을 한다.
- 바닥 및 주위 환경은 소독제를 사용하여 소독한다.
- 분변을 통해 배출된 파보바이러스의 경우 외부 환경에서 6개월 동안 생존이 가능하므로 전염병이 발생한 견사는 일정 기간 사용을 제한한다.
- 전염병이 발생한 견사는 매일 2회 소독을 하고 3일 이후에 사용하도록 한다.

- 보호자 및 방역 관련 기관에 보고
  - 전염병이 발생하거나 의심되는 경우 즉시 격리 조치 후에 보호자에게 연락한다.
  - 전염병 진단 및 치료를 위해 동물병원 방문 필요성에 관해 설명한다.
  - 보호자가 즉시 데려갈 수 없는 경우에는 상주직원이 가까운 동물병원으로 이송하는 것에 대한 동의 여부를 문의한다.
  - 반려견이 갑자기 과도한 침을 흘리며 광폭해지고 눈이 충혈되는 등의 광견병 발생이 의심되는 경우에는 물리지 않도록 조심하며 격리 조치한 후에 즉시 농림축산검역본부에 알린다.

(3) 시설 안전 및 보안관리

① 위탁시설 안전관리

㉠ 동물위탁관리업 시설 및 인력 기준 법적 규정 : 「동물보호법」 시행규칙 [별표 11]

- 공통 기준 외에 개별기준으로 위탁관리실과 고객 응대실의 분리
  - 고객 응대실은 방문 고객에 대한 상담을 진행할 수 있도록 조용한 곳에 설치한다.
  - 고객이 편안한 상태에서 상담을 진행할 수 있도록 깨끗한 환경을 조성하고 기본적인 음료 및 다과 등을 비치한다.
- 동물 개별 휴식실 설치

실외 견사	• 주로 대형견의 견사로 철골 및 철망, 목재, 플라스틱 재질로 만든다. • 견사의 크기는 대형견이 충분히 활동할 수 있도록 폭 2m, 길이 7m 이상이 좋다. • 바닥은 지면보다 높이 설치하고 분뇨처리 및 청소가 쉬운 콘크리트, 에폭시, 우레탄 고무, 코르크 등의 재질을 사용한다.
실내 견사	• 벽돌, 목재, 철망, 스테인리스 등의 재질을 사용한다. • 소형견용 견사는 직접 설치보다는 상품화된 반려견 호텔장을 구매하여 설치하는 것을 고려한다. • 실내 견사의 바닥에는 겨울철 보온을 위해 바닥에 난방을 시공한다. • 여름철 냉방을 위한 에어컨을 설치한다.

- 출입구 이중문과 잠금장치 설치
  - 반려견이 출입문을 통해 탈출하는 것을 방지하기 위해 설치한다.
  - 안전문은 반려견이 뛰어넘을 수 없도록 충분한 높이여야 하고 반려견이 밀어서 열리지 않도록 잠금장치를 설치해야 하며, 사람의 출입은 용이해야 한다.
- 폐쇄회로 녹화 장치(CCTV) 설치
- 반려견 20마리당 1명 이상의 관리 인력 확보
  - 반려견 관리 또는 훈련사는 기본적인 동물관리 능력을 갖추고 있어야 한다.
  - 관련 자격 취득자 또는 전공학과 졸업자 등을 활용한다.

㉡ 반려견 위탁관리 시설의 종류

- 반려견을 대상으로 하는 훈련소, 호텔, 유치원, 카페, 반려견 동반 숙박시설로 구분된다.
- 시설물 관리 점검표를 만들어 매일 또는 정기적으로 점검하고 개선이 필요한 경우 관련분야 전문가에 자문하여 보완한다.
- 각 위탁관리 시설은 법적 기준 외에도 시설 특성에 따라 반려견이 편안하고 안전하게 생활할 수 있는 시설의 구비가 필요하다.

야외 울타리 설치	• 반려견 훈련소 야외 공간 주변으로는 철망으로 된 울타리를 설치한다. • 반려견이 점프를 통해 뛰어넘지 못하도록 충분한 높이로 설치한다.
운동장 설치	• 반려견의 기본적인 훈련 및 운동에 필요한 운동장은 넓을수록 좋다. • 실외 운동장의 바닥은 천연 또는 인조 잔디로 시공한다. • 실내 운동장의 바닥은 미끄럽지 않고 소변 등의 처리가 용이한 재질로 시공한다.
훈련 장비 준비	• 기본적인 훈련을 위해서는 다양한 형태의 목줄, 장난감, 개껌, 덤벨 등이 필요하다. • 반려견 스포츠를 위해서는 시소, 굴, 멀리뛰기, 허들 등의 장애물 훈련 기구, Frisbee, Fry ball, Agility 등의 훈련 장비가 필요하다.
이동장 준비	• 반려견을 훈련, 미용, 치료 목적으로 야외로 이동할 때 반려견을 안전하게 운송할 수 있는 이동장을 준비한다. • 이동장은 반려견의 크기에 따라 소형, 중형, 대형으로 구분되고 일반적으로 플라스틱 재질의 이동장이 주로 사용된다.
물림방지 안전장비 준비	사나운 반려견에 의한 물림 방지를 위해 입마개, 목줄, 엘리자베스 칼라 등을 준비한다.
사료 및 간식 준비	• 사료는 성장 단계별로 소형견, 중형견, 대형견으로 구분하여 상품화된 사료로 준비한다. • 15~30℃ 온도, 50~70% 습도에서 보관한다. • 건식사료는 개봉 후에는 되도록 밀봉해서 보관하고 한 달 이내에 소진하는 것이 좋다. • 밀봉을 위해 별도의 플라스틱 또는 고무로 된 사료통에 보관하면 관리가 수월하다.

ⓒ 소방시설 안전 점검
  • 반려견 위탁관리 시설은 대부분 「소방시설 설치 및 관리에 관한 법률」에 규정된 소방시설을 설치하여야 하는 특정소방대상물에 속한다.
  • 건물 소유자는 소방 안전관리자를 선임하여 소방 안전관리에 필요한 업무를 위임한다.
  • 일정 평수, 크기 이상의 건물들은 매년 소방시설 작동 기능 점검을 한 뒤 관할 소방서에 의무적으로 보고해야 한다.
  • 반려견 위탁관리 시설의 개별적인 소방시설 안전 점검은 화재에 대비한 소화기 비치, 비상구 확보, 화재 시 대피 방법, 인화성 및 가연성 물품 방치 여부, 화재 안전교육 등에 대한 사항을 포함한다.
  • 안전관리자는 '소방시설 안전 점검표' 또는 일지를 만들어 소방 안전 상태에 대한 점검을 정기적으로 실시한다.

  안전 상태에 대한 점검 사항

소화기	• 소화기 비치와 약제의 유효기간 여부 확인 – 소화기는 바닥면적 100㎡(30평)에 1개 이상 설치하고 내부가 구획된 실마다 1개씩 설치한다. – 화재 발생의 위험이 높고 사람의 눈에 잘 띄고 접근이 쉬운 곳에 비치한다. – 분말 소화기에 포함된 내용 약제의 유효기간은 10년으로, 소화기에 표시된 유효기간을 확인하여 소화기를 교체하거나 내용 약제를 교환한다. • 소화기 사용 방법 여부 점검 : 소화기를 사용할 때는 손잡이 부분의 안전핀을 제거하고 호스를 불 쪽으로 가까이 대고 손잡이를 힘껏 움켜쥔 다음 불을 향해 쓸어내듯 뿌려준다.
전기와 콘센트	• 한 개의 콘센트에 전기 플러그를 여러 개 꽂아서 사용하지 않는다. • 사용하지 않는 전기제품은 플러그를 빼둔다.
냉 · 난방 상태	• 실내 냉 · 난방기는 꼭 끄고 퇴근한다. • 난로 1~2m 이내에 인화성 물건을 두지 않는다.

안전교육	• 비상 대피로의 상태 점검
	 – 비상 대피로를 평소에 확인하고 비상구에는 물건을 쌓아두지 않는다.
	 – 시설 종사자에게 비상구 등 화재 시 대피로를 안내해 주고 화재에 대비하여 정기적으로
	  안전교육을 실시한다.
	 – 비상 탈출 경로 안내 표시물 부착 여부 등을 확인한다.
	• 화재 시 대피 요령의 교육 상태 점검
	 – 화재 발생 시 "불이야"라고 큰 소리로 외쳐 다른 사람들에게 알린다.
	 – 화재가 확인되면 화재 비상벨을 누른다.
	 – 침착하게 119에 화재 신고를 한다.
	 – 보호자 등을 인솔하여 신속히 밖으로 대피시킨다.
	 – 엘리베이터를 타지 말고 아래쪽 비상계단을 이용하되, 어려우면 옥상으로 대피한다.
	• 화재 시 반려견 대피 방법 상태 점검
	 – 화재 발생 시 반려견 대피 장소를 미리 정해둔다.
	 – 화재 발생 시 반려견에 목줄을 착용하여 신속히 밖으로 대피시킨다.
	 – 화재가 커져 반려견을 개별적으로 대피시키기 어려운 경우에는 사육장의 잠금장치를 해
	  제하고 문을 활짝 개방하여 반려견 스스로 밖으로 나갈 수 있도록 조치한다.

② 출입 및 보안관리

㉠ 출입 시 개인위생 관리

• 사육장에 출입 시에는 개인위생 관리 절차를 거친 후 들어갈 수 있다.

 – 출입자의 건강 상태를 확인한다.

 – 출입자의 발열 등 건강 이상, 동거하는 반려견의 구토, 설사 등의 건강 이상, 타 동물 관련 시설 방문 여부 등을 자가 진단 할 수 있도록 안내문을 설치한다.

 – 해당 사항이 있는 경우에는 직원에게 이상 여부를 알리도록 한다.

• 개인위생 관리는 출입자에게서 오염 가능성이 있는 물질들을 제거하는 것으로 이물질 제거, 손 소독, 발판 소독 등이 있다.

손 소독	• 손 씻기는 물로 씻어서 세균을 제거하는 방법이고 손소독제는 손에 존재하는 세균을 직접 죽이는 방법이다. • 손소독제는 출입문 입구에 비치하여 출입 전에 출입자가 손 소독을 할 수 있도록 한다. • 손소독제는 펌프형 또는 스프레이형이 주로 사용되고 대표적인 성분은 알코올, 에탄올, 과산화수소, 염화벤잘코늄 등이다.
발판 소독	• 출입자가 착용한 신발의 밑창을 소독하여 오염물이 사육장 내부로 유입되는 것을 방지하기 위해 사용하며, 스테인리스 재질의 테두리에, 내부는 소독제가 흡수된 인조 잔디 또는 흡습 매트가 놓여있는 발판 소독조를 사용한다. • 발판 소독조는 유기물의 영향을 많이 받으므로 상품화된 발판 전용 소독액을 사용하거나 물에 200배 희석한 락스를 사용한다. – 발판소독조는 위탁시설의 출입구와 사육장 출입문 입구에 설치한다. – 발판소독조 옆에 신발 밑창의 오염물을 털어 낼 수 있는 세척솔을 비치한다. – 발판소독조에는 신발 밑창이 충분히 잠길 수 있도록 소독제를 채운다. – 발판소독조 운영 지침을 정하여 주기적으로 청소와 소독제를 교체한다.

• 마스크를 비치하고 착용할 수 있도록 안내한다.

 – 마스크는 호흡기를 통한 감염을 차단하는 데 효과적이다.

 – 방문자가 사육장을 출입하는 경우에는 반드시 마스크를 착용할 수 있도록 안내한다.

ⓛ 출입 관리

- 사육장 출입구에 출입 안내문 비치 : 사육장 출입은 반려견의 안전, 휴식, 감염관리를 위해 관리자의 허가 또는 동반 없이는 출입할 수 없다는 안내문을 비치하여 방문 고객이 자유롭게 출입할 수 없도록 제한한다.
- 상주직원 : 비밀번호, 카드키, 지문인식, 모바일카드, 얼굴인식 리더기 등 자동문 출입 통제 시스템을 설치하여 출퇴근 문단속과 근태 현황을 효율적으로 관리할 수 있다.
- 방문 고객
  - 반려견 위탁과 상담을 위한 보호자와 우편, 택배 등의 업무를 위해 방문하는 인원 등이 해당하며 출입자 명부에 날짜, 출입 시간, 용무, 출입자의 성명, 연락처, 주소 등을 작성하게 한다.
  - 우편, 택배 등의 업무적 방문의 경우 우편함과 택배함을 설치하여 운영하면 시설의 출입을 최소화할 수 있다.

ⓒ 시설 보안관리

- 방범 전문 업체는 출동경비, CCTV 영상 보안, 출입문 출입 시스템 등의 다양한 서비스를 제공하고 야간에 위탁시설에 상주직원이 없더라도 외부의 침입을 감지하여 24시간 언제나 긴급출동 서비스를 제공하므로 방범 전문 업체에 방범 시스템을 위탁한다.
  - 방범 전문 업체에 위탁할 서비스 품목을 정한다.
  - 방범 전문 업체에 대한 정보를 온라인 검색을 통해 파악한다.
  - 방범 시스템의 가격을 비교 분석한다.
  - 방범 전문 업체를 선정한다.
  - 방범 전문 업체와 계약을 체결하고 방범 시스템을 구축한다.
- 외부 침입을 감지하기 위한 장치는 각종 침입 감지 센서와 영상감시 장비로 구성되며 침입감지 센서는 사람의 침입 시에 자성, 진동, 체온 등을 감지하여 경보를 발생하거나 시설 외부에 설치된 관제실로 송신한다.

04 | 실전예상문제

01 다음 개의 체형을 통해 확인한 현재 상태는?

① BCS 1   ② BCS 2
③ BCS 3   ④ BCS 4

해설 ③ 뼈의 융기부를 약간의 지방층이 덮고 있으며 갈비뼈를 볼 수 있고 쉽게 만질 수 있는 상태로 정상(BCS 3) 단계이다.

02 비만 관리에 대한 설명으로 적절하지 않은 것은?

① 비만은 활동의 둔화, 관절의 이상 등 많은 문제점을 가져온다.
② 어린 강아지 시기부터 비만 관리를 철저히 해야 성견이 되어서 비만견이 되지 않는다.
③ 비만은 개들에게 있어 다양한 기능 저하의 원인이 되기도 한다.
④ 개가 좋아하는 육류나 간식을 많이 주는 것은 바람직하지 않다.

해설 ② 어린 강아지 시기부터 1년이 되기까지는 성장기이므로, 영양이 풍부한 사료를 주어야 한다.

03 유치가 전부 돌출된 시기의 하루 에너지 필요량(DER)으로 알맞은 것은?

① RER × 1
② RER × 2
③ RER × 3
④ RER × 4

> **해설** ③ 유치가 전부 돌출된 시기는 2개월령으로, 4개월 미만 자견의 하루 에너지 필요량 DER(Daily Energy Requirements)은 RER(Resting Energy Requirements) × 3이다.
> • 반려견 치아 발육 상태

2개월령	유치가 전부 돌출된다.
4개월령	위턱과 아래턱의 앞니 2개가 영구치로 교체된다.
7개월령	모든 유치가 영구치로 교체된다.
1~2년령	아래턱의 앞니 2개가 마모된다.
2~3년령	아래턱의 앞니 4개가 마모된다.
3~4년령	아래턱의 앞니 4개와 위턱의 앞니 2개가 마모되며 약간의 치석이 생긴다.
4~5년령	아래턱의 앞니 4개와 위턱의 앞니 4개가 마모되며 치석의 양이 증가한다.
5년령 이상	아래턱의 앞니 6개가 마모되고 위턱의 앞니 6개가 마모되며 많은 양의 치석이 존재한다.

> • 반려견 하루 에너지 필요량 DER(Daily Energy Requirements)

4개월 미만	RER × 3
5개월~성견	RER × 2
비중성화 성견	RER × 1.8
중성화 성견	RER × 1.6
과체중 성견	RER × 1.4
비만 성견	RER × 1

04 사료 주는 방법으로 옳지 않은 것은?

① 어린 강아지 시기는 소화율이 좋아 영양이 많은 먹이로 하루에 4회 정도 주는 것이 좋다.
② 생후 3개월 이전 시기에는 자율급식으로 자율성을 길러주도록 한다.
③ 성장기 강아지(4개월~1년)는 하루에 3회 정도 먹이를 주어서 성장기에 영양이 부족하지 않게 한다.
④ 1년 이상된 성견은 하루에 2회 정도 먹이를 주며 영양 상태에 따라 하루에 1회 정도 주기도 한다.

> **해설** ② 생후 3개월 이전에는 자율급식을 하지 않고 배변습관 등을 들이기 위해 일정한 양과 회수를 정한 제한급식으로 한다.

05 반려견의 활력징후를 체크하여 알 수 있는 것은?

① 컨디션
② 건강 상태
③ 예방접종 시기
④ 수술 날짜

해설 ② 평상시에 반려견의 호흡, 맥박, 심장박동 수를 체크하면 반려견의 건강 상태를 알 수 있다.

06 건강관리를 할 때 유의하여 살펴야 할 증상이 아닌 것은?

① 간식을 피한다.
② 사람 옆에 오거나 노는 것을 귀찮아한다.
③ 코가 말라 있다.
④ 식욕이 왕성하다.

해설 ④ 식욕이 왕성한 것은 개가 건강하다는 증거이므로, 유의하지 않아도 된다.

07 반려견의 목욕에 대한 설명으로 옳지 않은 것은?

① 개도 사람만큼 땀을 많이 배출하여 몸에서 냄새가 나므로, 목욕이 필요하다.
② 목욕을 자주 하게 되면 피부병이 생길 수 있다.
③ 외출 후에는 다리를 깨끗이 씻어주고, 브러시로 털을 손질해 주는 정도면 충분하다.
④ 정기적인 목욕은 한 달에 1회 혹은 두 달에 3회 정도 시키는 것이 좋다.

해설 ① 개의 땀샘은 발바닥과 입 주위 등 극소수의 부위에만 존재하여 사람만큼 땀을 배출하지 않으며 냄새가 나는 이유는 주로 귓속, 이물질이 묻어 부패한 곳, 치석, 항문 때문이다.

08 브러싱의 효과에 대한 설명 중 틀린 것은?

① 피부에 적당한 자극을 주어 신진대사와 혈액순환을 촉진해 건강한 털을 유지할 수 있다.

② 털갈이 시기 관리의 기본이다.

③ 반려견과 작업자 사이에 친숙함이 형성된다.

④ 오물, 생식기 주변의 분비물, 엉킨 털 등을 제거한다.

해설 ④ 오염물이나 분비물을 제거하는 과정은 샴핑이다.

브러싱의 효과
- 털갈이 시기 관리의 기본이다.
- 반려동물과 작업자 사이에 친숙함이 형성된다.
- 피부에 적당한 자극을 주어 신진대사와 혈액 순환을 촉진해 건강한 털을 유지할 수 있다.

09 빗질에 대한 설명으로 옳지 않은 것은?

① 빗질은 모질을 좋게 하고 발모를 촉진하는 데 효과적이다.

② 핀 브러시는 긴 털을 가진 견종의 죽은 털 제거에 사용된다.

③ 슬리커 브러시는 엄지와 인지로 잡고 나머지 손가락을 가볍게 모아 손목에 스냅을 주며 사용한다.

④ 일자 빗은 간격이 넓은 부분으로 빗고 간격이 좁은 부분으로 마무리한다.

해설 ③ 슬리커 브러시는 검지와 엄지로 슬리커 브러시를 잡고 나머지 손가락으로 지탱해 주며 손목 스냅을 이용하여 브러시를 들어 올려주며 빗겨 준다.

10 샴핑의 목적에 대한 설명 중 틀린 것은?

① 오염된 피부와 털을 청결히 하는 것이다.

② 피부의 건강을 위해 관리하는 것이다.

③ 정상적인 피부 보호막의 기능을 유지하는 것이다.

④ 가급적 자주 샴핑해서 항상 청결함을 유지하는 것이다.

해설 **샴핑의 목적**
- 피지와 외부에서 부착되는 여러 가지 오염 물질이 피부에 쌓이면 피부가 건강하지 못하게 되어 털의 건강도 안 좋아지므로, 피부와 털을 청결히 하고 털의 발육과 피부의 건강을 위해 관리하는 것이 샴핑의 목적이다.
- 반려견의 피부 표면은 피지 분비선에서 분비되는 피지와 분비물이 분비되어 보호막을 형성하므로 과도한 피지의 제거와 세정은 정상적인 피부 보호막의 기능을 약화할 수 있다.

11 샴핑의 기능과 특징에 대한 설명 중 틀린 것은?

① 개의 피부는 pH7~7.4로 산성에 가까워서 사람용 샴푸는 자극적일 수 있다.

② 샴핑은 외부 먼지, 때와 피지를 제거하고 모질을 빛나게 한다.

③ 샴푸에는 계면활성제, 향수 기능의 다양한 첨가제, 영양 성분과 보습 물질이 함유되어 있다.

④ 샴핑은 잔류물을 남기지 않고 눈에 자극이 없으며 오물을 잘 제거할 수 있어야 한다.

> **해설** ① 개의 피부(pH 7~7.4)는 사람 두피(pH 4.8)와 다르게 중성에 가깝다.
>
> **pH(Percentage of Hydrogen ions)**
> • 수소 이온 농도를 구분하는 척도이자 산성 정도를 수치로 표시하는 것이다.
> • 기준이 되는 중성은 pH 7이고 pH 1~6은 산성, pH 8~14는 알칼리성(염기성)으로 표시된다.

12 린싱 시의 안전 및 유의 사항 중 틀린 것은?

① 반려견 목욕 시에는 동물 전용 린스를 사용한다.

② 린스는 제품 사용 설명서를 충분히 숙지한 후 제품의 사용 방법에 유의하여 사용한다.

③ 반려견의 개체별 특성을 숙지하고 있어야 한다.

④ 하얀색의 털을 더욱더 하얗게 만들어 준다.

> **해설** ④ 털을 더욱 하얗게 만들어 주는 것은 화이트닝 샴푸이다.

13 드라이 작업의 목적에 대한 설명 중 틀린 것은?

① 털을 건조하는 것이다.

② 드라이기의 풍향, 풍량, 온도의 조절과 브러시를 사용하는 타이밍은 매우 중요하다.

③ 품종과 털의 특징을 고려해서 항상 같은 방법으로 드라잉 해야 한다.

④ 털의 상태를 최상으로 유지하기 위해서 드라잉과 브러싱은 동시에 이루어져야 한다.

> **해설** ③ 품종과 털의 특징에 따라 드라이하는 방법이 달라질 수 있다.
>
> **드라이 작업 목적**
> • 드라이의 목적은 털을 건조시키는 것이다.
> • 드라이기의 풍향, 풍량, 온도의 조절과 브러시를 사용하는 타이밍은 드라잉에서 가장 중요하다.
> • 타이밍을 적절히 맞추지 못하면 털이 곱슬곱슬한 상태로 건조되므로 바람으로 말리는 동안 반복적으로 신속하게 빗질해야 하며, 피부에서 털 바깥쪽으로 풍향을 설정하여 드라이 한다.

PART 4

14 다음 여러 가지 드라잉의 방법에 대한 설명 중 옳은 것은?

> • 수분 제거가 잘 되면 드라잉을 빨리 마칠 수 있다.
> • 지나치게 수분을 제거하면 드라잉 할 때 피부와 털이 너무 건조해질 수 있다.
> • 적당한 수분 제거로 털의 습도를 조절한다.

① 룸 드라이어
② 플러프 드라이
③ 타월링
④ 새 킹

> **해설** **타월링**
> • 수분 제거가 잘 되면 드라잉을 빨리 마칠 수 있다.
> • 지나치게 수분을 제거하면 드라잉 할 때 피부와 털이 너무 건조해질 수 있으므로 적당한 수분 제거로 털의 습도를 조절할 수 있어야 한다.

15 반려견이 골절했을 때의 대처 요령으로 바람직한 것은?

① 골절상을 입었을 때는 움직임을 최소화로 줄여주기 위해 움직이지 않도록 부목을 대어 고정하여 부상의 악화를 줄여준다.
② 고정할 때는 무조건 압박 붕대로 감아주는 것이 응급처치의 기본이다.
③ 골절이 있으면 알코올로 몸을 적셔준다.
④ 뼈가 보이거나 외부로 돌출되어 출혈이 있는 경우는 얼음찜질을 해준다.

> **해설** ① 골절상을 입었을 경우 움직임을 최소화하고 가까운 동물병원으로 운송한다.

16 교통사고를 당했을 때의 대응 요령으로 옳지 않은 것은?

① 교통사고가 나면 의식이 있든 없든 심폐소생술을 한다.
② 옮길 때는 상처에 무리가 가지 않도록 담요나 옷으로 감싸 몸의 흔들림을 최소화하여 준다.
③ 개가 교통사고가 나면 상처가 깊은 경우가 많으므로 목과 엉덩이 부분을 담요로 감싸 옮기며, 옮겨줄 때 고통스러워하는 부분이 있으면 더욱 신경을 써준다.
④ 입 안에 토사물이 있는지 확인하고 목을 길게 하여 병원으로 신속히 옮긴다.

> **해설** ① 심폐소생술은 의식이 없을 때 시행한다.

17 목에 이물질이 걸렸을 때의 대처 요령으로 옳지 않은 것은?

① 반려견이 기침하고 침 삼키기를 곤란해하거나 입을 발로 긁거나 침을 흘리고 캑캑거리는 것을 반복하고 괴로워하면 입안에 이물질이 걸려 있지는 않은지 의심해야 한다.

② 개가 숨쉬기를 곤란해하면 개의 입을 조심스럽게 벌리고, 목구멍, 혀 아래, 이빨 사이, 잇몸, 입천장 등에 찔려 있는 이물질을 살핀다.

③ 입을 벌리고 이물질이 확인되면 핀셋이나 집게를 이용하여 제거해 준다.

④ 이물질이 확인되면 간식이나 물을 삼키게 한다.

해설 ④ 응급처치로 이물질이 확인되면 간식이나 물을 주지 말고 이물질 제거가 곤란할 경우 동물병원으로 이송하여 검진하는 것이 좋다.

18 심장마사지에 관한 설명으로 옳지 않은 것은?

① 심장마사지는 자격증 취득자만 할 수 있다.

② 심장이 뛴다고 해서 바로 멈추지 말고 어느 정도의 호흡과 안정이 되면 바로 가까운 동물병원으로 이동하여 검사를 받는다.

③ 맥박이 확인되지 않으면 손을 포개서 왼쪽 심장 부위에 올려서 시행한다.

④ 1~2초 간격으로 15회 동안 눌러서 압박하고 인공호흡을 해주면서 반복한다.

해설 ① 심장마사지는 자격증 취득과 상관없이 누구나 할 수 있다.

19 귀와 발톱을 손질하는 방법으로 옳지 않은 것은?

① 귀에 염증이 생기면 2차적 피부염이 일어날 수 있으므로, 주기적으로 관리해야 한다.

② 발톱을 자를 경우 신경조직에 상처를 입히지 않도록 주의해야 한다.

③ 장모종, 늘어진 귀를 가진 종은 귓속 털을 여러 번 나누어 조금씩 제거해 주는 것이 좋다.

④ 산책이나 운동을 하더라도 자연적으로 관리가 되지 않기 때문에 관리를 해주어야 한다.

해설 ④ 산책이나 운동 시 자연적으로 관리가 되기 때문에 별도로 관리해 주지 않아도 된다.

20 동물위탁관리업 시설 및 인력 기준 법적 규정이 아닌 것은?

① 고객 응대실의 분리

② 동물 개별 휴식실 설치

③ 반려견 10마리당 1명 이상의 관리 인력 확보

④ 출입구 이중문과 잠금장치 설치

해설 ③ 「동물보호법」 시행규칙 [별표 11]에 따라 반려견 20마리당 1명 이상의 관리 인력을 확보해야 한다.

05 | 반려동물의 미용관리

1 기본 미용

(1) 미용 도구 및 반려견의 부위별 명칭과 체형

① 콤

ㄱ 페이스 콤

- 핀의 길이가 짧다.
- 얼굴, 눈앞과 풋 라인을 자를 때 주로 사용한다.

ㄴ 푸들 콤

- 핀의 길이가 길다.
- 파상모(波狀毛, 상모에 웨이브가 있는 털)의 피모를 빗을 때 사용한다.

ㄷ 콤

- 핀의 간격이 넓은 면은 털을 세우거나 엉킨 털을 제거할 때 사용한다.
- 핀의 간격이 좁은 면은 섬세하게 털을 세울 때 사용한다.

ㄹ 실키 콤

- 길고 짧은 핀이 어우러진 콤이다.
- 부드러운 피모를 빗을 때 사용한다.

② 가위

ㄱ 가위의 종류와 용도

- 블런트 가위(Blunt scissors)
  - 민가위나 스트레이트 시저라고도 하며, 모질이 굵고 건강하여 콤으로 빗질하였을 때 털이 잘 서는 모질에 사용한다.
  - 크기는 평균 7인치(약 20cm)가 기준이 되고, 인치 수가 높을수록 초벌 미용이나 대형견 미용에 사용한다.
  - 털의 길이를 자르고 다듬는데 사용한다.

- 시닝 가위(Thinning scissors)
  - 털을 자연스럽게 연결할 때 사용하며 얼굴 라인을 자를 때 좋다.
  - 실키 코트의 부드러운 털과 처진 털을 자를 때 가위 자국 없이 자를 수 있다.
  - 한쪽 면(정날)은 빗살로, 다른 한쪽 면(동날)은 가위의 자르는 면으로 되어 있다.
  - 빗살 사이의 간격 수에 따라 잘리는 면의 절삭력에 차이가 있다.
  - 모량이 많은 털의 숱을 치거나 털의 흐름을 자연스럽게 연결할 때 사용한다.

- 보브 가위(Bob scissors)
  - 블런트 가위와 같은 모양의 가위로 평균 5.5인치(13.97cm)의 크기이다.
  - 눈앞의 털이나 풋 라인의 털, 귀 끝의 털을 자를 때 많이 사용한다.
- 커브 가위(Curve scissors)
  - 가윗날이 둥그렇게 휘어 있어 볼륨감을 주어야 하는 부위에 사용하기 좋다.
  - 가윗날이 휘어 있어 동그랗게 자를 부분을 쉽게 자를 수 있다.
  - 얼굴이나 몸통, 다리의 각을 없애야 하는 곳에 쉽게 사용할 수 있게 제작되었다.

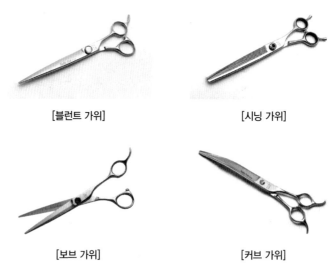

[블런트 가위]   [시닝 가위]

[보브 가위]   [커브 가위]

ⓒ 가위의 구조 및 명칭

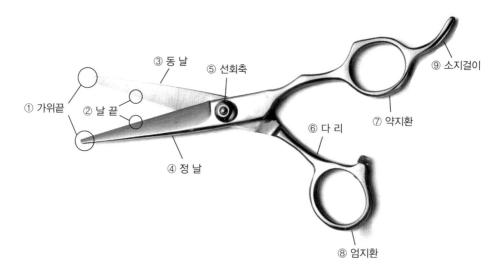

- 가위끝 : 정날과 동날 양쪽의 뾰족한 앞쪽 끝
- 날끝 : 정날과 동날의 안쪽 면의 자르는 날 끝
- 동날 : 엄지손가락의 움직임으로 조작되는 움직이는 날

- 정날 : 넷째 손가락의 움직임으로 조작되는 움직이지 않는 날
- 선회축 : 가위를 느슨하게 하거나 조이는 역할을 하며 양쪽 날을 하나로 고정해 주는 중심축
- 다리 : 선회축 나사와 환 사이의 부분
- 약지환 : 정날에 연결된 원형의 고리로 넷째 손가락을 끼워 조작
- 엄지환 : 동날에 연결된 원형의 고리로 엄지손가락을 끼워 조작
- 소지걸이 : 정날과 약지환에 이어져 있으며, 정날과 동날의 양쪽에 있는 가위도 있음

③ 클리퍼

㉠ 구조

ⓐ : 클리퍼 날　　　　　　ⓑ : 몸체　　　　　　ⓒ : 전원스위치

ⓓ : 전원선　　　　　　　ⓔ : 걸이용 고리　　　　ⓕ : 분리용 버튼

㉡ 날의 사이즈에 따른 특징
- 클리퍼 날의 mm 수가 적을수록 날의 간격이 좁다.
- 클리퍼 날의 mm 수가 클수록 피부에 상처를 입힐 수 있는 위험성이 높다.

㉢ 날의 방향
- 작업을 수행할 때 클리퍼는 피부와 평행하게 들어가야 한다.
- 피부에 직각으로 클리퍼 날을 사용하면 피부에 상처를 낼 수 있다.

㉣ 사용 시 주의 사항
- 클리퍼를 장시간 사용하면 뜨거워져 반려견이 피부에 화상을 입을 수 있으므로 냉각제로 열을 식히면서 사용한다.
- 클리퍼를 사용하고 나서는 클리퍼 날 사이의 털을 제거한 후 소독제로 소독한다.

④ 반려견의 부위별 명칭 및 체형 파악

㉠ 부위별 명칭

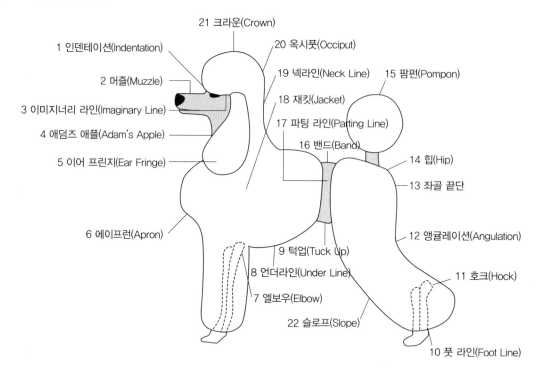

21 크라운(Crown)
1 인덴테이션(Indentation)
20 옥시풋(Occiput)
2 머즐(Muzzle)
19 넥라인(Neck Line)   15 팜펀(Pompon)
3 이미지너리 라인(Imaginary Line)
18 재킷(Jacket)
4 애덤즈 애플(Adam's Apple)
17 파팅 라인(Parting Line)
5 이어 프린지(Ear Fringe)
16 밴드(Band)
14 힙(Hip)
13 좌골 끝단
6 에이프런(Apron)
12 앵귤레이션(Angulation)
9 턱업(Tuck Up)
8 언더라인(Under Line)   11 호크(Hock)
7 엘보우(Elbow)
22 슬로프(Slope)
10 풋 라인(Foot Line)

더알아보기 이미지너리 라인

- 클리핑하기 전에 만들어 놓는 가상선이다.
- 정방향으로 클리핑하면 털이 난 방향으로, 역방향으로 클리핑하면 털이 난 반대 방향으로 이미지너리 라인을 만들 수 있다.
- 얼굴 클리핑 시에는 통상 털이 난 반대 방향으로 이미지너리 라인을 만들지만, 개체 특성상 정방향으로 이미지너리 라인을 만들 수도 있다.

ⓒ 체형 파악

하이온 타입		• 몸높이가 몸길이보다 긴 체형으로 몸에 비해 다리가 길다. • 긴 다리를 짧아 보이게 커트해야 한다. • 백 라인을 짧게 커트하여 키를 작아 보이게 한다. • 언더라인의 털을 길게 남겨 다리를 짧아 보이게 한다.
드워프 타입		• 몸길이가 몸높이보다 긴 체형으로, 다리에 비해 몸이 길다. • 긴 몸의 길이를 짧아 보이게 커트해야 한다. • 가슴과 엉덩이 부분의 털을 짧게 커트하여 몸길이를 짧아보이게 한다. • 언더라인의 털을 짧게 커트하여 다리를 길어 보이게 한다.
스퀘어 타입		몸길이와 몸높이의 비율이 각각 1:1인 이상적인 체형이다.

ⓒ 모질에 따른 특징

컬리 코트	• 털이 곱슬곱슬한 형태로 자주 빗질해 주는 것이 중요하다. • 목욕과 털 손질 후 필요에 따라 털을 잘라 주어야 한다. • 푸들, 에어데일테리어, 베들링턴테리어, 케리블루테리어 등이 있다.
실키 코트	• 길고 부드러운 털의 형태로 피부 관리에 주의하면서 빗질한다. • 요크셔테리어, 몰티즈, 실키테리어 등이 있다.
스무드 코트	• 부드럽고 짧은 털을 가지고 있다. • 루버 브러시 등으로 빗질하여 죽은 털 제거 및 피부 자극으로 건강하고 윤기 있게 관리한다. • 치와와, 퍼그, 보스톤테리어, 불도그 등이 있다.
와이어 코트	• 거칠고 두꺼운 형태의 털을 뽑아줌으로써 털의 아름다움을 관리한다. • 노리치테리어, 와이어헤어드닥스훈트, 와이어헤어드폭스테리어 등이 있다.
오버 코트	• 위 털(上毛), 주모(主毛−길고 굵으며 뻣뻣한 털을 말한다.)로, 외부 환경으로부터 신체를 보호한다. • 언더 코트보다 굵고 길다.
언더 코트	• 아래 털(下毛), 부모(副毛−주모가 바로 설 수 있게 도와주며, 보온 기능과 피부 보호의 역할을 한다.)로, 체온을 유지하고 조절하거나 방수성이 있다. • 부드럽고 촘촘하게 나 있다.
더블 코트	오버 코트와 언더 코트의 이중모 구조의 털이다.

(2) 기본 클리핑

① 클리핑의 이해

ㄱ 커팅의 한 종류로 클리퍼를 이용하여 털을 자르면서 깎아내는 작업이다.

ㄴ 기본 클리핑은 0.1~1mm의 클리퍼 날로 발바닥, 발등, 항문, 복부, 귀, 꼬리, 얼굴 부위의 털을 제거 하는 작업이다.

② 기본 클리핑으로 털을 제거하는 목적

ㄱ 발바닥의 털이 자라있으면 습진이 발생할 수 있고 미끄러지며 보행에 불편을 주므로 털을 제거한다.

ㄴ 항문 주위의 털을 제거하지 않고 장시간 방치하면 배변과 함께 뭉친 털이 항문을 막아 건강에 해로우 므로 털을 제거한다.

ㄷ 주둥이 부위에 피부병이 있는 경우에 치료 목적을 위해 제거한다.

③ 복부 기본 클리핑

ㄱ 복부는 반려견의 피부 중에 제일 연약한 부분이기 때문에 클리퍼 날이 가장 차가울 때 클리핑 해야 한다.

ㄴ 반려견을 미용 테이블 위에 올리고 테이블 고정 암으로 고정한다.

ㄷ 반려견의 뒷다리가 테이블 면에 닿게 하고 앞다리는 손으로 조심스럽게 잡아 테이블 위에서 들어 올 린다.

ㄹ 클리퍼 날을 띄운다는 느낌으로 클리핑한다.

• 암컷의 경우 배꼽 위에서 역U자형으로 클리핑한다.

• 수컷의 경우 배꼽 위에서 역V자형으로 클리핑한다.

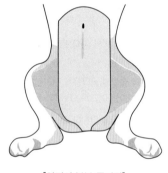 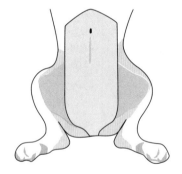

[암컷의 복부 클리핑]　　　　　　　　[수컷의 복부 클리핑]

④ 항문 기본 클리핑

ㄱ 항문이 보이도록 꼬리 시작 부분을 가볍게 잡고 꼬리가 백 라인 위를 향하도록 올려준다.

ㄴ 항문 안으로 클리퍼 날이 들어가지 않고 클리퍼 날의 바닥만이 들어가도록 클리핑한다.

ㄷ 항문 주위의 털을 1~2mm 둘레로 동그랗게 클리핑한다.

⑤ 생식기 부위 기본 클리핑

암 컷	수 컷
• 뒷다리의 한쪽 다리만 가볍게 미용 테이블 위에서 들어 준다. • 생식기 부위만 클리퍼를 위에서 아래 방향으로 털을 제거한다. • 반대 방향의 다리도 들어 올려서 같은 방법으로 털을 제거한다.	• 뒷다리의 한쪽 다리만 가볍게 미용 테이블 면에서 들어 준다. • 복부에 있는 생식기의 털을 제거한다. • 생식기 부위의 털을 클리핑할 때 고환에 클리퍼가 닿지 않게 살짝 띄어서 털을 제거한다. • 반대 방향의 다리도 들어 올려서 같은 방법으로 털을 제거한다.

⑥ 주둥이(머즐) 부위 기본 클리핑

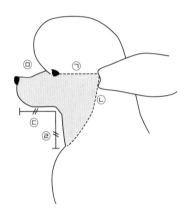

[주둥이 기본 클리핑]

㉠ 턱 밑의 움푹 팬 곳을 네 손가락으로 살며시 잡고 엄지손가락으로 주둥이 윗부분을 살며시 잡아 움직이지 않도록 고정한 뒤 소형 클리퍼로 이미지너리 라인(귀 시작점에서 눈 끝)을 일직선이 되도록 클리핑한다.

㉡ 귀 시작점부터 애덤즈 애플(목의 튀어나온 인후부)에서 1~2cm 내려간 곳을 V자형으로 클리핑한다.

㉢ 주둥이의 털과 볼의 털은 코를 향해 제거해 나간다.

㉣ 턱 밑을 주둥이와 같은 길이로 클리핑한다.

㉤ 눈과 눈 사이 역V자형인 인덴테이션을 클리핑한다.

⑦ 귀 기본 클리핑

㉠ 귀 끝의 1/3을 클리핑하는 견종 : 요크셔테리어, 스코티쉬테리어, 웨스트하이랜드 화이트테리어

㉡ 귀 시작부에서 1/2을 클리핑하는 견종 : 코커스파니엘

㉢ 귀의 장식 털의 끝만 남기고 클리핑하는 견종 : 베들링턴테리어, 댄디딘먼트테리어

㉣ 귀의 전체를 클리핑하는 견종 : 슈나우저, 케리블루테리어

⑧ 발 부위 기본 클리핑

㉠ 발 모양에 따른 분류

캣 풋	발가락뼈(지골)의 끝 부위에 있는 뼈가 작아 고양이 발을 닮은 발 모양이다.
헤어 풋	엄지발가락을 제외한 네 발가락 중 가운데 두 발가락이 긴 발 모양이다.
페이퍼 풋	발바닥이 종이처럼 얇고 패드의 움직임이 빈약한 발 모양이다.

ⓛ 발바닥

뒤 발바닥	앞 발바닥
• 뒤 발바닥은 발바닥 끝 선에서 1㎝ 정도 위까지 클리핑한다. • 발바닥 안쪽은 살이 겹친 모양이므로 그대로 클리퍼 날이 들어가면 상처가 날 위험이 크므로 손가락을 사용해서 쫙 핀다. • 클리퍼 날의 양 끝을 사용해서 클리핑한다.	• 뒷발을 먼저 클리핑하는 이유는 대부분의 반려견이 클리퍼 소리를 싫어하기 때문에 뒷발을 먼저 클리핑해서 익숙하게 한 다음 앞발을 뒤 발바닥과 동일한 방법으로 미용한다.

ⓒ 발 등

뒤 발등	앞 발등
• 반려견의 발을 잡는다 • 클리핑의 위치는 발목이 접히는 위치까지를 기준으로 한다. • 손가락으로 발가락 사이사이를 벌려서 클리핑한다. • 발톱 가장자리에 있는 털은 손가락으로 잡아준 다음 클리핑하면 더욱 깨끗하게 클리핑할 수 있다. • 클리퍼 날의 가운데를 사용하면 양쪽 끝 날이 상처를 낼 수 있어서 발바닥과 동일하게 클리퍼 날의 양 끝을 사용해 클리핑한다.	• 뒤 발등과 동일한 방법으로 하되 반려견의 얼굴이 클리퍼에 가까이 가지 않도록 주의한다.

(3) 기초 시저링

① 발 부위 털

ⓐ 발의 미용 종류

동그란 발		• 클리핑한 발바닥의 털을 콤으로 빗겨 준다. • 발바닥 패드의 털을 제거하고 발등의 털은 발톱이 가려지도록 발 모양 그대로 블런트 가위로 동그랗게 주변을 자른다. • 대표 견종 : 포메라니안, 페키니즈, 슈나우저
푸들 발		• 발바닥과 발등을 클리핑한다. • 풋 라인을 시저링한다.
포메라니안 발		• 발바닥을 클리핑한다. • 동그란 발의 모양에 발톱이 보이게 시저링한다.

ⓛ 풋 라인 시저링

- 콤으로 다리털의 결 방향을 따라 빗질해 준다.
- 클리핑한 라인이 보이도록 패스턴(발목뼈) 부분이 일직선이 되게 가위 앞부분으로 자른다.
- 발등 클리핑한 부분을 일직선으로 자르면서 원을 그리듯 잘라 나간다.
- 앞쪽, 옆쪽, 뒷부분 순으로 풋 라인을 잡아준다.

② 눈 부위 털

ⓐ 눈 주변의 털을 제거하는 목적

- 눈 주위의 털은 자라면서 눈을 찌르게 되어 눈병의 원인이 된다.
- 털이 길면 시야를 가려서 생활하는 데 지장을 준다.
- 눈물이 흐르는 경우, 피부병의 원인이 될 수도 있다.

ⓑ 눈 밑의 털을 콤으로 빗어 올린다.

ⓒ 눈을 가리고 있는 털을 잘라 눈이 보이게끔 눈앞의 털을 반원 모양으로 자른다.

ⓓ 다시 한번 눈 밑의 털을 빗질해서 눈을 가리고 있는 털을 반원 모양으로, 눈을 가리는 털이 없을 때까지 잘라 준다.

ⓔ 눈 밑의 털을 자르고 난 후 눈 위의 털을 정수리에서 눈 쪽을 향해 빗으로 빗겨 준다.

ⓕ 정면에서 보았을 때 눈을 가리는 털을 눈이 보이게 반원 모양으로 잘라준다.

③ 언더라인 및 항문 부위 털

ⓐ 복부 주변의 털을 클리핑한 후 복부의 털을 콤으로 털의 결 방향을 따라 빗겨 준다.

ⓑ 클리핑한 복부 주변을 블런트 가위로 클리핑한 라인을 따라 잘라준다.

ⓒ 생식기 주변의 털은 배변 활동을 하는 데 지장이 없도록 가능하면 짧게 잘라준다.

ⓓ 클리핑 후 빗으로 빗고 항문 주위의 털을 배변이 묻지 않도록 길이를 조절하여 항문이 보이게 잘라준다.

④ 꼬리털

ⓐ 꼬리 끝의 피부가 다치지 않게 주의하면서 꼬리털의 길이를 결정

ⓑ 꼬리 종류별 털 정리

- 직립 테일의 대표적인 견종은 비글이다.
- 컬드 테일의 대표적인 견종은 페키니즈이며 꼬리 끝의 털을 시저링한다.
- 스냅 테일의 대표적인 견종은 포메라니안이며 부채꼴 모양으로 시저링한다.
- 단미하는 대표적인 견종은 푸들, 슈나우저, 요크셔테리어다.
- 꼬리가 없는 대표적인 견종은 웰시코기펨브로크, 올드잉글리시쉽독이다.

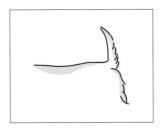

[직립 테일]　　　　[컬드 테일]　　　　[스냅 테일]

⑤ 귀 털

     ⊙ 쫑긋 선 귀의 대표적인 견종은 요크셔테리어, 슈나우저, 웨스트하이랜드 화이트테리어다.

     ⓛ 늘어진 귀의 대표적인 견종은 코커스패니얼, 몰티즈이다.

     ⓒ 앞으로 꺾인 귀의 대표적인 견종은 폭스테리어다.

■2■ 일반 미용

(1) 개체 특성 파악

① 대상에 맞는 미용 스타일 선정 방법

     ⊙ 몸의 구조에 문제가 있을 때

- 몸 구조의 단점을 파악하고 이를 보완할 수 있는 미용 스타일로 선정한다.
- 신체 부위에 장애가 있는 경우 안 보이도록 보완할 것인지, 그 부위를 개성으로 부각할 것인지를 결정하여 미용 스타일을 선택한다.

     ⓛ 반려견 털의 길이가 짧으나 고객이 털이 긴 미용 스타일을 원할 때

- 털을 관리하여 향후 고객이 원하는 미용을 할 수 있도록 틀을 잡아주는 미용을 선택한다.
- 털을 길게 보이도록 하는 미용은 없으며 스타일에 변화를 주기 위해서는 털이 자라나는 동안 관리가 필요하다.
- 작업자는 고객이 원하는 미용 스타일을 파악하고 털이 자라는 시간을 예상하여 고객에게 안내한다.
- 추후에 완성하고자 하는 미용 스타일을 위해 털을 기르기 위한 관리 방법을 설명한다.

     ⓒ 털에 오염된 부분이 있을 때

- 일시적으로 발생한 것인지, 미용 후에도 지속해서 발생할 여지가 있는 것인지를 파악한다.
- 착색 또한 일시적인 것인지, 지속해서 다시 착색될 우려가 있는지를 파악하여 해결한다.

     ⓔ 반려견이 예민하거나 사나울 때

- 반려견의 예민함과 사나운 정도를 파악한다.
- 작업자는 미용이 가능한지의 여부를 파악하여 고객에게 이해하기 쉽게 설명한다.
- 미용이 가능한 경우, 물림 방지 도구의 사용 여부 등을 고객에게 설명하고 동의를 얻는다.

     ⓜ 반려견이 특정 부위의 미용을 거부할 때

- 발을 만지면 매우 예민하게 반응하는 경우, 발 미용 시간을 최소화한다.
- 얼굴 부위 클리핑에 거부 반응을 보이는 경우, 시저링 등의 방법을 활용한다.

     ⓗ 반려견이 날씨나 온도의 영향을 받는 곳에서 생활할 때

- 추운 곳에서 생활하는 경우, 털의 길이가 너무 짧은 미용 스타일은 피한다.
- 뜨거운 곳에서 오랜 시간 노출되는 경우, 피부가 드러나지 않는 미용 스타일을 선택한다.

     ⓢ 반려견이 미끄러운 곳에서 생활할 때 : 최대한 미끄러지지 않도록 발바닥 아래의 털을 짧게 유지할 수 있는 미용 스타일을 선택한다.

ⓗ 고객에게 시간적 여유가 없을 때

- 고객이 그루밍하기 쉽도록, 비교적 간단하게 관리할 수 있는 미용 방법을 선택한다.
- 쉽게 오염될 수 있는 얼굴 부위는 짧게 하여 빗질 시간이 적은 미용 스타일을 선택한다.

ⓩ 반려견이 노령이거나 질병이 있을 때

- 보호자에게 반려견의 나이, 질병의 종류 등에 대한 설명을 요청하고 내용을 정확하게 파악한다.
- 파악한 내용을 차트에 기록하고 미용 동의서 필요시 고객에게 작성하도록 한다.

노령일 때	• 피부 탄력이 없고 주름이 있으므로 클리핑할 때 상처가 나지 않게 주의한다. • 오랜 시간 서 있어야 작업이 가능한 미용 스타일은 피한다. • 가능하면 작업시간이 짧은 미용 스타일을 선택한다. • 모질 및 모량의 상태를 확인하여 가장 적당한 미용 스타일을 선택한다. • 청각이나 시각을 잃은 경우, 예민할 수 있으므로 주의한다. • 지병이 있는 경우, 그 상태가 미용할 수 있는 상태인지 확인한다.
질병이 있을 때	• 신체적으로 건강하지 못한 경우, 시간이 짧게 소요되는 미용 스타일을 선택한다. • 질병 부위 접촉을 거부하는 경우, 이러한 사항을 참고하여 미용 스타일을 결정한다. • 미용이 질병을 악화시킬 가능성이 있다면 미용하지 않는다.

② 미용 스타일의 제안

㉠ 고객의 의견 반영

- 고객이 원하는 미용 스타일을 파악한 후 미용 스타일을 제안한다.
- 고객의 의견을 파악하여 미용 스타일에 반영한다.

㉡ 작업자의 제안

- 고객이 이해할 수 있는 용어 위주로 설명한다.
- 새로운 미용 용어를 이해하도록 노력한다.
  - 반려견 보호자들 사이에서 쓰는 미용의 명칭을 이해한다.
  - 전문용어는 아니더라도 새롭게 유행하는 미용 용어를 숙지한다.
- 작업자와 고객은 스타일북이나 사진 등을 활용하여 각자가 생각하는 미용 스타일의 오차를 줄인다.
- 미용 스타일을 제안하면서 미용 요금도 함께 안내한다.

(2) 클리핑

① 클리퍼 날의 선택

㉠ 역방향으로 클리핑 시 클리퍼 날의 사용 방법 : 클리퍼 날에 표기된 숫자는 역방향으로 클리핑 시 남는 털 길이이다.

㉡ 정방향으로 클리핑 시 클리퍼 날의 사용 방법 : 정방향으로 클리핑 시에는 클리퍼 날에 표기된 길이보다 두 배의 털 길이가 남는다.

㉢ 1mm 클리퍼 날의 사용 방법

- 정교한 클리핑을 해야 할 때 사용한다.
- 역방향 클리핑 시 1mm 정도의 털이 남는다.
- 3mm 전체 클리핑 시 역방향으로 털을 깎기 어려운 경우 1mm 클리퍼 날을 정방향으로 이용한다.

② 전체 클리핑

  ⊙ 고객의 요청, 개체의 특성, 상황 등에 따라 전체 클리핑을 한다.

  ⓛ 고객의 털 알레르기 · 비염으로 인한 요청, 털의 심한 엉킴, 치료를 위한 보조적 필요성, 피부 질환, 털의 심한 오염 등의 경우에 전체 클리핑을 한다.

  ⓒ 부위별 보정 방법

- 등 클리핑 시에는 등이 구부러지거나 휘어지지 않게 곧게 펴서 보정한다.
- 뒷다리 클리핑 시에는 관절이 움직이지 않게 고정하여 보정한다.
- 앞다리 클리핑 시에는 다리의 관절이 움직이지 않게 겨드랑이에 손을 넣어 보정한다.
- 가슴 클리핑 시에는 주둥이를 잡고 얼굴 쪽을 위로 들어 올리고 클리핑한다.
- 얼굴 클리핑 시에는 양쪽 입꼬리 부분을 귀 쪽으로 당겨서 보정하고 클리핑한다.
- 머리 클리핑 시에는 주둥이를 잡고 바닥으로 향하도록 보정하고 클리핑한다.

  ⓔ 안전 · 유의 사항

- 반려견이 물거나 산만할 경우에는 클리퍼를 입으로 물거나 상처를 입을 수 있으므로 입마개를 씌워야 한다.
- 클리퍼를 장시간 사용할 경우 클리퍼 날에 화상을 입힐 수 있으므로 주의한다.
- 반려견의 항문 주변이나 생식기 주변을 클리핑할 때는 찰과상을 입히지 않도록 주의한다.
- 한 개체의 전체 클리핑이 끝나면 항상 소독한다.
- 클리퍼 날이 손상되었는지 수시로 확인하고 손상이 있으면 수리 · 교체하여 반려견의 피부에 상처가 나지 않도록 주의한다.
- 클리핑하기 전에 반려견의 몸에 딱지 등의 상처가 있는지 구석구석 확인하고 작업할 때 주의한다.
- 노령견의 경우에는 피부에 탄력이 없어 상해를 입기 쉬우므로 주의한다.
- 상해를 입기 쉬운 사타구니나 겨드랑이를 클리핑할 때는 더 주의하여 작업한다.
- 얼굴을 클리핑할 때는 눈과 입 주변에 상해를 입히지 않도록 주의한다.

(3) 시저링

① 시저링의 이해

  ⊙ 시저링은 커트의 한 종류로 털을 자르는 작업을 의미한다.

  ⓛ 가위를 이용하여 털을 자르며 장점은 살리고 단점은 보완하면서 견체의 모양을 만든다.

② 안전 · 유의 사항

  ⊙ 반려동물이 미용 테이블 위에 있을 때 작업자는 현장에서 벗어나지 않는다.

  ⓛ 미용 도구에 반려동물이 상처를 입지 않도록 주의한다.

  ⓒ 보정할 때 똑바로 서 있지 않고 주저앉는 동물은 무리하게 손에 힘을 주어 강제로 일으키지 않는다.

  ⓔ 반려동물이 가위에 다치지 않도록 주의한다.

  ⓜ 미용 도구는 바닥에 떨어뜨리지 않도록 한다.

③ 푸들의 램 클립

㉠ 램 클립의 정의와 특징

정의	어린 양의 모습에서 나온 미용 스타일로, 푸들의 클립 중에서 가장 보편적인 미용 방법이다.
특징	푸들의 램 클립은 다른 미용 방법과 달리 얼굴을 클리핑한다는 특징이 있다.

㉡ 클리핑 부위(0.1~1mm)

- 머 즐
- 발바닥, 발등, 복부, 항문
- 꼬 리

㉢ 시저링 부위

- 머리 : 머즐 클리핑 후 이미지너리 라인이 보이도록 한다.
- 몸 통
  - 몸통 부분의 시저링 부위는 백라인, 언더라인, 앞가슴이다.
  - 백라인 : 꼬리 앞에서 위더스까지 시저링한다.
  - 언더라인과 앞가슴을 시저링한다.
- 다 리

  앞다리는 원통형으로 시저링한다.

  앞면, 뒷면, 옆면, 안쪽 털을 잘라 네모형으로 시저링한다.

  네 부분의 각을 잡아 원형으로 만든다.
- 꼬 리

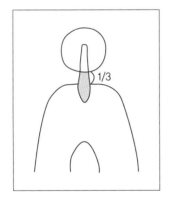

  - 꼬리의 1/3을 클리핑하며 클리핑 라인을 시저링한다.
  - 어느 각도에서 봐도 동그랗게 보이도록 시저링한다.

㉣ 퍼프 만들기 : 퍼프는 다리에 구슬 모양으로 동그랗게 만드는 장식털이다.

05 | 실전 예상 문제

01 다음 설명에 해당하는 미용도구는?

> • 핀의 길이가 짧다.
> • 얼굴, 눈앞과 풋 라인을 자를 때 주로 사용한다.

① 실키 콤   ② 콤
③ 페이스 콤   ④ 푸들 콤

해설 ③ 페이스 콤은 핀의 길이가 짧아 얼굴, 눈앞과 풋 라인을 자를 때 주로 사용한다.

02 다음에 해당하는 가위의 종류는?

> • 민가위 또는 스트레이트 시저라고도 부르며, 털의 길이를 자르고 다듬는 데 사용한다.
> • 크기는 평균 7인치(약 20cm)가 기준이 되고, 인치 수가 높을수록 초벌 미용이나 대형견 미용에 사용한다.

① 요술 가위   ② 블런트 가위
③ 보브 가위   ④ 커브 가위

해설 블런트 가위(Blunt scissors)
  • 민가위 또는 스트레이트 시저라고도 부르며, 털의 길이를 자르고 다듬는 데 사용한다.
  • 크기는 평균 7인치(약 20cm)가 기준이 되고, 인치 수가 높을수록 초벌 미용이나 대형견 미용에 사용한다.

03 시닝 가위를 사용하는 경우에 대한 설명 중 틀린 것은?

① 모질이 부드럽고 힘이 없어 빗질하였을 때 처지는 모질에 사용한다.
② 아치형 또는 동그랗게 커트할 때 쉽고 간단하게 연출할 수 있다.
③ 모량이 많은 털을 가볍게 할 때 사용한다.
④ 털의 단사를 자연스럽게 연결할 때 사용한다.

04 다음 중 넷째 손가락의 움직임으로 조작되는 움직이지 않는 날은?

① 가위 끝   ② 날 끝
③ 동 날   ④ 정 날

해설 정 날

넷째 손가락의 움직임으로 조작되는 움직이지 않는 날

05 다음은 클리퍼의 구조 및 명칭에 대한 그림으로 ⓐ에 해당하는 설명으로 틀린 것은?

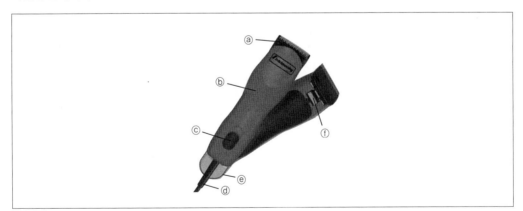

① mm 수가 적을수록 날의 간격이 좁다.
② mm 수가 클수록 피부에 상처를 입힐 수 있는 위험성이 높다.
③ 클리퍼 날이라고 한다.
④ 전원선이라고 한다.

해설 ④ ⓐ는 클리퍼 날로, mm 수가 적을수록 날의 간격이 좁으며 mm 수가 클수록 피부에 상처를 입힐 수 있는 위
험성이 높다.

06 아래의 그림에서 설명하고 있는 체형 타입으로 옳은 것은?

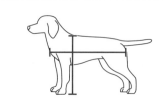

몸길이(체장)가 몸높이(체고)보다 긴 체형으로, 다리에 비해 몸이 길다.

① 코비 타입
② 드워프 타입
③ 하이온 타입
④ 스퀘어 타입

해설 **드워프 타입**
- 몸길이가 몸높이보다 긴 체형으로, 다리에 비해 몸이 길다.
- 가슴과 엉덩이 부분의 털을 짧게 커트하여 몸길이를 짧아 보이게 한다.
- 언더라인의 털을 짧게 커트하여 다리를 길어 보이게 한다.

07 다음 설명에 해당하는 것은?

- 부드럽고 짧은 털(短毛)을 가지고 있다.
- 대표적인 견종은 치와와, 퍼그, 보스톤테리어, 불도그이다.

① 와이어 코트
② 컬리 코트
③ 스무드 코트
④ 실키 코트

해설 **스무드 코트**
- 부드럽고 짧은 털을 가지고 있으며 루버 브러시 등을 사용하여 털을 관리한다.
- 빗질하여 죽은 털을 제거하고 피부 자극을 주어 건강하고 윤기 있게 관리를 할 수 있다.
- 대표적인 견종은 치와와, 퍼그, 보스톤테리어, 불도그이다.

08 기본 클리핑에서 털을 제거하는 목적에 대한 설명 중 틀린 것은?

① 주둥이 부위에 피부병이 있는 경우에 치료 목적을 위해 제거한다.

② 아름답게 보이도록 하기 위해서 클리핑을 해준다.

③ 털 관리를 해 주지 않아 발바닥 패드에 털이 많이 자라면 습진이 생길 수 있다.

④ 발바닥에 털이 자라있으면 미끄러지며 보행에 불편을 준다.

> 해설 **기본 클리핑에서 털을 제거하는 목적**
> • 발바닥의 털이 자라있으면 미끄러지며 보행에 불편을 준다.
> • 털 관리를 해 주지 않아 발바닥 패드에 털이 많이 자라면 습진이 생길 수 있다.
> • 항문 주위의 털을 제거하지 않고 장시간 방치하면 청결 문제뿐만 아니라 배변과 함께 뭉친 털이 항문을 막아 건강에 해롭다.
> • 주둥이 부위에 피부병이 있는 경우에 치료 목적을 위해 제거한다.

09 그림과 같은 꼬리를 일컫는 말로 옳은 것은?

① 직립 테일   ② 스냅 테일

③ 반직립 테일   ④ 컬드 테일

> 해설 ④ 컬드 테일로, 대표 견종에는 페키니즈가 있으며 꼬리 끝의 털 길이를 시저링한다.

10 그림과 같은 꼬리를 시저링하는 모양으로 알맞은 것은?

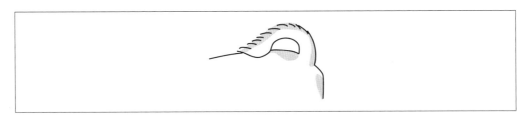

① 일자 모양   ② 부채꼴 모양

③ 사선 모양   ④ 원 모양

> 해설 ② 스냅 테일로, 대표 견종에는 포메라니안이 있으며 전체적으로 부채꼴 모양으로 시저링한다.

11 그림과 같은 꼬리를 가진 대표적인 견종은?

① 비 글
② 페키니즈
③ 포메라니안
④ 푸 들

해설 ① 직립 테일로, 직립 테일의 대표 견종에는 비글 등이 있다.

12 다음 중 대상에 맞는 미용 스타일을 선정하는 경우로 틀린 것은?

① 반려견이 특정 부위의 미용을 거부할 때
② 반려견이 예민하거나 사나울 때
③ 고객에게 시간적 여유가 없을 때
④ 다음 순서의 미용 예약 시간이 부족할 때

해설 대상에 맞는 미용 스타일 선정
• 반려견이 특정 부위의 미용을 거부할 때
• 반려견이 예민하거나 사나울 때
• 반려견이 날씨나 온도의 영향을 받는 곳에서 생활할 때
• 반려견이 미끄러운 곳에서 생활할 때
• 반려견이 노령이거나 질병이 있을 때
• 반려견 몸의 구조에 문제가 있을 때
• 반려견 털에 오염된 부분이 있을 때
• 반려견 털의 길이가 짧으나 고객이 털이 긴 미용 스타일을 원할 때
• 고객에게 시간적 여유가 없을 때

13 다음 미용 스타일의 제안에 대한 설명 중 틀린 것은?

① 반려견의 상태를 파악하여 미용 스타일에 대한 미용사의 의견을 제시하고 설득한다.
② 새로운 미용 용어를 이해하도록 노력한다.
③ 스타일북을 활용하여 고객과 미용사 간에 생길 수 있는 생각의 오차를 줄인다.
④ 미용 스타일의 제안과 동시에 미용 요금도 함께 안내한다.

해설 ① 미용사의 의견보다는 고객의 의견을 우선적으로 파악하고 반영한다.

14 아래의 클리핑에 대한 그림에서 A에 들어갈 것으로 알맞은 것은?

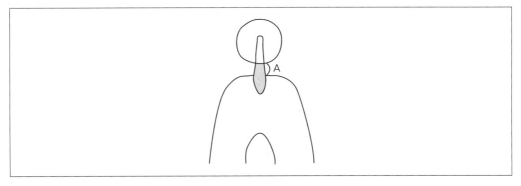

① 1/2 클리핑

② 1/3 클리핑

③ 1/4 클리핑

④ 1/5 클리핑

해설 ② 꼬리의 1/3을 클리핑한다.

15 아래의 그림에서 설명하고 있는 클립으로 옳은 것은?

 어린 양의 모습에서 나온 미용 스타일로, 푸들의 클립 중에서 가장 보편화된 미용 방법이다.

① 다이아몬드 클립

② 더치 클립

③ 램 클립

④ 맨하탄 클립

해설 **램 클립**
어린 양의 모습에서 나온 미용 스타일로 푸들의 클립 중에서 가장 보편화된 미용 방법으로 얼굴을 클리핑한다는 특징이 있다.

06 | 반려동물의 특수 미용

1 응용 미용

(1) 대표적 미용 스타일

① 푸들의 맨하탄 클립

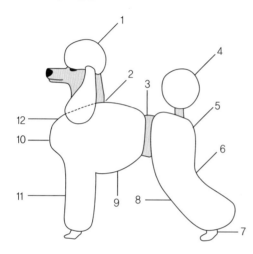

1. 인덴테이션에서 옥시풋까지 둥그스름하게 시저링한다.
2. 목 시작 부분에서 1~2cm 위에서 경계라인을 시저링한다.
3. 최종 늑골 0.5~1cm 뒤에서 시저링한다.
4. 둥그스름하게 시저링한다.
5. 힙각을 약 30°로 시저링한다.
6. 좌골단에서 아래쪽으로 자연스럽게 시저링한다.
7. 풋 라인을 약 45° 비절 방향으로 시저링한다.
8. 턱 업(Tuck up)에서 아래쪽으로 자연스럽게 시저링한다.
9. 언더라인을 자연스럽게 시저링한다.
10. 에이프런을 둥그스름하게 시저링한다.
11. 앞다리의 앞 라인을 자연스럽게 시저링한다.
12. 이어 프린지를 둥그스름하게 시저링한다.

㉠ 특 징
- 허리와 목 부분에 클리핑 라인을 만드는 미용 스타일이다.
- 밴드를 만들고 목 부분을 클리핑하는 미용 스타일이다.

㉡ 유의 사항
- 통상 허리와 목 부분을 클리핑하지만 목 부분을 클리핑하지 않고 허리선만 드러나게 하는 경우도 많다.
- 클리핑 라인이 완벽해야 전체 커트로 이어지는 라인을 아름답게 표현할 수 있다.

㉢ 맨하탄 클립의 변형 미용
- 밍크칼라 클립
  - 허리와 목 부분의 파팅 라인을 넣어 체형의 단점을 보완하는 미용 방법이다.
  - 머리와 목의 재킷을 분리하는 칼라를 넣어 줌으로써 목이 길어 보이게 하면서 모양에 변화를 주는 연출이 가능하다.
- 볼레로 클립
  - 밍크칼라 클립과 같이 맨해튼의 변형 클립 중 하나이며, 볼레로란 짧은 상의를 의미한다.
  - 다리에 브레이슬릿을 만드는 클립으로 앞다리의 엘보를 가리는 브레이슬릿을 만드는 것이 특징이다.

② 푸들의 퍼스트 콘티넨탈 클립

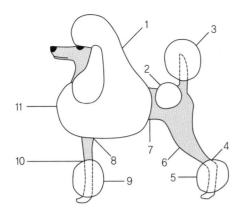

1. 탑라인을 자연스럽게 시저링한다.
2. 로제트를 둥그름하게 시저링한다.
3. 팜펀을 둥그름하게 시저링한다.
4. 브레이슬릿 윗부분을 약 45° 각도로 시저링한다.
5. 리어 브레이슬릿을 둥그름하게 시저링한다.
6. 무릎을 시저링한다.
7. 최종 늑골 1~2cm 뒤에 파팅 라인을 만든다.
8. 엘보우 라인을 자연스럽게 시저링한다.
9. 프런트 브레이슬릿을 시저링한다.
10. 리어 브레이슬릿과 동일한 위치에 선정한다.
11. 에이프런을 둥그름하게 시저링한다.

㉠ 특 징

- 쇼 클립에 가장 가까우며 로제트, 팜펀, 브레이슬릿 커트의 균형미와 조화가 돋보이는 미용 스타일 이다.
- 클리핑 면적이 넓고 콘티넨탈 클립보다 짧게 커트 되어 가정에서도 관리하기가 용이하다.

㉡ 유의 사항 : 로제트, 팜펀, 브레이슬릿의 조화가 중요하며 클리핑 라인의 선정이 중요하다.

③ 푸들의 브로콜리 커트

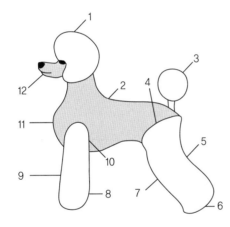

1. 크라운에서 이어 프린지로 자연스럽게 시저링한다.
2. 클리퍼를 사용하여 13mm~16mm로 클리핑한다.
3. 팜펀을 자연스럽게 시저링한다.
4. 약 45° 각도로 자연스럽게 시저링한다.
5. 좌골단에서 아래쪽으로 자연스럽게 시저링한다.
6. 풋 라인을 약 45° 각도로 자연스럽게 시저링한다.
7. 턱 업에서 아래쪽으로 자연스럽게 시저링한다.
8. 약 35~45° 각도로 자연스럽게 시저링한다.
9. 앞다리의 앞 라인을 자연스럽게 시저링한다.
10. 몸통과 다리 라인을 둥그름하게 시저링한다.
11. 흉골단을 자연스럽게 시저링한다.
12. 머즐 부분을 깔끔하게 시저링한다.

㉠ 특징 : 몸통은 짧고 다리는 원통형이며, 비숑프리제의 머리 모양 스타일에 머즐 부분만 짧게 커트하는 미용 스타일이다.

㉡ 유의 사항 : 모량이 충분하고 힘이 있어야 하며, 전체적으로 둥근 이미지로 표현한다.

④ 포메라니안의 곰돌이 커트

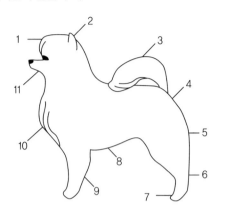

1. 둥그스름하게 시저링한다.
2. 귀를 자연스럽게 시저링한다.
3. 꼬리를 부채꼴 모양으로 자연스럽게 시저링한다.
4. 힙각을 약 30°로 시저링한다.
5. 엉덩이에서 비절까지 자연스럽게 시저링한다.
6. 비절 라인을 둥그스름하게 시저링한다.
7. 캣풋 모양으로 시저링한다.
8. 언더라인을 자연스럽게 시저링한다.
9. 앞다리의 뒷라인을 자연스럽게 시저링한다.
10. 에이프런을 둥그스름하게 시저링한다.
11. 머즐 부분을 깔끔하게 시저링한다.

㉠ 특징 : 얼굴은 둥글게, 몸의 털은 짧게 커트하여 포메라니안 특유의 귀여운 이미지를 연출할 수 있는 미용 스타일이다.

㉡ 유의 사항 : 포메라니안의 더블 코트 특성상 포스트 클리핑 신드롬이 발생할 수 있으므로, 고객에게 충분히 설명한 후 동의를 얻고 진행한다.

(2) 개체별 미용 스타일

① 푸들의 스포팅 클립 스타일

특 징	• 몸 전체를 짧게 클리핑하고 다리털은 남겨 두는 스타일이다. • 다리 부분의 클리핑 라인을 조절해서 다리를 조절해 준다.
유의 사항	• 몸의 굴곡을 살리면서 강약을 조절하여 클리핑한다. • 다리 부분의 클리핑 라인을 너무 내려 다리가 짧아 보이지 않도록 주의한다.

② 몰티즈의 판타롱 스타일

특 징	• 몸을 클리핑하고, 다리의 털을 살려서 커트하기 때문에 가정에서 선호하는 스타일이기도 하다. • 머리를 밴드로 묶어서 생기발랄한 느낌을 줄 수 있다.
유의 사항	• 자라난 방향대로 누워 있는 털의 형태가 많다. • 전신 커트 시 털의 방향과 가위 방향이 일치하도록 한다.

③ 비숑프리제의 펫 스타일

특 징	• 펫 스타일 커트는 몸을 짧게 클리핑하고, 다리 부분을 원통형으로 시저링한다. • 얼굴을 둥그스름하게 커트하여 주는 스타일이다. • 다른 견종의 써머 커트와 마찬가지로 가정에서 선호하는 스타일이다.
유의 사항	• 몸을 짧게 클리핑하지만, 큰 얼굴의 둥그스름한 이미지를 강조해 준다. • 다리는 원통형으로 커트하되 아랫부분을 좀 더 넓게 하면서 균형미를 연출해 준다.

(3) 그 외 푸들의 클립 스타일

① 푸들의 볼레로 맨하탄 클립 스타일

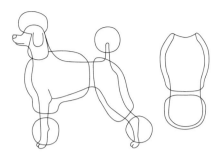

- 맨하탄 클립 스타일과 비슷해 보인다.
- 맨하탄 클립 스타일과 달리 다리 하단의 브레이슬릿이 특징적인 미용 스타일이다.

② 푸들의 소리터리 클립 스타일

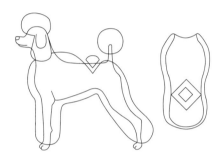

- 등에 있는 다이아몬드 모양이 특징적인 미용 스타일이다.
- 사각형이 어느 한쪽으로 치우치지 않도록 중앙 부분을 잘 맞추는 것에 중점을 두어 클리핑한다.

③ 푸들의 다이아몬드 클립 스타일

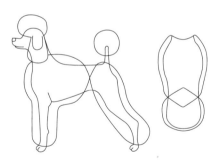

- 소리터리 클립과의 차이점은 등에 있는 다이아몬드 모양을 전체 클리핑하느냐에 있다.
- 다이아몬드 클립은 등의 다이아몬드 모양 전체를 클리핑하는 미용 스타일이다.

④ 푸들의 더치 클립 스타일

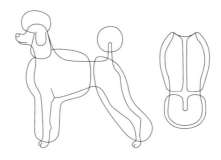

- 등에 십자 모양으로 밴드를 만들어 클리핑하는 미용 스타일이다.
- 피츠버그 더치 클립과의 차이점은 꼬리 방향으로 등 선을 따라 밴드가 좀 더 길게 만들어진다는 것이다.

⑤ 푸들의 피츠버그더치 클립 스타일

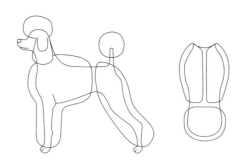

- 등쪽의 '凸'자 모양이 특징적인 미용 스타일이다.
- 맨하탄 클립에서 옥시풋 방향으로 등선을 따라 밴드가 하나 더 만들어지는 특징이 있다.

(4) 응용 스타일

① 스타일에 필요한 용품
   ㉠ 헤어핀 : 반려견 털의 양이나 스타일에 따라 다양한 스타일을 연출할 때 사용한다.
   ㉡ 목걸이
- 반려견의 미용 스타일과 의상 콘셉트에 맞게 활용한다.
- 목걸이는 장소나 상황에 상관없이 착용하며 이름을 새겨 넣어 이름표로도 활용한다.

   ㉢ 봄 · 가을 의상
- 의상은 보온성과 반려견의 미용 스타일을 고려하여 선택한다.
- 생후 처음으로 미용했거나 전체 클리핑을 한 경우에 입힌다.
- 수컷의 경우에는 생식기를 고려하여 배 부분이 깊고 넓게 파인 것을 선택하고, 활동량이 많은 경우에는 신축성이 좋은 원단을 선택한다.

   ㉣ 겨울 의상
- 대부분 보온 목적으로 활용한다.
- 산책하거나 추위를 많이 타는 반려견에게 활용도가 높다.

② 유사시 필요한 용품

　　㉠ 하네스 : 주로 산책할 때 사용하는 안전벨트 형식의 용구로 목줄을 불편해하는 개에게 사용한다.

　　㉡ 스누드 : 얼굴 주변의 털이 길거나 귀가 늘어져 있는 경우 오염 방지를 위한 용도로 주로 사용한다.

　　㉢ 매너 벨트

　　　• 수컷의 생식기에 소변을 흡수하는 패드를 쉽게 붙일 수 있도록 도와주는 용도이다.

　　　• 영역 표시를 많이 하는 개에게 사용하며 생식기가 짓무르지 않게 안쪽에 있는 패드를 자주 갈아준다.

　　㉣ 드라이빙 키트

　　　• 차 안에서 편안하고 안전하게 개의 이동을 도와주는 용도로 사용한다.

　　　• 차를 타면 산만하거나 불안해하고 차 바닥으로 잘 굴러떨어지는 경우, 또는 사방이 막힌 켄넬을 두려워하거나 싫어하는 경우에 사용한다.

③ 개체에 따라 미용 스타일을 체크하는 방법

　　㉠ 장모종을 체크하는 방법 및 유의 사항

　　　• 빗질 시에 적당하게 힘을 조절하여 천천히 빗질하며 체크한다.

　　　• 털의 결 방향을 고려하여 피모에서 털 끝부분까지 충분히 빗질하며 체크한다.

　　㉡ 중 · 장모종을 체크하는 방법 및 유의 사항

　　　• 더블 코트를 가진 견종이므로, 피모 깊숙이 콤을 넣어 빗질하며 체크한다.

　　　• 털의 볼륨감을 고려하여 피모와 약 90°를 이루도록 빗질하며 체크한다.

　　㉢ 권모종을 체크하는 방법 및 유의 사항

　　　• 털의 힘이 좋고 웨이브가 있는 견종으로, 잘못된 부분이 없는지 빗질하면서 체크한다.

　　　• 전체적으로 넓게 균형미를 고려하여 빗질하면서 체크한다.

2 염 색

(1) 염색 준비

① 피부 트러블

　　㉠ 염색 작업 전 피부 트러블 가능성 확인

　　　• 피부가 예민하여 사소한 자극에 이상 반응이 있었는지 확인한다.

　　　• 이전에 미용이나 염색 작업 시 피부 트러블이 발생한 적이 있었는지 확인한다.

　　　• 클리핑 후 또는 샴푸 교체 후 이상 반응이나 드라이 온도에 따른 이상 반응이 있었는지 확인한다.

　　㉡ 염색 작업 후 피부 트러블 확인

　　　• 염색 후 피부에 이상 반응이 있는지 확인한다.

　　　• 염색 후 피부가 발갛거나 부었는지, 염색한 부위를 가려워하거나 계속 핥는지 확인한다.

　　　• 탈락한 코트가 적당량을 넘어 피부 트러블로 보이는 상태인지 확인한다.

② 염색 전 털 엉킴과 오염 제거

　㉠ 털 엉킴 제거

　　• 털이 조금 엉킨 경우에는 간단한 브러시나 손가락으로 조금씩 털을 나누어서 풀어준다.

　　• 브러싱으로 엉킨 털이 풀리지 않을 때는 엉킨 털 제거 제품을 사용하거나 가위집을 넣어서 푼다.

　㉡ 오염 제거

　　• 간단한 브러싱 또는 물티슈로 닦아낸다.

　　• 오염도가 약한 경우에는 물 세척으로 씻어내고, 오염도가 심할 경우에는 샴푸 목욕을 한다.

③ 염색제와 이염

　㉠ 일회성 염색제

　　• 1~2회의 샴핑으로 제거할 수 있으며 염색 작업 시 실수 혹은 이염이 되어도 목욕으로 손쉽게 제거할 수 있다.

　　• 일반적으로 액체, 겔, 초크, 펜 타입으로 되어 있다.

　㉡ 지속성 염색제

　　• 한번 염색이 되면 샴핑으로 제거가 어려워 반영구적이고, 털이 자라서 커트할 때까지 지속된다.

　　• 일반적으로 튜브형 겔 타입으로 되어 있다.

　㉢ 이염 : 염색 작업 시 염료가 염색해야 할 부위가 아닌 다른 곳에 물드는 것을 말한다.

④ 색상환

보색 대비	• 색상환에서 반대되는 색상끼리 배색되었을 때 얻어지는 조화이다. • 색상환에서 마주 보고 있는 색상을 말한다.
유사 대비	• 색상환에서 근접해 있는 색상끼리 배색되었을 때 얻어지는 조화이다. • 투 톤 이상의 그러데이션 염색 작업을 할 때 좋다.

(2) 염색 작업

① 일회성 염색제

　㉠ 튜브형 용기에 담긴 겔 타입 염색제

　　• 튜브형이며 손가락에 짜서 사용할 수 있다.

　　• 수분감이 있어 적은 양으로도 뭉침 없이 얇게 염색할 수 있다.

　　• 발림성과 발색력이 좋으며 작업 후 목욕으로 제거할 수 있다.

　㉡ 분말로 된 초크형 염색제

　　• 수분을 흡수해 주며 겔 타입과 펜 타입 염색제와 함께 사용한다.

　　• 지속성 염색제를 쓰기 전에 초벌용으로 사용한다.

　　• 발림성과 발색력이 좋으며 작업 후 목욕으로 제거할 수 있다.

　　• 파손되기 쉬우므로 주의하고 보관 시에는 습기가 생기지 않게 뚜껑을 잘 닫아서 보관해야 한다.

② 지속성 염색제

  ㉠ 목욕으로 제거되지 않고 영구적이다.

  ㉡ 겔 타입이며 염색 후에는 제거가 어려우므로 적은 양을 염색하더라도 일회용 장갑을 꼭 착용한다.

  ㉢ 염색 부위를 제거하려면 가위로 커트한다.

  ㉣ 염색 후에는 염색제가 굳지 않도록 잘 닫아서 보관해야 한다.

③ 이염 방지제

  ㉠ 이염 방지 크림

    • 수분감이 거의 없는 크림 타입이다.

    • 수분이 많으면 크림이 염색제가 도포될 부분까지 흘러내려 작업에 지장을 주게 된다.

    • 염색할 부분에 조금이라도 묻어 있으면 염색이 되지 않는다.

    • 이염 방지 크림은 목욕으로 제거할 수 있다.

  ㉡ 이염 방지 테이프

    • 발, 다리, 꼬리 부위에 사용하기 편하며 테이프를 한 바퀴 돌려서 테이프끼리 접착한다.

    • 털에는 접착이 잘되지 않으며, 물에 닿으면 쉽게 제거된다.

  ㉢ 부직포

    • 일회성 및 간단한 염색에 사용하기 좋고 목욕이 필요 없는 염색 작업에 권장한다.

    • 지속성 염색제를 사용할 때는 부직포를 단단하게 고정하여 염색 작업에 지장이 없도록 한다.

④ 알코올 소독 패드

  • 탈지면에 알코올이 적셔져 있어서 소독과 이물질 제거에 사용한다.

  • 일회성 염색제 사용 시 컬러를 교체할 때 붓을 닦아 주면 위생적이다.

  • 붓을 물로 세척 시에는 건조까지 시간이 필요한데 알코올 패드를 이용하면 바로 사용할 수 있다.

⑤ 투 톤 등 다양한 염색

투 톤 염색	• 두 가지 컬러가 한 부위에 동시에 발색 되는 염색이다. • 피부와 가까운 부위의 염색이 더 진하게 나오므로, 피부와 가까운 곳은 더 연한 컬러로 염색하는 것이 좋다. • 염색이 오래된 경우에도 컬러가 자연스럽다. • 보색 대비보다는 유사 대비 컬러의 발색이 더 좋다. • 보색 대비 염색 작업 시에는 경계선을 만들어 이염 방지 작업을 철저히 해야 한다.
그러데이션 염색	• 두 가지 컬러의 염색제로 한 부위에 동시에 발색하는 염색이다. • 두 가지 컬러 이상의 색 번짐과 겹침을 이용하는 것이다. • 두 가지 컬러 이상을 자연스럽게 연결하여 발색하는 작업이므로 유사 대비 컬러의 활용을 권장한다.
부분(블리치) 염색	• 원하는 부위에 부분적으로 컬러 포인트를 주는 방법이다. • 염색 시에 피부와 1cm 정도 떨어진 곳에서부터 시작한다. • 염색 작업 전에 컬러의 발색을 미리 보기 위해 테스트용으로도 활용할 수 있다.

⑥ 염색제 도포 후 작용 시간

  ㉠ 염색 후에 자연 건조 상태로 기다리거나 드라이 작업으로 가온한다.

  ㉡ 염색 후 자연 건조 상태로 보통 20~25분 정도의 시간이 소요되며, 드라이어로 가온하면 시간을 단축할 수 있다.

ⓒ 염색한 털의 양과 길이에 따라서 염색제의 작용 시간에 차이가 있다.

ⓔ 드라이 작업을 거부하는 경우에는 보정하면서 자연 건조 상태로 기다린다.

ⓜ 작용 시간을 기다리는 동안 염색 부위를 고정한 고무밴드가 너무 조이지는 않는지 확인한다.

⑦ 다양한 염색 도구의 활용

ⓐ 염색 도구 준비

블로우 펜	• 일회성 염색제이며 펜을 입으로 불어서 사용한다. • 분사량과 분사 거리에 따라 발색력이 다르기 때문에 작업을 하기 전에 분사량과 분사 거리를 미리 연습해 본다. • 작업 후 목욕으로 제거할 수 있으며 털의 길이가 길면 쉽게 활용할 수 있다.
초 크	• 수분을 흡수해 주며 겔 타입과 펜 타입 염색제와 함께 사용한다. • 지속성 염색제를 쓰기 전에 초벌용으로 사용한다. • 발림성과 발색력이 좋으며 작업 후 목욕으로 제거할 수 있다. • 파손되기 쉬우므로 주의하고, 보관 시에는 습기가 생기지 않게 뚜껑을 잘 닫아서 보관해야 한다.
페인트 펜	• 일회성 염색제이며 펜 타입이어서 원하는 부위에 정교한 작업이 가능하다. • 발림성과 발색력이 좋고 사용이 편리해서 초보자도 빠른 시간 내에 익숙해지며 작업 후 목욕으로 제거할 수 있다.
글리터 젤	• 장식용 반짝이로 손쉬운 장식 및 활용을 위해 젤 타입으로 되어 있다. • 반짝이 가루의 날림이 적고 접착력이 있는 것이 특징이다.

ⓑ 스탬프 효과

스탬프	• 고무도장에 잉크 등을 도포해서 찍는 작업이며 우체국에서 엽서 따위에 찍는 도장을 말한다.
스텐실	• 도안을 만들고 오려낸 후 물감 등으로 칠하는 작업이다.
도안지	• 도안지는 물감에 흡수되지 않게 코팅이 된 종이가 좋다. • 초기 작업에는 너무 정교하지 않은 간단한 그림을 활용하는 것이 좋다. • 도안지 고정 작업이 잘 돼야 깔끔한 그림을 그릴 수 있으며 이러한 작업은 염색뿐만 아니라 여러 곳에 활용되고 있다.

ⓒ 장 식

- 염색 작업 후 구슬 진주, 반쪽 진주, 리본이나 목걸이와 핀 등으로 장식을 연출할 수 있다.
- 반려견의 이름을 넣어 만든 액세서리 핀을 이름표로 활용할 수도 있다.

(3) 염색 마무리

① 염색 작업 후 목욕 방법

ⓐ 귀의 세척

- 귓속에 물이 들어가지 않게 한 손으로 보정하면서 세척한다.
- 물이 흐르는 상태에서 귀 안쪽을 뒤집어서 세척하지 않는다.

ⓑ 꼬리의 세척

- 꼬리를 흔들거나 올리면 다른 부위에 이염될 수 있으므로 꼬리 끝을 욕조 바닥으로 향하게 한다.
- 항문 부위는 놀라지 않도록 조심스럽게 천천히 세척한다.

ⓒ 발과 다리의 세척
- 발바닥이 모두 지면에 닿은 상태에서 시작하고 뗄 때는 천천히 올려야 한다.
- 발은 한 쪽씩 천천히 세척하고 발바닥과 발가락 사이는 부드럽게 마사지하듯이 한다.

ⓔ 볼의 세척
- 물티슈를 사용할 때는 털이 한 올씩 당겨지지 않게 한꺼번에 부드럽게 닦아낸다.
- 물을 이용할 때는 부드러운 천으로 조금씩 적셔서 닦아낸다.

② 염색 작업 후 샴핑해야 하는 경우
ⓐ 세척 후에도 염색제 찌꺼기가 남아 있는 경우
ⓑ 이염 방지제를 지나치게 많이 사용했을 경우
ⓒ 염색 작업 과정에서 이물질이 묻었을 경우

③ 염색 작업 후 린싱을 해야 하는 경우
ⓐ 샴핑 후에도 털이 거친 경우
ⓑ 염색제가 제거되지 않아 여러 번 샴핑했을 경우
ⓒ 물로 세척한 후에 털이 거칠 때에는 샴핑하지 않고 린싱만 한다.

④ 염색 상태의 점검 및 확인
ⓐ 염색제 컬러의 발색
- 염색제 고유의 컬러로 두드러지게 잘 나타내는 정도를 말한다.
- 유색 털보다 하얀색 털에 효과적이며 억센 털보다 부드러운 털에 효과적이다.
- 염색제 컬러의 발색력 최대치는 이염되거나 오염되지 않은 선명한 컬러이며 브러싱, 샴핑, 꼼꼼한 드라이 작업 등을 하면 발색에 도움이 된다.
- 발색력을 잘 나타내려면 염색 작업을 할 때 염색제의 용량과 염색제 도포 후 소요 시간, 염색제의 세척 방법 등을 기준치에 맞춰야 한다.
- 피부에서 멀리 있는 털의 경우에는 염색제의 용량을 늘려 도포한다.
- 염색제의 세척 작업 시 물의 온도가 높으면 염색제의 컬러가 쉽게 빠지기 때문에 물의 온도를 목욕할 때보다 조금 낮게 한다.

ⓑ 영양 보습제 : 건조하고 푸석한 피모, 손상된 코트에 영양과 수분을 공급해 주고 피모의 정전기를 방지한다.

크림 타입	• 피모가 많이 건조한 경우 효과적이다. • 목욕과 타월링을 한 후 드라이하기 전에 수분이 남아 있는 상태에서 고르게 펴서 발라주거나, 드라이한 후에 건조된 상태에서 발라준다. • 평소에도 피모가 심하게 건조하면 매일 발라주고 브러싱해준다.
로션 타입	• 크림보다 수분 함량이 많아서 발림성이 좋다. • 목욕과 드라이 후 발라준다. • 피모에 수분기가 없어도 흡수력이 빠르다. • 1일 2~3회 발라주어도 부담이 없으며 바르고 난 후 브러싱해준다.
액상 타입	• 시중에 나와 있는 액상 타입은 스프레이가 많다. • 수시로 분사해 주어 털의 엉킴과 정전기를 방지해 준다. • 미용 전 · 후에 가볍게 많이 쓰이는 타입이며, 건조한 피모에 수시로 분사한다.

06 | 실전 예상 문제

01 다음 그림을 설명하는 것으로 틀린 것은?

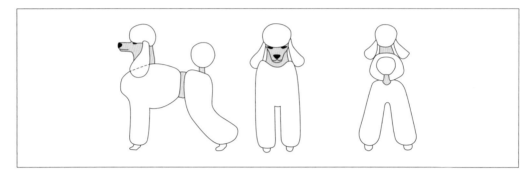

① 허리선은 최종 늑골 0.5cm 뒤를 기준점으로 1.5~2cm 부분에 위치해야 한다.

② 목은 후두부 0.5cm 뒤에서 기갑부 1~2cm 윗부분으로 연결해야 한다.

③ 힙의 각도는 45°이고 등선은 수직이 되어야 한다.

④ 뒷다리 앵귤레이션은 강조하되 무릎 부분의 허리 클리핑 라인에서 풋 라인까지 자연스러운 곡선을 이루게 한다.

해설 ③ 푸들의 맨하탄 클립에서 힙의 각도는 30°로 시저링한다.

02 푸들의 퍼스트 콘티넨탈 클립에 대한 설명 중 틀린 것은?

① 재킷과 로제트의 경계인 앞 라인은 최종 늑골 1cm 뒤에 위치해야 한다.

② 리어 브레이슬릿의 클리핑 라인은 비절 1.5cm 위에서 30° 앞으로 기울어야 한다.

③ 팜펀은 꼬리 시작 부분부터 2~2.5cm 정도를 클리핑한다.

④ 재킷 앞부분은 둥글게 볼륨감을 주고 허리선은 계란형으로 되어야 한다.

해설 ② 리어 브레이슬릿의 클리핑 라인은 비절 1.5cm 위에서 45° 앞으로 기울어야 한다.

03 푸들의 브로콜리 커트 스타일에 대한 설명 중 틀린 것은?

① 다리는 둥근 형태여야 한다.

② 뒷다리는 일직선의 형태로 볼륨감을 주어야 한다.

③ 앞다리는 윗부분이 짧고 아래로 내려가면서 둥글게 표현해야 한다.

④ 머리는 비숑프리제와 유사하지만 머즐은 짧게 커트하며 더욱 귀여운 인상을 주어야 한다.

해설 ② 뒷다리는 나팔바지 형태로 볼륨감을 주어야 한다.

04 포메라니안의 곰돌이 커트 스타일에 대한 설명 중 틀린 것은?

① 다리는 둥근 고양이 발과 같은 모양이어야 한다.

② 뒷다리의 뒷부분은 꼬리에서 이어져 비절까지 완만한 경사를 그려야 한다.

③ 귀는 100°의 둥근 형태이어야 한다.

④ 얼굴의 전체적인 이미지는 둥근 형태로 이루어져야 한다.

해설 ③ 귀는 120°의 둥근 형태이어야 한다.

PART 4

05 다음의 그림에서 표현하고 있는 스타일은?

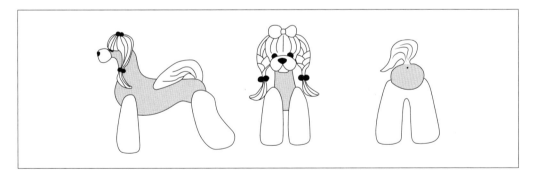

① 푸들의 스포팅 클립 스타일

② 포메라니안의 곰돌이 커트 스타일

③ 비숑프리제의 펫 스타일

④ 몰티즈의 판타롱 스타일

해설 **몰티즈의 판타롱 스타일**

몸을 클리핑하고 다리의 털을 살려서 커트하기 때문에 가정에서 선호하는 스타일이기도 하며 머리를 밴드로 묶어서 발랄한 느낌을 연출할 수도 있다.

06 다음의 그림에서 표현하고 있는 스타일은?

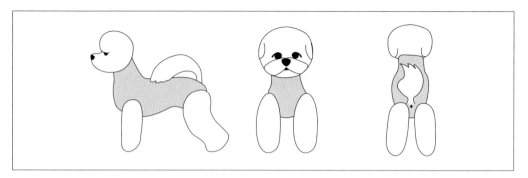

① 몰티즈의 판타롱 스타일
② 비숑프리제의 펫 스타일
③ 포메라니안의 곰돌이 커트 스타일
④ 푸들의 맨하탄 클립 스타일

해설 **비숑프리제의 펫 스타일**
    비숑프리제의 펫 스타일 커트는 몸을 짧게 클리핑하고, 다리 부분을 원통형으로 시저링하여 얼굴을 둥글게 커트하는 스타일로 다른 품종의 써머 커트와 마찬가지로 가정에서 선호하는 스타일이기도 하다.

07 다음의 그림에서 표현하고 있는 스타일은?

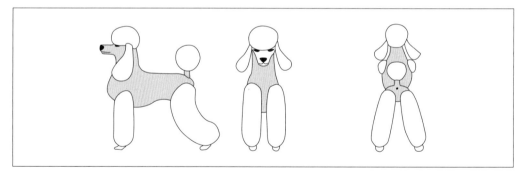

① 푸들의 스포팅 클립 스타일
② 포메라니안의 곰돌이 커트 스타일
③ 비숑프리제의 펫 스타일
④ 몰티즈의 판타롱 스타일

해설 푸들의 스포팅 클립 스타일
    몸 전체를 짧게 클리핑하고 다리털은 남겨 두는 스타일로, 다리 부분의 클리핑 라인을 조절함으로써 다리를 길어 보이게 연출할 수 있다.

08 다음의 그림에서 표현하고 있는 스타일은?

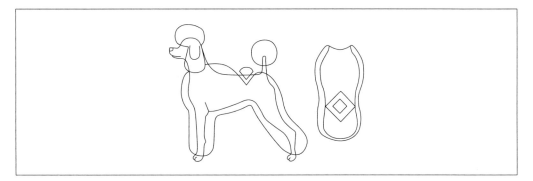

① 푸들의 맨하탄 클립 스타일
② 푸들의 소리터리 클립 스타일
③ 푸들의 다이아몬드 클립 스타일
④ 푸들의 피츠버그더치 클립 스타일

> 해설 **푸들의 소리터리 클립 스타일**
> 등에 있는 다이아몬드 모양이 특징적인 미용 스타일로, 사각형이 어느 한쪽으로 치우치지 않도록 중앙 부분을
> 잘 맞추는 것을 중점적으로 클리핑한다.

09 다음 중 장모종의 미용 스타일을 체크하는 방법으로 옳은 것은?

① 빗질 시에 적당하게 힘을 조절하여 천천히 빗질하며 체크한다.
② 더블 코트를 가진 견종이므로 피모 깊숙이 콤을 넣어 빗질하며 체크한다.
③ 털의 볼륨감을 고려하여 피모와 약 90°를 이루도록 빗질하며 체크한다.
④ 웨이브가 있는 견종이므로 잘못된 부분이 없는지 빗질하며 체크한다.

> 해설 **장모종을 체크하는 방법**
> • 빗질 시에 적당하게 힘을 조절하여 천천히 빗질하며 체크한다.
> • 털의 결 방향을 고려하여 피모에서 털 끝부분까지 충분히 빗질하며 체크한다.

10 다음 설명에 해당하는 용품은?

> • 수컷의 생식기에 소변을 흡수하는 패드를 쉽게 붙일 수 있도록 도와주는 용도이다.
> • 영역 표시를 많이 하는 개에게 사용하며 생식기가 짓무르지 않게 안쪽에 있는 패드를 자주 갈아준다.

① 매너 벨트
② 드라이빙 키트
③ 스누드
④ 하네스

> **해설** 매너 벨트
> • 영역 표시를 하는 수컷의 생식기에 소변을 흡수하는 패드를 붙이는 과정을 용이하게 도와주는 용도이다.
> • 애견 카페나 낯선 곳, 공공장소를 방문할 때 사용하며 민감한 부위에 닿으므로 원단은 면으로 하고 생식기가 짓무르지 않게 매너 벨트 안쪽에 있는 패드는 자주 갈아 준다.

11 반려견 염색 작업 전 피부 트러블 가능성 확인에 대한 설명 중 틀린 것은?

① 피부가 예민하여 사소한 자극에 이상 반응이 있었는지 미리 확인한다.
② 이전 미용이나 염색 작업 시 피부 트러블이 발생한 적이 있었는지 확인한다.
③ 클리핑 후 이상 반응이나 샴푸 교체 후 이상 반응이 있었는지 확인한다.
④ 과거 골절 등의 사고로 수술을 받은 적이 있었는지 확인한다.

> **해설** 염색 작업 전 피부 트러블 가능성 확인
> • 피부가 예민하여 사소한 자극에 이상 반응이 있었는지 미리 확인한다.
> • 이전에 미용이나 염색 작업 시 피부 트러블이 발생한 적이 있었는지, 클리핑 후 이상 반응이나 샴푸 교체 후 이상 반응, 드라이 온도에 따른 이상 반응이 있었는지 확인한다.

12 반려견의 염색 작업 후 피부 트러블 확인 방법에 대한 설명 중 틀린 것은?

① 염색 후 피부에 이상 반응이 있는지 확인한다.
② 염색 후 피부가 발갛게 되거나 부었는지 확인한다.
③ 염색 후 바로 샴핑하면서 피부 상태를 확인한다.
④ 염색한 부위를 가려워하거나 계속 핥는지 확인한다.

> **해설** 염색 작업 후 피부 트러블 확인
> • 염색 후 피부에 이상 반응이 있는지 확인한다.
> • 염색 후 피부가 발갛게 되거나 부었는지 확인하고, 염색한 부위를 가려워하거나 계속 핥는지 확인한다.
> • 탈락한 코트가 적당량을 넘어 피부 트러블로 보이는 상태인지 확인한다.

13 염색 용어에 대한 설명 중 틀린 것은?

① 일회성 염색제 – 1~2회의 샴핑으로 제거할 수 있다.

② 지속성 염색제 – 한번 염색이 되면 반영구적이지만, 딥 클렌징 제품 샴핑으로 제거할 수 있다.

③ 보색 대비 – 색상환에 마주 보고 있는 색상을 말한다.

④ 유사 대비 – 색상환에서 근접해 있는 색상을 말한다.

> **해설** **지속성 염색제**
> 한번 염색이 되면 샴핑으로 제거가 어려워 반영구적이고, 털이 자라서 커트할 때까지 지속되며 일반적으로 튜브형 겔 타입으로 되어 있다.

14 이염 방지제에 대한 설명 중 틀린 것은?

① 이염 방지 크림은 수분감이 거의 없는 크림 타입이다.

② 알코올 소독 패드로 염색을 방지할 부분에 도포한다.

③ 이염 방지 테이프를 사용하여 염색을 방지할 부분에 감싸준다.

④ 부직포는 느슨하게 고정하면 부직포가 벗겨져 염색 작업에 지장을 줄 수 있다.

> **해설** ② 알코올 소독 패드는 이염 방지제에 해당하지 않는다.

15 염색 작업 시 안전 · 유의 사항 중 틀린 것은?

① 염색제 사용 시 이염이 되면 잘 제거되지 않으므로 미리 방지하고 주의한다.

② 이염이 진행된 경우에는 빠른 조치를 하지 않으면 오랫동안 제거되지 않으므로 주의한다.

③ 테이핑 작업 시 너무 당기면 반려견이 불편해할 수 있으므로 주의한다.

④ 고무밴드 사용 시 이염 방지를 위해 세게 당겨서 고정한다.

> **해설** ④ 고무밴드 사용 시 너무 당기면 염색제를 도포한 부위에 피가 안 통할 수 있으므로 주의한다.

16 부분(블리치) 염색에 대한 설명 중 틀린 것은?

① 염색할 부위 전체에 컬러를 입히는 것이 아니라 원하는 컬러로 조금씩 포인트를 주는 방법이다.
② 염색제 도포 시 피부와 5cm 정도 떨어진 곳에서부터 시작한다.
③ 염색 작업 후 컬러의 발색이 마음에 안들면 염색한 털만 커트해 준다.
④ 염색 작업 전에 컬러의 발색을 미리 보기 위해 테스트용으로도 활용할 수 있다.

> **해설** **부분(블리치) 염색**
> 염색할 부위(귀, 꼬리, 발) 전체에 염색하는 것이 아니라 원하는 컬러로 조금씩 포인트를 주는 방법으로, 염색제 도포 시 피부와 1cm 정도 떨어진 곳에서부터 시작한다.

17 염색제 도포 후 작용 시간에 대한 설명 중 틀린 것은?

① 염색제 도포 후 자연 건조 상태로 기다리거나 드라이 작업을 하여 가온한다.
② 염색제 도포 후 자연 건조 상태로 기다리는 시간은 약 50~60분 정도이다.
③ 염색제를 도포한 털의 양과 길이에 따라서 염색제의 작용 시간에 차이가 있다.
④ 작용 시간을 기다리는 동안 염색 부위를 고정한 고무밴드가 너무 조이지 않는지 확인한다.

> **해설** **염색제 도포 후 작용 시간**
> • 염색제 도포 후 자연 건조 상태로 기다리거나 드라이 작업을 하여 가온한다.
> • 염색제 도포 후 자연 건조 상태로 기다리는 시간은 20~25분 정도이며 드라이어로 가온하면 시간을 단축할 수 있다.

18 다음에서 설명하는 염색 도구는?

> • 일회성 염색제이며 펜을 입으로 불어서 사용한다.
> • 분사량과 분사 거리에 따라 발색력이 다르기 때문에 작업을 하기 전에 분사량과 분사 거리를 미리 연습해 본다.
> • 작업 후 목욕으로 제거할 수 있으며 털 길이가 긴 반려동물에게 활용할 수 있다.

① 초 크   ② 글리터 젤
③ 블로우 펜   ④ 스탬프 블로우 펜

> **해설** **블로우 펜**
> • 일회성 염색제이며, 펜을 입으로 불어서 사용하며 털 길이가 긴 반려동물에게 활용할 수 있다.
> • 분사량과 분사 거리에 따라 발색력이 다르기 때문에 작업을 하기 전에 분사량과 분사 거리를 미리 연습해 본다.

19 다양한 도구 염색 작업의 안전·유의 사항 중 틀린 것은?

① 이염을 방지하기 위해 도안 작업을 한다.

② 염색용 붓을 사용할 때 여러 컬러를 자주 교체할 경우에는 알코올 액에 담가서 사용한다.

③ 블로우 펜으로 작업할 때는 반려견이 놀라지 않도록 피모에 미리 바람을 불어보고 작업한다.

④ 스텐실과 페인팅 작업을 할 때는 염색제가 너무 차갑지 않도록 주의한다.

해설 ② 염색용 붓을 사용할 때 여러 컬러를 자주 교체할 경우에는 알코올 패드로 닦아내면서 작업한다.

20 염색제 세척 작업에 대한 설명 중 틀린 것은?

① 귀 세척 시 귓속에 물이 들어가지 않게 한 손은 계속 보정한다.

② 꼬리 세척 시 꼬리를 흔들거나 올리면 다른 부위에 이염될 수 있으므로 꼬리 끝을 욕조 바닥으로 향하게 한다.

③ 발과 다리의 세척 시 발바닥이 모두 지면에 닿은 상태에서 시작한다.

④ 염색 작업 후 여러 번 샴핑했을 때 물로 세척 후에 털이 거칠 때에는 샴핑 작업 뒤 린싱을 해준다.

해설 **염색 작업 후 린싱을 해야 할 경우**
• 샴핑 후에도 털이 거칠거나 염색제가 제거되지 않아 여러 번 샴핑했을 때 린싱을 해야 한다.
• 물로 세척한 후에 털이 거칠 때에는 샴핑하지 않고 린싱만 한다.

작은 기회로부터 종종 위대한 업적이 시작된다.

– 데모스테네스 –

PART

5

동물보호법·복지·윤리

01 | 동물보호법

동물보호법 [시행 2024. 4. 27.] [법률 제19486호, 2023. 6. 20., 일부개정]
동물보호법 시행령[시행 2024. 4. 27.] [대통령령 제34452호, 2024. 4. 26., 일부개정]
동물보호법 시행규칙[시행 2024. 5. 27.] [농림축산식품부령 제657호, 2024. 5. 27., 일부개정]

1 총칙

(1) 목적(법 제1조)

동물의 생명보호, 안전 보장 및 복지 증진을 꾀하고 건전하고 책임 있는 사육문화를 조성함으로써, 생명 존중의 국민 정서를 기르고 사람과 동물의 조화로운 공존에 이바지함을 목적으로 한다.

(2) 정의(법 제2조)

① **동물** : 고통을 느낄 수 있는 신경체계가 발달한 척추동물로서 포유류, 조류, 파충류·양서류·어류 중 농림축산식품부장관이 관계 중앙행정기관의 장과의 협의를 거쳐 대통령령으로 정하는 동물(식용을 목적으로 하는 것은 제외)

② **소유자등** : 동물의 소유자와 일시적 또는 영구적으로 동물을 사육·관리 또는 보호하는 사람

③ **유실·유기동물** : 도로·공원 등의 공공장소에서 소유자등이 없이 배회하거나 내버려진 동물

④ **피학대동물** : 학대를 받은 동물

⑤ **맹견**

  ㉠ 도사견, 핏불테리어, 로트와일러 등 사람의 생명이나 신체 또는 동물에 위해를 가할 우려가 있는 개로서 농림축산식품부령으로 정하는 개

> **더알아보기 맹견의 범위(규칙 제2조)**
>
> - 도사견과 그 잡종의 개
> - 핏불테리어(아메리칸 핏불테리어를 포함)와 그 잡종의 개
> - 아메리칸 스태퍼드셔 테리어와 그 잡종의 개
> - 스태퍼드셔 불 테리어와 그 잡종의 개
> - 로트와일러와 그 잡종의 개

  ㉡ 사람의 생명이나 신체 또는 동물에 위해를 가할 우려가 있어 시·도지사가 맹견으로 지정한 개

⑥ **봉사동물** : 장애인 보조견 등 사람이나 국가를 위하여 봉사하고 있거나 봉사한 동물로서 대통령령으로 정하는 동물

- 장애인 보조견
- 국방부(그 소속 기관을 포함)에서 수색·경계·추적·탐지 등을 위해 이용하는 동물
- 농림축산식품부(그 소속 기관을 포함) 및 관세청(그 소속 기관을 포함) 등에서 각종 물질의 탐지 등을 위해 이용하는 동물
- 국토교통부, 경찰청, 해양경찰청(그 소속 기관을 포함)에서 수색·탐지 등을 위해 이용하는 동물
- 소방청(그 소속 기관을 포함)에서 효율적인 구조활동을 위해 이용하는 119구조견

⑦ **반려동물** : 반려(伴侶)의 목적으로 기르는 개, 고양이, 토끼, 페럿, 기니피그 및 햄스터 등의 동물

⑧ **등록대상동물** : 동물의 보호, 유실·유기(遺棄) 방지, 질병의 관리, 공중위생상의 위해 방지 등을 위하여 등록이 필요하다고 인정한 월령(月齡) 2개월 이상인 개로서 주택 및 준주택에서 기르는 개, 주택 및 준주택 외의 장소에서 반려(伴侶) 목적으로 기르는 개

⑨ **동물학대** : 동물을 대상으로 정당한 사유 없이 불필요하거나 피할 수 있는 고통과 스트레스를 주는 행위 및 굶주림, 질병 등에 대하여 적절한 조치를 게을리하거나 방치하는 행위

⑩ **기질평가** : 동물의 건강상태, 행동양태 및 소유자등의 통제능력 등을 종합적으로 분석하여 평가 대상 동물의 공격성을 판단하는 것

⑪ **반려동물행동지도사** : 반려동물의 행동분석·평가 및 훈련 등에 전문지식과 기술을 가진 사람으로서 자격시험에 합격한 사람

⑫ **동물실험** : 「실험동물에 관한 법률」에 따른 동물실험

⑬ **동물실험시행기관** : 동물실험을 실시하는 법인·단체 또는 기관으로서 대통령령으로 정하는 법인·단체 또는 기관

(3) 동물보호의 기본원칙(법 제3조)

① 동물이 본래의 습성과 몸의 원형을 유지하면서 정상적으로 살 수 있도록 할 것

② 동물이 갈증 및 굶주림을 겪거나 영양이 결핍되지 아니하도록 할 것

③ 동물이 정상적인 행동을 표현할 수 있고 불편함을 겪지 아니하도록 할 것

④ 동물이 고통·상해 및 질병으로부터 자유롭도록 할 것

⑤ 동물이 공포와 스트레스를 받지 아니하도록 할 것

(4) 국가·지방자치단체 및 국민의 책무(법 제4조)

① 국가와 지방자치단체는 동물학대 방지 등 동물을 적정하게 보호·관리하기 위하여 필요한 시책을 수립·시행하여야 한다.

② 국가와 지방자치단체는 책무를 다하기 위하여 필요한 인력·예산 등을 확보하도록 노력하여야 하며, 국가는 동물의 적정한 보호·관리, 복지업무 추진을 위하여 지방자치단체에 필요한 사업비의 전부 또는 일부를 예산의 범위에서 지원할 수 있다.

③ 국가와 지방자치단체는 대통령령으로 정하는 민간단체에 동물보호운동이나 그 밖에 이와 관련된 활동을 권장하거나 필요한 지원을 할 수 있으며, 국민에게 동물의 적정한 보호·관리의 방법 등을 알리기 위하여 노력하여야 한다.

> **더알아보기** 동물보호 민간단체의 범위(영 제6조)
>
> • 동물보호를 목적으로 하는 법인
> • 등록된 비영리민간단체로서 동물보호를 목적으로 하는 단체

④ 국가와 지방자치단체는 학교에 재학 중인 학생이 동물의 보호·복지 등에 관한 사항을 교육받을 수 있도록 동물보호교육을 활성화하기 위하여 노력하여야 한다.

⑤ 국가와 지방자치단체는 교육을 활성화하기 위하여 예산의 범위에서 지원할 수 있다.

⑥ 모든 국민은 동물을 보호하기 위한 국가와 지방자치단체의 시책에 적극 협조하는 등 동물의 보호를 위하여 노력하여야 한다.

⑦ 소유자등은 동물의 보호·복지에 관한 교육을 이수하는 등 동물의 적정한 보호·관리와 동물학대 방지를 위하여 노력하여야 한다.

2 동물복지종합계획의 수립 등

(1) 동물복지종합계획(법 제6조)

① 농림축산식품부장관은 동물의 적정한 보호·관리를 위하여 5년마다 다음 사항의 동물복지종합계획을 수립·시행하여야 한다.

 ㉠ 동물복지에 관한 기본방향

 ㉡ 동물의 보호·복지 및 관리에 관한 사항

 ㉢ 동물을 보호하는 시설에 대한 지원 및 관리에 관한 사항

 ㉣ 반려동물 관련 영업에 관한 사항

 ㉤ 동물의 질병 예방 및 치료 등 보건 증진에 관한 사항

 ㉥ 동물의 보호·복지 관련 대국민 교육 및 홍보에 관한 사항

 ㉦ 종합계획 추진 재원의 조달방안

 ㉧ 그 밖에 동물의 보호·복지를 위하여 필요한 사항

② 농림축산식품부장관은 종합계획을 수립할 때 관계 중앙행정기관의 장 및 특별시장·광역시장·특별자치시장·도지사·특별자치도지사(이하 시·도지사)의 의견을 수렴하고, 동물복지위원회의 심의를 거쳐 확정한다.

③ 시·도지사는 종합계획에 따라 5년마다 특별시·광역시·특별자치시·도·특별자치도(이하 시·도) 단위의 동물복지계획을 수립하여야 하고, 이를 농림축산식품부장관에게 통보하여야 한다.

(2) 동물복지위원회(법 제7조)

① 농림축산식품부장관의 다음의 자문에 응하기 위하여 농림축산식품부에 동물복지위원회(이하 "위원회")를 둔다. 다만, ㉠은 심의사항으로 한다.

㉠ 종합계획의 수립에 관한 사항

㉡ 동물복지정책의 수립, 집행, 조정 및 평가 등에 관한 사항

㉢ 다른 중앙행정기관의 업무 중 동물의 보호ㆍ복지와 관련된 사항

㉣ 그 밖에 동물의 보호ㆍ복지에 관한 사항

② 위원회는 공동위원장 2명을 포함하여 20명 이내의 위원으로 구성한다.

③ 공동위원장은 농림축산식품부차관과 호선(互選)된 민간위원으로 하며, 위원은 관계 중앙행정기관의 소속 공무원 또는 다음에 해당하는 사람 중에서 농림축산식품부장관이 임명 또는 위촉한다.

㉠ 수의사로서 동물의 보호ㆍ복지에 대한 학식과 경험이 풍부한 사람

㉡ 동물복지정책에 관한 학식과 경험이 풍부한 사람으로서 민간단체의 추천을 받은 사람

㉢ 그 밖에 동물복지정책에 관한 전문지식을 가진 사람으로서 농림축산식품부령으로 정하는 자격기준에 맞는 사람

④ 위원회는 위원회의 업무를 효율적으로 수행하기 위하여 위원회에 분과위원회를 둘 수 있다.

⑤ 위의 사항 외에 위원회 및 분과위원회의 구성ㆍ운영 등에 관한 사항은 대통령령으로 정한다.

더알아보기 **분과위원회의 구성ㆍ운영(영 제9조)**

- 위원회는 동물학대분과위원회, 안전관리분과위원회 등 분과위원회를 둘 수 있다.
- 각 분과위원회는 분과위원회의 위원장 1명을 포함하여 10명 이내의 위원으로 구성한다.
- 분과위원회의 위원장 및 위원은 위원회의 위원 중에서 공동위원장이 지명한다.
- 분과위원회 회의는 분과위원회의 위원장이 필요하다고 인정하거나 분과위원회 재적위원 3분의1 이상이 요구하는 경우 분과위원회의 위원장이 소집한다.
- 분과위원회 회의는 재적위원 과반수의 출석으로 개의하고, 출석위원 과반수의 찬성으로 의결한다.
- 분과위원회의 구성 및 운영에 필요한 세부 사항은 위원회의 의결을 거쳐 공동위원장이 정한다.

(3) 동물복지위원회의 구성 및 운영

① 동물복지위원회의 구성(영 제7조)

㉠ 동물복지위원회(이하 위원회)의 공동위원장은 공동으로 위원회를 대표하며, 위원회의 업무를 총괄한다.

㉡ 공동위원장이 모두 부득이한 사유로 직무를 수행할 수 없을 때에는 농림축산식품부차관인 위원장이 미리 지명한 위원의 순으로 그 직무를 대행한다.

㉢ 위원회의 위원은 다음의 사람으로 구성한다.

- 농림축산식품부, 환경부, 해양수산부 또는 식품의약품안전처 소속 고위공무원단에 속하는 공무원 중에서 각 기관의 장이 지정하는 동물의 보호ㆍ복지 관련 직위에 있는 사람으로서 농림축산식품부장관이 임명 또는 위촉하는 사람

- 법 제7조 제3항에 해당하는 사람 중에서 성별을 고려하여 농림축산식품부장관이 위촉하는 사람

   ⓔ 위원의 임기는 2년으로 한다.

   ⓜ 농림축산식품부장관은 위원이 다음의 어느 하나에 해당하는 경우에는 해당 위원을 해촉(解囑)할 수 있다.

- 심신장애로 인하여 직무를 수행할 수 없게 된 경우
- 직무와 관련된 비위사실이 있는 경우
- 직무태만, 품위손상이나 그 밖의 사유로 위원으로 적합하지 않다고 인정되는 경우
- 위원 스스로 직무를 수행하는 것이 곤란하다고 의사를 밝히는 경우

② 위원회의 운영(영 제8조)

   ㉠ 위원회의 회의는 공동위원장이 필요하다고 인정하거나 재적위원 3분의 1 이상이 요구하는 경우 공동위원장이 소집한다.

   ㉡ 위원회의 회의는 재적위원 과반수의 출석으로 개의(開議)하고, 출석위원 과반수의 찬성으로 의결한다.

   ㉢ 위원회는 자문 및 심의사항과 관련하여 필요하다고 인정할 때에는 관계인의 의견을 들을 수 있다.

   ㉣ 위원회의 사무를 처리하기 위하여 위원회에 간사를 두며, 간사는 농림축산식품부 소속 공무원 중에서 농림축산식품부장관이 지명한다.

   ㉤ 규정한 사항 외에 위원회의 운영 등에 필요한 사항은 위원회의 의결을 거쳐 공동위원장이 정한다.

3 동물의 보호 및 관리

(1) 적정한 사육 · 관리(법 제9조)

① 소유자등은 동물에게 적합한 사료와 물을 공급하고, 운동 · 휴식 및 수면이 보장되도록 노력하여야 한다.

② 소유자등은 동물이 질병에 걸리거나 부상당한 경우에는 신속하게 치료하거나 그 밖에 필요한 조치를 하도록 노력하여야 한다.

③ 소유자등은 동물을 관리하거나 다른 장소로 옮긴 경우에는 그 동물이 새로운 환경에 적응하는 데에 필요한 조치를 하도록 노력하여야 한다.

④ 소유자등은 재난 시 동물이 안전하게 대피할 수 있도록 노력하여야 한다.

⑤ 동물의 적절한 사육 · 관리 방법의 기준(규칙 별표 1)

   ㉠ 일반기준

- 동물의 소유자등은 최대한 동물 본래의 습성에 가깝게 사육 · 관리하고, 동물의 생명과 안전을 보호하며, 동물의 복지를 증진해야 한다.
- 동물의 소유자등은 동물이 갈증 · 배고픔, 영양불량, 불편함, 통증 · 부상 · 질병, 두려움 및 정상적으로 행동할 수 없는 것으로 인하여 고통을 받지 않도록 노력해야 하며, 동물의 특성을 고려하여 전염병 예방을 위한 예방접종을 정기적으로 실시해야 한다.
- 동물의 소유자등은 동물의 사육환경을 다음의 기준에 적합하도록 해야 한다.
  - 동물의 종류, 크기, 특성, 건강상태, 사육목적 등을 고려하여 최대한 적절한 사육환경을 제공할 것

－ 동물의 사육공간 및 사육시설은 동물이 자연스러운 자세로 일어나거나 눕고 움직이는 등의 일상적인 동작을 하는 데에 지장이 없는 크기일 것

ⓒ 개별기준 : 개는 분기마다 1회 이상 구충(驅蟲)을 하되, 구충제의 효능 지속기간이 있는 경우에는 구충제의 효능 지속기간이 끝나기 전에 주기적으로 구충을 해야 한다.

(2) 동물학대 등의 금지(법 제10조)

① 죽음에 이르게 하는 행위 금지

㉠ 목을 매다는 등의 잔인한 방법으로 죽음에 이르게 하는 행위

㉡ 노상 등 공개된 장소에서 죽이거나 같은 종류의 다른 동물이 보는 앞에서 죽음에 이르게 하는 행위

㉢ 동물의 습성 및 생태환경 등 부득이한 사유가 없음에도 불구하고 해당 동물을 다른 동물의 먹이로 사용하는 행위

㉣ 그 밖에 사람의 생명·신체에 대한 직접적인 위협이나 재산상의 피해 방지 등 다음의 정하는 정당한 사유 없이 동물을 죽음에 이르게 하는 행위

• 사람의 생명·신체에 대한 직접적인 위협이나 재산상의 피해를 방지하기 위하여 다른 방법이 없는 경우

• 허가, 면허 등에 따른 행위를 하는 경우

• 동물의 처리에 관한 명령, 처분 등을 이행하기 위한 경우

② 학대행위 금지

㉠ 도구·약물 등 물리적·화학적 방법을 사용하여 상해를 입히는 행위. 다만, 질병의 예방이나 치료를 위한 행위, 동물실험인 경우, 긴급 사태가 발생하여 해당 동물을 보호하기 위해 필요한 행위인 경우는 제외

㉡ 살아있는 상태에서 동물의 몸을 손상하거나 체액을 채취하거나 체액을 채취하기 위한 장치를 설치하는 행위. 다만, 질병의 예방이나 치료를 위한 행위, 동물실험인 경우, 긴급 사태가 발생하여 해당 동물을 보호하기 위해 필요한 행위인 경우는 제외

㉢ 도박·광고·오락·유흥 등의 목적으로 동물에게 상해를 입히는 행위. 다만, 민속경기 등 소싸움의 경우 제외

㉣ 동물의 몸에 고통을 주거나 상해를 입히는 다음에 해당하는 행위

• 사람의 생명·신체에 대한 직접적 위협이나 재산상의 피해를 방지하기 위하여 다른 방법이 있음에도 불구하고 동물에게 고통을 주거나 상해를 입히는 행위

• 동물의 습성 또는 사육환경 등의 부득이한 사유가 없음에도 불구하고 동물을 혹서·혹한 등의 환경에 방치하여 고통을 주거나 상해를 입히는 행위

• 갈증이나 굶주림의 해소 또는 질병의 예방이나 치료 등의 목적 없이 동물에게 물이나 음식을 강제로 먹여 고통을 주거나 상해를 입히는 행위

• 동물의 사육·훈련 등을 위하여 필요한 방식이 아님에도 불구하고 다른 동물과 싸우게 하거나 도구를 사용하는 등 잔인한 방식으로 고통을 주거나 상해를 입히는 행위

③ 포획행위 금지

누구든지 소유자등이 없이 배회하거나 내버려진 동물 또는 피학대동물 중 소유자등을 알 수 없는 동물에 대하여 다음의 어느 하나에 해당하는 행위를 하여서는 아니 된다.

㉠ 포획하여 판매하는 행위

㉡ 포획하여 죽이는 행위

㉢ 판매하거나 죽일 목적으로 포획하는 행위

㉣ 소유자등이 없이 배회하거나 내버려진 동물 또는 피학대동물 중 소유자등을 알 수 없는 동물임을 알면서 알선·구매하는 행위

④ 유기 행위 및 보호의무 위반 금지

㉠ 소유자등이 동물을 유기하는 행위

㉡ 소유자등이 반려동물에게 최소한의 사육공간 및 먹이 제공, 적정한 길이의 목줄, 위생·건강 관리를 위한 사항 등 사육·관리 또는 보호의무를 위반하여 상해를 입히거나 질병을 유발하는 행위나 이로 인하여 반려동물을 죽음에 이르게 하는 행위

⑤ 기타 금지행위

㉠ 위의 규정에 해당하는 행위(동물 유기 행위 제외)를 촬영한 사진 또는 영상물을 판매·전시·전달·상영하거나 인터넷에 게재하는 행위. 다만, 동물보호 의식을 고양하기 위한 목적이 표시된 홍보 활동 등 농림축산식품부령으로 정하는 경우는 제외

㉡ 도박을 목적으로 동물을 이용하는 행위 또는 동물을 이용하는 도박을 행할 목적으로 광고·선전하는 행위. 다만, 카지노업, 경마, 경륜·경정, 복권, 체육진흥투표권, 소싸움경기 제외

㉢ 도박·시합·복권·오락·유흥·광고 등의 상이나 경품으로 동물을 제공하는 행위

㉣ 영리를 목적으로 동물을 대여하는 행위. 다만, 장애인 보조견의 대여등은 제외

동물의 사육 공간	동물의 사육공간(동물이 먹이를 먹거나, 잠을 자거나, 휴식을 취하는 등의 행동을 하는 곳으로서 벽, 칸막이, 그 밖에 해당 동물의 습성에 맞는 설비로 구획된 공간)은 다음의 요건을 갖출 것 • 사육공간의 위치는 차량, 구조물 등으로 인한 안전사고가 발생할 위험이 없는 곳에 마련할 것 • 사육공간의 바닥은 망 등 동물의 발이 빠질 수 있는 재질로 하지 않을 것 • 사육공간은 동물이 자연스러운 자세로 일어나거나 눕거나 움직이는 등의 일상적인 동작을 하는 데에 지장이 없도록 제공하되, 다음의 요건을 갖출 것 　－ 가로 및 세로는 각각 사육하는 동물의 몸길이(동물의 코부터 꼬리까지의 길이)의 2.5배 및 2배 이상일 것. 이 경우 하나의 사육공간에서 사육하는 동물이 2마리 이상일 경우에는 마리당 해당 기준을 충족해야 한다. 　－ 높이는 동물이 뒷발로 일어섰을 때 머리가 닿지 않는 높이 이상일 것 • 동물을 실외에서 사육하는 경우 사육공간 내에 더위, 추위, 눈, 비 및 직사광선 등을 피할 수 있는 휴식공간을 제공할 것 • 동물을 줄로 묶어서 사육하는 경우 그 줄의 길이는 2m 이상(해당 동물의 안전이나 사람 또는 다른 동물에 대한 위해를 방지하기 위해 불가피한 경우에는 제외)으로 하되, 제공되는 동물의 사육공간을 제한하지 않을 것. • 동물의 습성 등 부득이한 사유가 없음에도 불구하고 동물을 빛이 차단된 어두운 공간에서 장기간 사육하지 않을 것
동물 위생 · 건강관리	• 동물에게 질병(골절 등 상해를 포함)이 발생한 경우 신속하게 수의학적 처치를 제공할 것 • 2마리 이상의 동물을 함께 사육하는 경우에는 동물의 사체나 전염병이 발생한 동물은 즉시 다른 동물과 격리할 것 • 동물을 줄로 묶어서 사육하는 경우 동물이 그 줄에 묶이거나 목이 조이는 등으로 인해 고통을 느끼거나 상해를 입지 않도록 할 것 • 동물의 영양이 부족하지 않도록 사료 등 동물에게 적합한 먹이와 깨끗한 물을 공급할 것 • 먹이와 물을 주기 위한 설비 및 휴식공간은 분변, 오물 등을 수시로 제거하고 청결하게 관리할 것 • 동물의 행동에 불편함이 없도록 털과 발톱을 적절하게 관리할 것 • 동물의 사육공간이 소유자등이 거주하는 곳으로부터 멀리 떨어져 있는 경우에는 해당 동물의 위생 · 건강상태를 정기적으로 관찰할 것

(3) 동물의 운송(법 제11조)

① 동물운송업자의 준수사항

㉠ 운송 중인 동물에게 적합한 사료와 물을 공급하고, 급격한 출발 · 제동 등으로 충격과 상해를 입지 아니하도록 할 것

㉡ 동물을 운송하는 차량은 동물이 운송 중에 상해를 입지 아니하고, 급격한 체온 변화, 호흡곤란 등으로 인한 고통을 최소화할 수 있는 구조로 되어 있을 것

㉢ 병든 동물, 어린 동물 또는 임신 중이거나 포유 중인 새끼가 딸린 동물을 운송할 때에는 함께 운송 중인 다른 동물에 의하여 상해를 입지 아니하도록 칸막이의 설치 등 필요한 조치를 할 것

㉣ 동물을 싣고 내리는 과정에서 동물 또는 동물이 들어있는 운송용 우리를 던지거나 떨어뜨려서 동물을 다치게 하는 행위를 하지 아니할 것

㉤ 운송을 위하여 전기(電氣) 몰이도구를 사용하지 아니할 것

② 농림축산식품부 장관의 권장사항

　　㉠ 농림축산식품부장관은 동물 운송 차량의 구조 및 설비기준을 정하고 이에 맞는 차량을 사용하도록 권
　　　장할 수 있다.

　　㉡ 농림축산식품부장관은 규정한 사항 외에 동물 운송에 관하여 필요한 사항을 정하여 권장할 수 있다.

(4) 반려동물 전달 및 동물의 도살 방법(법 제12조, 제13조)

① 반려동물의 전달방법 : 반려동물을 다른 사람에게 전달하려는 자는 직접 전달하거나 동물운송업의 등록
　　을 한 자를 통하여 전달하여야 한다.

② 동물의 도살 방법

　　㉠ 누구든지 혐오감을 주거나 잔인한 방법으로 동물을 도살하여서는 아니 되며, 도살과정에서 불필요한
　　　고통이나 공포, 스트레스를 주어서는 아니 된다.

　　㉡ 동물을 죽이는 경우에는 가스법 · 전살법(電殺法) 등을 이용하여 고통을 최소화하여야 하며, 반드시
　　　의식이 없는 상태에서 다음 도살 단계로 넘어가야 한다. 매몰을 하는 경우에도 또한 같다.

　　㉢ ㉠ · ㉡의 경우 외에도 동물을 불가피하게 죽여야 하는 경우에는 고통을 최소화할 수 있는 방법에 따
　　　라야 한다.

(5) 등록대상동물(법 제15조, 제16조)

① 등록대상동물의 등록 등(법 제15조, 영 제11조 · 제12조)

　　㉠ 등 록

　　　• 등록대상동물의 소유자는 동물의 보호와 유실 · 유기 방지 및 공중위생상의 위해 방지 등을 위하여
　　　　특별자치시장 · 특별자치도지사 · 시장 · 군수 · 구청장에게 등록대상동물을 등록하여야 한다. 다만,
　　　　등록대상동물이 맹견이 아닌 경우로서 농림축산식품부령으로 정하는 바에 따라 시 · 도의 조례로
　　　　정하는 지역에서는 그러하지 아니하다.

　　　• 등록대상동물의 소유자는 등록대상동물을 등록하려는 경우에는 해당 동물의 소유권을 취득한 날
　　　　또는 소유한 동물이 등록대상 월령이 된 날부터 30일 이내에 농림축산식품부령으로 정하는 동물등
　　　　록신청서를 특별자치시장 · 특별자치도지사 · 시장 · 군수 · 구청장에게 제출해야 한다(영 제10조
　　　　제1항).

　　㉡ 유실 시 신고기한

　　　등록된 등록대상동물(이하 등록동물)의 소유자는 다음의 어느 하나에 해당하는 경우에는 구분에 따른
　　　기간에 특별자치시장 · 특별자치도지사 · 시장 · 군수 · 구청장에게 신고하여야 한다.

　　　• 등록동물을 잃어버린 경우 : 등록동물을 잃어버린 날부터 10일 이내

　　　• 등록동물에 대하여 다음에서 정하는 사항이 변경된 경우 : 변경사유 발생일부터 30일 이내(영 제
　　　　11조 제1항 참고)

　　　　－ 소유자가 변경된 경우

　　　　－ 소유자의 성명(법인인 경우에는 법인명)이 변경된 경우

　　　　－ 소유자의 주민등록번호(외국인의 경우 외국인등록번호, 법인인 경우 법인등록번호)가 변경된
　　　　　경우

- 소유자의 주소(법인인 경우 주된 사무소의 소재지)가 변경된 경우
- 소유자의 전화번호(법인인 경우 주된 사무소의 전화번호)가 변경된 경우
- 등록된 등록대상동물의 분실신고를 한 후 그 동물을 다시 찾은 경우
- 등록동물을 더 이상 국내에서 기르지 않게 된 경우
- 등록동물이 죽은 경우
- 무선식별장치를 잃어버리거나 헐어 못 쓰게 된 경우

ⓒ 소유권 이전받은 자의 등록

등록동물의 소유권을 이전받은 자 중 등록을 실시하는 지역에 거주하는 자는 그 사실을 소유권을 이전받은 날부터 30일 이내에 자신의 주소지를 관할하는 특별자치시장·특별자치도지사·시장·군수·구청장에게 신고하여야 한다.

ⓓ 동물등록대행자

- 특별자치시장·특별자치도지사·시장·군수·구청장이 다음에서 지정하는 자로 하여금 규정에 따른 업무를 대행하게 할 수 있으며 이에 필요한 비용을 지급할 수 있다(영 제12조 참고).
    - 동물병원을 개설한 자
    - 등록된 비영리민간단체 중 동물보호를 목적으로 하는 단체
    - 동물보호를 목적으로 하는 법인
    - 동물보호센터로 지정받은 자
    - 신고한 민간동물보호시설(이하 보호시설)을 운영하는 자
    - 허가를 받은 동물판매업자
- 특별자치시장·특별자치도지사·시장·군수·구청장은 다음의 경우 등록을 말소할 수 있다.
    - 거짓이나 그 밖의 부정한 방법으로 등록대상동물을 등록하거나 변경신고한 경우
    - 등록동물 소유자의 주민등록이나 외국인등록사항이 말소된 경우
    - 등록동물의 소유자인 법인이 해산한 경우
- 국가와 지방자치단체는 등록에 필요한 비용의 일부 또는 전부를 지원할 수 있다.
- 동물등록대행 과정에서 등록대상동물의 체내에 무선식별장치를 삽입하는 등 외과적 시술이 필요한 행위는 수의사에 의하여 시행되어야 한다(영 제12조 제2항).

② 등록대상동물의 관리 등(법 제16조)

ⓐ 등록대상동물의 소유자등은 소유자등이 없이 등록대상동물을 기르는 곳에서 벗어나지 아니하도록 관리하여야 한다.

ⓑ 등록대상동물의 소유자등은 등록대상동물을 동반하고 외출할 때에는 다음의 사항을 준수하여야 한다.

- 목줄 착용 등 사람 또는 동물에 대한 위해를 예방하기 위한 안전조치를 할 것
- 등록대상동물의 이름, 소유자의 연락처, 인식표를 등록대상동물에게 부착할 것
- 배설물(소변의 경우에는 공동주택의 엘리베이터·계단 등 건물 내부의 공용공간 및 평상·의자 등 사람이 눕거나 앉을 수 있는 기구 위의 것으로 한정)이 생겼을 때에는 즉시 수거할 것

ⓒ 시·도지사는 등록대상동물의 유실·유기 또는 공중위생상의 위해 방지를 위하여 필요할 때에는 시·도의 조례로 정하는 바에 따라 소유자등으로 하여금 등록대상동물에 대하여 예방접종을 하게 하거나 특정 지역 또는 장소에서의 사육 또는 출입을 제한하게 하는 등 필요한 조치를 할 수 있다.

(6) 맹견의 관리 등

① 맹견수입신고(법 제17조)

ⓐ 맹견을 수입하려는 자는 대통령령으로 정하는 바에 따라 농림축산식품부장관에게 신고하여야 한다.

ⓑ 맹견수입신고를 하려는 자는 맹견의 품종, 수입 목적, 사육 장소 등 대통령령으로 정하는 사항을 신고서에 기재하여 농림축산식품부장관에게 제출하여야 한다.

② 맹견사육허가 등(법 제18조)

ⓐ 등록대상동물인 맹견을 사육하려는 사람은 다음의 요건을 갖추어 시·도지사에게 맹견사육허가를 받아야 한다.
- 등록대상동물의 등록을 할 것
- 맹견으로 인한 피해 보상 보험에 가입할 것
- 중성화(中性化) 수술을 할 것. 다만, 맹견의 월령이 8개월 미만인 경우로서 발육상태 등으로 인하여 중성화 수술이 어려운 경우에는 대통령령으로 정하는 기간 내에 중성화 수술을 한 후 그 증명서류를 시·도지사에게 제출하여야 한다.

ⓑ 공동으로 맹견을 사육·관리 또는 보호하는 사람이 있는 경우에는 맹견사육허가를 공동으로 신청할 수 있다.

ⓒ 시·도지사는 맹견사육허가를 하기 전에 기질평가위원회가 시행하는 기질평가를 거쳐야 한다.

ⓓ 시·도지사는 맹견의 사육으로 인하여 공공의 안전에 위험이 발생할 우려가 크다고 판단하는 경우에는 맹견사육허가를 거부하여야 한다. 이 경우 기질평가위원회의 심의를 거쳐 해당 맹견에 대하여 인도적인 방법으로 처리할 것을 명할 수 있다.

ⓔ 맹견의 인도적인 처리는 고통을 최소화하는 방법으로 하되 수의사 처리해야 한다.

ⓕ 시·도지사는 맹견사육허가를 받은 자(공동으로 맹견사육허가를 신청한 경우 공동 신청한 자를 포함)에게 교육이수 또는 허가대상 맹견의 훈련을 명할 수 있다.

③ 맹견사육허가의 결격사유(법 제19조)

ⓐ 미성년자(19세 미만의 사람)

ⓑ 피성년후견인 또는 피한정후견인

ⓒ 정신질환자 또는 마약류의 중독자. 다만, 정신건강의학과 전문의가 맹견을 사육하는 것에 지장이 없다고 인정하는 사람은 그러하지 아니하다.

ⓓ 동물학대 등의 금지·등록대상동물의 관리 등·맹견의 관리를 위반하여 벌금 이상의 실형을 선고받고 그 집행이 종료(집행이 종료된 것으로 보는 경우를 포함)되거나 집행이 면제된 날부터 3년이 지나지 아니한 사람

ⓔ 동물학대 등의 금지·등록대상동물의 관리 등·맹견의 관리를 위반하여 벌금 이상의 형의 집행유예를 선고받고 그 유예기간 중에 있는 사람

④ 맹견사육허가의 철회 등(법 제20조)

ⓐ 시 · 도지사는 다음의 경우에 맹견사육허가를 철회할 수 있다.

- 맹견사육허가를 받은 사람의 맹견이 사람 또는 동물을 공격하여 다치게 하거나 죽게 한 경우
- 정당한 사유 없이 동물보호법에서 규정한 기간이 지나도록 중성화 수술을 이행하지 아니한 경우
- 교육이수명령 또는 허가대상 맹견의 훈련 명령에 따르지 아니한 경우

ⓑ 시 · 도지사는 맹견사육허가를 철회하는 경우 기질평가위원회의 심의를 거쳐 해당 맹견에 대하여 인도적인 방법으로 처리할 것을 명할 수 있다. 이 경우 동물의 인도적 처리 등(법 제46조)의 법 규정을 준용한다.

⑤ 맹견의 관리(법 제21조)

ⓐ 맹견의 소유자등의 준수사항

- 소유자등이 없이 맹견을 기르는 곳에서 벗어나지 아니하게 할 것. 다만, 맹견사육허가를 받은 사람의 맹견은 맹견사육허가를 받은 사람 또는 맹견사육에 대한 전문지식을 가진 사람 없이 맹견을 기르는 곳에서 벗어나지 아니하게 할 것
- 월령이 3개월 이상인 맹견을 동반하고 외출할 때에는 목줄 및 입마개 등 안전장치를 하거나 맹견의 탈출을 방지할 수 있는 적정한 이동장치를 할 것
- 그 밖에 맹견이 사람 또는 동물에게 위해를 가하지 못하도록 하기 위하여 농림축산식품부령으로 정하는 사항을 따를 것

ⓑ 시 · 도지사와 시장 · 군수 · 구청장은 맹견이 사람에게 신체적 피해를 주는 경우 소유자등의 동의 없이 맹견에 대하여 격리조치 등 필요한 조치를 취할 수 있다.

ⓒ 맹견사육허가를 받은 사람은 맹견의 안전한 사육 · 관리 또는 보호에 관하여 정기적으로 교육을 받아야 한다.

⑥ 맹견의 출입금지 등(법 제22조)

맹견의 소유자등은 어린이집, 유치원, 초등학교 및 특수학교, 노인복지시설, 장애인복지시설, 어린이공원, 어린이놀이시설, 그 밖에 불특정 다수인이 이용하는 장소로서 시 · 도의 조례로 정하는 장소에 맹견이 출입하지 아니하도록 하여야 한다.

(7) 기질평가

① 맹견 아닌 개의 기질평가(법 제24조)

ⓐ 시 · 도지사는 맹견이 아닌 개가 사람 또는 동물에게 위해를 가한 경우 그 개의 소유자에게 해당 동물에 대한 기질평가를 받을 것을 명할 수 있다.

ⓑ 맹견이 아닌 개의 소유자는 해당 개의 공격성이 분쟁의 대상이 된 경우 시 · 도지사에게 해당 개에 대한 기질평가를 신청할 수 있다.

ⓒ 시 · 도지사는 ⓐ · ⓑ의 경우 기질평가를 거쳐 해당 개의 공격성이 높은 경우 맹견으로 지정하여야 한다.

ⓓ 시 · 도지사는 ⓒ의 맹견 지정을 하는 경우에는 해당 개의 소유자의 신청이 있으면 맹견사육허가 여부를 함께 결정할 수 있다.

ⓜ 시·도지사는 ⓒ에 따른 맹견 지정을 하지 아니하는 경우에도 해당 개의 소유자에게 교육이수 또는 개의 훈련을 명할 수 있다.

② 기질평가 비용부담(법 제25조)

　ㄱ 기질평가에 소요되는 비용은 소유자의 부담으로 하며, 그 비용의 징수는 지방행정제재·부과금의 징수 등에 관한 법률의 예에 따른다.

　ㄴ ㄱ에 따른 기질평가비용의 기준, 지급 범위 등과 관련하여 필요한 사항은 농림축산식품부령으로 정한다.

③ 기질평가위원회(법 제26조)

　ㄱ 시·도지사는 맹견 종(種)의 판정, 맹견의 기질평가, 인도적인 처리에 대한 심의, 맹견이 아닌 개에 대한 기질평가, 그 밖에 시·도지사가 요청하는 사항의 업무를 수행하기 위하여 시·도에 기질평가위원회를 둔다.

　ㄴ 기질평가위원회는 위원장 1명을 포함하여 3명 이상의 위원으로 구성한다.

　ㄷ 위원은 다음에 해당하는 사람 중에서 시·도지사가 위촉하며, 위원장은 위원 중에서 호선한다.
　　• 수의사로서 동물의 행동과 발달 과정에 대한 학식과 경험이 풍부한 사람
　　• 반려동물행동지도사
　　• 동물복지정책에 대한 학식과 경험이 풍부하다고 시·도지사가 인정하는 사람

　ㄹ 위 ㄱ부터 ㄷ까지의 규정에 따른 사항 외에 기질평가위원회의 구성·운영 등에 관한 사항은 대통령령으로 정한다.

④ 기질평가위원회의 권한 등(법 제27조)

　ㄱ 기질평가위원회는 기질평가를 위하여 필요하다고 인정하는 경우 평가대상동물의 소유자등에 대하여 출석하여 진술하게 하거나 의견서 또는 자료의 제출을 요청할 수 있다.

　ㄴ 기질평가위원회는 평가에 필요한 경우 소유자의 거주지, 그 밖에 사건과 관련된 장소에서 기질평가와 관련된 조사를 할 수 있다.

　ㄷ ㄴ에 따라 조사를 하는 경우 농림축산식품부령으로 정하는 증표를 지니고 이를 소유자에게 보여주어야 한다.

　ㄹ 평가대상동물의 소유자등은 정당한 사유 없이 ㄱ·ㄴ에 따른 출석, 자료제출요구 또는 기질평가와 관련한 조사를 거부하여서는 아니 된다.

⑤ 기질평가에 필요한 정보의 요청 등(법 제28조)

　ㄱ 시·도지사 또는 기질평가위원회는 기질평가를 위하여 필요하다고 인정하는 경우 동물이 사람 또는 동물에게 위해를 가한 사건에 대하여 관계 기관에 영상정보처리기기의 기록 등 필요한 정보를 요청할 수 있다.

　ㄴ ㄱ의 요청을 받은 관계 기관의 장은 정당한 사유 없이 이를 거부하여서는 아니 된다.

　ㄷ ㄱ의 정보의 보호 및 관리에 관한 사항은 동물보호법에서 규정된 것을 제외하고는 개인정보 보호법을 따른다.

⑥ 비밀엄수의 의무 등(법 제29조)

    ㉠ 기질평가위원회의 위원이나 위원이었던 사람은 업무상 알게 된 비밀을 누설하여서는 아니 된다.

    ㉡ 기질평가위원회의 위원 중 공무원이 아닌 사람은 형법 제129조부터 제132조까지의 규정을 적용할 때에 공무원으로 본다.

(8) 반려동물행동지도사의 업무 및 자격시험

① 반려동물행동지도사의 업무(법 제30조)

    ㉠ 반려동물행동지도사의 업무수행

- 반려동물에 대한 행동분석 및 평가
- 반려동물에 대한 훈련
- 반려동물 소유자등에 대한 교육
- 그 밖에 반려동물행동지도에 필요한 사항으로 농림축산식품부령으로 정하는 업무

    ㉡ 농림축산식품부장관은 반려동물행동지도사의 업무능력 및 전문성 향상을 위하여 농림축산식품부령으로 정하는 바에 따라 보수교육을 실시할 수 있다.

② 반려동물행동지도사 자격시험(법 제31조)

    ㉠ 반려동물행동지도사가 되려는 사람은 농림축산식품부장관이 시행하는 자격시험에 합격하여야 한다.

    ㉡ 반려동물의 행동분석·평가 및 훈련 등에 전문지식과 기술을 갖추었다고 인정되는 대통령령으로 정하는 기준에 해당하는 사람에게는 ㉠에 따른 자격시험 과목의 일부를 면제할 수 있다.

    ㉢ 농림축산식품부장관은 다음의 어느 하나에 해당하는 사람에 대해서는 해당 시험을 무효로 하거나 합격 결정을 취소하여야 한다.

- 거짓이나 그 밖에 부정한 방법으로 시험에 응시한 사람
- 시험에서 부정한 행위를 한 사람

    ㉣ 다음의 어느 하나에 해당하는 사람은 그 처분이 있은 날부터 3년간 반려동물행동지도사 자격시험에 응시하지 못한다.

- 시험의 무효 또는 합격 결정의 취소를 받은 사람
- 반려동물행동지도사의 자격이 취소된 사람

    ㉤ 농림축산식품부장관은 자격시험의 시행 등에 관한 사항을 대통령령으로 정하는 바에 따라 관계 전문기관에 위탁할 수 있다.

    ㉥ 반려동물행동지도사 자격시험의 시험과목, 시험방법, 합격기준 및 자격증 발급 등에 관한 사항은 대통령령으로 정한다.

(9) 반려동물행동지도사의 결격사유 및 자격취소 등(법 제32조)

① 다음의 어느 하나에 해당하는 사람은 반려동물행동지도사가 될 수 없다.

    ㉠ 피성년후견인

    ㉡ 정신질환자 또는 마약류의 중독자. 다만, 정신건강의학과 전문의가 반려동물행동지도사 업무를 수행할 수 있다고 인정하는 사람은 그러하지 아니하다.

ⓒ 동물보호법을 위반하여 벌금 이상의 실형을 선고받고 그 집행이 종료(집행이 종료된 것으로 보는 경우를 포함)되거나 집행이 면제된 날부터 3년이 지나지 아니한 경우

② 동물보호법을 위반하여 벌금 이상의 형의 집행유예를 선고받고 그 유예기간 중에 있는 경우

② 농림축산식품부장관은 반려동물행동지도사가 다음의 어느 하나에 해당하면 그 자격을 취소하거나 2년 이내의 기간을 정하여 그 자격을 정지시킬 수 있다. 다만, ⊙ ~ ②은 자격을 취소하여야 한다.

⊙ ①의 결격사유 어느 하나에 해당하게 된 경우(취소)

ⓒ 거짓이나 그 밖의 부정한 방법으로 자격을 취득한 경우(취소)

ⓒ 다른 사람에게 명의를 사용하게 하거나 자격증을 대여한 경우(취소)

② 자격정지기간에 업무를 수행한 경우(취소)

ⓜ 동물보호법을 위반하여 벌금 이상의 형을 선고받고 그 형이 확정된 경우

ⓗ 영리를 목적으로 반려동물의 소유자등에게 불필요한 서비스를 선택하도록 알선·유인하거나 강요한 경우

③ ②에 따른 자격의 취소 및 정지에 관한 기준은 그 처분의 사유와 위반 정도 등을 고려하여 농림축산식품부령으로 정한다.

④ 명의대여 금지 등(법 제33조)

⊙ 반려동물행동지도사 자격시험에 합격한 자가 아니면 반려동물행동지도사의 명칭을 사용하지 못한다.

ⓒ 반려동물행동지도사는 다른 사람에게 자기의 명의를 사용하여 반려동물행동지도사의 업무를 수행하게 하거나 그 자격증을 대여하여서는 아니 된다.

ⓒ 누구든지 ⊙이나 ⓒ에서 금지된 행위를 알선하여서는 아니 된다.

(10) 동물의 구조·보호(법 제34조)

① **보호조치** : 시·도지사와 시장·군수·구청장은 다음의 어느 하나에 해당하는 동물을 발견한 때에는 그 동물을 구조하여 보호조치를 하여야 하며, ⓒ 및 ⓒ에 해당하는 동물은 학대 재발 방지를 위하여 학대행위자로부터 격리하여야 한다. 다만, ⊙에 해당하는 동물 중 농림축산식품부령으로 정하는 동물은 구조·보호조치의 대상에서 제외한다.

⊙ 유실·유기동물

ⓒ 피학대동물 중 소유자를 알 수 없는 동물

ⓒ 소유자등으로부터 학대를 받아 적정하게 치료·보호받을 수 없다고 판단되는 동물

② **등록 여부 확인 및 통보** : 시·도지사와 시장·군수·구청장이 ① ⊙ 및 ⓒ에 해당하는 동물에 대하여 보호조치 중인 경우에는 그 동물의 등록 여부를 확인하여야 하고, 등록된 동물인 경우에는 지체 없이 동물의 소유자에게 보호조치 중인 사실을 통보하여야 한다.

③ **보호조치기간** : 시·도지사와 시장·군수·구청장이 동물을 보호할 때에는 농림축산식품부령으로 정하는 바에 따라 기간을 정하여 해당 동물에 대한 보호조치를 하여야 한다.

④ 시·도지사와 시장·군수·구청장은 ① 외의 부분 단서에 해당하는 동물에 대하여도 보호·관리를 위하여 필요한 조치를 할 수 있다.

⑤ 시·도지사와 시장·군수·구청장은 유실·유기동물, 피학대동물 중 소유자를 알 수 없는 동물동물을 보호하고 있는 경우에는 소유자등이 보호조치 사실을 알 수 있도록 대통령령으로 정하는 바에 따라 지체 없이 7일 이상 그 사실을 공고하여야 한다(법 제40조).

(11) 동물보호센터의 설치(법 제35조, 규칙 제18조)

① 동물보호센터의 운영·설치

㉠ 시·도지사와 시장·군수·구청장은 동물의 구조·보호 등을 위하여 농림축산식품부령으로 정하는 시설 및 인력 기준에 맞는 동물보호센터를 설치·운영할 수 있다.

㉡ 시·도지사와 시장·군수·구청장은 ㉠에 따른 동물보호센터를 직접 설치·운영하도록 노력하여야 한다.

㉢ 농림축산식품부장관은 시·도지사 또는 시장·군수·구청장이 설치·운영하는 동물보호센터의 설치·운영에 드는 비용의 전부 또는 일부를 지원할 수 있다.

② 동물보호센터의 업무

㉠ 동물의 구조·보호조치

㉡ 동물의 반환 등

㉢ 사육포기 동물의 인수 등

㉣ 동물의 기증·분양

㉤ 동물의 인도적인 처리 등

㉥ 반려동물사육에 대한 교육

㉦ 유실·유기동물 발생 예방 교육

㉧ 동물학대행위 근절을 위한 동물보호 홍보

㉨ 그 밖에 동물의 구조·보호 등을 위하여 농림축산식품부령으로 정하는 업무

③ 동물보호센터의 지원 및 교육

㉠에 따라 설치된 동물보호센터의 장 및 그 종사자는 정기적으로 동물의 보호 및 공중위생상의 위해 방지 등에 관한 교육을 받아야 한다.

③ 동물보호센터의 운영위원회의 설치 및 기능 등

㉠ 설치 및 기능(규칙 제18조 제1항 참고)

동물보호센터 운영의 공정성과 투명성을 확보하기 위하여 일정 규모 이상의 동물보호센터(연간 구조·보호되는 동물의 마릿수가 1천마리 이상인 동물보호센터)는 농림축산식품부령으로 정하는 바에 따라 운영위원회를 구성·운영하여야 한다. 다만, 시·도 또는 시·군·구에 운영위원회와 성격 및 기능이 유사한 위원회가 설치되어 있는 경우 해당 시·도 또는 시·군·구의 조례로 정하는 바에 따라 그 위원회가 운영위원회의 기능을 대신할 수 있다.

㉡ 운영위원회의 심의사항(규칙 제18조 제2항)

• 동물보호센터의 사업계획 및 실행에 관한 사항

• 동물보호센터의 예산·결산에 관한 사항

• 그 밖에 동물보호법의 준수 여부 등에 관한 사항

ⓒ 운영위원회의 구성 · 운영(규칙 제19조)
- 위원장 1명을 포함하여 3명 이상 10명 이하의 위원으로 구성한다.
- 위원장은 위원 중에서 호선하고, 위원은 다음의 어느 하나에 해당하는 사람 중에서 동물보호센터의 장이 위촉한다.
  - 수의사
  - 동물보호 민간단체에서 추천하는 동물보호에 관한 학식과 경험이 풍부한 사람
  - 명예동물보호관으로서 그 동물보호센터를 설치한 지방자치단체의 장의 위촉을 받은 사람
  - 그 밖에 동물보호에 관한 학식과 경험이 풍부한 사람
- 운영위원회에는 다음에 해당하는 위원이 각 1명 이상 포함되어야 한다.
  - 수의사에 해당하는 위원
  - 동물보호 민간단체에서 추천하는 동물보호에 관한 학식과 경험이 풍부한 사람에 해당하는 위원으로서 해당 동물보호센터와 이해관계가 없는 사람
  - 명예동물보호관으로서 동물보호센터를 설치한 지방자치단체의 장에게 위촉을 받은 사람, 그 밖에 동물보호에 관한 학식과 경험이 풍부한 사람에 해당하는 위원으로서 해당 동물보호센터와 이해관계가 없는 사람
- 위원의 임기는 2년으로 하며, 중임할 수 있다.
- 동물보호센터는 운영위원회의 회의를 매년 1회 이상 소집해야 하고, 그 회의록을 작성하여 3년 이상 보존해야 한다.
- 위에서 규정한 사항 외에 운영위원회의 구성 및 운영 등에 필요한 사항은 운영위원회의 의결을 거쳐 위원장이 정한다.

(12) 동물보호센터의 지정 등(법 제36조)

① 동물보호센터의 지정 · 위탁

ⓐ 시 · 도지사 또는 시장 · 군수 · 구청장은 농림축산식품부령으로 정하는 시설 및 인력 기준에 맞는 기관이나 단체 등을 동물보호센터로 지정하여 업무를 위탁할 수 있다. 이 경우 동물보호센터로 지정받은 기관이나 단체 등은 동물의 보호조치를 제3자에게 위탁하여서는 아니 된다.

ⓑ ⓐ의 동물보호센터로 지정받으려는 자는 농림축산식품부령으로 정하는 바에 따라 시 · 도지사 또는 시장 · 군수 · 구청장에게 신청하여야 한다.

② 비용의 지원

ⓐ 시 · 도지사 또는 시장 · 군수 · 구청장은 동물보호센터에 동물의 구조 · 보호조치 등에 드는 비용(보호비용)의 전부 또는 일부를 지원할 수 있다.

ⓑ 보호비용의 지급절차와 그 밖에 필요한 사항은 농림축산식품부령으로 정한다.

③ 동물보호센터의 지정취소

시 · 도지사 또는 시장 · 군수 · 구청장은 지정된 동물보호센터가 다음의 어느 하나에 해당하는 경우에는 그 지정을 취소할 수 있다. 다만, ⓐ 및 ⓓ에 해당하는 경우에는 그 지정을 취소하여야 한다.

ⓐ 거짓이나 그 밖의 부정한 방법으로 지정을 받은 경우(취소)

ⓛ 지정기준에 맞지 아니하게 된 경우

ⓒ 보호비용을 거짓으로 청구한 경우

ⓔ 동물학대 등의 금지 규정을 위반한 경우(취소)

ⓜ 동물의 인도적인 처리 등을 위반한 경우

ⓗ 출입·검사 등의 시정명령을 위반한 경우

ⓢ 특별한 사유 없이 유실·유기동물 및 피학대동물에 대한 보호조치를 3회 이상 거부한 경우

ⓞ 보호 중인 동물을 영리를 목적으로 분양한 경우

④ **지정취소 기관·단체의 재지정 금지**

시·도지사 또는 시장·군수·구청장은 지정이 취소된 기관이나 단체 등을 지정이 취소된 날부터 1년 이내에는 다시 동물보호센터로 지정하여서는 아니 된다. 다만, 동물학대 등의 금지에 따라 지정이 취소된 기관이나 단체는 지정이 취소된 날부터 5년 이내에는 다시 동물보호센터로 지정하여서는 아니 된다.

더알아보기　동물보호센터의 시설 및 인력 기준(규칙 별표 4)

1. 일반기준

① 보호실, 격리실, 사료보관실 및 진료실을 각각 구분하여 설치해야 하며, 동물 구조 및 운반용 차량을 보유해야 한다. 다만, 시·도지사·시장·군수·구청장 또는 지정 동물보호센터 운영자가 동물의 진료를 동물병원에 위탁하는 경우에는 진료실을 설치하지 않을 수 있으며, 지정 동물보호센터의 업무에 구조업무가 포함되지 않은 경우에는 구조 및 운반용 차량을 보유하지 않을 수 있다.

② 동물의 탈출 및 도난 방지, 방역 등을 위하여 방범시설 및 외부인의 출입을 통제할 수 있는 장치가 있어야 하며, 시설의 외부와 경계를 이루는 담장이나 울타리가 있어야 한다. 다만, 단독건물 등 시설 자체로 외부인과 동물의 출입통제가 가능한 경우에는 담장이나 울타리를 설치하지 않을 수 있다.

③ 시설의 청결 유지와 위생 관리에 필요한 급수시설 및 배수시설을 갖추어야 하며, 바닥은 청소와 소독이 용이한 재질이어야 한다. 다만, 운동장은 제외한다.

④ 보호동물을 인도적인 방법으로 처리하기 위해 동물의 수용시설과 독립된 별도의 처리공간이 있어야 한다. 다만, 동물보호센터 내 독립된 진료실을 갖춘 경우 그 시설로 대체할 수 있다.

⑤ 동물 사체를 보관할 수 있는 잠금장치가 설치된 냉동시설을 갖추어야 한다.

⑥ 동물보호센터의 장은 동물의 구조·보호조치, 반환 또는 인수 등 동물보호센터의 업무를 수행하기 위하여 센터 여건에 맞게 동물보호센터의 장을 포함하여 보호동물 20마리당 1명 이상의 보호·관리 인력을 확보해야 한다.

2. 개별기준

① 보호실의 시설조건

　㉠ 동물을 위생적으로 건강하게 관리하기 위해 온도 및 습도 조절이 가능해야 한다.

　㉡ 채광과 환기가 충분히 이루어질 수 있도록 해야 한다.

　㉢ 보호실이 외부에 노출된 경우, 직사광선, 비바람 등을 피할 수 있는 시설을 갖추어야 한다.

② 격리실의 시설조건

　㉠ 독립된 건물이거나, 다른 용도로 사용되는 시설과 분리되어야 한다.

　㉡ 외부환경에 노출되어서는 안 되고, 온도 및 습도 조절이 가능하며, 채광과 환기가 충분히 이루어질 수 있어야 한다.

　㉢ 전염성 질병에 걸린 동물은 질병이 다른 동물에게 전염되지 않도록 별도로 구획되어야 하며, 출입 시 소독 관리를 철저히 해야 한다.

　　　　② 격리실은 보호 중인 동물의 상태를 외부에서 수시로 관찰할 수 있는 구조여야 한다. 다만, 해당 동물의 생태, 보호 여건 등 사정이 있는 경우는 제외한다.
　　③ 사료보관실은 청결하게 유지하고 해충이나 쥐 등이 침입할 수 없도록 해야 하며, 그 밖의 관리물품을 보관하는 경우 서로 분리하여 구별할 수 있어야 한다.
　　④ 진료실에는 진료대, 소독장비 등 동물의 진료에 필요한 기구·장비를 갖추어야 하며, 2차 감염을 막기 위해 진료대 및 진료기구 등을 위생적으로 관리해야 한다.
　　⑤ 보호실, 격리실 및 진료실 내에서 개별 동물을 분리하여 수용할 수 있는 장치의 조건
　　　　㉠ 장치는 동물이 자유롭게 움직일 수 있는 충분한 크기로서, 가로 및 세로의 길이가 동물의 몸길이의 각각 2배 이상 되어야 한다. 다만, 개와 고양이의 경우 권장하는 최소 크기는 다음과 같다.

> • 소형견(5kg 미만) : 50 × 70 × 60(cm)
> • 중형견(5kg 이상 15kg 미만) : 70 × 100 × 80(cm)
> • 대형견(15kg 이상) : 100 × 150 × 100(cm)
> • 고양이 : 50 × 70 × 60(cm)

　　　　㉡ 평평한 바닥을 원칙으로 하되, 철망 등으로 된 경우 철망의 간격이 동물의 발이 빠지지 않는 규격이어야 한다.
　　　　㉢ 장치의 재질은 청소, 소독 및 건조가 쉽고 부식성이 없으며 쉽게 부서지거나 동물에게 상해를 입히지 않는 것이어야 하며, 장치를 2단 이상 쌓은 경우 충격에 의해 무너지지 않도록 설치해야 한다.
　　　　㉣ 분뇨 등 배설물을 처리할 수 있는 장치를 갖추고, 매일 1회 이상 청소하여 동물이 위생적으로 관리될 수 있어야 한다.
　　　　㉤ 동물을 개별적으로 확인할 수 있도록 장치 외부에 표지판이 부착되어야 한다.
　　⑥ 동물구조 및 운송용 차량은 동물을 안전하게 운송할 수 있도록 개별 수용장치를 설치해야 하며, 화물자동차인 경우 직사광선, 비바람 등을 피할 수 있는 장치가 설치되어야 한다.

(13) 동물보호센터의 준수사항(규칙 별표 5)

　① 일반사항
　　㉠ 동물보호센터에 입소되는 모든 동물은 안전하고 위생적이며 불편함이 없도록 관리해야 한다.
　　㉡ 동물은 종류별, 성별(어리거나 중성화된 동물은 제외) 및 크기별로 구분하여 관리하고, 질환이 있는 동물(상해를 입은 동물을 포함), 공격성이 있는 동물, 나이든 동물, 어린 동물(어미와 함께 있는 경우는 제외) 및 새끼를 배거나 새끼에게 젖을 먹이는 동물은 분리하여 보호해야 한다.
　　㉢ 동물종류, 품종, 나이 및 체중에 맞는 사료 등 먹이를 적절히 공급하고 항상 깨끗한 물을 공급하며, 그 용기는 청결한 상태로 유지해야 한다.
　　㉣ 소독약과 소독장비를 가지고 정기적으로 소독 및 청소를 실시해야 한다.
　　㉤ 보호센터는 방문목적이 합당한 경우, 누구에게나 개방해야 하며, 방문 시 방문자 성명, 방문일시, 방문목적, 연락처 등을 기록하여 작성일부터 1년간 보관해야 한다. 다만, 보호 중인 동물의 적절한 관리를 위해 개방시간을 정하는 등의 제한을 둘 수 있다.
　　㉥ 보호 중인 동물은 진료 등 특별한 사정이 없으면 보호시설 내에서 보호함을 원칙으로 한다.

② 개별사항

　㉠ 동물의 구조 및 포획은 구조자와 해당 동물 모두 안전한 방법으로 실시하고, 구조 직후 동물의 상태를 확인하여 건강하지 않은 개체는 추가로 응급조치 등의 조치를 해야 한다.

　㉡ 보호동물 입소 시 개체별로 보호동물 개체관리카드를 작성하고, 처리결과 및 그 관련 서류를 3년간 보관(전자적 방법으로 갈음할 수 있음)해야 한다.

　㉢ 보호동물의 등록을 확인하고, 보호동물이 등록된 동물인 경우에는 지체 없이 해당 동물의 소유자에게 보호 중인 사실을 통보해야 한다.

　㉣ 보호동물의 반환 시 소유자임을 증명할 수 있는 사진, 기록 또는 해당 보호동물의 반응 등을 참고하여 반환해야 하고, 보호동물을 다시 분실하지 않도록 교육을 실시해야 하며, 해당 보호동물이 동물등록이 되어 있지 않은 경우에는 동물등록을 하도록 안내해야 한다.

　㉤ 보호동물의 분양 시 번식 등의 상업적인 목적으로 이용되는 것을 방지하기 위해 중성화수술에 동의하는 자에게 우선 분양하고, 미성년자(친권자 및 후견인의 동의가 있는 경우는 제외)에게 분양하지 않아야 한다. 또한 보호동물이 다시 유기되지 않도록 교육을 실시해야 하며, 해당 보호동물이 동물등록이 되어 있지 않은 경우에는 동물등록을 하도록 안내해야 한다.

　㉥ 동물을 인도적으로 처리하는 경우 동물보호센터 종사자 1명 이상의 참관하에 수의사가 시행하도록 하며, 마취제 사용 후 심장에 직접 작용하는 약물 등을 사용하는 등 인도적인 방법을 사용하여 동물의 고통을 최소화해야 한다.

　㉦ 동물보호센터 내에서 발생한 동물의 사체는 별도의 냉동장치에 보관 후, 폐기물관리법에 따르거나 동물장묘업의 허가를 받은 자가 설치·운영하는 동물장묘시설 및 공설동물장묘시설을 통해 처리한다.

(14) 민간동물보호시설의 신고 등(법 제37조)

① 민간동물보호시설의 운영·신고

　㉠ 영리를 목적으로 하지 아니하고 유실·유기동물 및 피학대동물을 기증받거나 인수 등을 하여 임시로 보호하기 위하여 대통령령으로 정하는 규모 이상(개와 고양이의 마릿수가 20마리 이상인 경우)의 민간동물보호시설을 운영하려는 자는 시설 명칭, 주소, 규모 등을 특별자치시장·특별자치도지사·시장·군수·구청장에게 신고하여야 한다(영 제15조 참고).

　㉡ 민간동물보호시설을 운영하려는 자는 민간동물보호시설 신고서에 다음의 서류를 첨부하여 신고해야 한다(규칙 제23조).

　　• 시설 기준에 적합한 시설을 갖추었는지 확인할 수 있는 자료

　　• 동물의 보호조치에 필요한 건물 및 시설의 명세서

　　• 동물의 보호조치에 종사하는 인력 현황

　　• 동물의 보호 현황

　　• 보호시설 운영계획서(시설 기준 및 운영 기준 준수 여부 및 시설정비 등의 사후관리를 위한 계획을 포함)

ⓒ 신고한 사항 중 보호시설 운영자(법인·단체는 그 대표자)의 성명, 보호시설의 명칭, 보호시설의 면적 및 수용가능 마릿수를 변경할 때에는 특별자치시장·특별자치도지사·시장·군수·구청장에게 신고하여야 한다(영 제15조 제2항 참고).

② 민간동물보호시설의 신고 수리 및 변경신고(규칙 제23조 참고)

㉠ 특별자치시장·특별자치도지사·시장·군수·구청장은 신고 또는 변경신고를 받은 경우 그 내용을 검토하여 이 법에 적합하면 신고를 수리하여야 한다.

㉡ 신고가 수리된 보호시설의 운영자가 ①의 ⓒ사항을 변경할 경우에는 민간동물보호시설 변경신고서에 변경내용을 증명하는 서류를 첨부하여 특별자치시장·특별자치도지사·시장·군수·구청장에게 신고해야 한다.

ⓒ 특별자치시장·특별자치도지사·시장·군수·구청장은 신고를 수리할 경우 민간동물보호시설 신고증을 발급해야 한다.

③ 민간동물보호시설의 시설 및 운영 기준

신고가 수리된 보호시설운영자는 농림축산식품부령으로 정하는 시설 및 운영 기준 등을 준수하여야 하며 동물보호를 위하여 시설정비 등의 사후관리를 하여야 한다.

더알아보기 민간동물보호시설의 시설 기준(규칙 별표 6)

1. 일반기준

① 보호실, 격리실 및 사료보관실을 각각 구분하여 설치해야 한다. 진료실을 보유하고 있다면 각각 구분하여 설치하는 것을 권장한다.

② 동물의 탈출 및 도난 방지, 방역 등을 위하여 방범시설 및 외부인의 출입을 통제할 수 있는 장치가 있어야 하며, 시설의 외부와 경계를 이루는 담장이나 울타리가 있어야 한다. 다만, 단독건물 등 시설 자체로 외부인과 동물의 출입통제가 가능한 경우는 담장이나 울타리를 설치하지 않을 수 있다.

③ 시설의 청결 유지와 위생 관리에 필요한 급수시설 및 배수시설을 갖추어야 하며, 바닥은 청소와 소독이 용이한 재질이어야 한다. 다만, 운동장은 제외한다.

④ 동물 사체를 보관할 수 있는 잠금장치가 설치된 냉동시설을 갖추어야 한다.

2. 개별기준

① 보호실의 시설조건

㉠ 동물을 위생적으로 건강하게 관리하기 위하여 온도 및 습도 조절이 가능해야 한다.

㉡ 채광과 환기가 충분히 이루어질 수 있도록 해야 한다.

ⓒ 보호실이 외부에 노출된 경우, 직사광선, 비바람 등을 피할 수 있는 시설을 갖추어야 한다.

② 격리실의 시설조건

㉠ 독립된 건물이거나, 다른 용도로 사용되는 시설과 분리되어야 한다.

㉡ 외부환경에 노출되어서는 안 되고, 온도 및 습도 조절이 가능하며, 채광과 환기가 충분히 이루어질 수 있어야 한다.

ⓒ 전염성 질병에 걸린 동물은 질병이 다른 동물에게 전염되지 않도록 별도로 구획되어야 하며, 출입 시 소독 관리를 철저히 해야 한다.

ⓔ 격리실에 보호 중인 동물에 대해서는 외부에서 상태를 수시로 관찰할 수 있는 구조여야 한다. 다만, 해당 동물의 생태, 보호 여건 등 사정이 있는 경우는 제외한다.

③ 사료보관실은 청결하게 유지하고 해충이나 쥐 등이 침입할 수 없도록 해야 하며, 그 밖의 관리물품을 보관하는 경우 서로 분리하여 구별할 수 있어야 한다.

④ 진료실이 있는 경우는, 진료실은 진료대, 소독장비 등 동물의 진료에 필요한 기구·장비를 갖추어야 하며, 2차 감염을 막기 위해 진료대 및 진료기구 등을 위생적으로 관리해야 한다.

⑤ 보호실, 격리실 및 진료실 내에서 개별 동물을 분리하여 수용할 수 있는 장치는 다음의 조건을 갖추어야 한다.

  ㉠ 장치는 동물이 자유롭게 움직일 수 있는 충분한 크기로서, 가로 및 세로의 길이가 동물의 몸길이의 각각 2배 이상 되는 곳에 수용하도록 한다. 다만, 개와 고양이의 경우 권장하는 최소 크기는 다음과 같다.

> • 소형견(5kg 미만) : 50 × 70 × 60(cm)
> • 중형견(5kg 이상 15kg 미만) : 70 × 100 × 80(cm)
> • 대형견(15kg 이상) : 100 × 150 × 100(cm)
> • 고양이 : 50 × 70 × 60(cm)

  ㉡ 평평한 바닥을 원칙으로 하되, 철망 등으로 된 경우 철망의 간격이 동물의 발이 빠지지 않는 규격이어야 한다.

  ㉢ 장치의 재질은 청소, 소독 및 건조가 쉽고 부식성이 없으며 쉽게 부서지거나 동물에게 상해를 입히지 않는 것이어야 하며, 장치를 2단 이상 쌓은 경우 충격에 의해 무너지지 않도록 설치해야 한다.

  ㉣ 분뇨 등 배설물을 처리할 수 있는 장치를 갖추고, 매일 1회 이상 청소하여 동물이 위생적으로 관리될 수 있어야 한다.

  ㉤ 동물을 개별적으로 확인할 수 있도록 장치 외부에 표지판이 부착되어야 한다.

⑥ 동물 운송용 차량이 있는 경우 동물을 안전하게 운송할 수 있도록 개별 수용장치를 설치해야 하며, 화물자동차인 경우 직사광선, 비바람 등을 피할 수 있는 장치가 설치되어야 한다.

더알아보기 민간동물보호시설의 운영 기준(규칙 별표 7)

1. 일반사항

① 민간동물보호시설에 입소되는 모든 동물은 안전하고, 위생적이며 불편함이 없도록 관리해야 한다.

② 동물은 종류별, 성별(어리거나 중성화된 동물은 제외) 및 크기별로 구분하여 관리하고, 질환이 있는 동물(상해를 입은 동물을 포함), 공격성이 있는 동물, 나이든 동물, 어린 동물(어미와 함께 있는 경우는 제외) 및 새끼를 배거나 새끼에게 젖을 먹이는 동물은 분리하여 보호해야 한다.

③ 동물의 종류, 품종, 나이 및 체중에 맞는 사료 등 먹이를 적절히 공급하고 항상 깨끗한 물을 공급하며, 그 용기는 청결한 상태로 유지해야 한다.

④ 소독약과 소독장비를 가지고 정기적으로 소독 및 청소를 실시해야 한다.

⑤ 민간동물보호시설의 운영자는 보호 중인 동물의 분양을 위해 노력해야 하고, 자원봉사자 등 외부 자원을 적극적으로 활용하도록 노력해야 하며, 외부인 방문 시 방문자 성명, 방문일시, 방문목적, 연락처 등을 기록하여 작성일부터 1년간 보관해야 한다. 다만, 보호 중인 동물의 적절한 관리를 위해 개방시간을 정하는 등의 제한을 둘 수 있다.

⑥ 보호 중인 동물은 진료 등 특별한 사정이 없으면 보호시설 내에서 보호함을 원칙으로 하고 보호동물의 복지와 상업적 이용을 방지하기 위해 중성화수술을 권장한다.

⑦ 민간동물보호시설의 운영자는 보호, 치료, 입양 등의 업무를 수행하기 위하여 보호동물 50마리당 1명 이상의 보호·관리 인력을 확보해야 한다(시행일 : 2025. 4. 28.).

⑧ 여러 동물을 함께 수용할 때에는 다음의 조건을 갖추어야 한다.

　　㉠ 동물의 건강상태, 나이, 성별, 동물종, 기질 등을 고려하여 분리 또는 합사해야 한다.

　　㉡ 함께 수용하더라도 동물이 개별적으로 쉴 수 있는 공간을 갖추어야 한다.

　　㉢ 물과 사료 경쟁이 생기지 않도록 그릇의 형태 및 개수를 적절히 배치해야 한다.

2. 개별사항

① 동물을 인수 또는 기증받은 경우 등록대상동물은 동물등록번호를 확인하고, 개체별로 보호동물 개체관리카드를 작성하고, 처리결과 및 그 관련 서류를 3년간 보관(전자적 방법으로 갈음할 수 있음)해야 한다. 만일 등록대상동물이 동물등록이 되어 있지 않은 경우에는 동물등록을 해야 한다.

② 보호동물의 분양 시 번식 등의 상업적인 목적으로 이용되는 것을 방지하기 위해 중성화수술에 동의하는 자에게 우선 분양하고, 미성년자(친권자 및 후견인의 동의가 있는 경우는 제외)에게 분양하지 않아야 한다. 또한, 보호동물이 다시 유기되지 않도록 교육을 실시해야 하며, 해당 보호동물이 등록대상동물인 경우 동물등록이 되어 있지 않은 경우에는 동물등록을 하도록 안내해야 한다.

③ 민간동물보호시설 내에서 발생한 사체는 별도의 냉동장치에 보관 후, 폐기물관리법에 따르거나 동물장묘업의 허가를 받은 자가 설치·운영하는 동물장묘시설 및 공설동물장묘시설을 통해 처리한다.

④ 보호시설의 중단

　㉠ 보호시설운영자가 보호시설의 운영을 일시적으로 중단하거나 영구적으로 폐쇄 또는 그 운영을 재개하려는 경우에는 농림축산식품부령으로 정하는 바에 따라 보호하고 있는 동물에 대한 관리 또는 처리 방안 등을 마련하여 특별자치시장·특별자치도지사·시장·군수·구청장에게 신고하여야 한다. 이 경우 ②의 ㉠을 준용한다.

　㉡ 보호시설운영자가 보호시설의 운영을 일시적으로 중단하거나 영구적으로 폐쇄하거나 그 운영을 재개하려는 경우에는 일시운영중단·영구폐쇄·운영재개 신고서에 보호동물 관리·처리계획서를 첨부(운영을 재개하는 경우는 제외)하여 일시운영중단·영구폐쇄·운영재개 30일 전까지 특별자치시장·특별자치도지사·시장·군수·구청장에게 제출해야 한다. 다만, 일시운영중단의 기간을 정하여 신고하는 경우 그 기간이 만료되어 운영을 재개할 때에는 신고하지 않을 수 있다(규칙 제23조 제5항).

⑤ 보호시설운영자·종사자 채용 결격사유

　㉠ 다음에 해당하는 자는 보호시설운영자가 되거나 보호시설 종사자로 채용될 수 없다.

　　• 미성년자

　　• 피성년후견인

　　• 동물보호법을 위반하여 벌금 이상의 실형을 선고받고 그 집행이 종료(집행이 종료된 것으로 보는 경우를 포함)되거나 집행이 면제된 날부터 3년(동물학대 등의 금지를 위반한 경우 5년)이 지나지 아니한 사람

　　• 동물보호법을 위반하여 벌금 이상의 형의 집행유예를 선고받고 그 유예기간 중에 있는 사람

⑥ 농림축산식품부장관 또는 특별자치시장·특별자치도지사·시장·군수·구청장은 보호시설의 환경개선 및 운영에 드는 비용의 일부를 지원할 수 있다.

⑦ ①부터 ⑤까지의 규정에 따른 보호시설의 시설 및 운영 등에 관한 사항은 대통령령으로 정한다.

(15) 시정명령 및 시설폐쇄 등(법 제38조)

① 특별자치시장·특별자치도지사·시장·군수·구청장은 보호시설 및 운영 기준 등을 위반한 보호시설운영자에게 해당 위반행위의 중지나 시정을 위하여 필요한 조치를 명할 수 있다.

② 특별자치시장·특별자치도지사·시장·군수·구청장은 보호시설운영자가 다음의 어느 하나에 해당하는 경우에는 보호시설의 폐쇄를 명할 수 있다. 다만, ㉠ 및 ㉡에 해당하는 경우에는 보호시설의 폐쇄를 명하여야 한다.

㉠ 거짓이나 그 밖의 부정한 방법으로 보호시설의 신고 또는 변경신고를 한 경우(시설 폐쇄)

㉡ 동물학대 등의 금지의 규정을 위반하여 벌금 이상의 형을 선고받은 경우(시설 폐쇄)

㉢ 중지명령이나 시정명령을 최근 2년 이내에 3회 이상 반복하여 이행하지 아니한 경우

㉣ 신고를 하지 아니하고 보호시설을 운영한 경우

㉤ 변경신고를 하지 아니하고 보호시설을 운영한 경우

(16) 신고 등(법 제39조)

① 누구든지 다음의 어느 하나에 해당하는 동물을 발견한 때에는 관할 지방자치단체 또는 동물보호센터에 신고할 수 있다.

㉠ 제10조에서 금지한 학대를 받는 동물

㉡ 유실·유기동물

② 다음의 어느 하나에 해당하는 자가 그 직무상 ①에 따른 동물을 발견한 때에는 지체 없이 관할 지방자치단체 또는 동물보호센터에 신고하여야 한다.

㉠ 민간단체의 임원 및 회원

㉡ 설치·지정된 동물보호센터의 장 및 그 종사자

㉢ 민간동물 보호시설운영자 및 보호시설의 종사자

㉣ 동물실험윤리위원회를 설치한 동물실험시행기관의 장 및 그 종사자

㉤ 동물실험윤리위원회의 위원

㉥ 동물복지축산농장 인증을 받은 자

㉦ 반려동물 영업의 허가를 받은 자 또는 영업의 등록을 한 자 및 그 종사자

㉧ 동물보호관

㉨ 수의사, 동물병원의 장 및 그 종사자

③ 신고인의 신분은 보장되어야 하며 그 의사에 반하여 신원이 노출되어서는 아니 된다.

④ 신고한 자 또는 신고·통보를 받은 관할 특별자치시장·특별자치도지사·시장·군수·구청장은 관할 시·도 가축방역기관장 또는 국립가축방역기관장에게 해당 동물의 학대 여부 판단 등을 위한 동물검사를 의뢰할 수 있다.

(17) 공고(법 제40조, 영 제16조)

① 시·도지사와 시장·군수·구청장은 동물을 보호하고 있는 경우에는 소유자등이 보호조치 사실을 알 수 있도록 대통령령으로 정하는 바에 따라 지체 없이 7일 이상 그 사실을 공고하여야 한다.

② 시·도지사와 시장·군수·구청장은 동물 보호조치 사실을 공고하려면 동물정보시스템에 게시해야 한다. 다만, 동물정보시스템이 정상적으로 운영되지 않는 경우에는 농림축산식품부령으로 정하는 동물보호 공고문을 작성하여 해당 기관의 인터넷 홈페이지에 게시하는 등 다른 방법으로 공고할 수 있다.

③ 시·도지사와 시장·군수·구청장은 공고를 하는 경우에는 농림축산식품부령으로 정하는 바에 따라 동물정보시스템을 통하여 개체관리카드와 보호동물 관리대장을 작성·관리해야 한다.

(18) 동물의 반환 등(법 제41조)

① 시·도지사와 시장·군수·구청장은 다음의 어느 하나에 해당하는 사유가 발생한 경우에는 동물을 그 동물의 소유자에게 반환하여야 한다.

㉠ 유실·유기동물, 피학대동물 중 소유자를 알 수 없는 동물에 해당하는 동물이 보호조치 중에 있고, 소유자가 그 동물에 대하여 반환을 요구하는 경우

㉡ 보호기간이 지난 후, 보호조치 중인 동물(소유자등에게 학대를 받아 적정하게 치료·보호받을 수 없다고 판단되는 동물)에 대하여 소유자가 사육계획서를 제출한 후 보호비용을 부담하고 반환을 요구하는 경우

② 시·도지사와 시장·군수·구청장이 보호조치 중인 동물(소유자등에게 학대를 받아 적정하게 치료·보호받을 수 없다고 판단되는 동물)을 반환받으려는 소유자는 학대행위의 재발 방지 등 동물을 적정하게 보호·관리하기 위한 사육계획서를 제출하여야 한다.

③ 시·도지사와 시장·군수·구청장은 ①의 ㉡에 해당하는 동물의 반환과 관련하여 동물의 소유자에게 보호기간, 보호비용 납부기한 및 면제 등에 관한 사항을 알려야 한다.

④ 시·도지사와 시장·군수·구청장은 ①의 ㉡에 따라 동물을 반환받은 소유자가 제출한 사육계획서의 내용을 이행하고 있는지를 동물보호관에게 점검하게 할 수 있다.

(19) 보호비용의 부담 및 징수

① 보호비용의 청구 및 면제(법 제42조)

㉠ 시·도지사와 시장·군수·구청장은 유실·유기동물, 피학대동물 중 소유자를 알 수 없는 동물에 해당하는 동물의 보호비용을 소유자 또는 분양을 받는 자에게 청구할 수 있다.

㉡ 소유자등으로부터 학대를 받아 적정하게 치료·보호받을 수 없다고 판단되는 동물에 해당하는 동물의 보호비용은 농림축산식품부령으로 정하는 바에 따라 납부기한까지 그 동물의 소유자가 내야 한다. 이 경우 시·도지사와 시장·군수·구청장은 동물의 소유자가 그 동물의 소유권을 포기한 경우에는 보호비용의 전부 또는 일부를 면제할 수 있다.

㉢ ㉠ 및 ㉡에 따른 보호비용의 징수에 관한 사항은 대통령령으로 정하고, 보호비용의 산정 기준에 관한 사항은 농림축산식품부령으로 정하는 범위에서 해당 시·도의 조례로 정한다.

② 보호 비용의 징수(영 제17조)

시·도지사와 시장·군수·구청장은 보호비용을 징수하려는 경우에는 비용징수통지서를 해당 동물의 소유자 또는 분양을 받는 자에게 발급해야 한다.

③ 보호비용의 납부(규칙 제26조)

㉠ 시·도지사와 시장·군수·구청장은 동물의 보호비용을 징수하려는 경우에는 해당 동물의 소유자에게 비용징수통지서를 통지해야 한다.

㉡ 통지를 받은 동물의 소유자는 그 통지를 받은 날부터 7일 이내에 보호비용을 납부해야 한다. 다만, 천재지변이나 그 밖의 부득이한 사유로 보호비용을 낼 수 없을 때에는 그 사유가 없어진 날부터 7일 이내에 내야 한다.

㉢ 동물의 소유자가 보호비용을 납부기한까지 내지 않은 경우에는 고지된 비용에 이자를 가산한다. 이 경우 그 이자를 계산할 때에는 납부기한의 다음 날부터 납부일까지 법정이율을 적용한다.

㉣ 보호비용은 수의사의 진단·진료 비용 및 동물보호센터의 보호비용을 고려하여 시·도의 조례로 정한다.

(20) 동물 소유권 취득 및 사육포기 동물 인수(법 제43조, 제44조)

① 동물의 소유권 취득(법 제43조) : 시·도 및 시·군·구가 동물의 소유권을 취득할 수 있는 경우는 다음과 같다.

㉠ 공고한 날부터 10일이 지나도 동물의 소유자등을 알 수 없는 경우

㉡ 학대를 받아 적정하게 치료·보호받을 수 없다고 판단되는 동물의 소유자가 그 동물의 소유권을 포기한 경우

㉢ 학대를 받아 적정하게 치료·보호받을 수 없다고 판단되는 동물의 소유자가 보호비용의 납부기한이 종료된 날부터 10일이 지나도 보호비용을 납부하지 아니하거나 사육계획서를 제출하지 아니한 경우

㉣ 동물의 소유자를 확인한 날부터 10일이 지나도 정당한 사유 없이 동물의 소유자와 연락이 되지 아니하거나 소유자가 반환받을 의사를 표시하지 아니한 경우

② 사육포기 동물의 인수 등(법 제44조)

㉠ 소유자등은 시·도지사와 시장·군수·구청장에게 자신이 소유하거나 사육·관리 또는 보호하는 동물의 인수를 신청할 수 있다.

㉡ 자신이 소유하거나 사육·관리 또는 보호하는 동물의 사육을 포기하려는 소유자등은 동물 인수신청서를 관할 시·도지사 또는 시장·군수·구청장에게 제출해야 한다(규칙 제27조 제1항).

㉢ 시·도지사와 시장·군수·구청장이 인수신청을 승인하는 경우에 해당 동물의 소유권은 시·도 및 시·군·구에 귀속된다.

㉣ 시·도지사와 시장·군수·구청장은 동물의 인수를 신청하는 자에 대하여 농림축산식품부령으로 정하는 바에 따라 해당 동물에 대한 보호비용 등을 청구할 수 있다.

㉤ 시·도지사와 시장·군수·구청장은 장기입원 또는 요양, 병역 복무 등 농림축산식품부령으로 정하는 불가피한 사유가 없음에도 불구하고 동물의 인수를 신청하는 자에 대하여는 동물인수신청을 거부할 수 있다.

ⓗ 소유자등의 정상적인 동물 사육이 어려운 경우(규칙 제27조 제3항).
- 소유자등이 6개월 이상의 장기입원 또는 요양을 하는 경우
- 소유자등이 병역 복무를 하는 경우
- 태풍, 수해, 지진 등으로 소유자등의 주택 또는 보호시설이 파손되거나 유실되어 동물을 보호하는 것이 불가능한 경우
- 소유자등이 가정폭력피해자 보호시설에 입소하는 경우
- 그 밖에 위 사유에 준하는 불가피한 사유가 있다고 시·도지사 또는 시장·군수·구청장이 인정하는 경우

(21) 동물의 기증·분양 및 인도적 처리

① 동물의 기증·분양(법 제45조, 영 제18조)

ⓐ 시·도지사와 시장·군수·구청장은 소유권을 취득한 동물이 적정하게 사육·관리될 수 있도록 동물원, 동물을 애호하는 자(시·도의 조례로 정하는 자격요건을 갖춘 자로 한정)나 다음에 해당하는 법인·단체·기관 또는 시설(대통령령으로 정하는 민간단체) 등에 기증하거나 분양할 수 있다.
- 동물보호를 목적으로 하는 법인 또는 비영리민간단체
- 장애인 보조견 전문훈련기관
- 사회복지시설
- 유기·방치 야생동물 보호시설

ⓑ 시·도지사와 시장·군수·구청장은 기증하거나 분양하는 동물이 등록대상동물인 경우 등록 여부를 확인하여 등록이 되어 있지 아니한 때에는 등록한 후 기증하거나 분양하여야 한다.

ⓒ 시·도지사와 시장·군수·구청장은 소유권을 취득한 동물에 대하여는 분양될 수 있도록 공고할 수 있다.

ⓓ 기증·분양의 요건 및 절차 등 그 밖에 필요한 사항은 시·도의 조례로 정한다.

② 동물의 인도적인 처리 등(법 제46조, 규칙 제28조)

ⓐ 동물보호센터의 장은 보호조치 중인 동물에게 질병 등 다음의 어느 하나에 해당하는 경우에는 농림축산식품부장관이 정하는 바에 따라 마취 등을 통하여 동물의 고통을 최소화하는 인도적인 방법으로 처리하여야 한다.
- 동물이 질병 또는 상해로부터 회복될 수 없거나 지속적으로 고통을 받으며 살아야 할 것으로 수의사가 진단한 경우
- 동물이 사람이나 보호조치 중인 다른 동물에게 질병을 옮기거나 위해를 끼칠 우려가 매우 높은 것으로 수의사가 진단한 경우
- 기증 또는 분양이 곤란한 경우 등 시·도지사 또는 시장·군수·구청장이 부득이한 사정이 있다고 인정하는 경우

ⓑ 시행하는 동물의 인도적인 처리는 수의사가 하여야 한다. 이 경우 사용된 약제 관련 사용기록의 작성·보관 등에 관한 사항은 농림축산식품부령으로 정하는 바에 따른다.

ⓒ 동물보호센터의 장은 동물의 사체가 발생한 경우 폐기물관리법에 따라 처리하거나 동물장묘업의 허가를 받은 자가 설치ㆍ운영하는 동물장묘시설 및 공설동물장묘시설에서 처리하여야 한다.

4 동물복지축산농장의 인증

(1) 동물복지축산농장의 인증(법 제59조)

① 농림축산식품부장관은 동물복지 증진에 이바지하기 위하여 축산물 위생관리법에 따른 가축으로서 농림축산식품부령으로 정하는 동물(이하 농장동물)이 본래의 습성 등을 유지하면서 정상적으로 살 수 있도록 관리하는 축산농장을 동물복지축산농장으로 인증할 수 있다.

② 인증을 받으려는 자는 지정된 인증기관에 농림축산식품부령으로 정하는 서류를 갖추어 인증을 신청하여야 한다.

③ 인증기관은 인증 신청을 받은 경우 농림축산식품부령으로 정하는 인증기준에 따라 심사한 후 그 기준에 맞는 경우에는 인증하여 주어야 한다.

④ 인증의 유효기간은 인증을 받은 날부터 3년으로 한다.

⑤ 인증을 받은 동물복지축산농장의 경영자는 그 인증을 유지하려면 유효기간이 끝나기 2개월 전까지 인증기관에 갱신 신청을 하여야 한다.

⑥ 인증 또는 인증갱신에 대한 심사결과에 이의가 있는 자는 인증기관에 재심사를 요청할 수 있다.

⑦ 재심사 신청을 받은 인증기관은 농림축산식품부령으로 정하는 바에 따라 재심사 여부 및 그 결과를 신청자에게 통보하여야 한다.

⑧ 인증농장의 인증 절차 및 인증의 갱신, 재심사 등에 관한 사항은 농림축산식품부령으로 정한다.

(2) 인증기관의 지정 등(법 제60조)

① 농림축산식품부장관은 대통령령으로 정하는 공공기관 또는 법인을 인증기관으로 지정하여 인증농장의 인증과 관련한 업무 및 인증농장에 대한 사후관리업무를 수행하게 할 수 있다.

② 지정된 인증기관은 인증농장의 인증에 필요한 인력ㆍ조직ㆍ시설 및 인증업무 규정 등을 갖추어야 한다.

③ 농림축산식품부장관은 지정한 인증기관에서 인증심사업무를 수행하는 자에 대한 교육을 실시하여야 한다.

④ 인증기관의 지정, 인증업무의 범위, 인증심사업무를 수행하는 자에 대한 교육, 인증농장에 대한 사후관리 등에 필요한 구체적인 사항은 농림축산식품부령으로 정한다.

(3) 인증기관의 지정취소 등(법 제61조)

① 농림축산식품부장관은 인증기관이 다음의 어느 하나에 해당하면 그 지정을 취소하거나 6개월 이내의 기간을 정하여 인증업무의 전부 또는 일부의 정지를 명할 수 있다. 다만, ㉠ 또는 ㉡에 해당하면 그 지정을 취소하여야 한다.

㉠ 거짓이나 그 밖의 부정한 방법으로 지정을 받은 경우(취소)

㉡ 업무정지 명령을 위반하여 정지기간 중 인증을 한 경우(취소)

㉢ 인증농장의 인증에 필요한 인력ㆍ조직ㆍ시설 및 인증업무 규정 등 지정기준에 맞지 아니하게 된 경우

ⓔ 고의 또는 중대한 과실로 인증기준에 맞지 아니한 축산농장을 인증한 경우

ⓜ 정당한 사유 없이 지정된 인증업무를 하지 아니하는 경우

② 지정취소 및 업무정지의 기준 등에 관한 사항은 농림축산식품부령으로 정한다.

(4) 동물복지축산물의 표시(법 제63조)

① 인증농장에서 생산한 축산물에는 다음의 구분에 따라 그 포장·용기 등에 동물복지축산물 표시를 할 수 있다.

ⓐ 식육, 포장육의 축산물 : 다음의 요건을 모두 충족하여야 한다.

• 인증농장에서 생산할 것

• 농장동물을 운송할 때에는 농림축산식품부령으로 정하는 운송차량을 이용하여 운송할 것

• 농장동물을 도축할 때에는 농림축산식품부령으로 정하는 도축장에서 도축할 것

ⓑ 원유, 식용란의 축산물 : 인증농장에서 생산하여야 한다.

ⓒ 식육가공품의 축산물 : ⓐ의 요건을 모두 충족한 원료의 함량에 따라 동물복지축산물 표시를 할 수 있다.

ⓓ 유가공품, 알가공품의 축산물 : 인증농장에서 생산한 축산물의 함량에 따라 동물복지축산물 표시를 할 수 있다.

② 동물복지축산물을 포장하지 아니한 상태로 판매하거나 낱개로 판매하는 때에는 표지판 또는 푯말에 동물복지축산물 표시를 할 수 있다.

③ 동물복지축산물 표시에 관한 기준 및 방법 등에 관한 사항은 농림축산식품부령으로 정한다.

(5) 인증농장에 대한 지원 등(법 제64조)

① 농림축산식품부장관은 인증농장에 대하여 다음의 지원을 할 수 있다.

ⓐ 동물의 보호·복지 증진을 위하여 축사시설 개선에 필요한 비용

ⓑ 인증농장의 환경개선 및 경영에 관한 지도·상담 및 교육

ⓒ 인증농장에서 생산한 축산물의 판로개척을 위한 상담·자문 및 판촉

ⓓ 인증농장에서 생산한 축산물의 해외시장의 진출·확대를 위한 정보제공, 홍보활동 및 투자유치

ⓔ 그 밖에 인증농장의 경영안정을 위하여 필요한 사항

② 농림축산식품부장관, 시·도지사, 시장·군수·구청장, 민간단체 및 축산단체는 인증농장의 운영사례를 교육·홍보에 적극 활용하여야 한다.

(6) 인증취소 및 사후관리

① 인증취소 등(법 제65조)

ⓐ 농림축산식품부장관 또는 인증기관은 인증 받은 자가 거짓이나 그 밖의 부정한 방법으로 인증을 받은 경우 그 인증을 취소하여야 하며, 인증기준에 맞지 아니하게 된 경우 그 인증을 취소할 수 있다.

ⓑ 인증이 취소된 자(법인인 경우 그 대표자를 포함)는 그 인증이 취소된 날부터 1년 이내에는 인증농장 인증을 신청할 수 없다.

② 사후관리(법 제66조)

    ㉠ 농림축산식품부장관은 인증기관으로 하여금 매년 인증농장이 인증기준에 맞는지 여부를 조사하게 하여야 한다.

    ㉡ 인증기준 여부 조사를 위하여 인증농장에 출입하는 자는 농림축산식품부령으로 정하는 증표를 지니고 이를 관계인에게 보여 주어야 한다.

    ㉢ 조사의 요구를 받은 자는 정당한 사유 없이 이를 거부·방해하거나 기피하여서는 아니 된다.

(7) 부정행위의 금지(법 제67조)

① 거짓이나 그 밖의 부정한 방법으로 인증농장 인증을 받는 행위

② 인증을 받지 아니한 축산농장을 인증농장으로 표시하는 행위

③ 거짓이나 그 밖의 부정한 방법으로 인증심사, 인증갱신에 대한 심사 및 재심사를 하거나 받을 수 있도록 도와주는 행위

④ 법 규정을 위반하여 동물복지축산물 표시를 하는 다음의 행위(동물복지축산물로 잘못 인식할 우려가 있는 유사한 표시를 하는 행위를 포함)

    ㉠ 인증농장에서 생산되지 아니한 축산물에 동물복지축산물 표시를 하는 행위

    ㉡ 농장동물을 운송차량을 이용하여 운송하지 않거나 도축장에서 도축하지 않은 축산물에 동물복지축산물 표시를 하는 행위

    ㉢ 동물복지축산물 표시 기준 및 방법을 위반하여 동물복지축산물 표시를 하는 행위

(8) 인증의 승계(법 제68조)

① 다음의 어느 하나에 해당하는 자는 인증농장 인증을 받은 자의 지위를 승계한다.

    ㉠ 인증농장 인증을 받은 사람이 사망한 경우 그 농장을 계속하여 운영하려는 상속인

    ㉡ 인증농장 인증을 받은 자가 그 사업을 양도한 경우 그 양수인

    ㉢ 인증농장 인증을 받은 법인이 합병한 경우 합병 후 존속하는 법인이나 합병으로 설립되는 법인

② 인증농장 인증을 받은 자의 지위를 승계한 자는 그 사실을 30일 이내에 인증기관에 신고하여야 한다.

③ ②에 따른 신고에 필요한 사항은 농림축산식품부령으로 정한다.

5 반려동물 영업

(1) 영업의 허가 및 시설기준 등

① 반려동물 영업의 허가(법 제69조, 규칙 제37조)

    ㉠ 반려동물과 관련된 동물생산업, 동물수입업, 동물판매업, 동물장묘업을 하려는 자는 농림축산식품부령으로 정하는 바에 따라 특별자치시장·특별자치도지사·시장·군수·구청장의 허가를 받아야 한다.

    ㉡ 반려동물 영업을 하려는 자는 영업허가신청서(전자문서로 된 신청서 포함)에 다음의 서류를 첨부하여 관할 특별자치시장·특별자치도지사·시장·군수·구청장에게 제출해야 한다.

- 영업장의 시설 명세 및 배치도
- 인력 현황
- 사업계획서
- 시설 및 인력 기준을 갖추었음을 증명하는 서류
- 동물사체의 처리 후 잔재에 대한 처리계획서(동물화장시설, 동물건조장시설 또는 동물수분해장시설을 설치하는 경우만 해당)

ⓒ 신청서를 받은 특별자치시장·특별자치도지사·시장·군수·구청장은 행정정보의 공동이용을 통하여 다음의 서류를 확인해야 한다. 다만, 신청인이 주민등록표 초본의 확인에 동의하지 않는 경우에는 해당 서류를 직접 제출하도록 해야 한다.
- 주민등록표 초본(법인인 경우에는 법인 등기사항증명서)
- 건축물대장 및 토지이용계획정보

ⓔ 특별자치시장·특별자치도지사·시장·군수·구청장은 신청인이 허가 또는 등록의 결격사유에 해당되는지를 확인할 수 없는 경우에는 그 신청인에게 ⓒ 및 ⓒ의 서류 외에 신원확인에 필요한 자료를 제출하게 할 수 있다.

ⓜ 특별자치시장·특별자치도지사·시장·군수·구청장은 허가신청이 시설 및 인력 기준에 적합한 경우에는 신청인에게 허가증을 발급하고, 허가(변경허가, 변경신고) 관리대장을 각각 작성·관리해야 한다.

ⓗ 허가를 받은 자가 허가증을 잃어버리거나 헐어 못 쓰게 되어 재발급을 받으려는 경우에는 허가증 재발급 신청서(전자문서로 된 신청서를 포함)에 기존 허가증을 첨부(등록증을 잃어버린 경우는 제외)하여 특별자치시장·특별자치도지사·시장·군수·구청장에게 제출해야 한다.

ⓢ ⓜ의 허가 관리대장은 전자적 처리가 불가능한 특별한 사유가 없으면 전자적 방법으로 작성·관리해야 한다.

② 허가영업의 세부 범위(규칙 제38조)
ⓐ 동물생산업 : 반려동물을 번식시켜 판매하는 영업
ⓑ 동물수입업 : 반려동물을 수입하여 판매하는 영업
ⓒ 동물판매업 : 반려동물을 구입하여 판매하거나, 판매를 알선 또는 중개하는 영업
ⓔ 동물장묘업 : 다음 어느 하나 이상의 시설을 설치·운영하는 영업
- 동물 전용의 장례식장 : 동물 사체의 보관, 안치, 염습 등을 하거나 장례의식을 치르는 시설
- 동물화장시설 : 동물의 사체 또는 유골을 불에 태우는 방법으로 처리하는 시설
- 동물건조장시설 : 동물의 사체 또는 유골을 건조·멸균분쇄의 방법으로 처리하는 시설
- 동물수분해장시설 : 동물의 사체를 화학용액을 사용해 녹이고 유골만 수습하는 방법으로 처리하는 시설
- 동물 전용의 봉안시설 : 동물의 유골 등을 안치·보관하는 시설

③ 허가영업의 시설 및 인력 기준(규칙 제39조 별표10)

1. 공통 기준

① 영업장은 독립된 건물이거나 다른 용도로 사용되는 시설과 같은 건물에 있을 경우에는 해당 시설과 분리(벽이나 층 등으로 나누어진 경우)되어야 한다. 다만, 다음의 경우에는 분리하지 않을 수 있다.

  ㉠ 영업장(동물장묘업은 제외)과 수의사법에 따른 동물병원의 시설이 함께 있는 경우

  ㉡ 영업장과 금붕어, 앵무새, 이구아나 및 거북이 등을 판매하는 시설이 함께 있는 경우

  ㉢ 개 또는 고양이를 소규모로 생산하는 경우

② 영업시설은 동물의 습성 및 특징에 따라 채광 및 환기가 잘 되어야 하고, 동물을 위생적으로 건강하게 관리할 수 있도록 온도와 습도 조절이 가능해야 한다.

③ 청결 유지와 위생 관리에 필요한 급수시설 및 배수시설을 갖춰야 하고, 바닥은 청소와 소독을 쉽게 할 수 있고 동물들이 다칠 우려가 없는 재질이어야 한다.

④ 설치류나 해충 등의 출입을 막을 수 있는 설비를 해야 하고, 소독약과 소독장비를 갖추고 정기적으로 청소 및 소독을 실시해야 한다.

⑤ 영업장에는 소방시설을 화재안전기준에 적합하게 설치 또는 유지 · 관리해야 한다.

2. 개별 기준

① 동물생산업

  ㉠ 일반시설

    ⓐ 사육실, 분만실 및 격리실을 분리 또는 구획(칸막이나 커튼 등으로 나누어진 경우)하여 설치해야 하며, 동물을 직접 판매하는 경우에는 판매실을 별도로 설치해야 한다. 다만, ①에 해당하는 경우는 제외한다.

    ⓑ 사육실, 분만실 및 격리실에 사료와 물을 주기 위한 설비를 갖춰야 한다.

    ⓒ 사육설비의 바닥은 동물의 배설물 청소와 소독이 쉬워야 하고, 사육설비의 재질은 청소, 소독 및 건조가 쉽고 부식성이 없어야 한다.

    ⓓ 사육설비는 동물이 쉽게 부술 수 없어야 하고 동물에게 상해를 입히지 않는 것이어야 한다.

    ⓔ 번식이 가능한 12개월 이상이 된 개 또는 고양이 50마리당 1명 이상의 사육 · 관리 인력을 확보해야 한다.

    ⓕ 건축법에 따른 단독주택(다중주택 · 다가구주택 제외)에서 다음의 요건에 따라 개 또는 고양이를 소규모로 생산하는 경우에는 동물의 소음을 최소화하기 위한 소음방지설비 등을 갖춰야 한다.

      • 체중 5kg 미만 : 20마리 이하

      • 체중 5kg 이상 15kg 미만 : 10마리 이하

      • 체중 15kg 이상 : 5마리 이하

  ㉡ 사육실

    ⓐ 사육실이 외부에 노출된 경우 직사광선, 비바람, 추위 및 더위를 피할 수 있는 시설이 설치되어야 한다.

    ⓑ 사육설비의 크기 기준

      • 사육설비의 가로 및 세로는 각각 사육하는 동물의 몸길이의 2.5배 및 2배(동물의 몸길이가 80㎝를 초과하는 경우에는 각각 2배) 이상일 것

      • 사육설비의 높이는 사육하는 동물이 뒷발로 일어섰을 때 머리가 닿지 않는 높이 이상일 것

    ⓒ 개의 경우에는 운동공간을 설치하고, 고양이의 경우에는 배변시설, 선반 및 은신처를 설치하는 등 동물의 특성에 맞는 생태적 환경을 조성해야 한다.

    ⓓ 사육설비는 사육하는 동물의 배설물 청소와 소독이 쉬운 재질이어야 한다.

    ⓔ 사육설비는 위로 쌓지 않아야 한다.

    ⓕ 사육설비의 바닥은 망으로 하지 않아야 한다.

ⓒ 분만실
　　　　ⓐ 새끼를 배거나 새끼에게 젖을 먹이는 동물을 안전하게 보호할 수 있도록 별도로 구획되어야 한다.
　　　　ⓑ 분만실의 바닥과 벽면은 물 청소와 소독이 쉬워야 하고, 부식되지 않는 재질이어야 한다.
　　　　ⓒ 분만실의 바닥에는 망을 사용하지 않아야 한다.
　　　　ⓓ 직사광선, 비바람, 추위 및 더위를 피할 수 있어야 하며, 동물의 체온을 적정하게 유지할 수 있는 설비를 갖춰야 한다.
　　ⓔ 격리실
　　　　ⓐ 전염성 질병이 다른 동물에게 전염되지 않도록 별도로 분리되어야 한다. 다만, 토끼, 페럿, 기니피그 및 햄스터의 경우 개별 사육시설의 바닥, 천장 및 모든 벽(환기구는 제외한다)이 유리, 플라스틱 또는 그 밖에 이에 준하는 재질로 만들어진 경우는 해당 개별 사육시설이 격리실에 해당하고 분리된 것으로 본다.
　　　　ⓑ 격리실의 바닥과 벽면은 물 청소와 소독이 쉬워야 하고, 부식되지 않는 재질이어야 한다.
　　　　ⓒ 격리실에 보호 중인 동물에 대해 외부에서 상태를 수시로 관찰할 수 있는 구조를 갖춰야 한다. 다만, 동물의 생태적 특성을 고려하여 특별한 사정이 있는 경우는 제외한다.
② 동물수입업
　ⓐ 사육실과 격리실을 구분하여 설치해야 한다.
　ⓑ 사료와 물을 주기 위한 설비를 갖추고, 동물의 생태적 특성에 따라 채광 및 환기가 잘 되어야 한다.
　ⓒ 사육설비의 바닥은 지면과 닿아 있어야 하고, 동물의 배설물 청소와 소독이 쉬운 재질이어야 한다.
　ⓓ 사육설비는 직사광선, 비바람, 추위 및 더위를 피할 수 있도록 설치되어야 한다.
　ⓔ 개 또는 고양이의 경우 50마리당 1명 이상의 사육ㆍ관리 인력을 확보해야 한다.
　ⓗ 격리실은 동물생산업의 격리실에 관한 기준에 적합하게 설치해야 한다.
③ 동물판매업
　ⓐ 일반 동물판매업의 기준
　　　　ⓐ 사육실과 격리실을 분리하여 설치해야 하며, 사육설비는 다음의 기준에 따라 동물들이 자유롭게 움직일 수 있는 충분한 크기여야 한다.
　　　　　• 사육설비의 가로 및 세로는 각각 사육하는 동물의 몸길이의 2배 및 1.5배 이상일 것
　　　　　• 사육설비의 높이는 사육하는 동물이 뒷발로 일어섰을 때 머리가 닿지 않는 높이 이상일 것
　　　　ⓑ 사육설비는 직사광선, 비바람, 추위 및 더위를 피할 수 있도록 설치되어야 하고, 사육설비를 2단 이상 쌓은 경우에는 충격으로 무너지지 않도록 설치해야 한다.
　　　　ⓒ 사료와 물을 주기 위한 설비와 동물의 체온을 적정하게 유지할 수 있는 설비를 갖춰야 한다.
　　　　ⓓ 토끼, 페럿, 기니피그 및 햄스터만을 판매하는 경우에는 급수시설 및 배수시설을 갖추지 않더라도 같은 건물에 있는 급수시설 또는 배수시설을 이용하여 청결 유지와 위생 관리가 가능한 경우에는 필요한 급수시설 및 배수시설을 갖춘 것으로 본다.
　　　　ⓔ 개 또는 고양이의 경우 50마리당 1명 이상의 사육ㆍ관리 인력을 확보해야 한다.
　　　　ⓕ 격리실은 동물생산업의 격리실에 관한 기준에 적합하게 설치해야 한다.
　ⓑ 경매방식을 통한 거래를 알선ㆍ중개하는 동물판매업의 경매장 기준
　　　　ⓐ 접수실, 준비실, 경매실 및 격리실을 각각 구분(선이나 줄 등으로 나누어진 경우)하여 설치해야 한다.
　　　　ⓑ 3명 이상의 운영인력을 확보해야 한다.
　　　　ⓒ 전염성 질병이 유입되는 것을 예방하기 위해 소독발판 등의 소독장비를 갖춰야 한다.
　　　　ⓓ 접수실에는 경매되는 동물의 건강상태를 검진할 수 있는 검사장비를 구비해야 한다.
　　　　ⓔ 준비실에는 경매되는 동물을 해당 동물의 출하자별로 분리하여 넣을 수 있는 설비를 준비해야 한다. 이 경우 해당 설비는 동물이 쉽게 부술 수 없어야 하고 동물에게 상해를 입히지 않는 것이어야 한다.

ⓕ 경매실에 경매되는 동물이 들어 있는 설비를 2단 이상 쌓은 경우 충격으로 무너지지 않도록 설치해야 한다.

ⓖ 고정형 영상정보처리기기를 설치·관리해야 한다.

ⓒ 전자상거래 방식만으로 반려동물의 판매를 알선 또는 중개하는 동물판매업의 경우에는 공통 기준과 일반 동물판매업의 기준을 갖추지 않을 수 있다.

④ 동물장묘업

㉠ 동물 전용의 장례식장은 장례 준비실과 분향실을 갖춰야 한다.

㉡ 동물화장시설, 동물건조장시설 및 동물수분해장시설

ⓐ 동물화장시설의 화장로는 동물의 사체 또는 유골을 완전히 연소할 수 있는 구조로 영업장 내에 설치하고, 영업장 내의 다른 시설과 분리되거나 별도로 구획되어야 한다.

ⓑ 동물건조장시설의 건조·멸균분쇄시설은 동물의 사체 또는 유골을 완전히 건조하거나 멸균분쇄할 수 있는 구조로 영업장 내에 설치하고, 영업장 내의 다른 시설과 분리되거나 별도로 구획되어야 한다.

ⓒ 동물수분해장시설의 수분해시설은 동물의 사체 또는 유골을 완전히 수분해할 수 있는 구조로 영업장 내에 설치하고, 영업장 내의 다른 시설과 분리되거나 별도로 구획되어야 한다.

ⓓ 동물화장시설, 동물건조장시설 및 동물수분해장시설에는 연소, 건조·멸균분쇄 및 수분해 과정에서 발생하는 소음, 매연, 분진, 폐수 또는 악취를 방지하는 데에 필요한 시설을 설치해야 한다.

ⓔ 고정형 영상정보처리기기를 설치·관리해야 한다.

㉢ 냉동시설 등 동물의 사체를 위생적으로 보관할 수 있는 설비를 갖춰야 한다.

㉣ 동물 전용의 봉안시설은 유골을 안전하게 보관할 수 있어야 하고, 유골을 개별적으로 확인할 수 있도록 표지판이 붙어 있어야 한다.

㉤ ㉠부터 ㉣까지에서 규정한 사항 외에 동물장묘업 시설기준에 관한 세부 사항은 농림축산식품부장관이 정하여 고시한다.

㉥ 특별자치시장·특별자치도지사·시장·군수·구청장은 필요한 경우 ㉠부터 ㉤까지에서 규정한 사항 외에 해당 지역의 특성을 고려하여 화장로의 개수 등 동물장묘업의 시설기준을 정할 수 있다.

④ 허가사항의 변경 등(법 제69조 제4항, 규칙 제40조 참고)

㉠ 영업의 허가를 받은 자가 허가받은 사항을 변경하려는 경우에는 변경허가 신청서(전자문서로 된 신청서 포함), 허가증, 영업허가신청서에 첨부할 서류에 대한 변경사항(주민등록표 초본, 건축물대장 및 토지이용계획정보, 법인인 경우 등기사항 증명서는 제외)를 특별자치시장·특별자치도지사·시장·군수·구청장에게 제출하여 변경허가를 받아야 한다.

㉡ 영업장의 명칭 또는 상호, 영업장 전화번호, 오기, 누락 또는 그 밖에 이에 준하는 사유로서 그 변경 사유가 분명한 사항을 변경하는 경우에는 변경신고서에 허가증을 첨부하여 특별자치시장·특별자치도지사·시장·군수·구청장에게 제출해야 한다.

㉢ 변경허가신청서 및 변경신고서를 받은 특별자치시장·특별자치도지사·시장·군수·구청장은 행정정보의 공동이용을 통하여 주민등록표 초본(법인인 경우 법인 등기사항증명서), 건축물대장 및 토지이용계획정보를 확인해야 한다. 다만, 신고인이 주민등록표 초본의 확인에 동의하지 않는 경우에는 해당 서류를 직접 제출하도록 해야 한다.

(2) 맹견취급영업의 특례(법 제70조)

① 맹견을 생산·수입 또는 판매(취급)하는 영업을 하려는 자는 동물생산업, 동물수입업 또는 동물판매업의 허가 외에 대통령령으로 정하는 바에 따라 맹견 취급에 대하여 시·도지사의 허가(맹견취급허가)를 받아야 한다. 허가받은 사항을 변경하려는 때에도 또한 같다.

② 맹견취급허가를 받으려는 자의 결격사유에 대하여는 맹견사육허가의 결격사유를 준용한다.

> **더알아보기** 맹견사육허가의 결격사유(법 제19조)
>
> • 미성년자(19세 미만의 사람)
> • 피성년후견인 또는 피한정후견인
> • 정신질환자 또는 마약류의 중독자. 다만, 정신건강의학과 전문의가 맹견을 사육하는 것에 지장이 없다고 인정하는 사람은 그러하지 아니하다.
> • 동물학대 등의 금지·등록대상동물의 관리 등·맹견의 관리를 위반하여 벌금 이상의 실형을 선고받고 그 집행이 종료(집행이 종료된 것으로 보는 경우를 포함)되거나 집행이 면제된 날부터 3년이 지나지 아니한 사람
> • 동물학대 등의 금지·등록대상동물의 관리 등·맹견의 관리를 위반하여 벌금 이상의 형의 집행유예를 선고받고 그 유예기간 중에 있는 사람

③ 맹견취급허가를 받은 자는 다음의 어느 하나에 해당하는 경우 농림축산식품부령으로 정하는 바에 따라 시·도지사에게 신고하여야 한다.

ㄱ 맹견을 번식시킨 경우

ㄴ 맹견을 수입한 경우

ㄷ 맹견을 양도하거나 양수한 경우

ㄹ 보유하고 있는 맹견이 죽은 경우

④ 맹견 취급을 위한 동물생산업, 동물수입업 또는 동물판매업의 시설 및 인력 기준은 제69조제3항에 따른 기준 외에 별도로 농림축산식품부령으로 정한다.

(3) 공설동물장묘시설의 특례(법 제71조)

① 지방자치단체의 장은 동물을 위한 장묘시설(공설동물장묘시설)을 설치·운영할 수 있다. 이 경우 시설 및 인력 등 농림축산식품부령으로 정하는 기준을 갖추어야 한다.

② 농림축산식품부장관은 공설동물장묘시설을 설치·운영하는 지방자치단체에 대해서는 예산의 범위에서 시설의 설치에 필요한 경비를 지원할 수 있다.

③ 지방자치단체의 장이 공설동물장묘시설을 사용하는 자에게 부과하는 사용료 또는 관리비의 금액과 부과 방법 및 용도, 그 밖에 필요한 사항은 해당 지방자치단체의 조례로 정한다.

(4) 동물장묘시설의 설치 제한(법 제72조)

다음의 어느 하나에 해당하는 지역에는 동물장묘업을 영위하기 위한 동물장묘시설 및 공설동물장묘시설을 설치할 수 없다.

① 장사 등에 관한 법률 제17조에 해당하는 지역

다음의 지역에는 묘지 · 화장시설 · 봉안시설 또는 자연장지를 설치 · 조성할 수 없다.
- 녹지지역 중 대통령령으로 정하는 지역(묘지 · 화장시설 · 봉안시설 · 자연장지의 설치 · 조성이 제한되는 지역)
- 상수원보호구역. 다만, 기존의 사원 경내에 설치하는 봉안시설 또는 대통령령으로 정하는 지역주민이 설치하거나 조성하는 일정규모 미만의 개인, 가족 및 종중 · 문중의 봉안시설 또는 자연장지인 경우에는 그러하지 아니하다.
- 문화재보호법 및 자연유산의 보존 및 활용에 관한 법률에 따른 보호구역. 다만, 10만㎡ 미만의 자연장지로서 문화 재청장의 허가를 받은 경우에는 그러하지 아니하다(2024.3.22. 시행).
- 그 밖에 대통령령으로 정하는 지역

② 20호 이상의 인가밀집지역, 학교, 그 밖에 공중이 수시로 집합하는 시설 또는 장소로부터 300m 이내. 다만, 해당 지역의 위치 또는 지형 등의 상황을 고려하여 해당 시설의 기능이나 이용 등에 지장이 없는 경우로서 특별자치시장 · 특별자치도지사 · 시장 · 군수 · 구청장이 인정하는 경우에는 적용을 제외한다.

(5) 장묘정보시스템의 구축 · 운영 등(법 제72조의2)

① 농림축산식품부장관은 동물장묘 등에 관한 정보의 제공과 동물장묘시설 이용 · 관리의 업무 등을 전자적으로 처리할 수 있는 정보시스템(장묘정보시스템)을 구축 · 운영할 수 있다.

② 장묘정보시스템의 기능

ㄱ 동물장묘시설의 현황 및 가격 정보 제공

ㄴ 동물장묘절차 등에 관한 정보 제공

ㄷ 그 밖에 농림축산식품부장관이 필요하다고 인정하는 사항

③ 장묘정보시스템의 구축 · 운영 등에 필요한 사항은 농림축산식품부장관이 정한다.

(6) 동물영업의 등록

① 영업의 등록(법 제73조, 규칙 제42조)

ㄱ 동물과 관련된 동물전시업, 동물위탁관리업, 동물미용업, 동물운송업의 영업을 하려는 자는 특별자치시장 · 특별자치도지사 · 시장 · 군수 · 구청장에게 등록하여야 한다.

ㄴ 영업을 등록하려는 자는 영업등록신청서(전자문서로 된 신청서 포함)에 다음의 서류를 첨부하여 관할 특별자치시장 · 특별자치도지사 · 시장 · 군수 · 구청장에게 제출해야 한다.
- 인력 현황
- 영업장의 시설 명세 및 배치도
- 사업계획서
- 시설 및 인력 기준을 갖추었음을 증명하는 서류

ㄷ 신청서를 받은 특별자치시장 · 특별자치도지사 · 시장 · 군수 · 구청장은 행정정보의 공동이용을 통하여 다음의 서류를 확인해야 한다. 다만, 신청인이 주민등록표 초본 및 자동차등록증의 확인에 동의하지 않는 경우에는 해당 서류를 직접 제출하도록 해야 한다.
- 주민등록표 초본(법인인 경우 법인 등기사항증명서)
- 건축물대장 및 토지이용계획정보(자동차를 이용한 동물미용업 또는 동물운송업의 경우 제외)

- 자동차등록증(자동차를 이용한 동물미용업 또는 동물운송업의 경우에만 해당)

② 특별자치시장·특별자치도지사·시장·군수·구청장은 신청인이 허가 또는 등록의 결격사유에 해당되는지를 확인할 수 없는 경우에는 그 신청인에게 ⓒ 또는 ⓔ의 서류 외에 신원확인에 필요한 자료를 제출하게 할 수 있다.

⑩ 특별자치시장·특별자치도지사·시장·군수·구청장은 등록 신청이 기준에 맞는 경우에는 신청인에게 등록증을 발급하고, 등록(변경등록, 변경신고) 관리대장을 각각 작성·관리해야 한다.

⑪ 등록을 한 영업자가 등록증을 잃어버리거나 헐어 못 쓰게 되어 재발급을 받으려는 경우에는 등록증 재발급신청서(전자문서로 된 신청서 포함)에 기존 등록증을 첨부(등록증을 잃어버린 경우는 제외)하여 특별자치시장·특별자치도지사·시장·군수·구청장에게 제출해야 한다.

② 등록영업의 세부 범위(규칙 제43조)
- ⓐ 동물전시업 : 반려동물을 보여주거나 접촉하게 할 목적으로 영업자 소유의 동물을 5마리 이상 전시하는 영업. 다만, 동물원은 제외한다.
- ⓑ 동물위탁관리업 : 반려동물 소유자의 위탁을 받아 반려동물을 영업장 내에서 일시적으로 사육, 훈련 또는 보호하는 영업
- ⓒ 동물미용업 : 반려동물의 털, 피부 또는 발톱 등을 손질하거나 위생적으로 관리하는 영업
- ⓓ 동물운송업 : 자동차를 이용하여 반려동물을 운송하는 영업

③ 등록영업의 변경 등(법 제73조 제4항, 규칙 제45조)
- ⓐ 영업을 등록한 자가 등록사항을 변경하는 경우에는 변경등록을 하여야 한다. 다만, 다음의 농림축산식품부령으로 정하는 경미한 사항을 변경하는 경우에는 특별자치시장·특별자치도지사·시장·군수·구청장에게 신고하여야 한다.
  - 영업장의 명칭 또는 상호
  - 영업장 전화번호
  - 오기, 누락 또는 그 밖에 이에 준하는 사유로서 그 변경 사유가 분명한 사항
- ⓑ 변경등록을 하려는 자는 변경등록 신청서(전자문서로 된 신청서 포함)에 등록증, 인력 현황, 영업장의 시설 명세 및 배치도, 사업계획서, 시설 및 인력 기준을 갖추었음을 증명하는 서류를 첨부하여 특별자치시장·특별자치도지사·시장·군수·구청장에게 제출해야 한다.
- ⓒ 영업의 등록사항 변경신고를 하려는 자는 변경신고서(전자문서로 된 신고서 포함)에 등록증을 첨부하여 특별자치시장·특별자치도지사·시장·군수·구청장에게 제출해야 한다.
- ⓓ 변경등록신청서 및 변경신고서를 받은 특별자치시장·특별자치도지사·시장·군수·구청장은 행정정보의 공동이용을 통하여 다음의 서류를 확인해야 한다. 다만, 신고인이 주민등록표 초본 및 자동차등록증의 확인에 동의하지 않는 경우에는 해당 서류를 직접 제출하도록 해야 한다.
  - 주민등록표 초본(법인인 경우에는 법인 등기사항증명서)
  - 건축물대장 및 토지이용계획정보(자동차를 이용한 동물미용업 또는 동물운송업의 경우 제외)
  - 자동차등록증(자동차를 이용한 동물미용업 또는 동물운송업의 경우에만 해당)

(7) 허가 또는 등록의 결격사유(법 제74조)

다음의 어느 하나에 해당하는 사람은 영업의 허가를 받거나 영업의 등록을 할 수 없다.

- ㉠ 미성년자
- ㉡ 피성년후견인
- ㉢ 파산선고를 받은 자로서 복권되지 아니한 사람
- ㉣ 동물의 보호 및 공중위생상의 위해 방지 등에 관한 교육을 이수하지 아니한 사람
- ㉤ 영업 허가 또는 등록이 취소된 후 1년이 지나지 아니한 상태에서 취소된 업종과 같은 업종의 허가를 받거나 등록을 하려는 사람(법인인 경우에는 그 대표자를 포함)
- ㉥ 동물보호법을 위반하여 벌금 이상의 실형을 선고받고 그 집행이 종료(집행이 종료된 것으로 보는 경우를 포함)되거나 집행이 면제된 날부터 3년(동물학대 등의 금지를 위반한 경우에는 5년)이 지나지 아니한 사람
- ㉦ 동물보호법을 위반하여 벌금 이상의 형의 집행유예를 선고받고 그 유예기간 중에 있는 사람

(8) 반려동물 영업승계(법 제75조)

① 반려동물 영업의 허가를 받거나 영업의 등록을 한 자가 그 영업을 양도하거나 사망한 경우 또는 법인이 합병한 경우에는 그 양수인·상속인 또는 합병 후 존속하는 법인이나 합병으로 설립되는 법인(양수인등)은 그 영업자의 지위를 승계한다.

② 다음의 어느 하나에 해당하는 절차에 따라 영업시설의 전부를 인수한 자는 그 영업자의 지위를 승계한다.
- ㉠ 민사집행법에 따른 경매
- ㉡ 채무자 회생 및 파산에 관한 법률에 따른 환가(換價)
- ㉢ 국세징수법·관세법 또는 지방세법에 따른 압류재산의 매각
- ㉣ 그 밖에 ㉠부터 ㉢까지의 어느 하나에 준하는 절차

③ 영업자의 지위를 승계한 자는 그 지위를 승계한 날부터 30일 이내에 농림축산식품부령으로 정하는 바에 따라 특별자치시장·특별자치도지사·시장·군수·구청장에게 신고하여야 한다.

④ 승계에 관하여는 결격사유 규정을 준용한다. 다만, 상속인이 미성년자, 피성년후견인에 해당하는 경우에는 상속을 받은 날부터 3개월 동안은 그러하지 아니하다.

(9) 휴업·폐업 등의 신고(법 제76조)

① 영업자가 휴업, 폐업 또는 그 영업을 재개하려는 경우에는 농림축산식품부령으로 정하는 바에 따라 특별자치시장·특별자치도지사·시장·군수·구청장에게 신고하여야 한다.

② 영업자(동물장묘업자는 제외)는 휴업 또는 폐업의 신고를 하려는 경우에는 농림축산식품부령으로 정하는 바에 따라 특별자치시장·특별자치도지사·시장·군수·구청장에게 휴업 또는 폐업 30일 전에 보유하고 있는 동물의 적절한 사육 및 처리를 위한 계획서(동물처리계획서)를 제출하여야 한다.

③ 영업자는 동물처리계획서에 따라 동물을 처리한 후 그 결과를 특별자치시장·특별자치도지사·시장·군수·구청장에게 보고하여야 하며, 보고를 받은 특별자치시장·특별자치도지사·시장·군수·구청장은 동물처리계획서의 이행 여부를 확인하여야 한다.

④ 동물처리계획서의 제출 및 보고에 관한 사항은 농림축산식품부령으로 정한다.

(10) 직권말소(법 제77조, 규칙 제48조)

① 특별자치시장·특별자치도지사·시장·군수·구청장은 영업자가 폐업신고를 하지 아니한 경우에는 농림축산식품부령으로 정하는 바에 따라 폐업 사실을 확인한 후 허가 또는 등록사항을 직권으로 말소할 수 있다.

② 특별자치시장·특별자치도지사·시장·군수·구청장은 영업자가 영업을 폐업하였는지를 확인하기 위하여 필요한 경우 관할 세무서장에게 영업자의 폐업 여부에 대한 정보 제공을 요청할 수 있다. 이 경우 요청을 받은 관할 세무서장은 정당한 사유 없이 이를 거부하여서는 아니 된다.

③ 특별자치시장·특별자치도지사·시장·군수·구청장이 영업 허가 또는 등록사항을 직권으로 말소하려는 경우에는 다음의 사항을 확인해야 한다.

  ㉠ 임대차계약의 종료 여부

  ㉡ 영업장의 사육시설·설비 등의 철거 여부

  ㉢ 관할 세무서에의 폐업신고 등 영업의 폐지 여부

  ㉣ 영업장 내 동물의 보유 여부

④ 특별자치시장·특별자치도지사·시장·군수·구청장은 직권으로 허가 또는 등록사항을 말소하려는 경우에는 미리 영업자에게 통지해야 하며, 해당 기관 게시판과 인터넷 홈페이지에 20일 이상 예고해야 한다.

(11) 영업자 등의 준수사항(법 제78조)

① 영업자(법인인 경우 대표자 포함) 및 종사자 준수사항

  ㉠ 동물을 안전하고 위생적으로 사육·관리 또는 보호할 것

  ㉡ 동물의 건강과 안전을 위하여 동물병원과의 적절한 연계를 확보할 것

  ㉢ 노화나 질병이 있는 동물을 유기하거나 폐기할 목적으로 거래하지 아니할 것

  ㉣ 동물의 번식, 반입·반출 등의 기록 및 관리를 하고 이를 보관할 것

  ㉤ 동물에 관한 사항을 표시·광고하는 경우 동물보호법에 따른 영업허가번호 또는 영업등록번호와 거래금액을 함께 표시할 것

  ㉥ 동물의 분뇨, 사체 등은 관계 법령에 따라 적정하게 처리할 것

  ㉦ 농림축산식품부령으로 정하는 영업장의 시설 및 인력 기준을 준수할 것

  ㉧ 정기교육을 이수하고 그 종사자에게 교육을 실시할 것

  ㉨ 농림축산식품부령으로 정하는 바에 따라 동물의 취급 등에 관한 영업실적을 보고할 것

  ㉩ 등록대상동물의 등록 및 변경신고의무(등록·변경신고방법 및 위반 시 처벌에 관한 사항 등을 포함)를 고지할 것

  ㉪ 다른 사람의 영업명의를 도용하거나 대여받지 아니하고, 다른 사람에게 자기의 영업명의 또는 상호를 사용하도록 하지 아니할 것

② 동물생산업자 준수사항

  동물생산업자는 영업자 및 종사자 준수사항 외에 다음의 사항을 준수하여야 한다.

  ㉠ 월령이 12개월 미만인 개·고양이는 교배 또는 출산시키지 아니할 것

  ㉡ 약품 등을 사용하여 인위적으로 동물의 발정을 유도하는 행위를 하지 아니할 것

ⓒ 동물의 특성에 따라 정기적으로 예방접종 및 건강관리를 실시하고 기록할 것

③ 동물수입업자 준수사항

동물수입업자는 영업자 및 종사자 준수사항 외에 다음의 사항을 준수하여야 한다.

㉠ 동물을 수입하는 경우 농림축산식품부장관에게 수입의 내역을 신고할 것

㉡ 수입의 목적으로 신고한 사항과 다른 용도로 동물을 사용하지 아니할 것

④ 동물판매업자 준수사항

동물판매업자(동물생산업자 및 동물수입업자가 동물을 판매하는 경우 포함)는 영업자 및 종사자 준수사항 외에 다음의 사항을 준수하여야 한다.

㉠ 월령이 2개월 미만인 개 · 고양이를 판매(알선 또는 중개 포함)하지 아니할 것

㉡ 동물을 판매 또는 전달을 하는 경우 직접 전달하거나 동물운송업자를 통하여 전달할 것

⑤ 동물장묘업자 준수사항

동물장묘업자는 영업자 및 종사자 준수사항 외에 다음의 사항을 준수하여야 한다.

㉠ 살아있는 동물을 처리(마취 등을 통하여 동물의 고통을 최소화하는 인도적인 방법으로 처리하는 것 포함)하지 아니할 것

㉡ 등록대상동물의 사체를 처리한 경우 농림축산식품부령으로 정하는 바에 따라 특별자치시장 · 특별자치도지사 · 시장 · 군수 · 구청장에게 신고할 것

㉢ 자신의 영업장에 있는 동물장묘시설을 다른 자에게 대여하지 아니할 것

⑥ ①부터 ⑤까지의 규정에 따른 영업자의 준수사항에 관한 구체적인 사항 및 그 밖에 동물의 보호와 공중 위생상의 위해 방지를 위하여 영업자가 준수하여야 할 사항은 농림축산식품부령으로 정한다.

(12) 등록대상동물의 판매에 따른 등록신청(법 제79조)

① 동물생산업자, 동물수입업자 및 동물판매업자는 등록대상동물을 판매하는 경우에 구매자(영업자를 제외)에게 동물등록의 방법을 설명하고 구매자의 명의로 특별자치시장 · 특별자치도지사 · 시장 · 군수 · 구청장에게 동물등록을 신청한 후 판매하여야 한다.

② 등록대상동물의 등록신청에 대해서는 등록대상동물의 등록 등(법 제15조)을 준용한다.

(13) 거래내역의 신고(법 제80조, 규칙 제50조)

① 동물생산업자, 동물수입업자 및 동물판매업자가 등록대상동물을 취급하는 경우에는 그 거래내역을 농림축산식품부령으로 정하는 바에 따라 특별자치시장 · 특별자치도지사 · 시장 · 군수 · 구청장에게 신고하여야 한다.

② 농림축산식품부장관은 등록대상동물의 거래내역을 국가동물보호정보시스템으로 신고하게 할 수 있다.

③ 동물생산업자, 동물수입업자 및 동물판매업자는 매월 1일부터 말일까지 취급한 등록대상동물의 거래내역을 다음 달 10일까지 특별자치시장 · 특별자치도지사 · 시장 · 군수 · 구청장에게 신고(동물정보시스템을 통한 방식 포함)해야 한다.

(14) 표준계약서의 제정·보급(법 제81조)

① 농림축산식품부장관은 동물보호 및 동물영업의 건전한 거래질서 확립을 위하여 공정거래위원회와 협의하여 표준계약서를 제정 또는 개정하고 영업자에게 이를 사용하도록 권고할 수 있다.

② 농림축산식품부장관은 표준계약서에 관한 업무를 대통령령으로 정하는 기관에 위탁할 수 있다.

③ 표준계약서의 구체적인 사항은 농림축산식품부령으로 정한다.

(15) 교육(법 제82조, 규칙 제51조)

① 반려동물 영업 허가를 받거나 등록을 하려는 자는 허가를 받거나 등록을 하기 전에 동물의 보호 및 공중 위생상의 위해 방지 등에 관한 교육을 받아야 한다.

② 영업자는 정기적으로 ①에 따른 교육을 받아야 한다.

③ 영업정지처분을 받은 영업자는 정기 교육 외에 동물의 보호 및 영업자 준수사항 등에 관한 추가교육을 받아야 한다.

④ ①부터 ③까지의 규정에 따라 교육을 받아야 하는 영업자로서 교육을 받지 아니한 자는 그 영업을 하여서는 아니 된다.

⑤ 교육을 받아야 하는 영업자가 영업에 직접 종사하지 아니하거나 두 곳 이상의 장소에서 영업을 하는 경우에는 종사자 중에서 책임자를 지정하여 영업자 대신 교육을 받게 할 수 있다.

⑥ 교육의 종류, 교육 시기 및 교육시간은 다음의 구분에 따른다(규칙 제51조).

   ㉠ 영업 신청 전 교육 : 영업허가 신청일 또는 등록 신청일 이전 1년 이내 3시간

   ㉡ 영업자 정기교육 : 영업 허가 또는 등록을 받은 날부터 기산하여 1년이 되는 날이 속하는 해의 1월 1일부터 12월 31일까지의 기간 중 매년 3시간

   ㉢ 영업정지처분에 따른 추가교육 : 영업정지처분을 받은 날부터 6개월 이내 3시간

⑦ 교육에는 다음의 내용이 포함되어야 한다. 다만, 교육대상 영업자 중 두 가지 이상의 영업을 하는 자에 대해서는 다음의 교육내용 중 중복된 사항을 제외할 수 있다.

   ㉠ 동물보호 관련 법령 및 정책에 관한 사항

   ㉡ 동물의 보호·복지에 관한 사항

   ㉢ 동물의 사육·관리 및 질병예방에 관한 사항

   ㉣ 영업자 준수사항에 관한 사항

⑧ 교육은 동물보호 민간단체, 농림수산식품교육문화정보원에서 실시한다.

(16) 허가 또는 등록의 취소 등(법 제83조)

① 허가 또는 등록의 취소

   특별자치시장·특별자치도지사·시장·군수·구청장은 영업자가 다음의 어느 하나에 해당하는 경우에는 농림축산식품부령으로 정하는 바에 따라 그 허가 또는 등록을 취소하거나 6개월 이내의 기간을 정하여 그 영업의 전부 또는 일부의 정지를 명할 수 있다. 다만, ㉠, ㉦ 또는 ㉧에 해당하는 경우에는 허가 또는 등록을 취소하여야 한다.

   ㉠ 거짓이나 그 밖의 부정한 방법으로 허가를 받거나 등록을 한 것이 판명된 경우(취소)

   ㉡ 동물학대 등의 금지 규정을 위반한 경우

ⓒ 허가를 받은 날 또는 등록을 한 날부터 1년이 지나도록 영업을 개시하지 아니한 경우

ⓔ 반려동물 영업 허가 또는 등록 사항과 다른 방식으로 영업을 한 경우

ⓜ 반려동물 영업 변경허가를 받거나 변경등록을 하지 아니한 경우

ⓗ 반려동물 영업 시설 및 인력 기준에 미달하게 된 경우

ⓢ 설치가 금지된 곳에 동물장묘시설을 설치한 경우(취소)

ⓞ 다음의 어느 하나에 해당하게 된 경우(취소)

- 미성년자
- 피성년후견인
- 파산선고를 받은 자로서 복권되지 아니한 사람
- 동물의 보호 및 공중위생상의 위해 방지 등에 관한 교육을 이수하지 아니한 사람
- 허가 또는 등록이 취소된 후 1년이 지나지 아니한 상태에서 취소된 업종과 같은 업종의 허가를 받거나 등록을 하려는 사람(법인인 경우에는 그 대표자를 포함)
- 동물보호법을 위반하여 벌금 이상의 실형을 선고받고 그 집행이 종료(집행이 종료된 것으로 보는 경우를 포함)되거나 집행이 면제된 날부터 3년(동물학대 등의 금지 규정을 위반한 경우에는 5년)이 지나지 아니한 사람
- 동물보호법을 위반하여 벌금 이상의 형의 집행유예를 선고받고 그 유예기간 중에 있는 사람

ⓩ 영업자 등의 준수사항을 지키지 아니한 경우

② 허가 또는 등록 취소 시 필요 조치

특별자치시장 · 특별자치도지사 · 시장 · 군수 · 구청장은 영업의 허가 또는 등록을 취소하거나 영업의 전부 또는 일부를 정지하는 경우에는 해당 영업자에게 보유하고 있는 동물을 양도하게 하는 등 적절한 사육 · 관리 또는 보호를 위하여 필요한 조치를 명하여야 한다.

③ 처분의 효과

처분의 효과는 그 처분기간이 만료된 날부터 1년간 양수인등에게 승계되며, 처분의 절차가 진행 중일 때에는 양수인등에 대하여 처분의 절차를 행할 수 있다. 다만, 양수인등이 양수 · 상속 또는 합병 시에 그 처분 또는 위반사실을 알지 못하였음을 증명하는 경우에는 그러하지 아니하다.

(17) 과징금의 부과(법 제84조, 영 제25조)

① 특별자치시장 · 특별자치도지사 · 시장 · 군수 · 구청장은 영업자가 다음 어느 하나에 해당하여 영업정지 처분을 하여야 하는 경우로서 그 영업정지처분이 해당 영업의 동물 또는 이용자에게 곤란을 주거나 공익에 현저한 지장을 줄 우려가 있다고 인정되는 경우에는 영업정지처분에 갈음하여 1억원 이하의 과징금을 부과할 수 있다. 과징금을 부과할 때에는 그 위반행위의 내용과 과징금의 금액 등을 명시하여 부과 대상자에게 서면으로 통지해야 한다.

ⓐ 반려동물 영업 허가 또는 등록 사항과 다른 방식으로 영업을 한 경우

ⓑ 반려동물 영업 변경허가를 받거나 변경등록을 하지 아니한 경우

ⓒ 반려동물 영업 시설 및 인력 기준에 미달하게 된 경우

ⓓ 영업자 등의 준수사항을 지키지 아니한 경우

② 특별자치시장·특별자치도지사·시장·군수·구청장은 과징금을 부과받은 자가 납부기한까지 과징금을 내지 아니하면 지방행정제재·부과금의 징수 등에 관한 법률에 따라 징수한다.

③ 특별자치시장·특별자치도지사·시장·군수·구청장은 과징금을 부과하기 위하여 필요한 경우에는 다음의 사항을 적은 문서로 관할 세무서장에게 과세 정보의 제공을 요청할 수 있다.

  ㉠ 납세자의 인적 사항

  ㉡ 과세 정보의 사용 목적

  ㉢ 과징금 부과기준이 되는 매출금액

④ 과징금 통지를 받은 자는 통지를 받은 날부터 20일 이내에 특별자치시장·특별자치도지사·시장·군수·구청장이 정하는 수납기관에 과징금을 납부해야 한다.

⑤ 과징금을 받은 수납기관은 납부자에게 영수증을 발급하고, 과징금이 납부된 사실을 지체 없이 특별자치시장·특별자치도지사·시장·군수·구청장에게 통보해야 한다.

(18) 과징금의 부과기준(영 별표 2)

① 영업정지기간은 농림축산식품부령으로 정하는 영업자 등의 행정처분 기준에 따라 부과되는 기간을 말하며, 영업정지기간의 1개월은 30일을 기준으로 한다.

② 과징금 부과금액 계산식

> 과징금 부과금액 = 위반사업자 1일 평균매출금액 × 영업정지 일수 × 0.1

③ ②의 계산식 중 '위반사업자 1일 평균매출금액'은 위반행위를 한 영업자에 대한 행정처분일이 속한 연도의 전년도 1년간의 총 매출금액을 해당 연도의 일수로 나눈 금액으로 한다. 다만, 신규 개설 또는 휴업 등으로 전년도 1년간의 총 매출금액을 산출할 수 없거나 1년간의 총 매출금액을 기준으로 하는 것이 타당하지 않다고 인정되는 경우에는 분기별 매출금액, 월별 매출금액 또는 일수별 매출금액을 해당 단위에 포함된 일수로 나누어 1일 평균매출금액을 산정한다.

④ ②에 따라 산출한 과징금 부과금액이 1억원을 넘는 경우에는 과징금 부과금액을 1억원으로 한다.

⑤ 부과권자는 다음의 어느 하나에 해당하는 경우에는 ②에 따라 산출한 과징금 부과금액의 2분의 1 범위에서 그 금액을 줄일 수 있다. 다만, 과징금을 체납하고 있는 위반행위자의 경우에는 그렇지 않다.

  ㉠ 위반행위가 사소한 부주의나 오류로 인한 것으로 인정되는 경우

  ㉡ 위반행위자가 법 위반상태를 시정하거나 해소하기 위한 노력이 인정되는 경우

  ㉢ 그 밖에 위반행위의 정도, 동기와 그 결과 등을 고려하여 과징금을 줄일 필요가 있다고 인정되는 경우

⑥ 부과권자는 다음의 어느 하나에 해당하는 경우에는 과징금 금액의 2분의 1 범위에서 그 금액을 늘릴 수 있다. 다만, 과징금 총액은 1억원을 초과할 수 없다.

  ㉠ 위반의 내용·정도가 중대하여 이용자 등에게 미치는 피해가 크다고 인정되는 경우

  ㉡ 법 위반상태의 기간이 6개월 이상인 경우

  ㉢ 그 밖에 위반행위의 정도, 동기와 그 결과 등을 고려하여 과징금을 늘릴 필요가 있다고 인정되는 경우

(19) 영업장의 폐쇄(법 제85조)

① 특별자치시장·특별자치도지사·시장·군수·구청장은 영업의 허가 또는 영업의 등록에 따른 영업이 다음의 어느 하나에 해당하는 때에는 관계 공무원으로 하여금 농림축산식품부령으로 정하는 바에 따라 해당 영업장을 폐쇄하게 할 수 있다. 영업장을 폐쇄하는 관계 공무원은 그 권한을 표시하는 증표를 지니고 이를 관계인에게 보여주어야 한다(규칙 제53조).

 ㉠ 반려동물 영업 허가를 받지 아니하거나 등록을 하지 아니한 때

 ㉡ 허가 또는 등록이 취소되거나 영업정지명령을 받았음에도 불구하고 계속하여 영업을 한 때

② 특별자치시장·특별자치도지사·시장·군수·구청장은 영업장을 폐쇄하기 위하여 관계 공무원에게 다음의 조치를 하게 할 수 있다.

 ㉠ 해당 영업장의 간판이나 그 밖의 영업표지물의 제거 또는 삭제

 ㉡ 해당 영업장이 적법한 영업장이 아니라는 것을 알리는 게시문 등의 부착

 ㉢ 영업을 위하여 꼭 필요한 시설물 또는 기구 등을 사용할 수 없게 하는 봉인(封印)

③ 특별자치시장·특별자치도지사·시장·군수·구청장은 폐쇄조치를 하려는 때에는 폐쇄조치의 일시·장소 및 관계 공무원의 성명 등을 미리 해당 영업을 하는 영업자 또는 그 대리인에게 서면으로 알려주어야 한다.

④ 특별자치시장·특별자치도지사·시장·군수·구청장은 해당 영업장을 폐쇄하는 경우 해당 영업자에게 보유하고 있는 동물을 양도하게 하는 등 적절한 사육·관리 또는 보호를 위하여 필요한 조치를 명하여야 한다.

⑤ 영업장 폐쇄의 세부적인 기준과 절차는 그 위반행위의 유형과 위반 정도 등을 고려하여 농림축산식품부령으로 정한다.

6 보 칙

(1) 출입·검사 등

① 출입·검사 등의 조치(법 제86조, 규칙 제54조)

농림축산식품부장관, 시·도지사 또는 시장·군수·구청장은 동물의 보호 및 공중위생상의 위해 방지 등을 위하여 필요하면 동물의 소유자등에 대하여 다음의 조치를 할 수 있다.

 ㉠ 동물 현황 및 관리실태 등 필요한 자료제출의 요구

 ㉡ 동물이 있는 장소에 대한 출입·검사

 ㉢ 동물에 대한 위해 방지 조치의 이행 등 농림축산식품부령으로 정하는 시정명령

② 운영실태조사

농림축산식품부장관, 시·도지사 또는 시장·군수·구청장은 동물보호 등과 관련하여 필요하면 다음의 어느 하나에 해당하는 자에게 필요한 보고를 하도록 명하거나 자료를 제출하게 할 수 있으며, 관계 공무원으로 하여금 해당 시설 등에 출입하여 운영실태를 조사하게 하거나 관계 서류를 검사하게 할 수 있다.

 ㉠ 동물보호센터의 장

 ㉡ 보호시설운영자

© 윤리위원회를 설치한 동물실험시행기관의 장

② 동물복지축산농장의 인증을 받은 자

⑩ 지정된 인증기관의 장

⑪ 동물복지축산물의 표시를 한 자

⑭ 반려동물 영업의 허가를 받은 자 또는 영업의 등록을 한 자

③ 시설 정비 및 사후관리

㉠ 특별자치시장·특별자치도지사·시장·군수·구청장은 소속 공무원으로 하여금 보호시설운영자에 대하여 시설기준·운영기준 등의 사항 및 동물보호를 위한 시설정비 등의 사후관리와 관련한 사항을 1년에 1회 이상 정기적으로 점검하도록 하고, 필요한 경우 수시로 점검하게 할 수 있다.

㉡ 시·도지사와 시장·군수·구청장은 소속 공무원으로 하여금 영업자에 대하여 다음의 구분에 따라 1년에 1회 이상 정기적으로 점검하도록 하고, 필요한 경우 수시로 점검하게 할 수 있다.

- 시·도지사 : 시설 및 인력 기준의 준수 여부
- 특별자치시장·특별자치도지사·시장·군수·구청장 : 시설 및 인력 기준의 준수 여부와 영업자 등의 준수사항 이행 여부

㉢ 시·도지사는 점검 결과(관할 시·군·구의 점검 결과 포함)를 다음 연도 1월 31일까지 농림축산식품부장관에게 보고하여야 한다.

④ 통 지

농림축산식품부장관, 시·도지사 또는 시장·군수·구청장이 출입·검사 또는 점검(출입·검사등)을 할 때에는 출입·검사등의 시작 7일 전까지 대상자에게 출입·검사등의 목적·기간·장소·범위·내용, 관계 공무원의 성명과 직위, 제출할 자료가 포함된 출입·검사 등 계획을 통지하여야 한다. 다만, 출입·검사등 계획을 미리 통지할 경우 그 목적을 달성할 수 없다고 인정하는 경우에는 출입·검사등을 착수할 때에 통지할 수 있다.

⑤ 농림축산식품부장관, 시·도지사 또는 시장·군수·구청장은 규정에 따른 출입·검사 등의 결과에 따라 필요한 시정을 명하는 등의 조치를 할 수 있다.

(2) 고정형 영상정보처리기기의 설치 등(법 제87조)

① 다음의 어느 하나에 해당하는 자는 동물학대 방지 등을 위하여 개인정보 보호법에 따른 고정형 영상정보처리기기를 설치하여야 한다.

㉠ 동물보호센터의 장

㉡ 보호시설운영자

㉢ 도축장 운영자

㉣ 반려동물 영업의 허가를 받은 자 또는 영업의 등록을 한 자

② 고정형 영상정보처리기기의 설치 대상, 장소 및 기준 등에 필요한 사항은 대통령령으로 정한다.

③ 고정형 영상정보처리기기를 설치·관리하는 자는 동물보호센터·보호시설·영업장의 종사자, 이용자 등 정보주체의 인권이 침해되지 아니하도록 다음의 사항을 준수하여야 한다.

ㄱ 설치 목적과 다른 목적으로 고정형 영상정보처리기기를 임의로 조작하거나 다른 곳을 비추지 아니할 것

ㄴ 녹음기능을 사용하지 아니할 것

④ 고정형 영상정보처리기기를 설치·관리하는 자는 다음의 어느 하나에 해당하는 경우 외에는 고정형 영상정보처리기기로 촬영한 영상기록을 다른 사람에게 제공하여서는 아니 된다.

ㄱ 소유자등이 자기 동물의 안전을 확인하기 위하여 요청하는 경우

ㄴ 개인정보 보호법에 따른 공공기관이 법령에서 정하는 동물보호 업무 수행을 위하여 요청하는 경우

ㄷ 범죄의 수사와 공소의 제기 및 유지, 법원의 재판업무 수행을 위하여 필요한 경우

⑤ 동물보호법에서 정하는 사항 외에 고정형 영상정보처리기기의 설치, 운영 및 관리 등에 관한 사항은 개인정보 보호법에 따른다.

> **더알아보기** 고정형 영상정보처리기기의 설치 대상, 장소 및 관리기준(영 별표 3)
>
> ① 설치 대상 및 장소
> - 법 제35조 제1항에 따른 동물보호센터 : 보호실 및 격리실
> - 법 제36조 제1항에 따른 동물보호센터 : 보호실 및 격리실
> - 법 제37조에 따른 보호시설 : 보호실 및 격리실
> - 법 제69조 제1항에 따른 영업장
>   - 동물판매업(경매방식을 통한 거래를 알선·중개하는 동물판매업으로 한정) : 경매실, 준비실
>   - 동물장묘업 : 화장(火葬)시설 등 동물의 사체 또는 유골의 처리시설
> - 법 제73조 제1항에 따른 영업장
>   - 동물위탁관리업 : 위탁관리실
>   - 동물미용업 : 미용작업실
>   - 동물운송업 : 차량 내 동물이 위치하는 공간
> ② 관리기준
> - 고정형 영상정보처리기기의 카메라는 전체 또는 주요 부분이 조망되고 잘 식별될 수 있도록 설치하고, 동물의 상태 등을 확인할 수 있도록 사각지대의 발생을 최소화할 것
> - 선명한 화질이 유지될 수 있도록 관리할 것
> - 고정형 영상정보처리기기가 고장난 경우에는 지체 없이 수리할 것
> - 개인정보 보호법에 따른 안내판 설치 등 관계 법령을 준수할 것
> - 그 밖에 고정형 영상정보처리기기의 설치·운영 현황을 추가적으로 알리기 위한 안내판을 설치하도록 노력할 것

(3) 동물보호관(법 제88조, 영 제27조)

① 동물보호관 지정

농림축산식품부장관(농림축산검역본부장 포함), 시·도지사 및 시장·군수·구청장은 동물의 학대 방지 등 동물보호에 관한 사무를 처리하기 위하여 소속 공무원 중에서 다음 어느 하나에 해당하는 사람을 동물보호관을 지정하여야 한다.

ㄱ 수의사 면허가 있는 사람

ㄴ 축산기술사, 축산기사, 축산산업기사 또는 축산기능사 자격이 있는 사람

ⓒ 학교에서 수의학 · 축산학 · 동물관리학 · 애완동물학 · 반려동물학 등 동물의 관리 및 이용 관련 분야, 동물보호 분야 또는 동물복지 분야를 전공하고 졸업한 사람

ⓡ 그 밖에 동물보호 · 동물복지 · 실험동물 분야와 관련된 사무에 종사하고 있거나 종사한 경험이 있는 사람

② 동물보호관의 직무
  ㉠ 동물의 적정한 사육 · 관리에 대한 교육 및 지도
  ㉡ 금지되는 동물학대 행위의 예방, 중단 또는 재발방지를 위하여 필요한 조치
  ㉢ 동물의 적정한 운송과 반려동물 전달 방법에 대한 지도 · 감독
  ㉣ 동물의 도살방법에 대한 지도
  ㉤ 등록대상동물의 등록 및 등록대상동물의 관리에 대한 감독
  ㉥ 맹견의 관리에 관한 감독
  ㉦ 맹견의 출입금지에 대한 감독
  ㉧ 설치 · 위탁 지정된 동물보호센터, 보호시설의 보호동물 관리에 관한 감독
  ㉨ 윤리위원회의 구성 · 운영 등에 관한 지도 · 감독 및 개선명령의 이행 여부에 대한 확인 및 지도
  ㉩ 동물복지축산농장으로 인증받은 농장의 인증기준 준수여부 등에 대한 감독
  ㉪ 반려동물 영업의 허가를 받거나 영업의 등록을 한 자(영업자)의 시설 · 인력 등 허가 또는 등록사항, 준수사항, 교육 이수 여부에 관한 감독
  ㉫ 공설동물장묘시설의 설치 · 운영에 관한 감독
  ㉬ 출입 · 검사 등의 조치, 보고 및 자료제출 명령의 이행 여부에 관한 확인 · 지도
  ㉭ 위촉된 명예동물보호관에 대한 지도
  ㉮ 그 밖에 동물의 보호 및 복지 증진에 관한 업무

③ 동물보호관이 직무를 수행할 때에는 농림축산식품부령으로 정하는 증표를 지니고 이를 관계인에게 보여주어야 한다.

④ 누구든지 동물의 특성에 따른 출산, 질병 치료 등 부득이한 사유가 있는 경우를 제외하고는 동물보호관의 직무 수행을 거부 · 방해 또는 기피하여서는 아니 된다.

⑤ 동물보호관은 학대행위자에 대하여 상담 · 교육 또는 심리치료 등 필요한 지원을 받을 것을 권고할 수 있다(법 제89조).

(4) 명예동물보호관(법 제90조, 영 제28조)

① 명예동물보호관 위촉
농림축산식품부장관, 시 · 도지사 및 시장 · 군수 · 구청장은 동물의 학대 방지 등 동물보호를 위한 지도 · 계몽 등을 위하여 명예동물보호관을 위촉할 수 있다. 위촉하는 명예동물보호관은 다음의 어느 하나에 해당하는 사람으로서 농림축산식품부장관이 정하는 관련 교육과정을 마친 사람으로 한다.
  ㉠ 법인 또는 단체의 장이 추천한 사람
  ㉡ 동물보호관 지정에 해당하는 사람
  ㉢ 동물보호에 관한 학식과 경험이 풍부한 사람으로서 명예동물보호관의 직무를 성실히 수행할 수 있는 사람

② 명예동물보호관 자격

동물학대 금지를 위반하여 형을 선고받고 그 형이 확정된 사람은 명예동물보호관이 될 수 없다.

③ 명예동물보호관의 직무

㉠ 동물보호 및 동물복지에 관한 교육 · 상담 · 홍보 및 지도

㉡ 동물학대 행위에 대한 정보 제공

㉢ 학대받는 동물의 구조 · 보호 지원

㉣ 동물보호관의 직무 수행을 위한 지원

④ 명예동물보호관은 직무를 수행할 때에는 부정한 행위를 하거나 권한을 남용하여서는 아니 된다.

⑤ 명예동물보호관이 그 직무를 수행하는 경우에는 신분을 표시하는 증표를 지니고 이를 관계인에게 보여주어야 한다.

(5) 수수료 및 청문

① 수수료(법 제91조)

다음의 어느 하나에 해당하는 자는 농림축산식품부령으로 정하는 바에 따라 수수료를 내야 한다. 다만, ㉠에 해당하는 자에 대하여는 시 · 도의 조례로 정하는 바에 따라 수수료를 감면할 수 있다.

㉠ 등록대상동물을 등록하려는 자

㉡ 자격시험에 응시하려는 자 또는 자격증의 재발급 등을 받으려는 자

㉢ 동물복지축산농장 인증을 받거나 갱신 및 재심사를 받으려는 자

㉣ 영업익 허가 또는 변경허가를 받거나, 영업의 등록 또는 변경등록을 하거나, 변경신고를 하려는 자

② 청문(법 제92조)

농림축산식품부장관, 시 · 도지사 또는 시장 · 군수 · 구청장은 다음의 어느 하나에 해당하는 처분을 하려면 청문을 하여야 한다.

㉠ 맹견사육허가의 철회

㉡ 반려동물행동지도사의 자격취소

㉢ 동물보호센터의 지정취소

㉣ 보호시설의 시설폐쇄

㉤ 인증기관의 지정취소

㉥ 동물복지축산농장의 인증취소

㉦ 영업허가 또는 영업등록의 취소

(6) 권한의 위임 · 위탁(법 제93조)

① 농림축산식품부장관은 대통령령으로 정하는 바에 따라 동물보호법에 따른 권한의 일부를 소속기관의 장 또는 시 · 도지사에게 위임할 수 있다.

② 농림축산식품부장관은 대통령령으로 정하는 바에 따라 동물보호법에 따른 업무 및 동물복지 진흥에 관한 업무의 일부를 농림축산 또는 동물보호 관련 업무를 수행하는 기관 · 법인 · 단체의 장에게 위탁할 수 있다.

③ 농림축산식품부장관은 위임한 업무 및 위탁한 업무에 관하여 필요하다고 인정하면 업무처리지침을 정하여 통보하거나 그 업무처리를 지도 · 감독할 수 있다.

④ 위탁받은 업무를 수행하는 기관 · 법인 · 단체의 임원 및 직원은 「형법」 제129조부터 제132조까지의 규정을 적용할 때에는 공무원으로 본다.

⑤ 농림축산식품부장관은 업무를 위탁한 기관에 필요한 비용의 전부 또는 일부를 예산의 범위에서 출연 또는 보조할 수 있다.

(7) 실태조사 및 정보의 공개(법 제94조)

① 정보의 공개

농림축산식품부장관은 다음의 정보와 자료를 수집 · 조사 · 분석하고 그 결과를 해마다 정기적으로 공표하여야 한다. 다만, ㉡에 해당하는 사항에 관하여는 해당 동물을 관리하는 중앙행정기관의 장 및 관련 기관의 장과 협의하여 결과공표 여부를 정할 수 있다.

㉠ 동물복지종합계획 수립을 위한 동물의 보호 · 복지 실태에 관한 사항

㉡ 봉사동물 중 국가소유 봉사동물의 마릿수 및 해당 봉사동물의 관리 등에 관한 사항

㉢ 등록대상동물의 등록에 관한 사항

㉣ 동물보호센터와 유실 · 유기동물 등의 치료 · 보호 등에 관한 사항

㉤ 보호시설의 운영실태에 관한 사항

㉥ 윤리위원회의 운영 및 동물실험 실태, 지도 · 감독 등에 관한 사항

㉦ 동물복지축산농장 인증현황 등에 관한 사항

㉧ 반려동물 영업의 허가 및 등록과 운영실태에 관한 사항

㉨ 영업자에 대한 정기점검에 관한 사항

㉩ 그 밖에 동물의 보호 · 복지 실태와 관련된 사항

② 실태조사

㉠ 농림축산식품부장관은 ①의 업무를 효율적으로 추진하기 위하여 실태조사를 실시할 수 있으며, 실태조사를 위하여 필요한 경우 관계 중앙행정기관의 장, 지방자치단체의 장, 공공기관의 장, 관련 기관 및 단체, 동물의 소유자등에게 필요한 자료 및 정보의 제공을 요청할 수 있다. 이 경우 자료 및 정보의 제공을 요청받은 자는 정당한 사유가 없는 한 자료 및 정보를 제공하여야 한다.

㉡ 실태조사(현장조사를 포함)의 범위, 방법, 그 밖에 필요한 사항은 대통령령으로 정한다.

③ 실적 보고

시 · 도지사, 시장 · 군수 · 구청장, 동물실험시행기관의 장 또는 인증기관은 ①의 ㉠~㉨ 실적을 다음 연도 1월 31일까지 농림축산식품부장관(대통령령으로 정하는 그 소속기관의 장을 포함)에게 보고하여야 한다.

(8) 동물보호정보의 수집 및 활용(법 제95조)

① 동물보호정보 수집·관리

농림축산식품부장관은 동물의 생명보호, 안전 보장 및 복지 증진과 건전하고 책임 있는 사육문화를 조성하기 위하여 다음의 동물보호정보를 수집하여 체계적으로 관리하여야 한다.

㉠ 맹견수입신고를 한 자 및 신고한 자가 소유한 맹견에 대한 정보

㉡ 맹견사육허가·허가철회를 받은 사람 및 허가받은 사람이 소유한 맹견에 대한 정보

㉢ 기질평가를 받은 동물과 그 소유자에 대한 정보

㉣ 반려동물 영업의 허가 및 영업의 등록에 관한 사항(영업의 허가 및 등록 번호, 업체명, 전화번호, 소재지 등을 포함)

㉤ 다음에 해당하는 정보
  • 동물복지종합계획 수립을 위한 동물의 보호·복지 실태에 관한 사항
  • 봉사동물 중 국가소유 봉사동물의 마릿수 및 해당 봉사동물의 관리 등에 관한 사항
  • 등록대상동물의 등록에 관한 사항
  • 동물보호센터와 유실·유기동물 등의 치료·보호 등에 관한 사항
  • 보호시설의 운영실태에 관한 사항
  • 윤리위원회의 운영 및 동물실험 실태, 지도·감독 등에 관한 사항
  • 동물복지축산농장 인증현황 등에 관한 사항
  • 반려동물 영업의 허가 및 등록과 운영실태에 관한 사항
  • 반려동물 영업자에 대한 정기점검에 관한 사항
  • 그 밖에 동물의 보호·복지 실태와 관련된 사항

㉥ 그 밖에 동물보호에 관한 정보로서 농림축산식품부장관이 수집·관리할 필요가 있다고 인정하는 정보

② 동물보호정보 관리

㉠ 농림축산식품부장관은 동물보호정보를 체계적으로 관리하고 통합적으로 분석하기 위하여 국가동물보호정보시스템을 구축·운영하여야 한다.

㉡ 농림축산식품부장관은 동물보호정보의 수집을 위하여 관계 중앙행정기관의 장, 시·도지사 또는 시장·군수·구청장, 경찰관서의 장 등에게 필요한 자료를 요청할 수 있다. 이 경우 관계 중앙행정기관의 장, 시·도지사 또는 시장·군수·구청장, 경찰관서의 장 등은 정당한 사유가 없으면 요청에 응하여야 한다.

㉢ 시·도지사 및 시장·군수·구청장은 동물의 보호 또는 동물학대 발생 방지를 위하여 필요한 경우 국가동물보호정보시스템에 등록된 관련 정보를 농림축산식품부장관에게 요청할 수 있다. 이 경우 정보 활용의 목적과 필요한 정보의 범위를 구체적으로 기재하여 요청하여야 한다.

③ 정보 제공·누설 및 공개

㉠ 정보를 취득한 사람은 같은 항 후단의 요청 목적 외로 해당 정보를 사용하거나 다른 사람에게 정보를 제공 또는 누설하여서는 아니 된다.

㉡ 농림축산식품부장관은 위 ①의 ㉣ 정보 중 영업의 허가 및 등록 번호, 업체명, 전화번호, 소재지 등을 공개하여야 한다.

④ ①부터 ③까지의 규정한 사항 외에 동물보호정보 등의 수집·관리·공개 및 정보의 요청 방법, 국가동물보호정보시스템의 구축·활용 등에 필요한 사항은 대통령령으로 정한다.

7 벌 칙

(1) 벌칙(법 제97조)

① 3년 이하의 징역 또는 3천만원 이하의 벌금

ㄱ 동물학대 등의 금지 조항을 위반하여 동물을 죽음에 이르게 하는 행위를 한 자

ㄴ 배회하거나 버려진 동물 또는 피학대동물 중 소유자등을 알 수 없는 동물을 포획하여 죽이는 행위 또는 반려동물 보호의무를 위반하여 죽음에 이르게 한자

ㄷ 등록대상동물의 관리 또는 목줄 착용을 위반하여 사람을 사망에 이르게 한 자

ㄹ 맹견의 관리를 위반하여 사람을 사망에 이르게 한 자

② 2년 이하의 징역 또는 2천만원 이하의 벌금

ㄱ 상해를 입히는 등의 학대행위 또는 포획하여 판매하거나 죽일 목적으로 포획하는 행위, 버려진 동물임을 알면서 알선·구매하는 행위 중 어느 하나를 위반한 자

ㄴ 동물유기 조항을 위반하여 맹견을 유기한 소유자등

ㄷ 반려동물에게 사육·관리 또는 보호의무를 위반하여 상해를 입히거나 질병을 유발하는 행위를 한 소유자등

ㄹ 등록대상동물의 관리 또는 목줄 착용을 위반하여 사람의 신체를 상해에 이르게 한 자

ㅁ 맹견 관리의 어느 하나를 위반하여 사람의 신체를 상해에 이르게 한 자

ㅂ 거짓이나 그 밖의 부정한 방법으로 인증농장 인증을 받은 자

ㅅ 인증을 받지 아니한 축산농장을 인증농장으로 표시한 자

ㅇ 거짓이나 그 밖의 부정한 방법으로 인증심사·재심사 및 인증갱신을 하거나 받을 수 있도록 도와주는 행위를 한 자

ㅈ 반려동물 영업 허가 또는 변경허가를 받지 아니하고 영업을 한 자

ㅊ 거짓이나 그 밖의 부정한 방법으로 영업 허가 또는 변경허가를 받은 자

ㅋ 맹견취급허가 또는 변경허가를 받지 아니하고 맹견을 취급하는 영업을 한 자

ㅌ 거짓이나 그 밖의 부정한 방법으로 맹견취급허가 또는 변경허가를 받은 자(

ㅍ 설치가 금지된 곳에 동물장묘시설을 설치한 자

ㅎ 영업장 폐쇄조치를 위반하여 영업을 계속한 자

③ 1년 이하의 징역 또는 1천만원 이하의 벌금

ㄱ 맹견사육허가를 받지 아니한 자

ㄴ 반려동물행동지도사의 명칭을 사용한 자

ㄷ 다른 사람에게 반려동물행동지도사의 명의를 사용하게 하거나 그 자격증을 대여한 자 또는 반려동물행동지도사의 명의를 사용하거나 그 자격증을 대여받은 자

ㄹ 명의대여 금지 행위를 알선한 자

ⓜ 등록 또는 변경등록을 하지 아니하고 영업을 한 자

ⓗ 거짓이나 그 밖의 부정한 방법으로 등록 또는 변경등록을 한 자

ⓢ 다른 사람의 영업명의를 도용하거나 대여받은 자 또는 다른 사람에게 자기의 영업명이나 상호를 사용하게 한 영업자

ⓞ 자신의 영업장에 있는 동물장묘시설을 다른 자에게 대여한 영업자

ⓩ 영업정지 기간에 영업을 한 자

ⓒ 설치 목적과 다른 목적으로 고정형 영상정보처리기기를 임의로 조작하거나 다른 곳을 비춘 자 또는 녹음기능을 사용한 자

ⓣ 영상기록을 목적 외의 용도로 다른 사람에게 제공한 자

④ 500만원 이하의 벌금

㉠ 업무상 알게 된 비밀을 누설한 기질평가위원회의 위원 또는 위원이었던 자

㉡ 신고를 하지 아니하고 보호시설을 운영한 자

㉢ 폐쇄명령에 따르지 아니한 자

㉣ 비밀을 누설하거나 도용한 윤리위원회의 위원 또는 위원이었던 자

㉤ 월령이 12개월 미만인 개·고양이를 교배 또는 출산시킨 영업자

㉥ 동물의 발정을 유도한 영업자

㉦ 살아있는 동물을 처리한 영업자

㉧ 요청 목적 외로 정보를 사용하거나 다른 사람에게 정보를 제공 또는 누설한 자

⑤ 300만원 이하의 벌금

㉠ 동물을 유기한 소유자등(맹견을 유기한 경우는 제외)

㉡ 사진 또는 영상물을 판매·전시·전달·상영하거나 인터넷에 게재한 자

㉢ 도박을 목적으로 동물을 이용한 자 또는 동물을 이용하는 도박을 행할 목적으로 광고·선전한 자

㉣ 도박·시합·복권·오락·유흥·광고 등의 상이나 경품으로 동물을 제공한 자

㉤ 영리를 목적으로 동물을 대여한 자

㉥ 법 제18조 제4항 후단에 따른 인도적인 방법에 의한 처리 명령에 따르지 아니한 맹견의 소유자

㉦ 법 제20조 제2항에 따른 인도적인 방법에 의한 처리 명령에 따르지 아니한 맹견의 소유자

㉧ 법 제24조 제1항에 따른 기질평가 명령에 따르지 아니한 맹견 아닌 개의 소유자

㉨ 수의사에 의하지 아니하고 동물의 인도적인 처리를 한 자

㉩ 동물실험을 한 자

㉪ 월령이 2개월 미만인 개·고양이를 판매(알선 또는 중개 포함)한 영업자

㉫ 영업장 폐쇄에 따른 게시문 등 또는 봉인을 제거하거나 손상시킨 자

⑥ 상습적으로 ①부터 ⑤까지의 죄를 지은 자는 그 죄에 정한 형의 2분의 1까지 가중한다.

⑦ 이수명령 이행에 관한 지시를 따르지 않은 경우(법 제98조)

이수명령을 부과받은 사람이 보호관찰소의 장 또는 교정시설의 장의 이수명령 이행에 관한 지시에 따르지 아니하여 경고를 받은 후 재차 정당한 사유 없이 이수명령 이행에 관한 지시를 따르지 아니한 경우에는 다음에 따른다.

ⓐ 벌금형과 병과된 경우에는 500만원 이하의 벌금에 처한다.

ⓑ 징역형 이상의 실형과 병과된 경우에는 1년 이하의 징역 또는 1천만원 이하의 벌금에 처한다.

(2) 양벌규정(법 제99조)

법인의 대표자나 법인 또는 개인의 대리인, 사용인, 그 밖의 종업원이 그 법인 또는 개인의 업무에 관하여 제97조에 따른 위반행위를 하면 그 행위자를 벌하는 외에 그 법인 또는 개인에게도 해당 조문의 벌금형을 과한다. 다만, 법인 또는 개인이 그 위반행위를 방지하기 위하여 해당 업무에 관하여 상당한 주의와 감독을 게을리하지 아니한 경우에는 그러하지 아니하다.

(3) 과태료(법 제101조)

① 500만원 이하의 과태료

ⓐ 윤리위원회를 설치 · 운영하지 아니한 동물실험시행기관의 장

ⓑ 윤리위원회의 심의를 거치지 아니하고 동물실험을 한 동물실험시행기관의 장

ⓒ 윤리위원회의 변경심의를 거치지 아니하고 동물실험을 한 동물실험시행기관의 장(제52조 제3항에서 준용하는 경우 포함)

ⓓ 동물실험 심의 후 감독을 요청하지 아니한 경우 해당 동물실험시행기관의 장(제52조 제3항에서 준용하는 경우 포함)

ⓔ 정당한 사유 없이 실험 중지 요구를 따르지 아니하고 동물실험을 한 동물실험시행기관의 장(제52조 제3항에서 준용하는 경우 포함)

ⓕ 윤리위원회의 심의 또는 변경심의를 받지 아니하고 동물실험을 재개한 동물실험시행기관의 장(제52조 제3항에서 준용하는 경우 포함)

ⓖ 개선명령을 이행하지 아니한 동물실험시행기관의 장

ⓗ 인증농장에서 생산되지 아니한 축산물에 동물복지축산물 표시를 하는 행위를 위반하여 동물복지축산물 표시를 한 자

ⓘ 영업별 시설 및 인력 기준을 준수하지 아니한 영업자

② 300만원 이하의 과태료

ⓐ 맹견수입신고를 하지 아니한 자

ⓑ 맹견 관리를 위반한 맹견의 소유자등

ⓒ 맹견의 안전한 사육 및 관리에 관한 교육을 받지 아니한 자

ⓓ 맹견을 금지 장소에 출입하게 한 소유자등

ⓔ 맹견 피해 보상 보험에 가입하지 아니한 소유자

ⓕ 교육이수명령 또는 개의 훈련 명령에 따르지 아니한 소유자

ⓖ 보호시설 및 운영 기준 등을 준수하지 아니하거나 시설정비 등의 사후관리를 하지 아니한 자

ⓗ 신고를 하지 아니하고 보호시설의 운영을 중단하거나 보호시설을 폐쇄한 자

ⓘ 중지명령이나 시정명령을 3회 이상 반복하여 이행하지 아니한 자

ⓙ 전임수의사를 두지 아니한 동물실험시행기관의 장

ⓚ 법 제67조 제1항 제4호 나목 또는 다목을 위반하여 동물복지축산물 표시를 한 자

ⓔ 맹견 취급의 사실을 신고하지 아니한 영업자

ⓟ 휴업·폐업 또는 재개업의 신고를 하지 아니한 영업자

ⓗ 동물처리계획서를 제출하지 아니하거나 동물 처리한 후에 따른 결과를 보고하지 아니한 영업자

㉮ 노화나 질병이 있는 동물을 유기하거나 폐기할 목적으로 거래한 영업자

㉯ 동물의 번식, 반입·반출 등의 기록, 관리 및 보관을 하지 아니한 영업자

㉰ 영업허가번호 또는 영업등록번호를 명시하지 아니하고 거래금액을 표시한 영업자

㉱ 수입신고를 하지 아니하거나 거짓이나 그 밖의 부정한 방법으로 수입신고를 한 영업자

③ 100만원 이하의 과태료

ⓖ 동물을 싣고 내릴 때 운송용 우리를 던지거나 떨어뜨려 다치게 하는 행위 또는 운송을 위해 전기 몰이도구를 사용하여 동물을 운송한 자

ⓛ 동물 운송 준수 규정을 위반하여 동물을 운송한 자

ⓒ 직접 전달하지 않거나 동물운송업의 등록을 한 자를 통하지 않고 반려동물을 전달한 자

ⓡ 등록대상동물을 등록하지 아니한 소유자

ⓜ 정당한 사유 없이 출석, 자료제출요구 또는 기질평가와 관련한 조사를 거부한 자

ⓗ 정기적으로 동물의 보호 및 공중위생상의 위해 방지 등에 관한 교육을 받지 아니한 동물보호센터의 장 및 그 종사자

ⓢ 중요한 사항을 변경신고를 하지 아니하거나 보호시설 운영재개신고를 하지 아니한 자

ⓞ 미성년자에게 동물 해부실습을 하게 한 자

ⓩ 동물의 보호·복지에 관한 사항과 동물실험의 심의에 관한 정기적인 교육을 이수하지 아니한 윤리위원회의 위원

ⓩ 정당한 사유 없이 인증농장이 인증기준에 맞는지 여부의 조사를 거부·방해하거나 기피한 자

㉠ 인증농장의 인증을 받은 자의 지위를 승계하고 그 사실을 신고하지 아니한 자

ⓔ 경미한 사항의 변경을 신고하지 아니한 영업자

ⓟ 영업자의 지위를 승계하고 그 사실을 신고하지 아니한 자

ⓗ 종사자에게 교육을 실시하지 아니한 영업자

㉮ 동물의 취급 등에 관한 영업실적을 보고하지 아니한 영업자

㉯ 등록대상동물의 등록 및 변경신고의무를 고지하지 아니한 영업자

㉰ 수입을 목적으로 신고한 사항과 다른 용도로 동물을 사용한 영업자

㉱ 등록대상동물의 사체를 처리한 후 신고하지 아니한 영업자

㉲ 동물의 보호와 공중위생상의 위해 방지를 위하여 농림축산식품부령으로 정하는 준수사항을 지키지 아니한 영업자

㉳ 등록대상동물의 등록을 신청하지 아니하고 판매한 영업자

㉴ 정기 교육 및 추가 교육을 받지 아니하고 영업을 한 영업자

㉵ 동물 현황 및 관리실태 등 필요한 자료제출 요구에 응하지 아니하거나 거짓 자료를 제출한 동물의 소유자등

㉶ 동물이 있는 장소에 대한 출입·검사를 거부·방해 또는 기피한 동물의 소유자등

㉔ 법 제86조 제2항에 따른 보고 · 자료제출을 하지 아니하거나 거짓으로 보고 · 자료제출을 한 자 또는 같은 항에 따른 출입 · 조사 · 검사를 거부 · 방해 · 기피한 자

㉑ 동물에 대한 위해 방지 조치의 이행 등 또는 소속 공무원의 출입 · 검사등의 결과에 따라 필요한 시정 명령 등의 조치에 따르지 아니한 자

㉘ 동물보호관의 직무 수행을 거부 · 방해 또는 기피한 자

④ 50만원 이하의 과태료

㉠ 등록동물의 정해진 기간 내에 신고를 하지 아니한 소유자

㉡ 등록동물의 소유권을 이전받은 날부터 30일 이내에 신고를 하지 아니한 자

㉢ 소유자등 없이 등록대상동물을 기르는 곳에서 벗어나게 한 소유자등

㉣ 등록대상동물을 동반하고 외출할 때 목줄착용 등 안전조치를 하지 아니한 소유자등

㉤ 등록대상동물을 동반하고 외출할 때 등록대상동물에 인식표를 부착하지 아니한 소유자등

㉥ 등록대상동물을 동반하고 외출할 때 등록대상동물의 배설물을 수거하지 아니한 소유자등

㉦ 정당한 사유 없이 실태조사에 필요한 자료 및 정보의 제공을 하지 아니한 자

01 | 실전예상문제

01 동물보호법의 목적으로 가장 옳지 않은 것은?

① 건전하고 책임 있는 사육문화 조성
② 동물의 생명보호, 안전 보장 및 복지 증진
③ 동물을 유해한 환경으로부터 보호 · 구제
④ 사람과 동물의 조화로운 공존에 이바지

> **해설** **동물보호법의 목적(법 제1조)**
> 동물의 생명보호, 안전 보장 및 복지 증진을 꾀하고 건전하고 책임 있는 사육문화를 조성함으로써, 생명 존중의
> 국민 정서를 기르고 사람과 동물의 조화로운 공존에 이바지함을 목적으로 한다.

02 동물보호법령상 반려동물에 속하지 않는 것은?

① 개
② 기니피그
③ 페럿
④ 고슴도치

> **해설** **반려동물의 범위(규칙 제3조)**
> 반려동물이란 개, 고양이, 토끼, 페럿, 기니피그 및 햄스터를 말한다.

03 동물보호법의 맹견에 속하지 않는 것은?

① 보스턴테리어
② 도사견과 그 잡종의 개
③ 로트와일러와 그 잡종의 개
④ 아메리칸 스태퍼드셔 테리어

> **해설** 보스턴테리어는 소형 견종으로 맹견에 속하지 않는다. 맹견이란 도사견, 핏불테리어, 로트와일러 등 사람의 생
> 명이나 신체에 위해를 가할 우려가 있는 개를 말한다(법 제2조 제5호).
> **맹견의 범위(규칙 제2조)**
> 1. 도사견과 그 잡종의 개
> 2. 핏불테리어(아메리칸 핏불테리어 포함)와 그 잡종의 개
> 3. 아메리칸 스태퍼드셔 테리어와 그 잡종의 개
> 4. 스태퍼드셔 불 테리어와 그 잡종의 개
> 5. 로트와일러와 그 잡종의 개

04 동물보호법상 동물보호의 기본원칙으로 옳지 않은 것은?

① 동물이 재난 시 안전하게 대피할 수 있도록 노력할 것

② 동물이 갈증 및 굶주림을 겪거나 영양이 결핍되지 아니하도록 할 것

③ 동물이 정상적인 행동을 표현할 수 있고 불편함을 겪지 아니하도록 할 것

④ 동물이 본래의 습성과 몸의 원형을 유지하면서 정상적으로 살 수 있도록 할 것

해설 ① 적정한 사육 · 관리에 대한 내용이다. 동물보호의 기본원칙에는 ② · ③ · ④외에 동물이 고통 · 상해 및 질병으로부터 자유롭도록 할 것, 동물이 공포와 스트레스를 받지 아니하도록 할 것이 있다(법 제3조).

05 동물보호법상 동물복지종합계획의 수립 · 시행에 포함되지 않는 것은?

① 동물복지에 관한 기본방향

② 반려동물 관련 영업에 관한 사항

③ 종합계획 추진 재원의 조달방안

④ 동물학대방지와 반려동물의 사육에 관한 사항

해설 **동물복지종합계획(법 제6조)**

농림축산식품부장관은 동물의 적정한 보호 · 관리를 위하여 5년마다 다음 사항의 동물복지종합계획을 수립 · 시행하여야 한다.

• 동물복지에 관한 기본방향
• 동물의 보호 · 복지 및 관리에 관한 사항
• 동물을 보호하는 시설에 대한 지원 및 관리에 관한 사항
• 반려동물 관련 영업에 관한 사항
• 동물의 질병 예방 및 치료 등 보건 증진에 관한 사항
• 동물의 보호 · 복지 관련 대국민 교육 및 홍보에 관한 사항
• 종합계획 추진 재원의 조달방안
• 그 밖에 동물의 보호 · 복지를 위하여 필요한 사항

06 동물보호법령상 동물의 적정한 사육 · 관리로 가장 옳지 않은 것은?

① 소유자등은 동물에게 적합한 사료와 물을 공급하고, 운동 · 휴식 및 수면이 보장되도록 노력하여야 한다.

② 소유자등은 동물이 질병에 걸리거나 부상당한 경우에는 신속하게 치료하거나 그 밖에 필요한 조치를 하도록 노력하여야 한다.

③ 소유자등은 동물을 관리하거나 다른 장소로 옮긴 경우에는 그 동물이 새로운 환경에 적응하는 데에 필요한 조치를 하도록 노력하여야 한다.

④ 개는 격년마다 1회 구충(驅蟲)을 하되 구충제의 효능 지속기간이 끝나기 전에 주기적으로 구충을 해야 한다.

해설 개는 분기마다 1회 이상 구충(驅蟲)을 하되, 구충제의 효능 지속기간이 있는 경우에는 구충제의 효능 지속기간이 끝나기 전에 주기적으로 구충을 해야 한다(규칙 별표1).

07 다음 동물보호법상 동물학대 등의 금지행위에 해당하는 내용을 모두 고른 것은?

> ㄱ. 목을 매다는 등의 잔인한 방법으로 죽음에 이르게 하는 행위
> ㄴ. 동물실험의 원칙에 따라 실시하는 동물실험에서 살아있는 상태의 동물의 신체를 손상하는 행위
> ㄷ. 도박 · 광고 · 오락 · 유흥 등의 목적으로 동물에게 상해를 입히는 행위
> ㄹ. 소유자등이 없이 배회하거나 내버려진 동물 또는 피학대동물 중 소유자등을 알 수 없는 동물임을 알면서 알선 · 구매하는 행위
> ㅁ. 동물보호단체가 동물보호 의식을 고양시키기 위한 목적으로 동물학대행위를 촬영한 사진 또는 영상물을 판매 · 전시 · 전달 · 상영하거나 인터넷에 게재하는 행위

① ㄱ, ㄴ, ㄷ

② ㄱ, ㄷ, ㄹ

③ ㄴ, ㄹ, ㅁ

④ ㄴ, ㄷ, ㅁ

해설 ㄴ. 살아있는 상태에서 동물의 몸을 손상하거나 체액을 채취하거나 체액을 채취하기 위한 장치를 설치하는 행위는 금지행위이다. 다만, 다만, 질병의 예방이나 치료를 위한 행위, 동물실험인 경우, 긴급 사태가 발생하여 해당 동물을 보호하기 위해 필요한 행위인 경우는 제외된다.

ㅁ. 동물학대행위를 촬영한 사진 또는 영상물을 판매 · 전시 · 전달 · 상영하거나 인터넷에 게재하는 행위는 금지행위이다. 다만, 동물보호 의식을 고양하기 위한 목적이 표시된 홍보 활동 등 농림축산식품부령으로 정하는 경우는 제외된다.

08 동물보호법상의 반려동물 전달방법으로 옳은 것은?

> ㄱ. 직접 전달
> ㄴ. 농림축산식품부 지정장소에서의 거래
> ㄷ. 동물운송업자를 통한 전달
> ㄹ. 택배거래업체를 통한 배송

① ㄱ, ㄴ   ② ㄱ, ㄷ   ③ ㄴ, ㄷ   ④ ㄴ, ㄹ

해설 반려동물을 다른 사람에게 전달하려는 자는 직접 전달하거나 동물운송업의 등록을 한 자를 통하여 전달하여야 한다(법 제12조).

09 동물보호법상 등록대상동물의 등록과 관련된 설명으로 옳지 않은 것은?

① 등록대상동물의 소유자는 동물의 보호와 유실·유기 방지 및 공중위생상의 위해 방지 등을 위하여 특별자치시장·특별자치도지사·시장·군수·구청장에게 등록대상동물을 등록하여야 한다.
② 등록대상동물의 소유자는 등록대상동물을 잃어버린 경우에는 등록대상동물을 잃어버린날부터 7일 이내에 신고하여야 한다.
③ 등록대상동물에 대하여 소유자의 주소가 변경된 경우에는 변경사유 발생일부터 30일 이내에 특별자치시장·특별자치도지사·시장·군수·구청장에게 신고하여야 한다.
④ 등록동물의 소유권을 이전받은 자 중 등록을 실시하는 지역에 거주하는 자는 그 사실을 소유권을 이전받은 날부터 30일 이내에 자신의 주소지를 관할하는 특별자치시장·특별자치도지사·시장·군수·구청장에게 신고하여야 한다.

해설 등록대상동물의 소유자는 등록대상동물을 잃어버린 경우에는 등록대상동물을 잃어버린 날부터 10일 이내에 특별자치시장·특별자치도지사·시장·군수·구청장에게 신고하여야 한다(법 제15조 제2항 제1호).

10 동물보호법상 소유자등이 등록대상동물과 동반 외출 시 지켜야 할 준수사항이 아닌 것은?

① 배설물이 생겼을 때에는 즉시 수거할 것
② 목줄 착용 등 사람 또는 동물에 대한 위해를 예방하기 위한 안전조치를 할 것
③ 평상·의자 등 사람이 눕거나 앉을 수 있는 기구 위의 소변은 즉시 수거할 것
④ 등록대상동물(미등록 동물 포함)의 이름, 소유자의 연락처 등을 표시한 인식표를 등록대상동물에 부착할 것

해설 등록대상동물의 이름, 소유자의 연락처, 그 밖에 농림축산식품부령으로 정하는 사항(등록한 동물만 해당)을 표시한 인식표를 등록대상동물에게 부착해야 한다(법 제16조 제2항 제2호, 규칙 제12조).

11 동물보호법상 등록대상동물의 인식표 표시내용으로 옳지 않은 것은?

① 소유자의 성명

② 소유자의 연락처

③ 동물등록번호(등록한 동물만 해당)

④ 등록대상동물의 이름

> **해설** 법 제16조 제2항 제2호, 규칙 제12조)
>
> 등록대상동물의 이름, 소유자의 연락처, 동물등록번호(등록한 동물만 해당)를 표시한 인식표를 등록대상동물에게 부착해야 한다(법 제16조 제2항 제2호, 규칙 제12조).

12 동물보호법상 맹견의 관리에 대한 설명으로 옳지 않은 것은?

① 소유자등이 없이 맹견을 기르는 곳에서 벗어나지 아니하게 하여야 한다.

② 월령이 3개월 이상인 맹견을 동반하고 외출할 때에는 목줄 또는 가슴줄, 입마개 등 안전장치를 하거나 맹견의 탈출을 방지할 수 있는 적정한 이동장치를 하여야 한다.

③ 맹견사육허가를 받은 사람은 맹견의 안전한 사육·관리 또는 보호에 관하여 정기적으로 교육을 받아야 한다.

④ 시장·군수·구청장은 맹견이 사람에게 신체적 피해를 주는 경우 소유자등의 동의 없이 맹견에 대하여 격리조치 등 필요한 조치를 취할 수 있다.

> **해설** 맹견에게는 목줄 및 입마개를 하여야 하며, 가슴줄은 하지 않아도 된다(법 제21조 제1항 제2호).

13 동물보호법에서 규정하는 맹견의 출입금지 장소가 아닌 곳은?

① 어린이집   ② 유치원

③ 고등학교   ④ 초등학교 및 특수학교

> **해설** 맹견의 소유자등은 어린이집, 유치원, 초등학교 및 특수학교, 노인복지시설, 장애인복지시설, 어린이공원, 어린이놀이시설, 그 밖에 불특정 다수인이 이용하는 장소로서 시·도의 조례로 정하는 장소에 맹견이 출입하지 아니하도록 하여야 한다(법 제22조).

14 동물보호법상 동물의 구조·보호조치에서 제외되는 대상은?

① 유실동물
② 피학대동물 중 소유자를 알 수 없는 동물
③ 유기동물 중 농림축산식품부령으로 정하는 동물
④ 소유자로부터 학대를 받아 적정하게 치료·보호받을 수 없다고 판단되는 동물

해설 유실·유기동물 중 농림축산식품부령으로 정하는 동물(도심지나 주택가에서 자연적으로 번식하여 자생적으로 살아가는 고양이로서 개체수 조절을 위해 중성화(中性化)하여 포획장소에 방사(放飼)하는 등의 조치 대상이거나 조치가 된 고양이)은 구조·보호조치의 대상에서 제외한다.(법 제34조 제1항 단서, 규칙 제14조 제1항 참고).

15 다음 동물보호법령상의 학대동물 보호조치기간은?

> 시·도지사와 시장·군수·구청장은 소유자등에게 학대받은 동물을 보호할 때에는 수의사의 진단에 따라 기간을 정하여 보호조치 하되, (   ) 이상 소유자등으로부터 격리조치를 해야 한다.

① 3일   ② 5일
③ 7일   ④ 10일

해설 특별시장·광역시장·특별자치시장·도지사 및 특별자치도지사(이하 시·도지사)와 시장·군수·구청장은 소유자등에게 학대받은 동물을 보호할 때에는 「수의사법」에 따른 수의사의 진단에 따라 기간을 정하여 보호조치 하되, 5일 이상 소유자등으로부터 격리조치를 해야 한다(규칙 제15조).

16 동물보호법에서 동물보호센터의 지정을 반드시 취소하여야 하는 경우는?

① 거짓이나 그 밖의 부정한 방법으로 지정을 받은 경우
② 보호비용을 거짓으로 청구한 경우
③ 보호 중인 동물을 영리를 목적으로 분양하는 경우
④ 특별한 사유 없이 유실·유기동물 및 피학대 동물에 대한 보호조치를 3회 이상 거부한 경우

해설 **동물보호센터의 지정 취소(법 제36조 제4항)**
지정된 동물보호센터가 다음의 어느 하나에 해당하는 경우에는 그 지정을 취소할 수 있다. 다만, 제1호 및 제4호에 해당하는 경우에는 그 지정을 취소하여야 한다.
1. 거짓이나 그 밖의 부정한 방법으로 지정을 받은 경우
2. 지정기준에 맞지 아니하게 된 경우
3. 보호비용을 거짓으로 청구한 경우
4. 동물학대 금지의 규정을 위반한 경우
5. 동물의 인도적인 처리 등을 위반한 경우
6. 출입·검사의 시정명령을 위반한 경우
7. 특별한 사유 없이 유실·유기동물 및 피학대 동물에 대한 보호조치를 3회 이상 거부한 경우
8. 보호 중인 동물을 영리를 목적으로 분양하는 경우

17 동물보호법상 소유자에게 보호조치 중인 동물을 반환해야 하는 경우를 모두 고른 것은?

> ㄱ. 보호조치 중에 있는 유실·유기동물의 소유자가 그 동물에 대하여 반환을 요구하는 경우
> ㄴ. 보호기간이 지난 후, 소유자로부터 학대를 받아 적정하게 치료·보호받을 수 없다고 판단되는 동물에 대하여 소유자가 사육계획서를 제출한 후 보호비용을 부담하고 반환을 요구하는 경우
> ㄷ. 수의사가 유실·유기동물 및 피학대 동물 중 소유자를 알 수 없는 동물의 보호조치를 종료하여도 된다고 판단하는 경우
> ㄹ. 동물의 소유자가 그 동물의 소유권을 포기하고 이를 동물보호센터에 이관한 경우

① ㄱ, ㄴ
② ㄱ, ㄷ
③ ㄴ, ㄷ
④ ㄴ, ㄹ

해설 동물의 반환 등(법 제41조 제1항)
시·도지사와 시장·군수·구청장은 다음의 어느 하나에 해당하는 사유가 발생한 경우에는 동물의 구조·보호조항에 해당하는 동물을 그 동물의 소유자에게 반환하여야 한다.
1. 유실·유기동물 및 피학대 동물 중 소유자를 알 수 없는 동물이 보호조치 중에 있고, 소유자가 그 동물에 대하여 반환을 요구하는 경우
2. 보호기간이 지난 후, 보호조치 중인 소유자등으로부터 학대를 받아 적정하게 치료·보호받을 수 없다고 판단되는 동물에 대하여 소유자가 사육계획서를 제출한 후 보호비용을 부담하고 반환을 요구하는 경우

18 동물보호법상 동물의 인도적인 처리기준으로 옳지 않은 것은?

① 동물의 인도적인 처리는 수의사가 해야 한다.
② 동물보호센터의 장은 보호동물 개체관리카드에 인도적 처리 약제 사용기록을 작성하여 3년간 보관해야 한다.
③ 보호조치 중인 동물이 질병으로부터 회복될 수 없다고 시·도지사 등이 진단한 경우 마취 등을 통하여 동물의 고통을 최소화하는 인도적인 방법으로 처리하여야 한다.
④ 동물의 사체가 발생한 경우 폐기물관리법에 따라 처리하거나 동물장묘업의 허가를 받은 자가 설치·운영하는 동물장묘시설에서 처리하여야 한다.

해설 ③ 수의사가 진단한 경우에 인도적 방법으로 처리해야 한다.
동물의 인도적인 처리 등(법 제46조 제1항, 규칙 제28조 제1항)
보호조치 중인 동물에게 질병 등 다음의 어느 하나에 해당하는 사유가 있는 경우에는 농림축산식품부장관이 정하는 바에 따라 마취 등을 통하여 동물의 고통을 최소화하는 인도적인 방법으로 처리하여야 한다.
1. 동물이 질병 또는 상해로부터 회복될 수 없거나 지속적으로 고통을 받으며 살아야 할 것으로 수의사가 진단한 경우
2. 동물이 사람이나 보호조치 중인 다른 동물에게 질병을 옮기거나 위해를 끼칠 우려가 매우 높은 것으로 수의사가 진단한 경우
3. 기증 또는 분양이 곤란한 경우 등 시·도지사 또는 시장·군수·구청장이 부득이한 사정이 있다고 인정하는 경우

19 동물보호법 제39조 제1항에서 규정하는 "동물학대 신고 대상동물"로 옳은 것은?

① 월령 3개월 미만의 유기된 강아지

② 질병치료를 위해 물리적 수술 중인 고양이

③ 동물실험대상인 토끼

④ 소싸움에 출전하는 소

해설 ① 월령 3개월 미만의 유기된 강아지 : 유실·유기동물은 누구든지 신고할 수 있다(법 제39조 제1항).
② 질병치료를 위해 물리적 수술 중인 고양이 : 질병의 치료는 제외한다(규칙 제6조 제2항 제1호).
③ 동물실험대상인 토끼 : 동물실험은 제외한다(규칙 제6조 제2항 제2호).
④ 소싸움에 출전하는 소 : 민속경기에 따른 소싸움은 제외한다(규칙 제6조 제4항).

20 동물보호법상 반려동물과 관련된 영업의 종류에 속하지 않는 것은?

① 동물생산업

② 동물수입업

③ 동물대여업

④ 동물장묘업

해설 반려동물과 관련된 영업의 종류는 동물생산업, 동물수입업, 동물판매업, 동물장묘업이 있다(법 제69조 제1항).

21 동물보호법상 동물보호관의 직무로 옳지 않은 것은?

① 학대받는 동물의 구조·보호 지원

② 동물의 적정한 사육·관리에 대한 교육 및 지도

③ 공설동물장묘시설의 설치·운영에 관한 감독

④ 동물의 적정한 운송과 반려동물 전달방법에 대한 지도·감독

해설 ① 학대받는 동물의 구조·보호 지원은 명예동물보호관의 직무이다(영 제28조 제3항). 동물학대에 관한 동물보호관의 직무는 동물학대 행위의 예방, 중단 또는 재발방지를 위하여 필요한 조치이다(영 제27조 제3항)

22 동물보호법상 청문을 해야 하는 경우를 모두 고른 것은?

> ㄱ. 맹견사육허가의 철회
> ㄴ. 동물복지축산농장의 인증취소
> ㄷ. 영업허가 또는 영업등록의 취소
> ㄹ. 동물복지위원회 설립의 취소

① ㄱ, ㄴ, ㄷ
② ㄱ, ㄴ, ㄹ
③ ㄱ, ㄷ, ㄹ
④ ㄴ, ㄷ, ㄹ

해설 **청문(법 제92조)**
농림축산식품부장관, 시·도지사 또는 시장·군·구청장은 다음의 어느 하나에 해당하는 처분을 하려면 청문을 하여야 한다.
1. 맹견사육허가의 철회
2. 반려동물행동지도사의 자격취소
3. 동물보호센터의 지정취소
4. 보호시설의 시설폐쇄
5. 인증기관의 지정취소
6. 동물복지축산농장의 인증취소
7. 영업허가 또는 영업등록의 취소

23 동물보호법상 3년 이하의 징역 또는 3천만원 이하의 벌금에 처하는 자로 옳은 것은?

① 맹견을 유기한 소유자등
② 영리를 목적으로 동물을 대여한 자
③ 동물실험의 금지대상이 되는 동물로 동물실험을 한 자
④ 정당한 사유없이 동물을 죽음에 이르게 하는 학대행위를 한 자

해설 ④ 3년 이하의 징역 또는 3천만원 이하의 벌금(법 제97조 제1항)
① 2년 이하의 징역 또는 2천만원 이하의 벌금(법 제97조 제2항 제2호)
② 300만원 이하의 벌금(법 제97조 제5항 제5호)
③ 300만원 이하의 벌금(법 제97조 제5항 제10호)

24 동물보호법상 거짓이나 그 밖의 부정한 방법으로 인증농장 인증을 받는 행위의 벌칙은?

① 300만원 이하의 벌금

② 500만원 이하의 벌금

③ 1년 이하의 징역 또는 1천만원 이하의 벌금

④ 2년 이하의 징역 또는 2천만원 이하의 벌금

> **해설** 2년 이하의 징역 또는 2천만원 이하의 벌금(법 제97조 제2항 제6호 · 제7호 · 제8호)
> • 거짓이나 그 밖의 부정한 방법으로 인증농장 인증을 받은 자
> • 인증을 받지 아니한 축산농장을 인증농장으로 표시한 자
> • 거짓이나 그 밖의 부정한 방법으로 인증심사 · 재심사 및 인증갱신을 하거나 받을 수 있도록 도와주는 행위를
>   한 자

25 동물보호법상 50만원 이하의 과태료가 부과되는 대상자를 모두 고른 것은?

> ㄱ. 맹견관리를 위반한 맹견의 소유자등
> ㄴ. 반려동물 전달방법을 위반하여 반려동물을 전달한 자
> ㄷ. 등록대상동물의 인식표를 부착하지 아니한 소유자등
> ㄹ. 등록대상동물을 동반하고 외출할 때 배설물을 수거하지 아니한 소유자등
> ㅁ. 등록대상동물을 잃어버린 경우 정해진 기간 내에 신고를 하지 아니한 소유자

① ㄱ, ㄴ, ㄷ

② ㄱ, ㄷ, ㄹ

③ ㄴ, ㄷ, ㄹ

④ ㄷ, ㄹ, ㅁ

> **해설** ㄷ. 50만원 이하의 과태료(법 제101조 제4항 제5호)
> ㄹ. 50만원 이하의 과태료(법 제101조 제4항 제6호)
> ㅁ. 50만원 이하의 과태료(법 제101조 제4항 제1호)
> ㄱ. 300만원 이하의 과태료(법 제101조 제2항 제2호)
> ㄴ. 100만원 이하의 과태료(법 제101조 제3항 제3호)

02 | 수의사법

수의사법[시행 2024. 4. 25.] [법률 제19753호, 2023. 10. 24., 일부개정]
수의사법 시행령[시행 2024. 4. 25.] [대통령령 제34409호, 2024. 4. 16., 일부개정]
수의사법 시행규칙[시행 2024. 4. 25.] [농림축산식품부령 제647호, 2024. 4. 25., 일부개정]

1 총 칙

(1) 목적(법 제1조)

수의사법은 수의사(獸醫師)의 기능과 수의(獸醫)업무에 관하여 필요한 사항을 규정함으로써 동물의 건강증진, 축산업의 발전과 공중위생의 향상에 기여함을 목적으로 한다.

(2) 정의(법 제2조)

① **수의사** : 수의 업무를 담당하는 사람으로서 농림축산식품부장관의 면허를 받은 사람

② **동물** : 소, 말, 돼지, 양, 개, 토끼, 고양이, 조류(鳥類), 꿀벌, 수생동물(水生動物), 그 밖에 대통령령으로 정하는 동물

> **더알아보기** 대통령령으로 정하는 동물(영 제2조)
>
> - 노새 · 당나귀
> - 친칠라 · 밍크 · 사슴 · 메추리 · 꿩 · 비둘기
> - 시험용 동물
> - 그 외 동물로서 포유류 · 조류 · 파충류 및 양서류

③ **동물진료업** : 동물을 진료(동물의 사체 검안 포함)하거나 동물의 질병을 예방하는 업(業)

④ **동물보건사** : 동물병원 내에서 수의사의 지도 아래 동물의 간호 또는 진료 보조 업무에 종사하는 사람으로서 농림축산식품부장관의 자격인정을 받은 사람

⑤ **동물병원** : 동물진료업을 하는 장소로서 동물병원 개설에 따른 신고를 한 진료기관

(3) 수의사의 직무(법 제3조)

수의사는 동물의 진료 및 보건과 축산물의 위생 검사에 종사하는 것을 그 직무로 한다.

(4) 동물의료 육성 · 발전 종합계획의 수립 등(법 제3조의2)

① 농림축산식품부장관은 동물의료의 육성 · 발전 등에 관한 종합계획을 5년마다 수립 · 시행하여야 한다.

② 종합계획에는 다음의 사항이 포함되어야 한다.

㉠ 동물의료의 육성 · 발전을 위한 정책목표 및 추진방향

㉡ 동물의료 정책의 추진을 위한 지원체계의 구축 및 개선에 관한 사항

㉢ 동물의료 전문인력의 양성 및 활용 방안

㉣ 동물의료기술의 향상과 지원 방안

㉤ 그 밖에 동물의료의 육성 · 발전에 관한 사항

③ 농림축산식품부장관은 종합계획에 따라 매년 세부 시행계획을 수립 · 시행하여야 한다.

④ 그 밖에 종합계획 및 시행계획의 수립 · 시행 등에 필요한 사항은 대통령령으로 정한다.

2 수의사

(1) 면허(법 제4조)

수의사가 되려는 사람은 수의사 국가시험에 합격한 후 농림축산식품부령으로 정하는 바에 따라 농림축산식품부장관의 면허를 받아야 한다.

> **더알아보기 면허증의 발급(규칙 제2조)**
>
> ① 수의사의 면허를 받으려는 사람은 수의사 국가시험에 합격한 후 시험관리기관의 장에게 다음의 서류를 제출해야 한다.
>
> ㉠ 정신질환자가 아님을 증명하는 의사의 진단서 또는 정신건강의학과전문의가 수의사로서 직무를 수행할 수 있다고 인정하는 사람임을 증명하는 정신과전문의의 진단서
>
> ㉡ 마약, 대마(大麻), 그 밖의 향정신성의약품(向精神性醫藥品) 중독자가 아님을 증명하는 의사의 진단서 또는 정신건강의학과전문의가 수의사로서 직무를 수행할 수 있다고 인정하는 사람임을 증명하는 정신과전문의의 진단서
>
> ㉢ 사진(응시원서와 같은 원판으로서 가로 3cm, 세로 4cm의 모자를 쓰지 않은 정면 상반신) 2장
>
> ② 시험관리기관의 장은 응시절차 따라 제출받은 서류를 검토하여 결격사유 및 응시자격 해당 여부를 확인한 후 다음의 사항을 적은 수의사 면허증 발급 대상자 명단을 농림축산식품부장관에게 제출해야 한다.
>
> ㉠ 성명(한글 · 영문 및 한문)
>
> ㉡ 주 소
>
> ㉢ 주민등록번호(외국인인 경우에는 국적 · 생년월일 및 성별)
>
> ㉣ 출신학교 및 졸업 연월일
>
> ③ 농림축산식품부장관은 합격자 발표일부터 40일 이내(외국에서 수의학을 전공하는 대학을 졸업하고 수의학사 학위를 받은 사람의 경우에는 외국에서 수의학사 학위를 받은 사실과 수의사 면허를 받은 사실 등에 대한 조회가 끝난 날부터 40일 이내)에 수의사 면허증을 발급해야 한다.

(2) 결격사유(법 제5조)

① 정신건강증진 및 정신질환자 복지서비스 지원에 관한 법률에 따른 정신질환자. 다만, 정신건강의학과전문의가 수의사로서 직무를 수행할 수 있다고 인정하는 사람은 그러하지 아니하다.

② 피성년후견인 또는 피한정후견인

③ 마약, 대마(大麻), 그 밖의 향정신성의약품(向精神性醫藥品) 중독자. 다만, 정신건강의학과전문의가 수의사로서 직무를 수행할 수 있다고 인정하는 사람은 그러하지 아니하다.

④ 수의사법, 가축전염병예방법, 축산물위생관리법, 동물보호법, 의료법, 약사법, 식품위생법 또는 마약류 관리에 관한 법률을 위반하여 금고 이상의 실형을 선고받고 그 집행이 끝나지(집행이 끝난 것으로 보는 경우 포함) 아니하거나 면제되지 아니한 사람

(3) 면허의 등록(법 제6조)

① 농림축산식품부장관은 면허를 내줄 때에는 면허에 관한 사항을 면허대장에 등록하고 그 면허증을 발급해야 한다.

> **더알아보기** 면허대장 등록사항(규칙 제3조 제2항)
>
> • 면허번호 및 면허 연월일
> • 성명 및 주민등록번호(외국인은 성명 · 국적 · 생년월일 · 여권번호 및 성별)
> • 출신학교 및 졸업 연월일
> • 면허취소 또는 면허효력 정지 등 행정처분에 관한 사항
> • 면허증을 재발급하거나 면허를 재부여하였을 때에는 그 사유와 재발급 · 재부여 연월일
> • 면허증을 갱신하였을 때에는 그 사유와 갱신 연월일
> • 면허를 받은 사람이 사망한 경우에는 그 사망 연월일

② 면허증은 다른 사람에게 빌려주거나 빌려서는 아니 되며, 이를 알선하여서도 아니 된다.

③ 면허의 등록과 면허증 발급에 필요한 사항은 농림축산식품부령으로 정한다.

(4) 무면허 및 진료 거부 금지

① 무면허 진료행위 금지(법 제10조)

수의사가 아니면 동물을 진료할 수 없다.

② 무면허 진료행위 금지의 예외(법 제10조 단서, 영 제12조)

㉠ 수산생물질병 관리법에 따라 수산질병관리사 면허를 받은 사람이 수산생물질병 관리법에 따라 수산생물을 진료하는 경우

㉡ 수의학을 전공하는 대학(수의학과가 설치된 대학의 수의학과를 포함)에서 수의학을 전공하는 학생이 수의사 자격을 가진 지도교수의 지시 · 감독을 받아 전공 분야와 관련된 실습을 하기 위하여 하는 진료행위

㉢ ㉡의 학생이 수의사 자격을 가진 지도교수의 지도 · 감독을 받아 양축 농가에 대한 봉사활동을 위하여 하는 진료행위

ⓒ 축산 농가에서 자기가 사육하는 가축에 대한 진료행위
- 축산법에 따른 허가 대상인 가축사육업의 가축
- 축산법에 따른 등록 대상인 가축사육업의 가축
- 그 밖에 농림축산식품부장관이 정하여 고시하는 가축
ⓜ 농림축산식품부령으로 정하는 비업무로 수행하는 무상 진료행위(규칙 제8조)
- 광역시장 · 특별자치시장 · 도지사 · 특별자치도지사가 고시하는 도서 · 벽지(僻地)에서 이웃의 양축 농가가 사육하는 동물에 대하여 비업무로 수행하는 다른 양축 농가의 무상 진료행위
- 사고 등으로 부상당한 동물의 구조를 위하여 수행하는 응급 처치 행위
③ 진료의 거부 금지(법 제11조)

동물진료업을 하는 수의사가 동물의 진료를 요구받았을 때에는 정당한 사유 없이 거부하여서는 안 된다.

(5) 진단서 등(법 제12조)

① 수의사는 자기가 직접 진료하거나 검안하지 아니하고는 진단서, 검안서, 증명서 또는 처방전(전자서명이 기재된 전자문서 형태로 작성한 처방전 포함)을 발급하지 못하며, 약사법에 따른 동물용 의약품(처방대상 동물용 의약품)을 처방 · 투약하지 못한다. 단, 직접 진료하거나 검안한 수의사가 부득이한 사유로 진단서, 검안서 또는 증명서를 발급할 수 없을 때에는 같은 동물병원에 종사하는 다른 수의사가 진료부 등에 의하여 발급할 수 있다.

② 진료 중 폐사(斃死)한 경우에 발급하는 폐사 진단서는 다른 수의사에게서 발급받을 수 있다.

③ 수의사는 직접 진료하거나 검안한 동물에 대한 진단서, 검안서, 증명서 또는 처방전의 발급을 요구받았을 때에는 정당한 사유 없이 이를 거부하여서는 아니 된다.

④ 진단서, 검안서, 증명서 또는 처방전의 서식, 기재사항, 그 밖에 필요한 사항은 농림축산식품부령으로 정한다.

① 수의사가 발급하는 처방전은 별지 제10호 서식과 같다.

② 처방전은 동물 개체별로 발급해야 한다. 다만, 다음을 모두 갖춘 경우에는 같은 축사(지붕을 같이 사용하거나 지붕에 준하는 인공구조물을 같이 또는 연이어 사용하는 경우)에서 동거하고 있는 동물들에 대하여 하나의 처방전으로 같이 처방(군별 처방)할 수 있다.

　㉠ 질병 확산을 막거나 질병을 예방하기 위하여 필요한 경우일 것

　㉡ 처방 대상 동물의 종류가 같을 것

　㉢ 처방하는 동물용 의약품이 같을 것

③ 수의사는 처방전을 발급하는 경우에는 다음의 사항을 적은 후 서명(전자서명 포함)하거나 도장을 찍어야 한다. 이 경우 처방전 부본(副本)을 처방전 발급일부터 3년간 보관해야 한다.

　㉠ 처방전의 발급 연월일 및 유효기간(7일을 넘으면 안 됨)

　㉡ 처방 대상 동물의 이름[없거나 모르는 경우에는 그 동물의 소유자 또는 관리자(이하 동물소유자 등)가 동물소유자 등이 임의로 정한 것], 종류, 성별, 연령(추정연령), 체중 및 임신 여부. 다만, 군별 처방인 경우에는 처방 대상 동물들의 축사번호, 종류 및 총 마릿수 기재

　㉢ 동물소유자 등의 성명 · 생년월일 · 전화번호. 농장에 있는 동물에 대한 처방전인 경우에는 농장명도 기재

　㉣ 동물병원 또는 축산농장의 명칭, 전화번호 및 사업자등록번호

　㉤ 동물용 의약품 처방 내용

동물용 의약품 (처방대상 동물용 의약품)	처방대상 동물용 의약품의 성분명, 용량, 용법, 처방일수(30일을 넘으면 안 됨) 및 판매 수량(동물용 의약품의 포장 단위로 기재)
처방대상 동물용 의약품이 아닌 동물용 의약품	동물용 의약품의 사항. 다만, 동물용 의약품의 성분명 대신 제품명 기재 가능

　㉥ 처방전을 작성하는 수의사의 성명 및 면허번호

④ 수의사는 다음에 해당하는 경우에는 농림축산식품부장관이 정하는 기간을 넘지 아니하는 범위에서 처방전의 유효기간 및 처방일수를 달리 정할 수 있다.

　㉠ 질병예방을 위하여 정해진 연령에 같은 동물용 의약품을 반복 투약해야 하는 경우

　㉡ 그 밖에 농림축산식품부장관이 정하는 경우

⑤ 동물용 의약품 처방 내용 중 동물용 의약품에도 불구하고 효과적이거나 안정적인 치료를 위하여 필요하다고 수의사가 판단하는 경우에는 제품명을 성분명과 함께 쓸 수 있다. 이 경우 성분별로 제품명을 3개 이상 적어야 한다.

⑤ ①에도 불구하고 농림축산식품부장관에게 신고한 축산농장에 상시고용된 수의사와 「동물원 및 수족관의 관리에 관한 법률」에 따라 허가받은 동물원 또는 수족관에 상시고용된 수의사는 해당 농장, 동물원 또는 수족관의 동물에게 투여할 목적으로 처방대상 동물용 의약품에 대한 처방전을 발급할 수 있다. 이 경우 상시고용된 수의사의 범위, 신고방법, 처방전 발급 및 보존 방법, 진료부 작성 및 보고, 교육, 준수사항 등 그 밖에 필요한 사항은 농림축산식품부령으로 정한다.

(6) 처방대상 동물용 의약품에 대한 처방전의 발급 등(법 제12조의2)

① 수의사(축산농장, 동물원 또는 수족관에 상시고용된 수의사를 포함)는 동물에게 처방대상 동물용 의약품을 투약할 필요가 있을 때에는 처방전을 발급해야 한다.

② 수의사는 ①에 따라 처방전을 발급할 때에는 수의사처방관리시스템을 통하여 처방전을 발급하여야 한다. 다만, 전산장애, 출장 진료, 그 밖에 대통령령으로 정하는 부득이한 사유로 수의사처방관리시스템을 통하여 처방전을 발급하지 못할 때에는 처방전을 수기로 작성하여 처방전을 발급하고 부득이한 사유가 종료된 날부터 3일 이내에 처방전을 수의사처방관리시스템에 등록하여야 한다.

③ ①에도 불구하고 수의사는 본인이 직접 처방대상 동물용 의약품을 처방·조제·투약하는 경우에는 처방전을 발급하지 아니할 수 있다. 이 경우 해당 수의사는 수의사처방관리시스템에 처방대상 동물용 의약품의 명칭, 용법 및 용량 등 농림축산식품부령으로 정하는 사항을 입력해야 한다.

> **더알아보기**　처방전의 발급 등(규칙 제12조의2)
>
> ② 법 제12조의2 제3항 후단에서 농림축산식품부령으로 정하는 사항이란 다음의 사항을 말한다.
> 1. 입력 연월일 및 유효기간(7일을 넘으면 안 됨)
> 2. 처방 대상 동물의 이름, 종류, 성별, 연령, 체중 및 임신 여부. 다만, 군별 처방인 경우에는 처방 대상 동물들의 축사번호, 종류 및 총 마릿수, 동물병원 또는 축산농장의 명칭, 전화번호 및 사업자등록번호, 동물용 의약품 처방 내용 등의 사항
> 3. 동물소유자 등의 성명·생년월일·전화번호. 농장에 있는 동물에 대한 처방인 경우에는 농장명도 기재
> 4. 입력하는 수의사의 성명 및 면허번호

④ ①에 따라 처방전의 서식, 기재사항, 그 밖에 필요한 사항은 농림축산식품부령으로 정한다.

⑤ ①에 따라 처방전을 발급한 수의사는 처방대상 동물용 의약품을 조제하여 판매하는 자가 처방전에 표시된 명칭·용법 및 용량 등에 대하여 문의한 때에는 즉시 이에 응답해야 한다. 다만, 다음에 해당하는 경우에는 그러하지 아니하다.

　㉠ 응급한 동물을 진료 중인 경우

　㉡ 동물을 수술 또는 처치 중인 경우

　㉢ 그 밖에 문의에 응답할 수 없는 정당한 사유가 있는 경우

(7) 수의사처방관리시스템의 구축·운영(법 제12조의3, 규칙 제12조의3)

① 농림축산식품부장관은 처방대상 동물용 의약품을 효율적으로 관리하기 위하여 수의사처방관리시스템을 구축하여 운영해야 한다.

② 농림축산식품부장관은 수의사처방관리시스템을 통해 다음의 업무를 처리하도록 한다.

　㉠ 처방대상 동물용 의약품에 대한 정보의 제공

　㉡ 처방전의 발급 및 등록

　㉢ 처방대상 동물용 의약품에 관한 사항의 입력 관리

　㉣ 처방대상 동물용 의약품의 처방·조제·투약 등 관련 현황 및 통계 관리

③ 농림축산식품부장관은 수의사처방관리시스템의 개인별 접속 및 보안을 위한 시스템 관리 방안을 마련해야 한다.

④ ② · ③ 규정 사항 외에 수의사처방관리시스템의 구축 · 운영에 필요한 사항은 농림축산식품부장관이 정하여 고시한다.

(8) 진료부 및 검안부(법 제13조, 규칙 제13조)

① 수의사는 진료부나 검안부를 갖추어 두고 진료하거나 검안한 사항을 기록하고 서명해야 한다.

② 진료부 또는 검안부의 기재사항, 보존기간 및 보존방법, 그 밖에 필요한 사항은 농림축산식품부령으로 정한다. 진료부 또는 검안부는 각각 1년간 보존한다.

진료부	검안부
• 동물의 품종 · 성별 · 특징 및 연령 • 진료 연월일 • 동물소유자 등의 성명과 주소 • 병명과 주요 증상 • 치료방법(처방과 처치) • 사용한 마약 또는 향정신성의약품의 품명과 수량 • 동물등록번호(동물보호법에 따라 등록한 동물만 해당)	• 동물의 품종 · 성별 · 특징 및 연령 • 검안 연월일 • 동물소유자 등의 성명과 주소 • 폐사 연월일(명확하지 않을 때에는 추정 연월일) 또는 살처분 연월일 • 폐사 또는 살처분의 원인과 장소 • 사체의 상태 • 주요 소견

③ 진료부 또는 검안부는 전자서명법에 따른 전자서명이 기재된 전자문서로 작성 · 보관할 수 있다.

(9) 수술 등 중대진료에 관한 설명(법 제13조의2)

① 수의사는 동물의 생명 또는 신체에 중대한 위해를 발생하게 할 우려가 있는 수술, 수혈 등 농림축산식품부령으로 정하는 진료를 하는 경우에는 수술 등 중대진료 전에 동물의 소유자 또는 관리자에게 ②의 모든 사항을 설명하고, 서면(전자문서를 포함)으로 동의를 받아야 한다. 다만, 설명 및 동의 절차로 수술 등 중대진료가 지체되면 동물의 생명이 위험해지거나 동물의 신체에 중대한 장애를 가져올 우려가 있는 경우에는 수술 등 중대진료 이후에 설명하고 동의를 받을 수 있다.

② 수의사가 동물소유자 등에게 설명하고 동의를 받아야 할 사항은 다음과 같다.

  ㉠ 동물에게 발생하거나 발생 가능한 증상의 진단명

  ㉡ 수술 등 중대진료의 필요성, 방법 및 내용

  ㉢ 수술 등 중대진료에 따라 전형적으로 발생이 예상되는 후유증 또는 부작용

  ㉣ 수술 등 중대진료 전후에 동물소유자등이 준수하여야 할 사항

③ ① 및 ②에 따른 설명 및 동의의 방법 · 절차 등에 관하여 필요한 사항은 농림축산식품부령으로 정한다.

(10) 신고(법 제14조, 규칙 제14조)

① 수의사는 농림축산식품부령으로 정하는 바에 따라 그 실태와 취업상황(근무지가 변경된 경우를 포함) 등을 대한수의사회에 신고해야 한다.

② 수의사의 실태와 취업 상황 등에 관한 신고는 수의사회의 장(수의사회장)이 수의사의 수급상황을 파악하거나 그 밖의 동물의 진료시책에 필요하다고 인정하여 신고하도록 공고하는 경우에 해야 한다.

③ 수의사회장은 공고를 할 때에는 신고의 내용·방법·절차와 신고기간 그 밖의 신고에 필요한 사항을 정하여 신고개시일 60일 전까지 해야 한다.

(11) 진료기술의 보호(법 제15조)

수의사의 진료행위에 대하여는 수의사법 또는 다른 법령에 규정된 것을 제외하고는 누구든지 간섭하여서는 아니 된다.

(12) 기구 등의 우선 공급(법 제16조)

수의사는 진료행위에 필요한 기구, 약품, 그 밖의 시설 및 재료를 우선적으로 공급받을 권리를 가진다.

3 동물보건사

(1) 동물보건사의 자격(법 제16조의2)

동물보건사가 되려는 사람은 다음에 해당하는 사람으로서 동물보건사 자격시험에 합격한 후 농림축산식품부령으로 정하는 바에 따라 농림축산식품부장관의 자격인정을 받아야 한다.

① 농림축산식품부장관의 평가인증을 받은 고등교육법에 따른 전문대학 또는 이와 같은 수준 이상의 학교의 동물 간호 관련 학과를 졸업한 사람(동물보건사 자격시험 응시일부터 6개월 이내에 졸업이 예정된 사람을 포함)

② 초·중등교육법 제2조에 따른 고등학교 졸업자 또는 초·중등교육법령에 따라 같은 수준의 학력이 있다고 인정되는 사람(고등학교 졸업학력 인정자)으로서 농림축산식품부장관의 평가인증을 받은 평생교육법에 따른 평생교육기관의 고등학교 교과 과정에 상응하는 동물 간호에 관한 교육 과정을 이수한 후 농림축산식품부령으로 정하는 동물 간호 관련 업무에 1년 이상 종사한 사람

③ 농림축산식품부장관이 인정하는 외국의 동물 간호 관련 면허나 자격을 가진 사람

동물보건사의 자격인정 제출 서류(규칙 제14조의2)

① 동물보건사 자격인정을 받으려는 사람은 동물보건사 자격시험에 합격한 후 농림축산식품부장관에게 다음의 서류를 합격자 발표일부터 14일 이내에 제출해야 한다.

　　㉠ 정신질환자에 해당하는 사람이 아님을 증명하는 의사의 진단서 또는 정신건강의학과전문의가 동물보건사로서 직무를 수행할 수 있다고 인정하는 사람임을 증명하는 정신건강의학과전문의의 진단서

　　㉡ 마약, 대마(大麻), 그 밖의 향정신성의약품(向精神性醫藥品) 중독자에 해당하는 사람이 아님을 증명하는 의사의 진단서 또는 정신건강의학과전문의가 동물보건사로서 직무를 수행할 수 있다고 인정하는 사람임을 증명하는 정신건강의학과전문의의 진단서

　　㉢ 동물보건사의 자격 또는 동물보건사 자격시험 응시에 관한 특례의 어느 하나에 해당하는지를 증명할 수 있는 서류

　　㉣ 사진(규격은 가로 3.5cm, 세로 4.5cm로 한다) 2장

② 농림축산식품부장관은 제출받은 서류를 검토하여 다음에 해당하는지 여부를 확인해야 한다.

　　㉠ 동물보건사의 자격 또는 동물보건사 자격시험 응시에 관한 특례에 따른 자격

　　㉡ 수의사법에 따른 동물보건사 결격사유

③ 농림축산식품부장관은 동물보건사 자격인정을 한 경우에는 동물보건사자격시험의 합격자 발표일부터 50일 이내(외국에서 동물 간호 관련 면허나 자격을 받은 사실 등에 대한 조회가 끝난 날부터 50일 이내)에 동물보건사 자격증을 발급해야 한다.

(2) 동물보건사의 자격시험(법 제16조의3)

① 동물보건사 자격시험은 매년 농림축산식품부장관이 시행한다.

② 농림축산식품부장관은 동물보건사 자격시험의 관리를 대통령령으로 정하는 바에 따라 시험 관리 능력이 있다고 인정되는 관계 전문기관에 위탁할 수 있다.

③ 농림축산식품부장관은 동물보건사 자격시험의 관리를 위탁한 때에는 그 관리에 필요한 예산을 보조할 수 있다.

④ 위에서 규정한 사항 외에 동물보건사 자격시험의 실시 등에 필요한 사항은 농림축산식품부령으로 정한다.

(3) 양성기관의 평가인증(법 제16조의4)

① 동물보건사 양성과정을 운영하려는 학교 또는 교육기관은 농림축산식품부령으로 정하는 기준과 절차에 따라 농림축산식품부장관의 평가인증을 받을 수 있다.

② 농림축산식품부장관은 평가인증을 받은 양성기관이 다음에 해당하는 경우에는 농림축산식품부령으로 정하는 바에 따라 평가인증을 취소할 수 있다. 다만, ㉠에 해당하는 경우에는 평가인증을 취소해야 한다.

　　㉠ 거짓이나 그 밖의 부정한 방법으로 평가인증을 받은 경우

　　㉡ 양성기관 평가인증 기준에 미치지 못하게 된 경우

(4) 동물보건사의 업무(법 제16조의5)

① 동물보건사는 무면허 진료행위의 금지(제10조)에도 불구하고 동물병원 내에서 수의사의 지도 아래 동물의 간호 또는 진료 보조 업무를 수행할 수 있다.

② 구체적인 업무의 범위와 한계 등에 관한 사항은 농림축산식품부령으로 정한다.

4 동물병원, 동물진료법인, 대한수의사회

(1) 동물병원의 개설(법 제17조)

① 수의사는 수의사법에 따른 동물병원을 개설하지 아니하고는 동물진료업을 할 수 없다.

② 동물병원은 다음에 해당되는 자가 아니면 개설할 수 없다.

　㉠ 수의사

　㉡ 국가 또는 지방자치단체

　㉢ 동물진료업을 목적으로 설립된 법인

　㉣ 수의학을 전공하는 대학(수의학과가 설치된 대학 포함)

　㉤ 민법이나 특별법에 따라 설립된 비영리법인

③ 위 ②의 자가 동물병원을 개설하려면 농림축산식품부령으로 정하는 바에 따라 특별자치도지사 · 특별자치시장 · 시장 · 군수 또는 자치구의 구청장(시장 · 군수)에게 신고해야 한다. 신고 사항 중 농림축산식품부령으로 정하는 중요 사항을 변경하려는 경우에도 같다.

④ 시장 · 군수는 ③에 따른 신고를 받은 경우 그 내용을 검토하여 수의사법에 적합하면 신고를 수리해야 한다.

⑤ 동물병원의 시설기준(영 제13조 제1항)

    ㉠ 개설자가 수의사인 동물병원 : 진료실 · 처치실 · 조제실, 그 밖에 청결유지와 위생관리에 필요한 시설을 갖출 것. 다만, 축산 농가가 사육하는 가축(소 · 말 · 돼지 · 염소 · 사슴 · 노새 · 당나귀 · 닭 · 오리 · 메추리 · 꿩 · 꿀벌) 및 수생동물에 대한 출장 진료만을 하는 동물병원은 진료실과 처치실을 갖추지 아니할 수 있다.

    ㉡ 개설자가 수의사가 아닌 동물병원 : 진료실 · 처치실 · 조제실 · 임상병리검사실, 그 밖에 청결 유지와 위생관리에 필요한 시설을 갖출 것. 다만, 지방자치단체가 동물보호센터의 동물만을 진료 · 처치하기 위하여 직접 설치하는 동물병원의 경우에는 임상병리검사실을 갖추지 아니할 수 있다.

(2) 동물병원의 관리의무(법 제17조의2)

동물병원 개설자는 자신이 그 동물병원을 관리해야 한다. 다만, 동물병원 개설자가 부득이한 사유로 그 동물병원을 관리할 수 없을 때에는 그 동물병원에 종사하는 수의사 중에서 관리자를 지정하여 관리하게 할 수 있다.

(3) 동물병원 진단장치 등

① 동물 진단용 방사선발생장치의 설치 · 운영(법 제17조의3)

    ㉠ 동물을 진단하기 위하여 방사선발생장치를 설치 · 운영하려는 동물병원 개설자는 농림축산식품부령으로 정하는 바에 따라 시장 · 군수에게 신고해야 한다. 이 경우 시장 · 군수는 그 내용을 검토하여 수의사법에 적합하면 신고를 수리해야 한다.

    ㉡ 동물병원 개설자는 동물 진단용 방사선발생장치를 설치 · 운영하는 경우에는 다음의 사항을 준수해야 한다.

      • 농림축산식품부령으로 정하는 바에 따라 안전관리 책임자를 선임할 것

      • 안전관리 책임자가 그 직무수행에 필요한 사항을 요청하면 동물병원 개설자는 정당한 사유가 없으면 지체 없이 조치할 것

      • 안전관리 책임자가 안전관리업무를 성실히 수행하지 아니하면 지체 없이 그 직으로부터 해임하고 다른 직원을 안전관리 책임자로 선임할 것

      • 그 밖에 안전관리에 필요한 사항으로서 농림축산식품부령으로 정하는 사항

    ㉢ 동물병원 개설자는 동물 진단용 방사선발생장치를 설치한 경우에는 농림축산식품부장관이 지정하는 검사기관 또는 측정기관으로부터 정기적으로 검사와 측정을 받아야 하며, 방사선 관계 종사자에 대한 피폭(被曝)관리를 해야 한다.

    ㉣ ㉠과 ㉢에 따른 동물 진단용 방사선발생장치의 범위, 신고, 검사, 측정 및 피폭관리 등에 필요한 사항은 농림축산식품부령으로 정한다.

② 동물 진단용 특수의료장비의 설치 · 운영(법 제17조의4)
- ㉠ 동물을 진단하기 위하여 농림축산식품부장관이 고시하는 의료장비를 설치 · 운영하려는 동물병원 개설자는 농림축산식품부령으로 정하는 바에 따라 그 장비를 농림축산식품부장관에게 등록해야 한다.
- ㉡ 동물병원 개설자는 동물 진단용 특수의료장비를 농림축산식품부령으로 정하는 설치 인정기준에 맞게 설치 · 운영해야 한다.
- ㉢ 동물병원 개설자는 동물 진단용 특수의료장비를 설치한 후에는 농림축산식품부령으로 정하는 바에 따라 농림축산식품부장관이 실시하는 정기적인 품질관리검사를 받아야 한다.
- ㉣ 동물병원 개설자는 ㉢에 따른 품질관리검사 결과 부적합 판정을 받은 동물 진단용 특수의료장비를 사용하여서는 아니 된다.

③ 검사 · 측정기관의 지정 등(법 제17조의5)
- ㉠ 농림축산식품부장관은 검사용 장비를 갖추는 등 농림축산식품부령으로 정하는 일정한 요건을 갖춘 기관을 동물 진단용 방사선발생장치의 검사기관 또는 측정기관으로 지정할 수 있다.
- ㉡ 농림축산식품부장관은 ㉠에 따른 검사 · 측정기관이 다음에 해당하는 경우에는 지정을 취소하거나 6개월 이내의 기간을 정하여 업무의 정지를 명할 수 있다.
  - 거짓이나 그 밖의 부정한 방법으로 지정을 받은 경우
  - 고의 또는 중대한 과실로 거짓의 동물 진단용 방사선발생장치 등의 검사에 관한 성적서를 발급한 경우
  - 업무의 정지 기간에 검사 · 측정 업무를 한 경우
  - 농림축산식품부령으로 정하는 검사 · 측정기관의 지정기준에 미치지 못하게 된 경우
  - 그 밖에 농림축산식품부장관이 고시하는 검사 · 측정 업무에 관한 규정을 위반한 경우

  다만, 거짓이나 그 밖의 부정한 방법으로 지정을 받은 경우, 고의 또는 중대한 과실로 거짓의 동물 진단용 방사선발생장치 등의 검사에 관한 성적서를 발급한 경우, 업무의 정지 기간에 검사 · 측정 업무를 한 경우에 해당하는 경우에는 그 지정을 취소해야 한다.
- ㉢ ㉠에 따른 검사 · 측정기관의 지정 절차 및 지정 취소, 업무 정지에 필요한 사항은 농림축산식품부령으로 정한다.
- ㉣ 검사 · 측정기관의 장은 검사 · 측정 업무를 휴업하거나 폐업하려는 경우에는 농림축산식품부령으로 정하는 바에 따라 농림축산식품부장관에게 신고해야 한다.

(4) 휴업 · 폐업의 신고(법 제18조)
동물병원 개설자가 동물진료업을 휴업하거나 폐업한 경우에는 지체 없이 관할 시장 · 군수에게 신고해야 한다. 다만, 30일 이내의 휴업인 경우에는 그렇지 않다.

(5) 진료비용의 고지와 게시

① 수술 등의 진료비용 고지(법 제19조, 규칙 제18조의2)

㉠ 동물병원 개설자는 수술 등 중대진료 전에 수술 등 중대진료에 대한 예상 진료비용을 동물소유자 등에게 고지해야 한다. 다만, 수술 등 중대진료가 지체되면 동물의 생명 또는 신체에 중대한 장애를 가져올 우려가 있거나 수술 등 중대진료 과정에서 진료비용이 추가되는 경우에는 수술 등 중대진료 이후에 진료비용을 고지하거나 변경하여 고지할 수 있다.

㉡ 수술 등 중대진료 전에 예상 진료비용을 고지하거나 수술 등 중대진료 이후에 진료비용을 고지하거나 변경하여 고지할 때에는 구두로 설명하는 방법으로 한다.

② 진찰 등의 진료비용 게시(법 제20조)

㉠ 동물병원 개설자는 진찰, 입원, 예방접종, 검사 등 농림축산식품부령으로 정하는 동물진료업의 행위에 대한 진료비용을 동물소유자 등이 쉽게 알 수 있도록 농림축산식품부령으로 정하는 방법으로 게시해야 한다.

> **더알아보기** 진찰 등의 진료비용 게시 대상 및 방법(규칙 제18조의3)
>
> ① 진료비용이란 다음의 진료비용을 말한다(단, 해당 동물병원에서 진료하지 않는 비용과 출장진료전문병원의 진료비용은 제외).
>   ㉠ 초진·재진 진찰료, 진찰에 대한 상담료
>   ㉡ 입원비
>   ㉢ 개 종합백신, 고양이 종합백신, 광견병백신, 켄넬코프백신 및 인플루엔자백신의 접종비
>   ㉣ 전혈구 검사비와 그 검사 판독료 및 엑스선 촬영비와 그 촬영 판독료
>   ㉤ 그 밖에 동물소유자 등에게 알릴 필요가 있다고 농림축산식품부장관이 인정하여 고시하는 동물진료업의 행위에 대한 진료비용
> ② 진료비용의 게시 방법
>   ㉠ 해당 동물병원 내부 접수창구 또는 진료실 등 동물소유자 등이 알아보기 쉬운 장소에 책자나 인쇄물을 비치하거나 벽보 등을 부착하는 방법
>   ㉡ 해당 동물병원의 인터넷 홈페이지에 게시하는 방법. 이 경우 인터넷 홈페이지의 초기화면에 게시하거나 배너를 이용하는 경우에는 진료비용을 게시하는 화면으로 직접 연결되도록 해야 한다.

㉡ 동물병원 개설자는 ㉠에 따라 게시한 금액을 초과하여 진료비용을 받아서는 아니 된다.

(6) 동물 진료의 분류체계 표준화(법 제20조의3)

농림축산식품부장관은 동물 진료의 체계적인 발전을 위하여 동물의 질병명, 진료항목 등 동물 진료에 관한 표준화된 분류체계를 작성하여 고시하여야 한다.

(7) 진료비용 등에 관한 현황의 조사 · 분석 등(법 제20조의4)

① 농림축산식품부장관은 동물병원에 대하여 동물병원 개설자가 게시한 진료비용 및 그 산정기준 등에 관한 현황을 조사 · 분석하여 그 결과를 공개할 수 있다.

② 농림축산식품부장관은 ①에 따른 조사 · 분석을 위하여 필요한 때에는 동물병원 개설자에게 관련 자료의 제출을 요구할 수 있다. 이 경우 자료의 제출을 요구받은 동물병원 개설자는 정당한 사유가 없으면 이에 따라야 한다.

③ ①에 따른 조사 · 분석 및 결과 공개의 범위 · 방법 · 절차에 관하여 필요한 사항은 농림축산식품부령으로 정한다.

(8) 공수의(법 제21조, 규칙 제21조)

① 시장 · 군수는 동물진료 업무의 적정을 도모하기 위하여 동물병원을 개설하고 있는 수의사, 동물병원에서 근무하는 수의사 또는 농림축산식품부령으로 정하는 축산 관련 비영리법인에서 근무하는 수의사에게 다음의 업무를 위촉할 수 있다. 다만, 농업협동조합중앙회(농협경제지주회사 포함) 및 조합, 가축위생방역 지원본부에서 근무하는 수의사에게는 ⓒ과 ⓑ의 업무만 위촉할 수 있다.

ⓐ 동물의 진료
ⓑ 동물 질병의 조사 · 연구
ⓒ 동물 전염병의 예찰 및 예방
ⓓ 동물의 건강진단
ⓔ 동물의 건강증진과 환경위생 관리
ⓕ 그 밖에 동물의 진료에 관하여 시장 · 군수가 지시하는 사항

② ①에 따라 동물진료 업무를 위촉받은 수의사(공수의)는 시장 · 군수의 지휘 · 감독을 받아 위촉받은 업무를 수행한다.

> **더알아보기** 공수의의 업무보고(규칙 제22조)
>
> 공수의는 업무에 관하여 매월 그 추진결과를 다음 달 10일까지 배치지역을 관할하는 시장 · 군수에게 보고해야 하며, 시장 · 군수(특별자치시장과 특별자치도지사는 제외)는 그 내용을 종합하여 매 분기가 끝나는 달의 다음 달 10일까지 특별시장 · 광역시장 또는 도지사에게 보고해야 한다. 다만, 전염병 발생 및 공중위생상 긴급한 사항은 즉시 보고해야 한다.

(9) 동물진료법인의 설립 허가 등(법 제22조의2)

① 동물진료법인을 설립하려는 자는 정관과 그 밖의 서류를 갖추어 그 법인의 주된 사무소의 소재지를 관할하는 시 · 도지사의 허가를 받아야 한다.

② 동물진료법인은 그 법인이 개설하는 동물병원에 필요한 시설이나 시설을 갖추는 데에 필요한 자금을 보유해야 한다.

③ 동물진료법인이 재산을 처분하거나 정관을 변경하려면 시 · 도지사의 허가를 받아야 한다.

④ 수의사법에 따른 동물진료법인이 아니면 동물진료법인이나 이와 비슷한 명칭을 사용할 수 없다.

동물진료법인의 설립 허가 신청(영 제13조의2)
동물진료법인을 설립하려는 자는 동물진료법인 설립허가신청서에 농림축산식품부령으로 정하는 서류를 첨부하여 그 법인의 주된 사무소의 소재지를 관할하는 특별시장·광역시장·도지사 또는 특별자치도지사·특별자치시장에게 제출해야 한다.

동물진료법인의 재산 처분 또는 정관 변경의 허가 신청(영 제13조의3)
재산 처분이나 정관 변경에 대한 허가를 받으려는 동물진료법인은 재산처분허가신청서 또는 정관변경허가신청서에 농림축산식품부령으로 정하는 서류를 첨부하여 그 법인의 주된 사무소의 소재지를 관할하는 시·도지사에게 제출해야 한다.

(10) 동물진료법인의 부대사업(법 제22조의3, 영 제13조의4)

① 동물진료법인은 그 법인이 개설하는 동물병원에서 동물진료업무 외에 다음의 부대사업을 할 수 있다. 이 경우 부대사업으로 얻은 수익에 관한 회계는 동물진료법인의 다른 회계와 구분하여 처리해야 한다.

㉠ 동물진료나 수의학에 관한 조사·연구

㉡ 주차장법에 따른 부설주차장의 설치·운영

㉢ 동물진료업 수행에 수반되는 동물진료정보시스템 개발·운영 사업 중 다음의 사업

- 진료부(진단서 및 증명서를 포함)를 전산으로 작성·관리하기 위한 시스템의 개발·운영 사업
- 동물의 진단 등을 위하여 의료기기로 촬영한 영상기록을 저장·전송하기 위한 시스템의 개발·운영 사업

② ① ㉡의 부대사업을 하려는 동물진료법인은 타인에게 임대 또는 위탁하여 운영할 수 있다.

③ ① 및 ②에 따라 부대사업을 하려는 동물진료법인은 농림축산식품부령으로 정하는 바에 따라 미리 동물병원의 소재지를 관할하는 시·도지사에게 신고해야 한다. 신고사항을 변경하려는 경우에도 또한 같다.

④ 시·도지사는 ③에 따른 신고를 받은 경우 그 내용을 검토하여 수의사법에 적합하면 신고를 수리해야 한다.

(11) 동물진료법인의 설립 허가 취소(법 제22조의5)

농림축산식품부장관 또는 시·도지사는 동물진료법인이 다음의 어느 하나에 해당하면 그 설립 허가를 취소할 수 있다.

① 정관으로 정하지 아니한 사업을 한 때

② 설립된 날부터 2년 내에 동물병원을 개설하지 아니한 때

③ 동물진료법인이 개설한 동물병원을 폐업하고 2년 내에 동물병원을 개설하지 아니한 때

④ 농림축산식품부장관 또는 시·도지사가 감독을 위하여 내린 명령을 위반한 때

⑤ 제22조의3 제1항에 따른 부대사업 외의 사업을 한 때

(12) 대한수의사회의 설립(법 제23조)

① 수의사는 수의업무의 적정한 수행과 수의학술의 연구 · 보급 및 수의사의 윤리 확립을 위하여 대한수의 사회(이하 수의사회라 한다)를 설립해야 한다.

② 수의사회는 법인으로 한다.

③ 수의사는 수의사회가 설립된 때에는 당연히 수의사회의 회원이 된다.

(13) 대한수의사회의 설립인가 및 지부 설치, 경비보조

① 대한수의사회의 설립인가(법 제24조, 영 제14조)

수의사회를 설립하려는 경우 그 대표자는 정관, 자산 명세서, 사업계획서 및 수지예산서, 설립 결의서, 설립 대표자의 선출 경위에 관한 서류, 임원의 취임 승낙서와 이력서를 농림축산식품부장관에게 제출하 여 그 설립인가를 받아야 한다.

② 대한수의사회의 지부 설치(법 제25조, 영 제18조)

수의사회는 지부를 설치하려는 경우에는 그 설립등기를 완료한 날부터 3개월 이내에 특별시 · 광역시 · 도 또는 특별자치도 · 특별자치시에 지부를 설치해야 한다.

③ 대한수의사회의 경비 보조(법 제29조)

국가나 지방자치단체는 동물의 건강증진 및 공중위생을 위하여 필요하다고 인정하는 경우 또는 수의(동 물의 간호 또는 진료 보조를 포함) 및 공중위생에 관한 업무의 일부를 위탁한 경우에는 수의사회의 운영 또는 업무 수행에 필요한 경비의 전부 또는 일부를 보조할 수 있다.

5 감독, 보칙 및 벌칙

(1) 지도와 명령(법 제30조, 영 제20조)

① 농림축산식품부장관, 시 · 도지사 또는 시장 · 군수는 동물진료 시책을 위하여 필요하다고 인정할 때 또 는 공중위생상 중대한 위해가 발생하거나 발생할 우려가 있다고 인정할 때에는 수의사 또는 동물병원에 대하여 다음의 필요한 지도와 명령을 할 수 있다. 이 경우 수의사 또는 동물병원의 시설 · 장비 등이 필 요한 때에는 그 비용을 지급해야 한다.

㉠ 수의사 또는 동물병원 기구 · 장비의 대(對)국민 지원 지도와 동원 명령

㉡ 공중위생상 위해(危害) 발생의 방지 및 동물 질병의 예방과 적정한 진료 등을 위하여 필요한 시설 · 업무개선의 지도와 명령

㉢ 그 밖에 가축전염병의 확산이나 인수공통감염병으로 인한 공중위생상의 중대한 위해 발생의 방지 등 을 위하여 필요하다고 인정하여 하는 지도와 명령

② 농림축산식품부장관 또는 시장 · 군수는 동물병원이 동물 진단용 방사선발생장치의 설치 · 운영 · 정기 검사 · 종사자 피폭 관리 및 동물 진단용 특수의료장비의 설치 · 운영 · 정기적 품질관리 검사의 규정을 위반하였을 때에는 농림축산식품부령으로 정하는 바에 따라 기간을 정하여 그 시설 · 장비 등의 전부 또 는 일부의 사용을 제한 또는 금지하거나 위반한 사항을 시정하도록 명할 수 있다.

③ 농림축산식품부장관 또는 시장·군수는 동물병원이 정당한 사유 없이 진찰 등의 진료비용 게시 의무 또는 게시한 금액을 초과한 진료비 청구를 위반했을 때에는 기간을 정하여 시정하도록 명할 수 있다.

④ 농림축산식품부장관은 인수공통감염병의 방역(防疫)과 진료를 위하여 질병관리청장이 협조를 요청하면 특별한 사정이 없으면 이에 따라야 한다.

(2) 보고 및 업무 감독(법 제31조)

① 농림축산식품부장관은 수의사회로 하여금 회원의 실태와 취업상황 등 회원의 실태와 취업상황, 그 밖의 수의사회의 운영 또는 업무에 관한 것으로서 농림축산식품부장관이 필요하다고 인정하는 사항에 대하여 보고를 하게 하거나 소속 공무원에게 업무 상황과 그 밖의 관계 서류를 검사하게 할 수 있다.

② 시·도지사 또는 시장·군수는 수의사 또는 동물병원에 대하여 질병 진료 상황과 가축 방역 및 수의업무에 관한 보고를 하게 하거나 소속 공무원에게 그 업무 상황, 시설 또는 진료부 및 검안부를 검사하게 할 수 있다.

③ ①이나 ②에 따라 검사를 하는 공무원은 그 권한을 표시하는 증표를 지니고 이를 관계인에게 보여 주어야 한다.

(3) 면허의 취소 및 면허효력의 정지(법 제32조)

① 농림축산식품부장관은 수의사가 다음에 해당하면 그 면허를 취소할 수 있다. 다만, ㉠에 해당하면 그 면허를 취소해야 한다.

㉠ 결격사유의 어느 하나에 해당하게 되었을 때

㉡ 면허효력 정지기간에 수의업무를 하거나 농림축산식품부령으로 정하는 기간에 3회 이상 면허효력 정지처분을 받았을 때

㉢ 면허증을 다른 사람에게 대여하였을 때

② 농림축산식품부장관은 수의사가 다음에 해당하면 1년 이내의 기간을 정하여 농림축산식품부령으로 정하는 바에 따라 면허의 효력을 정지시킬 수 있다. 이 경우 진료기술상의 판단이 필요한 사항에 관하여는 관계 전문가의 의견을 들어 결정해야 한다.

㉠ 거짓이나 그 밖의 부정한 방법으로 진단서, 검안서, 증명서 또는 처방전을 발급하였을 때

㉡ 관련 서류를 위조하거나 변조하는 등 부정한 방법으로 진료비를 청구하였을 때

㉢ 정당한 사유 없이 명령을 위반하였을 때

㉣ 임상수의학적(臨床獸醫學的)으로 인정되지 아니하는 진료행위를 하였을 때

㉤ 학위 수여 사실을 거짓으로 공표하였을 때

㉥ 과잉진료행위나 그 밖에 동물병원 운영과 관련된 행위로서 대통령령으로 정하는 행위를 하였을 때

① 불필요한 검사 · 투약 또는 수술 등 과잉진료행위를 하거나 부당하게 많은 진료비를 요구하는 행위
② 정당한 사유 없이 동물의 고통을 줄이기 위한 조치를 하지 아니하고 시술하는 행위나 그 밖에 이에 준하는 행위
로서 농림축산식품부령으로 정하는 행위
③ 허위광고 또는 과대광고 행위
④ 동물병원의 개설자격이 없는 자에게 고용되어 동물을 진료하는 행위
⑤ 다른 동물병원을 이용하려는 동물의 소유자 또는 관리자를 자신이 종사하거나 개설한 동물병원으로 유인하거나
유인하게 하는 행위
⑥ 동물 진료의 거부 금지(법 제11조), 수의사가 직접 진료하지 않고 진단서 등 발급한 행위(법 제12조 제1항) · 직
접 진료한 동물의 대한 진단서 등의 발급 거부행위(법 제12조 제3항), 진료부 · 검안부의 기록과 서명의무(법 제
13조 제1항) · 진료부 · 검안부의 기재사항 보존기간 및 보존방법의무(법 제13조 제2항)을 위반하는 행위

③ 농림축산식품부장관은 면허가 취소된 사람이 다음에 해당하면 그 면허를 다시 내줄 수 있다.
　㉠ 결격사유의 하나로 면허가 취소된 경우에는 그 취소의 원인이 된 사유가 소멸되었을 때
　㉡ 면허효력 정지기간에 수의업무를 하거나 3회 이상 면허효력 정지처분을 받아 면허가 취소된 경우, 면
허증을 다른 사람에게 대여한 경우에는 면허가 취소된 후 2년이 지났을 때
④ 동물병원은 해당 동물병원 개설자가 거짓이나 그 밖의 부정한 방법으로 진단서, 검안서, 증명서 또는 처
방전을 발급하였을 때 또는 관련 서류를 위조하거나 변조하는 등 부정한 방법으로 진료비를 청구하였을
때에 따라 면허효력 정지처분을 받았을 때에는 그 면허효력 정지기간에 동물진료업을 할 수 없다.

(4) 동물진료업의 정지(법 제33조)

① 시장 · 군수는 동물병원이 다음에 해당하면 농림축산식품부령으로 정하는 바에 따라 1년 이내의 기간을
정하여 그 동물진료업의 정지를 명할 수 있다.
　㉠ 개설신고를 한 날부터 3개월 이내에 정당한 사유 없이 업무를 시작하지 아니할 때
　㉡ 무자격자에게 진료행위를 하도록 한 사실이 있을 때
　㉢ 동물병원 개설 신고사항 중 중요사항 변경신고 또는 휴업의 신고를 하지 아니하였을 때
　㉣ 시설기준에 맞지 아니할 때
　㉤ 동물병원 개설자 자신이 그 동물병원을 관리하지 아니하거나 관리자를 지정하지 아니하였을 때
　㉥ 동물병원이 명령을 위반하였을 때
　㉦ 동물병원이 사용 제한 또는 금지 명령을 위반하거나 시정 명령을 이행하지 아니하였을 때
　㉧ 동물병원이 시정 명령을 이행하지 아니하였을 때
　㉨ 동물병원이 관계 공무원의 검사를 거부 · 방해 또는 기피하였을 때

② 신고확인증 제출 등(규칙 제25조)
　㉠ 동물병원 개설자가 동물진료업의 정지처분을 받았을 때에는 지체 없이 그 신고확인증을 시장 · 군수
에게 제출해야 한다.
　㉡ 시장 · 군수는 동물진료업의 정지처분을 하였을 때에는 해당 신고대장에 처분에 관한 사항을 적어야
하며, 제출된 신고확인증의 뒤쪽에 처분의 요지와 업무정지 기간을 적고 그 정지기간이 만료된 때에
돌려주어야 한다.

(5) 과징금 처분(법 제33조의2)

① 시장 · 군수는 동물병원이 동물진료업의 정지명령에 해당하는 때에는 대통령령으로 정하는 바에 따라 동물진료업 정지 처분을 갈음하여 5천만 원 이하의 과징금을 부과할 수 있다.

② ①에 따른 과징금을 부과하는 위반행위의 종류와 위반정도 등에 따른 과징금의 금액과 그 밖에 필요한 사항은 대통령령으로 정한다.

③ 시장 · 군수는 ①에 따른 과징금을 부과받은 자가 기한 안에 과징금을 내지 아니한 때에는 지방행정제재 · 부과금의 징수 등에 관한 법률에 따라 징수한다.

(6) 연수교육(법 제34조, 영 제21조 제1항, 규칙 제26조)

① 농림축산식품부장관은 수의사에게 자질 향상을 위하여 필요한 연수교육을 받게 할 수 있다.

② 국가나 지방자치단체는 연수교육에 필요한 경비를 부담할 수 있다.

③ 수의사의 연수교육에 관한 업무를 수의사회에 위탁한다.

    ㉠ 수의사회장은 연수교육을 매년 1회 이상 실시해야 한다.

    ㉡ ㉠에 따른 연수교육의 대상자는 동물진료업에 종사하는 수의사로 하고, 그 대상자는 매년 10시간 이상의 연수교육을 받아야 한다. 이 경우 10시간 이상의 연수교육에는 수의사회장이 지정하는 교육과목에 대해 5시간 이상의 연수교육을 포함해야 한다.

    ㉢ 연수교육의 교과내용 · 실시방법, 그 밖에 연수교육의 실시에 필요한 사항은 수의사회장이 정한다.

    ㉣ 수의사회장은 연수교육을 수료한 사람에게는 수료증을 발급해야 하며, 해당 연도의 연수교육의 실적을 다음 해 2월 말까지 농림축산식품부장관에게 보고해야 한다.

    ㉤ 수의사회장은 매년 12월 31일까지 다음 해의 연수교육 계획을 농림축산식품부장관에게 제출하여 승인을 받아야 한다.

(7) 청문(법 제36조)

농림축산식품부장관 또는 시장 · 군수는 검사 · 측정기관의 지정취소, 시설 · 장비 등의 사용금지 명령, 수의사 면허의 취소 처분을 하려면 청문을 실시해야 한다.

(8) 권한의 위임 및 위탁(법 제37조, 영 제20조의4)

① 수의사법에 따른 농림축산식품부장관의 권한은 대통령령으로 정하는 바에 따라 그 일부를 시 · 도지사에게 위임할 수 있다. 시 · 도지사는 농림축산식품부장관으로부터 위임받은 권한의 일부를 농림축산식품부장관의 승인을 받아 시장 · 군수 또는 구청장에게 다시 위임할 수 있다.

    ㉠ 축산농장, 동물원 또는 수족관에 상시고용된 수의사의 상시고용 신고의 접수

    ㉡ 축산농장, 동물원 또는 수족관에 상시고용된 수의사의 진료부 보고

② 농림축산식품부장관은 대통령령으로 정하는 바에 따라 등록 업무, 품질관리검사 업무, 검사 · 측정기관의 지정 업무, 지정 취소 업무 및 휴업 또는 폐업 신고의 수리 업무를 농림축산검역본부장에게 위임한다(영 제20조의4 제2항).

③ 농림축산식품부장관 및 시 · 도지사는 대통령령으로 정하는 바에 따라 수의(동물의 간호 또는 진료 보조를 포함) 및 공중위생에 관한 업무의 일부를 수의사회에 위탁할 수 있다.

④ 농림축산식품부장관은 대통령령으로 정하는 바에 따라 동물 진료의 분류체계 표준화 및 진료비용 등의 현황에 관한 조사·분석 업무의 일부를 관계 전문기관 또는 단체에 위탁할 수 있다.

(9) 벌칙 등(법 제39조)

① 2년 이하의 징역 또는 2천만 원 이하의 벌금이나 병과 가능
　　㉠ 수의사 면허증 또는 동물보건사 자격증을 다른 사람에게 빌려주거나 빌린 사람 또는 이를 알선한 사람
　　㉡ 무면허 진료행위의 금지를 위반하여 동물을 진료한 사람
　　㉢ 동물병원 개설 자격을 위반하여 동물병원을 개설한 자

② 300만 원 이하의 벌금
　　㉠ 허가를 받지 아니하고 재산을 처분하거나 정관을 변경한 동물진료법인
　　㉡ 동물진료법인이나 이와 비슷한 명칭을 사용한 자

(10) 과태료(법 제41조)

① 500만 원 이하의 과태료
　　㉠ 정당한 사유 없이 동물의 진료 요구를 거부한 사람
　　㉡ 동물병원을 개설하지 아니하고 동물진료업을 한 자
　　㉢ 부적합 판정을 받은 동물 진단용 특수의료장비를 사용한 자

② 100만 원 이하의 과태료
　　㉠ 거짓이나 그 밖의 부정한 방법으로 진단서, 검안서, 증명서 또는 처방전을 발급한 사람
　　㉡ 처방대상 동물용 의약품을 직접 진료하지 아니하고 처방·투약한 자
　　㉢ 정당한 사유 없이 진단서, 검안서, 증명서 또는 처방전의 발급을 거부한 자
　　㉣ 신고하지 아니하고 처방전을 발급한 수의사
　　㉤ 처방전을 발급하지 아니한 자
　　㉥ 수의사처방관리시스템을 통하지 아니하고 처방전을 발급한 자
　　㉦ 부득이한 사유가 종료된 후 3일 이내에 처방전을 수의사처방관리시스템에 등록하지 아니한 자
　　㉧ 처방대상 동물용 의약품의 명칭, 용법 및 용량 등 수의사처방관리시스템에 입력해야 하는 사항을 입력하지 아니하거나 거짓으로 입력한 자
　　㉨ 진료부 또는 검안부를 갖추어 두지 아니하거나 진료 또는 검안한 사항을 기록하지 아니하거나 거짓으로 기록한 사람
　　㉩ 동물소유자 등에게 설명을 하지 아니하거나 서면으로 동의를 받지 아니한 자
　　㉪ 실태 및 취업상황 신고 조항에 따른 신고를 하지 아니한 자
　　㉫ 동물병원 개설자 자신이 그 동물병원을 관리하지 아니하거나 관리자를 지정하지 아니한 자
　　㉬ 신고를 하지 아니하고 동물 진단용 방사선발생장치를 설치·운영한 자
　　㉭ 동물 진단용 방사선 발생 장치의 설치·운영 조항의 준수사항을 위반한 자
　　㉮ 정기적으로 검사와 측정을 받지 아니하거나 방사선 관계 종사자에 대한 피폭관리를 하지 아니한 자
　　㉯ 동물병원의 휴업·폐업의 신고를 하지 아니한 자
　　㉰ 고지·게시한 금액을 초과하여 징수한 자

⑭ 동물진료법인의 부대사업 조항을 위반하여 신고하지 아니한 자

⑮ 자료제출 요구에 정당한 사유 없이 따르지 아니하거나 거짓으로 자료를 제출한 자

⑯ 사용 제한 또는 금지 명령을 위반하거나 시정 명령을 이행하지 아니한 자

⑰ 시정 명령을 이행하지 아니한 자

⑱ 보고를 하지 아니하거나 거짓 보고를 한 자 또는 관계 공무원의 검사를 거부ㆍ방해 또는 기피한 자

⑲ 정당한 사유 없이 연수교육을 받지 아니한 사람

③ **부과ㆍ징수권자** : 과태료는 농림축산식품부장관, 시ㆍ도지사 또는 시장ㆍ군수가 부과ㆍ징수한다.

④ **과태료 부과기준(영 별표 2)**

　㉠ 일반기준

　　• 위반행위의 횟수에 따른 과태료의 가중된 부과기준은 최근 3년간 같은 위반행위로 과태료 부과처분을 받은 경우에 적용한다. 이 경우 기간의 계산은 위반행위에 대하여 과태료 부과처분을 받은 날과 그 처분 후 다시 같은 위반행위를 하여 적발된 날을 기준으로 한다.

　　• 위에 따라 가중된 부과처분을 하는 경우 가중처분의 적용 차수는 그 위반행위 전 부과처분 차수(위에 따른 기간 내에 과태료 부과처분이 둘 이상 있었던 경우에는 높은 차수)의 다음 차수로 한다.

　　• 부과권자는 다음의 어느 하나에 해당하는 경우에는 개별기준에 따른 과태료 금액의 2분의 1 범위에서 그 금액을 줄일 수 있다. 다만, 과태료를 체납하고 있는 위반행위자의 경우에는 그렇지 않다.

　　　- 위반행위자가 질서위반행위규제법 시행령 제2조의2 제1항 각 호의 어느 하나에 해당하는 경우

　　　- 위반행위가 사소한 부주의나 오류로 인한 것으로 인정되는 경우

　　　- 위반행위자가 법 위반상태를 시정하거나 해소하기 위한 노력이 인정되는 경우

　　　- 그 밖에 위반행위의 정도, 위반행위의 동기와 그 결과 등을 고려하여 과태료 금액을 줄일 필요가 있다고 인정되는 경우

　　• 부과권자는 다음의 어느 하나에 해당하는 경우에는 ㉡의 개별기준에 따른 과태료 금액의 2분의 1 범위에서 그 금액을 늘릴 수 있다. 다만, 법 제41조 제1항 및 제2항에 따른 과태료 금액의 상한을 넘을 수 없다.

　　　- 위반행위가 고의나 중대한 과실로 인한 것으로 인정되는 경우

　　　- 위반의 내용ㆍ정도가 중대하여 이로 인한 피해가 크다고 인정되는 경우

　　　- 법 위반상태의 기간이 6개월 이상인 경우

　　　- 그 밖에 위반행위의 정도, 위반행위의 동기와 그 결과 등을 고려하여 과태료를 늘릴 필요가 있다고 인정되는 경우

　㉡ 개별기준

위반행위	과태료(단위 : 만 원)		
	1회 위반	2회 위반	3회 이상 위반
정당한 사유 없이 동물의 진료 요구를 거부한 경우	150	200	250
거짓이나 그 밖의 부정한 방법으로 진단서, 검안서, 증명서 또는 처방전을 발급한 경우	50	75	100

약사법에 따른 동물용 의약품(처방대상 동물용 의약품)을 직접 진료하지 않고 처방·투약한 경우	50	75	100
정당한 사유 없이 진단서, 검안서, 증명서 또는 처방전의 발급을 거부한 경우	50	75	100
상시 고용된 수의사 등이 신고하지 않고 처방전을 발급한 경우	50	75	100
처방대상 동물용 의약품에 대한 처방전을 발급하지 않은 경우	50	75	100
수의사처방관리시스템을 통하지 않고 처방전을 발급한 경우	30	60	90
부득이한 사유가 종료된 후 3일 이내에 처방전을 수의사처방관리시스템에 등록하지 않은 경우	30	60	90
처방대상 동물용 의약품의 명칭, 용법 및 용량 등 수의사처방관리시스템에 입력해야 하는 사항을 입력하지 않거나 거짓으로 입력한 경우 1) 입력해야 하는 사항을 입력하지 않은 경우 2) 입력해야 하는 사항을 거짓으로 입력한 경우	 30 50	 60 75	 90 100
진료부 또는 검안부를 갖추어 두지 않거나 진료 또는 검안한 사항을 기록하지 않거나 거짓으로 기록한 경우	50	75	100
동물소유자등에게 설명을 하지 않거나 서면으로 동의를 받지 않은 경우	30	60	90
수의사의 실태와 취업상황 등(근무지 변경 포함)에 따른 신고를 하지 않은 경우	7	14	28
동물병원을 개설하지 않고 동물진료업을 한 경우	300	400	500
동물병원 개설자 자신이 그 동물병원을 관리하지 않거나 관리자를 지정하지 않은 경우	60	80	100
신고를 하지 않고 동물 진단용 방사선발생장치를 설치·운영한 경우로서 1) 동물 진단용 방사선발생장치의 안전관리기준에 맞지 않게 설치·운영한 경우 2) 동물 진단용 방사선발생장치의 안전관리기준에 맞게 설치·운영한 경우	 50 30	 75 60	 100 90
동물 진단용 방사선발생장치를 설치·운영에 따른 준수사항을 위반한 자	30	60	90
동물 진단용 방사선발생장치의 검사와 측정을 위반하여 1) 검사기관으로부터 정기적으로 검사를 받지 않은 경우 2) 측정기관으로부터 정기적으로 측정을 받지 않은 경우 3) 방사선 관계 종사자에 대한 피폭관리를 하지 않은 경우	 30 30 50	 60 60 75	 90 90 100
부적합 판정을 받은 동물 진단용 특수의료장비를 사용한 경우	150	200	250
동물병원의 휴업·폐업의 신고를 하지 않은 경우	10	20	40
수술 등 중대진료에 대한 예상 진료비용 등을 고지하지 않은 경우	30	60	90
고지·게시한 금액을 초과하여 진단서 등 발급수수료를 징수한 경우	30	60	90
진료비용 및 그 산정기준에 따른 자료제출 요구에 정당한 사유 없이 따르지 않거나 거짓으로 자료를 제출한 경우	30	60	90
동물진료법인의 부대사업을 신고하지 않은 경우	30	60	90
동물 진단용 방사선발생장치·특수의료장비의 사용 제한 또는 금지 명령을 위반하거나 시정 명령을 이행하지 않은 경우	60	80	100
진료비용 게시 의무와 게시 금액 초과 위반 시정 명령을 이행하지 않은 경우	30	60	90
질병 진료 상황과 가축 방역 및 수의업무에 관한 보고를 위반하여 1) 보고를 하지 않거나 거짓 보고를 한 경우 2) 관계 공무원의 검사를 거부·방해 또는 기피한 경우	 50 60	 75 80	 100 100
정당한 사유 없이 연수교육을 받지 않은 경우	50	75	100

PART 5

02 | 실전예상문제

01 수의사법의 정의에 대한 내용이다. 괄호 안에 들어갈 적절한 말은?

> (   )란 수의 업무를 담당하는 사람으로서 농림축산식품부장관의 면허를 받은 사람을 말한다.

① 수의사
② 간호사
③ 동물보건사
④ 동물훈련사

해설 수의사란 수의 업무를 담당하는 사람으로서 농림축산식품부장관의 면허를 받은 사람을 말한다(수의사법 제2조 제1호).

02 다음 중 수의사의 결격사유로 볼 수 없는 것은?

① 정신건강증진 및 정신질환자 복지서비스 지원에 관한 법률에 따른 정신질환자
② 피성년후견인 또는 피한정후견인
③ 마약, 대마(大麻), 그 밖의 향정신성의약품(向精神性醫藥品) 중독자
④ 수의사법을 위반하여 금고 이상의 실형을 선고받고 그 집행이 면제된 자

해설 **수의사의 결격사유(법 제5조)**
- 정신건강증진 및 정신질환자 복지서비스 지원에 관한 법률에 따른 정신질환자. 다만, 정신건강의학과전문의가 수의사로서 직무를 수행할 수 있다고 인정하는 사람은 그러하지 아니하다.
- 피성년후견인 또는 피한정후견인
- 마약, 대마(大麻), 그 밖의 향정신성의약품(向精神性醫藥品) 중독자. 다만, 정신건강의학과전문의가 수의사로서 직무를 수행할 수 있다고 인정하는 사람은 그러하지 아니하다.
- 수의사법, 가축전염병예방법, 축산물위생관리법, 동물보호법, 의료법, 약사법, 식품위생법 또는 마약류관리에 관한 법률을 위반하여 금고 이상의 실형을 선고받고 그 집행이 끝나지(집행이 끝난 것으로 보는 경우 포함) 아니하거나 면제되지 아니한 사람

03 수의사법상 금지된 무면허 진료 행위의 예외 상황에 해당하는 것은?

① 수의학을 전공하는 대학에서 수의학을 전공하는 학생이 전공 분야와 무관한 실습을 하기 위하여 하는 진료행위

② 사고 등으로 부상당한 동물의 구조를 위하여 수행하는 응급처치행위

③ 수산질병관리사 면허를 받은 사람이 수산생물질병 관리법에 따라 축산농가의 가축을 진료하는 행위

④ 도서·벽지에서 이웃의 양축 농가가 사육하는 동물에 대하여 비업무로 수행하는 다른 양축 농가의 유상 진료행위

> 해설 **무면허 진료행위 금지의 예외(법 제10조 단서, 영 제12조)**
> ① 수의학을 전공하는 대학(수의학과가 설치된 대학의 수의학과를 포함)에서 수의학을 전공하는 학생이 수의사의 자격을 가진 지도교수의 지시·감독을 받아 전공 분야와 관련된 실습을 하기 위하여 하는 진료행위
> ③ 수산생물질병 관리법에 따라 수산질병관리사 면허를 받은 사람이 수산생물질병 관리법에 따라 수산생물을 진료하는 행위
> ④ 도서·벽지(僻地)에서 이웃의 양축 농가가 사육하는 동물에 대하여 비업무로 수행하는 다른 양축 농가의 무상 진료 행위(규칙 제8조)

04 수의사법상 진료부와 검안부의 공통 기재사항으로 옳은 것은?

① 처방과 처치

② 병명과 주요 증상

③ 폐사 연월일

④ 동물소유자 등의 성명과 주소

> 해설 **진료부 및 검안부의 기재사항(규칙 제13조)**

진료부	검안부
• 동물의 품종·성별·특징 및 연령 • 진료 연월일 • 동물소유자 등의 성명과 주소 • 병명과 주요 증상 • 치료방법(처방과 처치) • 사용한 마약 또는 향정신성의약품의 품명과 수량 • 동물등록번호(등록대상동물의 등록한 동물만 해당)	• 동물의 품종·성별·특징 및 연령 • 검안 연월일 • 동물소유자 등의 성명과 주소 • 폐사 연월일(명확하지 않을 때에는 추정 연월일) 또는 살처분 연월일 • 폐사 또는 살처분의 원인과 장소 • 사체의 상태 • 주요 소견

05 수의사가 중대진료 전에 동물소유자 등에게 설명하고 동의를 받아야 할 사항으로 옳지 않은 것은?

① 동물에게 발생하거나 발생 가능한 증상의 진단명
② 수술 등 중대진료의 필요성과 진료비용
③ 수술 등 중대진료에 따라 전형적으로 발생이 예상되는 후유증 또는 부작용
④ 수술 등 중대진료 전후에 동물소유자 등이 준수하여야 할 사항

> **해설** 수의사가 동물소유자 등에게 설명하고 동의를 받아야 할 사항은 다음과 같다(법 제13조의2 제2항).
> 1. 동물에게 발생하거나 발생 가능한 증상의 진단명
> 2. 수술 등 중대진료의 필요성, 방법 및 내용
> 3. 수술 등 중대진료에 따라 전형적으로 발생이 예상되는 후유증 또는 부작용
> 4. 수술 등 중대진료 전후에 동물소유자 등이 준수하여야 할 사항

06 수의사회장이 수의사의 실태와 취합 상황 등에 관해 신고하도록 공고할 경우 신고개시일 며칠 전까지 공고해야 하는가?

① 20일 전까지
② 30일 전까지
③ 60일 전까지
④ 90일 전까지

> **해설** 신고(법 제14조, 규칙 제14조)
> • 수의사는 농림축산식품부령으로 정하는 바에 따라 그 실태와 취업상황(근무지가 변경된 경우를 포함) 등을 대한수의사회에 신고해야 한다.
> • 수의사의 실태와 취업 상황 등에 관한 신고는 수의사회의 장(수의사회장)이 수의사의 수급상황을 파악하거나 그 밖의 동물의 진료시책에 필요하다고 인정하여 신고하도록 공고하는 경우에 해야 한다.
> • 수의사회장은 공고를 할 때에는 신고의 내용·방법·절차와 신고기간 그 밖의 신고에 필요한 사항을 정하여 신고개시일 60일 전까지 해야 한다.

07 수의사법상 동물보건사의 자격에 대한 설명 중 다음 괄호 안에 들어갈 말로 옳은 것은?

동물보건사가 되려는 사람은 다음 각 호의 어느 하나에 해당하는 사람으로서 동물보건사 자격시험에 합격한 후 농림축산식품부령으로 정하는 바에 따라 (㉠)의 자격인정을 받아야 한다.
1. 농림축산식품부장관의 평가인증을 받은 고등교육법 제2조 제4호에 따른 전문대학 또는 이와 같은 수준 이상의 학교의 동물 간호 관련 학과를 졸업한 사람[동물보건사 자격시험 응시일부터 (㉡) 이내에 졸업이 예정된 사람을 포함한다]

	㉠	㉡
①	시장·군수	3개월
②	농림축산식품부장관	6개월
③	보건복지부장관	9개월
④	농림축산식품부장관	1년

해설 **동물보건사의 자격(수의사법 제16조의2)**
동물보건사가 되려는 사람은 다음의 어느 하나에 해당하는 사람으로서 동물보건사 자격시험에 합격한 후 농림축산식품부령으로 정하는 바에 따라 농림축산식품부장관의 자격인정을 받아야 한다.
1. 농림축산식품부장관의 평가인증을 받은 전문대학 또는 이와 같은 수준 이상의 학교의 동물 간호 관련 학과를 졸업한 사람(동물보건사 자격시험 응시일부터 6개월 이내에 졸업이 예정된 사람을 포함)
2. 고등학교 졸업학력 인정자로서 농림축산식품부장관의 평가인증을 받은 평생교육기관의 고등학교 교과 과정에 상응하는 동물 간호에 관한 교육과정을 이수한 후 농림축산식품부령으로 정하는 동물 간호 관련 업무에 1년 이상 종사한 사람
3. 농림축산식품부장관이 인정하는 외국의 동물 간호 관련 면허나 자격을 가진 사람

08 수의사법상 동물보건사 양성기관의 평가인증에 대한 설명으로 옳지 않은 것은?

① 동물보건사 양성과정을 운영하려는 교육기관은 교육부령으로 정하는 기준과 절차에 따라 평가인증을 받을 수 있다.
② 농림축산식품부장관은 양성기관 평가인증 신청 내용이 기준을 충족하면 신청인에게 양성기관 평가인증서를 발급해야 한다.
③ 농림축산식품부장관은 평가인증을 위해 양성기관에 필요한 자료의 제출을 요청할 수 있다.
④ 거짓이나 그 밖의 부정한 방법으로 평가인증을 받은 경우 평가인증을 취소해야 한다.

해설 ① 동물보건사 양성과정을 운영하려는 학교 또는 교육기관은 농림축산식품부령으로 정하는 기준과 절차에 따라 농림축산식품부장관의 평가인증을 받을 수 있다(수의사법 제16조의4 제1항).

09 수의사법령상 동물보건사의 동물의 진료 보조 업무에 해당하는 것은?

① 간호판단

② 동물에 대한 관찰

③ 수술의 보조

④ 체온 등 기초 검진 자료 수집

해설 동물보건사의 업무 범위와 한계(수의사법 시행규칙 제14조의7)

법 제16조의5 제1항에 따른 동물보건사의 동물의 간호 또는 진료 보조 업무의 구체적인 범위와 한계는 다음과 같다.

동물의 간호 업무	동물에 대한 관찰, 체온 · 심박수 등 기초 검진 자료의 수집, 간호판단 및 요양을 위한 간호
동물의 진료 보조 업무	약물 도포, 경구 투여, 마취 · 수술의 보조 등 수의사의 지도 아래 수행하는 진료의 보조

10 수의사법령상 동물진료업의 행위에 대한 게시 대상 진료비용이 아닌 것은?

① 진찰에 대한 상담료

② 전혈구 검사비 및 해당 검사 판독료

③ 출장진료전문병원의 진료행위에 대한 진료비

④ 개 종합백신, 고양이 종합백신, 광견병백신, 켄넬코프백신 및 인플루엔자백신의 접종비

해설 진찰 등의 진료비용 게시(법 제20조 제1항)

동물병원 개설자는 진찰, 입원, 예방접종, 검사 등 농림축산식품부령으로 정하는 동물진료업의 행위에 대한 진료비용을 동물소유자 등이 쉽게 알 수 있도록 농림축산식품부령으로 정하는 방법으로 게시해야 한다.

진찰 등의 진료비용 게시 대상(규칙 제18조의3 제1항)

진찰, 입원, 예방접종, 검사 등 농림축산식품부령으로 정하는 동물진료업의 행위에 대한 진료비용이란 다음의 진료비용을 말한다. 다만, 해당 동물병원에서 진료하지 않는 동물진료업의 행위에 대한 진료비용 및 출장진료전문병원의 동물진료업의 행위에 대한 진료비용은 제외한다.

1. 초진 · 재진 진찰료, 진찰에 대한 상담료

2. 입원비

3. 개 종합백신, 고양이 종합백신, 광견병백신, 켄넬코프백신 및 인플루엔자백신의 접종비

4. 전혈구 검사비와 그 검사 판독료 및 엑스선 촬영비와 그 촬영 판독료

5. 그 밖에 동물소유자등에게 알릴 필요가 있다고 농림축산식품부장관이 인정하여 고시하는 동물진료업의 행위에 대한 진료비용

11 시장·군수가 동물진료 업무의 적정을 도모하기 위해 동물병원 수의사 등에게 위촉할 수 있는 업무 중 축산 관련 비영리법인에서 근무하는 수의사에게 위촉할 수 있는 업무로 옳은 것은?

① 동물의 진료
② 동물의 건강진단
③ 동물 질병의 조사·연구
④ 동물 전염병의 예찰 및 예방

> **해설** 공수의(수의사법 제21조 제1항)
> 시장·군수는 동물진료 업무의 적정을 도모하기 위하여 동물병원을 개설하고 있는 수의사, 동물병원에서 근무하는 수의사 또는 농림축산식품부령으로 정하는 축산 관련 비영리법인에서 근무하는 수의사에게 다음의 업무를 위촉할 수 있다.
> 단, 농림축산식품부령으로 정하는 축산 관련 비영리법인에서 근무하는 수의사에게는 제3호와 제6호의 업무만 위촉할 수 있다.
> 1. 동물의 진료
> 2. 동물 질병의 조사·연구
> 3. 동물 전염병의 예찰 및 예방
> 4. 동물의 건강진단
> 5. 동물의 건강증진과 환경위생 관리
> 6. 그 밖에 동물의 진료에 관하여 시장·군수가 지시하는 사항

12 농림축산식품부장관이 수의사의 면허효력을 정지(1년 이내)시킬 수 있는 경우가 아닌 것은?

① 학위 수여 사실을 거짓으로 공표하였을 때
② 면허증을 다른 사람에게 대여하였을 때
③ 관련 서류를 위조하는 등 부정한 방법으로 진료비를 청구하였을 때
④ 임상수의학적으로 인정되지 아니하는 진료행위를 하였을 때

> **해설** ② 면허를 취소할 수 있다.
> **면허효력의 정지(수의사법 제32조 제2항)**
> 농림축산식품부장관은 수의사가 다음의 어느 하나에 해당하면 1년 이내의 기간을 정하여 농림축산식품부령으로 정하는 바에 따라 면허의 효력을 정지시킬 수 있다. 이 경우 진료기술상의 판단이 필요한 사항에 관하여는 관계 전문가의 의견을 들어 결정해야 한다.
> • 거짓이나 그 밖의 부정한 방법으로 진단서, 검안서, 증명서 또는 처방전을 발급하였을 때
> • 관련 서류를 위조하거나 변조하는 등 부정한 방법으로 진료비를 청구하였을 때
> • 정당한 사유 없이 지도와 명령 조항(제30조 제1항)에 따른 명령을 위반하였을 때
> • 임상수의학적(臨床獸醫學的)으로 인정되지 아니하는 진료행위를 하였을 때
> • 학위 수여 사실을 거짓으로 공표하였을 때
> • 과잉진료행위나 그 밖에 동물병원 운영과 관련된 행위로서 대통령령으로 정하는 행위를 하였을 때

13 농림축산식품부장관 또는 시장·군수가 수의사 면허의 취소 처분을 할 경우, 처분 전에 실시해야 하는 것은?

① 청 문
② 연수 교육
③ 영업 취소
④ 권한의 위탁

> **해설** **청문(수의사법 제36조)**
> 농림축산식품부장관 또는 시장·군수는 다음의 어느 하나에 해당하는 처분을 하려면 청문을 실시해야 한다.
> • 검사·측정기관의 지정 취소
> • 시설·장비 등의 사용금지 명령
> • 수의사 면허의 취소

14 다음 중 수의사법령상 벌칙이 바르게 연결된 것은?

① 동물보건사 자격증을 다른 사람에게 빌려준 사람 – 300만 원 이하의 벌금
② 동물진료법인의 설립 허가 등 법령을 위반하여 허가를 받지 아니하고 재산을 처분한 동물진료법인 – 2년 이하의 징역 또는 2천만 원 이하의 벌금 혹은 이를 병과
③ 무면허 진료행위의 금지 법령을 위반하여 동물을 진료한 사람 – 300만 원 이하의 벌금
④ 동물병원의 개설 법령을 위반하여 동물병원을 개설한 자 – 2년 이하의 징역 또는 2천만 원 이하의 벌금 혹은 이를 병과

> **해설** ①·③ 2년 이하의 징역 또는 2천만 원 이하의 벌금 혹은 이를 병과(법 제39조 제1항)
> ② 300만 원 이하의 벌금(법 제39조 제2항)

15 동물진료업을 하는 수의사가 동물의 진료를 요구받았을 때 정당한 사유 없이 거부한 경우, 과태료 부과 금액은?

① 50만 원 이하
② 100만 원 이하
③ 300만 원 이하
④ 500만 원 이하

> **해설** **과태료(수의사법 제41조 제1항)**
> 다음의 어느 하나에 해당하는 자에게는 500만 원 이하의 과태료를 부과한다.
> 1. 진료의 거부 금지를 위반하여 정당한 사유 없이 동물의 진료 요구를 거부한 사람
> 2. 동물병원을 개설하지 아니하고 동물진료업을 한 자
> 3. 부적합 판정을 받은 동물 진단용 특수의료장비를 사용한 자

03 | 동물 윤리

1 동물 윤리학

(1) 동물 윤리의 개요

① 우리 법체계상 동물은 물건에 해당하였으나, 최근에 반려동물을 키우는 세대가 늘어남에 따라 동물의 법적 지위를 개선하려는 노력들이 이어지고 있다.

② 동물의 물건성 부정을 통해 동물의 생명체로서의 권리 및 종(種)의 속성에 맞는 동물 윤리에 대해 사회적 · 제도적인 논의를 발전시켜 나가려는 움직임들이 지속되고 있다.

(2) 동물 윤리학

① 동물 윤리학은 인간과 동물의 관계에서 동물에 대한 인간의 도덕적 기준을 고려하여 동물을 다루는 방법에 대해 연구하는 학문이다.

② 동물 윤리학은 동물의 권리와 복지, 동물관련법, 종의 차별, 동물의 인지, 야생동물의 보호, 동물의 도덕적인 지위를 인격과 비교되는 수권(獸權) 등을 통해 다루는 학문이다.

③ 현재 동물의 윤리, 도덕 등을 조사하기 위한 다양한 이론적 접근이 제안되었으나, 이해의 차이로 인해 완전히 받아들여지는 이론은 없는 실정이다. 그러나 동물권 등에 대해서는 사회적으로 더 넓은 관점에서 받아들여지고 있다.

(3) 동물실험의 기원

① 고대 그리스인의 시대부터 생물 의학 연구를 위한 동물실험이 존재하였다.

② 아리스토텔레스, 에라시스트라투스 등의 의사나 과학자들과 로마에 거주하는 그리스인 갈레노스도 해부학, 생리학, 병리학, 약리학 등의 학술적 지식의 목적으로 살아있는 동물에 대한 실험을 자행하였다.

③ 오늘날까지도 동물실험은 여전히 진행되고 있으며 전 세계적으로 수백만 마리의 동물이 실험의 목적으로 사라지고 있다.

④ 최근 몇 년 동안 일부 대중과 동물 활동가 단체들은 동물실험이 인류에게 제공하는 이점들이 동물의 고통을 정당화할 수는 없다고 주장하고 있지만, 아직도 동물실험은 생물 의학 지식의 발전을 위해 필수적이라고 주장하는 의견이 지배적이다.

(4) 동물실험의 원칙(동물보호법 제47조)

① 동물실험은 인류의 복지 증진과 동물 생명의 존엄성을 고려하여 실시되어야 한다.

② 동물실험을 하려는 경우에는 이를 대체할 수 있는 방법을 우선적으로 고려하여야 한다.

PART 5

③ 동물실험은 실험동물의 윤리적 취급과 과학적 사용에 관한 지식과 경험을 보유한 자가 시행하여야 하며 필요한 최소한의 동물을 사용하여야 한다.

④ 실험동물의 고통이 수반되는 실험을 하려는 경우에는 감각능력이 낮은 동물을 사용하고 진통제·진정제·마취제의 사용 등 수의학적 방법에 따라 고통을 덜어주기 위한 적절한 조치를 하여야 한다.

⑤ 동물실험을 한 자는 그 실험이 끝난 후 지체 없이 해당 동물을 검사하여야 하며, 검사 결과 정상적으로 회복한 동물은 기증하거나 분양할 수 있다.

⑥ 검사 결과 해당 동물이 회복할 수 없거나 지속적으로 고통을 받으며 살아야 할 것으로 인정되는 경우에는 신속하게 고통을 주지 아니하는 방법으로 처리하여야 한다.

(5) 동물실험윤리위원회(동물보호법 제51조, 제54조)

① 동물실험윤리위원회의 설치·운영

㉠ 동물실험시행기관의 장은 실험동물의 보호와 윤리적인 취급을 위하여 제53조에 따라 동물실험윤리위원회를 설치·운영하여야 한다.

㉡ 다음에 해당하는 경우에는 윤리위원회를 설치한 것으로 본다.
- 농림축산식품부령으로 정하는 일정 기준 이하의 동물실험시행기관이 제54조에 따른 윤리위원회의 기능을 제52조에 따른 공용동물실험윤리위원회에 위탁하는 협약을 맺은 경우
- 동물실험시행기관에 실험동물에 관한 법률 제7조에 따른 실험동물운영위원회가 설치되어 있고, 그 위원회의 구성이 제53조 제2항부터 제4항까지에 규정된 요건을 충족할 경우

㉢ 동물실험시행기관의 장은 동물실험을 하려면 윤리위원회의 심의를 거쳐야 한다.

㉣ 동물실험시행기관의 장은 심의를 거친 내용 중 농림축산식품부령으로 정하는 중요사항에 변경이 있는 경우에는 해당 변경사유의 발생 즉시 윤리위원회에 변경심의를 요청하여야 한다. 다만, 농림축산식품부령으로 정하는 경미한 변경이 있는 경우에는 지정된 전문위원의 검토를 거친 후 위원장의 승인을 받아야 한다.

㉤ 농림축산식품부장관은 윤리위원회의 운영에 관한 표준지침을 위원회(IACUC)표준운영가이드라인으로 고시하여야 한다.

② 동물실험윤리위원회의 기능

㉠ 동물실험에 대한 심의(변경심의를 포함)

㉡ 심의한 실험의 진행·종료에 대한 확인 및 평가

㉢ 동물실험이 원칙에 맞게 시행되도록 지도·감독

㉣ 동물실험시행기관의 장에게 실험동물의 보호와 윤리적 취급을 위하여 필요한 조치 요구

③ 동물실험윤리위원회의 구성

㉠ 윤리위원회는 위원장 1명을 포함하여 3명 이상의 위원으로 구성한다.

㉡ 위원은 임기가 2년으로 다음에 해당하는 사람 중에서 동물실험시행기관의 장이 위촉하며, 위원장은 위원 중에서 호선한다.
- 수의사로서 농림축산식품부령으로 정하는 자격기준에 맞는 사람

- 민간단체가 추천하는 동물보호에 관한 학식과 경험이 풍부한 사람으로서 농림축산식품부령으로 정하는 자격기준에 맞는 사람
- 그 밖에 실험동물의 보호와 윤리적인 취급을 도모하기 위하여 필요한 사람으로서 농림축산식품부령으로 정하는 사람

ⓒ 윤리위원회에는 수의사 및 민간단체가 추천하는 위원을 각각 1명 이상 포함하여야 한다.

ⓔ 윤리위원회를 구성하는 위원의 3분의 1 이상은 해당 동물실험시행기관과 이해관계가 없는 사람이어야 한다.

ⓜ 동물실험시행기관의 장은 제2항에 따른 위원의 추천 및 선정 과정을 투명하고 공정하게 관리하여야 한다.

(6) 동물 권리와 동물 복지

구 분	동물 권리	동물 복지
공통점	• 동물 복지와 권리는 모두 인간적인 관점의 가치이다. • 포유류에 한정되어 적용되며, 타 종에 대한 배려는 거의 없다. • 인간이 동물을 사용(이용)하는 것이 가능하다는 입장이다	
차이점	• 동물 권리를 인간과 동물을 수평적인 측면에서 동등하게 보는 관점이다. • 동물도 인간처럼 생명을 지닌 존재이므로 마땅히 누려할 권리를 가진다. • 인간이 동물을 돈, 음식, 옷의 재료, 실험 도구, 오락의 수단 등으로 사용해서는 안 된다. • 동물도 인간처럼 행복할 수 있어야 한다.	• 인간과 동물을 수직적인 측면에서 보는 관점이다. • 동물도 건강하고 행복하며 안전하게 정상적인 생활을 할 수 있도록 동물에게 불필요한 고통과 학대를 줄여야 한다. • 사람이 동물을 이용하더라도 고통을 최소화하여 인도적 관점에서 관리해야 한다.

(7) 동물의 관리

① 동물보호의 5가지 자유 원칙은 원래 농장 동물에만 적용되었다.

② 동물의 5가지 자유(Five Freedoms)와 실천방안

5가지 자유(Five Freedoms)	실천방안
불편함으로부터의 자유 (Freedom from discomfort)	동물의 특성에 맞는 편안하고 안전한 서식처를 제공한다.
갈증 및 굶주림으로부터의 자유 (Freedom from hunger and thirst)	신선하게 마실 물과 체력을 유지할 수 있는 건강한 사료를 제공한다.
정상적인 행동을 표현할 수 있는 자유 (Freedom to express normal behavior)	동물이 머물 수 있는 충분한 사육공간, 시설 등을 동물 특성에 맞게 제공한다.
고통 · 부상 · 질병 등으로부터 자유 (Freedom from pain, injury or disease)	동물이 질병에 대한 예방조치를 취하고 빠른 진단과 치료법을 제공한다.
두려움과 스트레스로부터의 자유 (Freedom from fear and distress)	심적인 고통을 피할 수 있는 상태와 환경을 조성한다.

(8) 삼원순환모델(Three Circles Model)

① 목적 : 3가지 기본 동물복지를 바탕으로 필요한 환경을 제공하는 데 목적이 있다.

② 내 용

좋은 건강	• 동물이 배고픔, 갈증, 불편함, 고통 · 부상 · 질병 등으로부터의 자유 • 양질의 먹이, 물, 안전한 환경, 질병의 최소화 등 • 기본적인 양육에서 벗어나면 동물의 건강, 성장, 생산성 등의 복지상태가 악화됨
자연스러운 생활	• 동물이 자연스럽게 행동하고 표현할 자유
만족스러운 감정 상태	• 배고픔, 갈증, 고통, 부상, 질병, 두려움, 스트레스로부터의 해방 • 동물의 감정, 느낌에 대한 이해 등

2 국내 반려동물의 복지 현황

(1) 반려동물의 양육

① 2022년 동물보호에 대한 국민의식조사 결과 반려동물을 거주지에서 직접 양육하는 비율은 25.4%로 나타났다. 반려동물 양육가구의 75.6%가 '개'를 기르고 있었고, '고양이' 27.7%, '물고기' 7.3% 등 순으로 나타났다.

② 2022년 동물보호에 대한 국민의식조사 결과 반려동물 1마리당 월평균 양육 비용(병원비 포함)은 약 15만원으로 나타났다. 최근 1년 이내 반려동물 관련 서비스 이용경험에 대해 물어본 결과, 동물병원, 미용업체, 동물놀이터 순으로 나타났다.

(2) 입양 · 파양

① 입양 및 분양

  ㉠ 2022년 동물보호에 대한 국민의식조사 결과 반려동물 양육자를 대상으로 반려동물 입양 경로는 지인에게 무료 분양이 40.3%로 가장 많고, 그 다음으로는 펫숍 구입(21.9%), 지인에게 유료 분양(11.6%)의 순이다.

  ㉡ 입양을 결정할 때 첫눈에 마음에 들어 '당일에 바로' 입양을 결정하는 경우가 가장 많았으며, 1주일 정도 걸리거나 길게는 2 ~3주일 정도 걸리기도 하다.

  ㉢ 반려동물 입양을 결정하기 전 1개월 이상의 기간이 소요되는 이유는 다음과 같다(2023년 한국 반려동물보고서).

  • 책임지고 잘 키울 수 있는 것을 고민
  • 양육에 필요한 정보를 검색
  • 원하는 품종의 입양처 등을 탐색
  • 반려동물 종류(품종) 고민
  • 반려동물이 출생할 때까지 기다림
  • 입양 전 양육 경험하기 위해 봉사 등
  • 가족 설득

ⓔ 성별로는 남성이 여성보다 반려동물 입양 의향이 조금 높았고, 연령별로는 20대의 입양 의향이 조금 높게 나타났다.

ⓜ 거주지역별로는 도시지역에서 농어촌지역보다 반려동물 입양 의향이 상대적으로 높게 나타났다.

② 입양(분양)기관

㉠ 유기동물 보호기관
  • 시 · 군 · 구청을 통해 구조된 유기동물은 일반적으로 자치구별 유기동물 보호기관으로 옮겨져 보호와 치료를 받는다.
  • 유기동물 보호기관은 보호자 등이 보호조치 사실을 알 수 있도록 7일 이상 그 사실을 공고하며, 공고한 날부터 10일이 지나도 동물의 보호자 등을 알 수 없는 경우 해당 시 · 도 및 시 · 군 · 구가 그 동물의 소유권을 취득한다.
  • 시 · 도지사와 시장 · 군수 · 구청장은 소유권을 취득한 동물이 적정하게 사육 · 관리될 수 있도록 시 · 도의 조례로 정하는 바에 따라 동물원, 동물을 애호하는 자나 민간단체 등에 기증하거나 분양할 수 있다.
  • 농림축산검역본부에서 운영하는 '동물보호관리시스템' 홈페이지(www.animal.go.kr)를 통해 주변의 유기동물 보호기관에서 보호 중인 동물의 사진과 정보를 확인할 수 있다.

㉡ 동물보호단체
  • 국내에는 여러 동물보호단체가 활동하며, 이 단체들은 자체적으로 운영하는 보호소나 지역 내 동물보호소와 연계하여 유기동물을 입양할 수 있도록 절차를 마련해 운영하고 있다.
  • 동물보호단체 홈페이지에는 유기동물 입양 정보와 해당 단체에서 보호하는 동물 현황이나 사진을 확인할 수 있다.
  • 국내 입양 동물보호단체

단체명	홈페이지 주소	연락처
동물보호시민단체 카라	www.ekara.org	02-3482-0999
동물권단체 케어	https://animalrights.or.kr	02-313-8886
동물자유연대	www.animals.or.kr	02-2292-6337
동물학대방지연합	www.foranimal.or.kr	02-488-5788

㉢ 입양절차
  • 입양 신청자 본인이 직접 방문한 것인지를 확인해야 한다. 신청자가 미성년자이면 보호자와 함께 방문하고 증빙자료를 요청해서 확인해야 한다.
  • 유기동물 입양에 대해 모든 가족과 합의가 된 상태인지 확인한다.
  • 입양 후 동물을 끝까지 책임지고 보살피는 것이 가능한지를 확인하며, 입양자의 주소나 연락처가 변경되면 반드시 분양 기관에 통보해야 한다.
  • 입양한 동물은 양도 · 판매 · 학대 · 유기할 수 없으므로, 입양신청자가 동물을 신체적 · 정신적으로 건강하게 돌볼 수 있는 경제적 능력을 갖추었는지 확인한다.

- 입양 후 동물이 새로운 환경에 적응할 수 있게 애정과 인내심을 가지고 돌볼 수 있는지와 신청자 또는 가족 구성원이 입양한 동물과 매일 함께 보낼 수 있는 시간이 얼마나 되는지도 확인해야 한다.
- 마지막으로 입양 신청자로부터 확인한 내용을 문서로 작성하여 기록을 남긴 후, 최종 입양 허가를 낸다.

③ 파양 및 양육 포기
  ⊙ 2022년 동물보호에 대한 국민의식조사 결과 반려동물 양육자의 22.1%가 양육을 포기하거나 파양을 고려한 경험이 있는 것으로 나타났다.
  ⊙ 양육 포기 또는 파양 고려 이유로는 '물건훼손·짖음 등 동물의 행동문제'가 가장 많았고, 그 다음으로는 '예상보다 지출 많은 지출', '이사·취업 등 여건의 변화' 순으로 나타났다.

(3) 반려동물의 학대 현황(2022 동물보호에 대한 국민의식조사)

① 동물학대 목격 시 '국가기관(경찰, 지자체 등)에 신고한다'가 54.3%로 가장 많았고, 그 다음으로는 '동물보호단체 등에 도움을 요청한다'(45.6%), '학대자에게 학대를 중단하도록 직접 요청한다'(24.5%)의 순으로 나타났다.

② 2021년 대비 동물학대 목격 시 행동으로 '국가기관(경찰, 지자체 등)에 신고한다'는 0.2%p 감소한 것으로 나타났으며, '동물보호단체 등에 도움을 요청한다'는 0.1%p 증가한 것으로 나타났다.

③ '별도의 조치를 취하지 않는다'는 응답은 반려동물 양육자 6.5%, 미양육자 15.3%로 반려동물 미양육자가 더 높게 나타났다.

④ 동물학대 목격 시 별도의 조치를 취하지 않는 이유로 '시비에 휘말리기 싫어서'가 가장 많았고, 그 다음으로는 '개인 사정으로 다른 사람이 개입하는 것은 부적절한 것 같아서', '신고 및 신고 이후 절차가 번거로울 것 같아서'의 순으로 나타났다.

④ 동물학대 행위
  ⊙ 목을 매다는 등의 잔인한 방법으로 죽음에 이르게 하는 행위
  ⊙ 노상 등 공개된 장소에서 죽이거나 같은 종류의 다른 동물이 보는 앞에서 죽음에 이르게 하는 행위
  ⊙ 고의로 사료 또는 물을 주지 아니하는 행위로 인하여 동물을 죽음에 이르게 하는 행위
  ⊙ 그 밖에 수의학적 처치의 필요, 동물로 인한 사람의 생명·신체·재산의 피해 등 농림축산식품부령으로 정하는 정당한 사유 없이 죽이는 행위
  ⊙ 도구·약물 등 물리적·화학적 방법을 사용하여 상해를 입히는 행위
  ⊙ 살아있는 상태에서 동물의 신체를 손상하거나 체액을 채취하거나 체액을 채취하기 위한 장치를 설치하는 행위
  ⊙ 도박·광고·오락·유흥 등의 목적으로 동물에게 상해를 입히는 행위
  ⊙ 그 밖에 수의학적 처치의 필요, 동물로 인한 사람의 생명·신체·재산의 피해 등 농림축산식품부령으로 정하는 정당한 사유 없이 상해를 입히는 행위
  ⊙ 유실·유기동물 등 보호조치 대상동물을 포획하여 판매하거나 죽이는 행위, 판매하거나 죽일 목적으로 포획하는 행위, 유실·유기동물임을 알면서도 알선·구매하는 행위

(4) 동물등록제

① 2014년 1월 1일부터 2개월령 이상의 개를 주택·준주택에서 기르거나 반려 목적으로 기르는 사람은 전국 시·군·구청에 반드시 동물등록을 해야 하며, 이를 위반할 시에는 1차 20만원, 2차 40만원, 3차 60만원의 과태료가 부과된다.

② 동물등록방법은 내장형 무선식별장치(마이크로칩) 개체삽입과 외장형 무선식별장치 부착이 있다.

> **용어설명** **마이크로칩**
>
> 동물등록에 사용되는 마이크로칩(RFID, 무선전자개체식별장치)은 체내 이물 반응이 없는 재질로 코딩된 쌀알만한 크기의 동물용의료기기로, 동물용의료기기 기준규격과 국제규격에 적합한 제품만 사용되고 있다.

③ 동물등록절차

㉠ 최초 등록 시에는 동물등록에게 무선식별장치를 장착하기 위해 반드시 등록대상동물과 동반하여 방문신청을 해야 한다.

㉡ 지자체 조례에 따라 대행업체를 통해서만 등록이 가능한 지역이 있어 시·군·구청 등록을 원할때에는 가능여부를 사전에 확인해야 한다.

㉢ 등록신청인이 직접 방문하지 않고 대리인이 신청할 때는 위임장, 신분증 사본 등이 필요하며, 등록기관에 사전연락하여 필요서류를 확인한다.

> **더알아보기** **등록절차**
>
> • 등록대행업체(지정 동물병원, 동물보호센터) 방법 등록
> – 무선식별장치가 장착되어 있는 경우 : 무선식별장치장착확인 → 동물등록신청서 등 작성 및 제출/수수료 납부(내장 만원, 외장 3천원) → 검토 및 등록사항 기록 등 → 시·군·구청 → 등록 승인 후 등록증 수령
> – 무선식별장치가 없는 경우 : 무선식별장치장착[식별장치 비용 및 시술비(내장형) 발생] → 동물등록신청서 등 작성 및 제출/수수료 납부(내장 만원, 외장 3천원) → 검토 및 등록사항 기록 등 → 시·군·구청 등록 승인 후 등록증 수령
> • 시·군·구청 방문 등록시(무선식별장치가 장착된 경우만 가능)
> 무선식별장치장착확인 → 동물등록신청서 등 작성 및 제출/수수료 납부(내장 만원, 외장 3천원) → 검토 및 등록사항 기록 등 → 등록증 수령

④ 동물등록 이유는 반려동물을 잃어버렸을 때 국가동물보호정보시스템(www.animal.go.kr) 상 동물등록정보를 통해 소유자를 쉽게 찾을 수 있기 때문이다.

⑤ 개와 함께 외출할 때에는 개의 이름, 소유자의 연락처, 동물등록번호가 표시된 인식표를 착용시킨다.

⑥ 동물등록번호 체계 관리 및 운영규정(농림축산검역본부 고시 제2021-5호)

㉠ 목적 : 동물등록번호 체계 관리 및 운영 등에 필요한 사항을 규정하기 위함이다.

㉡ 용어 정리

• 동물등록번호 : 등록대상동물의 소유자가 등록을 신청하는 경우 개체식별을 위해 동물등록번호 체계에 따라 부여되는 고유번호이다.

- 무선전자개체식별장치(Radio-frequency Identification) : 동물의 개체식별을 목적으로 동물 체내에 주입(내장형)하거나 동물의 인식표 등에 부착(외장형)하는 무선전자표식장치이다.
- 동물등록번호 체계 : 동물등록에 사용되는 무선식별장치(내장형 및 외장형)에 부여된 동물등록 번호의 구조이다.
- 동물보호관리시스템 : 등록동물 등에 필요한 관련정보를 통합·관리하는 전산시스템이며, 이의 인터넷주소는 www.animal.go.kr이다.
ⓒ 동물등록번호 관리 등
- 무선식별장치 공급업체는 무선식별장치 등록번호에 중복 등 오류가 발생하지 않도록 관리해야 한다.
- 시장·군수·구청장은 동물등록 대행기관에게 동물등록 업무를 위임하기 전에 동물등록방법, 무선식별장치의 번호관리방법, 동물등록 시 발생하는 개인 정보의 이용제한, 그 밖에 이 고시의 규정사항을 숙지하도록 연 1회 이상 교육을 실시해야 한다.

3 유실·유기동물

(1) 유기동물의 개념 및 구조 절차

① 유기동물의 개념 : 도로·공원 등의 공공장소에서 소유자등이 없이 배회하거나 내버려진 동물
② 유실·유기동물 보호·관리 체계도

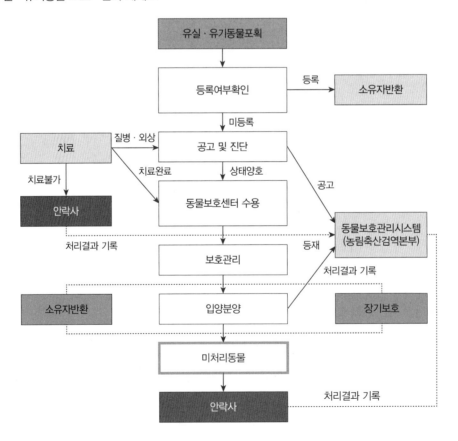

(2) 유실 · 유기동물 발생원인 및 대책

① 발생원인

⊙ 개의 유실 · 유기는 개의 연령이 높아져 반환하는 경우와 실수나 관리소홀로 인한 이탈 등이 주원인으로 나타났으며, 고양이의 경우는 야생화된 길고양이거나 그 새끼로 자체번식이 높게 나타났다.

ⓛ 그 외에는 번식에 따른 개체 수 증가, 반려인의 책임부재, 양육 역량 및 인식 부족, 갑작스런 경제 · 생활 여건의 변화 등으로 나타났다.

② 예방대책

⊙ 품종견 : 분양 전에 사전교육 의무화나 인센티브제 등을 도입하고 양육 중 발생할 수 있는 어려움 및 비용 등에 대해 충분히 숙지시켜, 이에 대응할 수 있는 역량을 갖추도록 유도할 필요가 있다.

ⓛ 비품종견 : 마당 등에 풀어놓고 키우다 그 새끼가 유실되거나, 유실된 개체가 야생화되는 양상을 보이므로 농촌 지역에서는 마당개 중성화 지원 및 캠페인 등의 유실 방지대책을 고려해야 한다.

ⓒ 고양이 : 길고양이의 비중이 점차 높아지므로 적극적인 중성화 수술을 통한 개체 수의 조절이 필요하다.

(3) 유실 · 유기동물의 보호

① 입소한 동물이 질병이나 상해의 방치로 고통 속에서 죽어가지 않도록 최소한의 응급조치와 고통경감조치의 의무화가 필요하다.

② 동물보호소 입소절차와 감염병에 대한 위생관리의 정비가 요구된다.

③ 유실 · 유기동물이 지속적인 증가추세를 보이며 수용 한계를 초과함에 따라 입소기준을 정비해야 한다.

④ 길고양이의 새끼들은 입소보다 임시보호 등을 활성화하는 것이 보호소 여건을 개선하거나 동물 복지적 측면에서도 유리하다.

⑤ 도농 간 유실 · 유기동물 발생에 차이가 있으므로 농촌의 열악한 재정여건에 대한 정부차원에서의 지원이 요구된다.

(4) 동물보호관리시스템(APMS)

① 동물보호관리시스템은 유실동물을 가정의 품으로 돌아가게 하고, 유기동물이 새로운 가족을 만날 수 있도록 이어주는 통로이다.

② 동물보호관리시스템은 유실 · 유기를 막기 위한 정책수립에 있어 기본적인 데이터를 제공하는 역할을 수행한다.

③ 동물보호관리시스템(APMS)은 동물의 안전과 보호를 위해 다양한 정보와 서비스를 제공하는 것에 목적이 있다.

④ 농림축산검역본부 차원에서 APMS를 운영에 대한 지침을 내리고, 입력페이지도 담당자가 주어진 항목을 선택하는 방식으로의 변경이 필요하다.

⑤ 입소동물의 처리결과와 입양일, 폐사일 등을 기록하게 한다면 보호 현황에 대한 세밀한 분석 및 대안 마련에도 도움이 될 것이다.

4 동물의 구조

(1) 구조 장비

① 동물구조의 원칙

ⓐ 구조자는 충분한 보호 장비를 갖추고 구조 활동을 시행해야 한다.

ⓑ 구조 동물을 안전하게 포획할 방법과 도구를 사용한다.

ⓒ 위험한 상황이나 동물은 반드시 2인 이상이 협력해서 구조한다.

ⓓ 물리적 포획이 불가능하여 마취해야 할 경우 전문 수의사의 지시를 따라야 한다.

② 구조 장비의 종류

ⓐ 기록 도구 및 구급상자 : 기록지, 펜, 카메라, 구급상자

ⓑ 보호 장비 : 보호 장갑 및 보호 장비

ⓒ 포획 장비 : 수건 또는 담요, 그물채, 포획용 올가미, 집게, 포획 트랩, 마취총 등

ⓓ 이송 장비 : 종이 상자, 플라스틱 동물 이동장

③ 장비별 포획 순서

ⓐ 포획용 집게(Animal Grasper)

- 양쪽 손에 보호 장갑을 먼저 착용한다.
- 한 손에는 집게 손잡이를 잡고 포획 대상 동물(포유류)에게 조심스럽게 다가간다.
- 집게 양쪽이 동물 목을 잡을 수 있도록 동물 쪽으로 향하게 한다. 동물이 집게를 물려고 하거나 심하게 반항하면, 다른 손으로 수건을 이용해서 수건을 물도록 한다.
- 동물의 목을 빠르게 집게 사이에 넣은 뒤 집게 손잡이를 꽉 움켜쥔다.
- 포획용 집게로 목을 완전히 제압하면, 한 손으로 목 뒷덜미를 잡은 뒤 포획용 집게를 잡고 있던 손으로 동물의 아랫목을 잡아 양손으로 목을 잡아 쥔다.
- 준비한 이동장에 빠르게 옮겨 넣는다.

ⓑ 포획용 올가미(Control Pole)

- 풀림 손잡이를 잡아당겨 올가미를 가장 크게 만든 상태에서 포획 대상 동물에게 접근한다.
- 올가미를 움직여가며 동물의 목과 한쪽 앞발이 동시에 잡힐 수 있도록 조절한다.
- 발과 목이 함께 올가미 안으로 들어왔을 때 조임 손잡이를 빠르게 잡아당겨 올가미를 조여 포획한다.
- 동물을 포획한 상태로 준비한 이동장에 신속히 옮기고 상자에서 탈출하지 못하도록 한다.
- 이동장에서 풀림 손잡이를 잡아당겨 올가미를 빼낸다.

ⓒ 그물채

- 양손으로 그물채를 잡고 포획 대상 동물에게 접근한다.
- 동물의 머리 쪽으로 그물 입구를 향하게 한 뒤 빠르게 그물로 덮는다.
- 동물이 완전히 그물 안에 들어간 것을 확인하고 안전하게 손으로 잡아서 빼내어 이송상자에 옮긴다.
- 필요한 경우, 보호 장갑을 착용한 상태에서 수건을 이용해 동물의 눈을 가려준 뒤 그물에서 빼내도록 한다.

(2) 유기동물 구조 요령

① 신고 접수

㉠ 유기동물 구조 신고를 접수하면 신고자로부터 동물 종(種)이나 건강 상태, 위치 등을 확인한다.

㉡ 신고를 받은 동물의 자세한 정황과 정보를 토대로 구조 여부를 판단한다.

㉢ 맨눈으로 보아 건강상태가 양호한 잡종견, 떠돌이 생활에 적응된 상태의 반려동물, 새끼 고양이 등은 꼭 도움이 필요한 상태인지 구분할 수 있어야 한다.

② 포획

㉠ 친화적이거나 쇠약한 유기동물

사람에 대한 친화력이 있거나 쇠약한 상태의 유기동물은 안전하게 이송할 수 있는 동물 이동장만을 사용한다.

㉡ 공격적인 유기동물

• 포획하려고 접근 시 공격적인 반응을 보이거나 도망치는 유기동물은 보호 장갑과 포획용 올가미나 그물, 트랩(Live Trap) 등이 필요하다.

• 그물 총이나 마취 총 사용이 필요할 수도 있으나, 포획 과정에서 동물이 다칠 수 있으므로 다른 포획 방법으로는 구조가 어려울 때에만 사용해야 한다.

• 포획 과정에서 마취제를 사용할 경우 반드시 수의사의 지시를 따른다.

㉢ 질병 감염 가능성 있는 유기동물

• 질병 감염 가능성이 있는 유기동물 구조 시에는 개인위생과 방역을 신중히 해야 하고, 구조 활동에 사용된 물품이나 장비는 반드시 세척한 후 소독을 시행해야 한다.

• 질병 감염이 의심되면 현장에서 질병 진단 키트를 사용하여 검사를 진행하고 검사 결과 양성으로 확인될 경우 이송할 보호기관에 미리 알려 보호 중인 다른 동물에게 옮길 수 있는 질병전파 가능성을 차단해야 한다.

• 유기동물 구조 신고를 받은 뒤 현장에 나가기 전에 필요한 구조 장비를 미리 챙겨갈 수 있도록 한다.

• 현장에서 구조 활동을 진행할 때는 동물의 상태를 먼저 확인한 뒤 어떤 포획 장비와 도구를 사용할지 결정하고 구조자 자신의 안전과 동물의 안전을 모두 고려하여 신속하게 구조한다.

③ 이송

㉠ 안전하게 동물을 구조한 뒤 동물의 건강 상태와 내장형 마이크로칩을 확인할 수 있는 동물병원이나 전문보호기관으로 이송한다.

㉡ 유기동물의 종과 상태를 고려하여 구조자가 이송과정에서 주의해야 할 점

• 동물이 탈출하거나 다치지 않도록 알맞은 이동장을 사용한다.

• 가까운 유기동물 보호기관으로 이송하여 안정을 취할 수 있도록 한다.

• 신속한 이송이 불가능한 경우를 제외하고 가급적이면 구조 동물에게 먹이나 물을 주지 않도록 한다.

• 이동장을 실은 차량은 실내가 너무 춥거나 덥지 않도록 적정 온도를 유지해야 한다.

④ 구조 순서

㉠ 구조할 유기동물 종과 주변 여건에 맞는 생포용 트랩을 준비한다.

㉡ 설치한 트랩에 사람들이 접근하거나 트랩을 건드리지 않도록 안내판을 만들어 트랩 바깥에 부착한다.

© 유기동물을 트랩으로 유인할 먹이를 준비한다.

② 생포용 트랩을 설치한다.

⑩ 트랩 안에 유인용 먹이를 놓는다.

⑭ 트랩에 동물이 포획되었는지 수시로 확인한다.

⑭ 유기동물이 트랩에 포획되면 안전하게 이송한다.

(3) 구조 동물 사육환경

① 사육장의 기본 요건

 ⑦ 사육장은 동물의 생태적 특성을 고려해서 조성하며 안락함, 위생 요건 등을 갖춘다.

 ⓒ 수의사 등은 구조된 동물에게 알맞은 형태의 구조로 된 사육시설을 제공해야 한다.

 ⓒ 사육장은 내·외부의 강한 충격에 견딜 수 있도록 구조적으로 견고해야 하며, 사육될 동물이 구조물 에 의해 상처를 입어 고통받지 않도록 적절한 재질로 만들어야 한다.

 ② 소독과 청소, 유지 보수가 쉬워야 하며 다른 동물이 들어올 수 없게 해야 한다.

 ⑩ 추위와 더위, 많은 비와 눈을 피할 수 있는 보금자리가 제공되어야 한다.

 ⑭ 구조된 동물이 편안하게 쉬고 자유롭게 움직일 수 있도록 해 준다.

② 사육장 안전 사항

 ⑦ 동물이 갇히거나 뒤얽힐 수 있는 부분이 없어야 한다.

 ⓒ 날카로운 모서리나 돌출부가 없어야 한다.

 ⓒ 은신처를 잘 갖추고 사람과 동물 모두 '뛸 수 있을 정도'의 공간을 확보해야 한다.

 ② 배수가 잘되는 바닥재를 사용하여 기반을 잘 다져야 한다.

 ⑩ 선반처럼 튀어나온 부분이 의도하지 않은 횃대로 이용되지 않도록 한다.

 ⑭ 모든 사육장은 적절한 잠금장치가 있어야 한다.

 ⑭ 가능하다면 스트레스를 최소화하기 위한 먹이 전용문을 만들어 놓는다.

(4) 질병 관리

① 수의사 등은 국내에서 발생하는 유기동물의 감염성 질병에 대한 정보를 사전에 충분히 알고 있어야 한다.

② 감염성 질병에 걸린 동물은 다양한 전파 경로를 통해 사육 중인 다른 동물이나 사람에게까지 질병을 옮 길 수 있으므로 철저한 관리가 필요하다.

③ 광견병, 개홍역, 조류 인플루엔자 등 주요 감염성 질병을 신속하게 검사할 수 있는 간이 검사 키트를 평 상시 갖추어 둔다면 구조 현장에서 바로 확인할 수 있다.

④ 많은 질병이 동물과 사람 간 서로 전파되므로 시설의 청결은 질병 전파 및 오염 예방 차원에서 매우 중 요하다.

⑤ 청소 절차는 관리, 시설, 사육장, 종과 동물의 상태에 따라 다르므로 효율적인 청소 계획을 수립 후 적절 한 소독제를 사용하면 시설 내 질병 전파 가능성을 줄일 수 있다.

⑥ 시중에서 판매하는 소독제 종류와 사용법을 충분히 숙지하여 구조 동물과 사육장에 가장 적합한 제품을 선택하고, 주기적으로 소독해야 한다.

(5) 상처 관리

① 사육 상태의 동물은 지속적인 탈출 시도 과정에서 이빨과 발톱이 다칠 수 있다.

② 동물이 안정을 찾을 수 있도록 환경을 개선하는 것이 가장 좋은 예방법이며, 상처가 생겼다면 일반적인 동물의 치료 방법을 따른다.

5 동물학대

(1) 동물학대의 개요

① 정 의

동물을 대상으로 정당한 사유 없이 불필요한 신체적 고통과 스트레스를 주는 행위 및 굶주림, 질병 등에 대해 적절한 조치를 게을리하거나 방치하는 행위이다.

② 유 형

신체적 학대	동물에게 부상, 상해, 고통을 유발하는 행위
성적 학대	성기 또는 도구를 이용하여 동물을 성적 도구로 학대하는 행위
방임, 방치	• 사료와 물 공급 등 생명 유지를 위한 최소한의 보호조차 제공하지 않는 물리적 방임 • 질병, 상해에 대한 최소한의 치료조차 제공하지 않은 의료적 방임 • 보호자가 자신의 사육 능력 이상으로 무책임하게 많은 동물을 키우며 적절한 책임과 의무를 다하지 못하는 애니멀 호딩
유 기	보호소, 공원, 거리 등의 공공장소에 키우던 반려동물을 버리는 행위

용어설명 애니멀 호딩(Animal Hoarding)

자신의 능력을 고려하지 않고 비정상적으로 많은 애완동물을 키우는 행위를 말한다.

(2) 신고와 학대 대응 매뉴얼

① 현장 파악 : 현재 상황이 동물학대 상황이 맞는지 최대한 신속하고 자세히 파악해야 한다.

② 신고 : 학대 행위자의 가해 정도가 매우 심하거나 피학대 동물이 치명적인 부상을 입은 긴급 상황에서는 지체 없이 경찰 및 지자체 동물보호담당관, 동물보호단체 등에 신속한 신고가 선행되어야 한다.

③ 증거 수집 : 신고자(제보자)는 신고 전후로 동물학대를 입증할 수 있는 사진 및 영상, 증인의 확보, 수의학적 소견 등 객관적 증거를 수집한다.

㉠ 사진 및 동영상 : 동물이 구조될 당시의 상태를 확인이 중요하므로 사진이나 영상을 반드시 수집한다. 동물 사진에는 동물의 몸 전체를 보여주는 사진이 포함되어야 한다. 좌우, 전후, 상하에서 병변, 상해의 흔적 등 동물의 신체에서 발견된 모든 증거를 사진으로 찍어야 한다. 특히 부상 부위는 현재 회복 여부와 상관없이 촬영해야 한다.

㉡ 사체 부검 및 보관 : 현장에서 사체가 훼손되지 않게 하고 사진 촬영 등 증거를 수집하는 동시에 발견 즉시 경찰에 신고해 사망 원인을 밝혀내는 것이 중요하다.

④ **격리조치 요청** : 보호자(소유자)로부터 학대받은 동물이 치료가 필요한 상황이라면 출동한 경찰에게 지자체 공무원이 격리조치를 취할 수 있게 해달라고 요구한다.

⑤ **사건 진술** : 경찰 측에서 사건 목격자를 대상으로 임의동행해 참고인 진술을 요청한다.

⑥ **모니터링** : 상황 종료 후 경찰과 지자체에서 해당 사건을 제대로 해결했는지 진행 절차를 확인하는 모니터링 과정도 필요하다.

(3) 동물보호센터 운영 지침(농림축산식품부 고시 제2021-89호)

① **목적** : 이 지침은 동물의 구조 · 보호 및 동물보호센터 운영에 관하여 필요한 사항을 정함에 있다.

② **적용대상** : 설치 · 지정된 동물보호센터

③ **보호동물의 범위**

    ㉠ 도로 · 공원 등의 공공장소에서 소유자 등이 없이 배회하거나 내버려진 동물 및 길고양이 중 구조 신고된 고양이로 다치거나 어미로부터 분리되어 스스로 살아가기 힘들다고 판단되는 3개월령 이하의 고양이. 단, 센터에 입소한 고양이 중 스스로 살아갈 수 있는 고양이로 판단되면 즉시 구조한 장소에 방사해야 한다.

    ㉡ 학대를 받은 동물 중 소유자를 알 수 없는 동물

    ㉢ 소유자로부터 학대를 받아 적정하게 치료 · 보호받을 수 없다고 판단되는 동물

④ **조직 및 인력**

    ㉠ 센터장은 유실 · 유기동물의 구조 · 보호, 질병관리, 반환 · 분양 등의 업무를 연속적으로 수행하기 위하여 적절한 인력을 배치해야 한다.

    ㉡ 센터장은 센터 운영자, 수의사, 사무직 종사자, 유실 · 유기동물의 구조원, 보호 · 관리업무 담당자, 반환 · 분양업무 담당자 등을 고용해야 하며, 센터의 규모 및 업무 비중에 따라서 탄력적으로 인력을 배치할 수 있다.

    ㉢ 센터 종사자의 업무범위

       • 센터 운영자 : 센터의 총괄 운영, 관리

       • 수의사 : 질병 예찰 · 치료 · 관리, 교육, 인도적 처리 등

       • 사무직 종사자 : 센터의 세부운영, 예 · 결산, 규칙 제17조에 따른 센터 운영위원회 관리 등

       • 유실 · 유기동물 구조원 : 구조차량 및 장비를 이용한 유실 · 유기동물의 포획 · 구조 · 응급조치 · 운송 업무

       • 보호 · 관리업무 담당자 : 센터 내 보호조치 중인 동물에 대한 사료 · 물 등의 급여 및 위생 · 관리 업무

       • 반환 · 분양업무 담당자 : 센터 내 보호조치 중인 동물의 반환 · 분양업무 및 동물보호관리시스템(APMS) 관리업무

    ㉣ 이 외의 업무는 센터 운영자가 담당자를 지정하여 업무를 처리하게 할 수 있다.

⑤ 시설 및 인력기준(동물보호법 규칙 별표 4)

   ㉠ 일반기준

- 보호실, 격리실, 사료보관실 및 진료실을 각각 구분하여 설치해야 하며, 동물 구조 및 운반용 차량을 보유해야 한다. 다만, 시·도지사·시장·군수·구청장 또는 지정 동물보호센터 운영자가 동물의 진료를 동물병원에 위탁하는 경우에는 진료실을 설치하지 않을 수 있으며, 지정 동물보호센터의 업무에 구조업무가 포함되지 않은 경우에는 구조 및 운반용 차량을 보유하지 않을 수 있다.
- 동물의 탈출 및 도난 방지, 방역 등을 위하여 방범시설 및 외부인의 출입을 통제할 수 있는 장치가 있어야 하며, 시설의 외부와 경계를 이루는 담장이나 울타리가 있어야 한다. 다만, 단독건물 등 시설 자체로 외부인과 동물의 출입통제가 가능한 경우에는 담장이나 울타리를 설치하지 않을 수 있다.
- 시설의 청결 유지와 위생 관리에 필요한 급수시설 및 배수시설을 갖추어야 하며, 바닥은 청소와 소독이 용이한 재질이어야 한다. 다만, 운동장은 제외한다.
- 보호동물을 인도적인 방법으로 처리하기 위해 동물의 수용시설과 독립된 별도의 처리공간이 있어야 한다. 다만, 동물보호센터 내 독립된 진료실을 갖춘 경우 그 시설로 대체할 수 있다.
- 동물 사체를 보관할 수 있는 잠금장치가 설치된 냉동시설을 갖추어야 한다.
- 동물보호센터의 장은 동물의 구조·보호조치, 반환 또는 인수 등 동물보호센터의 업무를 수행하기 위하여 센터 여건에 맞게 동물보호센터의 장을 포함하여 보호동물 20마리당 1명 이상의 보호·관리 인력을 확보해야 한다.

   ㉡ 개별기준

- 보호실은 다음의 시설조건을 갖추어야 한다.
  - 동물을 위생적으로 건강하게 관리하기 위해 온도 및 습도 조절이 가능해야 한다.
  - 채광과 환기가 충분히 이루어질 수 있도록 해야 한다.
  - 보호실이 외부에 노출된 경우, 직사광선, 비바람 등을 피할 수 있는 시설을 갖추어야 한다.
- 격리실은 다음의 시설조건을 갖추어야 한다.
  - 독립된 건물이거나, 다른 용도로 사용되는 시설과 분리되어야 한다.
  - 외부환경에 노출되어서는 안 되고, 온도 및 습도 조절이 가능하며, 채광과 환기가 충분히 이루어질 수 있어야 한다.
  - 전염성 질병에 걸린 동물은 질병이 다른 동물에게 전염되지 않도록 별도로 구획되어야 하며, 출입 시 소독 관리를 철저히 해야 한다.
  - 격리실은 보호 중인 동물의 상태를 외부에서 수시로 관찰할 수 있는 구조여야 한다. 다만, 해당 동물의 생태, 보호 여건 등 사정이 있는 경우는 제외한다.
- 사료보관실은 청결하게 유지하고 해충이나 쥐 등이 침입할 수 없도록 해야 하며, 그 밖의 관리 물품을 보관하는 경우 서로 분리하여 구별할 수 있어야 한다.
- 진료실에는 진료대, 소독장비 등 동물의 진료에 필요한 기구·장비를 갖추어야 하며, 2차 감염을 막기 위해 진료대 및 진료기구 등을 위생적으로 관리해야 한다.
- 보호실, 격리실 및 진료실 내에서 개별 동물을 분리하여 수용할 수 있는 장치는 다음의 조건을 갖추어야 한다.

– 장치는 동물이 자유롭게 움직일 수 있는 충분한 크기로서, 가로 및 세로의 길이가 동물의 몸길이의 각각 2배 이상 되어야 한다. 다만, 개와 고양이의 경우 권장하는 최소 크기는 다음과 같다.

소형견(5kg 미만)	50 × 70 × 60(cm)
중형견(5kg 이상 15kg 미만)	70 × 100 × 80(cm)
대형견(15kg 이상)	100 × 150 × 100(cm)
고양이	50 × 70 × 60(cm)

– 평평한 바닥을 원칙으로 하되, 철망 등으로 된 경우 철망의 간격이 동물의 발이 빠지지 않는 규격이어야 한다.
– 장치의 재질은 청소, 소독 및 건조가 쉽고 부식성이 없으며 쉽게 부서지거나 동물에게 상해를 입히지 않는 것이어야 하며, 장치를 2단 이상 쌓은 경우 충격에 의해 무너지지 않도록 설치해야 한다.
– 분뇨 등 배설물을 처리할 수 있는 장치를 갖추고, 매일 1회 이상 청소하여 동물이 위생적으로 관리될 수 있어야 한다.
– 동물을 개별적으로 확인할 수 있도록 장치 외부에 표지판이 부착되어야 한다.
• 동물구조 및 운송용 차량은 동물을 안전하게 운송할 수 있도록 개별 수용장치를 설치해야 하며, 화물자동차인 경우 직사광선, 비바람 등을 피할 수 있는 장치가 설치되어야 한다.

⑥ 동물의 포획ㆍ구조 방법
　㉠ 구조 신고 또는 자체활동을 통해 유실ㆍ유기동물을 발견한 경우, 관찰을 통해 동물의 이상 여부를 확인하고 동물의 고통 및 스트레스가 가장 적은 방법으로 포획ㆍ구조해야 한다.
　㉡ 사람을 기피하거나 인명에 위해를 줄 우려가 있는 경우, 위험지역에서 동물을 구조하는 경우 등에는 수의사가 처방한 약물을 주입한 바람총(Blow Gun) 등의 장비를 사용할 수 있으며, 이때는 근육이 많은 부위를 조준하여 발사해야 한다.
　㉢ 단순 생포 시에는 동물이 도망갈 수 있는 경로를 차단해야 하며 인근주민 등에 피해가 없도록 해야 한다.
　㉣ 작업을 완료한 경우, 구조원은 포획ㆍ구조 장소, 동물의 품종ㆍ성별ㆍ상태, 신고자 및 인계자의 인적사항 등을 기록해야 하며, 동물이 상해를 입은 경우에는 응급조치 등 필요한 조치를 취한다.

⑦ 운송
　㉠ 센터는 유실ㆍ유기동물을 적절하게 운송할 수 있는 차량 등 운송수단을 확보해야 한다.
　㉡ 동물을 운송하는 차량은 다음의 기준을 갖춰야 한다.
　　• 직사광선 및 비바람을 피할 수 있는 설비를 갖출 것
　　• 적정한 온도를 유지할 수 있는 냉ㆍ난방설비를 갖출 것
　　• 이동 중 갑작스러운 출발이나 제동 등으로 동물이 상해를 입지 않도록 예방할 수 있는 설비를 갖출 것
　　• 이동 중에 동물의 상태를 수시로 확인할 수 있는 구조일 것
　　• 운전자 및 동승자와 동물의 안전을 위해 차량 내부에 사람이 이용하는 공간과 동물이 위치하는 공간이 구획되도록 망, 격벽 또는 가림막을 설치할 것

- 동물의 움직임을 최소화하기 위해 개별 이동장(케이지) 또는 안전벨트를 설치하고, 이동장을 설치하는 경우에는 운송 중 이동장이 떨어지지 않도록 고정장치를 갖출 것
- 동물운송용 자동차임을 누구든지 쉽게 알 수 있도록 차량 외부의 옆면 또는 뒷면에 동물운송업을 표시하는 문구를 표시할 것
- 고정형 영상정보처리기기의 설치 대상, 장소 및 관리기준에 따라 고정형 영상정보처리기기를 설치·관리할 것

⑧ 동물의 보호조치

㉠ 센터 입소 절차
- 센터의 운영자는 유실·유기동물 입소 시 다음 순서대로 조치를 해야 한다.
  - 무선개체식별장치, 인식표 등 소유자 정보를 확인할 수 있는 표지를 확인할 것
  - 입소 후 바로 건강상태를 확인하여 응급치료가 필요한 경우 필요한 치료를 하며, 파보, 디스템퍼, 브루셀라, 심장사상충 감염 등 건강검진을 실시할 것. 단, 수의사의 판단에 따라 검진항목을 생략·추가가 가능
  - 개체별로 보호동물 개체관리카드를 작성할 것
  - 동물의 종류, 품종, 나이, 성별, 체중, 특징, 건강상태 등에 따라 분리하여 수용할 것
- 분리 수용할 때에는 다음의 경우에는 별도 공간을 제공해야 한다.
  - 어린 개체, 임신·분만 개체
  - 소유자가 확인되는 등의 사유로 즉시 이동 예정인 개체
  - 상해를 입는 등 비전염성 질환으로 건강상태가 악화된 개체
  - 전염성 질환에 감염되어 다른 개체에 전파할 우려가 있는 개체
  - 공격성이 심한 개체 등 센터 운영자의 판단에 따라 격리하여 보호할 필요성이 인정되는 개체

㉡ 위생관리
- 동물의 털에 묻은 이물에 의한 기생충 감염을 막기 위해 필요한 경우 개체 분류 후 격리실로 이동하여 목욕을 실시할 수 있다.
- 센터 내에서는 위생복, 고무장화, 고무장갑 등 개인 위생장비를 갖추어 소독제 등에 대한 자극을 최소화해야 한다.
- 동물수용시설은 일 1회 이상 청소 및 소독을 실시하며, 이 때는 보호조치 중인 동물이 소독제 등에 노출되는 것을 최소화해야 한다.
- 세정제를 사용하여 유기물을 최대한 씻어내는 등 청소를 실시한 후 소독을 하며, 소독용 발판을 동선에 따라 설치·관리해야 한다.
- 전염병 발생 등 센터 상황에 따라 적절한 소독제를 사용해야 한다.
- 보호조치 중인 동물과 사람에게 부작용이 적은 소독제를 사용해야 한다.

㉢ 사료 및 물 관리
- 보호조치 중인 동물의 사료는 개별 급여를 원칙으로 한다.
- 센터 운영자는 사료급여기준을 참고하여 사료를 개체별 용기에 1일 1회 이상 제공해야 한다. 다만, 개체별 특성을 고려하여 횟수는 조정할 수 있다.

- 보호조치 중인 동물이 언제든지 음수가 가능하도록 하며, 먹는 물은 일 1회 이상 교체해야 한다. 다만, 건강상태 등 개체별 상황을 고려하여 급수를 제한할 수 있다.

⑨ 질병 관리

  ㉠ 예방접종 및 구충
  - 센터 운영자는 보호조치 대상 동물을 수의사의 검진과 판단에 따라 필요한 접종을 실시하고 구충제를 투약해야 한다.
  - 6주령 이상인 개의 경우에는 Rabies, Distemper(CDV), Adenovirus-2(CAV-2/hepatitis), Parvovirus(CPV), Parainfluenza(CPIV), Leptospira의 예방접종을 실시할 수 있다.
  - 고양이의 경우 치료 후 회복하였거나 어미로부터 분리되어 스스로 살아갈 수 있다고 판단된 경우에는 Rabies, Rhinotracheitis, Calicivirus, Panleukopenia의 예방접종을 실시하여 포획장소에 방사할 수 있다.

  ㉡ 건강상태 예찰
  - 센터 운영자는 보호조치 중인 동물의 건강상태 확인을 위하여 일 1회 이상 예찰을 실시하고 기록해야 한다.
  - 예찰은 수의사의 책임 하에 실시해야 하며, 수의사 또는 수의사의 지시를 받은 센터 종사자가 실시하도록 한다.

  ㉢ 치료 우선순위 : 센터 운영자는 단기간의 간단한 치료로 건강상태의 회복이 가능한 개체 중 분양이 가능할 것으로 판단되는 개체에 대하여 우선적으로 치료할 수 있다.

  ㉣ 인수공통전염병 예방을 위한 준수사항
  - 개체와 분변 등을 관리한 후 손을 자주 씻을 것
  - 전염성 질병에 감염된 것으로 진단받은 개체는 즉시 격리 조치할 것
  - 보정용 장갑, 그물 등의 보호 장비를 사용할 것
  - 사용한 가운, 케이지, 마스크 등을 자주 세척 · 소독할 것
  - 질병매개체인 해충을 구제(驅除)하고, 청소 · 소독을 철저히 할 것
  - 인수공통전염병 감염 의심 개체에 의해 종사자가 상해를 입은 경우 신속하게 응급조치 후 병원에서 치료받을 것
  - 파상풍 예방접종이나 결핵, 브루셀라 등 감염 여부를 포함한 건강검진은 센터장이 필요하다고 판단할 경우 실시할 것

⑩ 동물의 반환 및 분양

  ㉠ 동물의 반환
  - 센터 운영자는 유실 · 유기동물의 소유자를 알 수 있는 경우, 확인 즉시 소유자에게 연락하여 동물을 반환할 수 있도록 조치해야 한다.
  - 반환되는 동물이 등록대상동물에 따른 동물임에도 불구하고 등록하지 않은 경우에는 동물등록 제도를 소유자에게 안내하고, 관련 사항을 해당 지방자치단체에 통보하여 과태료 부과 및 동물등록을 하도록 해야 한다.

- 센터 운영자는 보호동물 반환 시 소유자임을 증명할 수 있는 사진이나 기록, 해당 동물의 반응 등을 참고하여 반환하도록 하며, 재분실되지 않도록 교육을 실시해야 한다.
- 반환할 때에는 신분증 대조 등을 통해 소유자의 신분을 확인하고, 반환확인서를 요구해야 한다.
- 동물의 소유자가 반환을 요구할 때에는 보호비용을 청구할 수 있다.

ⓒ 동물의 분양 절차 및 사후관리
- 센터의 운영자는 동물의 소유권 취득에 따라 보호조치 중인 동물을 분양할 수 있으며, 최대한 분양되도록 노력해야 한다.
- 센터의 운영자는 다음 내용에 따라 동물을 분양해야 한다.
  - 보호조치 중인 동물의 입양을 희망하는 자의 신분을 확인한다.
  - 입양희망자에 대하여 입양설문지 및 입양신청서, 입양확인서를 작성하도록 한다.
  - 입양 희망동물을 적절하게 사육·관리할 수 있는지 평가하고, 입양희망자에게 적합한 동물을 추천한다.
  - 동물의 건강상태·특성에 대해 설명, 목줄 사용, 인식표 부착 외출 등 안전조치에 대한 교육을 실시한다.
  - 분양 시, 중성화 수술에 동의하는 자에게 우선 분양해야 하며, 중성화 수술에 동의하지 않고 입양하는 자에게 중성화 수술 등을 권고할 수 있다.
  - 1인당 3마리를 초과하여 분양할 수 없으며, 1차 분양 후 사육환경 및 사후관리에 관한 정보를 제공하지 않는 입양자에게는 분양을 제한할 수 있다.
  - 동물보호 민간단체에 동물을 기증할 경우, 개체관리카드를 통해 보호관리 및 입양 여부 등을 사후 관리해야 한다.
- 센터의 운영자는 입양희망자가 동물학대 범죄이력이 있는 자, 식용목적의 개사육장 운영자, 소유의 의사로 관리할 수 없는 정도의 동물을 키우는 자, 반려동물 영업자의 경우 분양하지 않아야 한다.
- 센터의 운영자는 시스템을 통하여 입양희망자의 현재 동물등록 마릿수를 확인하고, 반려동물 사육·관리의무 준수 여부를 고려하여 추가 입양이 가능한지를 판단하여 분양해야 한다.
- 센터의 운영자는 분양 시 재 유기되지 않도록 교육을 실시하고, 분양 후 1년간 2회 이상 전화, 이메일 또는 방문을 통하여 사후관리를 해야 한다.
- 센터의 운영자는 분양받은 자가 분양 준수사항을 위반하였을 경우 재분양을 금지할 수 있으며, 법 위반사항에 대해서는 관할 지자체에 통보하여 과태료 부과, 고발 등의 조치를 할 수 있도록 해야 한다.

⑪ 동물의 인도적인 처리
ⓐ 인도적인 처리 대상 동물의 선정
- 동물의 소유권 취득에 해당하는 동물을 인도적인 처리를 할 때에는 수의사를 포함하여 2인 이상이 참여하여 대상 동물을 결정해야 한다.

- 인도적인 처리 대상 동물 선정
  - 중증 질환 및 상해로 인해 건강회복이 불가능할 것으로 진단된 개체
  - 치료비용, 치료기간 등을 고려할 때 추가적인 보호가 불가능하다고 판단되는 개체
  - 건강상태가 쇠약하거나 심장질환, 백내장, 호르몬 질환 등에 감염되어 분양 후에도 지속적인 치료가 필요한 개체
  - 사람 및 동물을 공격하거나, 교정이 어려운 행동 장애 등으로 인해 분양이 어려울 것으로 단되는 개체
  - 그 밖에 센터 수용능력, 분양가능성 등을 고려하여 보호 · 관리가 어려울 것으로 판단되는 개체
- 중증 질환 및 상해로 인해 건강회복이 불가능할 것으로 진단된 개체로서 질병 및 상해의 정도가 심각하여 고통을 경감하고 질병전파를 예방하기 위한 동물의 인도적인 처리가 필요하다고 판단되는 경우에는 동물의 소유권 취득에 따른 소유권 이전기간(10일)이 경과하지 않아도 인도적인 처리를 실시할 수 있다. 이 경우 반드시 개체관리카드(시스템)에 기록 · 관리해야 한다.

ⓒ 인도적인 처리의 원칙
- 동물의 인도적인 처리 시에는 다른 동물이 볼 수 없는 별도의 장소에서 신속하게 수의사가 시행해야 한다.
- 동물의 고통 및 공포를 최소화하고, 시술자 및 입회자의 안전 등을 고려해야 한다.
- 인도적인 처리에 사용하는 약제는 책임자를 지정하여 관리하도록 해야 하며, 사용기록 등을 작성 · 보관해야 한다.

ⓒ 동물의 인도적인 처리의 절차
- 수의사는 선정된 인도적인 처리 대상 동물의 건강상태 및 개체정보 등을 확인해야 한다.
- 동물에 대한 인도적인 처리는 수의사가 시행해야 하며, 그 외 1명 이상 입회하에 실시해야 한다.
- 수의사가 동물에 대한 인도적인 처리를 하고자 할 때는 마취를 실시한 후 심장정지, 호흡마비를 유발하는 약제를 사용하는 방법, 마취제를 정맥 주사하여 심장정지, 호흡마비를 유발하는 방법을 선택해야 한다.
- 인도적인 처리를 실시한 동물은 수의사가 확인하여 보호동물 개체관리카드(시스템)에 기록해야 한다.
- 센터의 운영자는 인도적 처리된 동물의 사체를 「폐기물관리법」에 따라 처리하거나, 동물장묘 시설에서 적법하게 처리해야 한다.

ⓔ 동물의 개체관리
센터의 운영자는 동물 입소부터 보호 조치중인 동물의 보호 · 관리는 시스템을 통하여 기록 · 관리되어야 하며, 시스템의 정보가 실제 보호 · 관리동물의 정보와 일치하도록 모든 상황기록은 24시간 내에 기록해야 한다.

03 | 실전예상문제

01 동물 윤리에 대한 설명으로 옳은 것은?

① 로마 제정시대 이후부터 생물 의학 연구를 위한 동물실험이 존재하였다.

② 동물 윤리학은 인간에 대한 동물의 도덕적 기준을 고려하는 학문이다.

③ 동물의 윤리, 도덕 등을 위한 다양한 이론적 접근이 제안되었으며 완벽한 이론으로 정립되었다.

④ 동물 윤리학은 동물의 도덕적인 지위와 인격과 비교되는 수권(獸勸) 등을 다루는 학문이다.

> **해설** ① 고대 그리스 시대부터 생물 의학 연구를 위한 동물실험이 존재하였다.
> ② 동물 윤리학은 인간과 동물의 관계에서 동물에 대한 인간의 도덕적 기준을 고려하여 동물을 다루는 방법에 대해 연구하는 학문이다.
> ③ 현재 동물의 윤리, 도덕 등을 조사하기 위한 다양한 이론적 접근이 제안되었으나, 이해의 차이로 인해 완전히 받아들여지는 이론은 없는 실정이다.

02 동물의 권리와 복지에 대한 개념으로 옳은 것은?

① 동물의 복지와 권리는 모두 인간적인 관점의 가치라는 공통점이 있다.

② 동물 복지는 인간과 동물을 수평적 측면에서 동등하게 보는 관점이다.

③ 사람이 동물을 이용하더라도 고통을 최소화하여 인도적 관점에서 관리해야 한다는 것이 동물 권리이다.

④ 동물 복지에서는 인간이 동물을 돈, 음식, 옷의 재료, 실험 도구 등으로 사용하면 안 된다고 한다.

> **해설** ② 동물 권리는 인간과 동물을 수평적 측면에서 동등하게 보는 관점이다.
> ③ 사람이 동물을 이용하더라도 고통을 최소화하여 인도적 관점에서 관리해야 한다는 것은 동물 복지에 대한 개념이다.
> ④ 동물 권리에서는 인간이 동물을 돈, 음식, 옷의 재료, 실험 도구 등으로 사용하면 안 된다고 한다.

03 동물실험의 원칙에 대한 설명으로 옳지 않은 것은?

① 동물실험은 인류의 복지 증진과 동물 생명의 존엄성을 고려하여 실시되어야 한다.

② 동물실험을 하려는 경우에는 이를 대체할 수 있는 방법을 우선적으로 고려하여야 한다.

③ 실험이 끝나 정상적으로 회복한 동물이라도 기증하거나 분양할 수 없다.

④ 실험동물의 고통이 수반되는 실험을 하려는 경우에는 감각능력이 낮은 동물을 사용한다.

> **해설** ③ 동물실험을 한 자는 그 실험이 끝난 후 지체 없이 해당 동물을 검사하여야 하며, 검사 결과 정상적으로 회복한 동물은 기증하거나 분양할 수 있다(동물보호법 제47조 제5항).

04 동물실험윤리위원회에 대한 설명으로 옳지 않은 것은?

① 위원장 1명을 포함하여 3명 이상의 위원으로 구성한다.

② 위원은 동물실험시행기관의 장이 위촉하며, 위원장은 위원 중에서 호선한다.

③ 윤리위원회를 구성하는 위원의 3분의 1 이상은 해당 동물실험시행기관과 이해관계가 있는 사람이어야 한다.

④ 윤리위원회의 심의대상인 동물실험에 관여하고 있는 위원은 해당 동물실험에 관한 심의에 참여하여서는 아니 된다.

> **해설** ③ 윤리위원회를 구성하는 위원의 3분의 1 이상은 해당 동물실험시행기관과 이해관계가 없는 사람이어야 한다(동물보호법 제53조 제4항).

05 입양 기관과 절차에 대한 내용으로 옳은 것은?

① 국내 입양 동물보호단체로는 동물보호시민단체 카라, 동물사랑실천협회, 동물자유연대, 동물학대방지연합 등이 있다.

② 시·군·구청을 통해 구조된 유기동물은 동물을 애호하는 민간단체로 옮겨 보호와 치료를 받는다.

③ 유기동물 보호기관은 보호자 등이 보호조치 사실을 알도록 10일 이상 그 사실을 공고해야 한다.

④ 공고한 날부터 10일이 지나도 보호자 등을 알 수 없을 경우에는 동물자유연대에서 그 동물의 소유권을 취득한다.

> **해설** ② 시·군·구청을 통해 구조된 유기동물은 일반적으로 자치구별 유기동물 보호기관으로 옮겨져 보호와 치료를 받는다.
> ③ 유기동물 보호기관은 보호자 등이 보호조치 사실을 알 수 있도록 7일 이상 그 사실을 공고해야 한다.
> ④ 공고한 날부터 10일이 지나도 동물의 보호자 등을 알 수 없는 경우 해당 시·도 및 시·군·구가 그 동물의 소유권을 취득한다.

06 다음 중 개의 유실 · 유기 발생원인이 아닌 것은?

① 실수 혹은 관리소홀로 인한 이탈

② 번식에 따른 개체 수 감소

③ 경제 · 생활 여건 변화로 인한 유기

④ 양육 역량 및 인식 부족

> 해설 개의 유실 · 유기 발생원인으로는 연령이 높아짐에 따라 상대적인 반환율이 높아지고, 실수나 관리소홀로 인한 이탈, 번식에 따른 개체 수 증가, 반려인의 책임 부재, 양육 역량 및 인식 부족, 갑작스런 경제 · 생활 여건의 변화 등이 있다.

07 동물보호센터에서 진행하는 동물의 보호조치에 대한 내용으로 옳은 것은?

① 개체별로 보호동물 개체관리카드를 작성해야 한다.

② 보호조치 중인 동물의 먹는 물은 가급적 제한한다.

③ 보호조치 중인 동물의 사료는 공동 급여를 원칙으로 한다.

④ 동물의 기생충 방제를 위해 개체의 몸체에 소독약을 뿌릴 수 있다.

> 해설 ② 보호조치 중인 동물의 먹는 물은 1일 1회 이상 제공해야 한다.
> ③ 보호조치 중인 동물의 사료는 개별 급여를 원칙으로 한다.
> ④ 동물의 기생충 방제를 위해 소독을 실시하더라도 동물이 소독제 등에 노출되는 것을 최소화해야 한다.

08 반려동물의 양육포기 사유에 해당하지 않는 것은?

① 물건의 훼손

② 동물 가격의 하락

③ 동물의 질병

④ 과도한 짖음

> 해설 반려동물 양육포기 또는 파양 고려 이유로는 물건훼손, 짖음 등 동물의 행동문제, 예상보다 많은 지출, 동물의 질병, 이사 · 취업 등 여건 변화 등이 있다.

09 동물보호관리시스템(APMS)에 대한 내용으로 옳지 않은 것은?

① 동물의 유실 · 유기를 막기 위한 기본적인 데이터를 제공한다.

② 농림축산검역본부 차원에서 APMS를 운영에 대한 지침을 내린다.

③ 입소동물의 보호 현황에 대한 분석과 대안을 마련한다.

④ 동물 학대를 방지하고, 입양을 권장하는 데 목적이 있다.

> 해설 동물보호관리시스템(APMS)은 동물의 안전과 보호를 위해 다양한 정보와 서비스를 제공하는 것이 목적이다.

10 동물학대 대응 매뉴얼로 바르지 않은 것은?

① 동물학대 상황이 맞는지 신속히 확인한다.
② 학대 현장 확인과 증거를 수집하며 목격자와 학대자의 진술을 받는다.
③ 몸 전체 사진이 아니라 부상 부위 위주의 사진으로 증거를 남겨야 한다.
④ 응급상황의 경우 보호자로부터 학대동물을 격리 조치할 수 있다.

> **해설** 동물이 구조될 당시의 상태 확인이 중요하므로 사진이나 영상을 반드시 수집한다. 동물 사진에는 동물의 몸 전체를 보여주는 사진이 포함되어야 한다. 좌우, 전후, 상하에서 병변, 상해의 흔적 등 동물의 신체에서 발견된 모든 증거를 사진으로 찍어야 한다.

11 동물등록번호 체계 관리 및 운영규정 중 다음 설명에 해당하는 것은?

> 동물의 개체식별을 목적으로 동물체 내에 주입하거나 동물의 인식표 등에 부착하는 무선전자표식장치이다.

① 동물등록번호
② 무선전자개체식별장치
③ 동물등록번호 체계
④ 동물보호관리시스템

> **해설** ① 동물등록번호 : 등록대상동물의 소유자가 등록을 신청하는 경우 개체식별을 위해 동물등록번호 체계에 따라 부여되는 고유번호이다.
> ③ 동물등록번호 체계 : 동물등록에 사용되는 무선식별장치(내장형 및 외장형)에 부여된 동물등록번호의 구조이다.
> ④ 동물보호관리시스템 : 등록동물 등에 필요한 관련정보를 통합·관리하는 전산시스템이다.

12 동물보호센터의 운영 지침에서 정한 보호동물의 범위로 옳은 것은?

① 도로·공원 등 공공장소에서 소유자 등이 없이 배회하는 동물
② 실험 후의 동물로 스스로 살아갈 수 없는 동물
③ 소유자의 학대로 적정한 치료를 받고 있는 동물
④ 학대를 받은 동물 중 소유자를 알 수 있는 동물

> **해설** **동물보호센터 운영 지침에서 정한 보호동물의 범위**
> • 도로·공원 등의 공공장소에서 소유자 등이 없이 배회하거나 내버려진 동물 및 길고양이 중 구조 신고된 고양이로 다치거나 어미로부터 분리되어 스스로 살아가기 힘들다고 판단되는 3개월령 이하의 고양이. 단, 센터에 입소한 고양이 중 스스로 살아갈 수 있는 고양이로 판단되면 즉시 구조한 장소에 방사해야 한다.
> • 학대를 받은 동물 중 소유자를 알 수 없는 동물
> • 소유자로부터 학대를 받아 적정하게 치료·보호받을 수 없다고 판단되는 동물

13 동물보호센터 시설기준 중 개별기준의 내용이 바르게 연결되지 않은 것은?

① 보호실 −외부에 노출된 경우 직사광선, 비바람 등을 피할 수 있는 시설을 갖추어야 한다.

② 격리실 − 격리되어 있다는 공포를 줄여주기 위해 외부 환경에 자주 노출되어야 한다.

③ 진료실 −동물의 진료에 필요한 진료대 · 소독장비 등의 기구 및 장비를 갖추어야 한다.

④ 사료보관실 − 청결하게 유지하되 상호 오염원이 될 수 있는 관리물품 보관은 서로 분리하여 구별한다.

해설 격리실은 외부환경에 노출되지 않고 온도 및 습도 조절이 가능하며, 채광과 환기가 충분히 이루어져야 한다.

14 동물의 포획 · 구조에 대한 방법으로 옳은 것은?

① 동물의 고통을 감수하더라도 빠른 포획을 선택해야 한다.

② 바람총(Blow Gun)을 사용할 경우 근육이 적은 부위를 조준 · 발사한다.

③ 단순 생포 시에는 도망갈 수 있는 경로를 차단한다.

④ 작업 완료 후 기록사항에는 신고자의 인적사항은 생략한다.

해설 ① 유실 · 유기동물을 발견한 경우, 관찰을 통해 동물의 이상여부를 확인하고 동물의 고통 및 스트레스가 가장 적은 방법으로 포획 · 구조해야 한다.
② 인명에 위해를 줄 우려가 있는 경우, 위험지역에서 동물을 구조하는 경우 등에는 수의사가 처방한 약물을 주입한 바람총(Blow Gun) 등의 장비를 사용할 수 있다. 이때는 근육이 많은 부위를 조준 · 발사한다.
④ 작업을 완료한 경우, 구조원은 포획 · 구조 장소, 동물의 품종 · 성별 · 상태, 신고자 및 인계자의 인적사항 등을 기록해야 한다.

15 인도적 처리 대상의 동물이 아닌 것은?

① 중증 질환으로 건강회복이 불가능한 개체

② 치료비용을 고려할 때 추가적인 보호가 가능한 개체

③ 사람 및 동물을 공격하는 개체

④ 센터의 수용능력이 어려울 것으로 판단되는 개체

해설 치료비용, 치료기간 등을 고려할 때 추가적인 보호가 불가능하다고 판단되는 개체

참고문헌

- 개는 개고 사람은 사람이다, 이웅종, 2017
- 동고동락, 이웅종, 2012
- 사역견 및 수색견 경기 FCI 국제규정, 한국애견연맹, 2019
- 핸들러 매뉴얼, 한국애견연맹, 2007
- IPO 국제규정번역집, 세계애견연맹, 2006
- KKF 견종 표준서, 한국애견연맹, 2017
- 동물보건사 대비 동물질병학, 동물질병학 수험연구회, 동일출판사, 2021
- 동물보건사 대비 동물공중보건학, 동물질병학 수험연구회, 동일출판사, 2021
- 동물보건사 대비 반려동물학, 동물질병학 수험연구회, 동일출판사, 2021

참고사이트

- 국가법령정보센터, www.law.go.kr
- NCS국가직무능력표준 반려동물행동교정, www.ncs.go.kr
- NCS국가직무능력표준 수의서비스, www.ncs.go.kr
- NCS국가직무능력표준 애완동물미용, www.ncs.go.kr
- NCS국가직무능력표준 수의간호, www.ncs.go.kr

좋은 책을 만드는 길, 독자님과 함께하겠습니다.

2024 시대에듀 반려동물행동지도사 한권으로 끝내기

개정2판3쇄 발행	2024년 07월 15일 (인쇄 2024년 06월 03일)
초 판 발 행	2021년 01월 05일 (인쇄 2020년 10월 14일)
발 행 인	박영일
책 임 편 집	이해욱
저 자	이웅종
편 집 진 행	윤승일, 김은영
표지디자인	김지수
편집디자인	장성복 · 김예슬
발 행 처	(주)시대고시기획
출 판 등 록	제10-1521호
주 소	서울시 마포구 큰우물로 75 [도화동 538 성지 B/D] 9F
전 화	1600-3600
팩 스	02-701-8823
홈 페 이 지	www.sdedu.co.kr

I S B N	979-11-383-6402-7 (13520)
정 가	28,000원

모든 전사 중 가장 강한 전사는 이 두 가지, 시간과 인내다.

– 레프 톨스토이 –